宁夏气象志

（1991—2020 年）

宁夏回族自治区气象局◎编

气象出版社
China Meteorological Press

内容简介

　　《宁夏气象志》是记载宁夏气候演变过程和气象事业发展历程的重要资料，是传承和彰显气象文化的重要载体。《宁夏气象志（1991—2020年）》的编纂工作历时五载，与1995年出版的首部《宁夏气象志》相衔接。本志书涉及内容广泛，系统而全面地从宁夏气候、气象业务、气象科技与人才、气象事业管理、人物和荣誉等方面，真实记载宁夏气象事业的历史和现状，完整、准确地反映宁夏气象工作发展的全貌和地方特色，内容丰富、资料翔实、文字流畅，融科学性与实用性为一体，在宁夏气象事业高质量发展中具有参考、借鉴作用，是一部全面记述宁夏气象事业发展的志书。

图书在版编目（CIP）数据

宁夏气象志：1991—2020年 / 宁夏回族自治区气象局编. -- 北京：气象出版社，2022.1
　　ISBN 978-7-5029-7698-9

　　Ⅰ. ①宁… Ⅱ. ①宁… Ⅲ. ①气象－工作概况－宁夏－1991-2020 Ⅳ. ①P468.243

中国版本图书馆CIP数据核字(2022)第070781号

ISBN 978-7-5029-7698-9

宁夏气象志(1991—2020年)

NINGXIA QIXIANGZHI（1991—2020 NIAN）

宁夏回族自治区气象局　编

出版发行：气象出版社
地　　址：北京市海淀区中关村南大街46号　　　邮政编码：100081
电　　话：010-68407112(总编室)　010-68408042(发行部)
网　　址：http://www.qxcbs.com　　　　E-mail：qxcbs@cma.gov.cn
责任编辑：王　聪　　　　　　　　　　　终　审：吴晓鹏
责任校对：张硕杰　　　　　　　　　　　责任技编：赵相宁
封面设计：传奇书装
印　　刷：北京地大彩印有限公司
开　　本：889 mm×1194 mm　1/16　　　印　张：24.75
字　　数：768千字
版　　次：2022年1月第1版　　　　　　　印　次：2022年1月第1次印刷
定　　价：198.00元

《宁夏气象志(1991—2020年)》编纂委员会

主　　　任	王鹏祥	杨兴国			
副　主　任	冯建民	尚永生	王建林	刘建军	庞亚峰　陈　楠
委　　　员	姚宗国	黄　峰	施新民	丁建军	戴小笠　马　磊
	张　冰	郑又兵	文秀萍	王迎春	纪晓玲　孙银川
	纳　丽	杨有林	肖建辉	李剑萍	桑建人　钟海云
	李胜发	曲富强	马玉荣	蔡江涛	张玉兰　杜　鑫
	孙振夏				

主　　　编　官景得

副　主　编　陈学清　柳荐秋

主要编写人员(按姓氏笔画为序)

马　宁(吴忠市局)	马慧敏	王　岱	王文娟	王俊辉
毛万忠	邓敏君	申　欣	刘　娟	孙嘉楠　李永顺
李志军	李曹建	杨　云	杨　婧(气象台)	肖艳红
张　建	张　峰	陈　妍	陈志霞	陈建文　陈晓娟
罗耀山	岳　勇	郑　方	郑东生	赵书发　贺　靖
徐　蕾	徐江华	陶　涛	陶林科	康　鹤　黄　莹
梁　旭	韩格格	韩颖娟	黑福丽	舒志亮　蔡　敏
裴晓蓉	雒　璇	翟振勇	薛筝筝	戴明晶　魏广泱

前　言

　　编史修志是资治当今，垂范后世，惠世于民的一项有意义、有价值的工作，功在当代，利在千秋。《宁夏气象志（1991—2020 年）》的编纂工作历时五载，与 1995 年出版的首部《宁夏气象志》相衔接。在编纂过程中，全区气象干部职工积极参与，广集资料，潜心研取，去粗取精，秉笔直书，系统而全面地从宁夏气候、气象业务、气象科技与人才、气象事业管理、人物和荣誉方面，真实记载宁夏气象事业的历史和现状，完整、准确地反映宁夏气象工作发展的全貌和地方特色，内容丰富、资料翔实、文字流畅，融科学性与实用性为一体，在宁夏气象事业高质量发展中具有参考、借鉴作用，对于总结历史、开辟未来具有重要意义。

　　30 年来，宁夏气象工作始终坚持服务国家、服务人民的根本宗旨，气象服务效益不断提升。面向生命安全，气象灾害防御机制不断健全，与 32 个部门建立气象灾害防御应急联动机制，组建了 6473 人的气象信息员队伍。精准预报服务了多次特大暴雨等重大灾害性天气过程，保障人民群众生命财产安全，气象防灾减灾第一道防线作用显著。面向生产发展，主动融入自治区重大部署，气象服务涉及现代农业、文化旅游、交通运输、电力生产、城市建设、产业规划等经济社会发展各个领域，成功保障了自治区成立 60 年大庆、"中阿博览会""花博会"等重大活动。面向生活富裕，打造闽宁扶贫气象服务模式。大力发展智慧气象服务，服务方式达到 20 种，气象新媒体年阅读量超过 900 万人次，公众气象服务满意度达到 90 分以上，人民群众对气象服务的获得感不断提升。面向生态良好，实施生态文明建设气象保障工程，气象服务在大气污染防治、生态环境监测评估、气候资源开发利用等方面发挥了独特作用。

　　30 年来，宁夏气象工作始终坚持走气象现代化建设的兴业之路，气象现代化建设成效显著。综合气象观测空地一体，地面气象观测站达到 975 个，平均站网间距达到 8 千米，实现乡镇全覆盖。土壤水分站增加至 37 套，农田小气候观测站 111 套，实现主要农作物产区全覆盖。布设新一代天气雷达 3 部，动态监测天气变化。卫星接收站 2 个，接收卫星遥感资料 9 种。预警预报预测准确率明显提高，暴雨（雪）预警信号准确率达到 93%，强对流天气预警信号时间提前量达到 60 分钟以上，网格预报晴雨准确率稳居全国前列。气象信息化取得明显进展，率先建成基础数据库、业务产品数据库、服务产品数据库，宁夏智能化综合气象业务服务管理共享平台实现业务应用，初步构建了智能化、集约化的"云＋端"业务模式。气象科技和人才队伍建设不断增强，建成宁夏气象防灾减灾重点实验室和中国气象局旱区特色农业气象灾害监测预警与风险管理重点实验室，高标准建设六盘山地形云野外科学试验基地，3 个特色农业气象野外试验示范基地建成运行。

　　30 年来，宁夏气象工作始终坚持把改革开放作为事业发展的根本动力，发展环境不断优化。先后出台 2 部法规，5 件政府规章，6 件规范性文件，发布标准 26 项，防雷、升放气球、人工影响天气安全监管能力不断增强，探测环境与设施保护、预报预警发布等管理工作进一步规范。深化"放管服"改革，推进"互联网＋政务服务"，气象政务服务质量得到提升。自治区成立的 28 个领导小组有气象部门。设立地方气象机构 4 个，批复人员编制 16 人。省部合作进一步深化，中国气象局和自治区政府签署两轮省部合作协议，共同推进宁夏气象现代化高质量发展。

　　回顾过去，我们感慨万千。展望未来，我们满怀信心。让我们更加紧密地团结在以习近平同志为核心的党中央周围，以习近平新时代中国特色社会主义思想为指导，以习近平总书记关于气象工作重要指示和视察宁夏重要讲话精神为全区气象事业发展的根本遵循，牢牢把握始终坚持党的领导、坚持服务国家服务人民的根本方向，牢牢把握气象工作关系生命安全、生产发展、生活富裕、生态良好的战略定位，牢牢把握推动气象事业高质量发展、加快建成气象强国的战略目标，牢牢把握发挥气象防灾减灾第一道防线作用的战略重点，牢牢把握加快气象科技创新、做到监测精密预报精准服务精细的战略任务，进一步解放思想、真抓实干，为努力建设黄河流域生态保护和高质量发展先行区，继续建设经济繁荣、民族团结、环境优美、人民富裕的美丽新宁夏作出新的贡献。

编　者

2021 年 11 月

凡　例

一、本志以马克思列宁主义、毛泽东思想、邓小平理论、"三个代表"重要思想、科学发展观、习近平新时代中国特色社会主义思想为指导，坚持辩证唯物主义和历史唯物主义的立场、观点和方法，坚持存真求实，繁简得当，突出时代特色和地方特色的编纂原则。力求真实、准确、系统地记载宁夏天气、气候及气象事业发展。

二、本志是1995年出版的《宁夏气象志》的续志，上限起自1991年，下限迄至2020年。其中，气候部分上溯到1961年，下至2018年。

三、本志设宁夏气候、气象业务、气象科技与人才、气象事业管理、人物和荣誉5篇20章91节，卷首设前言、凡例、彩插、概述，卷末设大事记、附录、后记。

四、本志采用章节体，一般设篇、章、节几个层次。

五、本志以志为主，图、表为辅，文、图、表相结合。表格、图片分章统一编号。

六、本志采用国家规范的现代汉语语体文、记述体，述而不论。行文力求严谨、简洁。

七、本志文字、计量单位使用规范。专业术语均为本行业气象标准专业用语。地理名称、机构名称均按当时当地习惯称呼。纪年采用公元纪年。

八、本志"人物简介"一节收录的领导干部为宁夏回族自治区气象局（以下简称宁夏气象局）厅级干部，收录的先进人物为获得国家级奖励的人员，均以生年排序。

九、本志"代表名录"一节只收入自治区党代会代表、人大代表、政协委员。

十、本志"荣誉"一章仅收入获得省部级以上荣誉。

十一、附录收入气象法规规章和对宁夏气象事业发展有重大影响的政策性文件。

十二、本志引用所有资料来自全区各级气象部门和宁夏气象档案馆，所有资料均有出处。

2001 年 6 月 13 日，自治区党委书记毛如柏（右二）召集自治区有关部门在宁夏气象局召开宁南山区旱情与气象形势分析会

2001 年 7 月 2 日，自治区政府主席马启智（中）到宁夏气象局调研指导

　　2004 年 4 月 11 日，中国气象局局长秦大河（前排右三）和自治区政府副主席赵廷杰（前排右一）到固原市气象局调研指导

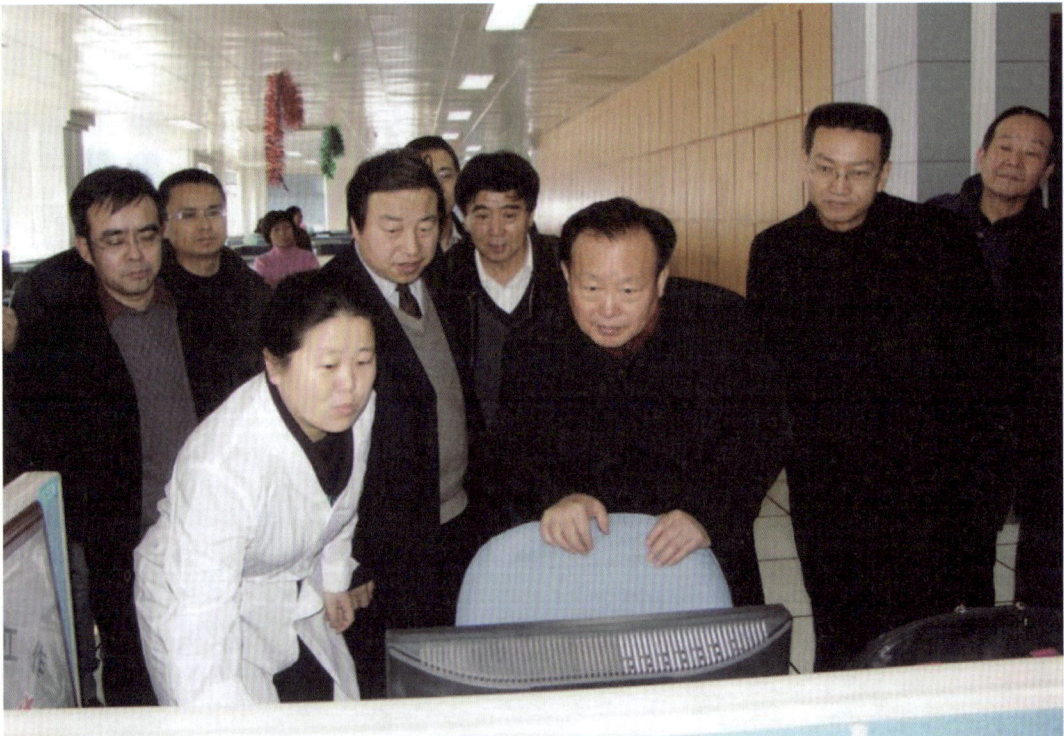

　　2008 年 2 月，自治区党委书记陈建国（右三）在宁夏气象局调研指导

2010年1月23日，自治区政府主席王正伟（前左一）在宁夏气象局调研指导

2011年9月5日，中国气象局局长郑国光（左）与自治区党委书记张毅（右）在银川会面

2011 年 9 月 6 日，中国气象局局长郑国光（前排右三）在宁夏气象局调研指导

2014 年 1 月 30 日，自治区党委书记李建华（中）在宁夏气象局调研指导

2017 年 2 月 21 日，自治区政府主席咸辉（右二）到宁夏气象局调研指导

2019 年 10 月 18 日，中国气象局局长刘雅鸣（右）与自治区政府主席咸辉（左）在银川签署新一轮省部合作协议

2004 年，探测中心气象计量技术人员开展气压观测仪器检定

2010 年，银川国家基准气候站工作人员开展浅层地温观测

2015 年，固原市气象局业务人员开展农业气象观测

2017 年，灵武市气象局工作人员夜间抢修长流水社区自动气象站

2018 年，实现自动观测的六盘山气象站

2018 年，银川市新一代天气雷达观测塔楼

2000年，宁夏气象台预报员绘制天气图

2008年，银川市气象局业务人员在银川奥运火炬传递现场开展气象服务

2012年，业务人员开展人工增雪作业

2016年，吴忠市气象局工作人员就春播天气情况接受记者采访

2017年，宁夏气象局就降雪气象服务情况接受电视台采访

2018年，自治区成立60周年庆祝活动人工消减雨指挥现场

2010 年，气象科研所研究人员开展马铃薯节水试验研究

2016 年，启动气象防灾减灾科普宣传

2018 年，科研所农业气象专家向种植户开展张杂谷高产栽培气象知识讲解

2019 年，世界气象日向学生讲解气象观测知识

2001年，宁夏气象局举办第四届运动会

2017年，宁夏气象局召开全区气象部门党建纪检工作会议

2018年，气象服务中心党支部联合贺兰山森林管理局党支部开展主题党日活动

2019年，宁夏气象局举办歌唱我和我的祖国活动

目　录

第三篇　气象科技与人才

第四篇　气象事业管理

第五篇　人物和荣誉

概　　述

宁夏地处祖国西北地区东部、黄河中上游,与内蒙古、甘肃、陕西相邻。地形南北狭长,地势南高北低,南北长约456千米、东西宽约250千米。黄土高原、鄂尔多斯台地、洪积冲积平原和六盘山、罗山、贺兰山山地等均有分布。

一

宁夏属典型的大陆性气候,南北气候差异十分显著。在我国的气候区划中跨越三个气候区,最南端的六盘山区属半湿润区,卫宁平原以北属干旱区,其他地区为半干旱区。根据气候条件、农牧业分布、生态环境状况以及传统习惯,把宁夏划分为南部山区、中部干旱带、北部引黄灌区。宁夏气候温凉,光照充足,太阳辐射强,降水少。

气温北高南低,季节变化明显,日较差大。冬季最低,夏季最高,春季高于秋季。近58年(1961—2018年,下同),全区年平均气温8.4 ℃,六盘山最低,大武口和中宁最高。全区平均气温日较差为12.9 ℃,六盘山最小,兴仁最大。全区稳定通过0 ℃期间的积温为1583.6～4142.1 ℃·天,引黄灌区、中部干旱带和南部山区的平均值分别为3933.5 ℃·天、3537.5 ℃·天、2581.2 ℃·天。稳定通过10 ℃期间的积温为519.8～3655.7 ℃·天,引黄灌区、中部干旱带和南部山区的平均值分别为3424.6 ℃·天、2927.3 ℃·天、1818.0 ℃·天。总体热量资源较好,南部山区热量强度相对较弱。

气候干燥,降水稀少,全区有约50%的面积年降水量不足200毫米,是全国降水最少的地区之一。全区年平均降水量为283.0毫米,各地降水量在175.9～644.8毫米,差异很大,自南向北逐渐减少,泾源最多为644.8毫米,惠农最少为175.9毫米。引黄灌区在200毫米以下,中部干旱带在200～400毫米,南部山区超过400毫米。降水季节分配不均匀,夏季最多,占年降水量的55%～63%,其次为秋季、春季,分别占年降水量的19%～24%、15%～21%,冬季最少,大多数地区降水量不足10毫米。宁夏降水主要集中在5—9月,约占年降水量的80%。

全区年平均日照时数为2822.2小时,由北向南呈减少的趋势,隆德2260.9小时,为全区最少;石炭井3071.0小时,为全区最多。引黄灌区为2876.4～3071.0小时,是全区日照最多的地区;中部干旱带为2702.1～2976.9小时;南部山区为2260.9～2552.6小时,是全区日照最少的地区。全区日照时数夏季最多,冬季最少,春季大于秋季。

全区各地年太阳总辐射为每平方米5195～6344兆焦耳,大部分地区高于每平方米5800兆焦耳,中北部高于南部山区。中部干旱带及以北各地除贺兰山、大武口、海原年太阳总辐射介于每平方米5800～6000兆焦耳外,其他地区均高于每平方米6000兆焦耳,属于全区太阳能资源丰富区域。南部山区年太阳总辐射均低于每平方米5800兆焦耳,是全区太阳能资源最少的地区。

宁夏地形复杂,受地形影响,各地风速差别显著。全区年平均风速为1.9～6.0米/秒,呈现由北向南增大的趋势,六盘山最大,大武口最小。引黄灌区年平均风速较小,为2.4米/秒;中部干旱带和南部山区年平均风速较大,分别为3.1米/秒、3.2米/秒。全区存在3条风资源丰富带,分别位于北部的贺兰山脉,中部地区的香山—罗山—麻黄山,南部山区的西华山—南华山—六盘山。

在全球变暖背景下,近 58 年全区年平均气温表现为明显的升高趋势,近 30 年(1989—2018 年)变暖更加明显。冬季和春季增暖趋势突出。年平均最高气温每 10 年上升 0.34 ℃,年平均最低气温每 10 年上升 0.47 ℃,年平均最低气温上升高于年平均最高气温。

近 58 年宁夏年降水量没有显著的变化趋势,但 2012 年以来,降水增多。降水年际变率大,最多的 1964 年全区平均降水量 453.0 毫米,最少的 1983 年仅为 161.7 毫米。

二

宁夏由于地势起伏及下垫面性质的差异,气象灾害发生频繁。主要气象灾害有干旱、暴雨、大风、沙尘暴、冰雹、雷电、霜冻、干热风等,具有区域性、阶段性、季节性以及突发性等特点。据统计,宁夏发生的各类自然灾害中,气象灾害占 80%以上。

全区旱灾主要发生在中部干旱带和南部山区。引黄灌区虽然降水稀少,但由于有黄河灌溉,灾害影响不大。全区年均干旱总日数在 91～239 天,陶乐、中宁最多。引黄灌区各地干旱日数均在 210 天以上,中部干旱带在 193～220 天,南部山区各地在 180 天以内。由于宁夏降水日数和降水量少,季节连旱等情况时有发生。干旱发生频率高、持续时间长、影响范围广、后延影响大,成为影响农业生产最严重的气象灾害,也是主要畜牧气象灾害。

全区暴雨高发地带主要集中在贺兰山沿山、六盘山地区及南部山区,泾源最多,近 58 年累积达 46 次。大暴雨很少发生,1961 年以来,各地累计仅出现过 9 次,其中大武口 2 次,贺兰、平罗、银川、盐池、麻黄山、隆德、泾源分别 1 次。贺兰山沿山出现特大暴雨。暴雨会导致严重的城市内涝,造成房屋、公共设施损坏,甚至造成人员伤亡。此外,暴雨还可能造成河湖泛滥,引发山洪、滑坡、泥石流等地质灾害。

全区大风日数空间分布不均,惠农、麻黄山年均多达 40 天以上,六盘山年均达 123 天,其他大部地区年均大风日数为 10～20 天,贺兰、永宁、陶乐、西吉、隆德大风日数最少,年均在 10 天以下。春季多,夏季少。年大风日数在近 58 年呈减少趋势。2000 年之前为相对较多时期,大多数年份在 15 天以上;2003 年之后为相对较少时期,大多数年份在 10 天以下。宁夏的风灾常与冰雹、雷雨、寒潮和沙尘等相伴。

全区沙尘暴空间分布呈现中北部多、南部少的格局。中部盐池地区是宁夏沙尘暴多发区,年均 13.9 天;其次为同心和陶乐,年均 8.2 天;南部山区沙尘暴发生较少,泾源、隆德、西吉及六盘山最少,年均不到 1 天。沙尘暴春季最多,秋季最少。近 58 年沙尘暴呈现明显的下降趋势,并且自 2002 年起,沙尘暴日数显著减少。

全区冰雹一般发生在 3 月中旬至 10 月下旬,主要集中在 6—9 月,且自南向北呈现递减特征,年均不足 2.5 天。最多出现在六盘山一带,年均达 3 天以上。同心及其以北地区冰雹日数较少,年均不足 1 天。宁夏年均冰雹日数呈逐年减少趋势。冰雹虽然持续时间不长,但给局部地区农业造成严重损失。

全区各地年均雷暴日数在 13.3～28.1 天。雷暴多发生于南部山区,年均雷暴日数在 22 天以上,泾源最多,达 28.1 天;引黄灌区大部的年均雷暴日数为 13.3～19.8 天,中部的青铜峡、吴忠一带年均雷暴日数不足 15 天。雷电极易造成人员伤亡和财产损失。

全区早霜冻出现在 9—10 月,晚霜冻发生在 4—5 月。早霜冻初日自北向南逐渐提前,晚霜冻终日自北向南逐渐推迟。南部山区是全区晚霜冻终日出现最晚的地区,一般出现在 4 月下旬至 5 月下旬,其中六盘山出现最晚。引黄灌区和中部干旱带晚霜冻终日一般出现在 4 月中旬至 5 月上旬,其中吴忠和永宁出现最早。宁夏无霜期为 122～186 天,全区平均 169 天,其中南部山区仅有 122～163 天,而引黄灌区和中部干旱带无霜期达到 155～186 天。宁夏每年都有不同程度的霜冻灾害发生,农作物及经济林果容易受灾。

干热风是在小麦扬花灌浆期发生的一种高温低湿并伴有一定风力的气象灾害。6 月中旬至 7 月上中旬出现的干热风对小麦危害最重,此时正值春小麦开花至灌浆乳熟期,可使籽粒秕瘦,千粒重下降。干热风主要出现在宁夏北部引黄灌区,轻度干热风相对较多。

宁夏还出现过龙卷风、高温、寒潮、雪灾等其他气象灾害,以及洪涝、泥石流、山体滑坡等次生灾害。近年来,在全球气候变暖的背景下,宁夏极端天气气候事件发生频率总体提高,强度相对增强。

三

1991 年以来,宁夏气象事业进入快速发展时期,气象观测网络不断完善,基本形成了门类齐全、布局合理的地基、空基和天基相结合的综合观测系统。预报准确率稳步提升,预报精细化程度不断提高,预报时间尺度不断延长。气象防灾减灾和气象服务能力明显增强,服务效益显著。

地面气象观测站网布局持续优化。一是 2005 年新建沙湖站,2007 年恢复重建贺兰山站。截至 2020 年年底,全区共有国家级气象观测站 27 个;二是从 2001—2020 年,先后对银川、贺兰等绝大部分气象站的类别及观测时次、观测项目做了调整,银川、固原、六盘山站调整为国家基准气候站,其他站一部分调整为国家基本气象站,一部分调整为国家一般气象站,部分气象站增加了酸雨、沙尘暴、土壤水分、电线积冰、大气成分等观测项目;三是全区国家级气象观测站自 2003 年开始,分台站类型、分观测项目逐步进行自动化建设。2020 年 4 月 1 日,全区所有国家级气象观测站全部开始自动化业务运行。此外,全区还陆续建成区域自动气象站 948 个,站点密度大幅提高。

高空气象探测业务系统进一步完善。2002 年银川探空站布设了 GFE(L)Ⅰ型二次测风雷达,与 GTS Ⅰ型数字电子探空仪配合进行高空探测,高空探测的精度和自动化程度明显提高。

1995 年,宁夏农业气象服务中心开始开展卫星遥感工作,开展全区植被长势和森林火灾遥感监测服务,以后逐步增加了干旱、沙尘、霜冻、黄河河道、植被生态质量、主要湖泊水体、城市热岛、荒漠化、盐渍化等遥感监测评估业务。2018 年,宁夏回族自治区生态气象遥感中心成立后,积极开展业务能力建设,推进遥感应用体系建设,进一步加强生态文明气象保障服务。

天气雷达监测实现全覆盖。在银川、固原、吴忠建成 3 部新一代多普勒天气雷达,中卫 711 型天气雷达升级改造为 713C 型天气雷达,显著增强了对暴雨等灾害性天气的监测能力。

探测领域不断拓展。2001—2007 年,在银川、大武口、平罗、吴忠、固原、中卫建成 6 个酸雨观测站,进行降水的酸碱度和电导率观测。2012 年、2015 年分别建成银川、平罗 2 个大气成分观测站,开展 PM_{10}、$PM_{2.5}$ 和 PM_1 监测。布设银川、大武口等 21 个生态观测站点,开展植被、湖水、大气沉降、土壤湿度等生态项目观测。此外,全区还建有 5 个闪电监测站,9 座风能资源观测测风塔,29 个交通气象观测站,37 个土壤水分观测站,21 个农业气象观测站,111 个农田小气候观测站等应用气象观测站网,探测领域不断拓宽。

预报准确率稳步提升,预报精细化程度不断提高。宁夏天气预报业务分为区级和市县级两级,分别由宁夏回族自治区气象台(以下简称宁夏气象台)和市县气象台承担,并形成了逐级指导的业务技术体制。全区天气预报业务自 20 世纪 80 年代开始,由经验预报为主的传统预报逐步向数值预报为主的现代预报转变,预报工具、预报技术、预报方法不断发展。80 年代中期之后,采取计算机传输系统,开展实时业务系统建设,建成自动填图系统、实时资料库系统、图形显示系统、卫星雷达数字化系统、短中长期和短时业务系统。1998 年,短期预报 MICAPS 人机交互系统工作平台投入业务运行,结束天气图靠手工分析的历史,并开始制作发布分县要素预报。21 世纪以来,数值预报快速发展,宁夏天气预报技术完成由传统手工为主的定性分析方式向智能化、客观、定量分析方向迈进的重大变革。2005 年,视频会商系统正式投入业务,开始开展可视化天气会商,开展短时临近预报业务、6 小时雷达定量降水估测业务,发布气象灾害预警信号。2014 年开始,开展天气预报业务集约化调整,重点加强区级预报产品制作和指导职能,强化市县级天气监测预警和对区级天气预报的实况订正、应用服务职能。2015 年 6 月起,正式开展全区行政村精细化要素预报业务。2016 年,宁夏智能化集约化预报业务平台投入业务。2018 年年底,天气预报由传统的站点预报正式转变为 5 千米、1 千米智能网格预报。

气候预测与评价逐步开展。1991—1999 年,开展月、季、年气候影响评价、气候异常诊断分析、短期气候预测业务工作。2010 年开始,为加强气候和气候变化工作,重点开展极端气候事件监测指标、评估方法研究与系统建设,制定宁夏极端天气气候事件指标体系,初步建立包括极端高温、低温、降水、干旱等天气气候事件监测业务。多年来,不断加强异常天气气候事件监测,不定期形成《极端天气气候事件监测报告》《气象干旱监测报告》《重要气候信息》等各类气候监测报告。同时,开展气候评价业务,制作发布《月气候影响评价》《季气候影响评价》《年气候影响评价》和《年气候公报》等。

气象服务能力明显增强。宁夏气象部门始终以"决策气象服务让政府满意,公众气象服务让群众满意,专业气象服务让用户满意"为目标,大力发展气象服务。各级气象部门把决策气象服务放在首位,围绕防汛抗旱、森林防火、工农业生产、气候资源开发利用、生态保护等提供决策气象预报情报科技支撑,努力当好决策参谋。"政府主导、部门联动、社会参与"的气象防灾减灾体系不断完善,全区气象部门与防汛、自然资源、应急管理、农业农村、生态环境、交通运输等部门建立气象灾害防御联动机制,统筹组织开展气象灾害防御工作。各级气象部门坚持"一年四季不放松,每个过程不放过",完善决策服务周年方案,服务内容逐步得到充实,服务手段方式不断改进。在 1993 年 5 月 5 日特大沙尘暴天气、2018 年 7 月 22 日贺兰山沿山大暴雨等重大灾害性天气,以及自治区成立 50、60 周年大庆、中阿博览会等重大社会活动中,预报预警准确,服务周密及时,多次受到自治区党委和政府的肯定。

公众气象服务覆盖面不断扩大。20 世纪 90 年代以前,主要是通过广播播出短期天气预报。随着经济社会发展和科技进步,逐步增加了报刊、电视、电话自动答询等天气预报传播途径。近年来公众气象服务途径不断拓宽,手机短信、微信微博、抖音、互联网等新媒体得到广泛应用,在向社会公众定时发布全区或当地短期天气预报基础上,不定时根据天气演变发布灾害性天气预警信号和短时临近天气预报。

专业气象服务领域不断拓宽。2000 年,宁夏气象部门开展旅游指数、人体舒适度、出行指数、紫外线指数等专业气象指数预报,并通过电视台、网站等方式进行发布,指导公众出行。2008 年 5 月开始,宁夏气象台与宁夏交通部门合作开展道路交通气象预报服务,发布全区高速、国道、省道路段天气预报和出行指数预报。2012 年,开始为风电场提供短期、超短期风电功率预报服务。近年来生态气象服务也逐步开展,利用卫星遥感加强森林草原火情监测,发布森林火险气象预报警报。与生态环境部门联合开展空气质量预报,开展大气污染防治气象服务。以气象监测精准到乡镇、预报精准到村、预警精准到户、服务精准到业、"产研服"精准到点为目标,统筹推进气象助力脱贫工作,切实发挥气象在脱贫中"趋利避害、减负增收"的作用。

人工影响天气作业体系不断完善。宁夏人工影响天气经过不断探索,逐步形成以高炮防雹作业、火箭增雨雪作业、地面烟炉作业和飞机人工增雨作业相互补充的立体作业系统。截至 2020 年年底,全区共布设"三七"型双管高炮 52 门,设置防雹作业点 60 个;布设火箭发射架 90 部,设置增雨雪作业点 171 个;布设地面烟炉作业点 20 个,设置飞机人工增雨作业基地 1 个。人工影响天气作业人员近 300 人。2013 年以来,年均高炮防雹作业 90 余次,经评估年均保护面积约 1.9 万平方千米;年均火箭增雨雪作业约 230 次,经评估年均作业面积约 29 万平方千米,年均增加降水约 4.6 亿立方米。1991—2020 年,年均飞机增雨作业约 18 架次,经评估区内年均作业面积约 53.5 万平方千米,30 年累计增加降水约 153 亿立方米。人工影响天气为防御雹灾、缓解旱情、改善生态环境发挥了积极作用。

气象通信现代化建设成效显著。20 世纪 90 年代初期,气象通信主要使用微机转报系统和超短波辅助通信。2000 年,区气象局到市县气象局站开通分组交换网,大大提高了获取信息的能力。2004 年建成 2 M 宽带通信网络,此后经过多次提速升级,区局至中国气象局网络带宽达到 520 M,区局至市局网络带宽达到 200 M,区级至县局网络带宽达到 100 M,区局至县站网络带宽达到 10 M,并实现电信和移动公司线路互为备份,地面有线通信能力大幅提升。1996 年,在全区 15 个气象台站建成卫星气象单向数据接收站(PCVSAT 接收站),实现了卫星数据传输和通话。2012 年,卫星数据广播系统 CMACast 投入运行,取代 PCVSAT 和 DVB-S1 系统,通信稳定性得到提高。2017 年、2019 年先后在平罗、大武口建成风云三号、风云四号气象卫星地面接收站,气象卫星通信网络不断健全。建成宁夏智能化综合气象业务服务共享管理平台,实现各类业务系统一级部署、区市县三级应用,全区气象数据实现区级集中管理、统一共享和全流程监控。与民航、水利、农业农村等 10 余个部门实现信息共享和数据融合应用。

建设了核心万兆的区级业务局域网,核心千兆的市县级业务局域网。高性能计算机应用能力不断加强,2002 年建成高性能计算环境,开启高性能计算机应用的进程,峰值浮点运算速度可达 103G flops。2009 年起引进曙光高性能计算机,经过 4 年的持续投资建设形成高性能集群服务器,数据存储容量达到 3000 TB,CPU 核心数量达到 256 个,其理论浮点运算速度峰值达到 1 万亿次/秒,为天气预报和科研提供数值计算支持。

四

随着宁夏气象事业快速发展,科技创新和人才体系不断优化,创新活力不断增强。

气象科技创新能力不断提升。不断完善科技创新体系,建立健全科技管理机制,推进科技创新平台建设,促进气象科技成果转化应用。先后设立科技教育处、科技与预报处等管理机构,归口管理气象科技工作。制定出台《宁夏气象局气象科研项目管理办法》《宁夏气象局科学技术工作奖励办法》等科技管理制度。1999 年 12 月,依托宁夏气象科研所成立了宁夏气象防灾减灾重点实验室;2015 年,依托省部合作,建立中国气象局旱区特色农业气象灾害监测预警与风险管理重点实验室。此外,还成立了宁夏气象局技术委员会,加强科技工作的指导,进一步提高科技创新能力。

1991 年以来,宁夏气象局围绕全区经济社会发展和宁夏气象业务现代化需求,依托宁夏气象防灾减灾重点实验、中国气象局旱区特色农业气象灾害监测预警与风险管理重点实验室,聚焦宁夏气象业务服务重点难点以及关键核心技术问题,以智能网格预报、客观化气候预测、气象灾害预警、人工影响天气、公共气象服务、农业气象灾害风险管理等为重点,组织开展核心技术攻关,先后承担科技部项目 9 项、国家自然科学基金 23 项、中国气象局科研项目 84 项、自治区科研项目 115 项。科研成果丰富,获得国家级科技奖励 2 项、省部级科技奖励 38 项;发表论文近 2000 篇,其中 SCI/SCIE/EI 发表论文 5 篇,国内核心期刊发表论文 410 余篇;出版科技论著 8 部,获得专利 11 项。2010 年以来,自主研究开发的 140 余项科技成果投入业务应用。

气象队伍整体素质明显提高。宁夏气象局将人才培养纳入长期发展规划和年度工作计划,以岗位培训为主,以继续教育为抓手,以硕士、博士研究生培养引进为重点,切实提高干部职工队伍整体素质,促进业务技术骨干和学科带头人的成长。积极营造干事创业的良好氛围和有利于人才脱颖而出的良好环境,干部职工队伍整体素质不断提高,高层次人才不断涌现。1990 年,全区气象部门共有在职职工 854 人,其中在编职工 808 人,编外职工 46 人。在编职工中,硕士研究生 2 人,大学本科 107 人,大专 102 人,中专 425 人,高中及以下 172 人,分别占在编职工总数的 0.3%、13.2%、12.6%、52.6%、21.3%;高级工程师 14 人,工程师 173 人,初级职称 447 人,无职称 174 人,分别占在编职工总数的 1.7%、21.4%、55.3%、21.6%。经过 30 年的发展,截至 2020 年年底,全区气象部门共有在编在职职工 644 人。其中博士 7 人、硕士 85 人、大学本科 510 人、大专 26 人、中专 15 人、高中及以下 1 人,大专及以上学历人员占职工总数 97.5%,比 1990 年提高 71.4 个百分点,大学本科人数增长近 5 倍,硕士研究生从 2 人增加到 85 人,博士研究生从没有增加到 7 人。正研级高工 21 人、副研级高工 113 人、工程师 273 人、初级职称 209 人;中级及以上职称技术人员占职工总数 63.20%,比 1990 年提高 40.1 个百分点;副研级高工由 1990 年的 13 人增加到 2020 年的 113 人,增长 8 倍多;正研级高工从 1 人增加到 21 人,3 人聘任至专业技术二级岗位。有多人入选中国气象局“气象‘十百千’人才计划”“自治区领军人才”“自治区青年拔尖人才培养工程”“宁夏青年科技人才托举工程”和宁夏气象部门“523”人才计划。干部选拔任用更加严谨规范,干部结构更趋合理。

五

机构不断健全,台站设置更加合理。经过多轮机构改革和结构调整,根据事业发展,先后成立银川市气象局、中卫市气象局,建成沙湖气象站、贺兰山气象站、红寺堡气象站,增设政策法规处、离退休干部办公室、应急与减灾处、观测与网络处、科技与预报处等内设机构,组建了气象信息中心、气象服务中心、财务核算中心等直属事业单位,撤并了业务发展处、科技教育处、科技服务处和专业气象台、防雷中心、国资中心等管理机构或业务服务单位。截至 2020 年年底,宁夏气象局下设 10 个内设机构、9 个直属事业单位和 5 个市气象局、14 个县(市、区)气象局、8 个气象站。

气象法治建设取得新成效。先后出台了《宁夏回族自治区气象条例》《宁夏回族自治区气象灾害防御条例》《宁夏回族自治区防雷减灾管理办法》《宁夏回族自治区气象设施和气象探测环境保护办法》《宁夏回族自治区人工影响天气管理办法》《宁夏回族自治区气象灾害预警信号发布与传播办法》《宁夏回族自治区气候资源开发利用和保护办法》7 部气象法规规章。区、市、县三级气象部门全部成立了气象法制工作机构、气象行政执法队伍,取得执法资格的专兼职气象行政执法人员 90 多人。各级气象主管机构积极开展普法宣传教育和法制宣传活动,依法组织开展气象预报预警信息发布、气象信息传播、气象探测环境保护、雷电灾害防御等监督管理职责的履行,保障气象法律法规的贯彻实施。

1991—2020 年,全区气象部门共投入资金 7 亿多元用于基础设施和气象业务项目建设,台站面貌不断改善,现代化程度不断提高。

六

党的建设不断加强。宁夏气象局始终坚持以党建为引领,以培育和践行社会主义核心价值观、弘扬气象文化和“准确、及时、创新、奉献”气象精神为主线,结合时代特点,认真组织开展“三讲”、保持共产党员先进性、科学发展观、党的群众路线、"三严三实"、"两学一做"、"不忘初心、牢记使命"等主题教育,不断促进干部职工思想觉悟的提高和工作作风的转变,强化党建政治保障。截至 2020 年年底,区、市、县三级气象局均设有党组,建有 1 个机关党委,1 个党总支,42 个党支部,共有党员 606 人(含离退休党员)。先后有 11 名党员职工获得"全国先进工作者""全国五一劳动奖章"等国家级荣誉,29 个基层党组织和近 20 名党员受到中国气象局、自治区党委、区直机关工委表彰奖励,基层党组织战斗堡垒作用和党员先锋模范作用得到充分发挥。

精神文明建设成果丰硕。1995 年宁夏气象局荣获"自治区文明单位"称号,1998 年宁夏气象部门创建成自治区文明行业,此后持续多年保持文明单位、文明行业称号。截至 2020 年年底,区、市、县三级气象局全部创建成市级及以上文明单位,其中国家级文明单位 4 个,自治区级文明单位 18 个,市级文明单位 3 个。

回顾历史,宁夏气象事业发展取得可喜成就。展望未来,努力实现监测精密、预报精准、服务精细目标,更好地服务保障生命安全、生产发展、生活富裕、生态良好。

第一篇 宁夏气候

第一章 气候特征

第一节 气　温

一、年平均气温

全区年平均气温 8.4 ℃,各地为 1.5～9.9 ℃,呈北高南低分布,六盘山最低,石嘴山和中宁最高。引黄灌区气温 8.6～9.9 ℃,中部干旱带气温 7.2～9.4 ℃,南部山区气温 1.5～6.9 ℃,见图 1-1。

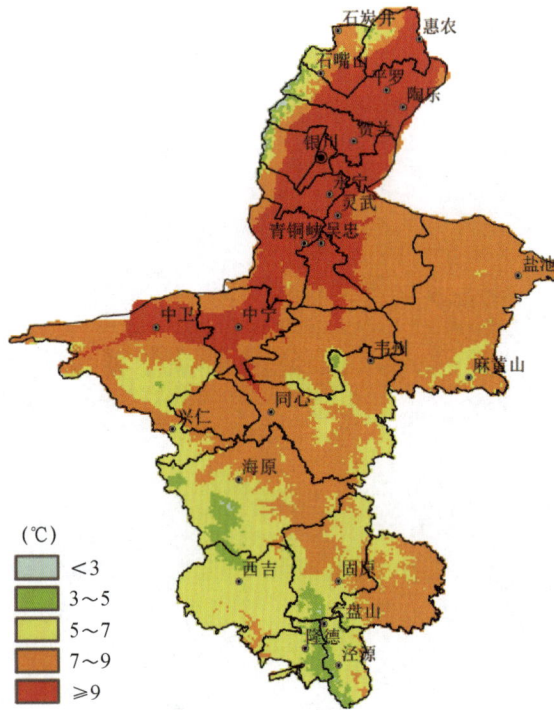

图 1-1　宁夏 1961—2018 年年平均气温分布

二、季平均气温

全区冬季气温最低,夏季气温最高,春季高于秋季。

春季,全区平均气温为 9.8 ℃,各地为 1.4～11.7 ℃,六盘山最低,石嘴山最高;引黄灌区 9.7～11.7 ℃,中部干旱带 8.2～10.9 ℃,南部山区 1.4～8.1 ℃,见图 1-2a 和表 1-1。

夏季,全区平均气温为 20.9 ℃,各地为 11.4～23.6 ℃,六盘山最低,石嘴山最高;引黄灌区 21.7～23.6 ℃;中部干旱带 19.0～22.0 ℃;南部山区 11.4～18.4 ℃,见图 1-2b 和表 1-1。

秋季,全区平均气温为 8.2 ℃,各地为 1.8～9.6 ℃,六盘山最低,中宁最高;引黄灌区 8.2～9.6 ℃,中部干旱带 6.9～9.2 ℃,南部山区 1.8～6.7 ℃,见图 1-2c 和表 1-1。

冬季,全区平均气温为—5.8 ℃,各地为—8.9～—4.6 ℃,六盘山最低,吴忠、中宁、韦州最高;引黄灌区—7.0～—4.6 ℃,中部干旱带—7.3～—4.6 ℃,南部山区—8.9～—5.3 ℃,见图 1-2d 和表 1-1。

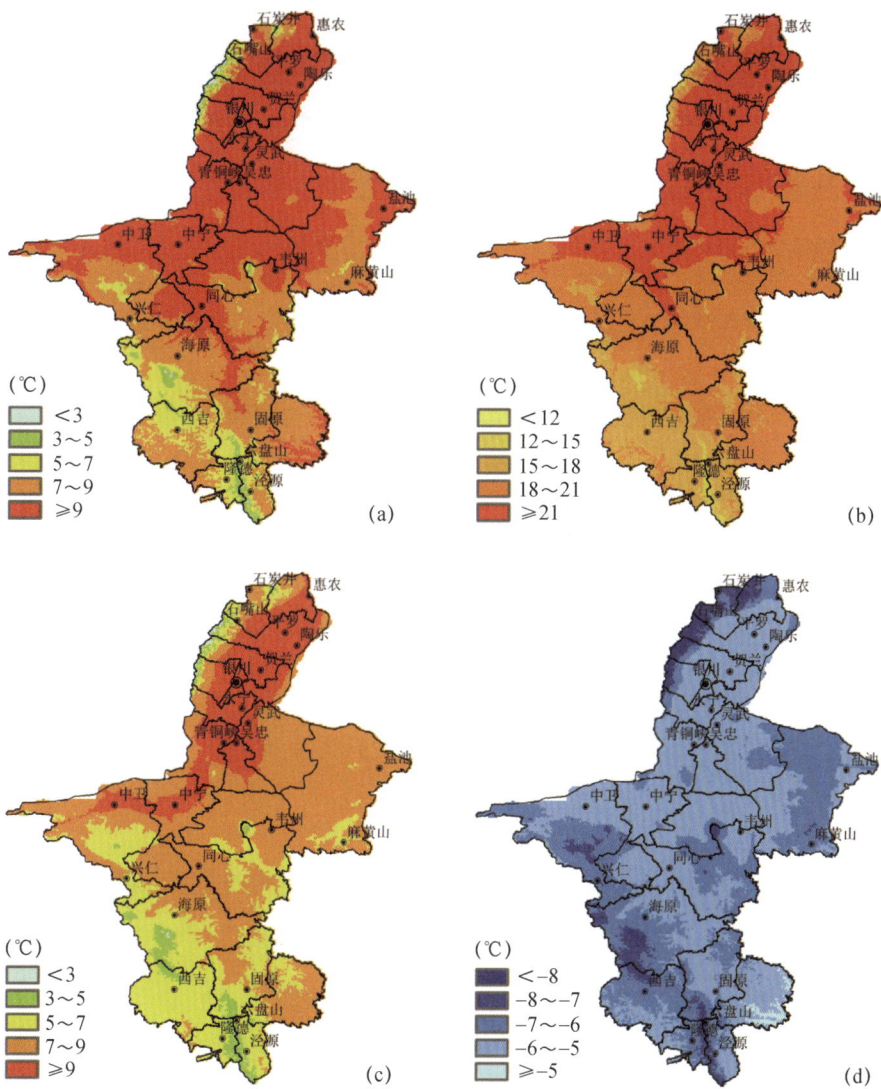

图 1-2　宁夏 1961—2018 年四季平均气温分布

(a)春季　(b)夏季　(c)秋季　(d)冬季

表 1-1　宁夏 1961—2018 年四季平均温度　　　　　　　　　　　　　单位:℃

站名	春季	夏季	秋季	冬季	全年
石炭井	9.7	22.2	8.2	−6.2	8.6
石嘴山	11.7	23.6	9.5	−5.4	9.9
惠农	10.7	22.8	9.0	−6.2	9.2
贺兰	10.8	22.5	9.0	−6.1	9.1
平罗	10.7	22.5	9.0	−6.2	9.1
吴忠	11.3	22.5	9.5	−4.6	9.7
银川	11.1	22.6	9.2	−5.7	9.4
陶乐	10.6	22.8	8.6	−7.0	8.8
青铜峡	11.2	22.1	9.3	−4.8	9.5
永宁	11.1	22.3	9.4	−5.3	9.4
灵武	11.0	22.2	8.9	−5.5	9.2
中卫	10.9	21.7	9.0	−5.4	9.1
中宁	11.6	22.5	9.6	−4.6	9.9
兴仁	8.7	20.0	6.9	−7.3	7.2

续表

站名	春季	夏季	秋季	冬季	全年
盐池	9.9	21.6	8.2	−6.3	8.4
麻黄山	8.2	19.3	7.1	−6.1	7.2
海原	8.5	19.0	7.4	−5.0	7.5
同心	10.9	22.0	9.1	−5.2	9.3
固原	8.1	18.4	6.7	−5.9	6.9
西吉	6.8	17.2	5.8	−7.0	5.8
隆德	6.5	16.3	5.7	−6.3	5.6
泾源	6.9	16.7	6.2	−5.3	6.2
韦州	10.7	21.9	9.2	−4.6	9.4
六盘山	1.4	11.4	1.8	−8.9	1.5

三、月平均气温

全区平均气温的年变化呈单峰型,平均气温最低值出现在 1 月,最高值出现在 7 月,见表 1-2。

1 月,全区平均气温为−7.6 ℃,六盘山最低为−10.0 ℃,韦州最高为−6.3 ℃。引黄灌区为−9～−6.5 ℃,中部干旱带为−9.2～−6.3 ℃,南部山区为−10.0～−6.6 ℃。

2 月,全区平均气温为−3.9 ℃,六盘山最低为−8.4 ℃,中宁最高为−2.5 ℃。引黄灌区为−4.6～−2.5 ℃,中部干旱带为−5.1～−2.7 ℃,南部山区为−8.4～−4.3 ℃。

3 月,全区平均气温为 2.9 ℃,六盘山最低为−4.1 ℃,中宁最高为 4.8 ℃。引黄灌区为 2.3～4.8 ℃,中部干旱带为 1.6～4.1 ℃,南部山区为−4.1～1.8 ℃。

4 月,全区平均气温为 10.4 ℃,六盘山最低为 1.9 ℃,石嘴山最高为 12.4 ℃。引黄灌区为 10.3～12.4 ℃,中部干旱带为 8.7～11.4 ℃,南部山区为 1.9～8.6 ℃。

5 月,全区平均气温为 16.0 ℃,六盘山最低为 6.5 ℃,中宁最高为 17.8 ℃。引黄灌区为 16.7～17.8 ℃,中部干旱带为 14.3～17.1 ℃,南部山区为 6.5～13.8 ℃。

6 月,全区平均气温为 20.1 ℃,六盘山最低为 10.3 ℃,石嘴山最高为 23.0 ℃。引黄灌区为 20.9～23.0 ℃,中部干旱带为 18.4～21.4 ℃,南部山区为 10.3～17.6 ℃。

7 月,全区平均气温为 22.0 ℃,六盘山最低为 12.4 ℃,石嘴山最高为 24.8 ℃。引黄灌区为 22.9～24.8 ℃,中部干旱带为 20.4～23.2 ℃,南部山区为 12.4～19.3 ℃。

8 月,全区平均气温为 20.4 ℃,六盘山最低为 11.5 ℃,石嘴山最高 22.8 ℃。引黄灌区为 21.1～22.8 ℃,中部干旱带为 18.6～21.6 ℃,南部山区为 11.5～18.1 ℃。

9 月,全区平均气温为 15.1 ℃,六盘山最低为 7.1 ℃,石嘴山最高为 17.1 ℃。引黄灌区为 15.9～17.1 ℃,中部干旱带为 13.5～16.2 ℃,南部山区为 7.1～12.9 ℃。

10 月,全区平均气温为 8.6 ℃,六盘山最低为 1.9 ℃,中宁最高为 10.0 ℃。引黄灌区为 8.4～10.0 ℃,中部干旱带为 7.5～9.7 ℃,南部山区为 1.9～7.1 ℃。

11 月,全区平均气温为 0.9 ℃,六盘山最低为−3.7 ℃,吴忠最高为 2.2 ℃。引黄灌区为 0.1～2.2 ℃,中部干旱带为−0.9～2.1 ℃,南部山区为−3.7～0.4 ℃。

12 月,全区平均气温为−5.7 ℃,六盘山最低为−8.2 ℃,韦州最高为−4.3 ℃。引黄灌区为−7.2～−4.5 ℃,中部干旱带为−7.4～−4.3 ℃,南部山区为−8.2～−4.8 ℃。

表 1-2 宁夏 1961—2018 年各月平均气温

单位:℃

站名	1 月	2 月	3 月	4 月	5 月	6 月	7 月	8 月	9 月	10 月	11 月	12 月
石炭井	−7.9	−4.4	2.3	10.3	16.7	21.5	23.5	21.5	15.9	8.4	0.4	−6.1
石嘴山	−7.4	−2.9	4.3	12.4	18.5	23.0	24.8	22.8	17.1	9.8	1.5	−5.6
惠农	−8.2	−4.1	3.2	11.3	17.7	22.0	24.1	22.4	16.7	9.4	0.9	−6.2

续表

站名	1月	2月	3月	4月	5月	6月	7月	8月	9月	10月	11月	12月
贺兰	−8.1	−3.9	3.5	11.5	17.5	21.7	23.8	21.9	16.4	9.4	1.2	−6.0
平罗	−8.2	−4.1	3.3	11.3	17.6	21.7	23.8	22.0	16.4	9.3	1.1	−6.2
吴忠	−6.5	−2.7	4.4	12.0	17.7	21.7	23.8	21.6	16.3	9.8	2.2	−4.5
银川	−7.7	−3.5	3.9	11.7	17.7	21.9	23.8	22.0	16.5	9.6	1.6	−5.6
陶乐	−9.0	−4.6	2.9	11.1	17.6	22.0	24.1	22.3	16.5	9.1	0.1	−7.2
青铜峡	−6.6	−2.9	4.1	11.9	17.5	21.4	23.4	21.6	16.2	9.7	2.1	−4.7
永宁	−7.3	−3.2	4.0	11.8	17.5	21.5	23.6	21.8	16.4	9.8	2.0	−5.2
灵武	−7.5	−3.4	3.9	11.7	17.5	21.5	23.5	21.7	16.1	9.1	1.5	−5.3
中卫	−7.4	−3.2	4.1	11.7	17.1	20.9	22.9	21.1	15.9	9.4	1.6	−5.3
中宁	−6.6	−2.5	4.8	12.3	17.8	21.7	23.8	22.1	16.7	10.0	2.1	−4.6
兴仁	−9.2	−5.1	1.8	9.2	15.1	19.3	21.1	19.6	14.2	7.5	−0.9	−7.4
盐池	−8.2	−4.4	2.7	10.4	16.5	21.0	22.8	20.9	15.3	8.6	0.5	−6.2
麻黄山	−7.6	−4.6	1.6	8.7	14.3	18.7	20.4	18.7	13.6	7.5	0.2	−5.9
海原	−6.5	−3.7	2.2	9.0	14.3	18.4	20.1	18.6	13.5	7.8	0.9	−4.7
同心	−7.2	−3.1	4.1	11.4	17.1	21.4	23.2	21.6	16.2	9.7	1.5	−5.3
固原	−7.6	−4.3	1.8	8.6	13.8	17.6	19.3	18.1	12.9	7.1	0.1	−5.8
西吉	−8.7	−5.3	0.8	7.3	12.4	16.1	18.2	17.2	12.1	6.2	−0.9	−7.0
隆德	−7.8	−4.8	0.8	6.9	11.7	15.2	17.2	16.4	11.7	6.0	−0.6	−6.2
泾源	−6.6	−4.4	1.0	7.4	12.2	15.8	17.6	16.5	11.8	6.4	0.4	−4.8
韦州	−6.3	−2.7	3.9	11.3	16.9	21.4	23.2	21.3	16.0	9.5	2.1	−4.3
六盘山	−10.0	−8.4	−4.1	1.9	6.5	10.3	12.4	11.5	7.1	1.9	−3.7	−8.2

四、平均最高气温和平均最低气温

(一)平均最高气温

全区年平均最高气温为 15.3 ℃,呈北高南低分布,六盘山最低为 6.0 ℃,中宁最高为 17.1 ℃。引黄灌区为 14.5～17.1 ℃,中部干旱带为 13.0～16.8 ℃,南部山区为 6.0～13.3 ℃,见图 1-3。

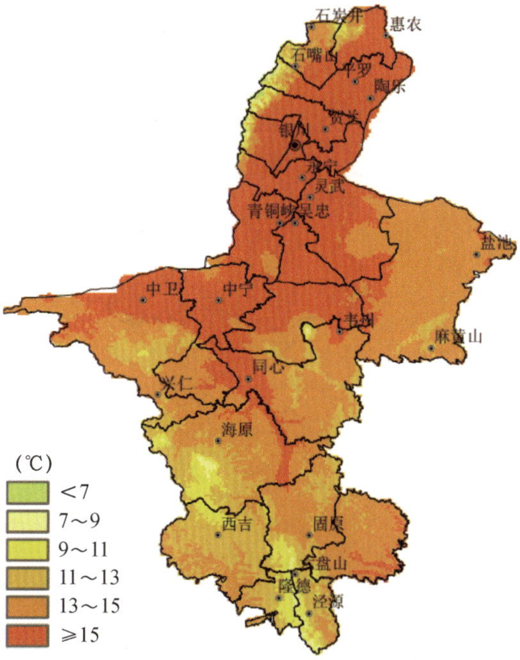

图 1-3 宁夏 1961—2018 年平均最高气温分布

1月,全区平均最高气温为—0.2 ℃。六盘山—5.5 ℃,为全区最低;同心1.2 ℃,为全区最高。引黄灌区为—1.8～1.0 ℃,中部干旱带为—1.9～1.2 ℃,南部山区为—5.5～—0.1 ℃。

4月,全区平均最高气温为17.8 ℃。六盘山7.2 ℃,为全区最低;中宁20.1 ℃,为全区最高。引黄灌区为16.5～20.1 ℃,中部干旱带为15.2～19.2 ℃,南部山区为7.2～15.4 ℃。

7月,全区平均最高气温为28.3 ℃。六盘山16.7 ℃,为全区最低;石嘴山31.2 ℃,为全区最高。引黄灌区为29.1～31.2 ℃,中部干旱带为25.9～30.1 ℃,南部山区为16.7～25.2 ℃。

10月,全区平均最高气温为15.8 ℃。六盘山6.2 ℃,为全区最低;中宁17.8 ℃,为全区最高。引黄灌区为14.8～17.8 ℃,中部干旱带为13.1～17.1 ℃,南部山区为6.2～13.2 ℃。

(二)平均最低气温

全区年平均最低气温2.4 ℃,呈北高南低分布。六盘山—1.7 ℃,为全区最低;吴忠4.0 ℃,为全区最高。引黄灌区为2.2～4 ℃,中部干旱带为0.3～3.1 ℃,南部山区为—1.7～1.3 ℃,见图1-4。

1月,全区平均最低气温为—13.3 ℃,兴仁—16.0 ℃,为全区最低;海原—10.9 ℃,为全区最高。引黄灌区为—15.1～—11.8 ℃,中部干旱带为—16.0～—10.9 ℃,南部山区为—14.9～—11.8 ℃。

4月,全区平均最低气温为3.5 ℃,六盘山—1.7 ℃,为全区最低;中宁5.3 ℃,为全区最高。引黄灌区为3.3～5.3 ℃,中部干旱带为1.7～4.6 ℃,南部山区为—1.7～2.5 ℃。

7月,全区平均最低气温为16.1 ℃,六盘山9.5 ℃,为全区最低;石嘴山18.5 ℃,为全区最高。引黄灌区为16.5～18.5 ℃,中部干旱带为14.3～17.3 ℃,南部山区为9.5～13.6 ℃。

10月,全区平均最低气温为3.0 ℃,六盘山—0.8 ℃,为全区最低;吴忠4.4 ℃,为全区最高。引黄灌区为2.2～4.4 ℃,中部干旱带为1.3～4.2 ℃,南部山区为—0.8～2.3 ℃。

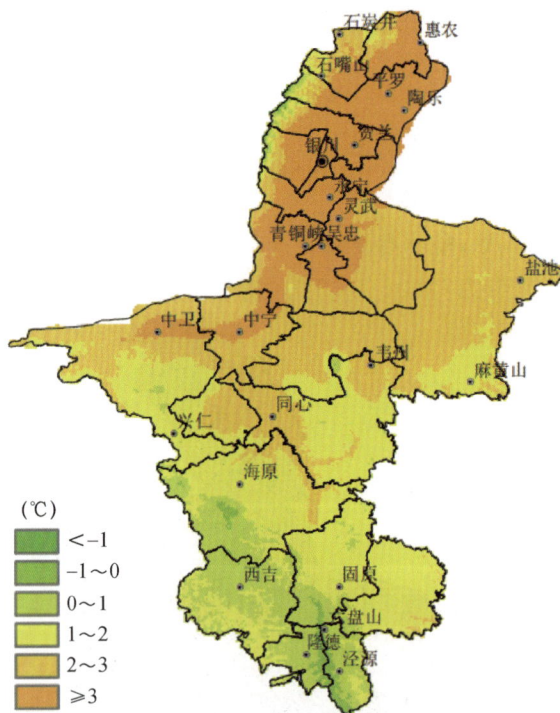

图 1-4 宁夏 1961—2018 年平均最低气温分布

五、气温年变化

(一)气温年变化

全区冬季气温最低,夏季气温最高,春季气温高于秋季。1—6月气温逐渐升高,7月达到最高,8—12月气温逐渐下降,见图1-5。

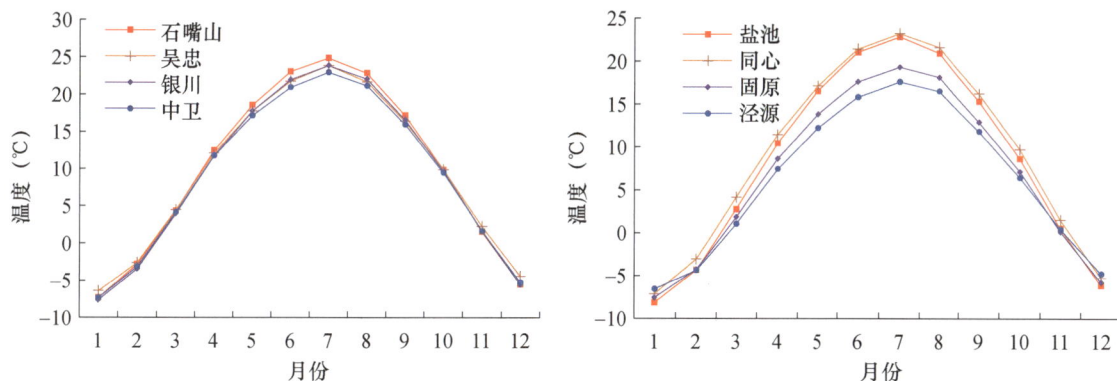

图 1-5 宁夏 1961—2018 年各代表站平均气温年变化

(二)气温年较差

全区平均气温年较差为 29.6 ℃,呈自南向北逐渐递增。六盘山 22.4 ℃,为全区最小;陶乐 33.1 ℃,为全区最大。引黄灌区为 30.0～33.1 ℃,中部干旱带为 26.6～31.0 ℃,南部山区为 22.4～ 26.9 ℃,见图 1-6。

(三)气温日较差

全区平均气温日较差为 12.9 ℃,六盘山 7.7 ℃,为全区最小;兴仁 14.6 ℃,为全区最大。引黄灌区 为 11.7～14.1 ℃,中部干旱带为 10.5～14.6 ℃,南部山区为 7.7～12.8 ℃,见图 1-7。

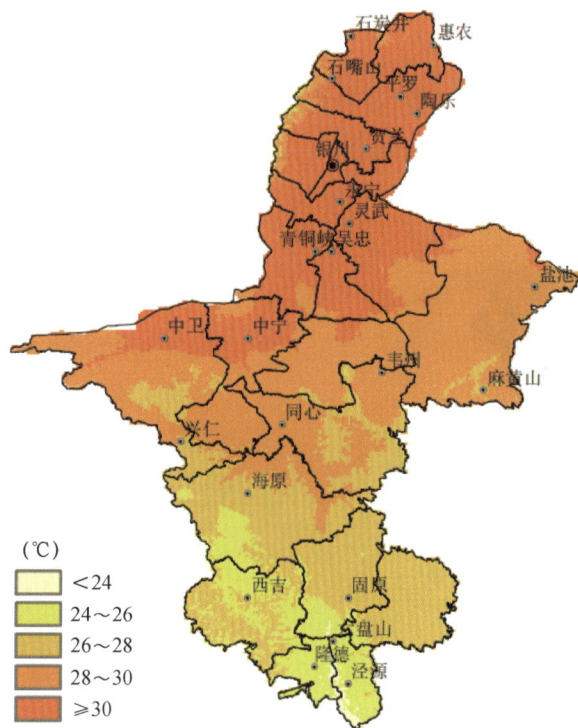

图 1-6 宁夏 1961—2018 年平均气温年较差空间分布　　图 1-7 宁夏 1961—2018 年平均气温日较差分布

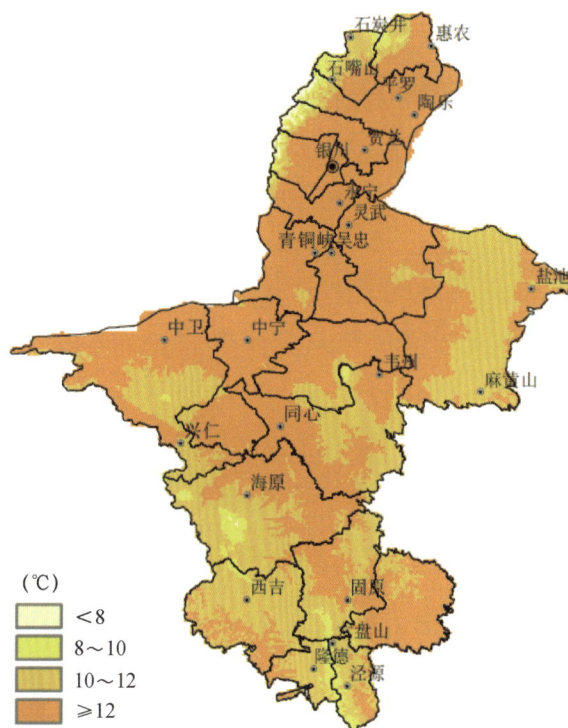

1 月,全区平均气温日较差为 12.8 ℃,六盘山 7.7 ℃,为全区最小;兴仁 16.1 ℃,为全区最大。引黄 灌区为 11.1～14.7 ℃,中部干旱带为 9.9～16.1 ℃,南部山区为 7.7～14.6 ℃。

4 月,全区平均气温日较差为 14.0 ℃,六盘山 8.9 ℃,为全区最小;灵武 16.0 ℃,为全区最大。引黄 灌区为 12.8～16.0 ℃,中部干旱带为 12.0～15.4 ℃,南部山区为 8.9～14.1 ℃。

7 月,全区平均气温日较差为 12.0 ℃,六盘山 7.2 ℃,为全区最小;兴仁 13.6 ℃,为全区最大。引黄灌区为 11.4～13.0 ℃,中部干旱带为 10.8～13.6 ℃,南部山区为 7.2～11.9 ℃。

10 月,全区平均气温日较差为 12.5 ℃,六盘山 7.0 ℃,为全区最小;灵武 15.4 ℃,为全区最大。引黄灌区为 11.9～15.4 ℃,中部干旱带为 9.8～13.9 ℃,南部山区为 7.0～11.2 ℃。

(四)气温日较差年变化

全区平均日较差最大出现在 4 月(8.9～16.0 ℃),引黄灌区大部日较差最小出现在 12 月(7.3～14.8 ℃),中部干旱带和南部山区日较差最小出现在 9 月,见图 1-8。

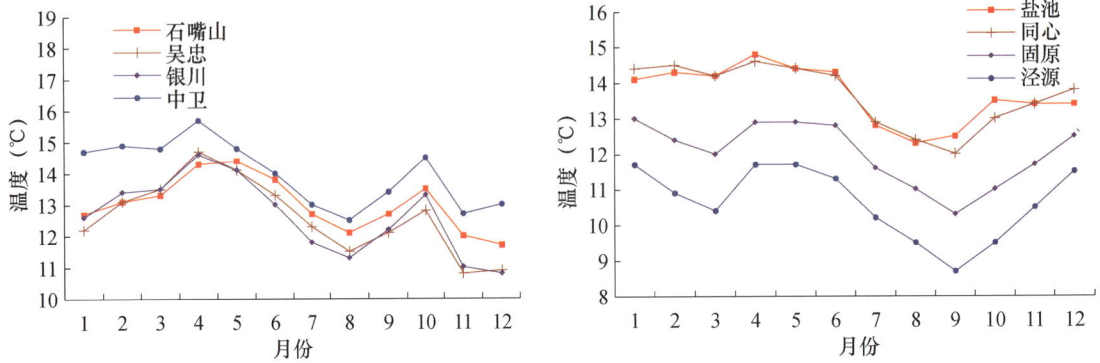

图 1-8 宁夏 1961—2018 年各代表站平均气温日较差年变化

第二节 降水量

一、年降水量

全区年平均降水量为 283.0 毫米,各地降水量在 175.9～644.8 毫米,差异很大,自南向北逐渐减少,泾源最多,惠农最少。引黄灌区在 200 毫米以下,中部干旱带在 200～400 毫米,南部山区超过 400 毫米,见图 1-9。

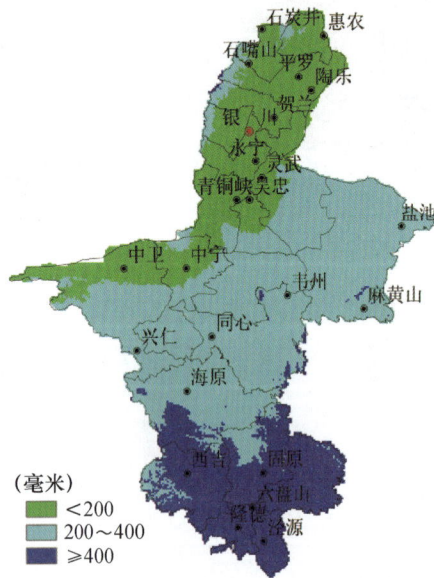

图 1-9 宁夏 1961—2018 年年平均降水量分布

二、季降水量

宁夏降水季节分配不均匀,夏季最多(占年降水量的 55%～63%),其次为秋季(占年降水量的 19%～

24%)和春季(占年降水量的 15%～21%),冬季最少,大多数地区降水量不足 10 毫米,占年降水量的1%～3%,见图 1-10 和表 1-3。

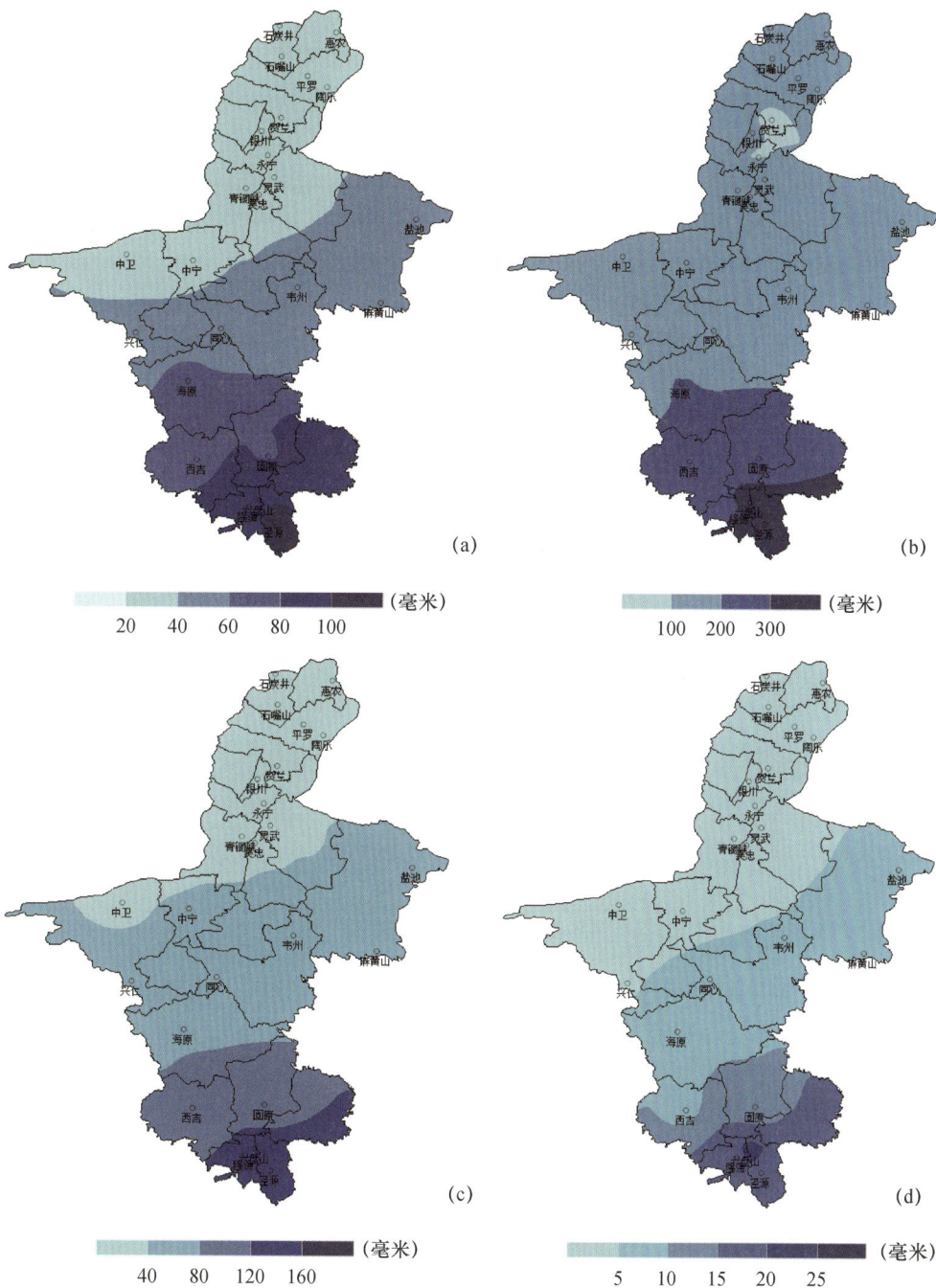

图 1-10　宁夏 1961—2018 年四季降水量空间分布
(a)春季　　(b)夏季　　(c)秋季　　(d)冬季

春季,全区平均降水量为 49.6 毫米,各地降水量为 22.0～113.8 毫米;泾源最多,石嘴山最少。引黄灌区降水量小于 40.0 毫米,中部干旱带在 40.0～80.0 毫米,南部山区在 80 毫米以上,见图 1-10a。

夏季,全区平均降水量为 159.7 毫米,各地降水量为 104.9～351.0 毫米;六盘山最多,永宁最少。海原及南部山区各地在 200 毫米以上,其他大部地区为 100～200 毫米,见图 1-10b。

秋季,全区平均降水量为 67.7 毫米,各地降水量为 36.1～166.8 毫米,泾源最多,石嘴山最少。引黄灌区降水量不足 50.0 毫米,中部干旱带为 50.0～100.0 毫米,南部山区在 100 毫米以上,见图 1-10c。

冬季,全区平均降水量为 6.1 毫米,各地降水量为 2.5～25.3 毫米,六盘山最多,惠农最少。仅六盘山、隆德、泾源降水量在 10 毫米以上,引黄灌区各地不足 5 毫米,中部干旱带为 5.0～10.0 毫米,见图 1-10d。

表 1-3　宁夏 1961—2018 年各季平均降水量　　　　　　　　　　　　单位:毫米

站名	春季	夏季	秋季	冬季	全年
石炭井	26.7	114.8	37.5	3.5	182.5
石嘴山	22.0	117.0	36.1	3.6	178.9
惠农	25.2	111.6	36.5	2.5	175.9
贺兰	32.4	105.7	44.2	3.8	186.2
平罗	27.0	113.8	38.7	2.9	182.5
吴忠	35.5	105.0	45.8	3.8	189.3
银川	35.8	112.0	42.6	4.0	194.4
陶乐	30.1	107.8	38.6	2.9	179.5
青铜峡	32.6	106.3	44.2	3.6	186.7
永宁	35.4	104.9	44.3	4.0	188.6
灵武	36.8	111.8	46.8	4.3	199.7
中卫	32.0	106.4	43.2	3.1	184.6
中宁	34.9	119.3	48.4	3.4	206.0
兴仁	44.5	141.9	58.2	4.5	249.1
盐池	52.1	167.0	70.9	6.8	296.7
麻黄山	60.1	197.4	86.6	8.0	352.0
海原	70.4	211.2	92.4	9.4	383.4
同心	50.5	147.0	65.3	6.0	268.9
固原	80.2	256.0	111.5	9.8	457.3
西吉	74.2	228.4	103.0	8.4	413.9
隆德	87.7	292.5	127.1	13.4	520.7
泾源	113.8	347.9	166.8	16.6	644.8
韦州	47.2	154.5	60.1	5.5	267.4
六盘山	111.9	351.0	156.2	25.3	644.2

三、月降水量

1 月,全区平均为 1.9 毫米,惠农 0.8 毫米,为全区最少;六盘山 7.8 毫米,为全区最多。引黄灌区为 0.8～1.3 毫米,中部干旱带为 1.5～3.0 毫米,南部山区为 2.4～7.8 毫米,见表 1-4。

2 月,全区平均为 3.2 毫米,中卫 1.3 毫米,为全区最少;六盘山 11.9 毫米,为全区最多。引黄灌区为 1.3～2.3 毫米,中部干旱带为 2.1～4.3 毫米,南部山区为 4.2～11.9 毫米。

3 月,全区平均为 7.5 毫米,惠农 3.9 毫米,为全区最少;六盘山 22.7 毫米,为全区最多。引黄灌区为 3.9～5.9 毫米,中部干旱带为 4.9～9.7 毫米,南部山区为 10.2～22.7 毫米。

4 月,全区平均为 15.4 毫米,石嘴山 5.2 毫米,为全区最少;泾源 37.3 毫米,为全区最多。引黄灌区为 5.2～12.5 毫米,中部干旱带为 13.4～20.2 毫米,南部山区为 23～37.3 毫米。

5 月,全区平均为 27.1 毫米,石嘴山 12.4 毫米,为全区最少;泾源 58.2 毫米,为全区最多。引黄灌区为 12.4～20.0 毫米,中部干旱带为 26.3～40.6 毫米,南部山区为 41.1～58.2 毫米。

6 月,全区平均为 36.3 毫米,贺兰为 20.4 毫米,为全区最少;六盘山 90.2 毫米,为全区最多。引黄灌区为 20.4～27.3 毫米,中部干旱带为 31.1～45.0 毫米,南部山区为 55.6～90.2 毫米。

7 月,全区平均为 61.7 毫米,中卫 36.2 毫米,为全区最少;六盘山 134.8 毫米,为全区最多。引黄灌区为 36.2～49.3 毫米,中部干旱带为 53.7～76.4 毫米,南部山区为 84.2～134.8 毫米。

　　8月,全区平均为65.7毫米,石炭井38.4毫米,为全区最少;泾源133.1毫米,为全区最多。引黄灌区为38.4～51.1毫米,中部干旱带60.9～89.5毫米,南部山区88.2～133.1毫米。

　　9月,全区平均为42.6毫米,陶乐23.9毫米,为全区最少;泾源102.9毫米,为全区最多。引黄灌区为23.9～29.8毫米,中部干旱带37.8～57.8毫米,南部山区为63.4～102.9毫米。

　　10月,全区平均为20.0毫米,石炭井8.9毫米,为全区最少;泾源49.8毫米,为全区最多;引黄灌区8.9～14.6毫米,中部干旱带16.4～27.9毫米,南部山区31.4～49.8毫米。

　　11月,全区平均为5.9毫米,石炭井2.3毫米,为全区最少;六盘山为14.5毫米,为全区最多。引黄灌区为2.3～4.9毫米,中部干旱带3.5～8.0毫米,南部山区8.2～14.5毫米。

　　12月,全区平均为1.3毫米,惠农0.3毫米,为全区最少;六盘山5.6毫米,为全区最多。引黄灌区为0.3～1.0毫米,中部干旱带0.8～2.0毫米,南部山区为1.6～5.6毫米。

表1-4　宁夏1961—2018年各月平均降水量　　　　　　　　　　　　　单位:毫米

站名	1月	2月	3月	4月	5月	6月	7月	8月	9月	10月	11月	12月
石炭井	0.9	1.6	4.1	6.9	15.6	27.3	49.3	38.4	26.4	8.9	2.3	1.0
石嘴山	1.2	1.9	4.5	5.2	12.4	23.3	49.2	44.7	24.5	9.2	2.4	0.6
惠农	0.8	1.5	3.9	6.8	14.6	21.8	45.4	44.6	24.2	9.5	2.9	0.3
贺兰	1.2	1.9	5.2	10.5	16.8	20.4	42.5	43.1	27.6	12.6	4.1	0.7
平罗	1.0	1.5	4.2	7.9	15.1	22.5	48.1	43.3	25.1	10.2	3.2	0.5
吴忠	1.0	2.1	5.1	11.5	18.9	21.9	38.4	45.4	26.7	14.6	4.5	0.7
银川	1.3	2.0	5.6	11.0	19.3	22.1	43.4	46.8	25.6	13.0	4.0	0.8
陶乐	0.9	1.5	4.7	8.6	16.9	20.7	42.9	44.3	23.9	11.2	3.5	0.6
青铜峡	1.1	1.8	4.6	9.9	18.2	21.5	38.5	46.3	26.3	13.5	4.4	0.7
永宁	1.2	2.0	5.7	11.4	18.3	20.8	39.4	44.7	25.3	14.1	4.9	0.8
灵武	1.1	2.3	5.9	12.5	18.4	21.8	41.3	48.9	28.2	14.1	4.6	0.9
中卫	1.2	1.3	3.9	9.6	18.6	22.9	36.2	47.4	25.7	12.8	3.0	0.6
中宁	1.3	1.6	4.1	10.8	20.0	25.9	42.3	51.1	29.8	14.3	4.2	0.5
兴仁	1.5	2.1	4.9	13.4	26.3	31.1	49.6	61.4	37.8	16.9	3.5	0.8
盐池	1.9	3.5	8.0	15.8	28.3	34.6	60.8	71.7	43.9	19.5	7.5	1.4
麻黄山	2.5	3.9	9.4	16.8	33.8	42.6	68.9	83.4	54.0	24.6	8.0	1.5
海原	3.0	4.3	9.7	20.2	40.6	45.0	76.4	89.5	57.8	27.9	6.7	2.0
同心	1.9	3.0	6.5	15.9	28.1	32.5	53.7	60.9	41.0	19.0	5.4	1.1
固原	3.1	4.6	11.4	26.0	42.8	58.7	91.8	105.4	69.7	32.6	9.1	2.0
西吉	2.4	4.2	10.2	23.0	41.1	55.6	84.2	88.2	63.4	31.4	8.2	1.6
隆德	4.5	6.0	12.4	28.9	46.5	71.5	118.5	102.5	78.5	37.9	10.8	2.9
泾源	5.1	8.0	18.3	37.3	58.2	84.9	129.6	133.1	102.9	49.8	14.2	3.1
韦州	1.9	2.6	5.8	13.8	27.6	32.7	55.2	66.8	39.1	16.4	4.6	1.0
六盘山	7.8	11.9	22.7	35.5	53.9	90.2	134.8	125.8	95.9	45.8	14.5	5.6

四、降水强度

　　降水强度一般用平均降水强度和最大降水强度(即一日最大降水量)来表示,平均降水强度数值大,表示该地只要出现降水,便有比较大的降水;反之,则表示即使出现降水现象,降水量也不大。

　　全区平均降水强度为3.7～5.5毫米/天,泾源最大,为5.5毫米/天,石炭井和中卫最小,为3.7毫米/天。引黄灌区为3.7～4.1毫米/天,中部干旱带为4.0～4.8毫米/天,南部山区为4.2～5.5毫米/天,见图1-11。

　　全区日最大降水量为55.9～133.5毫米,麻黄山最大,为133.5毫米,出现在1984年8月2日;青铜峡最小,为55.9毫米,出现在2002年8月14日。引黄灌区为55.9～132.9毫米,中部干旱带为60.5～133.5毫米,南部山区为90.9～131.7毫米,见表1-5。

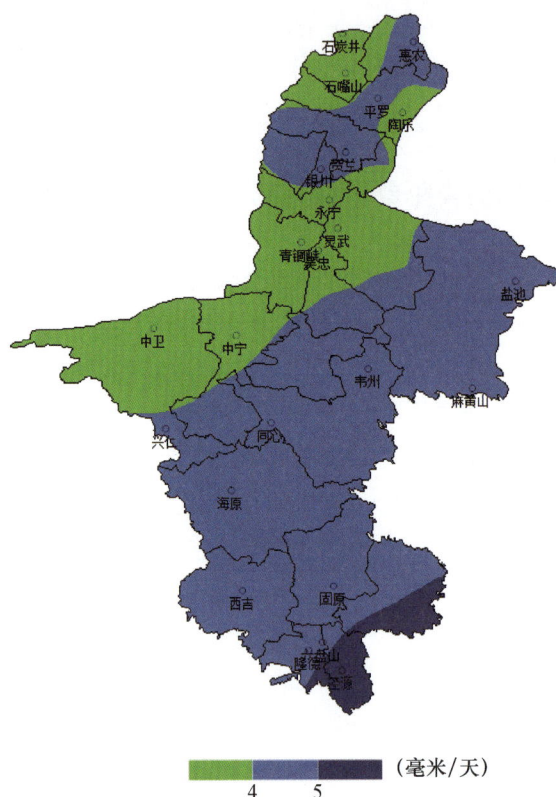

（毫米/天）

图 1-11　宁夏 1961—2018 年年平均降水强度分布

表 1-5　宁夏 1961—2018 年年平均降水强度及日最大降水量

站名	平均降水强度（毫米/天）	日最大降水量（毫米）	日最大降水量出现日期
石炭井	3.7	71.9	2018 年 7 月 23 日
石嘴山	3.9	132.9	1973 年 8 月 9 日
惠农	4.1	81.0	1975 年 8 月 5 日
贺兰	4.0	102.0	2012 年 7 月 30 日
平罗	4.1	113.2	1970 年 8 月 18 日
吴忠	4.0	64.2	1976 年 8 月 3 日
银川	4.1	113.3	2012 年 7 月 30 日
陶乐	3.9	85.1	1978 年 8 月 7 日
青铜峡	3.8	55.9	2002 年 8 月 14 日
永宁	3.8	80.3	2012 年 7 月 30 日
灵武	4.0	95.4	1970 年 8 月 1 日
中卫	3.7	68.3	1968 年 8 月 1 日
中宁	3.9	77.8	1964 年 8 月 12 日
兴仁	4.0	87.1	1970 年 8 月 29 日
盐池	4.5	121.2	1999 年 7 月 13 日
麻黄山	4.6	133.5	1984 年 8 月 2 日
海原	4.8	81.9	2013 年 7 月 9 日
同心	4.3	60.5	1985 年 8 月 16 日
韦州	4.5	87.5	2002 年 6 月 8 日
固原	4.9	98.1	1992 年 8 月 10 日
西吉	4.2	90.5	2013 年 6 月 20 日
隆德	4.7	131.7	1977 年 7 月 5 日
泾源	5.5	90.9	1996 年 7 月 7 日
六盘山	4.9	121.7	1977 年 7 月 5 日

五、降水量年变化

宁夏各地降水主要集中在 5—9 月,约占年降水量的 80%。各地年变化特征基本一致,月最大降水量除石嘴山出现在 7 月,其他站均出现在 8 月,最小值均出现在 12 月。固原、泾源 8 月降水量超过 100 毫米,其他站月最大降水量在 49.1~60.9 毫米,月最小降水量仅为 0.6~3.2 毫米,见图 1-12。

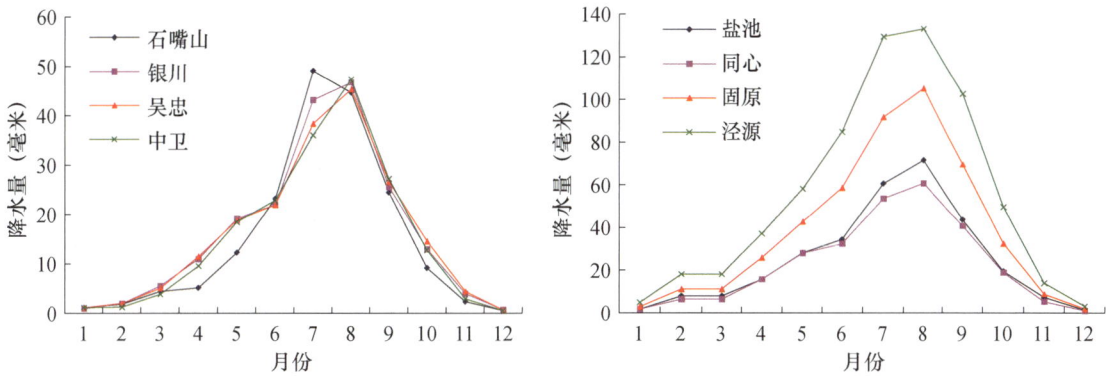

图 1-12　宁夏 1961—2018 年各代表站降水量年变化

六、降水日数

(一)年降水日数

全区年平均降水日数为 64.7 天,各地为 43.1~130.0 天,自南向北逐渐递减,惠农最少,六盘山最多。引黄灌区为 43.1~53.2 天,中部干旱带为 59.9~80.7 天,南部山区为 92.9~130.0 天,见图 1-13。

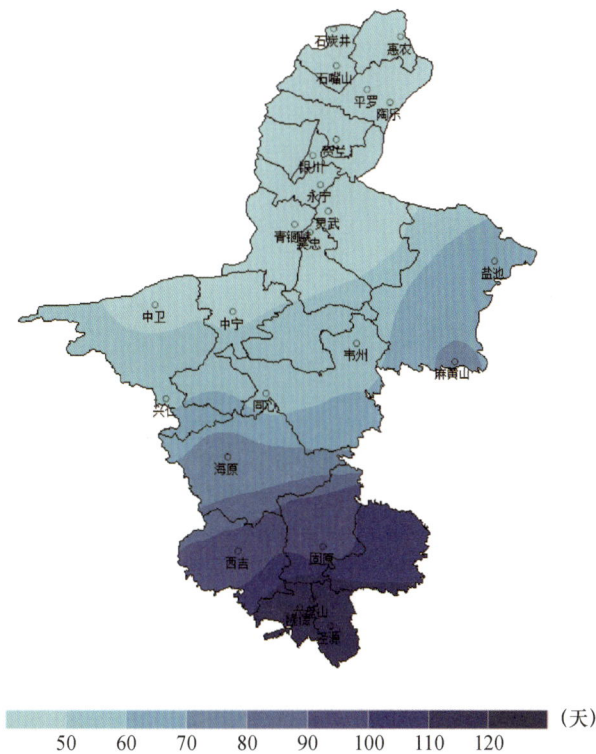

图 1-13　宁夏 1961—2018 年降水日数分布

(二)季降水日数

宁夏季降水日数分配不均匀,夏季最多,其次为秋季和春季,冬季最少,见图 1-14 和表 1-6。

　　春季,全区平均为 14.3 天,各地在 8.1～31.2 天;六盘山最多,石嘴山最少。引黄灌区为 8.1～11.0 天,中部干旱带为 13.5～18.5 天,南部山区为 21.9～31.2 天,见图 1-14a。

　　夏季,全区平均为 26.7 天,各地在 21.0～44.5 天;六盘山最多,贺兰和吴忠最少。引黄灌区为 21.0～23.5 天,中部干旱带为 25.1～30.9 天,南部山区为 35.0～44.5 天,见图 1-14b。

　　秋季,全区平均为 17.4 天,各地在 10.5～33.1 天;六盘山最多,惠农最少。引黄灌区为 10.5～14.8 天,中部干旱带为 15.9～22.0 天,南部山区为 24.7～33.1 天,见图 1-14c。

　　冬季,全区平均为 6.2 天,各地在 2.4～17.8 天;六盘山最多,惠农最少。引黄灌区为 2.4～3.8 天,中部干旱带为 4.6～9.3 天,南部山区为 10.8～17.8 天,见图 1-14d。

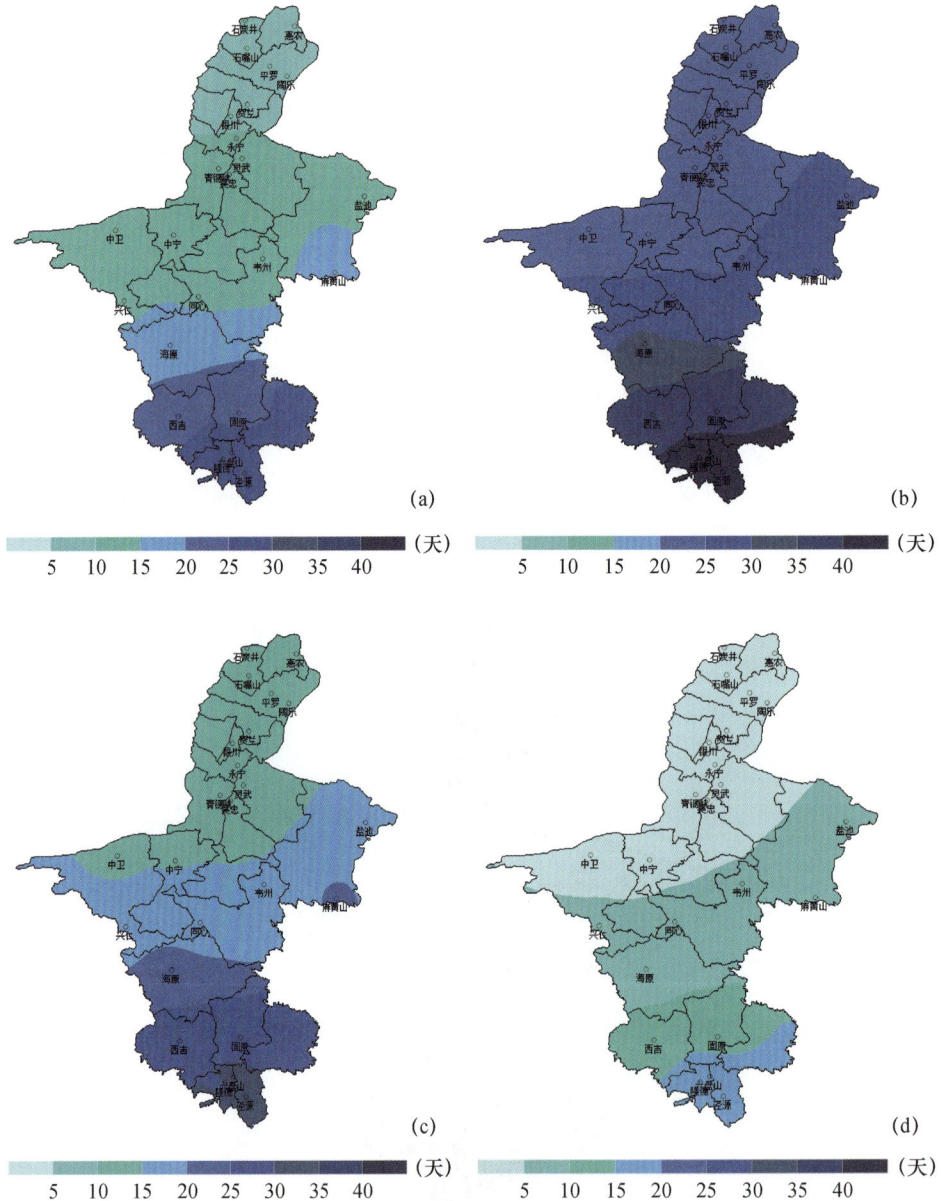

图 1-14　宁夏 1961—2018 年四季降水日数空间分布
(a)春季　(b)夏季　(c)秋季　(d)冬季

表 1-6　宁夏 1961—2018 年各季降水日数　　　　　　　　　　单位:天

站名	春季	夏季	秋季	冬季	全年
石炭井	10.6	22.5	11.3	3.5	49.7
石嘴山	8.1	22.8	10.8	2.9	45.3

续表

站名	春季	夏季	秋季	冬季	全年
惠农	8.2	22.0	10.5	2.4	43.1
贺兰	9.4	21.0	12.5	3.4	46.4
平罗	8.7	22.0	11.3	2.7	44.7
吴忠	10.4	21.0	12.9	3.3	47.6
银川	9.5	21.2	12.4	3.6	46.8
陶乐	9.1	21.5	12.1	2.8	45.5
青铜峡	10.1	22.1	13.3	3.2	48.6
永宁	10.3	22.3	13.7	3.5	49.8
灵武	10.9	22.3	13.5	3.6	50.4
中卫	10.5	21.8	14.2	3.7	50.2
中宁	11.0	23.5	14.8	3.8	53.2
兴仁	13.9	26.3	17.1	5.7	62.9
盐池	13.8	27.4	17.9	6.4	65.5
麻黄山	17.7	29.8	20.6	8.2	76.3
海原	18.5	30.9	22.0	9.3	80.7
同心	14.6	25.1	17.5	5.9	63.1
固原	21.9	35.0	24.7	11.3	92.9
西吉	23.1	37.0	27.9	10.8	98.6
隆德	26.3	39.7	29.0	15.5	110.4
泾源	28.0	42.6	30.9	15.5	116.9
韦州	13.5	25.1	15.9	4.6	59.9
六盘山	31.2	44.5	33.1	17.8	130.0

（三）月降水日数

1月，全区平均为2.3天，惠农0.9天，为全区最少；六盘山7.4天，为全区最多。引黄灌区为0.9～1.6天，中部干旱带为2.1～3.4天，南部山区为3.7～7.4天，见表1-7。

2月，全区平均为2.6天，惠农和平罗1.0天，为全区最少；六盘山8.7天，为全区最多。引黄灌区为1.0～1.8天，中部干旱带为2.3～3.9天，南部山区为4.6～8.7天。

3月，全区平均为3.6天，石嘴山、惠农、贺兰2.0天，为全区最少；六盘山10.1天，为全区最多。引黄灌区为2.0～2.8天，中部干旱带为3.2～5.0天，南部山区为6.0～10.1天。

4月，全区平均为4.6天，石嘴山2.1天，为全区最少；六盘山9.8天，为全区最多。引黄灌区为2.1～3.6天，中部干旱带为4.2～5.9天，南部山区为7.4～9.8天。

5月，全区平均为6.1天，惠农、石嘴山3.9天，为全区最少；六盘山11.4天，为全区最多。引黄灌区为3.9～5.1天，中部干旱带为5.7～7.6天，南部山区为8.4～11.4天。

6月，全区平均为7.3天，银川5.4天，为全区最少；六盘山13.4天，为全区最多。引黄灌区为5.4～6.6天，中部干旱带为6.9～9.1天，南部山区为9.9～13.4天。

7月，全区平均为9.6天，贺兰7.3天，为全区最少；六盘山16.0天，为全区最多。引黄灌区为7.3～8.7天，中部干旱带为8.6～10.8天，南部山区为13.1～16.0天。

8月，全区平均为9.8天，吴忠7.6天，为全区最少；泾源15.2天，为全区最多。引黄灌区为7.6～8.8天，中部干旱带为8.9～11.2天，南部山区为12.1～15.2天。

9月，全区平均为8.8天，石炭井5.9天，为全区最少；六盘山14.6天，为全区最多。引黄灌区为5.9～7.9天，中部干旱带为8.2～10.8天，南部山区为11.7～14.6天。

10月，全区平均为5.9天，惠农、石嘴山3.3天，为全区最少；六盘山11.4天，为全区最多。引黄灌区为3.3～4.9天，中部干旱带为5.4～7.6天，南部山区为8.6～11.4天。

11月,全区平均为2.8天,石嘴山1.1天,为全区最少;六盘山7.1天,为全区最多。引黄灌区为1.1~2.2天,中部干旱带为2.3~3.7天,南部山区为4.5~7.1天。

12月,全区平均为1.3天,平罗0.5天,为全区最少;六盘山5.0天,为全区最多。引黄灌区为0.5~1.8天,中部干旱带为1.0~2.0天,南部山区为2.4~5.0天。

表 1-7　宁夏 1961—2018 年各月降水日数　　　　　　　　　　　单位:天

站名	1月	2月	3月	4月	5月	6月	7月	8月	9月	10月	11月	12月
石炭井	1.6	1.8	2.8	2.9	4.9	5.9	8.7	7.9	5.9	3.4	1.9	1.8
石嘴山	1.5	1.1	2.0	2.1	3.9	5.9	8.3	8.6	6.4	3.3	1.1	1.0
惠农	0.9	1.0	2.0	2.3	3.9	5.8	8.0	8.3	6.1	3.3	1.2	0.6
贺兰	1.4	1.3	2.0	2.9	4.5	5.5	7.3	8.3	6.7	4.1	1.7	0.7
平罗	1.2	1.0	2.1	2.6	4.0	5.6	8.0	8.4	6.2	3.8	1.3	0.5
吴忠	1.3	1.4	2.3	3.4	4.7	5.5	7.8	7.6	6.8	4.4	1.7	0.7
银川	1.5	1.4	2.1	3.0	4.4	5.4	7.4	8.4	6.6	3.9	2.0	0.8
陶乐	1.1	1.1	2.1	2.7	4.3	5.5	7.7	8.2	6.6	3.9	1.5	0.6
青铜峡	1.3	1.3	2.1	3.4	4.6	5.9	7.8	8.4	7.2	4.3	1.8	0.6
永宁	1.4	1.4	2.2	3.2	4.8	5.8	7.9	8.6	6.9	4.5	2.2	0.7
灵武	1.3	1.4	2.5	3.6	4.8	5.6	7.9	8.8	7.1	4.6	1.9	1.0
中卫	1.5	1.6	2.1	3.3	5.1	6.0	7.5	8.3	7.6	4.8	1.8	0.7
中宁	1.5	1.6	2.3	3.6	5.1	6.6	8.5	8.4	7.9	4.9	2.0	0.7
兴仁	2.1	2.6	3.2	4.4	6.3	7.2	9.5	9.5	8.8	5.9	2.4	1.0
盐池	2.2	2.8	3.6	4.5	5.7	7.4	9.6	10.5	9.0	6.0	2.9	1.3
麻黄山	2.7	3.8	5.0	5.4	7.3	7.9	10.8	11.1	10.1	6.8	3.7	1.7
海原	3.4	3.9	5.0	5.4	7.6	9.1	10.7	11.2	10.8	7.6	3.7	2.0
同心	2.4	2.4	3.5	4.7	6.3	6.9	9.2	8.9	9.0	5.9	2.6	1.1
固原	3.8	5.1	6.1	7.4	8.4	9.9	13.1	12.1	11.7	8.6	4.5	2.4
西吉	3.7	4.6	6.0	7.4	9.6	10.8	13.6	12.6	13.0	9.8	5.1	2.4
隆德	5.5	6.4	7.6	8.6	10.0	12.1	14.4	13.2	13.1	10.1	5.8	3.6
泾源	5.3	6.7	8.5	8.9	10.7	12.2	15.2	15.2	14.3	11.0	5.6	3.4
韦州	2.0	2.3	3.6	4.2	5.7	6.9	8.6	9.6	8.2	5.4	2.3	1.2
六盘山	7.4	8.7	10.1	9.8	11.4	13.4	16.0	15.1	14.6	11.4	7.1	5.0

(四)降水日数年变化

宁夏月降水日数分布均呈单峰型,各地降水日数1—6月逐渐增加,最大值出现在7月或8月,除石炭井、吴忠、中宁、同心、固原、西吉、隆德、六盘山出现在7月,其他地区均出现在8月,中南部大部在10~15天,其他地区在7~9天。9—12月迅速减少,最小值除石炭井出现在1月,其他地区均出现在12月,见图1-15。

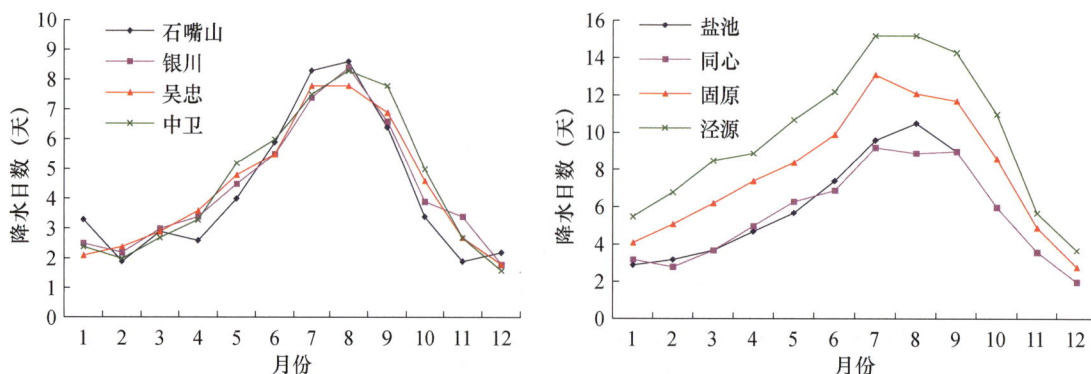

图 1-15　宁夏 1961—2018 年各代表站降水日数年变化

(五)连阴雨(雪)年季变化

全区连阴雨(雪)过程持续时间短,平均为4.2天,但地区分布差异较大。连阴雨(雪)过程最长持续日数在7~20天,引黄灌区各地差异较大,惠农最短为7天,灵武最长为18天,其他各地9~17天,中部干旱带12~16天,南部山区16~20天,见图1-16。

全区春季、夏季平均连阴雨(雪)持续时间均为4.0天,各季3~4天的过程占64.8%~82.7%,5~7天占15.6%~25.4%,8天以上占1.7%~9.8%。秋季平均持续时间最长在4.6天,其中8天以上的连阴雨(雪)过程占比高达9.8%。冬季平均持续时间最短为3.8天,主要以3~4天连阴雨(雪)过程为主(占82.7%),见表1-8。

表1-8 宁夏1961—2018年各等级连阴雨(雪)过程次数占各季节连阴雨(雪)过程比例

季节	3~4天	5~7天	8天以上
春季	906(74.8%)	280(23.1%)	25(2.1%)
夏季	1667(74.0%)	501(22.2%)	86(3.8%)
秋季	1128(64.8%)	442(25.4%)	171(9.8%)
冬季	392(82.7%)	74(15.6%)	8(1.7%)

全区连阴雨(雪)过程累计降水量平均在16.2~30.0毫米,引黄灌区为16.2~18.3毫米,中部干旱带为16.3~23.8毫米,南部山区为21.0~30.0毫米,见图1-17。

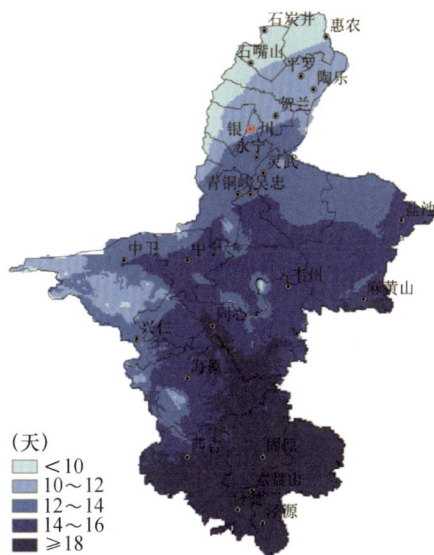

图1-16 宁夏1961—2018年连阴雨(雪)
过程持续时间分布

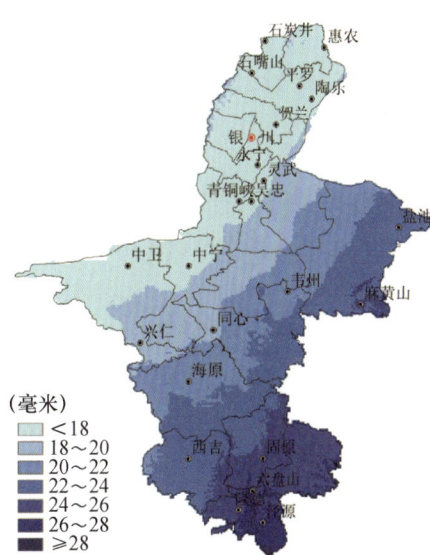

图1-17 宁夏1961—2018年连阴雨(雪)
过程降水量分布

第三节 日照时数

一、年日照时数

全区年平均日照时数为2822.2小时,由北向南呈减少的趋势,隆德2260.9小时,为全区最少;石炭井3071.0小时,为全区最多。引黄灌区为2876.4~3071.0小时,是全区日照最多的地区;中部干旱带为2702.1~2976.9小时;南部山区为2260.9~2552.6小时,是全区日照最少的地区,见图1-18。

二、季日照时数

全区日照时数夏季最多,冬季最少,春季大于秋季。

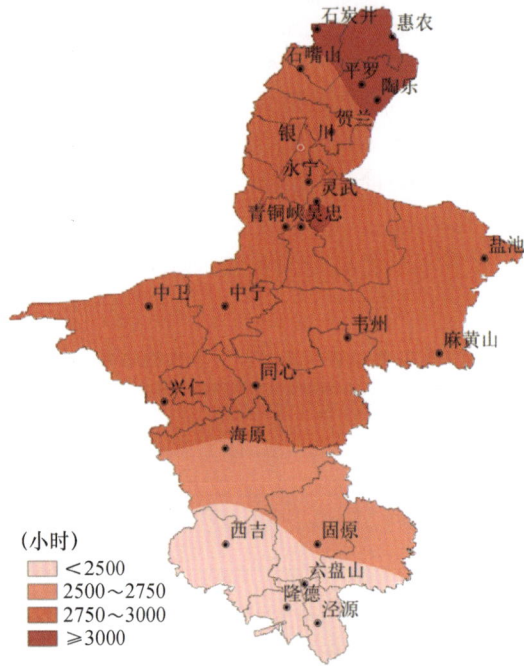

图 1-18　宁夏 1961—2018 年日照时数空间分布

　　春季，全区平均为 756.2 小时，泾源 607.9 小时，为全区最少；平罗 831.0 小时，为全区最多。引黄灌区为 773.9～831.0 小时，中部干旱带为 707.8～787.7 小时，南部山区为 607.9～675.7 小时，见图 1-19a 和表 1-9。

　　夏季，全区平均为 796.9 小时，泾源 609.5 小时，为全区最少；灵武 872.4 小时，为全区最多。引黄灌区为 818.2～872.4 小时，中部干旱带为 746.8～846.1 小时，南部山区为 609.5～711.4 小时，见图 1-19b 和表 1-9。

　　秋季，全区平均为 644.9 小时，泾源 486.9 小时，为全区最少；石炭井 722.6 小时，为全区最多。引黄灌区为 670.4～722.6 小时，中部干旱带为 614.4～685.8 小时，南部山区为 486.9～566.2 小时，见图 1-19c 和表 1-9。

　　冬季，全区平均为 618.5 小时，隆德 520.3 小时，为全区最少；兴仁 671.9 小时，为全区最多。引黄灌区为 594.6～671.9 小时，中部干旱带为 626.3～671.9 小时，南部山区为 520.3～599.4 小时，见图 1-19d 和表 1-9。

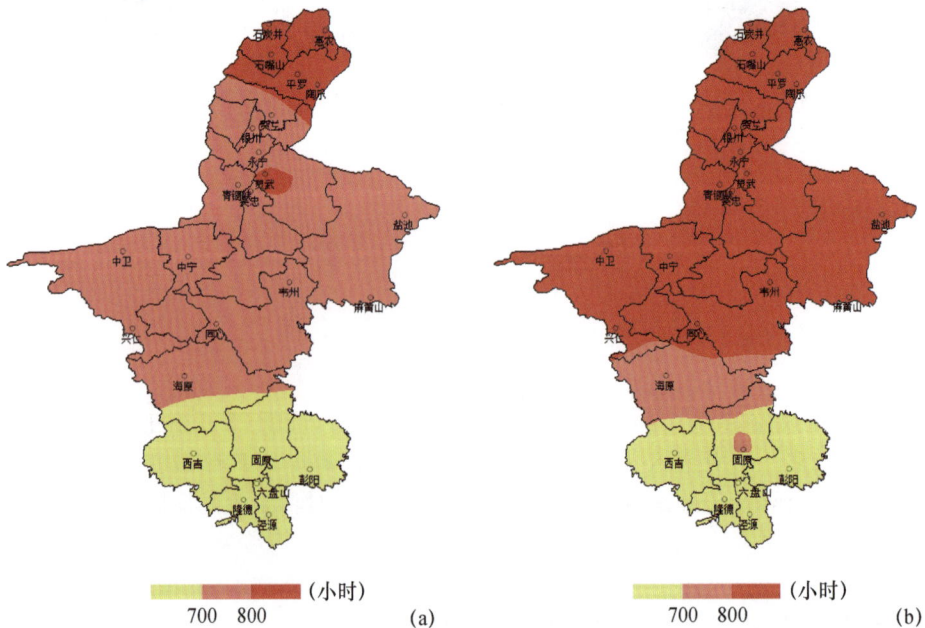

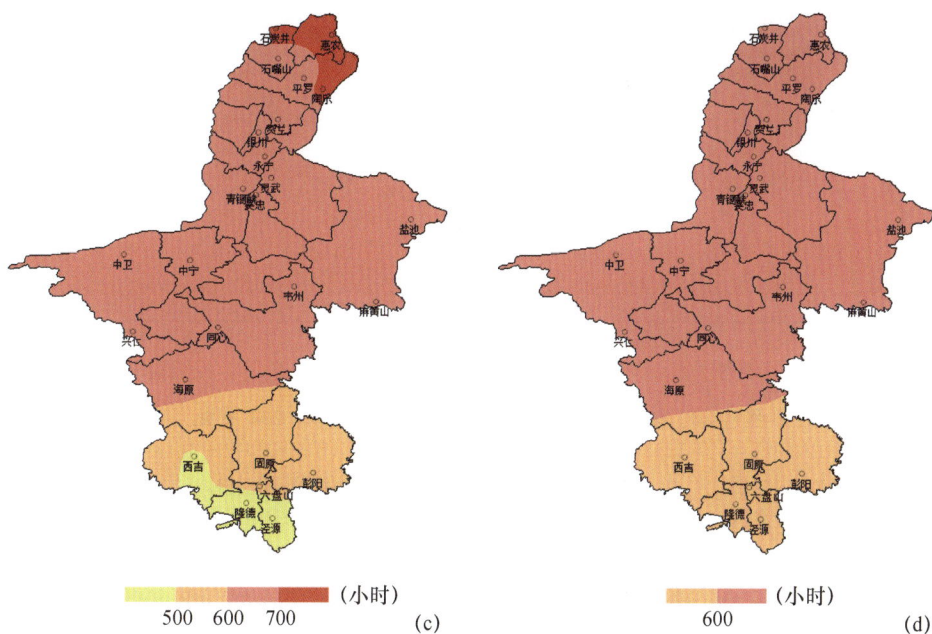

图 1-19　宁夏 1961—2018 年四季日照时数分布
(a)春季　(b)夏季　(c)秋季　(d)冬季

表 1-9　宁夏 1961—2018 年各季日照时数　　　　　　　　　　　　单位：小时

站名	春季	夏季	秋季	冬季	全年
石炭井	830.5	854.9	722.6	663.1	3071.0
石嘴山	811.7	818.2	678.0	611.6	2919.4
惠农	823.7	854.1	711.9	651.7	3041.4
贺兰	790.0	852.9	684.7	609.6	2936.0
平罗	831.0	855.7	694.0	635.3	3017.5
吴忠	792.7	860.8	693.3	631.9	2978.0
银川	773.9	835.9	672.0	594.6	2876.4
陶乐	809.8	857.0	707.4	641.0	3015.3
青铜峡	797.4	856.4	693.0	639.7	2986.3
永宁	781.8	837.8	670.4	613.7	2903.7
灵武	805.0	872.4	696.8	640.5	3014.8
中卫	784.8	837.5	678.7	640.9	2945.4
中宁	786.8	855.9	685.9	644.1	2972.8
兴仁	779.7	821.4	685.8	671.9	2958.0
盐池	756.1	811.0	665.0	626.3	2858.5
麻黄山	762.5	800.9	637.7	653.0	2853.4
海原	707.8	746.8	614.4	633.0	2702.1
同心	787.7	846.1	680.7	660.2	2976.9
固原	675.7	711.4	566.2	599.4	2552.6
西吉	635.3	659.2	496.2	536.2	2326.9
隆德	617.3	633.3	490.0	520.3	2260.9
泾源	607.9	609.5	486.9	555.5	2266.2
韦州	761.7	825.1	661.8	633.1	2881.6
六盘山	634.8	610.9	504.4	565.2	2315.4

三、日照时数年变化

全区各站日照时数年变化大致可分为两种类型，见图 1-20。

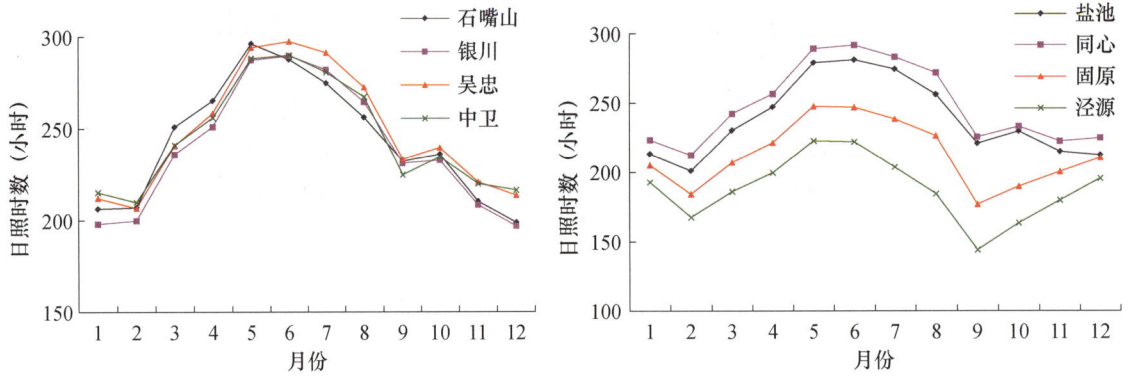

图 1-20　宁夏 1961—2018 年各代表站日照时数年变化

第 1 种为单峰型结构,呈倒 V 形,中北部属这一类型,谷值出现在太阳高度角最小的 12 月至翌年 1 月,各地在 198.0～226.4 小时;峰值出现在太阳高度角最大的 5—6 月,各地在 280.0～305.5 小时,随后又慢慢减小。

第 2 种为双峰型结构,南部山区各地属这一类型,谷值出现在太阳高度角较小的 2 月,峰值出现在 5 月,最大为 247.4 小时,随后又慢慢减小,另一谷值由于华西秋雨的影响出现在 9 月,最小为 143.9 小时,随后又逐渐增加,在 12 月达到另一个峰值。

第四节　风

一、年平均风速

全区年平均风速为 1.9～6.0 米/秒,呈现由北向南增大的趋势,六盘山最大,石嘴山最小。引黄灌区年平均风速较小,为 2.4 米/秒;中部干旱带和南部山区年平均风速较大,分别为 3.1 米/秒、3.2 米/秒,见图 1-21。

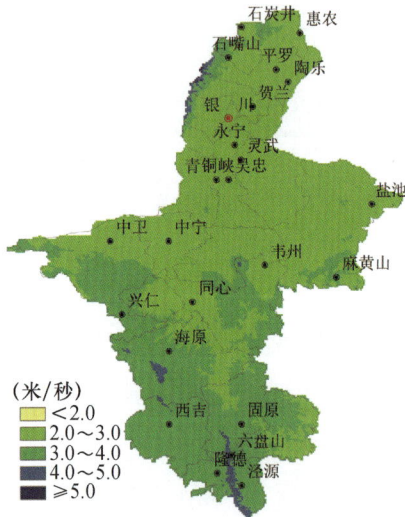

图 1-21　宁夏 1961—2018 年平均风速分布

二、季平均风速

全区春季平均风速最大(3.2 米/秒),夏季次之(2.7 米/秒),秋季和冬季最小,分别为 2.5 米/秒、2.6 米/秒,见图 1-22 和表 1-10。

春季,全区平均风速为 2.4～6.3 米/秒,西吉最小,六盘山最大。引黄灌区 2.4 米/秒,中部干旱带

3.1米/秒,南部山区3.2米/秒,见图1-22a和表1-10。

夏季,全区平均风速为2.0～5.7米/秒,石嘴山、贺兰、银川与隆德最小,六盘山最大。引黄灌区2.8米/秒,中部干旱带3.5米/秒,南部山区3.6米/秒,见图1-22b和表1-10。

秋季,全区平均风速为1.7～5.8米/秒,石嘴山、贺兰、银川最小,六盘山最大。引黄灌区2.1米/秒,中部干旱带2.8米/秒,南部山区2.9米/秒,见图1-22c和表1-10。

冬季,全区平均风速为1.6～6.2米/秒,石嘴山最小,六盘山最大。引黄灌区2.3米/秒,中部干旱带2.9米/秒,南部山区3.1米/秒,见图1-22d和表1-10。

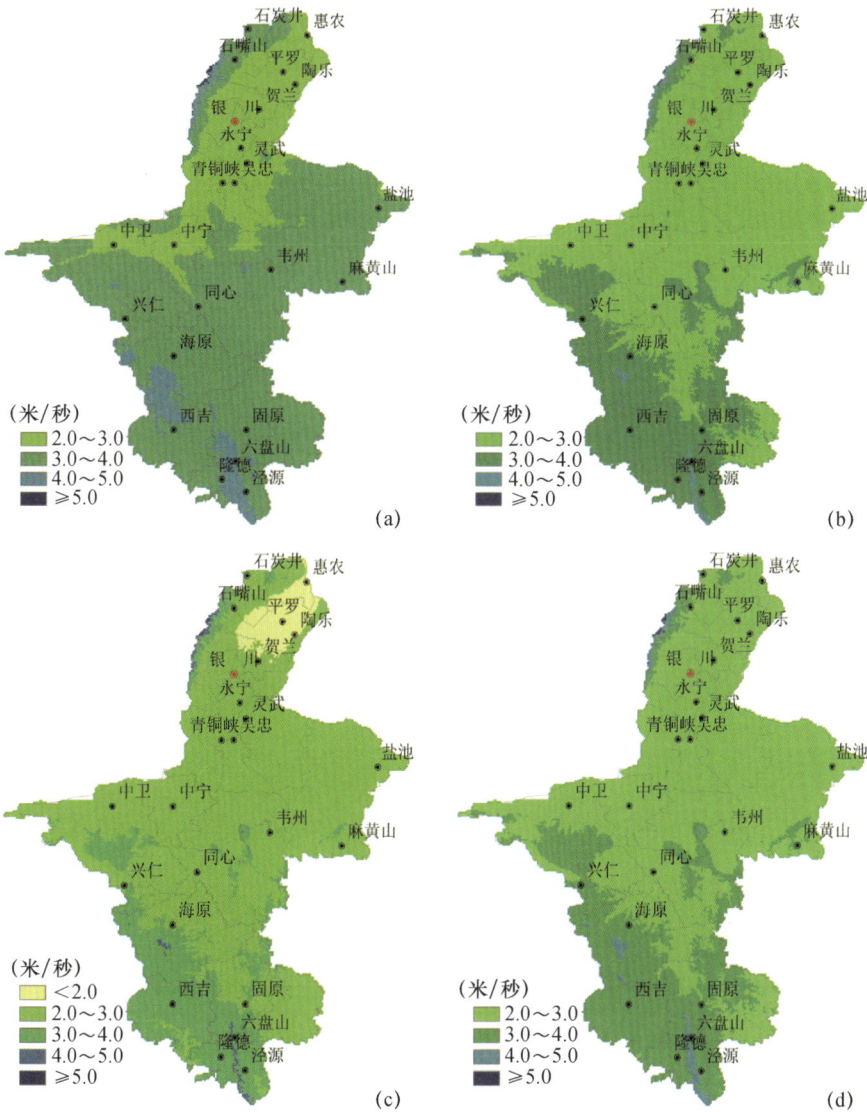

图 1-22 宁夏 1961—2018 年四季平均风速空间分布

(a)春季 (b)夏季 (c)秋季 (d)冬季

表 1-10 宁夏 1961—2018 年各季平均风速

单位:米/秒

站名	春季	夏季	秋季	冬季	全年
石炭井	3.5	3.3	2.7	2.7	3.1
石嘴山	2.5	2.0	1.7	1.6	1.9
惠农	3.4	2.8	2.5	2.5	2.8
贺兰	2.5	2.0	1.7	1.7	2.0
平罗	2.6	2.1	1.8	1.8	2.1

续表

站名	春季	夏季	秋季	冬季	全年
吴忠	2.6	2.1	2.2	2.7	2.4
银川	2.5	2.0	1.7	1.8	2.0
陶乐	2.9	2.5	2.1	2.1	2.4
青铜峡	2.9	2.1	2.2	2.9	2.5
永宁	2.8	2.1	2.1	2.3	2.3
灵武	3.0	2.4	2.4	2.7	2.6
中卫	2.9	2.4	2.1	2.2	2.4
中宁	3.3	2.9	2.5	2.8	2.9
兴仁	3.6	3.3	3.0	3.2	3.3
盐池	2.9	2.6	2.3	2.4	2.5
麻黄山	4.3	3.7	3.5	4.0	3.9
海原	3.6	3.0	2.7	2.8	3.0
同心	3.4	3.4	2.7	2.4	2.9
固原	3.1	2.6	2.4	2.6	2.7
西吉	2.4	2.1	1.8	1.9	2.0
隆德	2.5	2.0	2.0	2.1	2.2
泾源	3.2	2.8	2.9	2.9	3.0
韦州	3.5	3.2	2.8	2.8	3.1
六盘山	6.3	5.7	5.8	6.2	6.0

三、平均风速年变化

全年平均风速年变化均为双峰型,谷值出现在 1 月或 9 月,1—4 月、9—11 月风速逐渐增大,峰值出现在 4 月或 11 月,5—10 月逐渐减小,见图 1-23 和表 1-11。

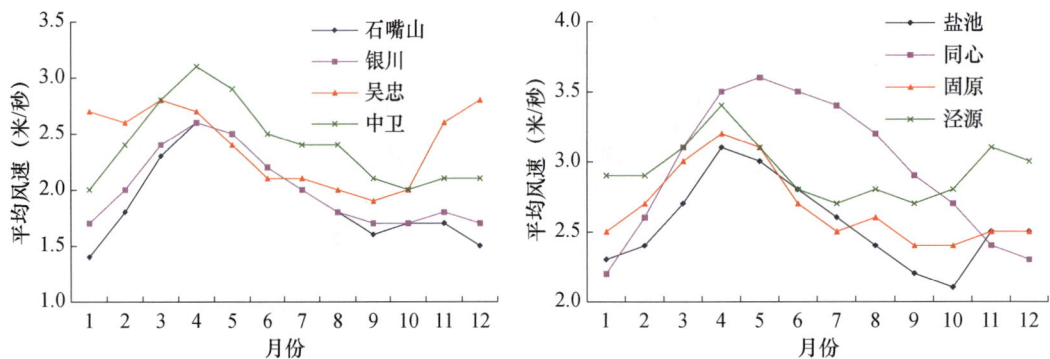

图 1-23　宁夏 1961—2018 年平均风速年变化

表 1-11　宁夏 1961—2018 年各月平均风速　　　　　　　　　　　　　　　　单位:米/秒

站名	1月	2月	3月	4月	5月	6月	7月	8月	9月	10月	11月	12月
石炭井	2.6	2.8	3.2	3.5	3.7	3.5	3.3	3.1	2.7	2.6	2.8	2.8
石嘴山	1.4	1.8	2.3	2.6	2.5	2.2	2.0	1.8	1.6	1.7	1.7	1.5
惠农	2.4	2.7	3.2	3.6	3.5	3.0	2.8	2.7	2.5	2.4	2.6	2.5
贺兰	1.6	2.0	2.4	2.6	2.6	2.2	2.0	1.8	1.6	1.6	1.8	1.6
平罗	1.7	2.1	2.5	2.8	2.6	2.3	2.1	1.9	1.8	1.7	1.9	1.7
吴忠	2.7	2.6	2.8	2.7	2.4	2.1	2.1	2.0	1.9	2.0	2.6	2.8
银川	1.7	2.0	2.4	2.6	2.5	2.2	2.0	1.8	1.7	1.7	1.8	1.7
陶乐	2.0	2.3	2.7	3.0	2.9	2.6	2.5	2.3	2.1	2.1	2.2	2.0

站名	1月	2月	3月	4月	5月	6月	7月	8月	9月	10月	11月	12月
青铜峡	2.9	2.9	3.0	3.0	2.6	2.2	2.1	2.0	1.8	2.0	2.8	3.0
永宁	2.2	2.5	2.8	2.9	2.6	2.2	2.2	2.0	1.9	2.0	2.4	2.3
灵武	2.6	2.8	3.1	3.1	2.8	2.5	2.4	2.3	2.1	2.2	2.8	2.8
中卫	2.0	2.4	2.8	3.1	2.9	2.4	2.4	2.4	2.1	2.0	2.1	2.1
中宁	2.8	2.9	3.2	3.5	3.2	3.0	2.9	2.7	2.4	2.4	2.6	2.8
兴仁	3.1	3.3	3.5	3.7	3.7	3.5	3.2	3.1	2.9	3.0	3.1	3.1
盐池	2.3	2.4	2.7	3.1	3.0	2.8	2.6	2.4	2.2	2.1	2.5	2.5
麻黄山	3.9	3.9	4.2	4.4	4.3	3.9	3.7	3.4	3.2	3.3	3.9	4.3
海原	2.6	2.9	3.4	3.7	3.7	3.4	2.9	2.8	2.7	2.7	2.8	2.8
同心	2.2	2.6	3.1	3.5	3.6	3.5	3.4	3.2	2.9	2.7	2.4	2.3
固原	2.5	2.7	3.0	3.2	3.1	2.7	2.5	2.6	2.4	2.4	2.5	2.5
西吉	1.9	2.0	2.3	2.5	2.5	2.2	2.0	2.0	1.8	1.7	1.8	1.8
隆德	2.0	2.2	2.5	2.6	2.4	2.1	1.9	2.1	2.0	2.0	2.0	2.0
泾源	2.9	2.9	3.1	3.4	3.1	2.8	2.7	2.8	2.7	2.8	3.1	3.0
韦州	2.6	2.9	3.3	3.5	3.6	3.3	3.3	3.0	2.8	2.8	2.9	2.8
六盘山	6.1	6.0	6.3	6.3	6.3	5.7	5.6	5.7	5.5	5.7	6.2	6.6

第五节 相对湿度

一、年相对湿度

全区年平均相对湿度为 42%～68%，分布自南向北递减，六盘山最高，石炭井最低。引黄灌区为 42%～56%，中部干旱带 48%～54%，南部山区为 61%～68%，是全区相对湿度最大的地区，见图 1-24。

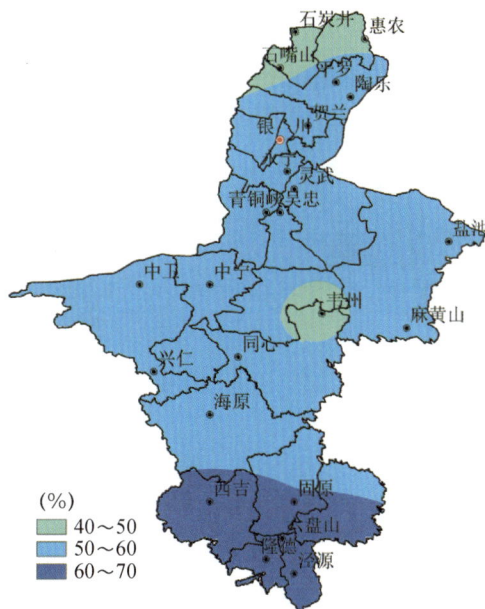

图 1-24 宁夏 1961—2018 年平均相对湿度分布

二、季相对湿度

春季，全区平均相对湿度 45%，石炭井 33%，为全区最低；六盘山 64%，为全区最高。引黄灌区为

33%～45%，中部干旱带 39%～45%，南部山区为 53%～64%，见图 1-25a 和表 1-12。

夏季，全区平均相对湿度 60%，石炭井 46%，为全区最低；六盘山 77%，为全区最高。引黄灌区为 46%～63%，中部干旱带 53%～60%，南部山区 66%～77%，见图 1-25b 和表 1-12。

秋季，全区平均相对湿度 62%，石炭井 48%，为全区最低；六盘山、西吉 73%，为全区最高。引黄灌区为 48%～65%，中部干旱带 55%～61%，南部山区为 69%～73%，见图 1-25c 和表 1-12。

冬季，全区平均相对湿度 51%，韦州 43%，为全区最低；西吉 61%，为全区最高。引黄灌区为 44%～54%，中部干旱带 43%～50%，南部山区为 56%～61%，见图 1-25d 和表 1-12。

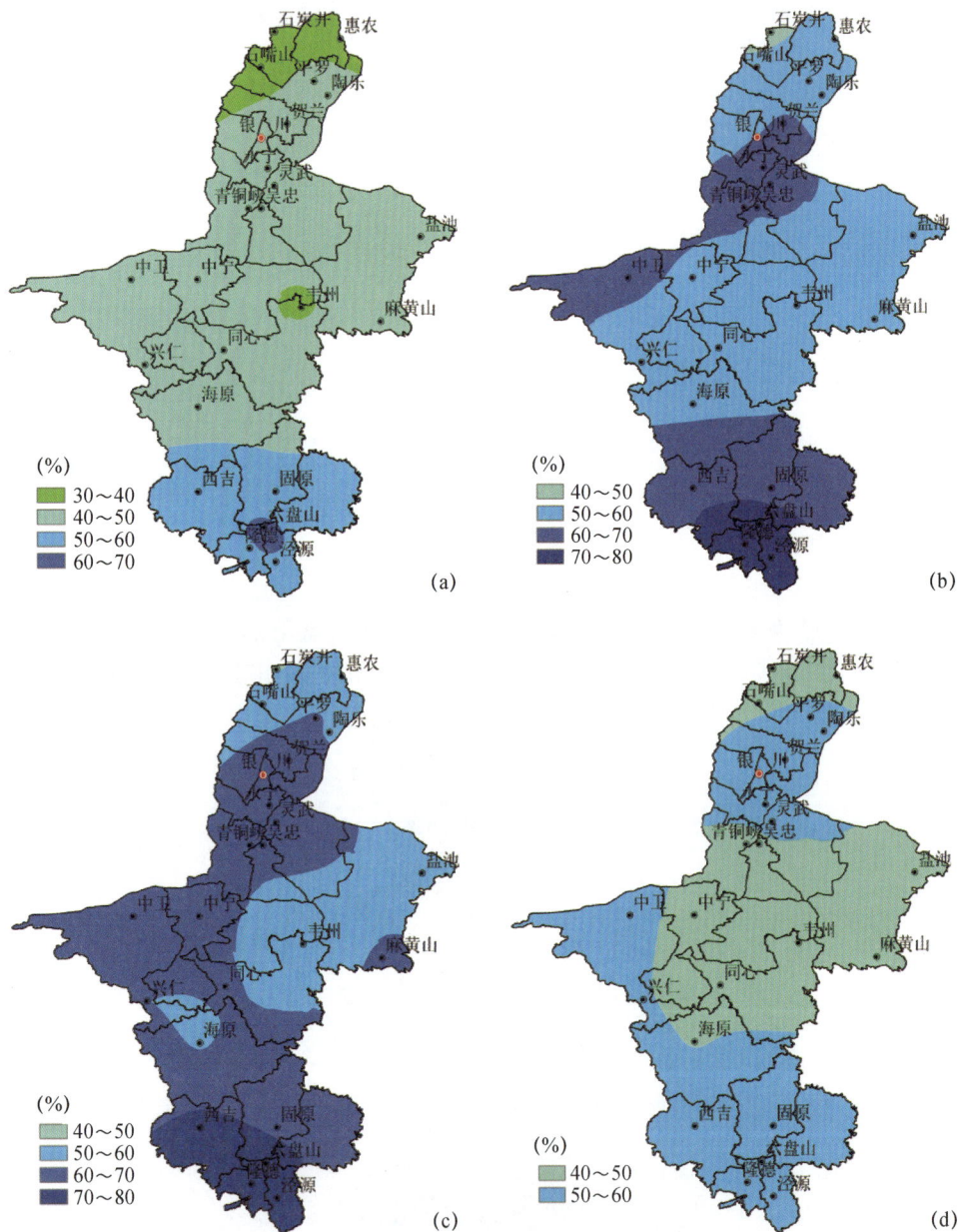

图 1-25　宁夏 1961—2018 年四季平均相对湿度分布
(a)春季　(b)夏季　(c)秋季　(d)冬季

表 1-12　宁夏 1961—2018 年各季平均相对湿度　　　　　　　　　　单位：%

站名	春季	夏季	秋季	冬季	全年
石炭井	33	46	48	44	42
石嘴山	35	52	56	49	48

续表

站名	春季	夏季	秋季	冬季	全年
惠农	38	54	55	48	49
贺兰	44	61	64	54	56
平罗	43	59	61	53	54
吴忠	43	60	61	49	53
银川	44	60	63	54	55
陶乐	41	56	59	51	52
青铜峡	43	62	62	47	54
永宁	45	63	63	52	56
灵武	45	63	65	52	56
中卫	45	63	64	52	56
中宁	42	58	62	48	53
兴仁	42	54	60	50	52
盐池	41	55	58	49	51
麻黄山	45	60	61	49	54
海原	45	58	59	47	52
同心	43	55	61	50	52
固原	53	66	69	56	61
西吉	57	69	73	61	65
隆德	58	71	72	59	65
泾源	59	72	71	56	65
韦州	39	53	55	43	48
六盘山	64	77	73	60	68

三、相对湿度年变化

全区相对湿度在4月达到最低值,引黄灌区和中部干旱带在1—4月呈明显减小趋势,而南部山区变化幅度不大;5—11月各地呈现先增后减的变化趋势,在8月或9月达到最大值,见图1-26。

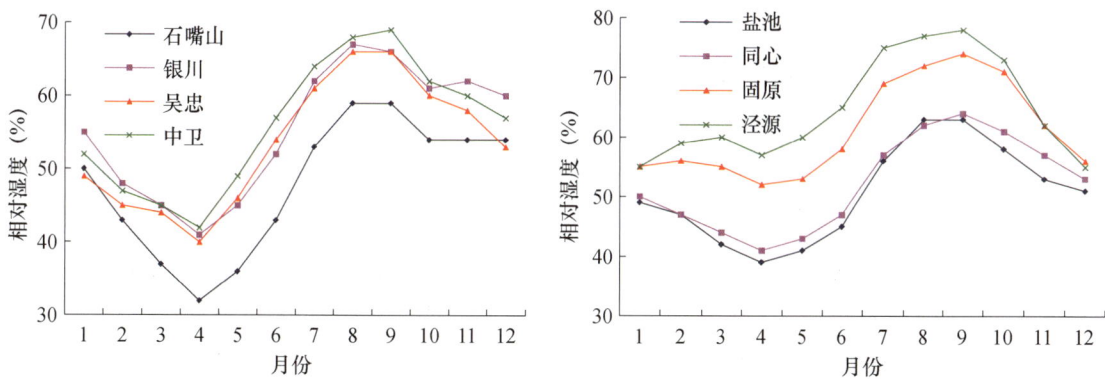

图 1-26 宁夏 1961—2018 年各代表站相对湿度年变化

第六节 蒸 发

一、年蒸发量

全区年平均蒸发量(水面蒸发量)为1854.0毫米,中部和北部多,南部少,石炭井2487.0毫米,为全区最多;六盘山 1101.1 毫米,为全区最少。引黄灌区 1664.5～2487.0 毫米;中部干旱带 1903.3～2423.8 毫米,为全区年平均蒸发量最多地区;南部山区 1101.1～1581.4 毫米,为全区年平均蒸发量最少地区,见图 1-27。

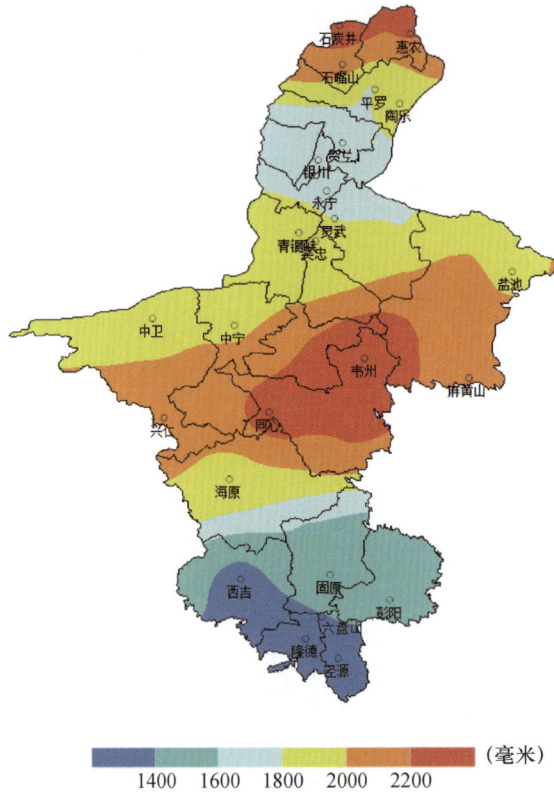

图 1-27　宁夏 1961—2018 年蒸发量分布

二、季蒸发量

春季,全区平均为 624.6 毫米,韦州 790.5 毫米,为全区最多,六盘山 312.5 毫米,为全区最少。引黄灌区 573.7～778.0 毫米,中部干旱带 624.5～790.5 毫米,南部山区 312.5～549.1 毫米,见图 1-28a 和表 1-13。

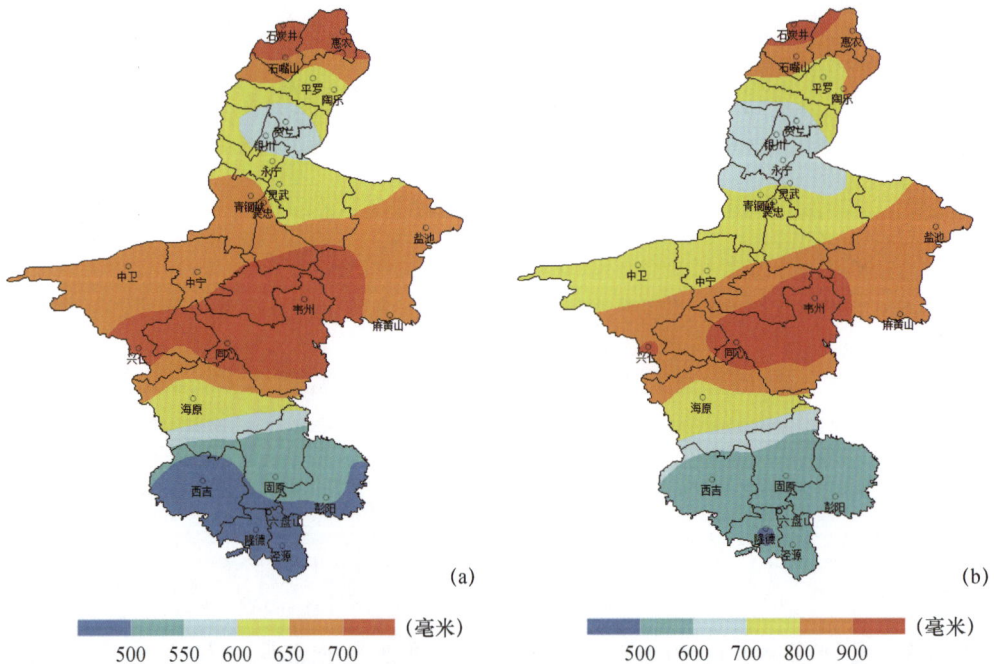

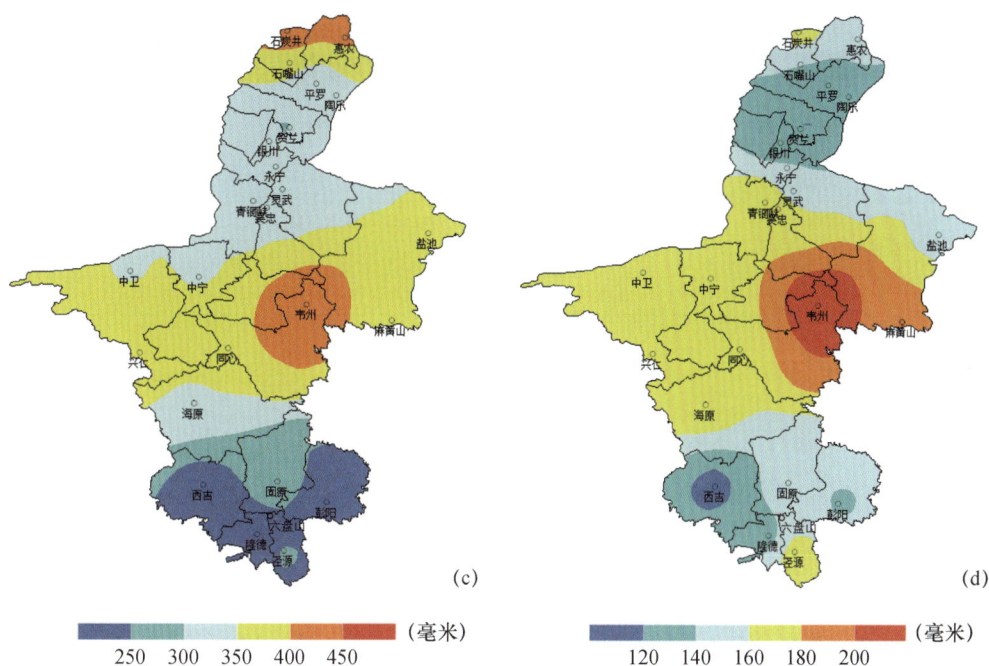

图 1-28　宁夏 1961—2018 年四季蒸发量分布

(a)春季　(b)夏季　(c)秋季　(d)冬季

夏季,全区平均为 735.9 毫米,石炭井 1062.8 毫米,为全区最多,六盘山 344.1 毫米,为全区最少。引黄灌区 658.3~1062.8 毫米,中部干旱带 768.0~969.6 毫米,南部山区 344.1~605.5 毫米,见图 1-28b 和表 1-13。

秋季,全区平均为 332.5 毫米,石炭井 467.7 毫米,为全区最多,六盘山 181.7 毫米,为全区最少。引黄灌区 296.6~467.7 毫米,中部干旱带 336.5~446.5 毫米,南部山区 181.7~273.7 毫米,见图 1-28c 和表 1-13。

冬季,全区平均为 154.3 毫米,韦州 221.1 毫米,为全区最多,西吉 111.7 毫米,为全区最少。引黄灌区 117.9~180.9 毫米,中部干旱带 152.0~221.1 毫米,南部山区 111.7~177.5 毫米,见图 1-28d 和表 1-13。

表 1-13　宁夏 1961—2018 年各季蒸发量　　　　　　　　单位:毫米

站名	春季	夏季	秋季	冬季	全年
石炭井	778.0	1062.8	467.7	178.1	2487.0
石嘴山	705.9	842.5	363.2	137.6	2056.4
惠农	771.8	892.7	416.9	158.2	2238.9
贺兰	573.7	679.2	296.6	117.9	1664.5
平罗	606.9	695.0	310.5	122.2	1727.8
吴忠	654.1	730.9	347.4	172.1	1906.4
银川	588.7	658.3	298.9	121.8	1667.0
陶乐	646.3	828.2	342.0	120.0	1939.2
青铜峡	688.9	694.0	345.0	180.9	1912.2
永宁	604.2	664.3	313.4	144.7	1726.6
灵武	611.9	700.7	323.2	149.2	1784.3
中卫	670.4	697.8	346.3	160.0	1871.9
中宁	684.7	779.9	345.3	160.9	1970.8
兴仁	716.4	912.7	392.9	180.2	2198.3
盐池	656.8	820.6	355.1	152.0	1984.8
麻黄山	678.4	811.4	367.3	190.7	2054.6
海原	624.5	768.0	336.5	175.4	1903.3
同心	739.7	965.1	401.3	169.6	2284.0

续表

站名	春季	夏季	秋季	冬季	全年
固原	549.1	605.5	273.7	152.1	1581.4
西吉	459.8	547.1	227.5	111.7	1347.1
隆德	430.4	491.4	227.3	125.2	1280.8
泾源	446.4	499.7	254.7	177.5	1382.8
韦州	790.5	969.6	446.5	221.1	2423.8
六盘山	312.5	344.1	181.7	123.7	1101.1

三、蒸发量年变化

宁夏各地蒸发量年变化均呈单峰型,最小值出现在 1 月或 12 月,1—5 月蒸发量逐渐增大;最大值出现在 5 月或 6 月,7—12 月逐渐减小,见图 1-29 和表 1-14。

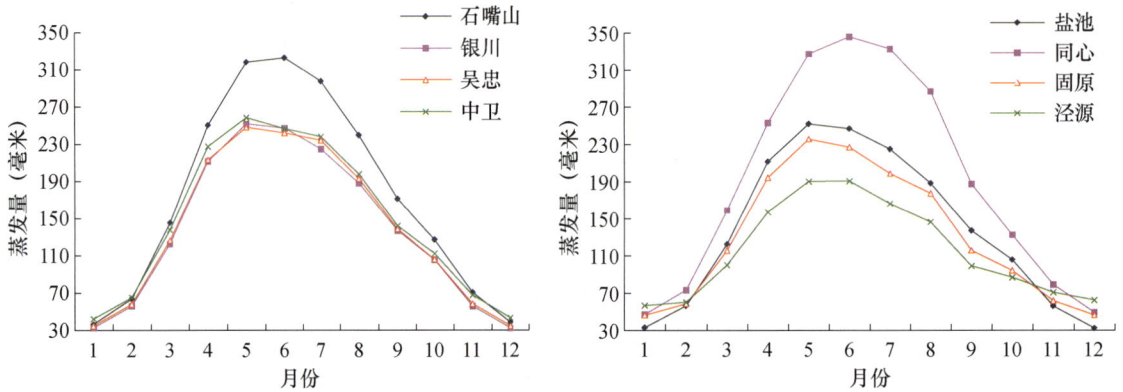

图 1-29　宁夏 1961—2018 年各代表站蒸发量年变化

表 1-14　宁夏 1961—2018 年各月蒸发量　　　　　　　单位:毫米

站名	1 月	2 月	3 月	4 月	5 月	6 月	7 月	8 月	9 月	10 月	11 月	12 月
石炭井	50.3	70.6	149.1	263.3	365.6	386.7	367.0	309.1	215.6	215.8	157.4	94.5
石嘴山	37.1	64.0	145.8	250.5	318.4	323.0	297.7	239.7	171.4	127.3	71.0	38.7
惠农	44.0	68.1	157.1	273.0	338.5	324.5	306.4	257.9	191.9	145.1	78.1	45.8
贺兰	31.4	53.7	121.0	206.6	247.9	247.9	242.6	195.7	139.8	102.4	54.0	30.9
平罗	33.4	55.4	122.8	210.7	258.0	247.4	242.4	202.4	145.7	108.6	53.8	32.3
吴忠	35.1	58.3	126.8	213.7	248.4	242.3	234.4	193.2	138.9	106.2	58.6	35.0
银川	33.0	56.4	123.0	211.9	251.9	247.2	225.1	188.2	137.1	106.0	56.2	32.5
陶乐	32.7	54.7	128.0	219.0	295.4	298.1	280.3	238.2	167.4	114.8	57.3	32.5
青铜峡	52.8	75.8	160.2	255.6	279.1	257.9	242.0	198.8	144.5	122.4	82.4	55.4
永宁	41.0	64.6	136.5	222.7	245.5	231.9	235.4	195.8	139.7	110.1	65.7	41.6
灵武	42.3	64.0	129.8	219.3	262.1	255.1	241.7	204.8	147.5	111.8	65.9	43.5
中卫	42.8	65.7	138.3	227.8	258.8	246.8	238.4	198.2	142.6	112.6	68.2	43.9
中宁	42.8	65.7	138.3	227.8	258.8	246.8	238.4	198.2	142.6	112.6	68.2	43.9
兴仁	51.4	74.3	150.4	248.6	317.4	334.7	314.4	263.7	176.4	176.2	135.1	81.6
盐池	43.2	65.9	138.8	229.1	262.1	250.5	239.1	198.7	143.4	113.2	68.8	44.4
麻黄山	57.2	71.5	142.7	234.8	301.0	315.9	275.7	219.8	151.4	152.0	123.5	91.3
海原	52.6	67.2	132.8	213.8	275.0	284.4	258.8	220.5	144.7	111.0	78.6	56.0
同心	47.0	73.5	159.3	253.2	327.9	346.0	333.0	287.2	187.5	132.7	79.1	49.4
固原	46.6	58.7	115.9	194.5	236.0	227.3	199.0	177.5	116.1	94.4	61.8	46.6
西吉	34.0	45.0	95.1	156.9	204.8	204.2	177.9	162.5	103.1	76.7	46.5	32.9

续表

站名	1月	2月	3月	4月	5月	6月	7月	8月	9月	10月	11月	12月
隆德	40.1	49.9	94.9	151.4	188.2	178.1	166.1	154.6	102.6	77.3	50.8	38.4
泾源	57.1	60.4	100.4	157.2	190.5	190.8	166.5	146.7	99.4	87.0	71.0	62.7
韦州	42.9	65.8	138.5	228.3	259.9	248.1	238.6	198.3	142.9	112.8	68.4	44.1
六盘山	46.0	44.0	73.7	124.3	159.2	149.6	132.2	111.4	78.5	71.2	57.9	51.8

第七节 地温和冻土

一、地面温度

(一)年地面温度分布

全区年平均地面温度为 11.4 ℃,自南向北升高,六盘山最低为 4.2 ℃,吴忠最高为 13.4 ℃。引黄灌区为 11.2～13.4 ℃,中部干旱带为 9.2～12.2 ℃,南部山区为 4.2～9.3 ℃,见图 1-30。

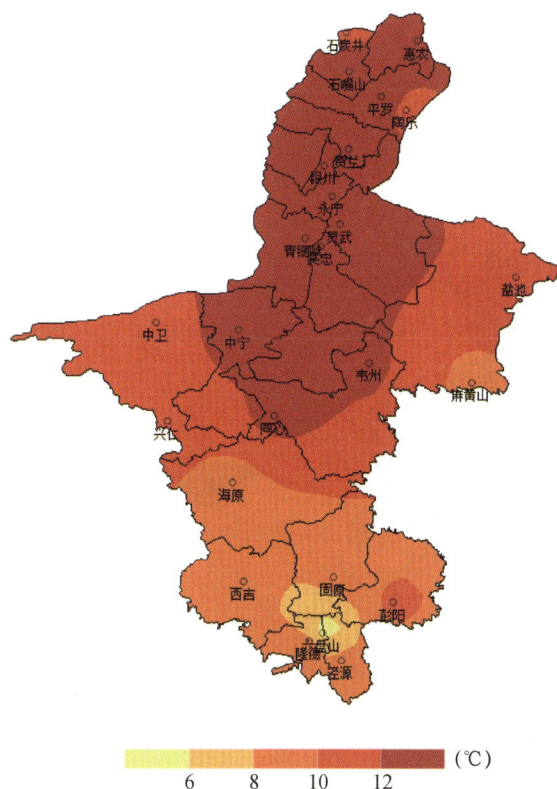

图 1-30 宁夏 1961—2018 年地面平均温度分布

(二)季地面温度分布

全区地面温度夏季最高,冬季最低,春季高于秋季,见图 1-31 和表 1-15。

春季,全区地面平均温度为 13.7 ℃,各地为 4.8～16.6 ℃,六盘山最低,石嘴山最高。引黄灌区为 13.8～16.6 ℃,中部干旱带为 11.4～14.9 ℃,南部山区为 4.8～10.9 ℃,见图 1-31a 和表 1-15。

夏季,全区地面平均温度为 26.4 ℃,各地为 15.3～29.7 ℃,六盘山最低,石嘴山最高。引黄灌区为 26.6～29.7 ℃,中部干旱带为 23.0～27.1 ℃,南部山区为 15.3～22.1 ℃,见图 1-31b 和表 1-15。

秋季,全区地面平均温度为 10.2 ℃,各地为 3.8～12.0 ℃,六盘山最低,吴忠最高。引黄灌区为 9.8～12.0 ℃,中部干旱带为 8.1～11.0 ℃,南部山区为 3.8～8.4 ℃,见图 1-31c 和表 1-15。

冬季,全区地面平均温度为—4.8 ℃,各地为—6.9～—3.2 ℃,六盘山最低,泾源最高。引黄灌区为—6.6～—3.7 ℃,中部干旱带为—5.7～—3.8 ℃,南部山区为—6.9～—3.2 ℃,见图 1-31d 和表 1-15。

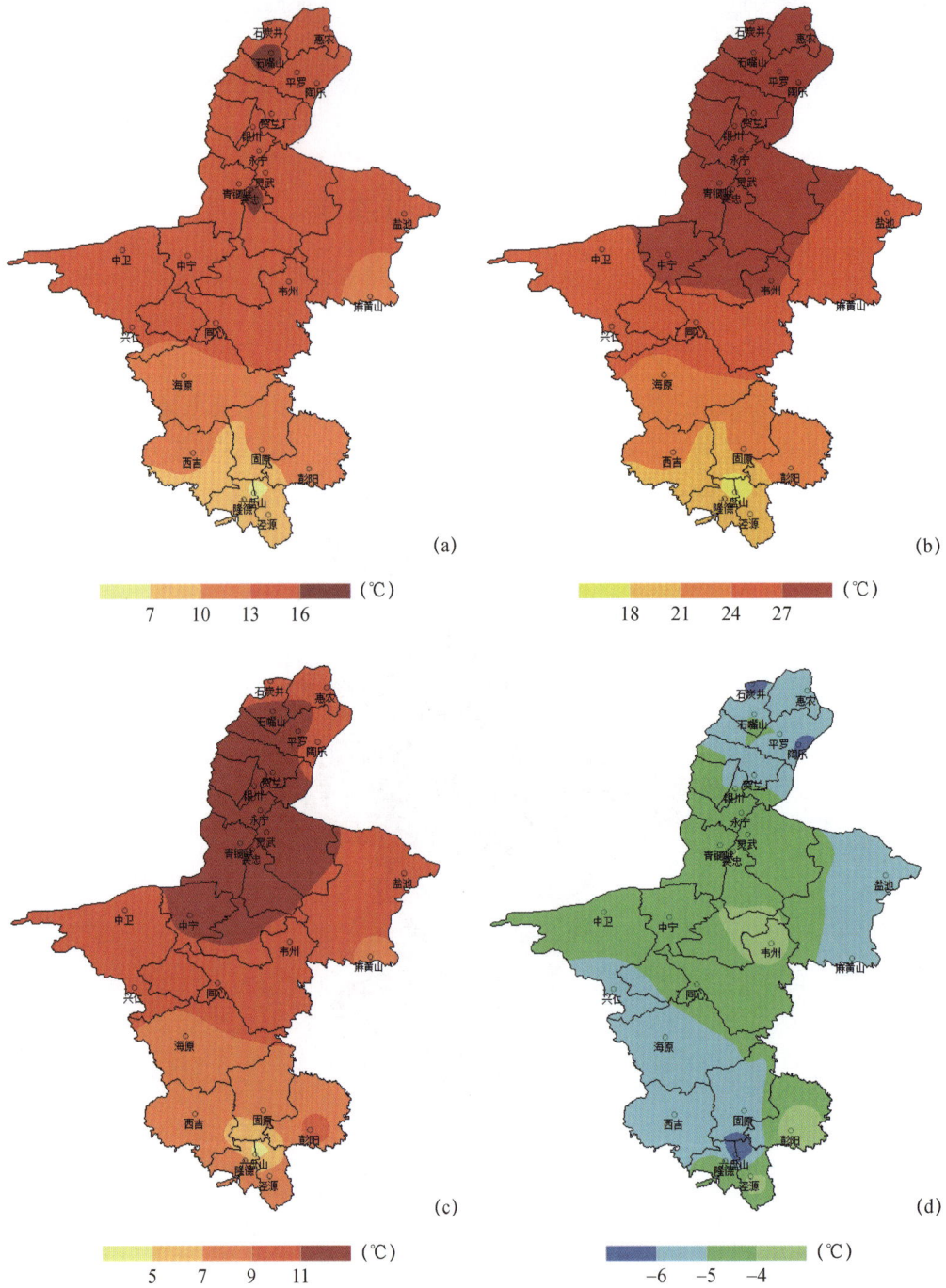

(a) (b) (c) (d)

图 1-31 宁夏 1961—2018 年四季平均气温分布
(a)春季 (b)夏季 (c)秋季 (d)冬季

表 1-15 宁夏 1961—2018 年四季地面平均温度 单位:℃

站名	春季	夏季	秋季	冬季	全年
石炭井	13.9	27.1	9.8	—6.0	11.2
石嘴山	16.6	29.7	11.6	—4.8	13.3
惠农	14.6	28.3	10.9	—5.5	12.1
贺兰	15.2	29.2	11.5	—5.1	12.7

续表

站名	春季	夏季	秋季	冬季	全年
平罗	15.2	29.1	11.5	−4.8	12.8
吴忠	16.0	29.5	12.0	−3.7	13.4
银川	14.4	28.1	10.8	−5.2	12.0
陶乐	13.8	28.0	10.1	−6.6	11.4
青铜峡	15.1	28.4	11.3	−4.3	12.6
永宁	15.8	29.2	11.8	−4.1	13.2
灵武	14.9	28.7	11.3	−4.8	12.5
中卫	14.1	26.6	10.7	−4.5	11.7
中宁	14.9	27.5	11.2	−4.1	12.4
兴仁	13.3	25.4	9.4	−5.5	10.6
盐池	13.2	26.2	9.7	−5.5	10.9
麻黄山	12.2	24.5	8.7	−5.7	9.9
海原	11.4	23.0	8.1	−5.6	9.2
同心	14.8	26.9	11.0	−4.4	12.1
固原	10.9	22.1	8.0	−5.2	8.9
西吉	10.7	21.7	8.0	−5.0	8.9
隆德	10.4	20.9	7.9	−4.1	8.8
泾源	10.6	21.3	8.4	−3.2	9.3
韦州	14.9	27.1	10.8	−3.8	12.2
六盘山	4.8	15.3	3.8	−6.9	4.2

(三)地面温度年变化

全区地面平均温度变化曲线均为单峰型,夏季最高,峰值出现在 7 月;冬季最低,最低值出现在 1 月,从 2 月开始增高,7 月达到最高,8—12 月地面温度迅速下降,见图 1-32 和表 1-16。

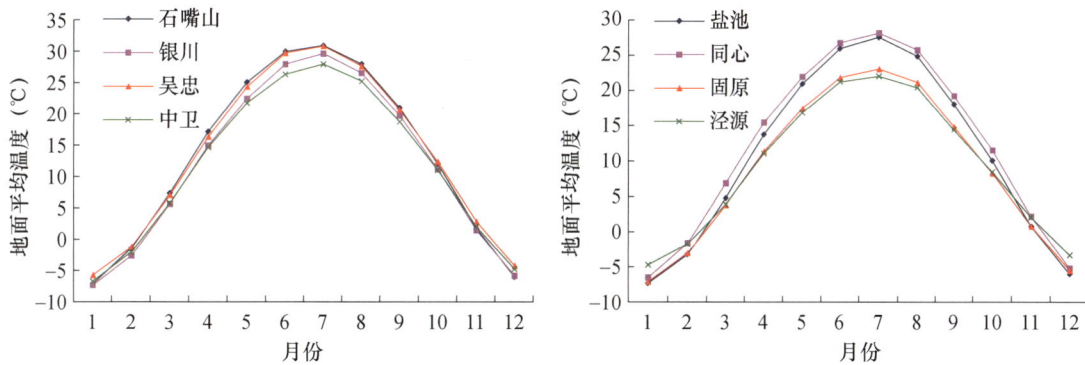

图 1-32　宁夏 1961—2018 年各代表站地面平均温度年变化

表 1-16　宁夏 1961—2018 年各月地面平均温度　　　　　　　　　　　　单位:℃

站名	1 月	2 月	3 月	4 月	5 月	6 月	7 月	8 月	9 月	10 月	11 月	12 月
石炭井	−8.0	−3.3	5.0	14.5	22.3	27.3	28.4	25.7	18.7	10.2	0.6	−6.6
石嘴山	−7.1	−1.4	7.4	17.2	25.1	30.0	31.0	28.0	21.0	12.1	1.8	−6.0
惠农	−7.5	−2.9	5.6	15.2	23.1	28.1	29.8	27.1	20.1	11.3	1.4	−6.0
贺兰	−7.2	−2.4	6.2	15.7	23.8	29.3	30.7	27.5	20.6	11.9	1.9	−5.7
平罗	−6.8	−2.2	6.0	15.6	24.0	29.1	30.5	27.6	20.7	11.9	2.0	−5.3
吴忠	−5.7	−1.2	7.1	16.4	24.4	29.8	30.9	27.7	20.7	12.4	2.9	−4.2
银川	−7.3	−2.6	5.7	15.0	22.5	28.0	29.7	26.6	19.8	11.2	1.5	−5.8

站名	1月	2月	3月	4月	5月	6月	7月	8月	9月	10月	11月	12月
陶乐	−8.6	−4.0	4.6	14.3	22.5	27.8	29.8	26.5	19.7	10.5	0.2	−7.1
青铜峡	−6.3	−1.7	6.4	15.8	23.1	28.3	30.0	26.8	19.9	11.6	2.3	−4.9
永宁	−6.2	−1.4	7.0	16.4	24.0	29.3	30.8	27.5	20.6	12.0	2.7	−4.6
灵武	−6.8	−2.3	5.9	15.4	23.3	28.6	30.3	27.2	20.2	11.6	2.0	−5.2
中卫	−6.7	−2.0	5.8	14.7	21.8	26.4	28.0	25.3	18.8	11.1	2.1	−4.7
中宁	−6.1	−1.5	6.7	15.6	22.4	27.3	28.8	26.3	19.6	11.6	2.4	−4.6
兴仁	−7.5	−2.6	5.4	13.9	20.6	25.5	26.6	24.0	17.5	10.0	0.7	−6.3
盐池	−7.3	−3.2	4.8	13.8	21.0	26.0	27.6	24.9	18.1	10.1	0.8	−6.0
麻黄山	−7.6	−3.4	4.1	12.8	19.6	24.7	25.7	23.0	16.5	9.1	0.5	−6.2
海原	−7.5	−3.4	4.0	12.0	18.3	23.0	24.2	21.8	15.4	8.5	0.5	−6.0
同心	−6.5	−1.6	6.9	15.5	22.0	26.8	28.2	25.8	19.3	11.6	2.2	−5.2
固原	−7.1	−3.0	3.8	11.4	17.5	21.9	23.1	21.2	14.9	8.3	0.8	−5.5
西吉	−6.7	−2.8	3.9	11.2	17.1	21.4	22.7	21.0	14.9	8.3	0.9	−5.5
隆德	−5.6	−2.0	3.9	10.8	16.5	20.7	21.7	20.2	14.2	8.1	1.3	−4.6
泾源	−4.7	−1.7	3.9	11.1	16.9	21.3	22.1	20.5	14.5	8.5	2.1	−3.3
韦州	−5.7	−1.1	6.9	15.5	22.2	27.3	28.5	25.4	18.7	11.2	2.6	−4.5
六盘山	−8.2	−5.4	−0.7	4.7	10.3	14.5	16.3	15.0	9.6	3.8	−2.1	−7.2

二、最大冻土深度

全区最大冻土深度存在差异,平罗、贺兰、中卫、中宁小于 100 厘米,石炭井、石嘴山、陶乐、固原及中部干旱带大部较深,在 120～159 厘米,海原最大,为 159 厘米。全区的最大冻土深度出现在 2 月或 3 月,各地夏季均无冻土,部分地区在 5 月、9 月出现冻土,见图 1-33 和表 1-17。

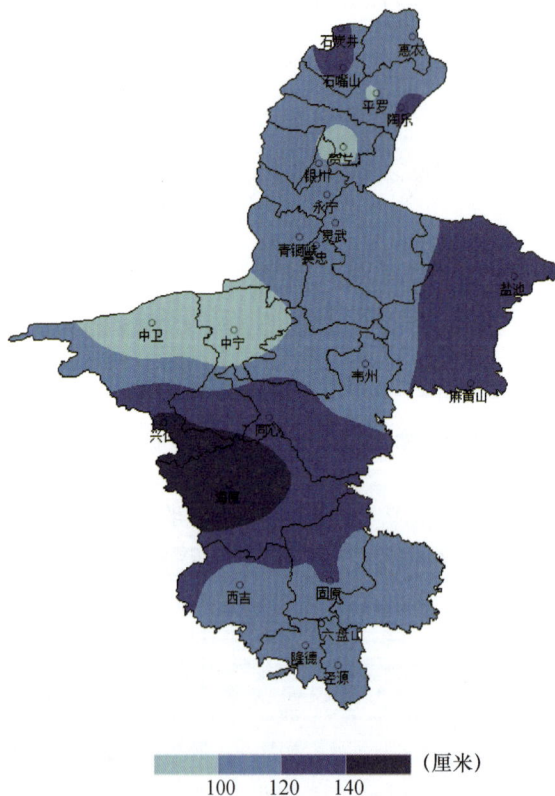

图 1-33　宁夏 1961—2018 年最大冻土深度分布

表 1-17　宁夏 1961—2018 年各月最大冻土深度 　　　　　单位：厘米

站名	1月	2月	3月	4月	5月	6月	7月	8月	9月	10月	11月	12月
石炭井	109	120	115	10	0	0	0	0	0	14	44	109
石嘴山	124	128	105	11	0	0	0	0	0	12	37	124
惠农	106	107	104	104	0	0	0	0	0	10	32	106
贺兰	93	96	97	93	0	0	0	0	0	9	28	93
平罗	85	94	88	82	0	0	0	0	0	11	26	85
吴忠	94	111	112	103	3	0	0	0	0	9	25	94
银川	81	100	91	83	0	0	0	0	0	11	24	81
陶乐	101	118	121	9	2	0	0	0	0	9	44	101
青铜峡	75	83	83	76	0	0	0	0	0	10	110	75
永宁	91	105	105	90	0	0	0	0	0	9	23	91
灵武	88	105	109	109	0	0	0	0	1	9	29	88
中卫	79	85	83	75	5	0	0	0	0	10	17	79
中宁	73	80	80	67	0	0	0	0	0	12	26	73
兴仁	135	143	143	113	5	0	0	0	0	14	40	135
盐池	127	139	134	101	0	0	0	0	6	11	40	127
麻黄山	125	137	137	126	5	0	0	0	5	17	50	125
海原	139	159	159	111	3	0	0	0	0	11	39	139
同心	123	137	129	8	1	0	0	0	2	9	35	123
固原	114	121	114	99	0	0	0	0	0	10	36	114
西吉	105	114	115	109	1	0	0	0	3	10	41	105
隆德	108	113	113	105	0	0	0	0	0	8	30	108
泾源	80	86	83	72	2	0	0	0	0	9	110	80
韦州	96	104	95	10	0	0	0	0	0	11	31	96

第八节　天气现象

一、雾

(一)年平均雾、轻雾日数

全区年平均雾(能见度小于 1 千米)日数为 18.4 天,由北向南逐渐增多(图 1-34a),石炭井 0.7 天,为全区最少;六盘山 129.4 天,为全区最多。引黄灌区 0.7～7.9 天,中部干旱带 0.8～15.1 天,南部山区 3.4～129.4 天。

全区年平均轻雾(能见度在 1～10 千米)日数为 6.5 天,由北向南逐渐增多(图 1-34b),石炭井 1.4 天,为全区最少;银川 48.6 天,为全区最多。引黄灌区 1.4～48.6 天,中部干旱带 2.4～24.7 天,南部山区 1.9～47.1 天。

(二)季节雾、轻雾日数

全区雾日数秋季最多,冬季次之,春季和夏季最少;轻雾日数秋季最多,冬季次之,夏季最少,春季多于冬季。

春季,全区平均雾日数 1.2 天,石炭井春季无小于 1 千米天气出现,为全区最少;六盘山 28.7 天,为全区最多。引黄灌区<0.8 天,中部干旱带 0.2～2.6 天,南部山区 0.6～28.7 天,见图 1-35a。全区平均轻雾日数 3 天,石炭井 0.2 天,为全区最少;固原 10.4 天,为全区最多。引黄灌区 0.2～9.7 天,中部干旱带 0.6～3.9 天,南部山区 0.6～10.4 天,见图 1-35b。

夏季,全区平均雾日数 1.2 天,石炭井、韦州 0.2 天,为全区最少;六盘山 38.3 天,为全区最多。引黄

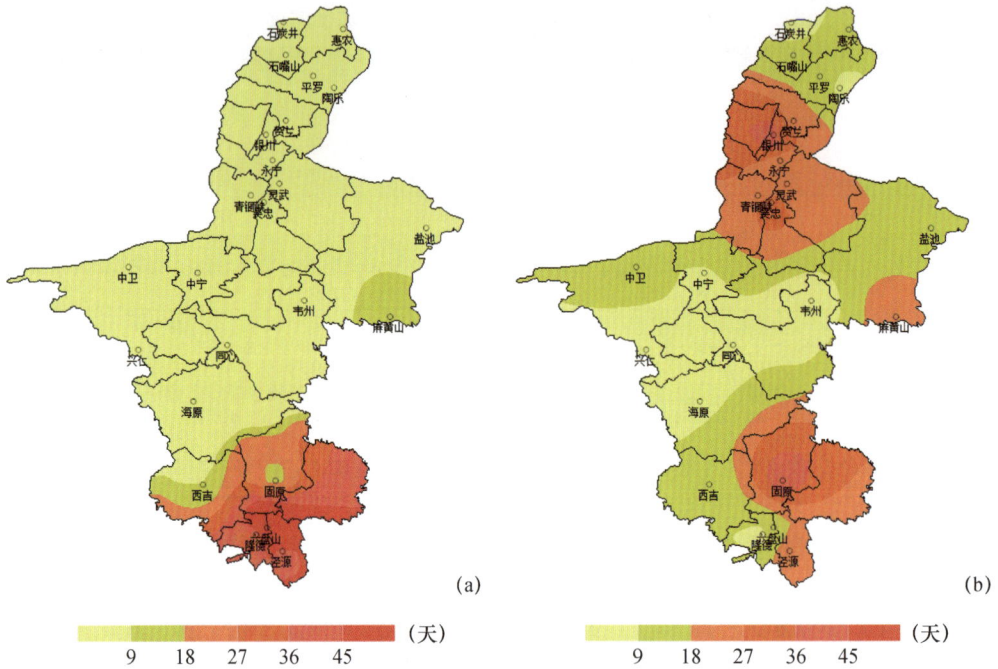

(a)　　　　　　　　　　(b)

　　9　18　27　36　45　(天)　　　　　9　18　27　36　45　(天)

图 1-34　宁夏 1961—2018 年雾、轻雾年平均日数分布
(a)雾　(b)轻雾

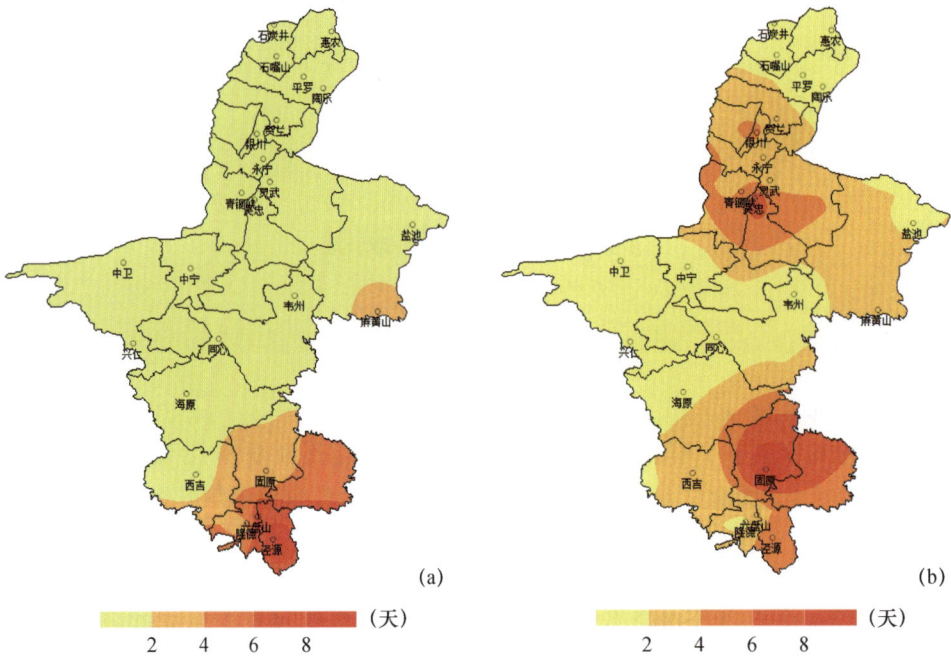

(a)　　　　　　　　　　(b)

　　2　4　6　8　(天)　　　　　2　4　6　8　(天)

图 1-35　宁夏 1961—2018 年春季雾、轻雾日数分布
(a)雾　(b)轻雾

灌区 0.2～1.2 天,中部干旱带 0.2～2.8 天,南部山区 0.2～38.3 天,见图 1-36a。全区平均轻雾日数 3.7 天,石炭井 0.2 天,为全区最少;固原 10.2 天,为全区最多。引黄灌区 0.2～7.5 天,中部干旱带 0.4～6.4 天,南部山区 0.3～10.2 天,见图 1-36b。

　　秋季,全区平均雾日数 2.8 天,石炭井、韦州 0.3 天,为全区最少;六盘山 38.7 天,为全区最多。引黄灌区 0.3～3.4 天,中部干旱带 0.3～6.9 天,南部山区 1.4～38.7 天,见图 1-37a。全区平均轻雾日数 7.2 天,石炭井 0.8 天,为全区最少;银川 18.3 天,为全区最多。引黄灌区 0.8～18.3 天,中部干旱带 1～

9.8 天,南部山区 0.5~16.6 天,见图 1-37b。

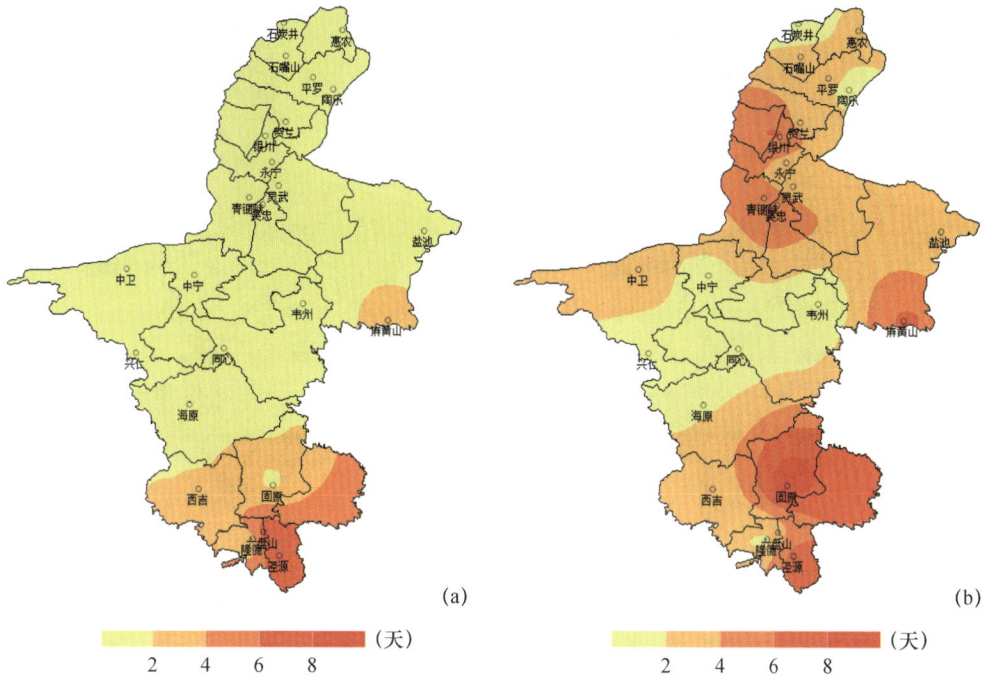

图 1-36　宁夏 1961—2018 年夏季雾、轻雾日数分布
(a)雾　(b)轻雾

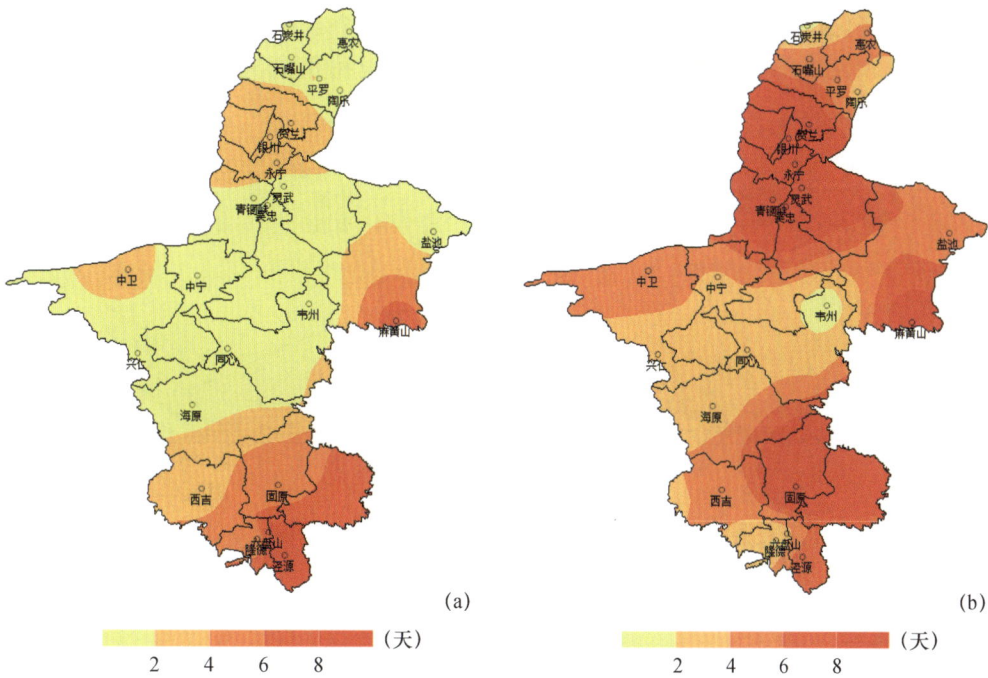

图 1-37　宁夏 1961—2018 年秋季雾、轻雾日数分布
(a)雾　(b)轻雾

冬季,全区平均雾日数 1.4 天,石炭井、韦州 0.1 天,为全区最少;六盘山 8.7 天,为全区最多。引黄灌区 0.1~2.9 天,中部干旱带 0.1~2.9 天,南部山区 0.9~23.7 天,见图 1-38a。全区平均轻雾日数 4.5 天,石炭井 0.3 天,为全区最少;银川 17.4 天,为全区最多。引黄灌区 0.3~17.4 天,中部干旱带 0.4~4.6 天,南部山区 0.6~9.9 天,见图 1-38b。

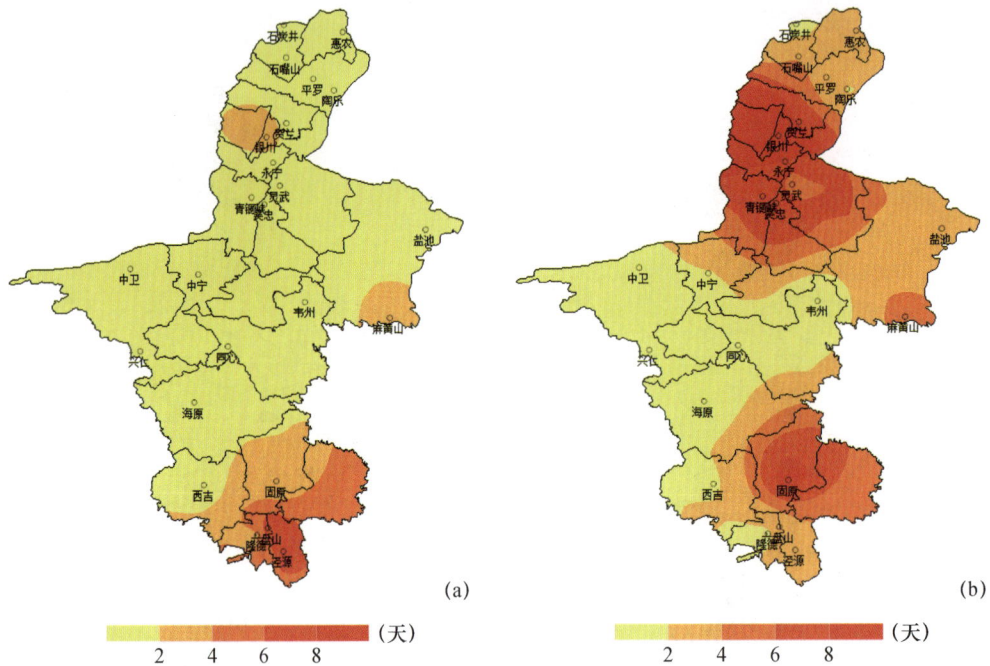

图 1-38　宁夏 1961—2018 年冬季雾、轻雾日数分布

(a)雾　(b)轻雾

(三)雾、轻雾日数年变化

雾和轻雾日数年变化均呈双峰型,雾日数 5—7 月和 12 月至翌年 1 月较少,2—4 月和 9—11 月较多,各月之间呈波动变化;峰值基本出现在春季 3 月和秋季 10 月,谷值都出现在 6 月。轻雾日数 5—7 月和 12 月至翌年 1 月较少,2—4 月和 9—11 月较多,峰值基本出现在春季 3 月和秋季 9—11 月,谷值出现在 5 月,见图 1-39。

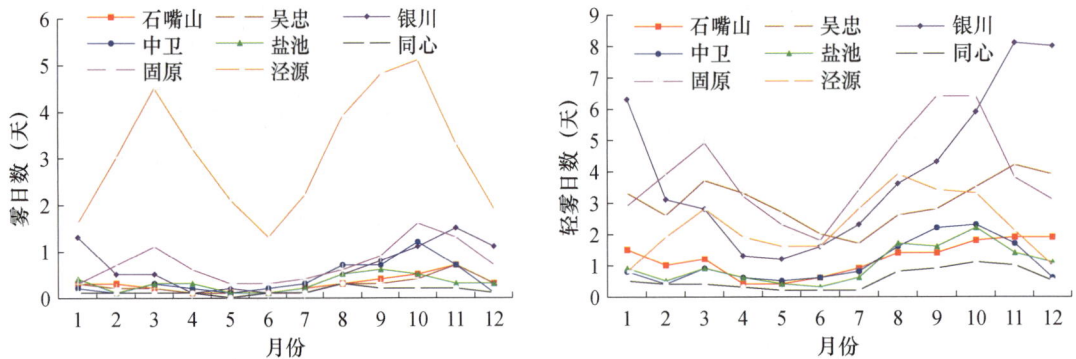

图 1-39　宁夏 1961—2018 年各代表站雾、轻雾日数年变化

二、云量

(一)年平均总云量、低云量

全区年平均总云量为 5.2 成,由北向南逐渐增多(图 1-40a),惠农和陶乐 4.3 成,为全区最少;泾源 6.3 成,为全区最多。引黄灌区 4.3～5.3 成,是全区最少的地区;中部干旱带 5.0～5.6 成;南部山区 5.9～6.3 成,是全区最多的地区。

全区年平均低云量为 1.3 成,由北向南逐渐增多(图 1-40b),中宁 0.4 成,为全区最少;六盘山 4.0 成,为全区最多。引黄灌区 0.4～1.0 成,是全区最少的地区;中部干旱带 1.0～2.0 成;南部山区 2.0～4.0 成,是全区最多的地区。

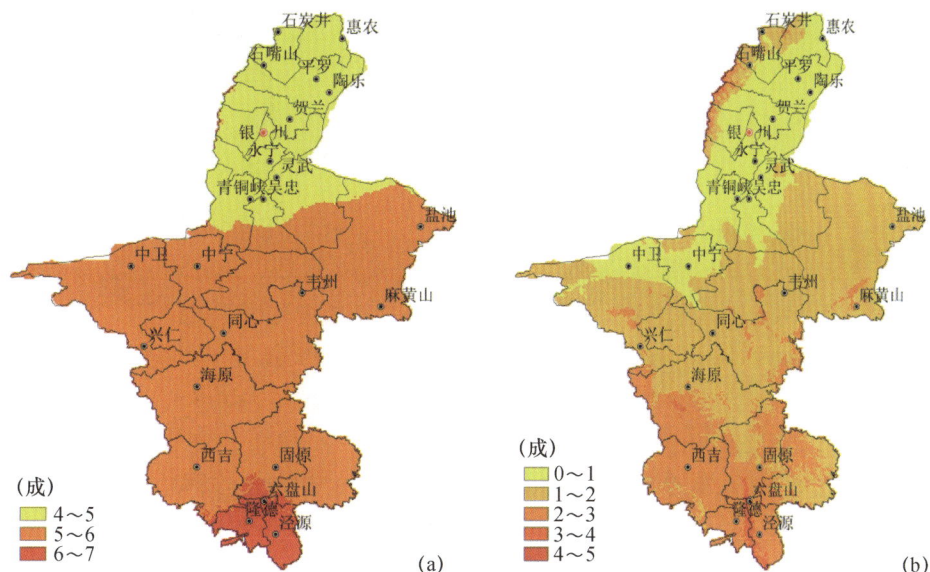

图 1-40　宁夏 1961—2018 年总云量、低云量分布

(a)总云量　(b)低云量

(二)季节总云量、低云量

全区总云量,春季和夏季最多,秋季多于冬季;低云量夏季最多,夏季多于秋季,春季多于冬季。

春季,全区平均总云量 6.1 成,惠农 5.0 成,为全区最少;泾源 7.1 成,为全区最多。引黄灌区 5.0～6.1 成,中部干旱带 5.8～6.7 成,南部山区 6.7～7.1 成,见图 1-41a。

春季,全区平均低云量为 1.1 成,中卫 0.4 成,为全区最少;六盘山 3.5 成,为全区最多。引黄灌区 0.4～0.9 成,中部干旱带 0.6～1.8 成,南部山区 1.7～3.5 成,见图 1-41b。

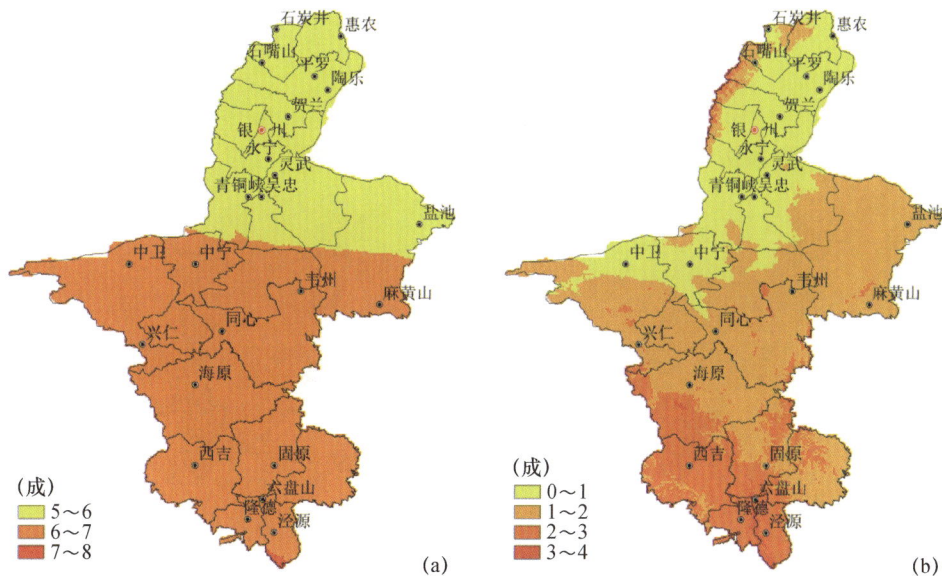

图 1-41　宁夏 1961—2018 年春季总云量、低云量分布

(a)总云量　(b)低云量

夏季,全区平均总云量为 6.0 成,惠农和陶乐 5.3 成,为全区最少;泾源 7.3 成,为全区最多。引黄灌区 5.3～6.2 成,中部干旱带 5.9～6.5 成,南部山区 6.6～7.3 成,见图 1-42a。

夏季,全区平均低云量为 2.1 成,中宁 0.9 成,为全区最少,六盘山 4.7 成,为全区最多。引黄灌区 0.9～1.9 成,中部干旱带 1.1～2.7 成,南部山区 2.7～4.7 成,见图 1-42b。

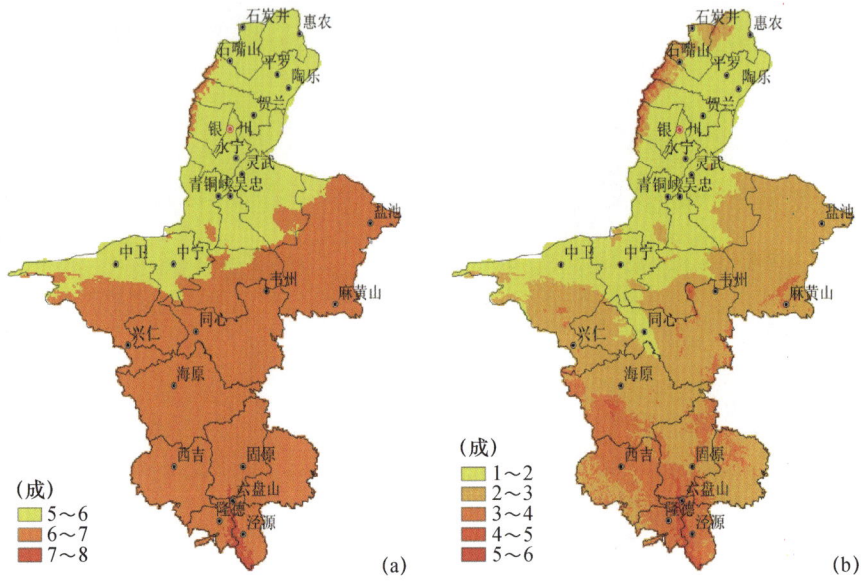

图 1-42　宁夏 1961—2018 年夏季总云量、低云量分布
(a)总云量　(b)低云量

秋季,全区平均总云量为 4.7 成,惠农 3.7 成,为全区最少;西吉、泾源 6.1 成,为全区最多。引黄灌区 3.7～4.7 成,中部干旱带 4.6～5.2 成,南部山区 5.6～6.1 成,见图 1-43a。

秋季,全区平均低云量为 1.3 成,中宁 0.3 成,为全区最少;六盘山 4.1 成,为全区最多。引黄灌区 0.3～1.0 成,中部干旱带 0.5～2.0 成,南部山区 2.2～4.1 成,见图 1-43b。

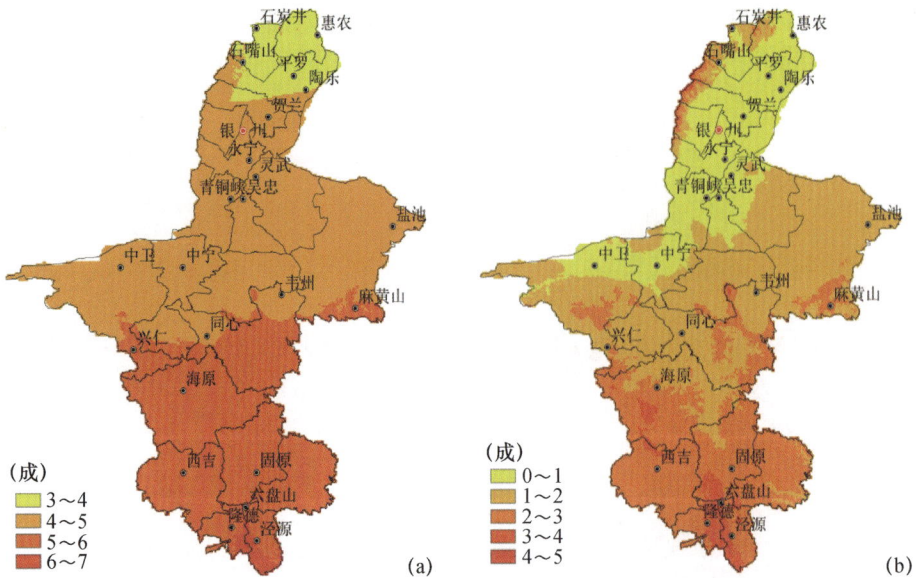

图 1-43　宁夏 1961—2018 年秋季总云量、低云量分布
(a)总云量　(b)低云量

冬季,全区平均总云量为 3.8 成,惠农、陶乐 3.0 成,为全区最少;泾源 4.8 成,为全区最多。引黄灌区 3.0～4.0 成,中部干旱带 3.4～4.2 成,南部山区 4.4～4.8 成,见图 1-44a。

冬季,全区平均低云量为 0.5 成,中卫、中宁和同心 0,为全区最少;六盘山 2.3 成,为全区最多。引黄灌区 0～0.3 成,中部干旱带 0～0.7 成,南部山区 0.6～2.3 成,见图 1-44b。

(三)总云量、低云量年变化

全区总云量为 5.3 成左右,基本呈单峰型变化,1—2 月和 10—12 月较少,3—9 月较多,各月之间呈波

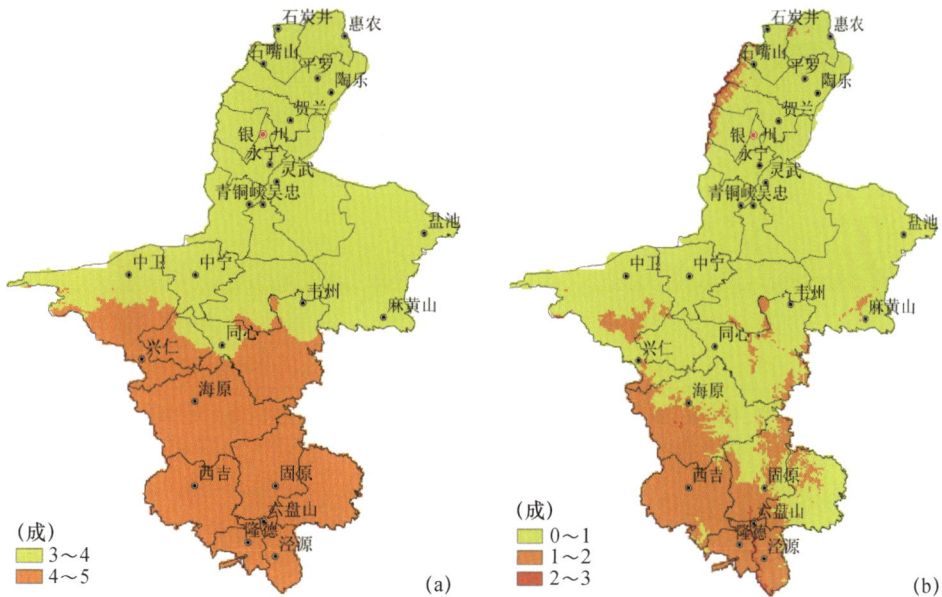

图 1-44　宁夏 1961—2018 年冬季总云量、低云量分布

(a)总云量　(b)低云量

动变化,变化幅度不大;峰值基本出现在 4—7 月,个别站出现在 9 月,谷值都出现在 12 月,见图 1-45a。

全区低云量为 1.2 成左右,呈单峰型变化,1—5 月和 10—12 月较少,6—9 月较多,各月之间呈波动变化,变化幅度不大;峰值基本出现在 7、8 月,谷值出现在 12 月或 1 月,见图 1-45b。

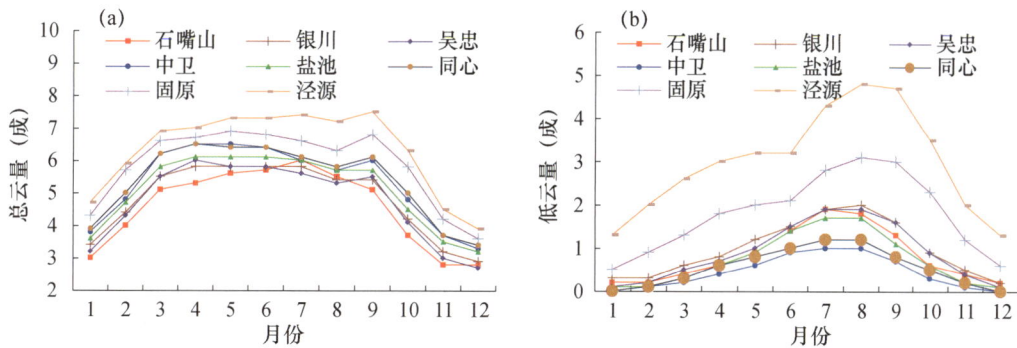

图 1-45　宁夏 1961—2018 年各代表站总云量、低云量年变化

三、能见度

按宁夏各地能见度≤50 米、50～200 米、200～500 米、500～1000 米、1～2 千米、2～4 千米、4～10 千米、>10 千米等级别出现日数进行分析。

(一)各等级能见度日数季节变化

1.≤50 米等级能见度日数

≤50 米等级能见度日数秋季最多,冬季最少,夏季大于春季,见图 1-46。

春季,≤50 米等级能见度平均日数 0.8 天,其变化范围在 0～18.1 天,引黄灌区和中部干旱带小于 0.2 天,南部山区在 0～18.1 天,六盘山最多。

夏季,≤50 米等级能见度平均日数 1.1 天,其变化范围在 0～24.9 天,引黄灌区和中部干旱带在 0～0.1 天,南部山区在 0～24.9 天,六盘山最多。

秋季,≤50 米等级能见度平均日数 1.3 天,其变化范围在 0～26.1 天,引黄灌区在 0～0.5 天,中部干旱带在 0～0.7 天,南部山区在 0～26.1 天,六盘山最多。

冬季,≤50 米等级能见度平均日数 0.7 天,其变化范围在 0～14.2 天,引黄灌区在 0～0.2 天,中部干旱带在 0～0.3 天,南部山区在 0～14.2 天,六盘山最多。

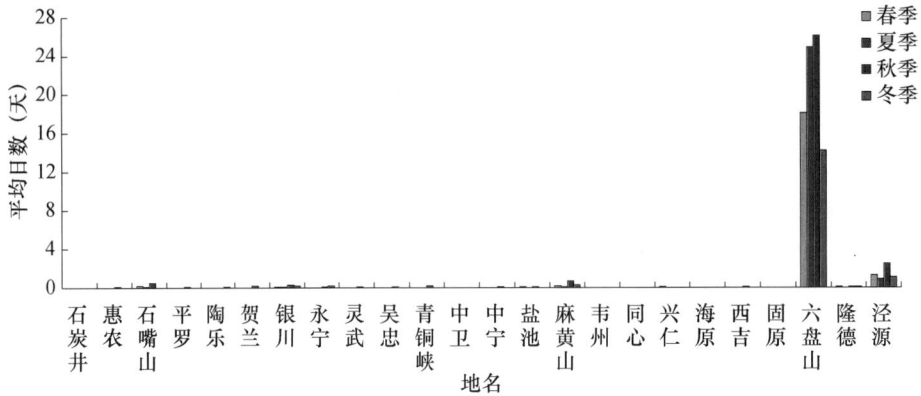

图 1-46　宁夏 1961—2018 年四季≤50 米能见度平均日数分布

2. 50～200 米等级能见度日数

50～200 米等级能见度日数秋季最多,夏季最少,春季大于冬季,见图 1-47。

春季,50～200 米等级能见度平均日数 0.6 天,其变化范围在 0～5.3 天,引黄灌区在 0.1～0.5 天,中部干旱带在 0.3～0.9 天,南部山区在 0.1～5.3 天,六盘山最多。

夏季,50～200 米等级能见度平均日数 0.4 天,其变化范围在 0～5.9 天,引黄灌区在 0.1～0.2 天,中部干旱带在 0.1～0.8 天,南部山区在 0～5.9 天,六盘山最多。

秋季,50～200 米等级能见度平均日数 1.0 天,其变化范围在 0.1～6.9 天,引黄灌区在 0.1～1.3 天,中部干旱带在 0.1～2.2 天,南部山区在 0.1～6.9 天,六盘山最多。

冬季,50～200 米等级能见度平均日数 0.5 天,其变化范围在 0～4.0 天,引黄灌区在 0～0.7 天,中部干旱带在 0.1～1.4 天,南部山区在 0.1～4.0 天,六盘山最多。

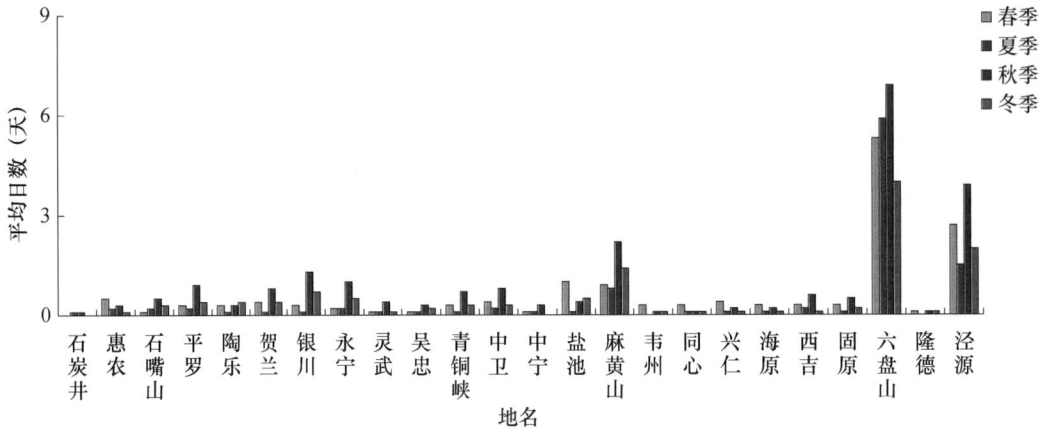

图 1-47　宁夏 1961—2018 年四季 50～200 米能见度平均日数分布

3. 200～500 米等级能见度日数

200～500 米等级能见度日数秋季和春季最多,夏季和冬季最少,见图 1-48。

春季,200～500 米等级能见度平均日数 0.3 天,其变化范围在 0.1～1.2 天,引黄灌区在 0.1～0.4 天,中部干旱带在 0.2～1.1 天,南部山区在 0.1～1.2 天,泾源最多。

夏季,200～500 米等级能见度平均日数 0.2 天,其变化范围在 0.0～1.7 天,引黄灌区在 0.0～0.2 天,中部干旱带在 0.1～0.5 天,南部山区在 0.1～1.7 天,泾源最多。

秋季,200～500 米等级能见度平均日数 0.3 天,其变化范围在 0.0～1.8 天,引黄灌区在 0.1～0.4

天,中部干旱带在 0.0～1.1 天,南部山区在 0.3～1.8 天,泾源最多。

　　冬季,200～500 米等级能见度平均日数 0.2 天,其变化范围在 0.0～0.9 天,引黄灌区在 0.0～0.5 天,中部干旱带在 0.0～0.5 天,南部山区在 0.1～0.9 天,泾源最多。

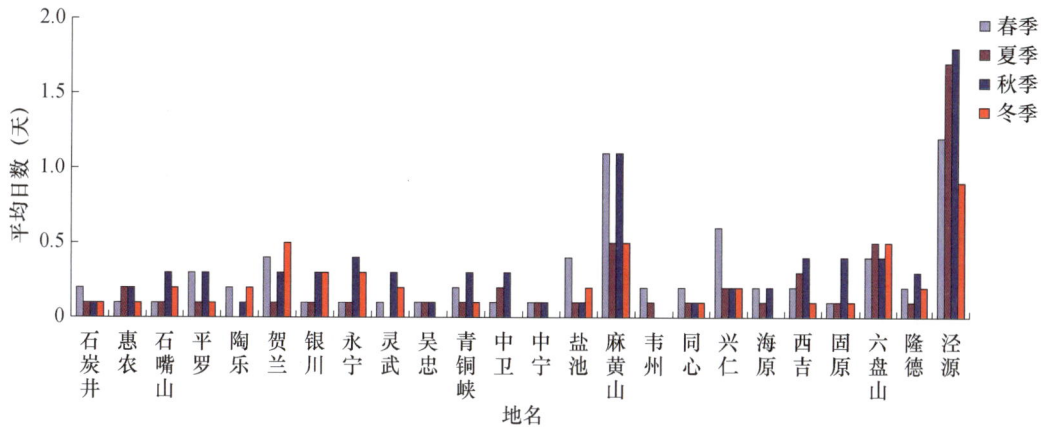

图 1-48　宁夏 1961—2018 年四季 200～500 米能见度平均日数分布

　　4. 500～1000 米等级能见度日数

　　500～1000 米等级能见度日数以春季最多,夏季最少,秋季和冬季相同,见图 1-49。

　　春季,500～1000 米等级能见度平均日数 0.9 天,其变化范围在 0.3～2.8 天,引黄灌区在 0.3～1.7 天,中部干旱带在 0.7～2.8 天,南部山区在 0.7～1.5 天,盐池最多。

　　夏季,500～1000 米等级能见度平均日数 0.3 天,其变化范围在 0.1～1.3 天,引黄灌区在 0.1～0.5 天,中部干旱带在 0.3～0.6 天,南部山区在 0.1～1.3 天,泾源最多。

　　秋季,500～1000 米等级能见度平均日数 0.5 天,其变化范围在 0.1～1.4 天,引黄灌区在 0.1～0.7 天,中部干旱带在 0.2～1.4 天,南部山区在 0.4～1.4 天,麻黄山和泾源最多。

　　冬季,500～1000 米等级能见度平均日数 0.5 天,其变化范围在 0.1～1.6 天,引黄灌区在 0.1～1.1 天,中部干旱带在 0.3～1.6 天,南部山区在 0.1～1.2 天,盐池最多。

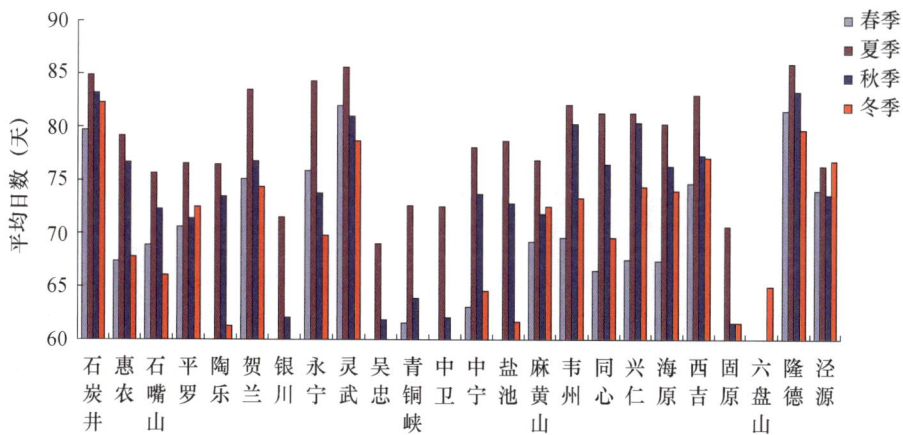

图 1-49　宁夏 1961—2018 年四季 500～1000 米能见度平均日数分布

　　5. 1～2 千米等级能见度日数

　　1～2 千米等级能见度日数春季最多,夏季最少,冬季大于秋季,见图 1-50。

　　春季,1～2 千米等级能见度平均日数 1.9 天,其变化范围在 0.3～5.4 天,引黄灌区在 0.3～5.4 天,中部干旱带在 1.4～4.5 天,南部山区在 0.5～3.0 天,吴忠最多。

　　夏季,1～2 千米等级能见度平均日数 0.7 天,其变化范围在 0.1～1.9 天,引黄灌区在 0.1～1.9 天,中部干旱带在 0.5～1.2 天,南部山区在 0.1～1.1 天,吴忠最多。

秋季,1～2 千米等级能见度平均日数 1.0 天,其变化范围在 0～2.4 天,引黄灌区在 0～2.2 天,中部干旱带在 0.4～1.9 天,南部山区在 0.4～2.4 天,固原最多。

冬季,1～2 千米等级能见度平均日数 1.3 天,其变化范围在 0.1～4.1 天,引黄灌区在 0.1～4.1 天,中部干旱带在 0.5～3.1 天,南部山区在 0.5～1.9 天,吴忠最多。

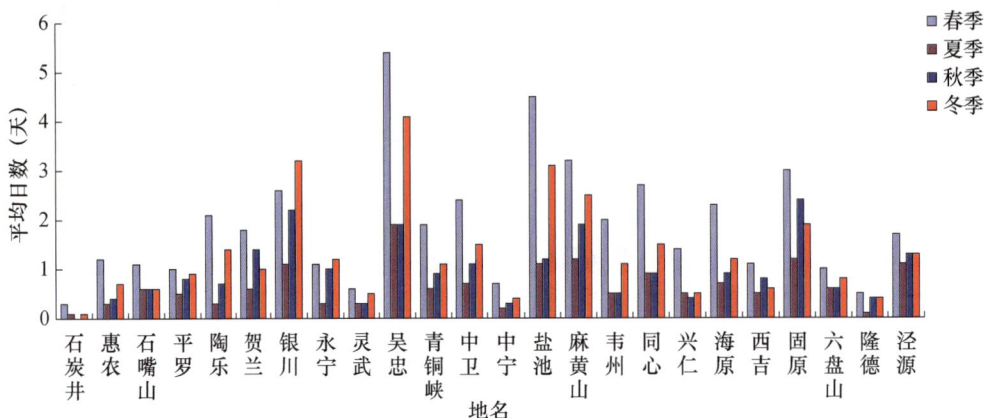

图 1-50　宁夏 1961—2018 年四季 1～2 千米能见度平均日数分布

6. 2～4 千米等级能见度日数

2～4 千米等级能见度日数春季最多,夏季最少,冬季大于秋季,见图 1-51。

春季,2～4 千米等级能见度平均日数 5.6 天,其变化范围在 1.1～12.5 天,引黄灌区在 1.0～12.5 天,中部干旱带在 4.5～8.9 天,南部山区在 1.4～9.5 天,吴忠最多。

夏季,2～4 千米等级能见度平均日数 2.6 天,其变化范围在 0.4～7.9 天,引黄灌区在 0.4～7.9 天,中部干旱带在 1.8～3.3 天,南部山区在 0.4～5.6 天,吴忠最多。

秋季,2～4 千米等级能见度平均日数 3.5 天,其变化范围在 0.6～10.1 天,引黄灌区在 0.6～10.1 天,中部干旱带在 1.4～4.8 天,南部山区在 1.0～8.4 天,吴忠最多。

冬季,2～4 千米等级能见度平均日数 4.9 天,其变化范围在 0.6～13.7 天,引黄灌区在 0.6～13.7 天,中部干旱带在 3.2～7.8 天,南部山区在 1.3～8.5 天,吴忠最多。

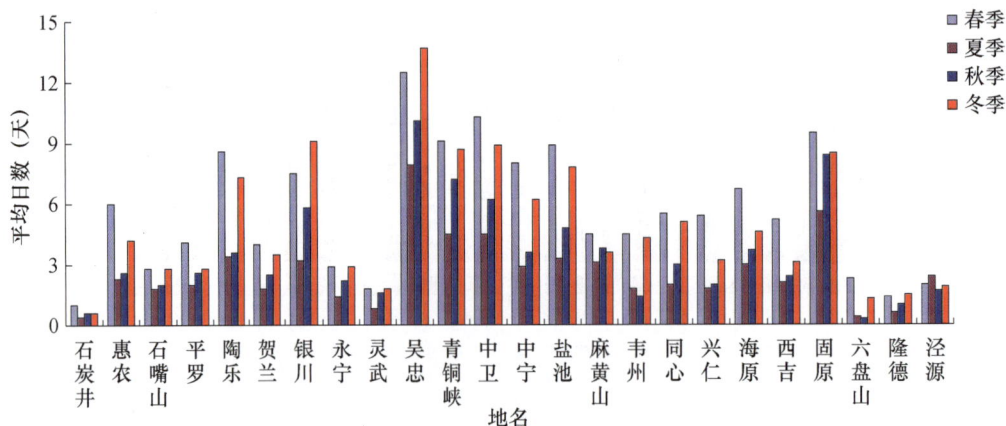

图 1-51　宁夏 1961—2018 年四季 2～4 千米能见度平均日数分布

7. 4～10 千米等级能见度日数

4～10 千米等级能见度日数春季最多,夏季最少,冬季大于秋季,见图 1-52。

春季,4～10 千米等级能见度平均日数 14.4 天,其变化范围在 6.6～23.5 天,引黄灌区在 7.0～23.5 天,中部干旱带在 11.5～16.5 天,南部山区在 9.9～19.4 天,银川最多。

夏季,4～10 千米等级能见度平均日数 9.0 天,其变化范围在 2.3～15.6 天,引黄灌区在 5.1～

15.6天,中部干旱带在7.2~8.9天,南部山区在2.3~14.1天,银川最多。

秋季,4~10千米等级能见度平均日数10.9天,其变化范围在2.2~19.8天,引黄灌区在6.9~19.8天,中部干旱带在7.5~10.7天,南部山区在2.2~17.1天,中卫最多。

冬季,4~10千米等级能见度平均日数13.5天,其变化范围在3.9~25.4天,引黄灌区在7.1~25.4天,中部干旱带在8.6~15.2天,南部山区在3.9~17.4天,银川最多。

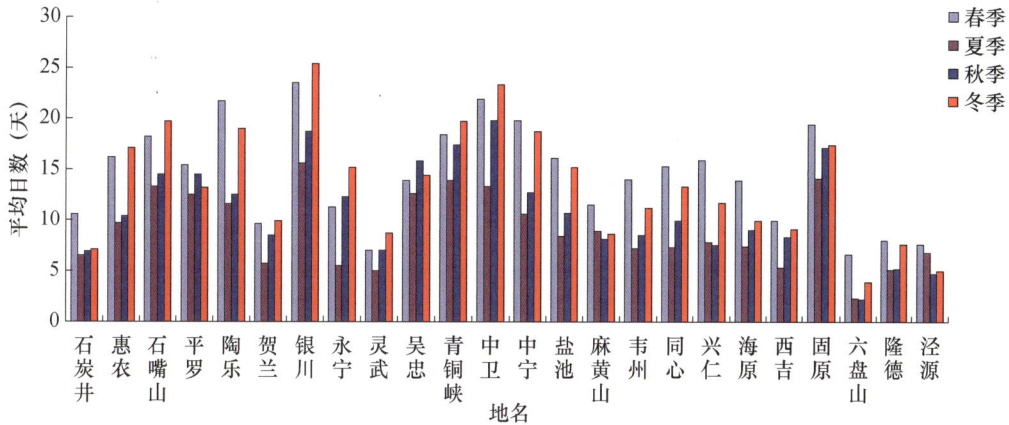

图 1-52 宁夏 1961—2018 年四季 4~10 千米能见度平均日数分布

8. >10 千米等级能见度日数

>10 千米等级能见度日数夏季最多,春季最少,秋季大于冬季,见图 1-53。

春季,>10千米等级能见度平均日数67.4天,其变化范围在55.8~82.0天,引黄灌区在55.8~82.0天,中部干旱带在58.2~69.6天,南部山区在57.5~81.5天,灵武最多。

夏季,>10千米等级能见度平均日数77.6天,其变化范围在57.0~85.9天,引黄灌区在69.0~85.6天,中部干旱带在76.9~82.1天,南部山区在57.0~85.9天,隆德最多。

秋季,>10千米等级能见度平均日数72.5天,其变化范围在54.1~83.3天,引黄灌区在61.9~83.2天,中部干旱带在71.8~80.4天,南部山区在54.1~83.3天,隆德最多。

冬季,>10千米等级能见度平均日数68.6天,其变化范围在56.8~82.3天,引黄灌区在56.8~82.3天,中部干旱带在61.7~74.7天,南部山区在61.6~79.7天,石炭井最多。

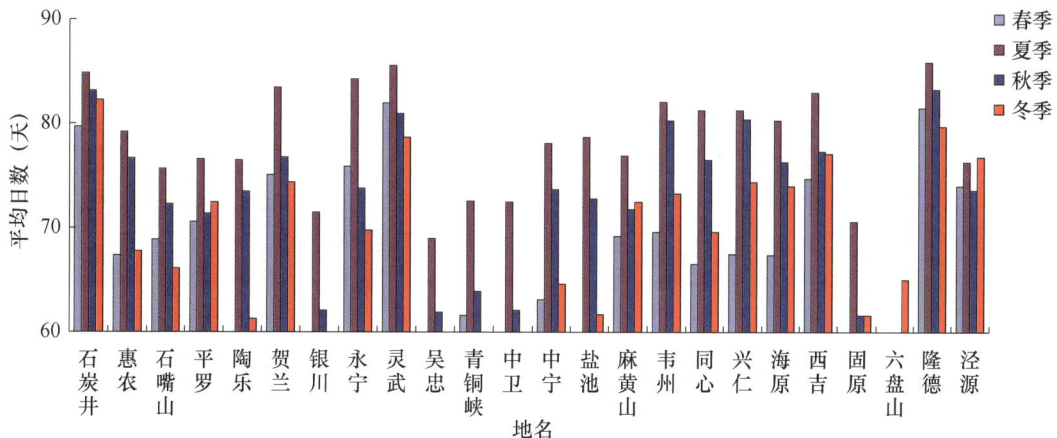

图 1-53 宁夏 1961—2018 年四季 >10 千米能见度平均日数分布

(二)各等级能见度日数空间分布

全区≤50米等级能见度年平均日数为3.9天,北部和中部少,南部多,石炭井、中卫、韦州、海原、固原未出现过≤50米等级能见度现象,为全区最少;六盘山83.1天,为全区最多。引黄灌区0~0.8天,中部干旱带0~1.3天,南部山区0~83.1天,见图1-54。

全区 50～200 米等级能见度年平均日数为 2.5 天,北部和中西部少、最南部多,石炭井、隆德 0.2 天,为全区最少;六盘山 22.3 天,为全区最多。引黄灌区 0.2～2.4 天,中部干旱带 0.5～5.3 天,南部山区 0.2～22.3 天,见图 1-55。

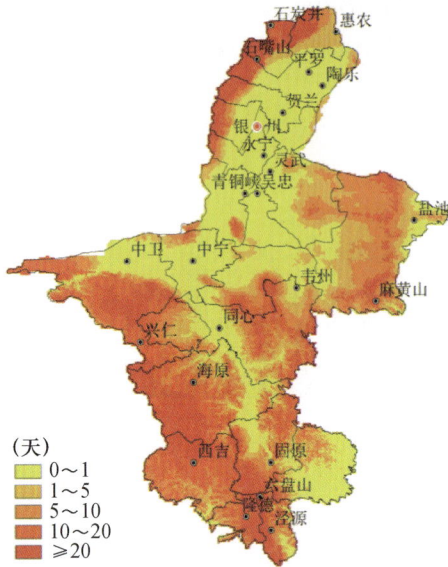

图 1-54 宁夏 1961—2018 年≤50 米
能见度年平均日数分布

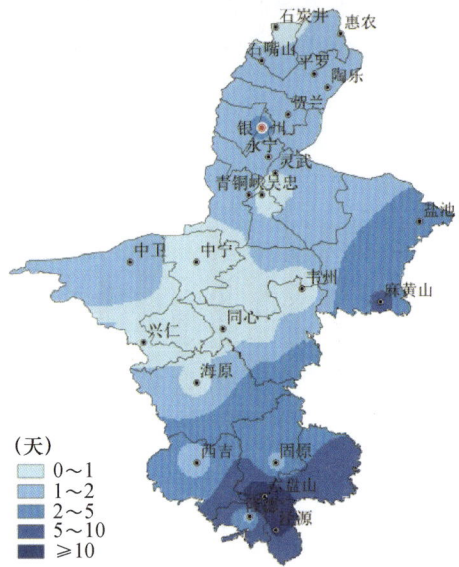

图 1-55 宁夏 1961—2018 年 50～200 米
能见度年平均日数分布

全区 200～500 米等级能见度年平均日数为 1.0 天,北部和中部少、南部多,中宁、韦州为 0.3 天,为全区最少;泾源为 5.6 天,为全区最多。引黄灌区 0.3～1.2 天,中部干旱带 0.3～3.2 天,南部山区 0.6～5.6 天,见图 1-56。

全区 500～1000 米等级能见度年平均日数为 2.4 天,北部少、东部和东南部多,石炭井为 0.5 天,为全区最少;盐池为 5.8 天,为全区最多。引黄灌区 0.5～4.0 天,中部干旱带 1.7～5.8 天,南部山区 2.0～5.5 天,见图 1-57。

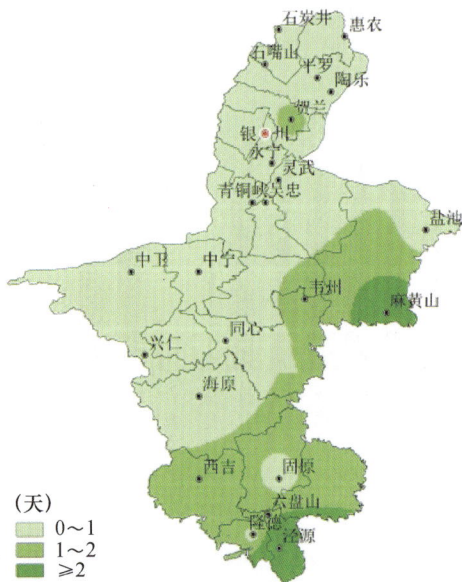

图 1-56 宁夏 1961—2018 年 200～500 米
能见度年平均日数分布

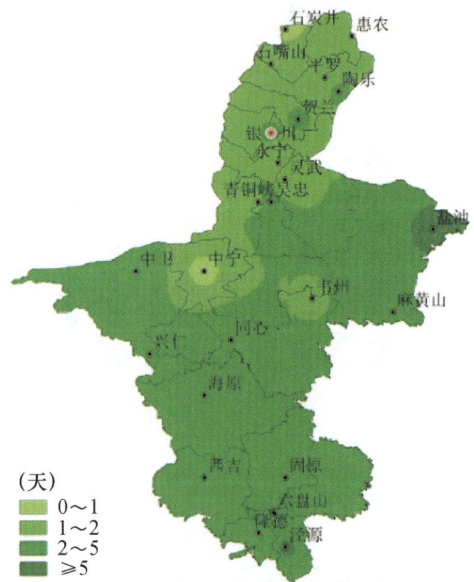

图 1-57 宁夏 1961—2018 年 500～1000 米
能见度年平均日数分布

全区 1~2 千米等级能见度年平均日数为 4.8 天,西北部少、东部多;石炭井 0.5 天,为全区最少;吴忠为 13.3 天,为全区最多。引黄灌区 0.5~13.3 天,中部干旱带 2.6~9.8 天,南部山区 1.4~8.5 天,见图 1-58。

全区 2~4 千米等级能见度年平均日数为 16.4 天,中部多、南部少,石炭井 2.5 天,为全区最少;吴忠 43.3 天,为全区最多。引黄灌区 2.5~43.3 天,中部干旱带 11.6~24.4 天,南部山区 4.3~31.6 天,见图 1-59。

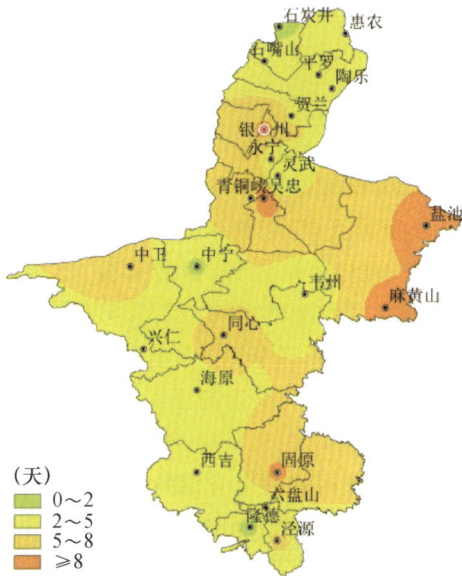

图 1-58　宁夏 1961—2018 年 1~2 千米
能见度年平均日数分布

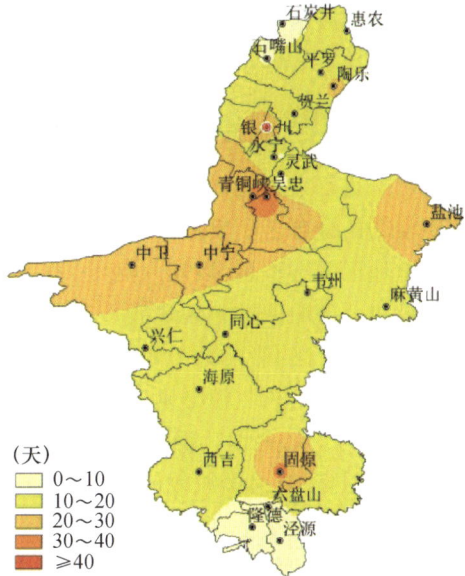

图 1-59　宁夏 1961—2018 年 2~4 千米
能见度年平均日数分布

全区 4~10 千米等级能见度年平均日数为 47.5 天,北部多、南部少,六盘山 15.1 天,为全区最少;银川 82.6 天,为全区最多。引黄灌区 26.6~82.6 天,中部干旱带 37.2~50.0 天,南部山区 15.1~67.5 天,见图 1-60。

全区>10 千米等级能见度年平均日数为 286.7 天,北部和中部少、南部多;六盘山 233.6 天,为全区最少;隆德 331.0 天,为全区最多。引黄灌区 242.1~329.9 天,中部干旱带 272.2~305.9 天,南部山区 233.6~331.0 天,见图 1-61。

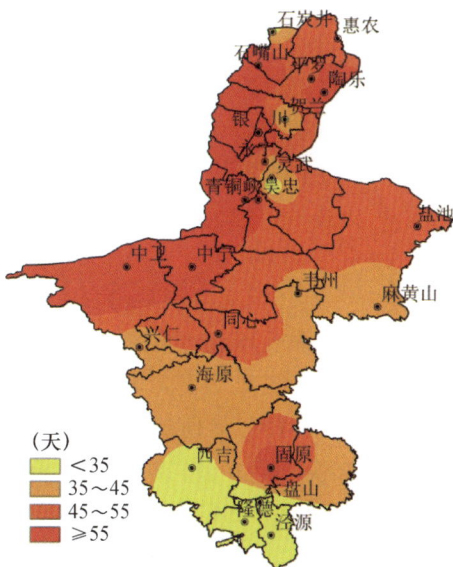

图 1-60　宁夏 1961—2018 年 4~10 千米
能见度年平均日数分布

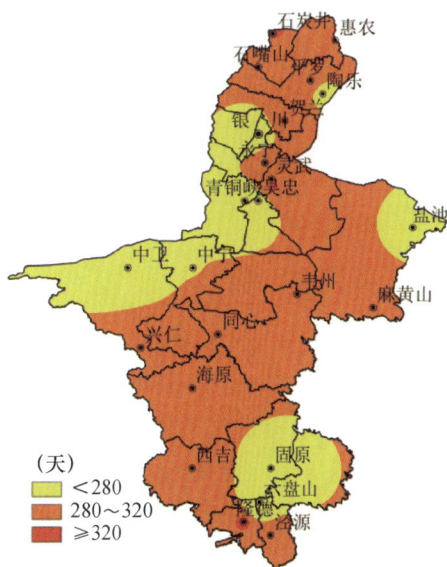

图 1-61　宁夏 1961—2018 年>10 千米
能见度年平均日数分布

第九节　气候成因

占地球面积 71% 的海洋表面温度异常是气候异常的重要外强迫影响因子,海洋通过潜热、感热、长波辐射和蒸发等方式向大气输送热量和水汽,从而影响气候,宁夏虽然深处内陆,但其气候异常的变化受到大尺度大气环流异常的控制和影响。

一、地形及地理环境的影响

地理环境是决定宁夏气候的重要因子,它直接影响着太阳辐射的分布和大气环流的特征,进一步支配着气象要素场的分布。宁夏地形地貌比较复杂,大致可以分为黄土高原、鄂尔多斯台地,黄河两岸的冲积平原和沿山地区的洪积扇,以及六盘山、罗山、贺兰山等山地;地势南高北低,西陡东缓;地貌由南部的流水侵蚀地貌向北部的风蚀地貌过渡。

山脉、地形对气温的影响最为明显,贺兰山、六盘山年平均气温分别只有—0.8 ℃和 1.0 ℃,而山下的银川、隆德与固原,年平均气温分别为 8.6 ℃、5.1 ℃和 6.2 ℃。由山下到山顶的温度垂直递减率,贺兰山东坡为 0.53 ℃/100 米,六盘山西坡为 0.58 ℃/100 米,六盘山东坡为 0.49 ℃/100 米。气流越过山脉下滑时,会产生干绝热增温的焚风效应,贺兰山东坡的年气温普遍高于西坡的巴音浩特 1 ℃;石嘴山紧靠东坡,焚风效应更为明显,年平均气温比巴音浩特高 2.4 ℃。山间盆地、谷地较开阔的平原容易引起冷空气的堆积而造成霜冻,六盘山下的隆德、泾源,处在四周环山的谷地,有利于冷空气的堆积,较常出现霜冻。

迎风坡地形对气流有抬升作用,有利于降水的形成。贺兰山、六盘山较四周地区的降水量大,降水日数多,大多数暴雨也在山坡地区发生。贺兰山年降水量 429.8 毫米,≥1.0 毫米年降水日数达 90 天,而沿山各地年降水在 200 毫米以下,年降水日数仅有 45 天左右。六盘山南坡是暖湿气流北上的通道,地形抬升使山地的降水较多,六盘山、泾源、隆德年降水量达 600～700 毫米,年降水日数多达 110～130 天,而处在北坡山后的固原年降水量为 478.2 毫米,年降水日数为 95 天。

风受地形的影响,可使风向、风速发生变化,而造成地方性风。惠农处在贺兰山与桌子山之间的咽喉狭窄地带,当风从北部开阔地区吹入时,峡谷的作用使风速加大,惠农是大风最多的地方。石嘴山紧靠贺兰山东坡,下半年出现较多的山谷风,白天吹谷风,夜间吹山风,这是由于山坡和谷地热力作用不同步,空气密度不一致引起的。整个宁夏平原的主导风向为北风,与贺兰山南北走向基本一致。山脉能够改变气流运行的方向,如浅层的西风,受到贺兰山阻挡时,因无力翻越山顶,便西坡南下,行至南段山脉较低处便会越山而过,然后沿山北上,所以经常可以看到青铜峡吹偏西风,而银川吹的是偏南风。

地形地势高度对气候的形成有很大的影响,气压的高低主要是海拔高度引起的,海拔越高,气压就越低,贺兰山气象站海拔 2910 米,年平均气压为 715.0 百帕,而山下的平罗海拔 1099 米,年平均气压达到 892.0 百帕。

二、大气环流的影响

宁夏地处中纬度,全年主要受西风环流影响,但在下半年也受夏季风环流边缘影响。由于青藏高原的存在,西风环流行经高原时,受到高原地形及其不同季节所产生的热力、动力的影响,就会发生分支、绕流的现象。冬季西风急流过高原时,会分成南北两支。夏季南支急流消失,促使副热带系统夏季风的北上,从而使宁夏进入雨季。青藏高原还阻挡底层冷暖空气的南北交换,使大气环流的流场、温度场、降水分布发生变化,从而促使包括宁夏在内的高原北侧更具有冬季干冷、夏季干热的大陆性气候特色。

(一)冬季

冬季北半球中高纬地区对流层中部盛行以极地为中心、沿纬圈的西风环流,其中有 3 个明显的大槽:一是东亚大槽,由鄂霍次克海向较低纬度的日本及中国东海倾斜;二是北美大槽,自北美洲大湖区向较低纬度的西南方倾斜;三是欧洲浅槽,位于乌拉尔山以西的欧洲上空。在 3 个槽之间有 3 个平均脊,分别位于阿拉斯加(美国)、西欧沿岸(大西洋东岸)和乌拉尔山以东至贝加尔湖之间。低纬度地区除北美大槽和东亚大槽向南延伸到较低纬度外,在地中海、孟加拉湾和东太平洋都有较明显的槽。

冬季北半球海平面气压场主要有2个低压和4个高压。一个是强大的阿留申低压,位于东亚大槽前部;另一个是较弱的冰岛低压,位于北美大槽前部。4个高压有强大的西伯利亚高压、较弱的北美高压、太平洋高压和大西洋高压(亚速尔高压)。前两个为冷高压,分别位于大槽后部;后两个为副热带高压,强度小,中心都位于海上。冬季西伯利亚冷高压几乎控制着整个中国。

宁夏位于东亚大槽后部,受西北气流控制,盛行东亚冬季风,地面上受西伯利亚高压控制,造成冬季干旱少雨雪。

(二)春季

春季是由冬向夏过渡的季节。亚洲中高纬为一脊一槽形势,脊区位于乌拉尔山至巴尔喀什湖附近地区,较弱;东亚大槽位于日本海。与冬季相比较,春季对流层低层西伯利亚高压、冰岛低压、阿留申低压减弱,西太平洋副热带高压、北大西洋副热带高压增强,北美高压迅速向极地收缩。

春季控制宁夏的西伯利亚高压向西北退缩,冬季风势力减弱。气温开始回升,暖空气活跃,使得宁夏降水开始增多,有时较强冷空气南下,会造成晚霜冻天气。

(三)夏季

夏季北半球西风带明显北移,在中高纬度西风带上出现4个槽。其中北美大槽位置略为东移;东亚大槽移到堪察加半岛以东地区;冬季欧洲西岸的脊,夏季变为槽;在贝加尔湖附近地区则新出现1个浅槽,从而构成夏季四槽四脊的形势。

与冬季海平面气压场相比,北美高压和欧亚大陆的西伯利亚高压变为两个热低压,分别称作北美低压和亚洲低压;两大洋上的副热带高压,即太平洋高压和大西洋高压大大加强并北移。西太平洋副热带高压西部的偏南气流可以从海面上带来充沛的水汽,并输送到锋区的低层,在副热带高压的西北部边缘地区形成暖湿气流输送带,向副热带高压北侧的锋区源源不断地输送高温高湿的气流。当西风带有低槽或低涡移经锋区上空时,在系统性上升运动和不稳定能量释放所造成的上升运动的共同作用下,使充沛的水汽凝结而在西北地区东部产生大范围的强降水。

(四)秋季

秋季是由夏向冬过渡的季节,表现为较高纬度两个冬季活动中心的建立和发展(西伯利亚高压、阿留申低压)以及低纬度(太平洋高压和印度低压)两个夏季活动中心的减弱和消亡。

中高纬度上乌拉尔山以东至贝加尔湖之间的平均脊(新疆脊)和东亚大槽逐渐明显,地面西伯利亚高压和阿留申低压生成并逐渐加强,宁夏气温下降,但不剧烈,降水相对较多。青藏高原阻碍初秋浅薄冷空气南下,使之不能很快爬上高原,高原上空的暖高压得以维持,这是有利于高原东部和东侧雨季的延长,使宁夏南部常出现秋雨连绵的天气气候特征。

春季和秋季是过渡季节,其共同特点是地面上4个活动中心并存,高空急流位置急剧变化,而且都是低层先变,高层后变。其不同点是春季南方先变,由印度发展上来的低压逐渐代替西伯利亚高压。秋季则相反,北方先变,由北方加强的西伯利亚高压迅速南下。

第十节　近58年气候变化

一、气温

(一)平均气温

在全球变暖背景下,近58年全区年平均气温表现为明显的升高趋势,每10年上升0.37 ℃;近30年(1989—2018年)变暖更加明显,升温率为0.42 ℃/10年。各地增温趋势在0.24~0.58 ℃/10年,其中吴忠增温趋势最大,中北部地区略高于南部山区,见图1-62和图1-63。

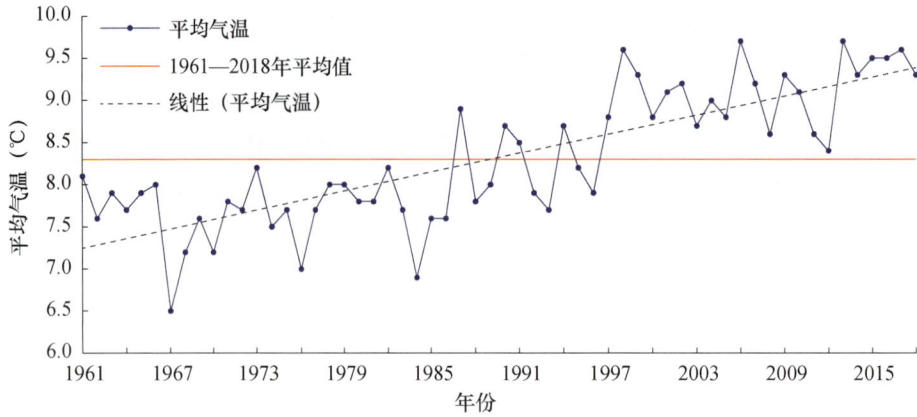

图 1-62　宁夏 1961—2018 年平均气温变化序列

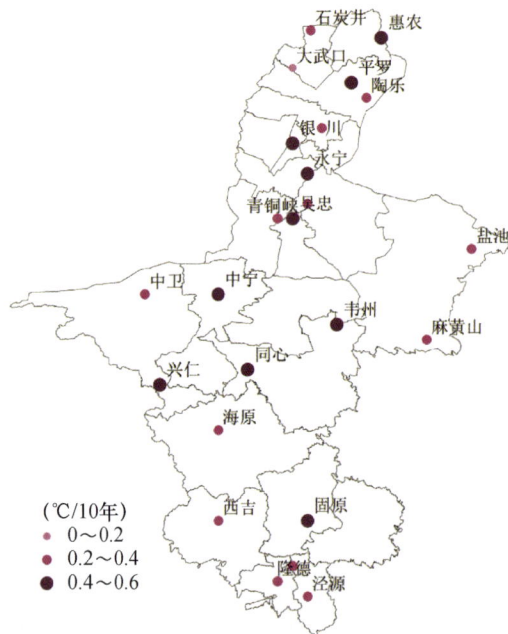

图 1-63　宁夏 1961—2018 年平均气温变化趋势分布

(二)平均最高气温

近 58 年宁夏年平均最高气温表现为明显的增加趋势,每 10 年上升 0.34 ℃,略低于平均气温。近 30 年(1989—2018 年)变暖更加明显,升温率为 0.48 ℃/10 年。各地增温趋势在 0.24～0.53 ℃/10 年,其中引黄灌区大部地区在 0.35 ℃/10 年以上,中南部大部在 0.3 ℃/10 年左右,见图 1-64 和图 1-65。

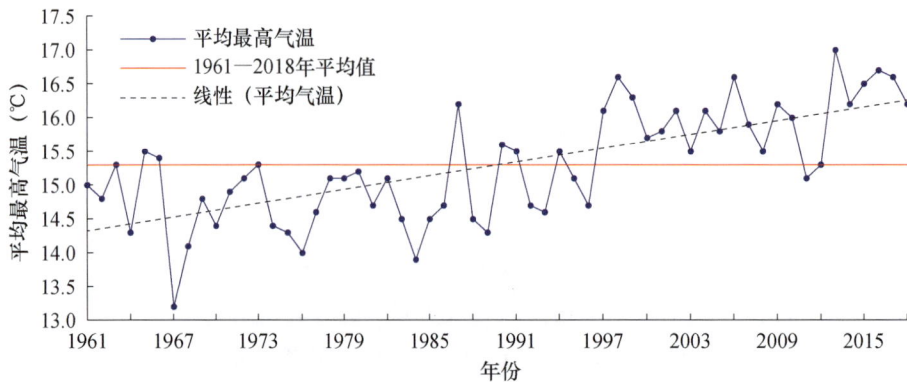

图 1-64　宁夏 1961—2018 年平均最高气温变化序列

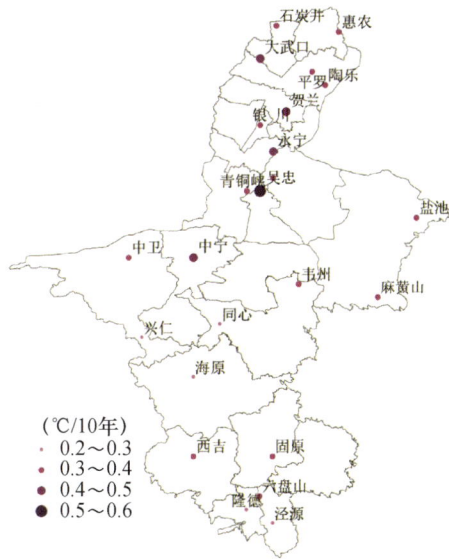

图 1-65 宁夏 1961—2018 年平均最高气温变化趋势分布

(三)平均最低气温

近 58 年宁夏年平均最低气温表现为明显的增加趋势,每 10 年上升 0.47 ℃,高于平均气温和平均最高气温。近 30 年(1989—2018 年)最低气温增暖趋势略微上升,为 0.49 ℃/10 年。各地增温趋势在 0.14~0.73 ℃/10 年,其中吴忠最大,北部地区略大于中南部地区,见图 1-66 和图 1-67。

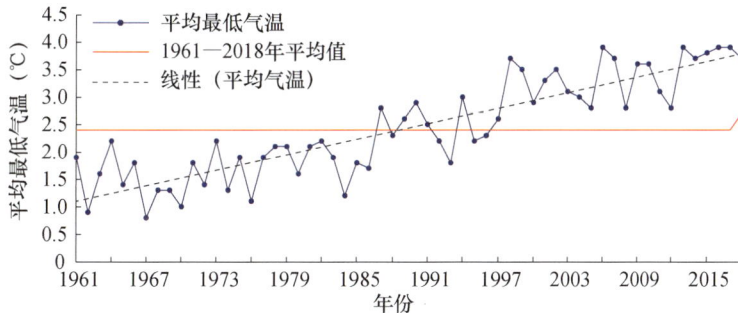

图 1-66 宁夏 1961—2018 年平均最低气温变化序列

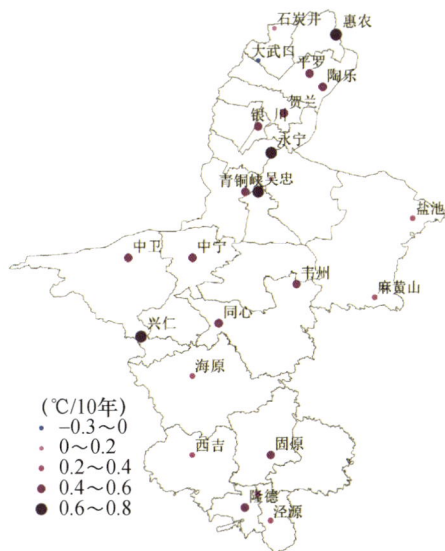

图 1-67 宁夏 1961—2018 年平均最低气温变化趋势分布

二、降水

近 58 年宁夏年降水量没有显著的变化趋势,但 2012 年以来降水增多,除 2015 年略偏少外,其他年份均偏多。降水年际变率大,最多的 1964 年全区平均降水量 453.0 毫米,最少的 1983 年仅为 161.7 毫米,见图 1-68。

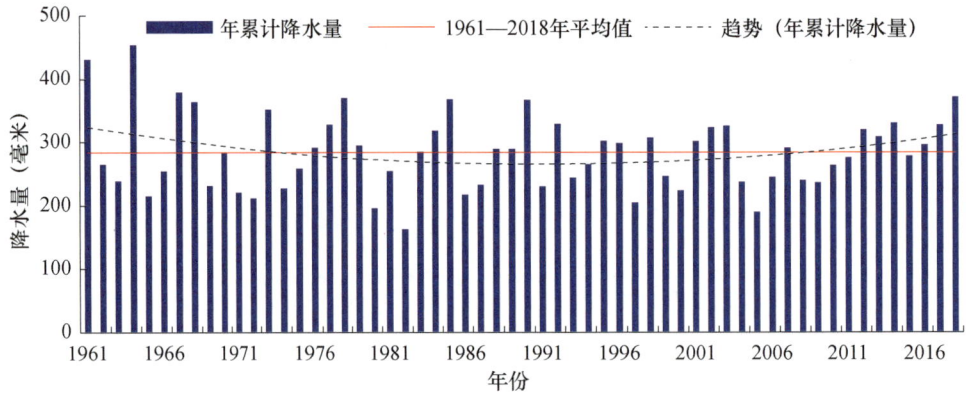

图 1-68　宁夏 1961—2018 年年降水量变化序列

各地降水量变化存在差异,引黄灌区大部呈增加趋势,增加趋势在 3 毫米/10 年以下,中南部大部地区呈减少趋势,每 10 年减少 2.0～11.6 毫米,尤其隆德减少趋势最大,见图 1-69。

三、主要极端天气气候事件及气象灾害变化

(一)极端高温

1. 极端最高气温

极端最高气温(年内各月日最高气温中的最高值)近 58 年全区均呈现一致的上升趋势,引黄灌区、中部干旱带和南部山区平均极端最高气温上升幅度分别为 0.41 ℃/10 年、0.20 ℃/10 年和 0.19 ℃/10 年,其中永宁和吴忠达到 0.6 ℃/10 年以上,中南部大部地区增温幅度在 0.2 ℃/10 年以下,见图 1-70 和图 1-71。

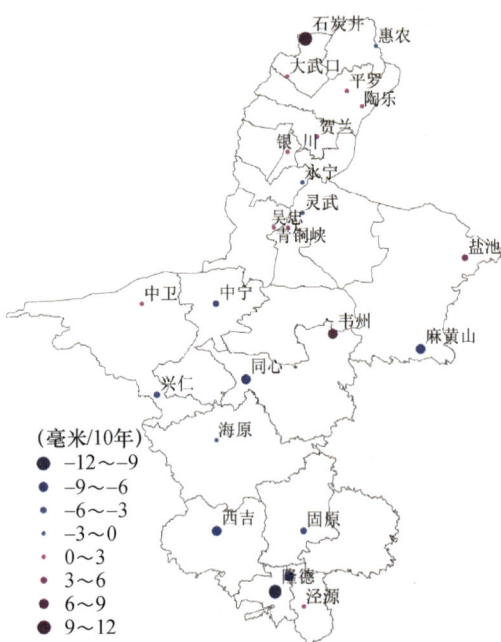

图 1-69　宁夏 1961—2018 年年降水量
变化趋势分布

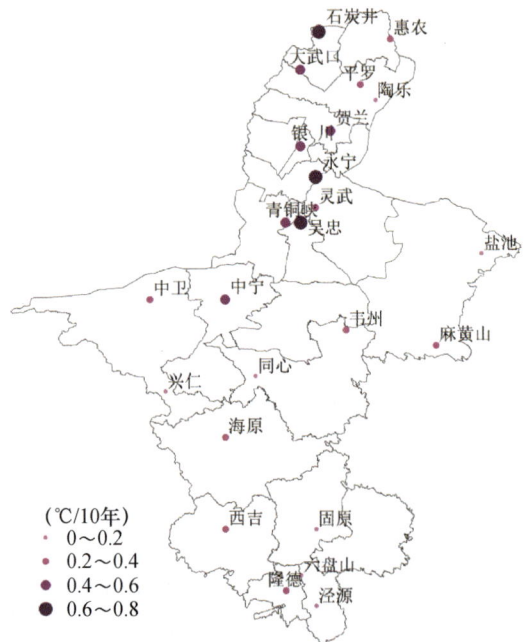

图 1-70　宁夏 1961—2018 年极端最高
气温变化趋势分布

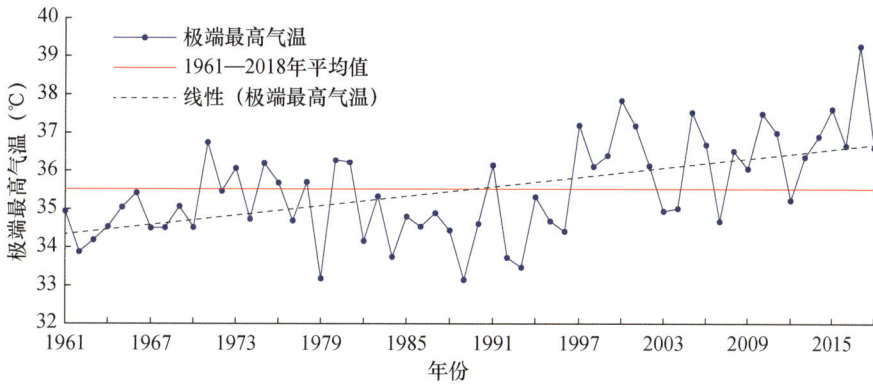

图 1-71 宁夏 1961—2018 年引黄灌区极端最高气温逐年变化序列

2. 高温日数

高温(日最高气温≥35 ℃)天气主要出现在中北部,平均每 10 年增加 0.98 天,1995 年之后,高温日数明显增多,大部分年份在平均值以上,且年际变率增大,最多年平均 8.9 天,最少年 0.7 天。各地高温日数增加幅度在 0.5 天/10 年以上,其中吴忠、永宁、中卫增加幅度在 1.5 天/10 年以上,见图 1-72 和图 1-73。

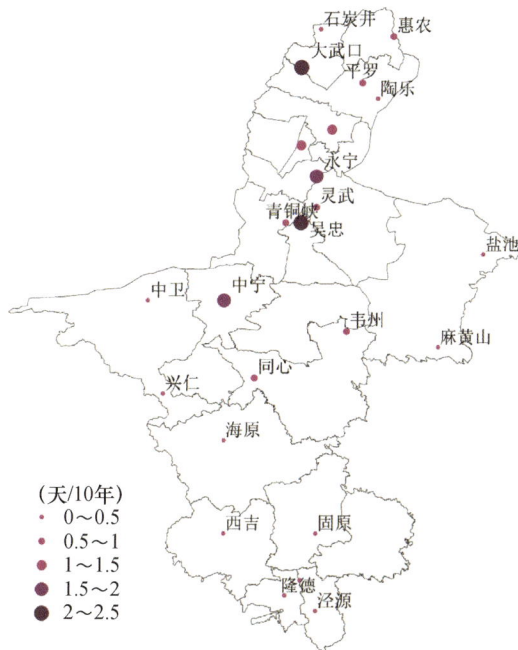

图 1-72 宁夏 1961—2018 年最高气温≥35 ℃高温日数变化趋势分布

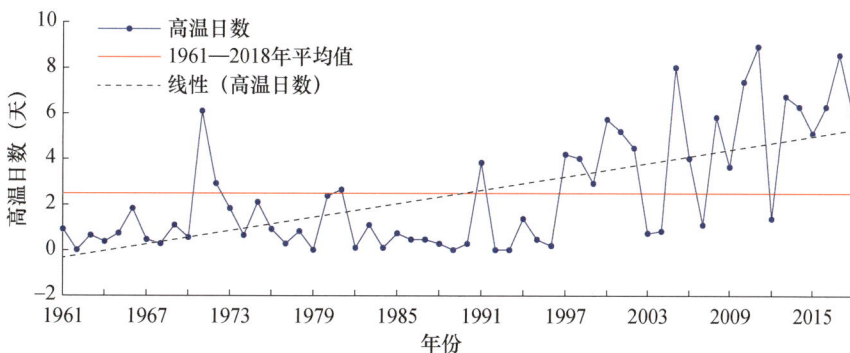

图 1-73 宁夏 1961—2018 年引黄灌区高温日数逐年变化序列

(二)极端低温

1. 极端最低气温

宁夏极端低温(年内各月日最低气温中的最低值)近 58 年全区呈现较为一致的上升趋势。全区平均极端最低气温上升幅度为 0.45 ℃/10 年,各地上升幅度为 0.21~0.78 ℃/10 年,引黄灌区、中部干旱带和南部山区上升幅度分别为 0.5 ℃/10 年、0.4 ℃/10 年和 0.4 ℃/10 年,见图 1-74 和图 1-75。

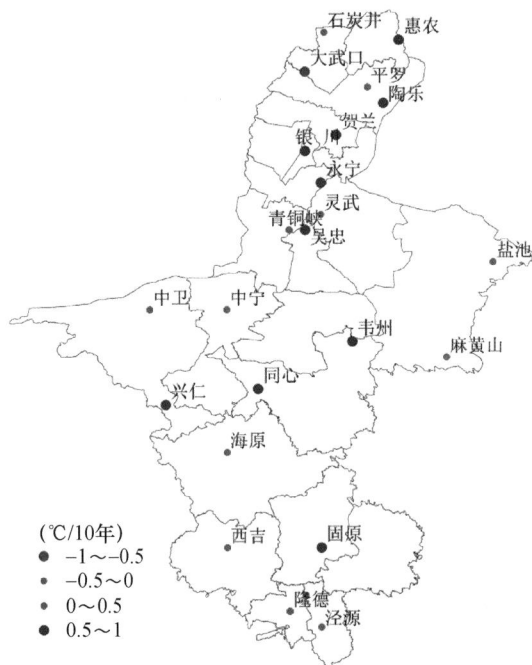

图 1-74　宁夏 1961—2018 年极端最低气温变化趋势分布

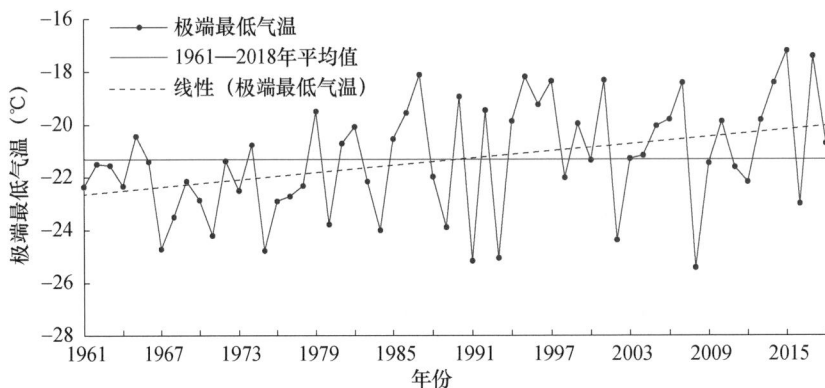

图 1-75　宁夏 1961—2018 年极端最低气温逐年变化序列

2. 低温日数

宁夏低温日数(日最低气温≤—15 ℃的天数)大部地区呈减少趋势,总体上北部减少幅度大于中南部。全区平均低温日数减少幅度为 0.7 天/10 年,各地减少幅度为 0.1~2.8 天/10 年,引黄灌区、中部干旱带和南部山区减少幅度分别为 0.7 天/10 年、0.8 天/10 年和 0.6 天/10 年,见图 1-76 和图 1-77。

(三)极端降水

宁夏大雨日数(日降水量≥10 毫米的天数)全区大部地区呈增加趋势,但增加幅度小,均不足 0.2 天/10 年,其中 2011 年之前有减少趋势,之后有所增加,2012 年和 2018 年分别达到 2.8 天和 3.1 天,为 1961 年以来第 4 和第 3 高值,见图 1-78 和图 1-79。

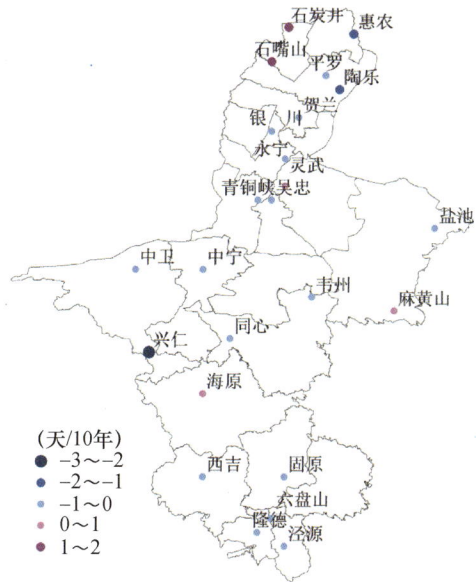

图 1-76　宁夏 1961—2018 年最低气温≤—15 ℃低温日数变化趋势分布

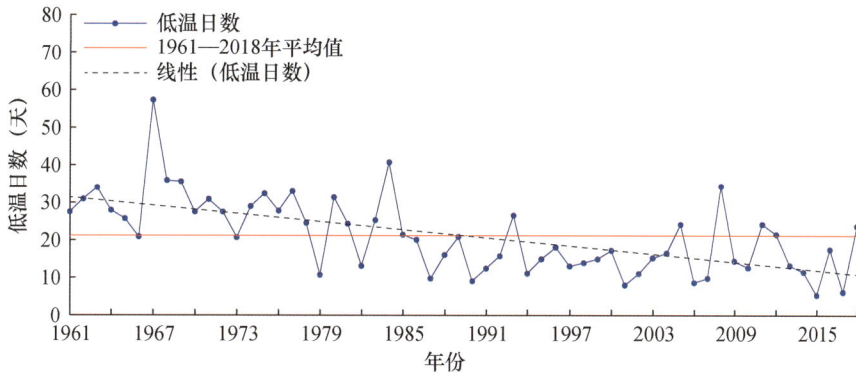

图 1-77　宁夏 1961—2018 年低温日数逐年变化序列

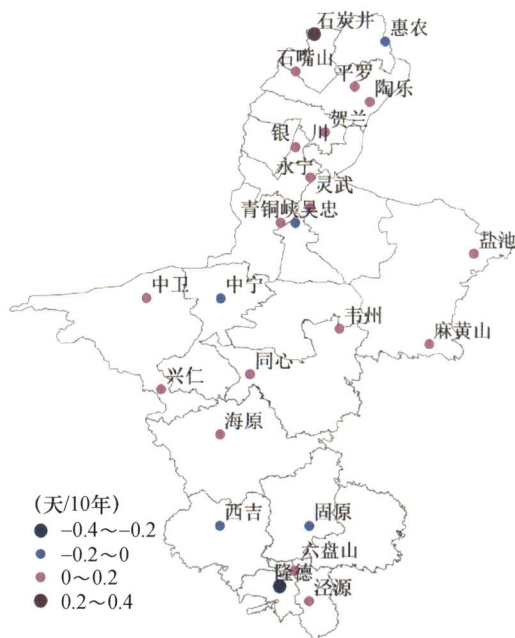

图 1-78　宁夏 1961—2018 年大雨日数变化趋势分布

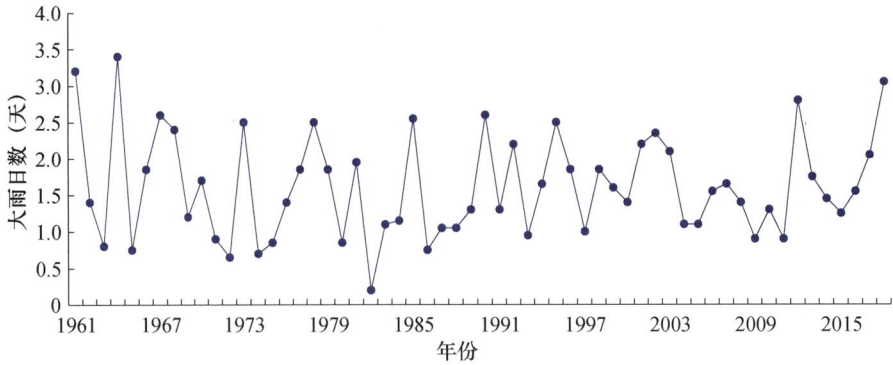

图 1-79　宁夏 1961—2018 年大雨日数逐年变化

日最大降水量在贺兰、吴忠、灵武、中宁、兴仁、隆德呈减少趋势,每 10 年减少 0.74～2.94 毫米,隆德减少趋势最大,其他地区呈增加趋势,为 0.09～3.13 毫米/10 年,银川增加趋势最多。全区平均日最大降水量无明显变化趋势,但存在较为明显的阶段性变化特征,1982 年之前呈减少趋势,且年际变率较大,1983 年以来呈增加趋势,其中 1983—2000 年年际间变率较小,但 2001 年以后年际间变率又增加,见图 1-80 和图 1-81。

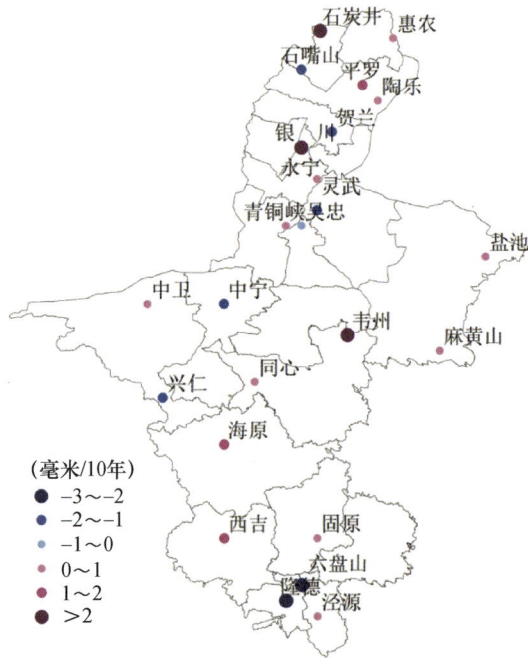

图 1-80　宁夏日最大降水量趋势

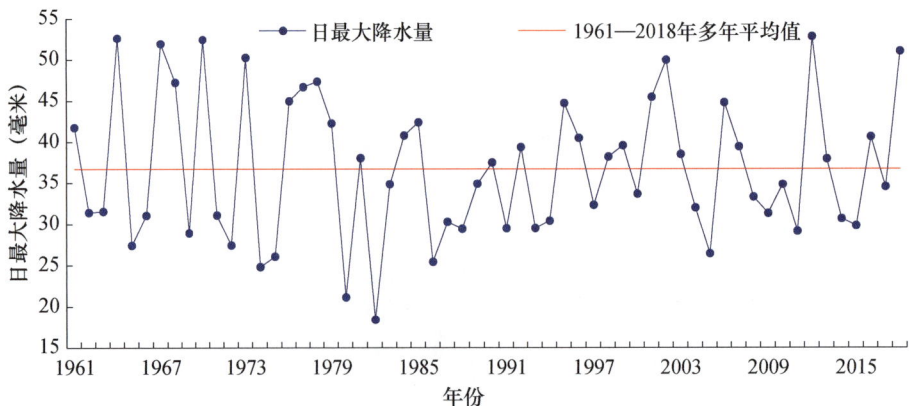

图 1-81　宁夏 1961—2018 年日最大降水量逐年变化序列

第二章　气候资源

第一节　太阳能(光能)资源

太阳辐射是地球上大气运动的主要能源。太阳辐射分两种,直接辐射和散射辐射,两者之和称为太阳总辐射。虽然大气吸收太阳辐射很少,但是地面接收太阳直接辐射变热后,不断向大气辐射热能,这种热能容易被大气吸收。此外,通过热量交换等方式也有热量从地面输送到大气。散射辐射主要是从云和大气中的气溶胶以及气体分子散射到地面上的辐射热量,因此,太阳辐射能量是天气和气候形成与变化的基础。

一、年太阳能资源分布

(一)年太阳总辐射量

宁夏全区各地年太阳总辐射在 5195～6344 兆焦耳/平方米,大部分地区高于 5800 兆焦耳/平方米,中北部高于南部山区,高值区和低值区分别位于兴仁(6344 兆焦耳/平方米)和六盘山森林保护区(5195 兆焦耳/平方米);中部干旱带及以北地区,贺兰山、大武口、海原年太阳总辐射介于 5800～6000 兆焦耳/平方米,其他地区均高于 6000 兆焦耳/平方米;南部山区各地年太阳总辐射均低于 5800 兆焦耳/平方米,见图 2-1。

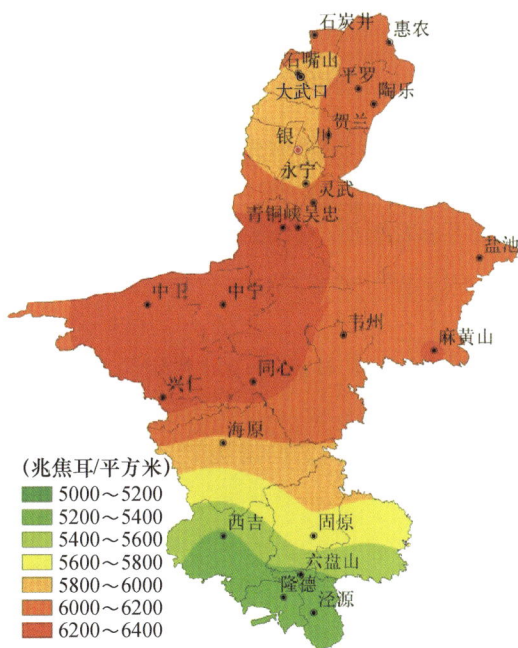

图 2-1　宁夏各地年平均太阳辐射分布

(二)作物生长季日照时数

日照时数是太阳光在一地实际照射地面的小时数,取决于纬度的高低,与白昼长度、云量和地形等条件有关。

宁夏地处西北内陆,远离海洋,多数地区空气干燥,云量较少,晴天多,大气透明度好,日照充足。各地作物生长季日照时数基本由北向南减少,日平均气温≥0 ℃期间日照时数变化范围在 1384.3～2344.9 小时,六盘山最少,吴忠最多;北部引黄灌区在 2224.4～2344.9 小时,是全区日照最多的地方;中部干旱带在 2024.7～2281.7 小时;南部山区在 1384.3～2281.7 小时,是宁夏日照最少的地区。日平均气温
≥10 ℃期间日照时数变化范围在 614.6～1721.8 小时,也是六盘山最少,吴忠最多,见表 2-1。

表 2-1　宁夏各地作物生长季日照时数和近 30 年太阳总辐射

站名	日照时数(小时)		近30年太阳年总辐射 (兆焦耳/平方米)	太阳能可 利用天数(天)
	≥0 ℃期间	≥10 ℃期间		
石炭井	2275.7	1652.2	6147.40	296.5
大武口	2256.7	1682.9	5895.12	285.0
惠农	2280.8	1685.9	6088.99	293.3
贺兰	2248.3	1669.8	6027.79	283.5
平罗	2302.9	1712.2	6135.82	289.8
吴忠	2344.9	1721.8	6232.44	286.4
银川	2224.4	1651.0	5842.34	276.9
陶乐	2226.0	1662.9	6058.98	289.0
青铜峡	2338.9	1704.7	6293.69	287.4
永宁	2264.1	1663.4	5997.76	281.1
灵武	2325.2	1693.2	6168.95	288.9
中卫	2263.9	1651.0	6285.35	283.9
中宁	2322.6	1716.3	6292.41	286.4
兴仁	2131.9	1514.2	6344.21	283.0
盐池	2119.1	1539.1	6013.71	273.8
麻黄山	2072.5	1439.1	6222.79	269.0
海原	2024.7	1365.7	5899.96	258.4
同心	2281.7	1677.4	6288.76	283.8
固原	1846.7	1251.1	5760.83	244.7
西吉	1609.1	1070.2	5305.08	219.1
隆德	1586.5	1012.9	5340.51	214.6
泾源	1630.0	1023.0	5251.43	214.6
韦州	2247.4	1618.2	6145.11	276.7
六盘山	1384.3	614.6	5195.32	216.4

(三)太阳能可利用天数

通常以日照时数≥6 小时的天数,表示太阳能实际可利用天数,天数越多,太阳能资源有效利用性
越好。

全区太阳能可利用天数的空间分布,基本由北向南递减,变化范围为 214.6～296.5 天,泾源、隆德最
少,石炭井最多,见表 2-1。

二、太阳能资源利用

(一)太阳能资源区划

根据中华人民共和国气象行业标准《太阳能资源评估方法》(QX/T 89—2008)的规定要求,以太阳年
总辐射量为指标,按太阳能资源丰富程度评估等级,对全区太阳能资源进行丰富程度区划,见表 2-2。

表 2-2　太阳能资源丰富程度等级

太阳总辐射年总量	资源丰富程度
≥1750 千瓦·时/(平方米·年)	资源最丰富
≥6300 兆焦耳/(平方米·年)	
1400～1750 千瓦·时/(平方米·年)	资源很丰富
5040～6300 兆焦耳/(平方米·年)	

续表

太阳总辐射年总量	资源丰富程度
1050～1400 千瓦·时/(平方米·年)	资源丰富
3780～5040 兆焦耳/(平方米·年)	
＜1050 千瓦·时/(平方米·年)	资源一般
＜3780 兆焦耳/(平方米·年)	

宁夏全区各地年太阳能总辐射量均超过了 5040 兆焦耳/(平方米·年),达到了"资源很丰富"级别。其中,兴仁附近的太阳能资源属于资源最丰富等级,见图 2-2。

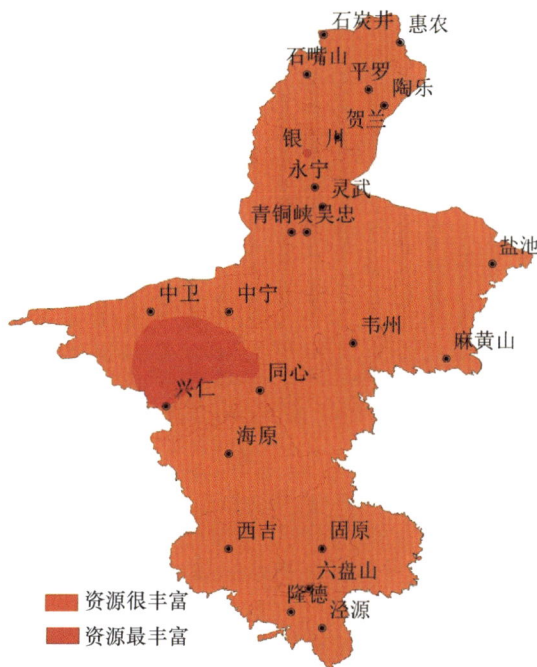

图 2-2 宁夏太阳能资源丰富程度评估分级区划图

(二)太阳能资源稳定程度评估

全年中月总辐射量的最小值与最大值的比值可表征总辐射年内变化的稳定程度,将太阳能资源稳定度分为 4 个等级,见表 2-3。

表 2-3 太阳能资源稳定程度等级

等级名称	分级阈值	等级符号
很稳定	$R_w \geqslant 0.47$	A
稳定	$0.36 \leqslant R_w < 0.47$	B
一般	$0.28 \leqslant R_w < 0.36$	C
欠稳定	$R_w < 0.28$	D

全区各地太阳能资源稳定度系数(R_w 值),除石嘴山为 0.35("一般"等级),固原、六盘山和泾源为 0.48～0.49("很稳定"等级)外,其他地区在 0.36～0.47("稳定"等级),全区平均为 0.41。其中,引黄灌区在 0.35～0.40,中部干旱带在 0.41～0.48,南部山区在 0.44～0.49。说明全区绝大部分地区太阳能资源为稳定及以上程度,适于进行太阳能资源的开发利用。

第二节 热量资源

热量资源主要以作物生长期稳定通过各界限温度的初、终日及其持续时间与积温来表征。

一、日平均气温稳定通过 0 ℃、5 ℃、10 ℃、15 ℃、20 ℃初、终日和持续时间

通常认为日平均气温稳定大于 0 ℃的时期为适宜农耕期,其初日与终日和土壤结冻与解冻相近。春季日平均气温稳定上升至 0 ℃,是宁夏全区冬小麦开始返青、春小麦播种的温度指标。宁夏稳定通过 0 ℃的初日全区平均为 3 月 12 日,其中引黄灌区、中部干旱带和南部山区分别为 3 月 8 日、3 月 12 日和 3 月 25 日;稳定通过 0 ℃的终日全区平均为 11 月 13 日,其中引黄灌区、中部干旱带和南部山区分别为 11 月 16 日、11 月 12 日和 11 月 5 日;初、终日期间的持续日数全区平均为 246 天,其中引黄灌区、中部干旱带和南部山区分别为 254 天、246 天和 225 天,见图 2-3。

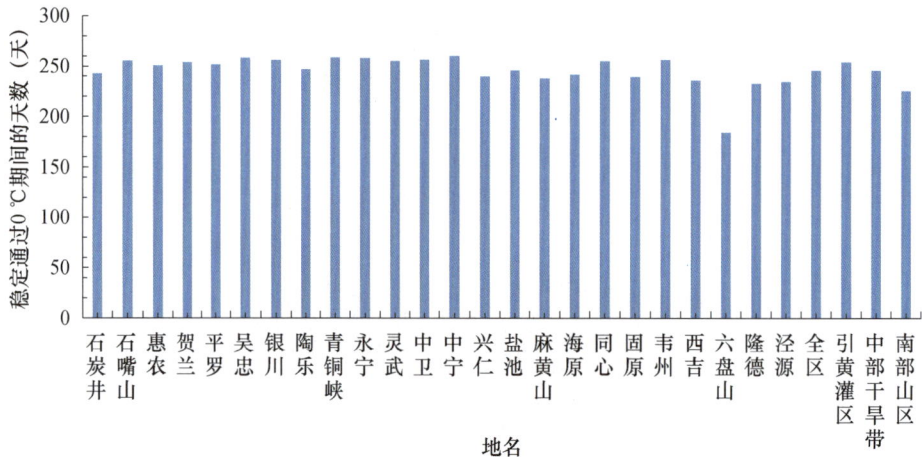

图 2-3　宁夏各地日平均气温稳定通过 0 ℃期间日数

日平均气温稳定通过 5 ℃的初日,表示早春作物开始播种;日平均气温稳定通过 5 ℃的终日,表示作物生长开始变得缓慢,作物叶片逐渐变黄。日平均气温稳定通过 5 ℃的初、终日期与喜凉作物开始生长和结束生长所要求的温度大致相当,期间的持续日数可作为衡量喜凉作物生长期长短的指标。宁夏稳定通过 5 ℃的初日全区平均为 4 月 2 日,其中引黄灌区、中部干旱带和南部山区分别为 3 月 27 日、4 月 3 日和 4 月 20 日;稳定通过 5 ℃的终日全区平均为 10 月 23 日,其中引黄灌区、中部干旱带和南部山区分别为 10 月 27 日、10 月 24 日和 10 月 12 日;初、终日期间的持续日数全区平均为 205 天,其中引黄灌区、中部干旱带和南部山区分别为 216 天、205 天和 175 天,见图 2-4。

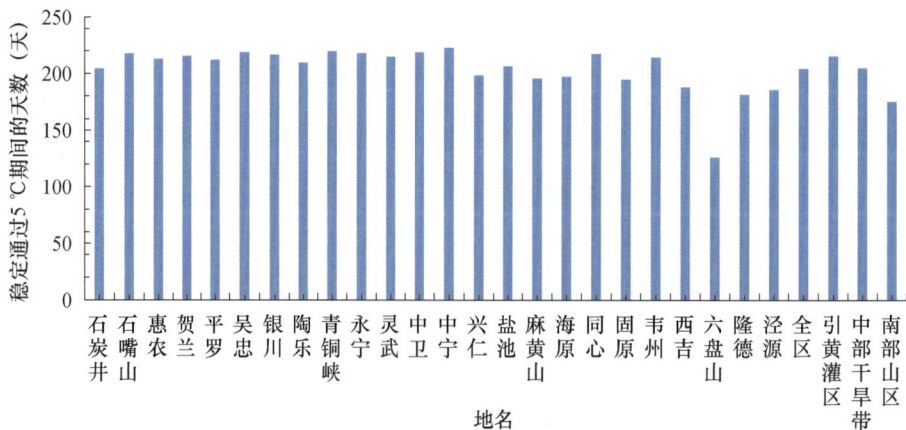

图 2-4　宁夏各地日平均气温稳定通过 5 ℃期间日数

日平均气温稳定通过 10 ℃的初日通常作为喜温作物开始播种和生长的临界温度,也是喜凉作物迅速生长的温度。当日平均气温降至 10 ℃以下时,喜凉作物的光合作用显著减弱,喜温作物停止生长。

10 ℃初、终日期间的持续日数通常也称喜温作物生长期。宁夏稳定通过 10 ℃的初日全区平均为 4 月 25 日,其中引黄灌区、中部干旱带和南部山区分别为 4 月 16 日、4 月 27 日和 5 月 19 日;稳定通过 10 ℃的终日全区平均为 10 月 1 日,其中引黄灌区、中部干旱带和南部山区分别为 10 月 8 日、10 月 2 日和 9 月 10 日;初、终日期间的持续日数全区平均为 159 天,其中,引黄灌区、中部干旱带和南部山区分别为 176 天、159 天和 116 天,见图 2-5。

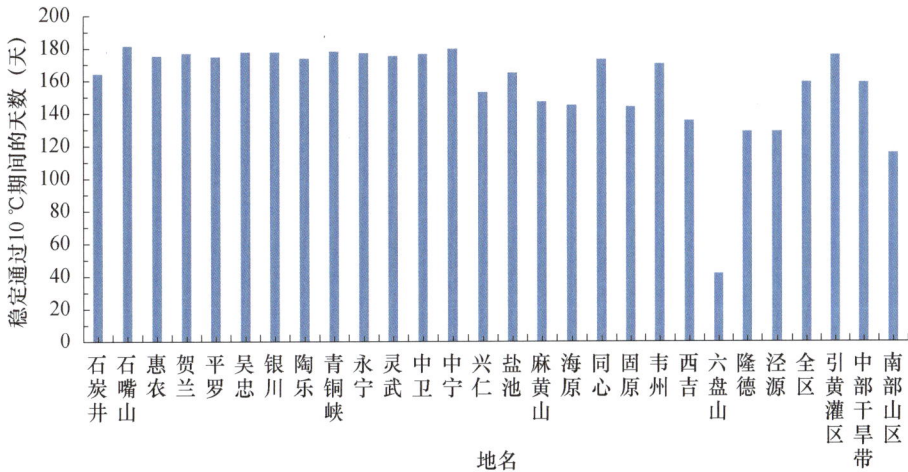

图 2-5　宁夏各地日平均气温稳定通过 10 ℃期间日数

日平均气温稳定通过 15 ℃,表示喜温作物开始积极生长,大部分农作物进入旺盛生长期。当日平均气温降至 15 ℃以下时,对晚熟作物的灌浆和成熟都不利。15 ℃初、终日期间的持续日数通常也称喜温作物活跃生长期。宁夏稳定通过 15 ℃的开始日期全区平均为 5 月 25 日,其中引黄灌区、中部干旱带和南部山区分别为 5 月 12 日、5 月 25 日和 6 月 28 日;稳定通过 15 ℃的终日平均为 9 月 7 日,其中引黄灌区、中部干旱带和南部山区分别为 9 月 17 日、9 月 5 日和 8 月 17 日;初、终日期间的持续日数全区平均为 107 天,其中引黄灌区、中部干旱带和南部山区分别为 129 天、104 天和 51 天,见图 2-6。

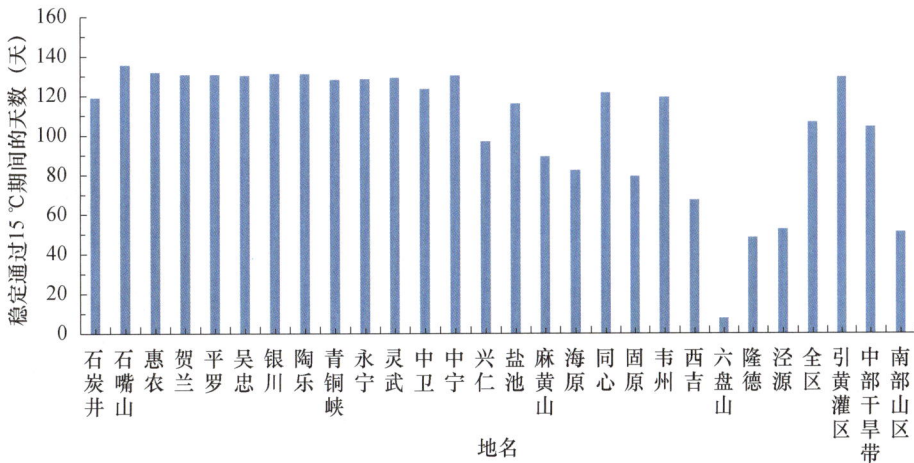

图 2-6　宁夏各地日平均气温稳定通过 15 ℃期间日数

日平均气温稳定通过 20 ℃,水稻分蘖并迅速增长,对玉米、高粱和大豆等作物的开花、授粉及成熟十分有利。当日平均气温降至 20 ℃以下时,是水稻安全抽穗的界限温度。20 ℃也是喜温作物光合作用最适温度的下限。

宁夏稳定通过 20 ℃的初日全区平均为 6 月 25 日,其中引黄灌区、中部干旱带和南部山区分别为 6 月 13 日、7 月 1 日和 7 月 25 日;稳定通过 20 ℃的终日全区平均为 8 月 10 日,其中引黄灌区、中部干旱带和南部山区分别为 8 月 17 日、7 月 31 日和 8 月 3 日;期间的持续日数全区平均为 45 天,其中引黄灌区、中部干旱带和南部山区分别为 65 天、31 天和 8 天,见图 2-7。

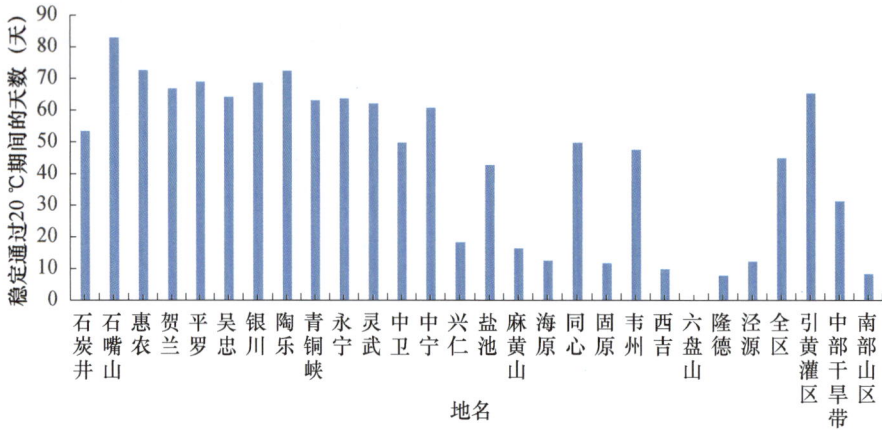

图 2-7　宁夏各地日平均气温稳定通过 20 ℃ 期间日数

二、日平均气温 ≥ 0 ℃ 和 ≥ 10 ℃ 期间积温

宁夏全区各地稳定通过 0 ℃ 的积温为 1583.6~4142.1 ℃·天(图 2-8a),其中,引黄灌区、中部干旱带和南部山区的平均值分别为 3933.5 ℃·天、3537.5 ℃·天、2581.2 ℃·天。稳定通过 5 ℃ 的积温为 1330.7~3984.8 ℃·天(图 2-8b),其中,引黄灌区、中部干旱带和南部山区的平均值分别为 3781.2 ℃·天、3361.2 ℃·天、2371.6 ℃·天。稳定通过 10 ℃ 的积温为 519.8~3655.7 ℃·天(图 2-8c),其中,引黄灌区、中部干旱带和南部山区的平均值分别为 3424.6 ℃·天、2927.3 ℃·天、1818.0 ℃·天。宁夏六盘山区因海拔较高,没有稳定通过 20 ℃ 的时段,除六盘山区以外,其他绝大部分地区稳定通过 20 ℃ 的积温为 164.0~1990.1 ℃·天(图 2-8d),其中,引黄灌区、中部干旱带和南部山区的平均值分别为 1527.6 ℃·天、721.9 ℃·天、223.7 ℃·天。从不同界限温度间的积温分布可以看出,温度资源由北向南递减,总体热量资源较好,稳定通过 0 ℃ 的积温南北差距相对较小,但南部山区热量强度不够,由于南部山区稳定通过 20 ℃ 的日数少,其积温与中北部地区差距较大。

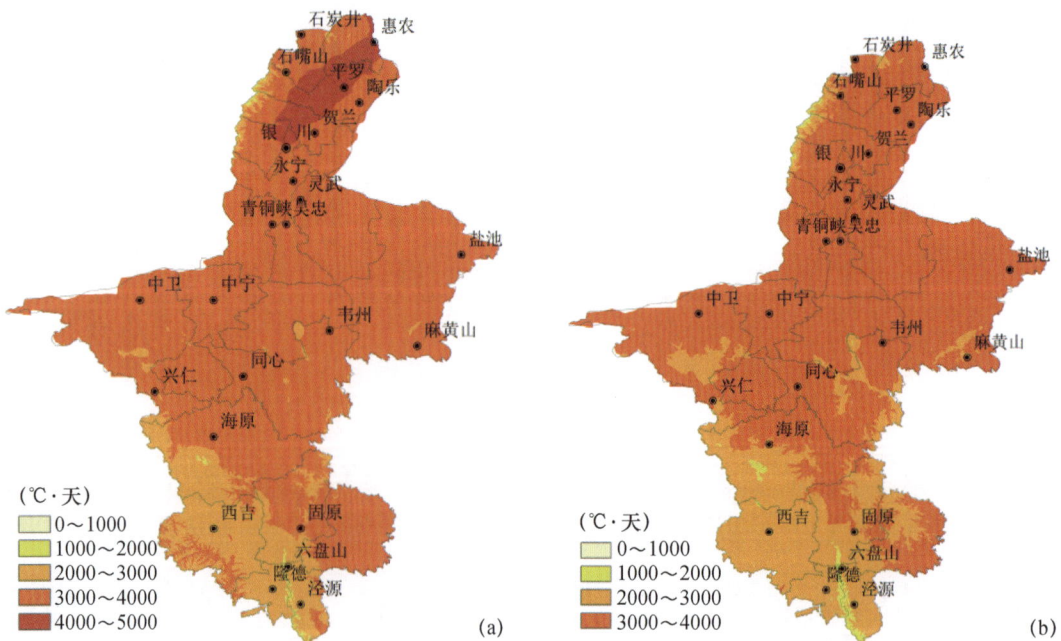

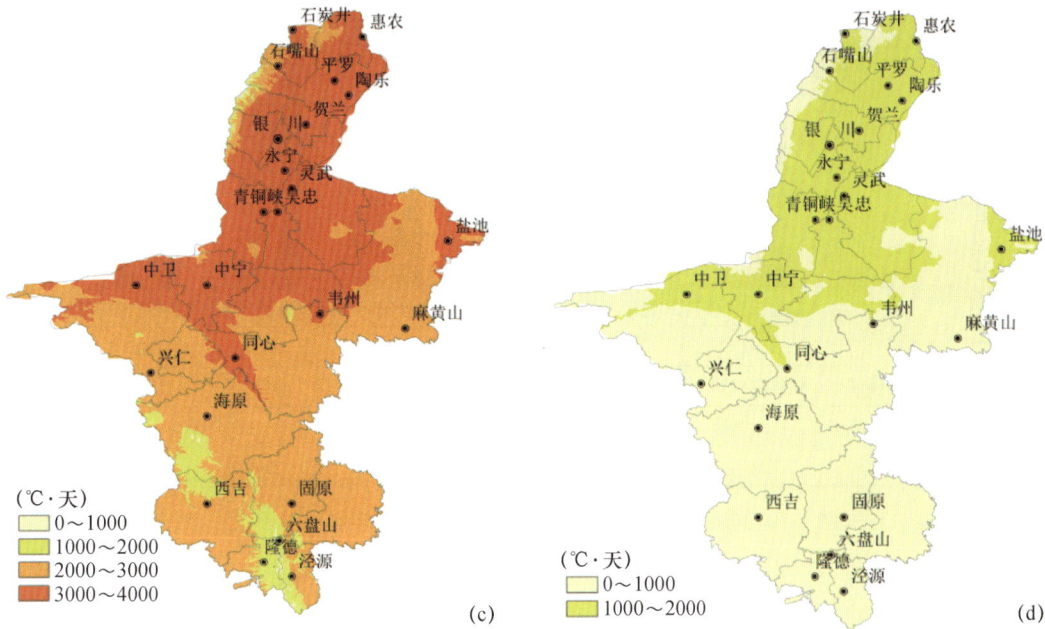

图 2-8　宁夏稳定通过 0 ℃(a)、10 ℃(b)、15 ℃(c)、20 ℃(d)期间积温分布

三、日平均气温≥0 ℃和≥10 ℃期间积温变化

日平均气温≥0 ℃积温呈波动增加的趋势。中部干旱带增温最为明显,其次为南部山区和引黄灌区,引黄灌区、中部干旱带、南部山区积温增加的幅度每 10 年分别为 95.1 ℃·天、93.3 ℃·天和75.4 ℃·天,见图 2-9。

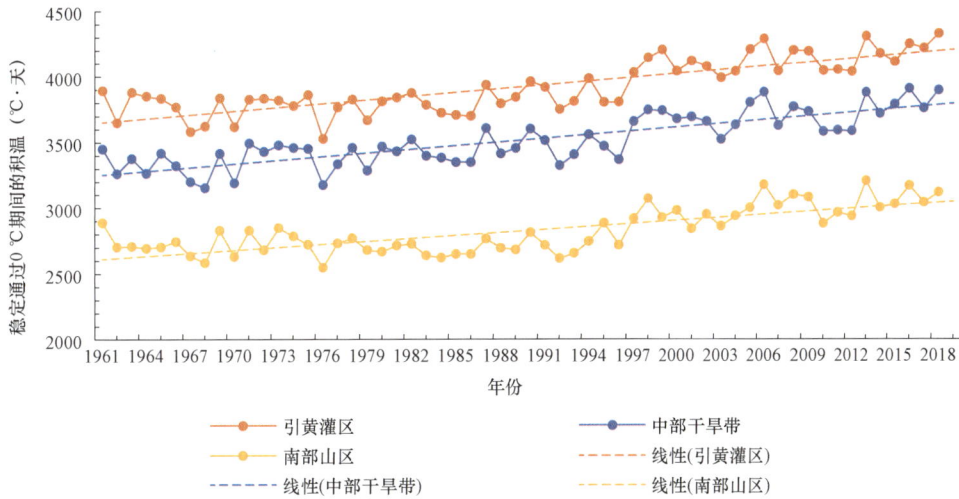

图 2-9　宁夏作物生育期内稳定通过 0 ℃积温年际变化

从年代际变化看,宁夏全区稳定通过 0 ℃的平均积温从 20 世纪 60 年代到 21 世纪 10 年代持续增加,到 21 世纪 10 年代达到最大值,为 3882.8 ℃·天。目前宁夏全区日平均气温≥0 ℃积温比 20 世纪60 年代增加了 445.7 ℃·天,其中引黄灌区增加了 430.7 ℃·天,中部干旱带增加了 458.7 ℃·天、南部山区增加了 346.7 ℃·天,见图 2-10。

稳定通过 10 ℃积温也同样呈波动中增加的趋势。日平均气温≥10 ℃积温增加幅度从大到小依次为引黄灌区、中部干旱带和南部山区,增加趋势分别为 90.1 ℃·天/10 年、86.8 ℃·天 /10 年和64.9 ℃·天 /10 年,见图 2-11。

宁夏全区稳定通过 10 ℃的平均积温从 20 世纪 60 年代的 2891.5 ℃·天,持续增加到 20 世纪 70 年

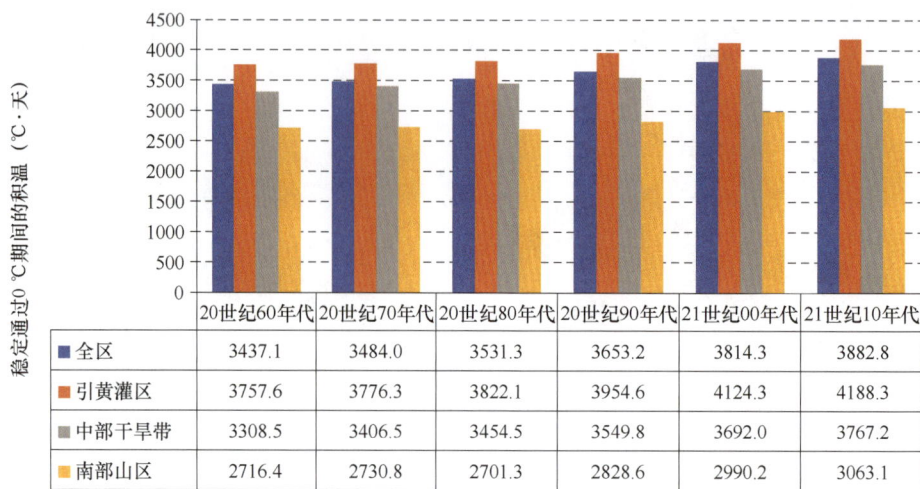

	20世纪60年代	20世纪70年代	20世纪80年代	20世纪90年代	21世纪00年代	21世纪10年代
全区	3437.1	3484.0	3531.3	3653.2	3814.3	3882.8
引黄灌区	3757.6	3776.3	3822.1	3954.6	4124.3	4188.3
中部干旱带	3308.5	3406.5	3454.5	3549.8	3692.0	3767.2
南部山区	2716.4	2730.8	2701.3	2828.6	2990.2	3063.1

图 2-10　宁夏作物生育期内稳定通过 0 ℃积温年代际变化

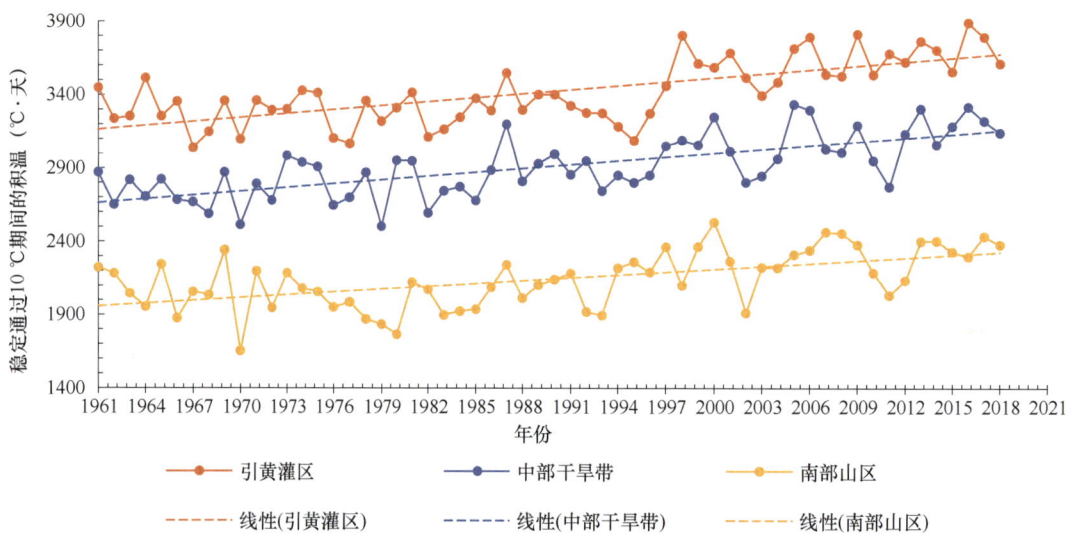

图 2-11　宁夏作物生育期内稳定通过 10 ℃积温年际变化

代的 2915.3 ℃·天、20 世纪 80 年代的 2983.1 ℃·天、20 世纪 90 年代的 3069.6 ℃·天和 21 世纪 00 年代的 3226.9 ℃·天,现阶段积温升至 3315.1 ℃·天;引黄灌区和中部干旱带 21 世纪 10 年代积温较 20 世纪 60 年代分别增加 434.3 ℃·天和 424.1 ℃·天,南部山区增加 241.1 ℃·天,见图 2-12。

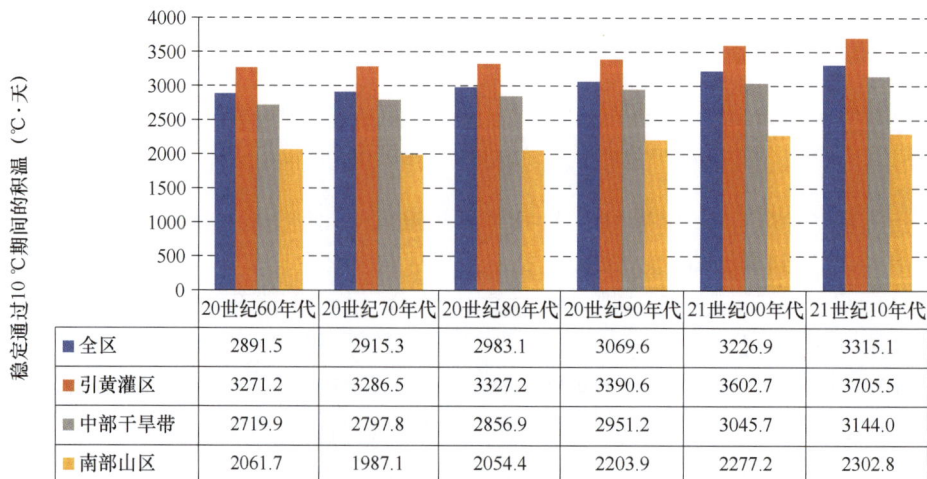

	20世纪60年代	20世纪70年代	20世纪80年代	20世纪90年代	21世纪00年代	21世纪10年代
全区	2891.5	2915.3	2983.1	3069.6	3226.9	3315.1
引黄灌区	3271.2	3286.5	3327.2	3390.6	3602.7	3705.5
中部干旱带	2719.9	2797.8	2856.9	2951.2	3045.7	3144.0
南部山区	2061.7	1987.1	2054.4	2203.9	2277.2	2302.8

图 2-12　宁夏作物生育期内稳定通过 10 ℃积温年代际变化

第三节 水分资源

一、农作物生长季降水量

(一)日平均气温稳定通过 0 ℃ 期间降水量

日平均气温稳定通过 0 ℃ 期间的降水量,海原县及以南地区为 300～600 毫米;利通区和中卫市区一线以南、海原县以北为 200～300 毫米;利通区和中卫市区一线以北地区为 170～200 毫米。400 毫米等雨量线在原州区炭山和西吉县中东部一带,见图 2-13。各地日平均气温稳定通过 0 ℃ 期间的降水量占年降水量的 82.4％～98％,见表 2-4。

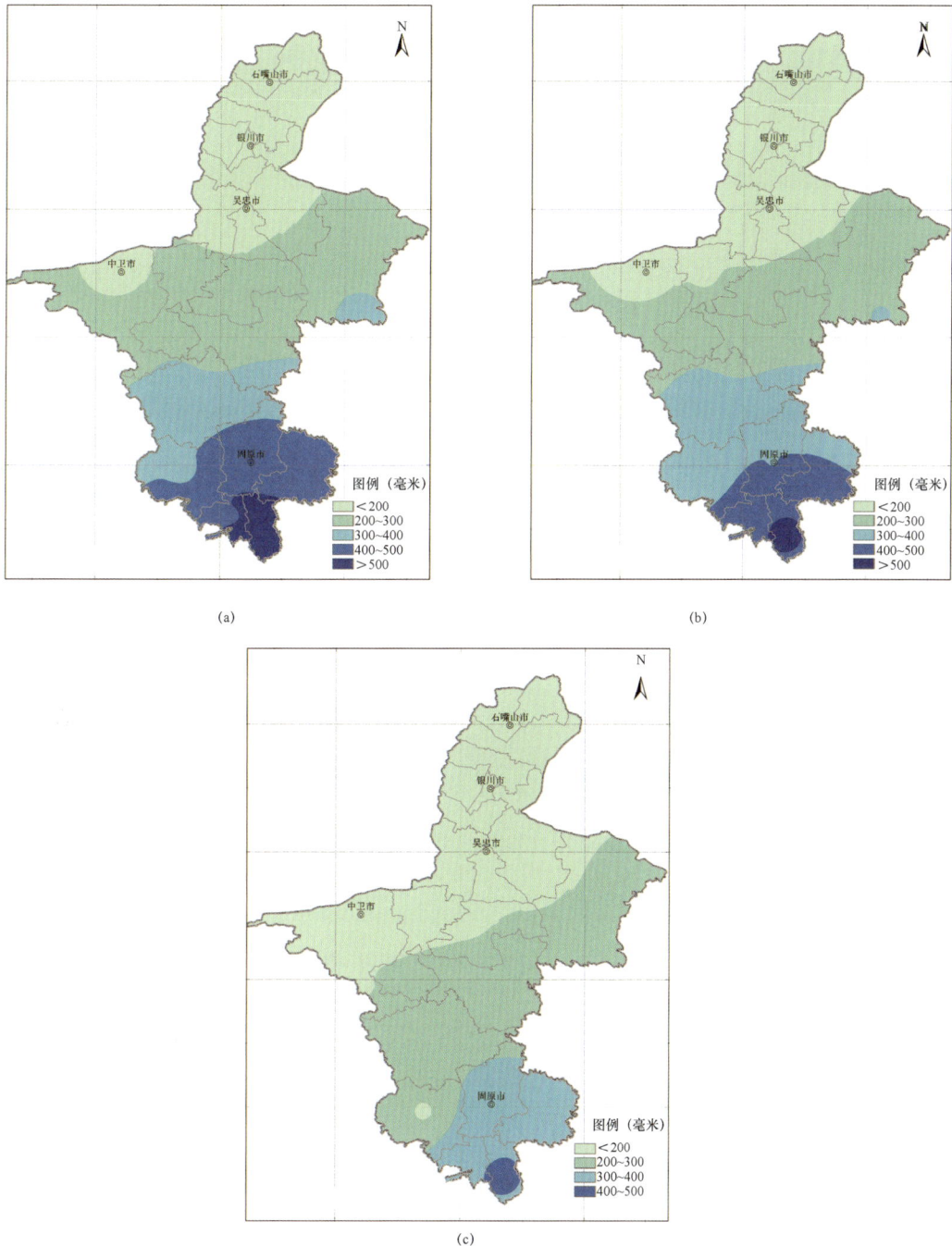

(a)

(b)

(c)

图 2-13 宁夏日平均气温稳定通过 0 ℃(a)、5 ℃(b)、10 ℃(c)期间降水量

(二)日平均气温稳定通过 5 ℃期间降水量

日平均气温稳定通过 5 ℃期间的降水量与稳定通过 0 ℃的空间分布相似,只是 200 毫米和 400 毫米等雨量线均更偏南一些。海原县及以南地区为 300～500 毫米;利通区以南、海原县以北为 200～300 毫米;利通区以北地区为 160～200 毫米。400 毫米等雨量线在固原市南部一带,见图 2-13。各地日平均气温稳定通过 5 ℃期间的降水量占年降水量的 67.1%～95.9%,见表 2-4。

(三)日平均气温稳定通过 10 ℃期间的降水量

日平均气温稳定通过 10 ℃期间的降水量泾源为 438 毫米,其他地区均不超过 400 毫米。盐池大部、红寺堡、中宁南部一线以南,原州区和隆德以北地区为 200～300 毫米;原州区以南地区为 300～400 毫米,见图 2-13。日平均气温稳定通过 10 ℃期间的降水量在年降水量中的占比,原州区及以北地区为 72.8%～88%,其他地区为 45.7%～70.9%,见表 2-4。

表 2-4　宁夏各地作物生长季降水量及占年降水量比例

站名	日平均气温稳定通过 0 ℃期间的降水量(毫米)	日平均气温稳定通过≥0 ℃期间的降水量占年降水量比例(%)	日平均气温稳定通过 5 ℃期间的降水量(毫米)	日平均气温稳定通过 5 ℃期间的降水量占年降水量比例(%)	日平均气温稳定通过 10 ℃期间的降水量(毫米)	日平均气温稳定通过 10 ℃期间的降水量占年降水量比例(%)
石炭井	170.8	94.0	166.7	91.8	154.2	84.9
石嘴山	169.1	94.7	163.4	91.5	157.9	88.4
惠农	171.2	97.7	164.5	93.8	155.3	88.6
沙湖	175.0	92.5	166.5	88.1	159.7	84.4
贺兰	179.3	96.6	171.5	92.4	159.4	85.9
平罗	176.6	97.1	169.3	93.1	159.4	87.7
吴忠	181.1	95.6	174.3	92.0	158.2	83.5
银川	186.7	96.5	178.5	92.2	165.4	85.4
陶乐	172.8	96.6	164.8	92.1	154.8	86.5
青铜峡	177.2	94.8	170.7	91.4	156.7	83.8
永宁	183.9	97.6	175.2	93.0	160.9	85.4
灵武	194.9	98.0	186.2	93.7	170.7	85.9
中卫	173.5	93.2	168.1	90.3	155.2	83.4
中宁	202.9	98.4	197.6	95.9	181.3	88.0
兴仁	239.8	95.9	229.5	91.8	198.4	79.3
盐池	281.4	94.7	268.1	90.2	239.9	80.7
麻黄山	322.9	91.6	303.5	86.1	256.7	72.8
海原	355.2	91.9	334.4	86.5	281.1	72.8
同心	260.0	96.6	251.1	93.3	225.6	83.8
固原	425.4	92.2	399.6	86.6	338.8	73.4
韦州	248.7	94.0	239.2	90.4	217.0	82.1
西吉	391.8	94.0	362.2	86.9	190.2	45.7
六盘山	526.2	82.4	428.4	67.1	369.0	57.8
隆德	488.5	93.2	450.6	86.0	371.7	70.9
泾源	601.9	92.4	554.0	85.1	438.8	67.4

二、主要作物生育期降水量

宁夏深居内陆,远离海洋,降水量自南向北逐渐递减。北部以引黄灌溉农业为主,中部干旱带为农牧交错带,南部山区为雨养农业区。主要作物为水稻、小麦、玉米、马铃薯等,经济林果主要有枸杞、酿酒葡萄、苹果等。

(一)越冬作物生育期降水量

宁夏冬季除冬小麦外,基本没有其他露地作物。冬小麦主要分布在南部山区,中部干旱带有少量种植。冬小麦生育期为当年的 10 月至次年的 7 月上旬,经播种、出苗、三叶、分蘖、越冬、返青(冬后分蘖)、起身、拔节、抽穗、灌浆、成熟等阶段,全生育期 270 天左右。冬小麦生育期降水量:盐池、同心、海原一线为 130～180 毫米;南部山区为 220～330 毫米,见表 2-5。

(二)春作物生育期降水量

春作物主要为春小麦,分布区以北部灌区和中部干旱带为主,近年来南部山区也有零星种植。春小麦生育期为 3—7 月,经播种、出苗、分蘖、拔节、抽穗、灌浆、成熟等阶段,生育期 120 天左右。春季是宁夏降水次数少的季节,春作物受春旱的概率极高。中部干旱带和北部灌区降水为 55～100 毫米,北部灌区依赖引黄灌溉,中部干旱带以扬黄和井、库、蓄水池等灌溉为主;南部山区为 150～250 毫米,见表 2-5。春作物生育期降水量少于冬作物降水量,从农业生产实践看,南部山区种植冬小麦对播前降水或土壤底墒有一定依赖。

(三)秋作物生育期降水量

宁夏秋作物主要为水稻、玉米和马铃薯,水稻种植于北部灌区,马铃薯主要种植于中南部山区,玉米则全区均有分布,且近年来受产量和价格影响,面积增长明显。秋作物生育期为 4—9 月,全生育期 160～180 天。玉米经过播种、出苗、拔节、抽雄、开花、吐丝、乳熟、成熟等阶段。水稻则经过播种、出苗、移栽、返青、分蘖、拔节、孕穗、抽穗、乳熟、成熟等阶段。马铃薯经过出苗、分枝、花序形成、块茎膨大、成熟等阶段。随着农业科技的进步,直播稻面积在宁夏日益扩大。中南部地区的玉米生育期间易受春旱、春末夏初旱和伏旱的影响,这 3 个易旱阶段的降水对玉米的产量有非常大的影响。整个生育阶段,中部干旱带的降水量为 210～330 毫米,南部山区为 350～540 毫米。秋作物生育期间的降水量比冬、春作物生育期间多,见表 2-5。

表 2-5　宁夏各地作物生长季降水量　　　　　　　　　　　　　　　　　　单位:毫米

站名	冬作物降水量	春作物降水量	秋作物降水量
石炭井	80.8	65.5	161.6
石嘴山	73.8	57.9	157.4
惠农	75.4	59.7	154.8
贺兰	86.0	64.4	157.5
平罗	80.7	63.2	159.3
吴忠	91.8	68.8	159.6
银川	90.3	68.5	164.3
陶乐	82.8	63.9	154.6
青铜峡	86.6	64.6	159.0
永宁	92.8	68.5	157.4
灵武	94.9	70.6	167.4
中卫	85.1	65.2	161.5
中宁	96.7	73.7	178.1
兴仁	117.0	90.7	217.7
盐池	137.7	102.7	252.5
麻黄山	165.7	123.0	299.5
海原	185.5	138.9	328.4
同心	131.0	98.9	228.8
固原	224.6	171.1	392.7
韦州	119.7	91.5	234.2
西吉	205.9	155.1	352.8
六盘山	340.7	250.9	534.0
隆德	262.0	198.3	442.9
泾源	327.4	243.4	544.3

第四节　风能资源

一、风能资源空间分布

宁夏存在 3 条风资源丰富带,分别位于北部的贺兰山脉,中部地区香山—罗山—麻黄山,南部山区的西华山—南华山—六盘山区,见图 2-14。随着海拔高度的升高,风功率密度逐渐增大,宁夏风资源丰富带上 70 米高度普遍大于 250 瓦/平方米,100 米高度引黄灌区基本在 300 瓦/平方米以下,中南部在 350～600 瓦/平方米。

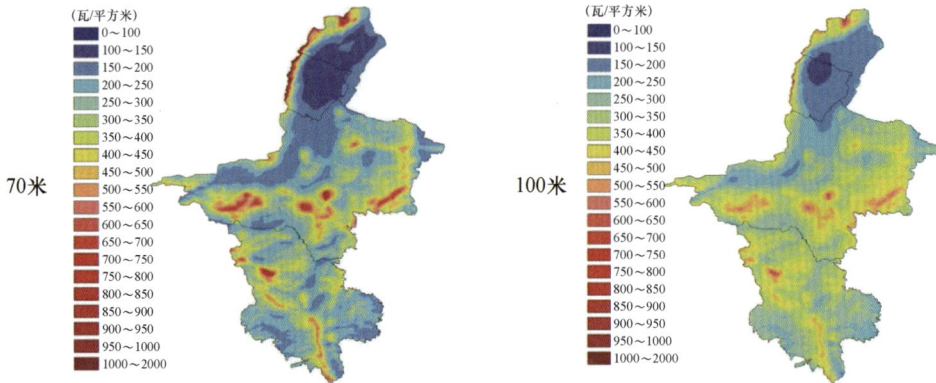

图 2-14　宁夏各高度年平均风功率密度分布

二、风能资源区划

(一)风能区划指标

根据国家发展和改革委员会印发的《全国风能资源评价技术规定》《风电场风能资源评估方法》(GB/T 18710—2002),采用多年观测的风速资料计算出年平均风功率密度,确定如下风能区划指标,见表 2-6。

表 2-6　风能区划指标

符号	分区	年平均风功率密度(瓦/平方米)
Ⅰ	风能丰富	＞200
Ⅱ	风能较丰富	150～200
Ⅲ	风能一般	50～150
Ⅳ	风能贫乏	＜50

(二)风能资源区划

宁夏风能资源大体可划分为 3 个区域;其中贺兰山脉、香山—罗山—麻黄山、西华山—南华山—六盘山区部分地区属风能丰富区域,年平均风功率密度在 200 瓦/平方米以上;其他大部地区属风能较丰富、风能一般区域,年平均风功率密度在 50～200 瓦/平方米。此外,还有少部分地区属风能贫乏区。

宁夏全区年平均风功率密度大于等于 400 瓦/平方米的技术开发面积和开发量分别为 3044 平方千米和 1011 万千瓦;年平均风功率密度大于等于 300 瓦/平方米的技术开发面积为 4417 平方千米,技术开发量为 1555 万千瓦;年平均风功率密度大于等于 250 瓦/平方米的技术开发面积为 5790 平方千米,技术开发量为 2011 万千瓦;年平均风功率密度大于等于 200 瓦/平方米的技术开发面积为 6246 平方千米,技术开发量为 2780 万千瓦。在不同的风功率密度条件下,风能技术开发量与开发面积差异较大,随着风功率密度的增加,对应的风能技术开发量与开发面积都在减少,见表 2-7。

表 2-7　宁夏 70 米风能技术开发量与开发面积

	≥400 瓦/平方米	≥300 瓦/平方米	≥250 瓦/平方米	≥200 瓦/平方米
技术开发量(万千瓦)	1011	1555	2011	2780
技术开发面积(平方千米)	3044	4417	5790	6246

可见,宁夏地区大部地势开阔,为全国风速分布的高值区之一,具有丰富的潜在开发价值。

第三章 气象灾害

宁夏远离海洋,深居内陆,固原市属中温带半湿润区,中部海原至盐池、同心一带属中温带半干旱区,北部(银川平原)则为中温带干旱区,南北气候悬殊较大,是典型的大陆性气候。由于地势起伏及下垫面性质的差异,又是季风气候区西缘,不但形成多种气候类型,而且气象灾害发生频繁。宁夏主要气象灾害有干旱、高温、暴雨、大风、沙尘、雷电、冰雹、霜冻、干热风等,具有区域性、阶段性、季节性以及突发性等特点。

第一节 干 旱

一、干旱气候特征

(一)降水量空间分布

宁夏处于干旱和半干旱气候区,深居内陆,水汽来源不足,导致降水偏少,干旱问题突出。全区年平均降水量为283毫米,远少于全国年平均降水量(632毫米),是全国降水最少的地区之一,有约50%的面积年降水量不足200毫米。各地年降水量在175.9~644.8毫米,自南向北逐渐减少,差异明显;北部引黄灌区普遍在200毫米以下,中部干旱带在200~400毫米,南部山区超过400毫米;年降水最多的泾源(644.8毫米)是最少的惠农(175.9毫米)的近3.7倍,见图3-1。

(二)降水变率

评价一个地区降水条件的优劣,除了考虑其多年平均状况外,还需要分析降水的年际变化。年际间降水量的变化可以用降水量相对变率 R_v(简称降水变率)表示。

$$R_v = \frac{1}{N \times R} \sum_{i=1}^{n} \mid R_i - R \mid \times 100\%$$

式中:R_i 为降水量历年值,R 为多年平均降水量,N 为年数。

降水变率表示年际间降水变化的大小,从而表明降水量的稳定程度和可利用的价值。当降水变率较小时,表示年际间变化小,降水量比较稳定;当降水变率较大时,则表示年际间变化大,容易发生旱涝异常的情况。

降水变率分布情况和降水量的分布相反,年降水变率从北至南逐渐减小,年降水量越大的地方,变率越小。南部山区年降水变率最小,为15%~18.5%,其他地区年降水变率为19.8%~29.5%。全区春季降水变率为31.8%~71.6%;夏季为21.5%~39%;秋季为29%~51.4%;冬季为27.1%~95.3%。宁夏日降水主要以小于5毫米为主,占总降水日数的69%~78%。

(三)降水量四季分配

宁夏降水主要集中在5—9月,约占年降水量的80%,春季(3—5月)各地降水量占年降水量的15%~21%;夏季(6—8月)占55%~63%;秋季(9—11月)占19%~24%;冬季(12月—次年2月)仅占1%~3%。

二、干旱气候规律

宁夏中北部几乎每年都会发生不同程度的干旱,贺兰山和六盘山区为宁夏降水最多、干旱最少的地区,干旱频率在50%以下,其他各地60%~90%。由于北部有黄河灌溉,因此干旱灾害影响并不大,旱灾主要发生在中部干旱带和南部山区。

宁夏年干旱总日数及中旱及以上干旱日数分布特征比较一致,自南向北增多。干旱日数在 91～239 天,陶乐、中宁最多。引黄灌区各地干旱日数均在 210 天以上;中部干旱带在 193～220 天;南部山区各地在 180 天以内,见图 3-2。

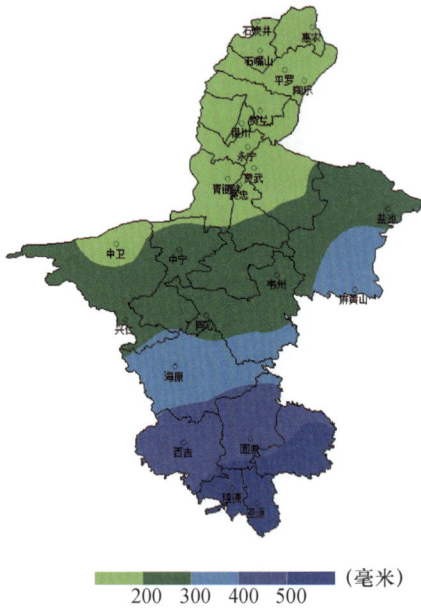

图 3-1 宁夏年降水量空间分布

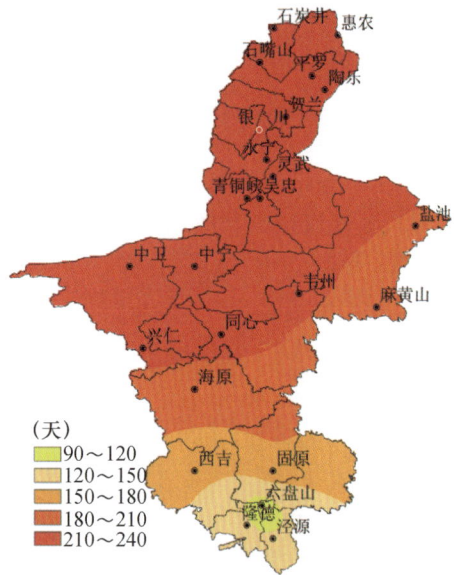

图 3-2 宁夏年干旱总日数分布

中旱及以上干旱日数在 52～158 天,中卫最多。引黄灌区各地及中部干旱带的同心、兴仁、韦州在 140 天以上;中部干旱带其他地区为 122～136 天;南部山区的原州区和西吉为 102 天和 98 天,隆德和泾源为 76 天和 75 天,见图 3-3。

宁夏重旱及以上干旱日数和特旱日数分布特征比较一致,均为南北两头少,中间多。重旱及以上干旱日数在 22～78 天,中宁最多,中部干旱带及引黄灌区的中宁、沙坡头区、灵武在 60 天以上,利通区及以北大部及南部山区的西吉、原州区在 40～60 天,隆德、泾源为 34 天,见图 3-4。

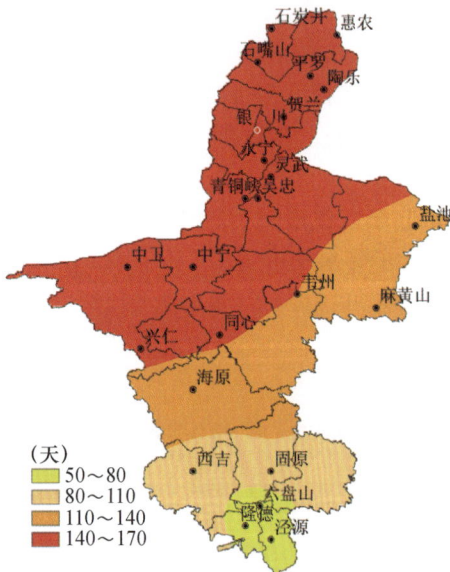

图 3-3 宁夏中旱及以上干旱日数分布

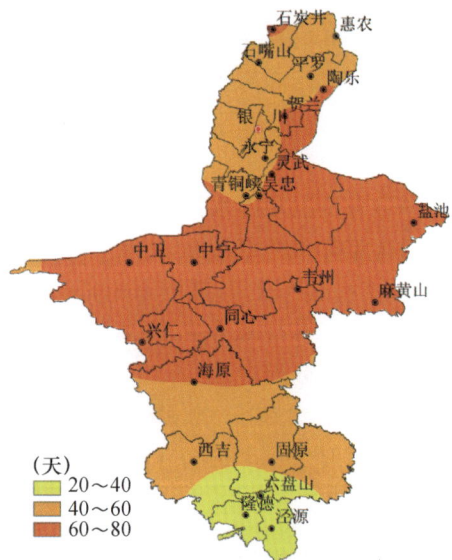

图 3-4 宁夏重旱及以上干旱日数分布

特旱日数在 8～26 天,海原最多,中部干旱带及引黄灌区的中宁、沙坡头区在 20 天以上;利通区及以北和南部山区的西吉、原州区在 16～20 天,隆德和泾源为 15 天,见图 3-5。

海原以北地区轻旱、中旱、重旱和特旱日数依次减少，分别占 20.8％、21％、10.0％和 5.3％，累计 57.1％，无旱日数为 42.9％。

由于宁夏降水日数和降水量少，总体呈现干旱过程少，但持续时间长的特征，季节连旱、多年连旱常有发生。宁夏最长干旱持续日数在 133～501 天，引黄灌区除石炭井为 249 天，其他各地长达 307～501 天，大武口最多；中部干旱带各地最长持续干旱日数在 249～316 天，兴仁最短，同心最长；南部山区六盘山和隆德分别为 133 天和 153 天，西吉、泾源和原州区分别为 198 天、208 天和 236 天，见图 3-6。大部分地区最长干旱持续日数发生在 1981—1982 年、1994—1995 年、1997—1998 年、2000—2001 年、2004—2006 年、2010—2011 年严重的持续干旱年份。

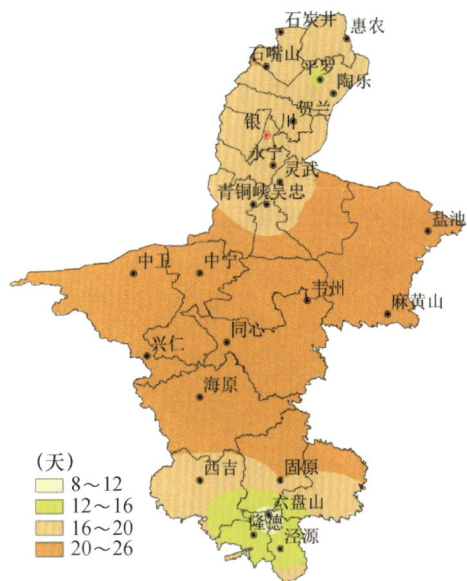

图 3-5　宁夏特旱日数分布　　　　图 3-6　宁夏最长干旱持续日数分布

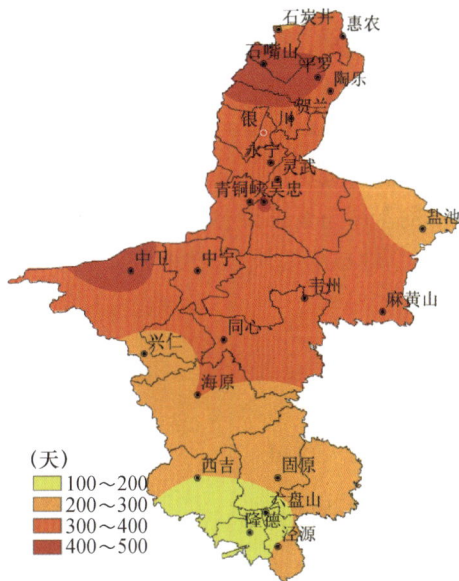

三、干旱气候成因

从自然环境背景看，宁夏深居内陆，距海洋遥远，空中水汽不足，是形成干旱气候的重要地理因子；宁夏地处贺兰山和六盘山之间，地势南高北低，北部地区受贺兰山阻挡，冬季削弱西北寒风的侵袭，由强大的蒙古冷高压控制，天气以晴朗与干燥为主；夏季蒙古高压撤退，东南季风顺势而来，但因距海洋较远，又有南部六盘山的阻挡，从西南太平洋带来的暖湿气流至此已是强弩之末，极少能成云和雨，因而降水很少，自然条件下北部地区较中南部更容易形成干旱。旱灾发生的直接原因是大气环流异常和大气环流季节变化发生异常。从干旱发生的环流特征上看，春夏季亚洲中高纬度上空为一槽一脊，宁夏在高压脊控制之下，缺少暖湿气流，又无冷空气影响，不利于降水，致使干旱发生。夏季副热带高压脊线向北越过北纬 30°，此时副高脊线偏北而且稳定少动，暖空气势力过强是引起宁夏干旱的直接原因。

四、干旱危害

全区干旱主要表现在以下几大方面。

（一）影响农牧业

气象条件影响作物的分布、生长发育、产量及品质的形成，而水分条件是决定农业发展类型的主要条件。干旱由于其发生频率高、持续时间长、影响范围广、后延影响大，成为影响农业生产最严重的气象灾害，也是主要畜牧气象灾害，主要表现在影响牧草、畜产品和加剧草场退化、沙漠化。干旱灾害对农业生产的影响和危害程度与其发生季节、时间长短以及作物所处的生育期有关。春季（3—5月）是宁夏农作物开始播种、出苗及营养生长阶段，要求有一定的水分供给，春小麦出苗至拔节期耗水量大约在 110 毫米左右,而在这个时期,各地降水量的多年平均值为 25~106 毫米,靠自然降水大多数年份不能满足作物生长发育需水的需求,且春季发生干旱的频率在几个季节里最高,故对农作物的生长发育影响严重。夏季(6—8 月)正值小麦进入抽穗扬花至成熟阶段,大秋作物进入生长旺盛季节,是作物需水最多时期,如果短期无雨或者少雨,即会形成"卡脖子旱"。秋季(9—11 月)宁夏秋作物进入灌浆成熟和收获阶段,这也是冬麦播种、出苗、分蘖时期,需水量相对较少,除个别年份外,一般年份的雨量尚能满足需求。秋季虽然降水较多,变率较小,不易产生干旱,但一旦发生,其影响极为严重,危及次年的春播,群众有"秋旱连根烂"以及"麦收隔年墒"的说法。

(二)影响生态环境

干旱造成湖泊、河流水位下降,部分干涸和断流,地表水源补给不足,只能依靠大量地下水来维持居民生活和工农业发展,进而可能导致地下水位下降、漏斗区面积扩大、地面沉降等一系列的生态环境问题。干旱导致草场植被退化,宁夏大部分地区处于干旱和半干旱区,雨热同季,降水主要发生在每年的4—9 月,对草场植被生长有影响。

(三)易发森林火灾

冬春季的干旱易引发森林火灾和草原火灾。随着全球气温的不断升高,导致北方地区气候偏旱,林地地温偏高,草地枯草期长,森林地下火和草原火灾风险有增长的趋势。

第二节 大 风

一、大风气候特征

(一)大风日数空间分布

年平均大风是指瞬间风速≥17.2 米/秒或风力≥8 级的风,宁夏全区大风日数空间分布不均,山区大风日数较多,大值区出现在惠农区、麻黄山和六盘山,达 40 天以上(六盘山 123 天),其他大部地区大风日数为 10~20 天,贺兰、永宁、陶乐、西吉、隆德大风日数最少,在 10 天以下,见图 3-7。

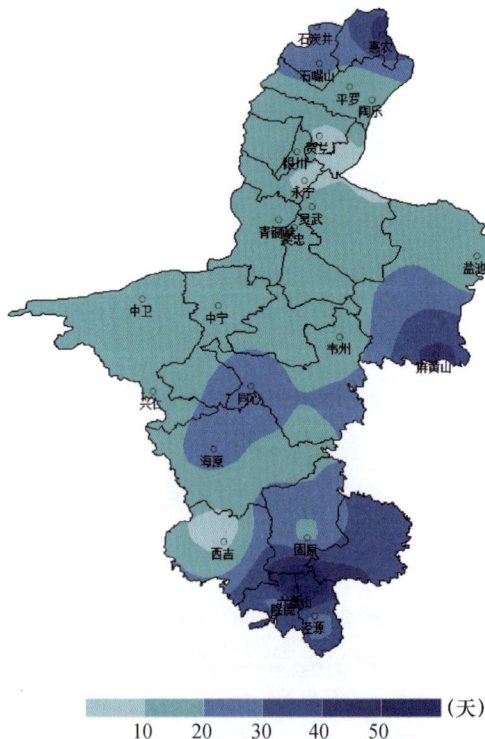

图 3-7 宁夏大风日数空间分布

(二)大风日数年变化

大风日数逐月变化较为一致,多集中在春季,尤其 4 月最多,均在 2 天以上(六盘山 12.9 天),7—9 月最少,基本在 1 天以下,其他月份平均在 1.5 天左右,见图 3-8。

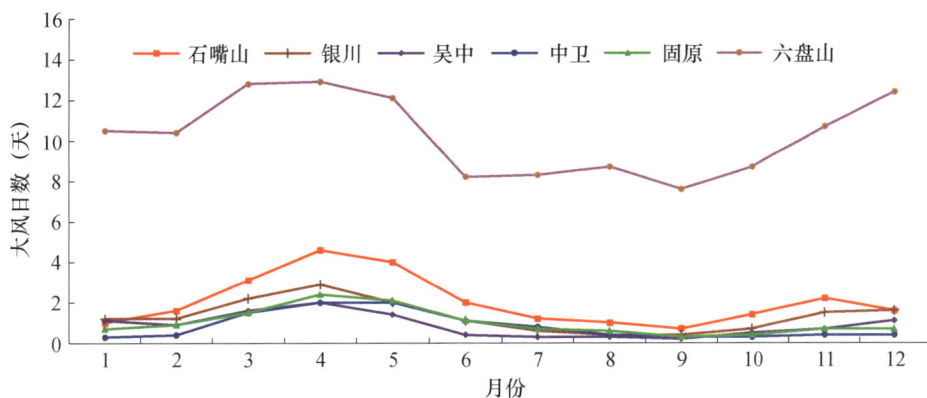

图 3-8　宁夏代表站大风日数逐月变化

(三)大风日数年际变化

年大风日数在近 58 年中呈减少趋势,每 10 年减少 2.3 天。2000 年之前为相对较多时期,大多数年份在 15 天以上;2003 年之后为相对较少时期,大多数年份在 10 天以下,见图 3-9。

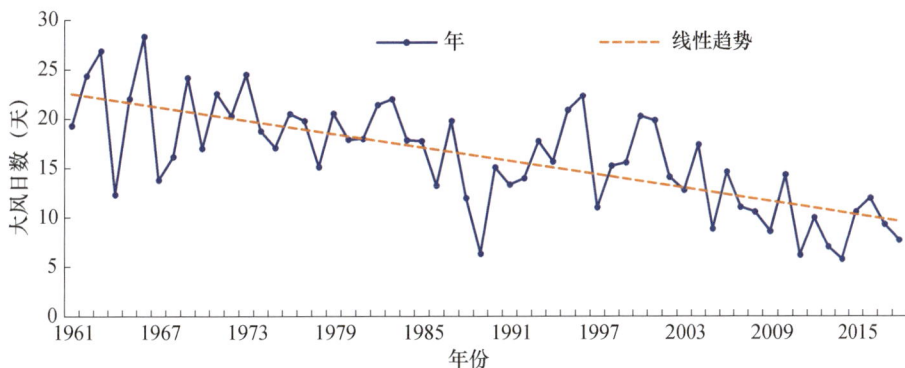

图 3-9　宁夏 1961—2018 年大风日数逐年变化

二、大风成因

(一)气压梯度力

冷锋过境是形成大风的主要原因,锋后有强大的冷高压,锋前为强盛的热低压,锋面前后的温差很大,空气温度在水平方向的差异使气压梯度力增加,导致空气流动的速度加大而形成大风。

(二)动量下传

冬、春季,特别是春季,当西北地区高空出现很强的西西北—东东南方向的锋区时,高空风速大于等于 20 米/秒,大气很不稳定,由于强烈的动量下传作用,也可以形成大风。

(三)地形效应

风受地形的影响,可使风向、风速发生变化,而造成地方性风。惠农处在贺兰山与桌子山之间的咽喉狭窄地带,当风从北部开阔地区吹入时,峡谷的作用使风速加大,惠农是大风最多的地方。大武口紧靠贺兰山东坡,下半年出现较多的山谷风,白天吹谷风,夜间吹山风,这是由于山坡和谷地热力作用不同步,空气密度不一致引起的。整个宁夏平原的主导风向为北风,与贺兰山南北走向基本一致。山脉能够改变气流运行的方向,如浅层的西风,受到贺兰山阻挡时,因无力翻越山顶,便沿西坡南下,行至南段山脉较低处便会越山而过,然后沿山北上,经常可以看到青铜峡吹偏西风,而银川吹的是偏南风。

三、大风危害

各地大风日数受地形影响很大,由于贺兰山、六盘山的影响,宁夏大风的主导风向均以偏北为主。大风灾害则是北部多于南部,山顶、峡谷、空旷的地方多于盆地。大风出现时往往伴有沙尘暴,沙尘暴出现最多的地区是盐池、同心。出现最多的季节是春季,夏季次之,秋季最少。

风力可以给人类提供很好的风能资源,但风灾也是世界上常见的自然灾害。宁夏的风灾常与冰雹、雷雨大风、寒潮和沙尘等相伴而来。其中冰雹和雷雨大风虽然出现的范围较小,时间也较短促,但来势迅猛,难以抗拒。

(一)危害农业

大风对农作物的危害包括机械性损伤和生理损害两方面。机械性损伤是指作物折枝损叶、落花落果、授粉不良、倒伏、断根和落粒等;生理损害是指作物水分代谢失调,加大蒸腾,植株因失水而凋萎。大风还会造成土壤风蚀、沙丘移动,而毁坏农田。在干旱地区盲目垦荒,大风将导致土地沙漠化。北方早春的大风,常使树木发生风害,出现偏冠和偏心现象。大风还能传播病原体,高空风是黏虫、稻飞虱、稻纵卷叶螟、飞蝗等害虫长距离迁飞的气象条件,造成植物病虫害蔓延。

(二)危害畜牧业

大风使牧草因失水而干枯,产量和质量均会下降。大风对牧草的生理损害与其对农作物的生理损害相同。草原上的畜群遇上大风天气,正常采食会受到影响;连续多日的大风可使畜群的整体体质下降,抵抗疫病的能力降低。冬春季出现大风,幼弱牲畜因体热耗散大增,常互相拥挤成堆,有时会因挤压造成死亡。

(三)危害环境

大风会加剧其他自然灾害(干旱、雷雨、冰雹、盐渍化、荒漠化等)的危害程度。例如,大风能剥蚀土壤,加速土壤沙化,促使半固定沙丘活化和流动沙丘前移,导致荒漠化进程加快;雷雨时常伴随大风,瞬时风力可达 9~10 级,狂风暴雨往往会造成灾害。

(四)其他危害

大风造成人员直接或间接伤亡的事件时有发生。大风经常会吹倒不牢固的建筑物、高空作业的吊车、广告牌、通信电力设备、电线杆、树木等,造成财产损失和人员伤亡。

第三节　沙尘暴

沙尘暴是由于强风将地面大量尘沙吹起,使空气变混浊,水平能见度小于 1.0 千米的严重风沙现象。

一、沙尘暴气候特征

(一)沙尘暴日数空间分布

宁夏沙尘暴空间分布呈现中北部多、南部少的格局。引黄灌区大部沙尘暴日数在 3.0~8.2 天,陶乐最多;中部干旱带大部地区在 3.0~13.9 天,盐池最多;南部山区沙尘暴发生较少,大部地区均不到 1天,见图 3-10。

(二)沙尘暴日数年变化

宁夏一年四季均有沙尘暴发生,且沙尘暴日数年变化曲线呈现单峰型。年内沙尘暴日数以春季最多,峰值出现在 4 月为 1.0 天,其次是 3 月(0.7 天)、5 月(0.7 天)也比较多。沙尘暴日数最少出现在秋季,谷值出现在 9 月和 10 月(0.8 天),见图 3-11。

(三)沙尘暴日数年际变化

从宁夏沙尘暴年际变化图(图 3-12)可以看出,1961—2018 年,沙尘暴呈现明显的下降趋势。1961—1984 年,沙尘暴日数变化较平稳且基本维持在平均值以上;1985 年起,沙尘暴日数明显减少,基本维持在平均值以下,并且自 2002 年起,沙尘暴日数显著减少,基本维持在 2 天以下。

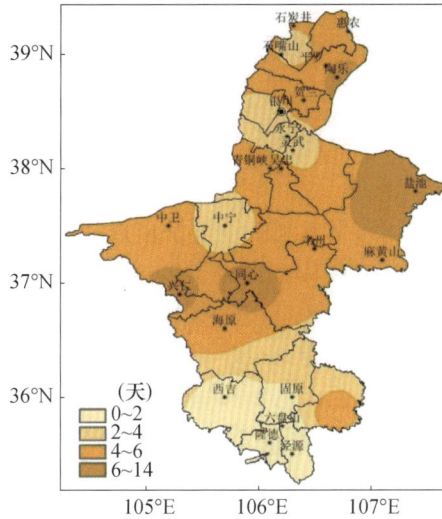

图 3-10 宁夏年沙尘暴日数空间分布

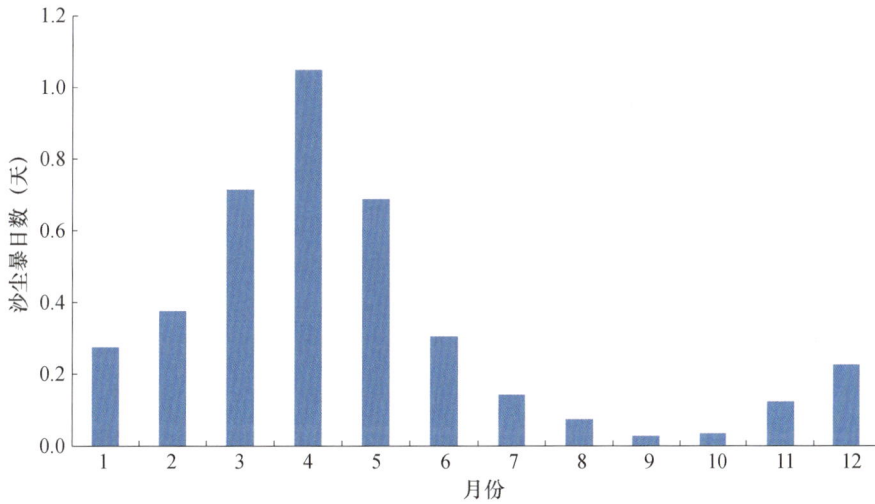

图 3-11 宁夏沙尘暴日数年变化

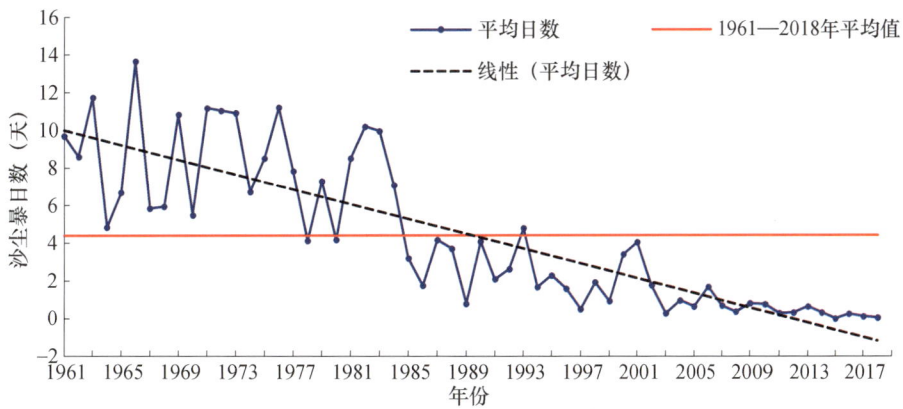

图 3-12 宁夏沙尘暴日数年际变化

二、沙尘暴成因

研究认为,有利于产生大风或强风的天气形势,以及有利的沙、尘源分布和有利的空气不稳定条件是沙尘暴或强沙尘暴形成的主要原因。强风是沙尘暴产生的动力,沙、尘源是沙尘暴的物质基础,不稳定的热力条件有利于风力加大、强对流发展,从而夹带更多的沙尘,并卷扬得更高。

沙尘暴成因有以下 6 个方面:一是前期干旱少雨,天气变暖,气温回升,是沙尘暴形成的特殊天气气候背景。二是北方广袤的沙漠戈壁,加上春季植被荒芜,地表裸露,极为疏松的浮土等是沙尘暴形成的物质基础。三是高空强风速(急流)动量下传;乌拉尔山强暖高压脊发展,脊前强冷平流使冷槽加深南下;冷锋前近地面强烈增温;地面热低压发展等,是有利于沙尘暴形成的大尺度环流天气形势,其形成的强风是沙尘暴产生的动力条件。四是冷锋前对流单体发展成云团或飑线是有利于沙尘暴发展并加强的中小尺度系统。五是低层大气对流不稳定发展是沙尘暴发生发展的重要条件。六是有利于风速加大的地形条件即狭管作用,是沙尘暴形成的有利条件之一。

三、沙尘暴沙源分布和移动路径

通过对典型个例观测资料的分析,宁夏大风沙尘暴发生时,大风沙尘暴区一般首先出现在最西部的中卫站,大风沙尘暴区大约以 60～80 千米/时的速度自西(西北)向东至东南方向推进。同时,大风沙尘暴发生时,较高风速和沙尘暴区一般首先出现在贺兰山北端的石炭井、惠农和南端的中卫、兴仁,然后自西、自北向东或东南方向移动。

造成宁夏沙尘暴天气的冷空气路径有四条:第一条为西北偏北路径,冷空气偏北移到 29 区后,转向东南下,经蒙古西部,河西东部然后影响宁夏;第二条为西方路径,冷空气主力经巴尔喀什湖,新疆、甘肃,自西向东影响宁夏;第三条为西北路径,冷空气到西伯利亚后,经新疆、内蒙古西部,河西影响宁夏;第四条为北方路径,冷空气自贝湖向西南,然后经蒙古从河套一带南下侵入宁夏。其中,影响宁夏沙尘暴天气冷空气路径最多的是西北路径,占总个例的 63.6%;其次是西北偏北路径,占 22.7%;北方路径占9.1%;最少的是西方路径,仅占 4.6%。分析得出影响宁夏的特大强沙尘暴和强沙尘暴天气的强冷空气主要取道于乌鲁木齐—哈密—野马街—酒泉—贺兰山西侧这一沙漠通道上,而当强冷空气急行东南下时,地面冷高压不断发展、加强,锋区附近压、温梯度持续加大和整体东移是产生特大强沙尘暴和强沙尘暴天气的必要条件。

四、沙尘暴危害

出现沙尘暴天气时,常伴有大风携带沙石、浮尘等到处弥漫,经过的地区空气混浊,是一种强灾害性天气,对各行业所造成的损失不尽相同,可造成房屋倒塌、交通运输和电力输送受阻、人畜伤亡、环境污染、作物受灾或引起火灾等,使农业、畜牧业、工业、建筑、交通运输等行业遭受严重的损失和危害。

沙尘暴天气可导致人或牲畜死亡,毁坏房屋或温室大棚、刮走作物和农田地膜,覆盖在作物叶面上的沙尘影响作物光合作用造成减产等,常以风灾、沙灾和风蚀灾害对人、牲畜、作物造成危害。沙尘暴天气使飞机不能正常起飞或降落,使汽车和火车晚点或停运等。沙尘暴加快地表土壤风蚀、荒漠化进程,助长旱情发展。

第四节　暴　　雨

暴雨是指日降水量≥50 毫米的降水过程。

一、暴雨气候特征

(一)暴雨空间分布

从空间分布来看,除贺兰山和六盘山外,暴雨高发区主要集中在南部山区。泾源最多,累计达 46 次;兴仁最少,累计仅为 3 日,见图 3-13。

宁夏大暴雨很少发生,1961 年以来,各地累计仅出现过 9 次,其中大武口 2 次,贺兰、平罗、银川、盐池、麻黄山、隆德、泾源分别 1 次。除贺兰山外,宁夏未出现特大暴雨。随着极端天气的增加,观测站密度不断加密,近年来,贺兰山沿山观测到暴雨的频次明显增加,几乎每年至少出现 1 次。

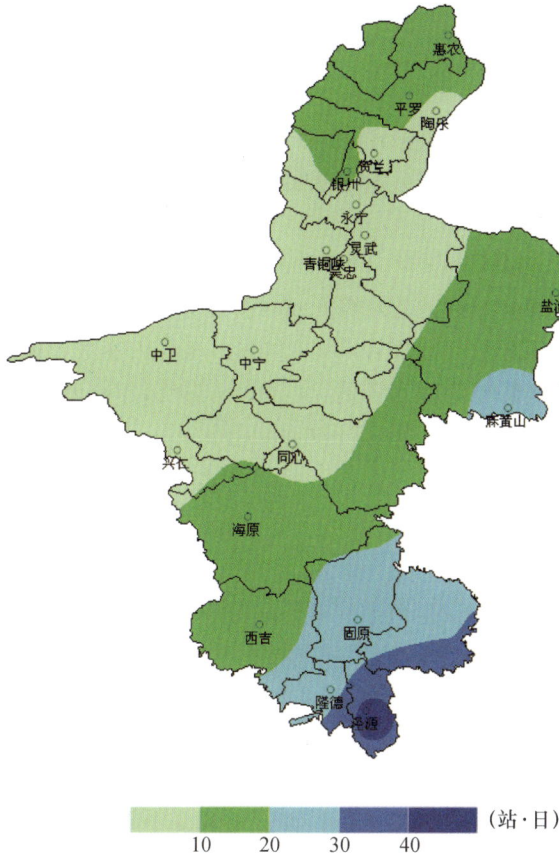

图 3-13　宁夏各地暴雨日数分布

（二）暴雨站·日的年变化

1961—2018 年,宁夏累计出现暴雨 271 站·日,均出现在 5—9 月,其中 5 月 3 站·日,6 月 21 站·日,7 月 120 站·日,8 月 114 站·日,9 月 13 站·日,其中 7、8 月占 86%。

（三）暴雨站·日的年际变化

宁夏暴雨日数（各地日降水量≥50 毫米的日数（天））全区变化趋势太小,均不足 0.1 天/10 年;暴雨日数无明显变化趋势,但呈现较为一致的年际变化特征,暴雨日数年际变率较为稳定,但平均不足 0.5 天,见图 3-14。

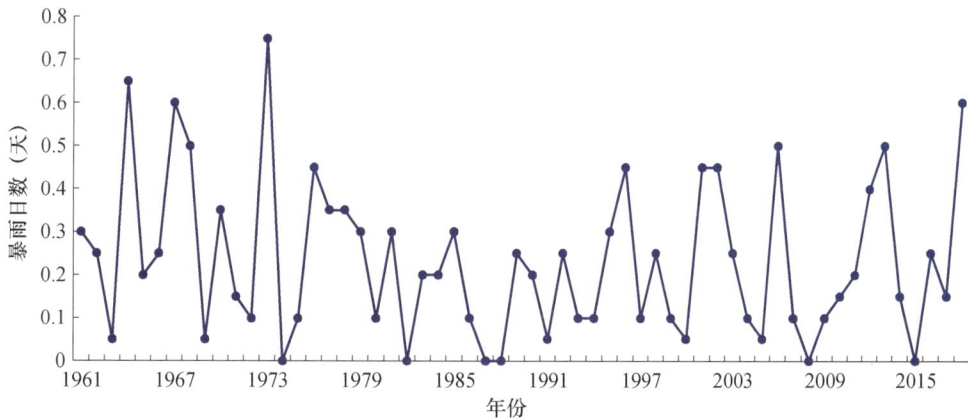

图 3-14　宁夏 1961—2018 年暴雨日数逐年变化

二、暴雨成因

(一)大气环流影响

夏季西太平洋副热带高压西部的偏南气流可以从海面上带来充沛的水汽,并输送到锋区的低层,在副高的西北部边缘地区形成暖湿气流输送带,向副高北侧的锋区源源不断地输送高温高湿的气流。当西风带有低槽或低涡移经锋区上空时,在系统性上升运动和不稳定能量释放所造成的上升运动的共同作用下,使充沛的水汽凝结而在西北地区东部产生大范围的强降水。

(二)地形影响

迎风坡地形对气流有抬升作用,有利于降水的形成。贺兰山、六盘山较四周地区的降水量大,降水日数多,大多数暴雨也在山坡地区发生。贺兰山年降水量 429.8 毫米,≥1.0 毫米年降水日数达 90 天,而沿山各地年降水在 200 毫米以下,年降水日数仅有 45 天左右。六盘山南坡是暖湿气流北上的通道,地形抬升使山地的降水多,六盘山、泾源、隆德年降水量达 600~700 毫米,年降水日数多达 110~130 天,而处在北坡山后的固原年降水量为 478.2 毫米,年降水日数为 95 天。

三、暴雨危害

(一)影响农业

农业是最易遭到暴雨洪涝灾害破坏的,而且其对暴雨洪涝灾害的后效性反应最为明显。暴雨使农田土壤过湿,低洼地块出现作物被淹现象,影响根系呼吸和正常生长,造成作物生长缓慢,发育延迟;农田雨水集聚过多,使得作物被淹绝收;暴雨影响作物的开花授粉,延缓生育期;田间湿度大,农作物也易发生病虫害。

(二)影响工业

暴雨对工业生产的影响主要包括暴雨冲毁厂房、冲走或毁坏原材料等所造成的停减产损失。暴雨对交通运输的影响,包括暴雨洪水冲毁路基及其他公路设施,淹没公路涵洞、护坡、驳岸及各种用房等。此外,暴雨洪水还诱发坍塌等地质灾害,进而破坏公路设施,致使交通中断。

(三)影响人民群众生活

暴雨会导致严重的城市内涝,造成房屋、公共设施损坏,甚至造成人员伤亡。此外,暴雨还可能造成江河泛滥,引发山洪、滑坡、泥石流等地质灾害,造成人畜伤亡和严重经济损失,而且灾害还有后效性。

第五节　冰　　雹

一、冰雹气候特征

(一)冰雹日数空间分布

宁夏年冰雹日数整体较少,且自南向北呈现递减特征,最大值出现在六盘山一带,达 3 天以上,同心及其以北地区冰雹日数较少,平均不足 1 天,见图 3-15。

(二)冰雹日数年变化

宁夏冰雹一般发生于 3 月中旬至 10 月下旬,主要集中在 6—9 月,高峰期在 6 月。

(三)冰雹日数年际变化

近 58 年宁夏平均冰雹日数呈减少趋势,每 10 年减少 0.3 天,但历年均不足 2.5 天,1984 年最多,达 2.4 天。冰雹日数的变化在 1988 年具有较明显的突变,突变前平均冰雹日数为 1.3 天,突变后为 0.5 天,且突变前冰雹日数年际变率大于突变后,2018 年,宁夏各地均无冰雹发生,见图 3-16。

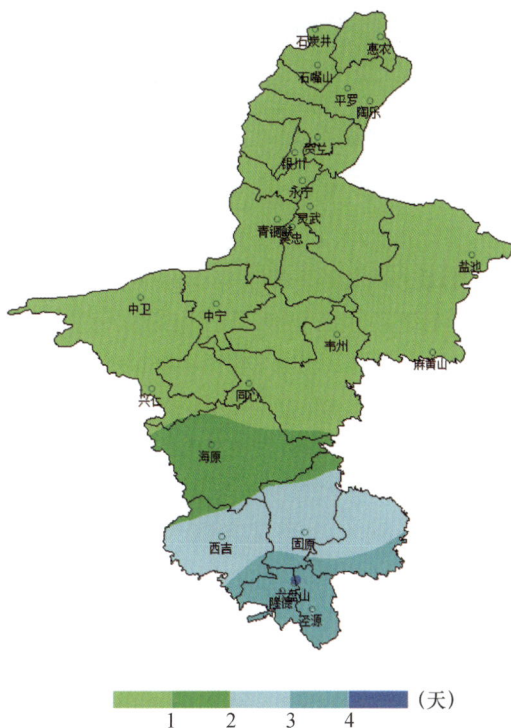

图 3-15 宁夏 1961—2018 年年平均冰雹日数空间分布

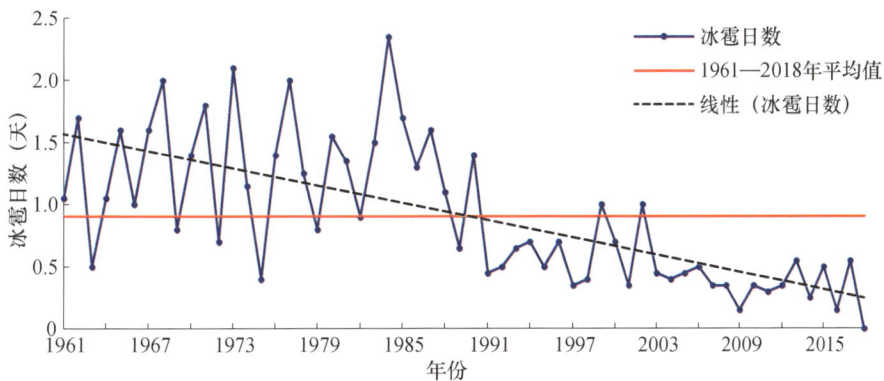

图 3-16 宁夏 1961—2018 年冰雹日数逐年变化

二、冰雹源地及移动路径

冰雹的移动路径与地形有密切关系。根据调查,宁夏雹云一般都发源在山地,移动方向主要是由西北向东南,与上空引导气流方向基本一致,少量由西向东或由北向南。雹云主要发源地有贺兰山、六盘山系的西峰岭、月亮山、南华山等地。由于地形的抬升作用,对流云在贺兰山西侧开始发展,过山时形成冰雹云,主要移动路径有四条:第一条雹云起源于贺兰山北段,南下经石嘴山、大武口,东移到平罗、陶乐出境;第二条雹云起源于苏峪口,东南移经贺兰、银川,东移出境;第三条雹云起源于小口子至三关口,东移经银川、永宁,向东南到灵武、盐池;第四条起源于贺兰山北部、中部,沿贺兰山东麓南下到青铜峡。固原市地势南高北低,对流云在海原西华山、南华山一带形成,向南或东南方向移动,在地形的抬升作用下发展成雹云,主要移动路径有四条:第一条雹云起源于南华山,沿西峰岭西侧南下到六盘山北端后分成两支,并沿六盘山主脉两侧经固原到隆德、泾源出境;第二条雹云起源于南华山,向东南越过西峰岭,进入固原北部,经云雾山分成两支,一支向东南到彭阳县,另一支向南经固原东部出境;第三条雹云起源于南华山,南下越过月亮山到西吉;第四条雹云由甘肃靖远进入西吉西部,经田坪、大坪、隆德、山河一带出境。此外,还有自同心县南部移入固原北部的雹云和自甘肃崆峒山一带发展的雹云,向北或向西北移入泾源县。

三、冰雹成因

冰雹形成在有强烈上升运动的积雨云中,常以白色不透明的霰为核心,受强烈的上升气流的抬升而上下升降多次,不断有雪花粒附和过冷却水滴冻结上去,形成透明与不透明的冰层相间组成的雹粒。形成冰雹云应具备 3 个条件,即热力对流作用强烈,或冷空气侵入,暖湿空气被冷空气强迫抬升而发生强烈的上升运动;云体内空气湿度大并有充足的水汽随上升气流向云体里不断地输送补充水汽;云体内负温区 0 ℃层至−20 ℃层高度之间的冰水混合区,是冰雹增长的主要区域,含有大量的过冷却水滴和冰晶。另外,宁夏特定的地形、地理环境对形成冰雹云也有一定作用。

四、冰雹危害

冰雹虽然持续时间不长,一般为数分钟,但来势猛,强度大,常常伴随着狂风暴雨,给局部地区农业造成严重损失。冰雹的危害决定于降雹范围、雹块大小、持续时间及堆积厚度。作物种子及其发育阶段,大的冰雹袭击猛或下雹时间较长,农作物受害就重。处在开花期或成熟期的作物较处在幼苗期受害重,甚至能造成毁灭性的伤害。果树林木遭到雹灾,当年和以后生长均受影响。冰雹对交通运输、房屋建筑、工业等方面也都有不同程度危害。

第六节 雷 电

一、雷电气候特征

雷电是发生于大气中的一种瞬时高电压、大电流、强电磁辐射,伴随暴雨、大风、冰雹等中小尺度强对流天气发生的一种灾害性天气现象。全球平均每秒发生雷电 100 次左右。

(一)雷暴日数空间分布

宁夏各地年雷暴日数为 13.3～28.1 天,呈自南向北逐渐减少的分布规律,全区平均为 19.1 天。雷暴多发生于南部山区,年雷暴日数在 22 天以上,泾源最多,达 28.1 天;引黄灌区大部的雷暴日数为 13.3～19.8 天,中部的青铜峡、吴忠一带雷暴日数不足 15 天,见图 3-17。

(二)雷暴初日和终日

1. 初雷日

宁夏平均初雷日在 5 月中旬,兴仁、麻黄山一带最早,平均出现在 5 月上旬(5 月 4 日),灵武最晚,出现在 6 月上旬(6 月 9 日)。除同心、固原、隆德的初雷日在 5 月上旬(5 月 6—8 日)外,其余各地的初雷日在 5 月中、下旬。

2. 终雷日

宁夏平均终雷日在 8 月中旬(8 月 16 日),中卫出现最早,在 7 月下旬(7 月 28 日),固原出现最晚,在 9 月上旬末(9 月 10 日)。青铜峡、中宁、兴仁在 8 月上旬(8 月 3—4 日),其余各地终雷日出现在 8 月中、下旬。

3. 初、终雷间隔日

宁夏全区初、终雷的间隔日数在 60 天以上,由南至北依次减少,其中南部山区在 96 天以上,固原最长,达 127 天;中部干旱带在 73～108 天,麻黄山最长;引黄灌区在 60～96 天,大武口最短,灵武最长,见图 3-18。

(三)雷暴日数年际变化

1961—2018 年,雷暴日数呈下降趋势,每 10 年减少 2.6 天。20 世纪 80 年代和 90 年代,雷暴日数变化较平稳且基本维持在平均值附近,其他时期变率较大;1995—2009 年,雷暴日数明显下降,基本维持在平均值以下,见图 3-19。

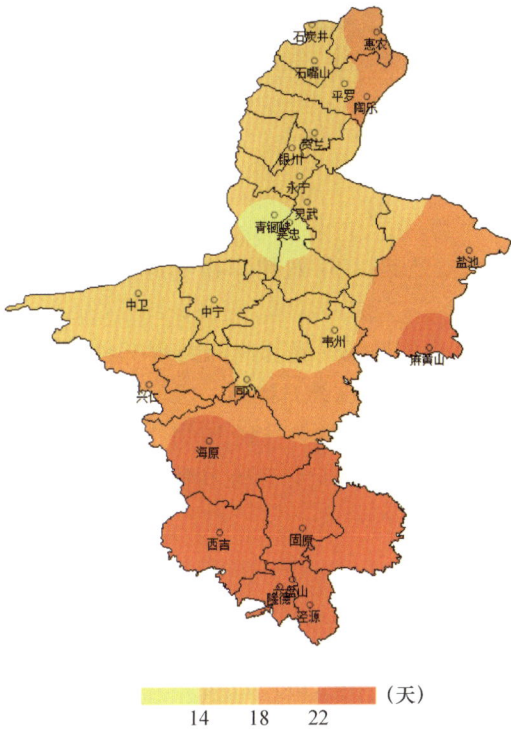

图 3-17 宁夏年雷暴日数空间分布

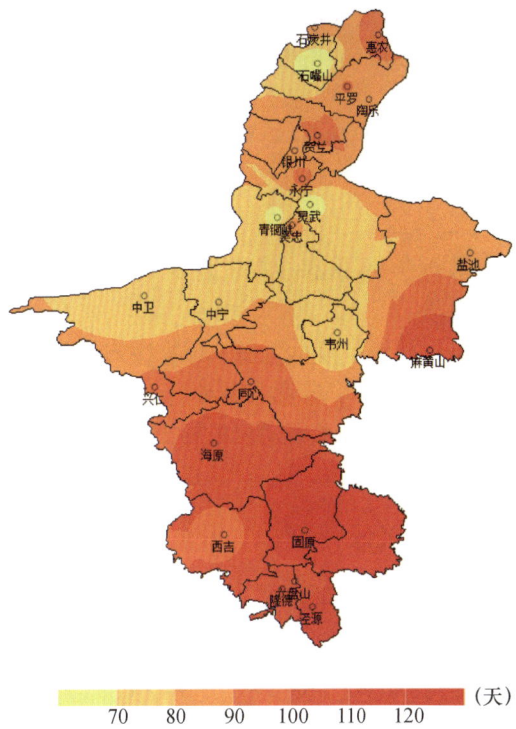

图 3-18 宁夏年雷暴间隔日数空间分布

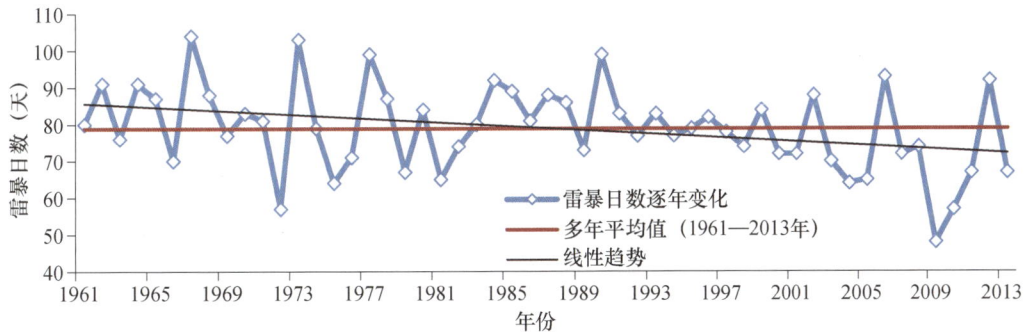

图 3-19 宁夏 1961—2018 年年雷暴日数逐年变化

二、雷电成因

(一)地形原因

宁夏属中雷区,雷暴的发生与地形、地势有密切关系,有"山地多、川区少、南北多、中部少"的地域分布特征。在山岭地区特别容易产生雷雨,当暖空气经过山坡被迫抬升时,在山地迎风的一面空气沿山坡上升,到一定高度变冷而形成雷云;到山的背风坡一面,空气沿山坡下沉,温度升高,雷雨消散或减弱。

(二)大气环流原因

宁夏雷暴多发年,极涡较常年略偏强,北太平洋副热带高压偏弱偏南,孟湾低压槽略偏强,欧洲脊偏弱,贝蒙一带低压槽区明显偏强,这种分布有利于北方冷空气东移南压,也使宁夏处于"西高东低"西北气流里,乌山东部西伯利亚大低槽底不断有冷空气沿西西北气流东移南压频繁进入宁夏上空,触发热力、动力不稳定条件,导致宁夏多雷暴天气。

三、雷电危害

雷电以其强大的电流、炙热的高温、猛烈的冲击波及强烈的电磁辐射等物理效应在瞬间产生巨大的破坏作用,常常造成人员伤亡,击毁建筑物、供配电系统、通信设备,引起森林火灾,造成计算机信息系统中断,仓库、炼油厂、油田等燃烧甚至爆炸,危害人民群众财产和人身安全,对航空等运载行业及军事等部门也威胁很大。

第七节 霜 冻

霜冻是指在春、秋农作物生长季节里,温度骤然下降至 0 ℃及其以下,致使作物受到危害甚至死亡的农业气象现象。

一般将百叶箱日最低气温≤0 ℃作为霜冻的气候指标;秋季日最低气温首次降到 0 ℃以下的日期为霜冻初日;春季或夏季最低气温最后一次≤0 ℃的日期为霜冻终日;霜冻终日的后一天至下一个霜冻初日的前一天的时期称为无霜期。根据宁夏天气预报业务规定:引黄灌区 4 月 5 日到 10 月 15 日期间,中部干旱带和南部山区 4 月 15 日到 10 月 15 日期间,将最低气温≤0 ℃的日数记作霜冻日数。

一、霜冻气候特征

(一)霜冻初日空间分布

宁夏霜冻初日一般出现在 9 月下旬至 10 月中旬。南部山区出现在 9 月下旬至 10 月上旬,其中六盘山海拔最高,霜冻初日出现最早(9 月 23 日),引黄灌区和中部干旱带霜冻初日出现在 10 月上旬至 10 月中旬,其中利通区和同心出现最晚(10 月 18 日),见图 3-20。

(二)霜冻终日空间分布

宁夏霜冻终日一般出现在 4 月中旬至 5 月下旬。从空间分布来看,霜冻终日自北向南逐渐推迟。南部山区是全区霜冻终日出现最晚的地区,一般出现在 4 月下旬至 5 月下旬,其中六盘山出现最晚(5 月23 日)。引黄灌区和中部干旱带霜冻终日一般出现在 4 月中旬至 5 月上旬,其中吴忠和永宁出现最早(4 月 14 日),见图 3-21。

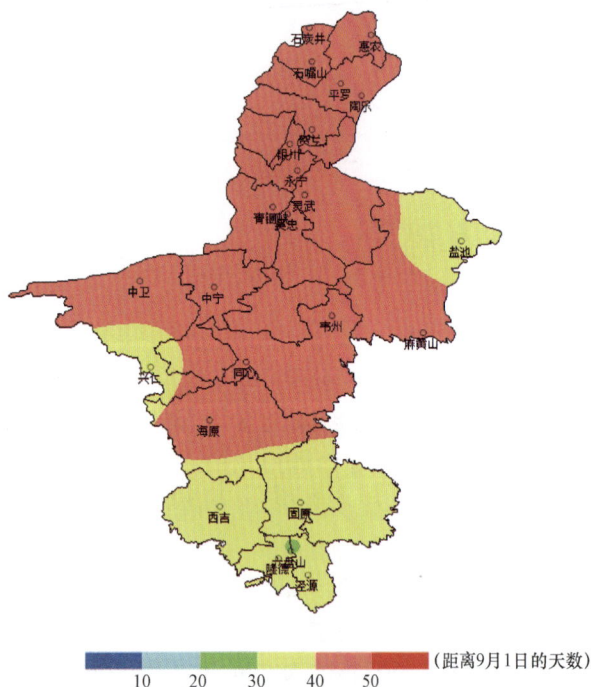

图 3-20 宁夏霜冻初日空间分布

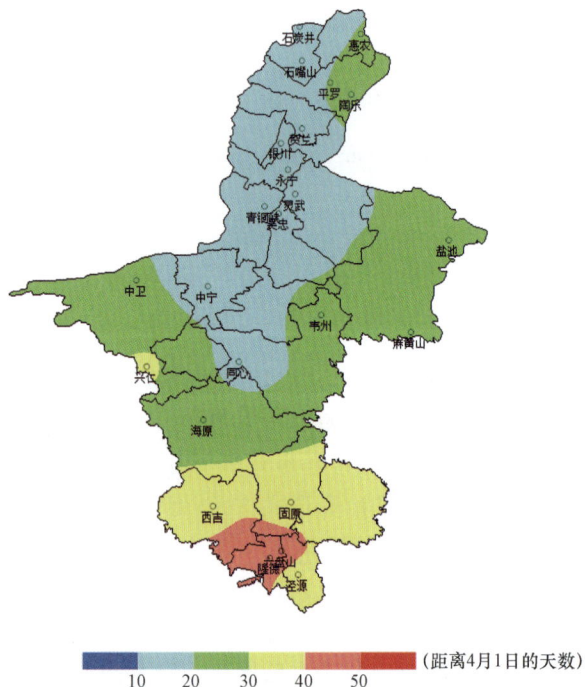

图 3-21 宁夏霜冻终日空间分布

(三)无霜期空间分布

无霜期指春季终霜日次日至秋季初霜日前一日间的日数。无霜期长短对农业生产有重要意义,无霜期越长对农业生产越有利。无霜期的分布与霜冻初日、霜冻终日的分布有关,无霜期也呈现出自北向南、自低海拔向高海拔缩短的特点,见图 3-22。宁夏无霜期为 122~186 天,全区平均 169 天,其中南部山区仅有 122~163 天,而引黄灌区和中部干旱带无霜期可以达到 155~186 天。

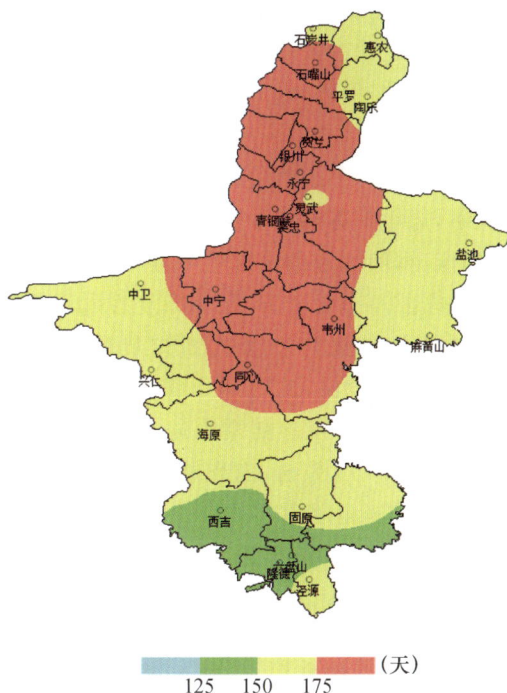

图 3-22 宁夏无霜期空间分布

二、霜冻种类

根据霜冻发生的天气条件,可分为平流霜冻、辐射霜冻、平流辐射混合霜冻 3 类。

(一)平流霜冻

春、秋季节北半球极地大陆暴发的冷空气常伴随冷锋南下,途经宁夏时使日地面最低温度下降到≤0 ℃时出现的霜冻称为平流霜冻。这种霜冻的强度和范围大小与冷空气侵袭的强度和范围大小有关,受地形条件影响比较小。由于受伴随冷锋南下的强冷空气侵袭的范围一般都比较广,因而平流霜冻对农作物造成危害的范围比较大,危害的程度也比较重。

(二)辐射霜冻

在气温较低、晴朗、无风的夜晚,由于地表面及植物层表面大量辐射出热量,致使日地面最低温度下降到≤0 ℃时出现的霜冻称为辐射霜冻。辐射霜冻多发生在早春或晚秋的夜晚,由于受小气候影响较大,一般强度较弱,影响范围较小,对农作物造成的危害也不大。

(三)平流辐射混合霜冻

这种霜冻是受平流与辐射两种作用产生的。发生这种霜冻时,首先是冷空气从北方移来,受冷空气侵袭使温度大幅度下降,但尚不足以引起霜冻;而冷锋过后,在晴朗微风或无风、湿度较小的冷高压控制下,夜间由于强烈辐射冷却作用,使温度继续下降到 0 ℃以下,形成平流辐射霜冻。这类霜冻范围广泛,强度大,持续时间长,常出现于早秋或晚春,对农业危害很大。

三、霜冻成因

宁夏的早霜冻出现在 9—10 月,晚霜冻发生在 4—5 月。这两个时段正是大气环流转换季节,500 百帕环流形势最不稳定,寒潮或强降温频繁,容易形成霜冻。秋季西风急流逐渐增强南压,500 百帕中高纬度的环流形势由夏季盛行的四波向冬季盛行三波过渡,环流变化较大。春季西风急流逐渐减弱北撤,由冬季盛行的三波向夏季盛行的四波过渡,西风带移动性槽脊明显增多。在这两个季节由于亚洲大陆东海岸有一个准常定的东亚大槽,宁夏常处于东亚大槽后受西北气流控制,北部常有冷空气沿高空槽后西北气流向东南移动,导致寒潮或强降温频繁发生而形成霜冻。

另外,亚洲大陆冷高压与霜冻也有密切关系,在东亚大槽后西北气流引导下,常有冷空气东南下,在地面天气图上经常有冷高压自西伯利亚经蒙古入侵中国西北地区,这种冷高压带来较强的冷空气。但冷锋过境后到夜晚风停云散后,地面辐射降温加剧,形成平流辐射霜冻。

四、霜冻危害

霜冻是宁夏常见的一种气象灾害,每年都有不同程度的发生。霜冻对农作物及经济林果造成的危害,其实质是由于气温下降至 0 ℃ 以下的低温,所引起的植株茎叶器官组织中的细胞内结冰时使细胞致死。

宁夏全区均存在着初、终霜冻的危害。一般来讲,终霜冻危害大于初霜冻。初霜冻出现得愈早,终霜冻结束得愈迟,对农作物及经济林果的危害就愈大愈重,反之则轻。初霜冻出现在秋季,正值秋作物灌浆、乳熟和黄熟期,如果穗粒尚未进入蜡黄阶段,此时遇上霜冻,危害就严重,造成大幅度减产或颗粒无收。从时间上看,9 月出现的初霜冻比 10 月出现的初霜冻危害重。终霜冻结束于春季,是果树开花或幼果期,农作物和蔬菜的幼苗期,此时遇上霜冻,果树、农作物和蔬菜受到严重危害,造成大幅度减产或绝收。5 月结束的终霜冻比 4 月结束的终霜冻危害重。

第八节　干热风

小麦干热风指小麦在扬花灌浆期间出现的高温、低湿并伴有一定风力的灾害性天气,主要危害中国北方的冬、春小麦。小麦干热风危害轻的年份,减产在 10% 以下,危害重的年份减产在 10%～20% 或 20% 以上。根据 2019 年发布并实施的《小麦干热风灾害等级》(QX/T 82—2007)中规定的小麦干热风等级(表 3-1),确定宁夏区域各等级干热风日数。

表 3-1　高温低湿型干热风等级指标

区域	轻度			中度			重度		
	日最高气温(℃)	14 时空气相对湿度(%)	14 时风速(米/秒)	日最高气温(℃)	14 时空气相对湿度(%)	14 时风速(米/秒)	日最高气温(℃)	14 时空气相对湿度(%)	14 时风速(米/秒)
内蒙古河套、宁夏平原春麦区	≥30	≤30	≥2	≥32	≤30	≥2	≥35	≤25	≥3

干热风主要危害宁夏北部引黄灌区,且 6 月的干热风对小麦的影响最大,故根据表 3-1 的等级标准,计算各等级干热风日数。

一、干热风气候特征

(一)干热风空间分布特征

干热风主要出现在宁夏北部引黄灌区,轻度干热风相对较多,石嘴山、惠农、陶乐、中宁在 2.5 天以上,其他地区不足两天;中度干热风日数引黄灌区各地在 0.1～0.6 天,石嘴山最多;重度干热风日数各地在 0.1～0.9 天,石嘴山最多,见表 3-2。

表 3-2　宁夏引黄灌区 1961—2018 年 6 月平均干热风日数　　　　　　　　单位:天

站名	轻度	中度	重度
石炭井	1.2	0.3	0.2
石嘴山	3.3	0.6	0.9
惠农	2.5	0.5	0.6
贺兰	1.5	0.3	0.2

续表

站名	轻度	中度	重度
平罗	1.8	0.2	0.3
吴忠	1.8	0.1	0.2
银川	1.9	0.2	0.3
陶乐	2.8	0.5	0.4
青铜峡	1.2	0.3	0.1
永宁	1.4	0.2	0.1
灵武	1.7	0.3	0.2
中卫	0.9	0.1	0.1
中宁	2.5	0.3	0.4

(二)干热风日数年际变化

6月引黄灌区平均轻度干热风日数,在1995年之前为偏少期,大部分年份不足两天;在2000年以后,为偏多期,大部分年份超过3天,其中2005年为最多,达6.7天。2014年和2015年为低值年,分别为0.9和1.3天。中度和重度干热风,在大部分年份平均不足1天,见图3-23。

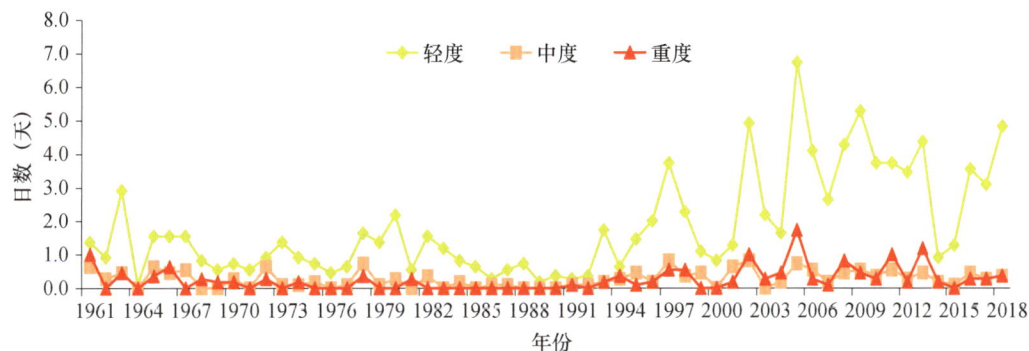

图 3-23　宁夏 1961—2018 年 6 月引黄灌区平均干热风日数

二、干热风成因

干热风天气过程是一种空间尺度很大的强暖气团的侵袭过程。在500百帕高空图上,新疆东部到河西走廊一带为一个强暖高压脊停留或有时加强的过程,此暖高压脊从中国西部和中亚地区移来;其次是从中国青藏高原高压原地发展北抬而来。在多数情况下,往往是上述两种过程叠加造成的。

有时西太平洋副高西伸,也可以造成河西中东部地区的干热风天气,但为数较少。在700百帕高空图上柴达木盆地有热低压强烈发展,蒙古南部和河套地区则有一高压,使河西走廊上空形成"北高南低"的吹偏东风的气压场形势。在地面图上,蒙古、河套一带受高压控制,南疆盆地有热低压形成和发展并逐渐东移控制河西走廊,形成"西低东高"的气压场。在这种天气形势下,河西走廊出现盛行偏东风的高温低湿天气。加上森林植被稀少的下垫面条件,晴朗天气太阳辐射强烈,地表面的增温显著,在干热气流的移动过程中形成干热风天气。

干热风天气系统在7千米以下盛行较强的下沉运动,空气下沉运动不仅使空气变暖,而且把上层的干空气带到低层,使下沉空气比湿减少1克/千克以上,因此,干热风期间强烈的下沉运动也是导致近地层空气增温变干的重要原因。

三、干热风危害

6月中旬至7月上中旬出现的干热风对小麦危害最重,此时正值春小麦开花至灌浆乳熟期,可使籽粒秕瘦,千粒重下降,造成减产。干热风即使在当时土壤水分充足,但在气温很高,空气湿度很小,温、湿、风

(有时是微风或无风)等气象要素发生剧烈变化时也会出现,使农作物的茎、叶蒸腾加剧,蒸腾量很大,植株水分失衡,正常的生理活动遭到破坏,致使植株的茎、叶青枯乃至植株干枯死亡,导致作物严重减产。干热风还常常和干旱一起危害作物,在干旱年份作物根部本来就吸收不到所需的水分,而干热风却又从茎、叶中把大量的水分攫取走,因而使作物更快地萎黄枯死。宁夏也是全国干热风危害比较严重的地区之一,尤其是中北部地区常有干热风危害发生,危害农作物正常发育和成熟。

第九节　1991—2020 年逐年主要气象灾害

1991 年

干旱　自 6 月以来,降水持续偏少,秋作物大量凋萎枯死,绝产 70%;南部山区 108 个乡(镇)农作物受灾面积为 32.0 万公顷,成灾面积达 9.2 万公顷,减产粮食 8280.0 万千克,直接经济损失约 9000.0 万元。另外,还有 31.0 万人,94.0 万头牲畜和 482.0 万只羊饮水困难。

暴雨洪涝　全年共发生暴雨洪涝 7 次,造成中宁县、固原、海原县、惠农县、贺兰县多处公路、桥梁被洪水冲毁,厂房被冲坏,农作物受灾超过 600 多公顷;造成 15 人死亡,牲畜死亡数千头,直接经济损失数万元。

大风　全年共发生大风灾害 4 次,其中较为严重的有:6 月 9 日,中宁县出现大风天气,造成全县 800.4 公顷小麦倒伏;7 月 20 日、23 日,灵武县局部出现大风天气,造成 373.5 公顷玉米倒伏。

冰雹　全年共发生冰雹灾害 10 次,其中最为严重的是 6 月 10 日下午银北地区出现强雷阵雨天气,持续时间约 2 个小时左右,并伴有冰雹袭击。这次雹灾为历史罕见,受冰雹影响,银北地区受灾面积在 6670.0 公顷以上,瓜、果类经济作物基本绝产,其他作物损失在 50% 以上。

霜冻　5 月 1 日,宁夏各地受严重霜冻影响,此次霜冻是宁夏有气象观测资料以来所罕见的,共造成农作物受冻面积达 29.6 万公顷,占农作物已播面积的 49.7%,其中灌区受冻面积 12.5 万公顷,占已播面积的 51.6%;山区受冻面积 17.1 万公顷,占已播面积的 48.4%。

雷电　6 月 10 日,平罗县头闸乡上空雷电交加,外红岗小学 9 名学生被雷电击倒,造成 2 名当场死亡,重伤 1 名,轻伤 6 名。

1992 年

暴雨洪涝　全年共发生暴雨洪涝灾害 8 次,其中较为严重的有:7 月 15 日下午 2 时左右,中卫县南部香山发生暴雨天气,碱沟发生洪水,致 2 人溺水,其他直接经济损失约 60.0 万元。

7 月 22 日,中宁县山洪造成瓜果、蔬菜、玉米受灾 53.3 公顷,冲走小麦 4355.0 千克,水利、建筑及电力等直接经济损失达 78.0 万元。

8 月 4 日、11—12 日,中卫县出现暴雨、大风天气,造成农作物受灾面积 2001.0 公顷,冲毁水利设施 2 处,渠岸 4 处,经济损失 50.0 万元左右。

8 月 8 日,中宁县重大洪涝灾害,造成部分农田、水利设施受灾严重,直接经济损失达 88.0 万元。

8 月 9 日,固原地区降大到暴雨,造成海原县 10724 人受灾,农业受灾 667.0 公顷,洪水冲走 2 人,倒塌房屋 262 间,直接损失约达 58.0 万元;固原县农业受灾 1.6 公顷,毁坏农田 1534.1 公顷,死亡 5 人;西吉县若干建筑、水利工程受损,损失约 200.0 万元;泾源县粮食减产 940.0 万斤,毁坏民房 2781 间。

8 月 8—9 日,同心县造成 667.0 公顷秋作物受灾,直接经济损失达十几万元。

大风　全年共发生大风灾害 2 次,其中:4 月 10 日,银北地区出现大风天气,石嘴山供电局、大武口区供电分局、大武口洗煤厂等受灾较重,损失 30.0 万元以上。12 月 20 日,大风造成大武口区惠农站沿山一带 977 座蔬菜温室大棚严重毁坏,直接经济损失约 17.7 万元;惠农县简泉安家庄大棚损失严重,黄瓜、西红柿等蔬菜全部冻死,损失约 15.0 万元。

1993 年

干旱　从 5 月下旬至 7 月上旬,大范围干旱持续 50 多天,盐池、同心、海原、西吉、固原、彭阳等地受旱灾影响较重。干旱使山区正值灌浆乳熟期的春小麦大面积青干,形成秕粒,降低千粒重。豌豆干枯、死亡现象较为严重;玉米叶片卷曲、生长停滞;造成河道断流,井窑干涸,盐池、同心 13 个乡镇、50 多个村近 4.0 万人、30.0 万牲畜出现饮水困难,少数群众要到数十千米外拉水饮用。草原受旱枯萎,牲畜缺草,出现体乏、死亡。共造成农作物受灾面积 18.9 万公顷,成灾面积 17.4 万公顷,受灾人口 115.0 万,成灾人口 107.0 万,直接经济损失 1.1 亿元。

暴雨洪涝　自 7 月初,宁夏部分地区遭受洪涝灾害,因洪涝使农作物受灾 4669.0 公顷,成灾 3335.0 公顷,受灾人口 2.0 万人,成灾 2.0 万;因灾死亡 8 人,受伤 2 人,倒塌民房 18 间,损坏民房 56 间,被洪水围困的村庄 12 个,人数 3516 人,紧急转移安置 752 人,无家可归 467 人;因洪水冲毁的水利设施 62 座,公路 70.0 千米,桥涵 59 座,农田 240.1 公顷,造成直接经济损失 286.0 万元。

大风、沙尘暴　全年共发生大风、沙尘暴灾害 2 次,均造成严重的损失,其中:4 月 20—23 日,全区出现持续性的大风天气及沙尘天气,银北地区受灾较为严重,多处农田、工厂设施及市区建筑被毁,造成工、农业经济损失约 70.0 万元。5 月 5 日,一场罕见的大风沙尘暴再次袭击宁夏大部分地区。中卫受灾最为严重,死亡 26 人,伤 3 人,12 人下落不明;4002.0 公顷农作物受灾;多处水利设施被毁坏,刮倒电杆 398 根,广播杆 380 根,丢失电线 3.9 万米,因风暴造成的直接经济损失达 1213.0 万元。

冰雹　全年共发生冰雹灾害 2 次,造成严重损失,其中:4 月 26 日,海原县 3 个乡遭受冰雹雷雨袭击,造成 1.5 万人受灾,农作物受灾面积 2001.0 公顷,直接经济损失达 26.0 万元。6 月 15 日,固原所属六县部分乡镇遭受严重冰雹灾害,倒塌民房 38 间,损坏民房 1425 间,直接经济损失 3285.0 万元。

低温冷害　全年因低温冷害使农作物受灾 6.3 万公顷,成灾 5.5 万公顷,受灾人口 56.0 万,成灾人口 56.0 万,直接经济损失 6804.0 万元。

雷电　1993 年 4 月 26 日下午 18 时,海原县西安、罗山、郑旗 3 个乡遭受冰雹雷雨袭击,有 3 人遭雷击受伤。

1994 年

干旱　严重干旱给宁南山区各县农业生产和群众生活造成的损失已超过大旱的 1973、1982、1987 年,尤其进入 5 月,干旱加重蔓延。宁南山区夏粮计划种植 26.8 万公顷,完成计划的 95%。在已播种的夏粮中,由于受旱严重,呈减产趋势。畜牧业生产由于草山干枯,牲畜羊只普遍乏瘦,截至 6 月中旬已死亡大家畜 1010 头,羊只 2.9 万只。干旱致使 60 个乡(镇)48.7 万人,56.2 万只羊和 12.1 万头大家畜严重缺水。

暴雨洪涝、冰雹　全年共发生暴雨洪涝、冰雹灾害 7 次,其中造成严重损失的有:6 月 10 日,石嘴山及惠农、同心、海原境内出现强雷阵雨天气,并伴有大风、冰雹,惠农因冰雹共造成 667.0 公顷农作物受灾,绝产 8.7 公顷,经济损失 101.0 万元;海原县高崖、兴隆两乡因冰雹、暴雨,共受灾 1.8 万人,粮食受灾 2201.1 公顷,直接经济损失 1000.0 万元。

7 月 19 日,西吉县境内出现暴雨天气,引发山洪,造成死亡 3 人,直接经济损失 15.0 万元。

8 月 5 日,盐池、中宁、中卫局地出现暴雨,各地不同程度出现洪涝灾害,盐池县 9.0 万人,8204.1 公顷农作物受灾,企业损失达 3800.0 万元以上;中卫县 5 个乡也遭到雷雨袭击,近 2.0 万人受灾,死亡 1 人,受伤 4 人,农作物受损 1467.4 公顷,绝产 106.3 公顷,多处设施被损毁,造成直接经济损失 667.0 万元;中宁县 1667.5 公顷农作物受灾,多处设施被冲毁,直接经济损失 518.0 万元。

8 月 7 日,海原县境内发生暴雨、洪水、冰雹灾害性天气,造成 11 个乡镇 32 个村 1125 个村民小组受灾,6670.0 公顷农作物受灾,死亡 2 人,鱼塘养殖损失约 10.0 万元,养蜂专业户的 80 箱蜂被水冲走。

大风　4 月 20—23 日,出现宁夏历史上最严重的一次大风、沙尘暴天气,平均风速 20 米/秒。农业方面,石嘴山市、银川市、银南地区多地受风沙埋压的农作物损失惨重,大棚损坏,棚膜被毁;由于大风引起的火灾,造成多头牲畜被烧死,多地围墙被刮倒,农业设施遭到严重损坏。工业方面,多个工厂的工业设施被摧毁,损失严重。城市设施方面,多条输电高低压线、广播线被毁,长话线路短路受阻,造成停水停电,通信中断;多地建筑物和危旧房屋倒塌,树木被折断或连根拔起。人员方面,青铜峡死亡 4 人,均是被风卷入水渠溺水而亡,失踪 4 人,受伤 15 人。5 月 1—2 日,部分地区出现大风天气,青铜峡部分开花迟的国光苹果因大风使沙子灌入花心,有 20％损失,盐池县因风灾经济林和小麦受灾面积达 5135.9 公顷。

霜冻 5 月 2 日,出现全区性寒潮天气过程,同时伴有大风天气,造成银南地区盛花期果花被冻坏、吹落;小麦、玉米、豆类、蔬菜、甜菜幼苗、胡麻苗等受冻,部分地区小麦、葵花因风沙吹倒被压埋,共计受灾面积约 1.8 万公顷。

干热风 7 月 3—5 日,灌区大部分地区出现干热风天气,对春小麦灌浆成熟有影响,春小麦出现高温逼熟现象,千粒重下降,造成不同程度减产,灌区部分小麦田块,因干热风减产 10％。

雷电 7 月 11 日,彭阳县石岔乡遭受雷电和雷阵雨天气,两头牦牛遭雷击死亡。8 月 5 日,彭阳县王洼乡一位村民因雷击死亡。

暴雪 10 月 14—18 日,固原地区出现暴雪天气,造成 3 人死亡,3 人受伤,总计经济损失 1523.5万元。

1995 年

干旱 南部山区遇较严重的春夏连旱,特别是进入 3 月以来,各地降水量较历年同期大幅度减少,加之大风天气频繁,平均风速大,农田土壤急剧失墒,造成土壤干旱,严重影响夏粮播种出苗,并威胁着秋粮播种,导致南部山区粮食大幅度减产。全区因干旱导致夏粮受灾面积达 23.2 万公顷,成灾 21.5 万公顷,受灾人口 170.0 万。严重干旱对秋粮播种造成很大影响,干旱严重的西吉、海原、固原、盐池、同心等部分地区,秋粮难以下种,秋播计划完成不足 80％,已抢播的秋季作物,部分种子在土层粉化,出苗状况很差,造成秋粮严重减产。干旱使山区各类蓄水工程水量比去年同期减少 72％,50％的中小型水库和 80％的塘坝干涸,有 50.0 万人、20.0 万头大牲畜、近 100.0 万只羊出现饮水困难。缺草、缺水使大量牧草死亡,羊只脱膘乏瘦,死亡严重。

暴雨洪涝、冰雹 全年共发生暴雨洪涝、冰雹灾害 13 次,造成较为严重损失的有:7 月 13—14 日、16—17 日、19 日出现降雨过程,部分地区出现冰雹天气。石嘴山矿务局造纸包装工业公司损失约20.0 万元;同心县局地洪水,导致多处农田和人家被淹,一些水利设施冲坏,直接经济损失 260.0 万元;河西 3 个村受洪水灾害,农作物受灾面积 733.7 公顷;中卫香山山洪造成农作物受灾面积 133.4 公顷,绝产80.0 公顷,冲坏大型水利设施 7 座,直接经济损失 150.0 万元;灵武县水利设施及农田被毁,直接经济损失 84.0 万元。7 月 28 日,西吉城郊等地发生洪涝灾害,造成 1 人死亡。8 月 5 日,同心县清水河发生洪水,造成 3 人死亡。8 月 17 日,泾源县 3 个乡受到冰雹、暴雨、大风袭击,成灾面积 555.7 公顷,死亡 2 人。8 月 19 日,海原县境内发生冰雹、洪涝灾害,造成 325.8 公顷秋粮作物受灾,部分个体门市部、机关单位围墙、机砖厂受损,造成经济损失约 100.0 万元。8 月 21 日,盐池县 8 个乡遭受冰雹、暴雨、大风袭击,造成1.6 万人、3201.6 公顷农田受灾,21 人受伤,直接经济损失 1647.0 万元。8 月 28 日,西吉暴雨导致 3 人被淹死。

大风、沙尘暴 5 月 16 日,同心以北出现沙暴天气,银北地区受灾最重。据不完全统计,在工业、农业及其他生活设施方面,石嘴山市各地共造成经济损失约 270.0 万元,并造成 1 人受伤,2 人失踪。

霜冻 5 月 4 日,银南地区局部出现霜冻天气,灵武玉米受冻 140.10 公顷,果树受冻 200.1 公顷,其中红元帅受冻 30％,富士受冻 20％,国光受冻 10％。泾源县全县 40％的作物受灾严重。

低温冷害 灌区水稻继 1992、1993 年以后又遭遇低温冷害年,水稻生育中后期,气温偏低,致使生育期有所推迟,孕穗之后又遇低温阴雨天气,部分地区抽穗扬花期冷害与灌浆期冷害并发,造成不同程度的减产。全年对水稻影响较重的低温过程主要有 4 次:7 月中旬,两次降水过程直接影响水稻的正常发育,致使孕穗期较常年偏迟。7 月 31 日—8 月 2 日,中卫、中宁一带出现连续 3 天最低气温≤15 ℃,日平均气温不足 20 ℃的天气。8 月 17—19 日,降水过程使灌区大部分地区出现日平均气温低于 20 ℃的天气,对水稻扬花受粉有较大影响。8 月 30 日—9 月 7 日,连阴雨过程,在水稻灌浆期内出现罕见连续 9 天低温阴雨天气,水稻灌浆缓慢,影响千粒重。

1996 年

暴雨洪涝、冰雹 全年宁夏多次出现局地性的冰雹、暴雨天气过程,其频繁程度为多年罕见,暴雨引发山洪,造成人畜伤亡,给工农业生产造成很大经济损失,其中受灾严重的有以下几次过程。

6 月 25 日,海原、彭阳、固原县遭受暴雨、冰雹袭击,冰雹最大如核桃,积雹厚度约 10 厘米,仅海原县 2.2 万人受灾,农作物受灾 4202.1 公顷。郑旗遭受特大暴雨、冰雹灾害,电击死亡 1 人,砸死和冲走羊 50 只,破坏房屋 22 间,夏秋粮部分绝产。同时,彭阳、固原两县也遭雹灾,彭阳县小岔、石岔等四镇农作物受灾 87.8 公顷;固原县河川、官厅乡农作物受灾 520.3 公顷,重灾面积达 240.1 公顷。

7 月 9—17 日,受强对流天气影响,银南地区多次出现短时暴雨、冰雹天气过程,青铜峡、吴忠、中宁、中卫、盐池、同心不同程度的受灾。受灾群众上万人,其中 50 多人受伤,农作物受灾面积达 1.7 万公顷,多处房屋、公路和水利设施被损毁,仅中卫经济损失就达 2294.0 万元。

7 月 31 日,固原地区的隆德县、海原县出现暴雨天气,造成 2 人死亡,倒塌房屋 903 间,农作物被淹 2067.7 公顷,绝产 800.4 公顷,减产 1267.3 公顷;隆德县 3 所中学 2400.0 平方米房屋倒塌,1.5 万平方米教室和宿舍变成危房;两个县被冲毁公路 500.0 米,桥梁 4 座,高压电杆 6 根,水窖 27 眼。总计直接经济损失约 1773.4 万元。

8 月 6—10 日,灵武、盐池、中宁出现降雨天气,引发山洪,灵武县经济损失 50.0 万元。盐池县暴雨冲毁秋作物 260.1 公顷。中宁县暴雨冲毁农作物 178.6 公顷,冲毁水利设施 42 处,冲坏山洪沟护坡坝 1696.0 米,冲垮黄河码头一座,冲毁防洪坝 2.5 千米,冲坏高压线杆 4 根,民房 5 间,冲走煤 15 吨。

大风 3 月 15—16 日,全区大部分地区出现大风天气,银北地区农业生产受损严重。陶乐县农作物、大棚受损,直接经济损失达 13.0 万元;平罗县穴播小麦共 2001.0 公顷,其中近 200.1 公顷地膜全部被吹掉,部分破损近 600.3 公顷。

干热风 永宁等地在小麦灌浆后期出现两次干热风天气,分别出现在 6 月 29 日—7 月 2 日、7 月 4—6 日;永宁 6 月 29、30 日最高气温分别达 31.4 ℃、33.3 ℃,7 月 1 日,最高气温达 33.0 ℃,高温低湿强烈破坏小麦水分平衡和光合作用,植株枯黄死亡,灌浆过程停滞,7 月 2—12 日,平均灌浆速度 0.198 克/(千粒·日),比 1995 年同期低 1.24 克/(千粒·日),极大地影响小麦产量形成,造成小麦平均亩产比 1995 年减少 19.0 千克。

1997 年

干旱 宁南山区在遭受 1992 年以来的连续干旱后,当年又发生特大干旱,不仅严重影响夏粮的生长发育,而且对秋粮的生产也产生较为严重的影响;秋季干旱继续发展,直接影响到小麦的播种,对来年农业生产也产生一定影响。山区大部分地区从 4 月中旬开始降水锐减,4 月中旬至 6 月普遍较常年偏少 30%～80%。6 月下旬固原北部、西吉西北部、彭阳北部以及海原北部一带耕作层土壤含水率仅为 4.0% 左右,部分田块浅层土壤含水量降至凋萎湿度以下,作物生长发育停滞,甚至干枯死亡。进入 8 月中旬以后,各地持续出现异常的高温天气,使秋季干旱日趋严重,对秋粮后期生长十分不利,尤其是秋播生产陷入困境。8 月下旬到 9 月上旬,20 多天,除隆德、泾源两地有少量降水外,大部分地区滴雨未降,农田土壤失墒严重,土壤含水率急剧下降,底墒积蓄不足,表层墒情差,使秋作物受旱明显,生长发育受阻,给秋播及秋收带来困难。

暴雨洪涝、冰雹 全年共发生暴雨洪涝、冰雹灾害 4 次,造成的损失较重,其中 7 月 17 日,银南、固原地区遭暴雨、冰雹袭击;中卫县农作物受灾面积 1267.3 公顷,其中绝产 1067.2 公顷,冲毁水地、压沙地 233.9 公顷,羊只死亡 1482 只,山洪冲倒房屋 136 间,冲毁水利设施 411 处,冲毁高压线路 480.0 米,电杆 59 根,变压器 1 台,道路冲毁 144.0 米;固原地区受灾 3 个行政村 6 个自然村,夏粮受灾 60.0 公顷,人员受灾 200 人,羊死亡 34 只,倒塌房屋 37 间,冲毁农田 2.8 公顷,冲走存粮 550.0 千克,冲坏水窖 74 眼,冲毁西瓜地 80.0 公顷,共造成经济损失 1200.0 万元。

7月27—28日,银南、固原地区出现暴雨、冰雹天气过程,同心县农作物受灾面积达540.3公顷,常家洼村人畜饮水工程被洪水冲毁,价值约20.0万元;盐池县作物受灾面积1267.3公顷,成灾1200.6公顷,绝产350.2公顷,冲毁大坝5座,小坝26座,桥梁2座,涵洞4座,公路23.5千米,水井4眼,电机6套,县城民房70间进水,23间倒塌。造成204间危房,倒塌围墙16.0米,直接经济损失约300.0万元。

7月29—31日,银北地区出现一次强降水过程,平罗县崇岗乡发生山洪,持续时间约30分钟,一客货车被洪水冲翻,造成1人死亡。

8月13—14日,石嘴山市各地普降中到大雨,局地出现暴雨、大风。汝箕沟煤矿防洪设施全部冲毁,死亡10人,停产5天,造成直接和间接损失4219.0万元;大武口铁合金厂1人被洪水冲走,砖厂砖坯被雨淋,损失20.0万元;白芨沟煤矿停产2天,部分防洪设施和运输路面被冲坏,损失230.0万元;八号泉水泥厂冲毁成品、半成品及原料135.5万千克,损失13.0万元;部分房屋、道路被毁,损失17.0万元;平罗造纸厂、砖厂的纸张、砖坯部分淋坏,直接经济损失10.0万元。

霜冻 5月31日—6月1日,宁夏出现低温霜冻天气,灌区玉米因前期高温生长较快,霜冻发生时已长到7叶,耐冻力下降,单种玉米叶片受害较重,发育进程有所推迟。陶乐县单种玉米受灾197.4公顷、套种玉米受灾198.8公顷,估计造成减产20%~30%,隆德、固原因霜冻成灾面积在4002.0公顷以上。

1998 年

干旱 6月宁南山区降水较少,和常年相比偏少30%~70%,由于持续的降水不足,气温偏高,宁南山区的干旱开始发生蔓延,从土壤湿度看,不能满足小麦抽穗开花期的水分需求,作物轻度受害。入秋以来,降水不足,9月宁南山区降水偏少60%以上;进入11月,各测站几乎无降水,南部山区旱情日益加剧。同时,持续高温天气加剧土壤蒸发,农田失墒严重,冬小麦不同程度受害。

暴雨洪涝、冰雹 全年共发生暴雨洪涝、冰雹灾害10次,均造成严重的损失,其中严重的几次有:5月20日,宁夏大部分地区出现中到大雨,局地暴雨,贺兰山苏峪口6小时降雨量达167.8毫米。5月20日8时至21日8时,陶乐、同心、兴仁降雨量分别达80.4毫米、59.1毫米、42.3毫米,都出现历史同期日降雨量极值。这次过程致使贺兰山东麓沿线所有山洪沟及同心县下流水、中卫黄河南岸诸沟、陶乐红崖子等山洪沟均暴发山洪,苏峪口最大洪峰流量达440.0立方米/秒。特大山洪给宁夏工农业生产和群众生活带来严重损失,贺兰、青铜峡、中卫、同心、陶乐、平罗、盐池、彭阳、海原等12个乡镇、40多个行政村和农垦系统的8个国营农场、农科院的一个试验农场以及华西村遭受洪水袭击,受灾15.0万人,因灾死亡9人,被洪水围困6100人。据初步统计,受灾地区倒塌民房4500多间,危房1.2万间,有4000多人无家可归。死亡牲畜1.0万多头(只)。农作物受灾面积2.7万公顷,成灾2.2万公顷,其中绝产6670.0公顷。洪水造成部分水利、道路、电力和通信设施严重损坏。承担4.0万公顷灌溉任务的西干渠决口14处,长约1500.0多米;承担2.0万公顷灌溉任务的二农场渠决口44处、长达1633.0米、淤积15.0千米。金山滞洪区决口5处,镇朔湖滞洪区经全力抢险才免于决口。洪水冲毁渡槽、桥涵、码头等各类建筑物近1000座,3000眼水窖(井)报废,6座扬水站被毁。区级主干道沿山公路冲毁2处,县、乡、村道路多处被冲毁,部分地区交通一度中断。冲毁电力线路13.0千米,盐池县通信设施全部中断,部分地区停水、停电。据不完全统计,这次洪水造成经济损失3.2亿元以上。

6月15日,平罗、大武口、惠农、石炭井出现暴雨过程。平罗县受灾最重,六中乡受灾农田466.9公顷,200.1公顷绝收,直接经济损失263.5万元;冲走、死亡羊1648只,猪40头,损失26.0万元;冲毁鱼塘14.3公顷,损失43.0万元;冲毁房屋149间,造成危房352间,损失43.5万元;冲走煤炭4500.0万千克,损失约7000.0万元;冲毁砖坯几十万块,损失几十万元,29.0万千克水泥板结。

6月24日,麻黄山降雷阵雨,农作物受灾面积53.4公顷,绝产46.7公顷,大水冲毁窑洞6孔,死亡羊只120只,失踪1人。

6月26日,泾源出现雷阵雨伴有冰雹天气,冰雹直径5.0毫米,受灾4个乡14个村,受灾面积2067.7公顷,绝产466.5公顷,受伤3人。

7月4—5日，灵武、盐池、固原等地出现降水过程，部分地区出现山洪，其中灵武受灾最重，长流水下游冲坏砖坯10.0万块，涝池30余处；洪水冲毁农田23.6公顷，护岸码头40余处，11间民房塌入沟道；新华桥镇、郝侨乡、大泉乡等地农田多处冲毁，小麦变霉发芽，造成经济损失506.0万元。

7月12—15日，盐池县局部出现暴雨，造成农作物受灾1267.3公顷，绝产535.1公顷，洪水造成危房30户、193间，部分交通、水利设施受损，造成直接经济损失532.7万元。

7月18日，泾源县出现强对流天气，雷阵雨伴随冰雹。3个村、6个小组、214户、1070人受灾；农作物受灾面积240.3公顷，绝产29.6公顷，损坏房屋34间。总计减产25.0万千克。

7月30日，海原3个乡遭冰雹、暴雨袭击，造成农田受灾1934.3公顷，绝产1200.6公顷，受灾人口1.2万人，冲走牲畜19只，共计经济损失约240.0万元。

7月30日—8月3日，隆德连续出现雷阵雨天气，局地出现强雷雨、大风、冰雹天气。9个乡、1.4万人受灾，农田受灾面积为2067.7公顷，绝收42.0公顷，减产粮食131.9万千克，油料12.7万千克。

大风　3月17—21日，宁夏出现大风、降温天气过程，部分地区出现寒潮天气。平罗平均气温下降15.1 ℃，18日瞬间极大风速达21.3米/秒，造成部分塑料大棚损坏，经济损失约5.0万元，少量刚出土的覆膜穴播小麦幼苗受冻。3月18日，陶乐瞬间极大风速23.8米/秒，166.8公顷已播种的小麦受损，其中绝产100.1公顷，直接经济损失15.9万元。

沙尘暴　4月15日，盐池出现沙尘暴天气，造成多处农田受损，1人死亡。

干热风　6月下旬，宁夏大部分地区出现持续4～6天的高温天气，27—28日个别地区日最高气温大于36 ℃，吴忠、盐池等地达干热风标准，这种持续高温天气对处于灌浆后期的小麦生长发育不利，同时也给工农业及人民生活带来不便。

1999 年

干旱　干旱范围大且时间较长，旱情极为严重，主要集中在宁南山区。部分地区春夏季旱期较长、灾情较重。全区累计农田受旱面积约15.0万公顷，成灾8.8万公顷，绝收3.3万公顷，与常年相比属偏重年份。

暴雨洪涝、冰雹　全年共发生暴雨洪涝、冰雹灾害5次，造成较为严重的损失，其中5月6日，固原地区出现雷阵雨天气，部分地区降冰雹，最大冰雹直径4.0～15.0毫米，作物中度受害，西吉作物受灾面积667.0公顷，隆德作物受灾面积3268.3公顷。

5月24日，固原地区出现雷阵雨天气，固原县10个乡镇遭受严重冰雹袭击，造成5.5万人受灾，作物受灾面积9471.4公顷，成灾575.6公顷。彭阳县受灾5.0万人，作物受灾面积1.6万公顷，成灾1.3万公顷，绝产533.6公顷。

6月27日，全区部分地区出现强降水天气过程，并伴有冰雹、大风，局地出现洪涝。此次天气过程中宁、中卫、同心以及海原4个县12个乡受灾农作物面积达6203.1公顷，绝产2334.5公顷；倒塌房屋74间，造成危房38间，冲毁水地6.9公顷，山地527.3公顷，坝地333.5公顷；冲毁公路94.0千米，公路桥1座，土桥20座，压力管道28.0米，水利设施315处61.0千米，水窖143眼，土眼井36眼，槽400.0米，决口3处15.0米，电力设施7处；因大风吹倒电杆，触电造成1人死亡；以上共计损失5815.0万元。

7月12—13日，全区出现强雷雨天气，银南地区出现大到暴雨。13日8时至14时盐池出现大暴雨，6小时降水量达120毫米，出现建站以来最大日降水量，同时部分地区出现冰雹。据不完全统计，这次天气过程造成的损失：一是全区有7个县市(盐池、青铜峡、中卫、中宁、灵武、同心、海原)1.7万户、8.1万人受灾，死亡5人，失踪4人，无家可归者800多人。受灾房屋1.8万间，危房1525间，倒塌房屋640间。经济损失477.6万元；二是农作物受灾面积1.4万公顷，绝产7003.5公顷。油料受灾560.3公顷。烟草受灾8.7公顷，绝产8.7公顷，直接经济损失394.4万元；三是因灾死亡羊只3974只，猪483头，大家畜86头，鸡1.9万只。冲走粮食、食用油19.7万千克，奶粉5.8万千克，饲料7.1万千克。浸泡羊毛6.0万千克,电视机 6 台,冰箱 6 台,手扶拖拉机 1 辆,摩托车 2 辆,温棚 11 座。直接经济损失 2713.4 万元;四是冲毁桥梁 10 座,主要公路 17 处,乡村公路 53 处,小型水保工程 264 座,管道 43.0 千米。冲毁渠道、防洪堤 43.0 千米,渡槽 2.5 千米。洪水漫坝 1648 座,大坝 1 座,机井 274 眼,土眼井 282 眼。直接经济损失 1130.4 万元;五是冲毁砖坯 102 万块,水泥 4.4 万千克,水泵 45 台,变压器 11 台,输变电线路 12.8 千米。直接经济损失 995.9 万元。此次天气过程共造成直接经济损失 5711.7 万元。

8 月 22 日,固原地区隆德、固原两县 13 个乡先后出现雷雨、大风、冰雹天气,降雹 20 分钟左右,最大冰雹直径 3.0 厘米,最大风速 20.2 米/秒,积雹厚度约 3.0 厘米。此次降雹范围广、时间长、强度强、密度大,造成的损失极为严重。据统计,这次天气过程造成 5.7 万人受灾,农作物受灾面积 7737.2 公顷,成灾 5469.4 公顷,绝收 2467.9 公顷,减产粮食 617.1 万千克,减产油料 69.3 万千克,倒塌房屋 5 间,直接经济损失 1378.3 万元。

2000 年

暴雨洪涝、冰雹　全年共发生暴雨洪涝、冰雹灾害 2 次,造成较为严重的损失。6 月 15—21 日,大部地区多次出现持续的强雷雨天气过程,局部地区过程最大降水量累计达 22.0～87.0 毫米,并伴有冰雹、洪涝灾害出现。18 个乡 1.0 万人受灾;农作物受灾面积 5469.4 公顷,成灾 4802.4 公顷,绝产 3134.9 公顷;洪水冲毁民房 1 间,倒塌 29 间;冲毁塘坝 67 座,水井(窖)40 多口,水库决口 2 座;死亡 7 人,伤 1 人;死亡大家畜 2 头,死亡羊 618 只。

7 月 26—27 日,吴忠市中卫县、中宁县、利通区及银北地区陶乐县出现强雷阵雨天气,部分地区伴有大风,局地出现冰雹,由于降水量大,降水时间短,使 5 县(市)出现不同程度的洪涝灾害。农作物不同程度受灾,耕地、果园、塑料大棚、树木、水利设施、乡村道路、围墙部分被洪水冲毁;一些房屋因灾进水或倒塌;部分大牲畜、羊、鸡因灾死亡;部分工厂、车间、库房被淹。据统计,此次过程造成经济损失约 3900.5 万元。

大风、沙尘暴　全年共出现大风、沙尘暴天气 3 次,给交通运输、工农业生产及人民生命财产安全带来不利影响。4 月 12 日,中卫的大风、扬沙天气,造成长山头乡 66.7 公顷农作物、100 个移动式日光蔬菜温棚受到危害,据测算,直接经济损失约 20.0 万元。

4 月 18 日,青铜峡市出现大风、扬沙天气,部分乡镇、农场的部分温棚、早期开花果树、水稻小弓棚育秧不同程度受灾。据调查,全市因灾经济损失达 307.1 万元。

5 月 13 日,中卫境内出现大风、沙尘暴天气,瞬间最大风速为 23.3 米/秒,造成一围墙倒塌,2 人死亡,1 人受伤。

2001 年

干旱　中南部地区遭受春夏连旱,造成 95.5 万人受灾,受灾农作物面积 15.0 万公顷,直接经济损失 1.1 亿元。

暴雨洪涝　全区暴雨洪涝灾害共造成 5 人死亡,29.2 万人受灾,受灾农作物面积 3.0 万公顷,直接经济损失约 1.1 亿元。

局地强对流　全区因雷雨大风冰雹灾害造成 1 人死亡,12.1 万人受灾,受灾农作物面积 3.1 万公顷,直接经济损失 0.7 亿元。

雷电　全区因雷击致使 1 人死亡。

低温冻害　全区因低温冻害共造成 7.9 万人受灾,农作物受灾面积 2.1 万公顷,直接经济损失 1.6 亿元。

沙尘暴　全区因沙尘暴灾害造成农作物、经济林果、设施农业等遭受严重损失,农作物受灾面积 0.1 万公顷,直接经济损失 0.1 亿元。

2002 年

干旱　夏季海原县发生干旱,6 月下旬至 10 月中旬西吉县发生夏秋连旱,共造成 17.7 万人饮水困难,7.1万公顷农作物受灾,直接经济损失100.0万元。

暴雨洪涝　全区暴雨洪涝及连阴雨灾害共造成1人死亡、2人受伤,25.2万人受灾,受灾农作物面积2.6万公顷,直接经济损失约2.5亿元。

局地强对流　全区雷雨大风、冰雹天气共造成11.2万人受灾,受灾农作物面积1.8万公顷,直接经济损失6047.0万元。

雷电　全区共出现两次雷击事件,共造成2人死亡,4人受伤,雷击死亡羊只14只。

低温冻害　4月16—18日和4月24日,石嘴山市惠农区及银川市灵武市、永宁县分别出现霜冻天气。霜冻造成农作物及经济林果受灾1.3万公顷,造成直接经济损失1363.7万元。

大风、沙尘暴　石嘴山市惠农区和平罗县出现大风、沙尘暴天气,共造成农作物受灾1703.3公顷,直接经济损失达523.1万元。

黄河凌汛　1月30日,黄河结冰封冻,水位猛涨,淹没平罗县部分乡镇,受灾人口746人,淹没农田400.0公顷,冲毁斗渠16条,农路8条。

2003 年

干旱　全区干旱造成123.7万人受灾,受灾农作物面积28.3万公顷,直接经济损失2.3亿元。

暴雨洪涝　全区暴雨洪涝灾害共造成5人死亡,16.1万人受灾,受灾农作物面积2.2万公顷,直接经济损失约0.6亿元。

局地强对流　全区因雷雨大风冰雹灾害造成2人死亡,受灾农作物面积1.8万公顷,直接经济损失0.8亿元。

雷电　全区因雷电灾害造成2人死亡。

低温冻害　全区因低温冻害共造成16.6万人受灾,农作物受灾面积2.3万公顷,直接经济损失0.2亿元。

2004 年

暴雨洪涝　8月3日,中宁县出现强雷阵雨天气,过程雨量41.1毫米,降水时间短,强度大,致使中宁县8个乡镇,86个行政村出现严重洪水灾害,造成1人死亡、2人受伤,受灾人口达5.0万人以上,农作物受灾面积达2209.3公顷,造成直接经济损失总计约1.2亿元。

冰雹　全区共出现局地冰雹天气11次,主要集中在南部山区,持续时间一般几分钟到十几分钟。据统计,因冰雹灾害造成的受灾人口共计3.9万多人,冲毁道路420.0千米,农作物受灾面积5.3万公顷,造成直接经济损失总计约1.0亿元。

霜冻　全区共出现霜冻天气3次,主要集中在5月3—4日、5月16日和10月1—4日。其中5月3日、4日清晨,全区大部出现了霜冻或轻霜冻,造成直接经济损失约5.6亿元。10月1—2日清晨,全区大部出现了霜冻或轻霜冻,约有33.3公顷秋豆角全部冻死,部分小白菜、油菜、大白菜出现冻伤。直接经济损失4.5万元。

雷击　7月4日,固原市出现雷阵雨天气,造成1人死亡。8月9日,六盘山镇刘家沟村一组一农户家发生雷击事故,造成直接经济损失约3.0万元。

山体滑坡　因强降水造成的山体滑坡灾害共2次,造成1人死亡。其中8月13—15日全区出现了连续性降水,导致姚—汝公路汝箕沟发生山体滑坡,造成直接经济损失约4.0万元。

2005 年

干旱　2004年9月至2005年年末,引黄灌区出现有气象记录以来最为严重的气象干旱,原州区以北大部分地区及中部干旱带地区发生20世纪50年代以来最严重的特大持续性干旱。受灾人口39.5万人,农作物成灾面积28.1万公顷,累计受旱面积73.5万公顷,累计发生饮水困难人数39.5万人次,直接经济损失 12.7 亿元,其中,农业直接经济损失 8.9 亿元。

暴雨洪涝 全区局地暴雨洪涝致使 1.0 万多人受灾,农作物受灾面积 24.1 万公顷,直接经济损失 2273.0 万元。

龙卷风 5 月 30 日,全区出现较大范围的雷雨大风、冰雹天气,其中,固原市的原州区、彭阳等地出现自 1976 年以来罕见的龙卷风灾害。此次冰雹、龙卷风天气使 27.3 万人受灾,农作物受灾面积 5.1 万公顷,绝收面积 1.8 万公顷;2.1 万间房屋、175 栋温棚受损,55 根电杆倒断,36 人受伤,造成直接经济损失 2.1 亿元,其中农业直接经济损失 1.8 亿元。

冰雹 全区出现局地冰雹灾害 14 次,造成 4.1 万多人的受灾,直接经济损失 1950.3 万元(不含 2005 年 5 月 30 日的冰雹、龙卷风灾害损失)。

霜冻 全区出现霜冻灾害 5 次,造成农作物受灾面积 270.1 公顷,直接经济损失 100.0 万元。

雷击 全区共出现 1 次雷击灾害,造成 2 人受伤。

山体滑坡 全区因强降水造成山体滑坡灾害共 3 次,造成直接经济损失约 61.0 万元。

低温冻害 全区因低温冻害共造成 7.9 万人受灾,农作物受灾面积 2.1 万公顷,直接经济损失 1.6 亿元。

沙尘暴 4 月 8 日,出现较为明显的区域性沙尘暴过程 1 次。全区性扬沙、局地沙尘暴天气过程 2 次,共造成农业直接经济损失 44.2 万元。

2006 年

干旱 全区气温偏高,大部地区降水持续偏少,中部干旱带出现有气象记录以来少有的持续异常干旱。受灾人口 21.8 万人,农作物成灾面积 64.2 万公顷,发生饮水困难人数 55.9 万人次,旱灾造成直接经济损失 13.7 亿元,其中造成农业直接经济损失 8.6 亿元。

暴雨洪涝 全区共出现 14 次暴雨天气,造成 11 人死亡,11 人受伤,1 人失踪,直接经济损失 3.0 亿元。其中,7 月 14 日,宁夏北部出现历史罕见的区域性暴雨,20.0 万多人受灾,紧急转移 2289 人,死亡 3 人,死亡家畜 196 头(只),毁坏渠道 2.9 千米,损坏各类水利设施 159 处(座),冲坏乡村道路 34.0 千米,9 家企业受灾,7654 间房屋进水,其中 957 间倒塌;农作物受灾面积 1.7 万公顷,造成直接经济损失约 2.5 亿元。

冰雹 全区共出现局地冰雹天气 15 次,造成受灾人口 2.5 万多人,直接经济损失 1224.7 万元。

雷电 全区共出现雷电 4 次,造成 1 人死亡,1 人受伤,直接经济损失约 62.9 万元。

低温冻害 全区出现低温冻害天气 3 次,造成直接经济损失 4735.2 万元。

沙尘暴 全区共出现沙尘天气过程 11 次,春季共出现沙尘暴 30 站次,造成直接经济损失 333.0 万元。

2007 年

干旱 全区气温偏高,大部地区降水持续偏少,中部干旱带出现自有气象记录以来少有的持续异常干旱,造成春季作物受旱严重,部分夏粮绝收和粮食减产,群众生活困难,缺水缺粮情况突出,牧草返青不足,畜牧养殖业损失较大。全区受灾人口 142.0 万人,农作物受灾面积 38.7 万公顷,旱灾造成直接经济损失 12.4 亿元,其中,造成农业直接经济损失 9.2 亿元。

暴雨洪涝 全区共出现 15 次局地暴雨天气,造成 5 人死亡,2 人失踪,1 人受伤,直接经济损失约 1.6 亿元。其中,7 月 17 日 14 时至 20 时,宁夏彭阳县孟塬乡出现阵性降水天气,降水量为 26.5 毫米;18 时至 19 时孟塬乡虎山庄村与涝池村之间的四平沟,由于降水量大,引发山洪,冲走两人,造成 1 人死亡,1 人失踪。

冰雹 全区共出现冰雹天气 15 次,主要集中在宁夏中南部地区,发生在盐池、同心、海原、西吉、彭阳、隆德和泾源一带,部分地区连续两天或三天出现冰雹天气,持续时间一般几分钟到十几分钟。共造成受灾人口 11.9 万多人,直接经济损失 2.8 亿元。

雷电 全区共出现雷电天气8次,造成2人死亡,1人受伤,直接经济损失10.1万元。

低温阴雨 全区共出现连阴雨天气3次(6月15—22日、8月25—30日、9月25日—10月12日),直接经济损失2.9亿元。

沙尘暴 全区共出现沙尘天气过程8次,局地沙尘暴9站次,共造成1人死亡,1人受伤,直接经济损失96.9万多元。

山体滑坡 全区出现山体滑坡3次。其中6月15日14时,西吉县平峰镇出现强降水天气,降水过程持续一个小时,过程降水量达66.5毫米。平峰镇的金塘、张武、高赵、葛岔、平峰、权岔和焦湾村受灾严重。因暴雨造成山体多处不同程度的裂缝和滑坡,危及部分村庄安全。

2008 年

干旱 4月下旬至8月中旬,大部分地区降水偏少、气温偏高,中部干旱带和南部山区旱情迅速发展蔓延,造成中部干旱带和南部山区水利工程蓄水严重不足,比常年偏少40%,有85座小型水库和9.9万眼水窖干涸,其中海原、同心、盐池3县有20万人严重缺水。严重旱灾造成近70.0万人不同程度存在缺粮困难,56.5万公顷夏粮受灾,22.4万公顷旱地夏粮绝产,直接经济损失约9.8亿元,其中农业直接经济损失7.1亿元。

暴雨洪涝 全区出现7次局地暴雨洪涝天气,共造成3人死亡,1192人受灾,因灾倒塌房屋10间,农作物受灾面积1010.6公顷,直接经济损失79.6万元。其中7月19日16—17时,惠安堡镇萌城、麦草掌、杏树梁村降水强度大、来势猛,引发山洪,致使倒塌房屋1间(库房)、围墙6.0米,8户房屋不同程度进水,造成1人死亡;8月15日16—17时,盐池县大水坑镇李伏渠村出现短时强降水天气,引发山洪,造成1人死亡;8月28日20时至29日8时,大武口、下庙、崇岗和简泉农场出现暴雨天气,因洪水袭击造成1人死亡。

冰雹 全区共出现冰雹天气10次,主要在中南部地区,造成受灾人口14.2万人,农作物受灾面积4万公顷,2人失踪,直接经济损失2.3亿元。

雷电 全区共出现雷电灾害2次,造成1人死亡,直接经济损失0.55万元。

霜冻 全区出现霜冻天气3次,造成受灾人口32.2万人,农作物受灾面积6.5万公顷,直接经济损失7538.3万元。

低温冻害及雪灾 1月11—29日,宁夏出现持续降雪低温天气过程,造成全区22个县(区)遭受罕见雪灾和低温冷冻灾害袭击,受灾人口达126.0万人;因灾倒塌房屋0.3万间,损坏房屋0.9万间,损坏温棚3.2万座;设施经济作物受灾面积6533.3公顷,绝收4333.3公顷;死亡羊只0.1万多只,饲草短缺羊只23.0万;紧急转移倒塌房屋、危房群众和河堤附近农户0.7万多人;因灾造成直接经济损失5.7亿元。交通运输方面,因道路结冰而产生交通事故多发,造成3人死亡,4人受伤;银川民航机场3架航班延误飞行;全区各市发往各县班车及长途客运班车停运近2.1万个班次,公路客运受到严重影响。

沙尘暴 全区共出现沙尘天气7次,局地沙尘暴5站次,受灾面积1756.7公顷,直接经济损失1383.0多万元。

寒潮 全区12月出现2次寒潮天气,为1976年以来历史同期寒潮天气极值。其中,12月3—5日大风造成全县543.0公顷秋覆膜受损,637座127.0公顷日光温室棚膜破损,造成直接经济损失361.9万元。

气象地质灾害 全区出现气象地质灾害2次。6月9日下午3时30分至17时10分,隆德县张程乡突降暴雨并伴有冰雹,强降雨使崔家湾村二组惠家塌山山体出现长700.0米裂缝,最宽处裂缝达1米,有滑坡迹象;造成部分农田、道路受损,险区涉及17户76人,全部撤离安全地带。

8月8日14时35分,泾源县出现雷阵雨天气,17—18时泾河源镇泾光村出现短时强降水。暴雨造成泾光村发生洪水,出现两条山体裂缝,该村属地质灾害易发区,本次为新增裂缝,无人员伤亡和财产损失。

黄河凌汛 1月11—29日,受持续低温天气影响,黄河宁夏段封河速度加快。黄河宁夏段累计封河长度达260.0千米,创宁夏黄河封河长度40年之最。1月28日11时,中宁县石空镇新渠梢河段形成局部冰塞,100.0米防洪堤漫堤,133.0公顷农田受淹。

2009 年

干旱 自 2008 年 11 月至 2009 年 7 月上旬后期,全区降水量持续异常偏少,干旱造成受灾人口 188.0 万人,农作物受灾面积 30.8 万公顷,绝收面积 3.2 万公顷;饮水困难人口 30.0 万人、大家畜 105.9 万头。直接经济损失 15.1 亿元,其中农业经济损失约 14.0 亿元。

暴雨洪涝 全区出现 5 次局地暴雨洪涝,共造成 16 人死亡,受灾人口 29.4 万人,农作物受灾面积 3.0 万公顷,直接经济损失 1.0 亿元。

冰雹 全区共出现局地冰雹天气 3 次,主要集中在南部地区,发生在彭阳和泾源一带,造成受灾人口 7.4 万人,农作物受灾面积 0.4 万公顷,绝收面积 0.2 万公顷,直接经济损失 0.3 亿元。

霜冻 全区共出现霜冻灾害 2 次,农作物受灾面积 1.8 万公顷。受灾人口 0.5 万人,直接经济损失 0.2 亿元。

雪灾 11 月 9 日夜间至 11 日白天,银川市普降暴雪,石嘴山和吴忠两市大部地区和中卫市部分地区降大到暴雪,共造成 968 座温棚垮塌,受灾人口 4.2 万人,农作物受灾面积 0.6 万公顷,12.4 公顷智能温棚主体坍塌,39 架次航班取消,1200 多班次客运班车取消,直接经济损失约 1.0 亿元。

沙尘暴 全区共出现沙尘天气 7 次,局地沙尘暴 16 站次,均出现在春季,直接经济损失 0.1 亿元。

大雾 全区出现大雾天气 2 次,造成 2 人死亡,4 人受伤。

2010 年

干旱 1 月中旬,南部山区及中部干旱带部分地区出现轻度干旱,2 月上旬干旱强度有所发展,干旱造成中部干旱带及南部山区 59.3 万多人饮水困难,42.7 万人需政府救济饮水,22.7 万只(头)大家畜缺水,112.5 万只羊缺水,直接经济损失 6.0 亿元。

暴雨洪涝 全区出现 11 次局地暴雨洪涝天气,共造成 11.9 万人受灾,5 人死亡,2 人受伤,农作物受灾面积 2.1 万多公顷,直接经济损失 3.3 亿元。

局地强对流 全区出现局地冰雹天气 9 次,主要在南部地区;雷电灾害 3 次,均出现在 8 月。冰雹及雷电灾害共造成 27.3 万人受灾,农作物受灾面积 1.8 公顷,直接经济损失 1.7 亿元。

霜冻 全区出现霜冻灾害 6 次,造成农作物受灾面积 4.8 万公顷,直接经济损失 1.0 亿元。

雪灾 全区出现局地暴雪 3 次,造成 10 人受伤,直接经济损失 284.0 万元。

大风、沙尘暴 全区共出现大风沙尘天气过程 20 次,局地沙尘暴 15 站次,均出现在春季 3 月,造成 7.5 万人受灾,农作物受灾面积 6300 公顷,6235 座温棚不同程度受损,直接经济损失 1.3 亿元。

寒潮 全区出现寒潮天气 1 次。

2011 年

干旱 全区严重的春夏连旱造成农作物大面积减产或绝收,共造成地处中南部地区的 160.0 万人口受灾,农作物受灾面积 43.3 万公顷,其中绝收面积 16.6 万公顷。长时间大面积干旱,导致 63.1 万人、55.3 万头大家畜不同程度存在饮水困难,47.5 万人存在口粮困难,直接经济损失 13.9 亿元。

暴雨洪涝 全区遭受暴雨洪涝灾害 6 次,主要集中在 8 月。共造成直接经济损失约 1065.6 万元。

冰雹 全区共遭受冰雹灾害 25 次,主要出现在 7—8 月,共造成直接经济损失约 1.7 亿元。

雷电 全区共出现雷电灾害 3 次,造成 1 人死亡、11 人受伤。

霜冻 全区霜冻造成 7886.7 公顷农作物不同程度受灾,成灾面积 4273.3 公顷,直接经济损失 1282.0 万元。

低温冻害 中卫市出现降雪降温天气,造成 1217 座日光温室内蔬菜不同程度受冻,直接经济损失约 690.0 万元。

大风、沙尘 全区遭受大风及沙尘灾害 5 次,共造成直接经济损失 482.3 万元。

2012 年

干旱 3—5月,中部干旱带和南部山区部分县(区)不同程度地遭受阶段性干旱,造成85.8万人受灾,农作物受灾面积10.4万公顷,48.7万人、25.4万头大家畜不同程度出现饮水困难,31.5万人存在口粮困难,直接经济损失1.7亿元。

暴雨洪涝 全区遭受暴雨洪涝灾害23次,共造成11人死亡、5人受伤,32.5万人受灾,受灾农作物面积6.1万公顷,直接经济损失约4.0亿元。

冰雹 全区共遭受冰雹灾害25次,主要出现在7—8月,共造成直接经济损失约1.7亿元。

局地强对流 全区因遭受雷雨大风冰雹灾害造成农作物受灾面积3.6万公顷,受灾人口14.0万人,死亡2人,直接经济损失2.0亿元。其中,冰雹灾害13次,大风灾害9次;雷电灾害2次,造成2人死亡。

低温冻害、霜冻 全区因低温冻害、霜冻共造成5.7万人受灾,农作物受灾面积6.0万公顷,直接经济损失0.2亿元。其中霜冻灾害3次;低温冻害1次。

2013 年

干旱 2012年9月26日至2013年5月7日,中北部地区200多天没有出现有效降水,出现重度以上气象干旱,部分地区达特旱。干旱造成中部干旱带和南部山区112.4万人受灾,47.7万人不同程度出现饮水困难;农作物受灾面积19.4万公顷,绝收面积1.1万公顷;直接经济损失3.4亿元。

暴雨洪涝 全区遭受暴雨洪涝灾害9次,共造成45.8万人受灾,9人死亡、1人受伤;1.4万间房屋倒塌,4.5万间房屋不同程度受损;5.4万公顷农作物不同程度受灾,绝收面积0.6万公顷;直接经济损失约5.0亿元。

局地强对流 全区因遭受雷雨大风冰雹灾害造成农作物受灾面积5.7万公顷;受灾人口16.4万人,死亡2人,受伤1人;直接经济损失2.5亿元。其中,冰雹灾害15次,大风灾害5次,1次尘卷风造成2人死亡、1人受伤;雷电灾害1次。

低温冻害 4月6—10日和5月10日,全区遭受2次明显霜冻灾害,共造成14.1万人受灾,4.5万公顷经果林及农作物受灾,2.4万公顷绝产;直接经济损失4.5亿元。

雾、霾 10月1日,石嘴山、银川、吴忠等地出现浓雾,最小能见度不足50米,造成京藏高速吴忠市关马湖段中卫向银川方向发生34辆车连环相撞的严重交通事故。12月,银川市出现27天霾,其中有9天最低能见度不足3.0千米,12月10—15日连续6天出现霾,持续霾天气致使空气污染较重,给群众生活及身体健康造成不利影响。

2014 年

干旱 2013年10月至2014年1月,中北部地区普遍出现中度以上气象干旱,旱情重于2013年同期。5月上中旬,中部干旱带及南部山区大部地区土壤含水量下降,对作物生长造成较严重影响。全年干旱共造成宁夏中部干旱带和南部山区10个县(区)、112个乡镇、113.8万人受灾,农作物受灾面积22.8万公顷,绝收1.1万公顷,直接经济损失5.8亿元。

暴雨洪涝 全区共遭受暴雨洪涝灾害9次,造成6人死亡,7.9万人受灾,536间房屋不同程度受损,1.9万公顷农作物不同程度受灾,直接经济损失约1.4亿元。

局地强对流 全区因遭受雷雨大风冰雹灾害造成农作物受灾面积8.2万公顷;受灾人口29.5万人,死亡1人;直接经济损失5.9亿元。其中,冰雹灾害15次,大风灾害1次,雷电灾害1次。

霜冻 全区共遭受2次明显霜冻灾害,共造成7.7万人受灾,6.5万公顷农作物及6.3万公顷经果林受冻,直接经济损失3.5亿元。

2015 年

干旱 夏季(6—8月),降水持续偏少,气温偏高,全区出现干旱,其中大部地区达特旱,造成中部干旱带和南部山区 99.0 万人受灾,农作物受灾面积 17.2 万公顷,直接经济损失 4.7 亿元。

暴雨洪涝 全区共遭受暴雨洪涝灾害 11 次,造成 1 人死亡,3.2 万人受灾,农作物受灾面积 3796.8 公顷,直接经济损失约 3600.0 万元。

局地强对流 全区因雷雨大风冰雹灾害造成 1 人死亡、1 人受伤;农作物受灾面积 1.9 万公顷;受灾人口 9.4 万人;直接经济损失约 8200.0 万元。其中,冰雹灾害 20 次,大风灾害 8 次。

大雾 11 月 9—12 日,石嘴山、银川、吴忠市利通区、同心县等地出现持续大雾天气,部分地区最低能见度不足 20 米。11 月 13—15 日、18 日,银川市出现能见度小于 1000 米的雾,最低能见度不足 20 米。因大雾影响,石嘴山市、银川市和吴忠市等境内高速采取临时交通管制、长途客运站班次停运、铁路列车晚点、银川河东机场航班延误等。

道路结冰 11 月 23—25 日、12 月 13—15 日,银川市、吴忠市利通区、盐池县、同心县等地受降雪影响产生道路结冰,造成多条高速公路实行交通管制,长途客运站班次停运等。

2016 年

干旱 中南部部分地区遭受夏季阶段性干旱,造成吴忠市同心县、国家农业科技园区、中卫市海原县、固原市原州区、西吉县和隆德县等部分地区不同程度受灾,受灾人口 65.4 万人,作物受灾面积约 22.7 万公顷,直接经济损失约 4.3 亿元。

暴雨洪涝 全区夏季共出现 7 次暴雨洪涝灾害天气过程,其中 8 月 21 日夜间,贺兰山沿山银川、石嘴山段出现五十年一遇特大暴雨。年内暴雨共造成 3 人死亡,2.8 万多人受灾,农作物受灾面积 0.9 万多公顷,直接经济损失 2.9 亿元。

局地强对流 全区共出现局地强对流天气 8 次,其中 6 月 9 日、11 日固原市彭阳县出现两次强对流天气过程,4 个乡镇 24 个行政村遭遇强降水、冰雹等袭击,冰雹持续时间最长达 30 分钟,最大冰雹直径 20.0 毫米,积雹厚度为 3.0 厘米,影响严重。冰雹共造成 11.5 万人受灾,农作物受灾面积 2.5 万多公顷,直接经济损失 4.6 亿多元。

低温冻害 5 月中卫市沙坡头区和固原市隆德、西吉县遭受霜冻灾害,造成农作物及经济林果受灾面积 4.4 万公顷,直接经济损失约 0.7 亿元。

2017 年

干旱 共造成中部干旱带和南部山区 13 个县(区)188 万人受灾,农作物受灾面积 33.1 万公顷,绝收 2.3 万公顷,饮水困难大牲畜 46 万头,直接经济损失 7.9 亿元。

暴雨洪涝 共造成 23.6 万人受灾,紧急转移安置 73 人,倒损房屋 3704 间,农作物受灾面积 4.6 万公顷,绝收 6987.0 公顷,直接经济损失 1.8 亿元。

局地强对流 风雹灾造成 12.8 万人受灾,农作物受灾面积 3.2 万公顷,绝收 3243.0 公顷,直接经济损失 1.4 亿元。

低温冻害 共造成 4870 人受灾,农作物受灾面积 2654.0 公顷,直接经济损失 565.0 万元。

2018 年

暴雨洪涝 汛期暴雨、洪涝灾害多且集中出现,共遭受洪涝灾害 45 次,其中 5 月 1 次,6 月 3 次,7 月 24 次,8 月 17 次,造成 1 人死亡,21.7 万受灾,紧急转移安置 2.0 万人次,倒损房屋 0.5 万间,农作物受灾面积近 7.0 万公顷,绝收 0.6 万多公顷,直接经济损失 4.2 亿元。

风雹灾害 全年风雹灾害频发,共发生 22 次,其中 3 月 2 次,4 月 2 次,5 月 7 次,6 月 9 次,9 月 2 次,主要出现在石嘴山市、吴忠市和固原市。风雹灾害造成 8.3 万人受灾,倒损房屋 0.5 万间,农作物受灾面积近 2.2 万公顷,绝收近 0.5 万公顷,直接经济损失 1.0 亿元。

低温冻害和雪灾 全年低温冻害和雪灾多发,共发生 15 次,其中 1 月 4 次,4 月 10 次,5 月 1 次,共造成 12.6 万人受灾,农作物受灾面积近 5.7 万公顷,绝产近 0.7 万公顷,直接经济损失 2.1 亿元。

2019 年

干旱 共造成 1 万人受灾,农作物受灾面积 6000.0 公顷,直接经济损失 0.1 亿元。

洪涝和地质灾害 年内共遭受洪涝灾害 18 次,其中 6 月 6 次,7 月 1 次,8 月 7 次,9 月 3 次,10 月 1 次,造成 3 人死亡,近 3.7 万人受灾,紧急转移安置 159 人次,倒塌及损坏房屋 133 间,农作物受灾面积近 0.4 万公顷,绝收近 0.1 万公顷,直接经济损失约 0.7 亿元。

风雹灾害 年内风雹灾害频发,共 21 次,其中 5 月 7 次,6 月 7 次,7 月 3 次,8 月 2 次,9 月 2 次,主要出现在吴忠市、中卫市和固原市,造成 7.8 万多人受灾,倒损房屋 772 间,农作物受灾面积 1.3 万多公顷,绝收近 0.2 万公顷,直接经济损失约 1.1 亿元。

低温冻害 年内共遭受低温冷冻 2 次,均发生在 5 月,主要出现在吴忠市,造成 2.1 万人、0.6 万公顷农作物受灾,直接经济损失约 1.1 亿元。

病虫害 6 月 26 日至 7 月 18 日,红寺堡区先后出现降水天气,造成部分地区枸杞出现黑果病灾情,共造成 3850 人受灾,324.2 公顷枸杞发生黑果病,直接经济损失约 958.0 万元。

2020 年

干旱 1 月 1 日至 7 月 9 日,红寺堡区仅出现有效降水 1 次,各地遭受不同程度旱灾。干旱造成 800.0 公顷苜蓿、1133.3 公顷冬小麦受灾,受灾人口 3135 人,经济损失约 2356.0 万元。

暴雨洪涝 年内多地出现暴雨洪涝,共 29 次,其中 5 月 2 次、6 月 3 次、7 月 3 次、8 月 19 次、9 月 2 次,全区 5 个地市都有出现,固原市最多。共造成全区 4.2 万多人受灾,倒塌及损坏房屋 238 间,农作物受灾面积 1.2 万多公顷,成灾面积 600.0 公顷,直接经济损失约 1.3 亿元。

风雹灾害 年内风雹灾害频发,共 24 次,其中 4 月 1 次、5 月 5 次、6 月 2 次、7 月 5 次、8 月 10 次、12 月 1 次,主要出现在吴忠市、中卫市和固原市,造成 10.4 万多人受灾,农作物受灾面积近 1.9 万公顷,成灾面积 0.3 万多公顷,倒塌及损坏房屋 63 间,直接经济损失约 1.3 亿元。

霜冻 年内共出现霜冻 15 日,其中 4 月 2—4 日、4 月 11—12 日、4 月 22—24 日、5 月 2 日、10 月 1 日出现了全区性的霜冻灾害,尤其 4 月 22—24 日出现的霜冻持续时间长、影响范围大、强度强,期间各地极端最低气温在 −6.1~0.5 ℃。全年霜冻灾害共造成 17.2 万人受灾,农作物受灾面积 1.1 万公顷,绝产 0.1 万公顷,直接经济损失约 9.4 亿元。

第四章　气候区划

第一节　综合气候区划

一、气候区划指标

采用干燥度指数作为划分气候区的指标。干燥度指数定义为 $AI = \dfrac{E_0}{P}$。

式中：AI 表示干燥度，E_0 为采用 FAO（联合国粮食及农业组织）PenmanMonteith 方法计算的年潜在蒸散量，P 为年降水量，依据 AI 干燥度指数确定的干湿等级划分标准见表 4-1。

表 4-1　干湿等级划分标准

等级	分区名称	AI 指数
1	极湿润	< 0.5
2	湿润	$0.5 \sim 1.0$
3	半湿润	$1.0 \sim 1.5$
4	半干旱	$1.5 \sim 3.5$
5	干旱	$3.5 \sim 20.0$
6	极干旱	$\geqslant 20.0$

二、气候区划评述

根据气候区划指标，将宁夏分为 3 个气候区：卫宁平原以北属于干旱区，中部属于半干旱区，最南端属于半湿润区，见图 4-1。

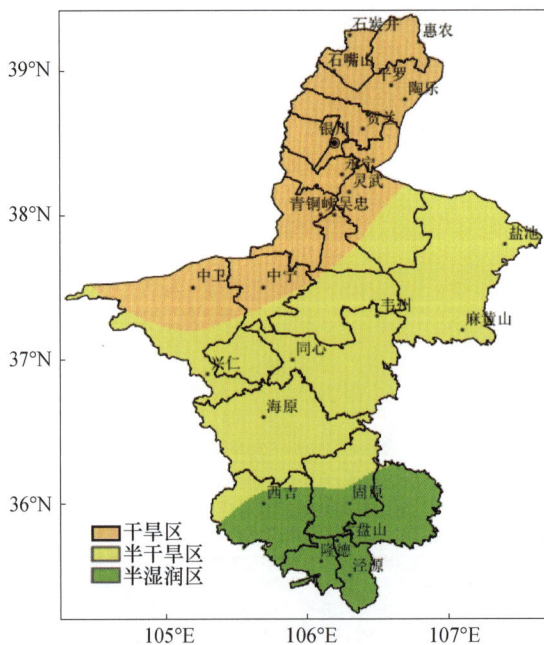

图 4-1　宁夏综合气候区划图

（一）北部干旱区

该区位于卫宁平原以北，受黄河灌溉，黄河自中卫入境，向东北斜贯于平原之上，河势顺地势经石嘴山出境；年平均气温 9.3 ℃，最热的 7 月平均气温为 23.7 ℃，最冷的 1 月平均气温—7.6 ℃；年平均降水量 188.5 毫米，其中夏季占 58%，秋季占 23%，春季占 17%，冬季占 2%；无霜期平均在 155 天以上，自然灾害主要有暴雨、山洪、大风、沙尘暴。

北部地貌呈明显的东西差异，黄河出青铜峡后，形成银川平原，地形开阔，最宽处达 40 千米以上；平原西侧为贺兰山，东侧为高出平原百余米的鄂尔多斯台地。地貌类型以干旱剥蚀、风蚀地貌为主，是内蒙古高原的一部分。贺兰山绵亘于宁夏西北部，南北长约 200 千米，东西宽 15～60 千米，山地海拔多在 1600～3000 米，主峰达 3556 米，既削弱西北寒风的侵袭，又阻挡腾格里沙漠流沙的东移，成为银川平原的天然屏障。年均降水量虽不足 200 毫米，因受贺兰山天然屏障的影响，植被以荒漠草原为基本类型，荒漠植被仅集中在受贺兰山影响以外的卫宁北山及陶乐一带，面积较小。

（二）中部半干旱区

该区位于宁夏中部黄河以南地区，年平均气温 7.9 ℃，最热的 7 月平均气温为 21.5 ℃，1 月平均气温—7.7 ℃。年平均降水量 310.0 毫米，其中夏季占 56%，秋季占 24%，春季占 18%，冬季占 2%。自然灾害主要有干旱、暴雨、山洪、冰雹等。区域内有风沙侵袭的灵盐台地，在黄土丘陵区以北、银川平原以东，即灵武市东部和盐池县北部的广大地区，为鄂尔多斯高原的一部分，是海拔 1200～1500 米的台地，台面上固定和半固定沙丘较多。西部低矮的平梁与宽阔谷地相交错，起伏微缓。植被类型仍以荒漠草原为主。

（三）南部半湿润区

该区位于宁夏最南端，降水稍多，热量不足，以旱作农业为主；年平均气温 6.1 ℃，最热的 7 月平均气温多在 18～20 ℃，常年无气象学意义的夏季；年平均降水量 509.2 毫米，其中夏季占 55%，秋季占 25%，春季占 17%，冬季占 3%；年日照时数在 2600 小时以下，是全区日照最少的地区。自然灾害主要有干旱、暴雨、山洪、冰雹等。该区域内最显著的地形要属六盘山区，六盘山耸立于黄土高原之上，是一条近似南北走向的狭长山脉，主峰海拔 2942 米；山腰地带降雨较多，气候湿润，宜于林木生长，天然次生阔叶林繁茂，使六盘山成为突起于黄土高原之上的"绿岛"，也是宁夏重要的林区之一。

第二节　农业气候区划

一、农业气候区划技术方法

在气候要素的精细化推算及重建基础上，以气候资源分析及农作物生长发育和产量形成与气候要素关系的研究结果为支撑，在 GIS 系统支持下，采用对宁夏主要农作物气候区划指标因子的再分类、图层空间叠加分析等方法，制作出农业气候区划专题图，并利用 GIS 系统的面积量算等功能，统计得出农作物不同等级分区的面积信息，完成农作物气候区划，见图 4-2。

二、农业气候区划指标

在深入进行农业气候资源分析和实地调查考察，明确农业气候的地域差异，并清楚掌握宁夏农业气候资源的优势和存在的农业气候问题基础上，结合宁夏各地的农业生产特点利用所选区划指标进行分区。采用主导因子原则，以一个因子为主，其他若干因子为辅，将宁夏农业气候区划分为二级，共计 2 个大区，5 个农业气候水分区，6 个农业气候热量区，见图 4-3。

（一）水分一级区划指标

宁夏是自然降水较少的内陆地区，除引黄灌区外，其他地区的农业几乎全靠为数不多的自然降水。在影响宁夏农业生产的诸多气候因子中，光、热相对比较稳定，从这种意义上讲，水的重要性远远超过光

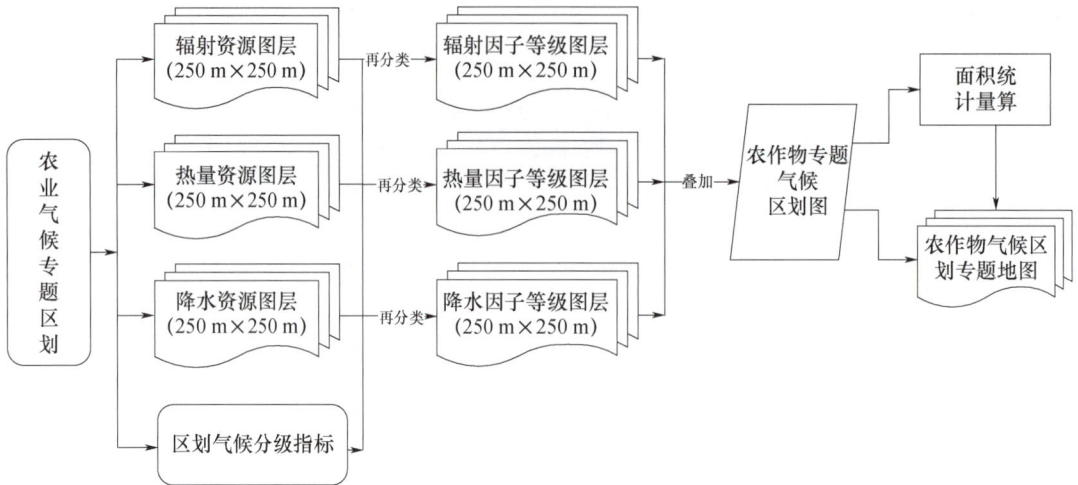

图 4-2 农业气候区划技术流程示意图

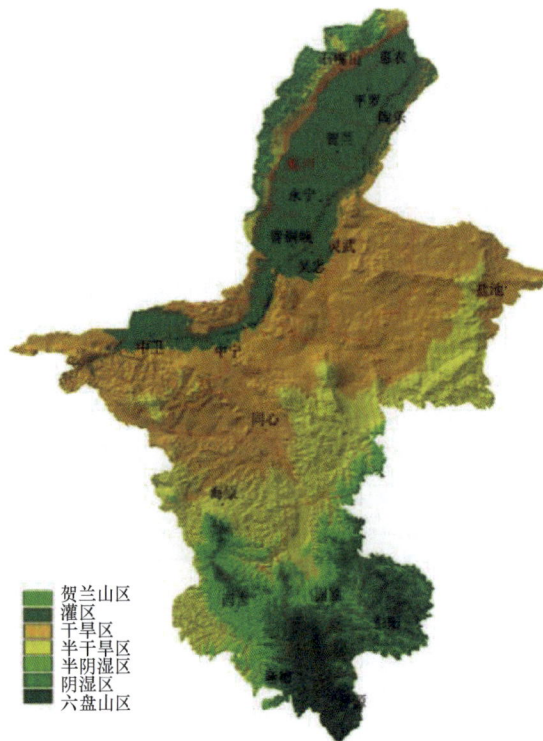

贺兰山区
灌区
干旱区
半干旱区
半阴湿区
阴湿区
六盘山区

图 4-3 宁夏农业气候综合分区

和热。只有在灌溉农业区,热量才有可能提到第一位。热量主要决定一个地区可以种什么以及它的熟制情况,而能否实现,还要看水分能否满足。比如宁南风沙干旱区,光照资源丰富,热量资源一般,但水分条件很差,生产水平很低,产量主要取决于水分供应状况。而引黄灌区降水虽然比宁南风沙干旱区少,但有黄河水可以灌溉,热量条件则上升为主要因子。降水量在一定程度上可表示一个地区的水分状况。但是只有当水分的收入(如降水等)和支出(如蒸散等)结合在一起分析时,才能比较确切地反映出水分资源的实际情况。一级区划的指标是年干燥度<1.00 为湿润气候,1.00~1.49 为半湿润气候,1.5~3.49 为半干旱气候,≥3.50 为干旱气候。

(二)热量二级区划指标

温度是作物生长速度的主要控制者。根据积温学说,每个发育阶段的通过,只有当温度积累到一定数量时才能完成。热量条件在很大程度上决定作物的地域分布、熟制、产量高低、品质优劣和农业技术措施的推广。积温是衡量一个地区热量资源的重要指标。二级指标采用≥10 ℃积温作为主导指标,生长季的长短作为辅助指标。≥10 ℃积温<1500 ℃·天为寒冷气候,1500~1900 ℃·天为冷凉气候,1900~2500 ℃·天为温凉气候,2500~2950 ℃·天为温和气候,>2950 ℃·天为温暖气候。

三、农业气候分区

考虑到宁夏的降水主要集中在 4—9 月,同时 4—9 月也是生长季节,用 4—9 月的干燥度作为分区指标来描述宁夏的水分盈亏状况更具有现实意义,因此选用 4—9 月的干燥度作为分区指标,将全区分为 4 个区,具体指标见表 4-2。

表 4-2 农业气候区划分区指标

农业气候一级区(水分分区)				农业气候二级区(热量分区)		
代号	名称	指标		名称	指标	
		年干燥度	年降水量(毫米)		>10 ℃积温(℃·天)	生长季天数
A	阴湿区	<1.00	>500	寒冷区	<1500	<170
B	半阴湿区	1.00~1.50	400~500	冷凉区	1500~1900	170~190
C	半干旱区	1.50~3.50	300~400	温凉区	1900~2200	190~200
					2200~2500	200~203
D	干旱区	>3.50	200~300	温和区	>2950	205~210
				温暖区		210 左右
E	贺兰山区		200~450	贺兰山冲积平原区	>3000	210
				贺兰山区	<1500	<170

(一)六盘山高寒阴湿区

本区包括泾源县全部、隆德、海原、西吉及原州区的部分地区。该区 4—9 月平均干燥度≤1.0,降水量接近或略高于蒸发,在正常年景水分有节余,为阴湿气候区。其特点是地势高,温度低,生长季短,雨量多,日照少。按海拔和地貌、植被特征,又可分六盘山阴湿区和六盘山、南华山高寒区 3 个小区。反映在植被景观上为森林草原。

(二)宁南风沙干旱区

包括同心、盐池县的部分地区,灵武、利通区、中宁、沙坡头区的山区,干燥度 2.1~3.4,蒸发量大于降水量 1 倍以上。降水严重不足,反映在植被景观上为干草原、荒漠草原。

(三)引黄灌区

包括银川市、吴忠市、石嘴市 11 个县市。干燥度>3.4,降水量小于蒸发量,是自治区降水量最少的区域,属于干旱气候区。自然植被类型为干旱草原化荒漠。

(四)贺兰山区

贺兰山区不论在水分或热量条件上,与六盘山区一样有明显的垂直变化。

第二篇 气象业务

第五章　气象探测

第一节　地面观测

一、国家级地面气象观测站网布局及站网建设

截至 2020 年 12 月 31 日,全区共有国家级气象观测站 27 个,分别是:银川国家基准气候站、固原国家基准气候站、六盘山国家基准气候站、惠农国家基本气象站、陶乐国家基本气象站、吴忠国家基本气象站、盐池国家基本气象站、同心国家基本气象站、西吉国家基本气象观测站、中卫国家基本气象站、中宁国家基本气象站、海原国家基本气象站、贺兰国家气象观测站、永宁国家气象观测站、灵武国家气象观测站、贺兰山国家气象观测站、石嘴山国家气象观测站、平罗国家气象观测站、石炭井国家气象观测站、沙湖国家气象观测站、青铜峡国家气象观测站、韦州国家气象观测站、麻黄山国家气象观测站、兴仁国家气象观测站、隆德国家气象观测站、泾源国家气象观测站、彭阳国家气象观测站。

(一)新增国家级地面气象观测站

2005 年开始新建沙湖国家气象观测站,2007 年 1 月 1 日建成并投入业务运行。区站号 53603。

(二)撤销国家级地面气象观测站

经中国气象局批准,1991 年 7 月撤销贺兰山国家气象观测站并停止观测。2007 年重新建站,2008 年 1 月 1 日正式恢复观测业务。区站号 53601。

(三)部分站站类调整

2004 年 1 月 1 日,中卫恢复为国家基本气象站。

2005 年 5 月,银川国家基准气候站被世界气象组织(WMO)命名为 GCOS(全球气候观测系统)站。

2007 年 1 月 1 日,银川、固原站调整为国家气候观象台;中卫站调整为国家观象台;惠农、陶乐、中宁、盐池、海原、同心、西吉、吴忠、韦州、六盘山、石炭井、兴仁、麻黄山站调整为国家气象观测站一级站;石嘴山、贺兰、平罗、青铜峡、永宁、灵武、泾源、隆德、沙湖、彭阳站调整为国家气象观测站二级站;贺兰山站为新建国家气象观测站二级站。

2009 年 1 月 1 日,银川、固原站调整为国家基准气候站;中卫、惠农、陶乐、中宁、盐池、海原、同心、西吉、吴忠、六盘山站调整为国家基本气象站;石炭井、兴仁、麻黄山、石嘴山、贺兰、平罗、青铜峡、永宁、灵武、隆德、泾源、沙湖、韦州、彭阳站调整为国家一般气象站。

2013 年 1 月 1 日,六盘山站调整为国家基准气候站。

2019 年 6 月 1 日,贺兰、永宁、灵武、贺兰山、石嘴山、石炭井、平罗、沙湖、青铜峡、麻黄山、韦州、泾源、隆德、彭阳、兴仁站调整为国家气象观测站。

二、区域自动气象站建设

截至 2020 年年底,全区共建成区域自动气象站 948 个。银川 290 个,其中 2 要素 213 个,3 要素 5 个,4 要素 14 个,5 要素 6 个,6 要素 45 个,7 要素 5 个,8 要素 2 个。石嘴山 138 个,其中 2 要素 111 个,4 要素 7 个,6 要素 18 个,7 要素 2 个。吴忠 198 个,其中 2 要素 137 个,3 要素 1 个,4 要素 11 个,5 要素 1 个,6 要素 44 个,7 要素 3 个,8 要素 1 个。固原 183 个,其中 2 要素 109 个,4 要素 5 个,5 要素 2 个,6 要素 62 个,7 要素 3 个,8 要素 2 个。中卫 139 个,其中 2 要素 75 个,4 要素 7 个,5 要素 4 个,6 要素

41 个,7 要素 10 个,8 要素 2 个。

全区区域自动气象站中,银川有骨干站 11 个,石嘴山有骨干站 5 个,吴忠有骨干站 26 个,固原有骨干站 19 个,中卫有骨干站 26 个。

2018 年 8 月 2 日,中国气象局观测司印发《气象观测站分类及命名规则》(QX/T 485—2019),骨干站更名为国家气象观测站,其余区域站更名为省级气象观测站,见图 5-1。

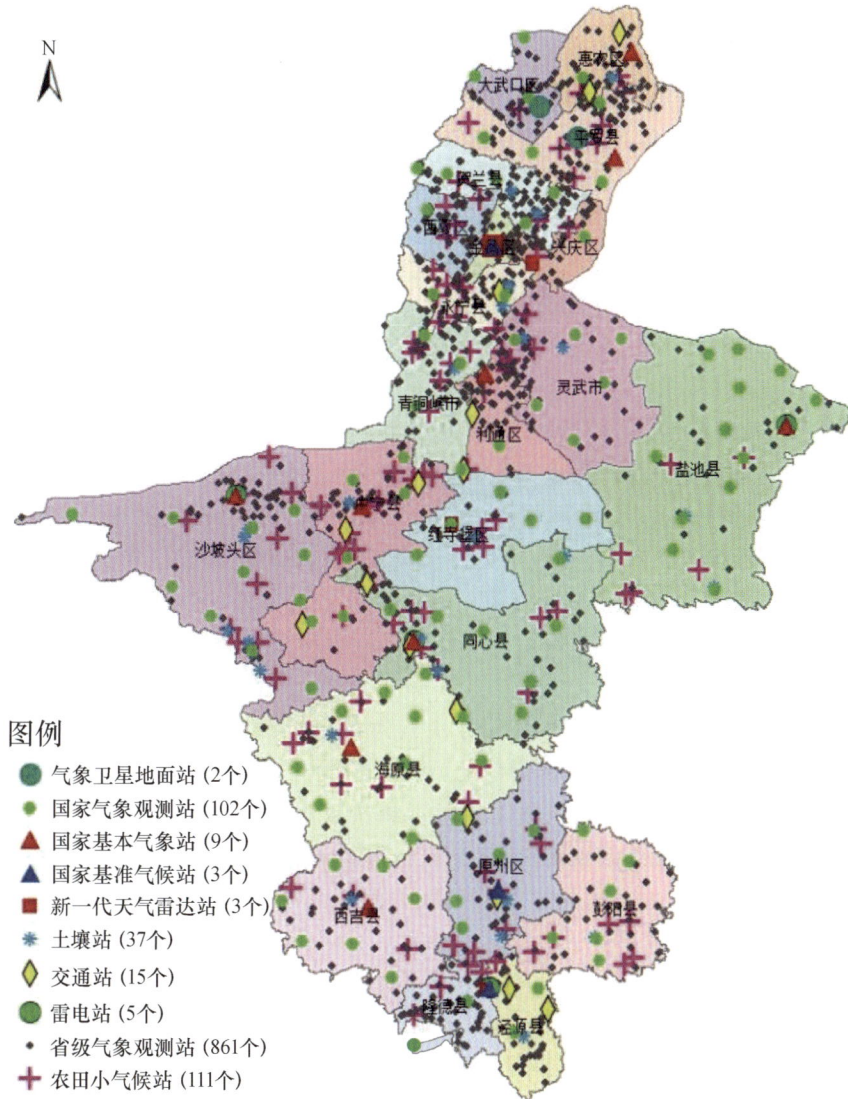

图例
- 气象卫星地面站 (2个)
- 国家气象观测站 (102个)
- 国家基本气象站 (9个)
- 国家基准气候站 (3个)
- 新一代天气雷达站 (3个)
- 土壤站 (37个)
- 交通站 (15个)
- 雷电站 (5个)
- 省级气象观测站 (861个)
- 农田小气候站 (111个)

图 5-1　全区气象观测站网布局

三、观测任务变更

1991 年 1 月 1 日起,贺兰、永宁、灵武、石嘴山、平罗、石炭井、隆德、泾源站每日定时观测由 02、08、14、20 时 4 次调整为 3 次,取消 02 时观测。夜间不守班。

1991 年 1 月 1 日起,银川站建成辐射二级站,固原站建成辐射三级站。1992 年 9 月 1 日正式使用新型辐射观测仪器,观测项目为总辐射。

1991 年 11 月起,惠农、陶乐站每天拍发 1—24 时北京、兰州军航和预约 6—20 时银川民航航危报,2014 年停止。

1993 年起,西吉站开始向银川飞机增雨基地拍发预约航危报。

2001 年 7 月,银川、固原站增加酸雨观测项目。

2003 年 1 月 1 日起,银川、固原站开展辐射自动观测业务,人工与自动辐射进行平行观测。2004 年取消人工观测。

2004 年 1 月 1 日起,中卫站每日定时观测由 02、08、14、20 时 4 次调整为 02、05、08、11、14、17、20、23 时 8 次。

2004 年 3 月,银川站增加沙尘暴、土壤水分观测项目。固原、盐池、中宁、同心、陶乐、惠农、西吉、海原、中卫站增加沙尘暴观测项目。

2005 年 5 月 1 日起,中卫站增加大型蒸发观测项目。

2007 年 1 月 1 日起,中卫站人工每日定时观测调整为 24 小时逐时观测。吴忠、韦州、六盘山、石炭井、兴仁、麻黄山站人工每日定时观测调整为 02、05、08、11、14、17、20、23 时 8 次。

2007 年 8 月 1 日起,石嘴山、平罗、吴忠站开始开展酸雨观测。

2008 年 5 月 31 日 20 时起,惠农、陶乐、石嘴山、平罗、石炭井、沙湖站在重要天气报告中增加雷暴发报项目。

2009 年 1 月 1 日起,银川、固原站人工每天进行 24 次定时观测,发 8 次(02、05、08、11、14、17、20、23 时)天气报,承担气象旬月报任务、每月气候月报任务、重要天气报任务、预约航危报发报任务、区内雨情报编发任务。中卫、惠农、陶乐、中宁、盐池、海原、同心、西吉、吴忠、六盘山站人工每天进行 4 次(02、08、14、20 时)定时观测,4 次(05、11、17、23 时)辅助观测,发 8 次(02、05、08、11、14、17、20、23 时)天气报,承担编发气象旬月报、预约航危报、重要天气报发报任务、区内雨情报编发任务。石炭井、兴仁、麻黄山、石嘴山、贺兰、平罗、青铜峡、永宁、灵武、隆德、泾源、沙湖、韦州、彭阳站人工每天 3 次(08、14、20 时)定时观测并发加密天气报,承担气象旬(月)报、重要天气报和区内雨情报编发任务。

2011 年 1 月 1 日起,撤销全区国家基本气象站和国家一般气象站的气压计、温度计、湿度计以及 EL 型电接风向风速计记录器观测业务,但仍保留遥测(虹吸)雨量计的业务使用。国家基准气候站仍然保留所有地面观测自记仪器观测业务。

2012 年 4 月 1 日起,银川站定时人工观测任务调整为 02、08、14、20 时 4 次,夜间(20—08 时)天气现象连续观测调整为 4 次正点(23、02、05、08 时)观测;固原站取消气压、气温、湿度、风向、风速、地温等人工观测和相应自记仪器的观测,云和能见度的人工定时观测次数调减为每日 8 次(02、05、08、11、14、17、20、23 时),夜间(20—08 时)天气现象连续观测调整为 4 次正点(23、02、05、08 时)观测;陶乐、惠农、盐池、吴忠、中宁、中卫、同心、海原、西吉、六盘山国家基本气象站夜间(20—08 时)天气现象连续观测调整为 4 次正点(23、02、05、08 时)观测。夜间不守班。

2013 年 1 月 1 日起,银川站增加大气成分观测项目。银川、固原、中卫站开展新型站自动辐射观测,观测项目为总辐射、净全辐射、直接辐射、散射辐射、反射辐射,与原自动辐射观测平行观测,2014 年 1 月 1 日起以新型站自动辐射观测为主。

2013 年 4 月 1 日起,调整国家基准气候站气温、气压、湿度、风向、风速要素 24 次、地温 4 次人工器测任务,仅保留每日 20 时进行一次人工器测对比观测,降水、日照、蒸发、冻土、积雪、电线积冰、地面状态的人工观测任务不变。取消气温、相对湿度、气压、风向、风速、降水量等人工自记仪器观测任务。国家基本气象站和国家一般气象站现有业务保持不变。国家基准气候站和国家基本气象站夜间(20—08 时)天气现象连续观测调整为 4 次正点(20、23、02、05 时)观测,保留白天(08—20 时)天气现象连续观测;国家基准气候站云和能见度的人工定时观测次数调减为每日 8 次(02、05、08、11、14、17、20、23 时)。国家基本气象站云和能见度观测保持不变。

2013 年 7 月 1 日起,除银川基准气候站,其他站取消 20 时地面人工对比观测任务。

2013 年 10 月 11 日起,全区所有台站不再编发气象旬(月)报。

2014 年 1 月 1 日起,基准站、基本站的云和能见度人工定时观测调整为每日 5 次(08、11、14、17、20 时),天气现象保持 08—20 时连续观测,保留云量、云高观测,取消云状观测。一般站取消云量、云高、云状、蒸发观测。所有站取消雷暴、闪电、飑、龙卷、烟幕、尘卷风、极光、霰、米雪、冰粒、吹雪、雪暴、冰针

13种天气现象观测。银川站作为长期保留人工观测任务的基准站,保留08、14、20时人工观测任务。六盘山站增加云量、日照、蒸发、雪深雪压和电线积冰人工观测项目以及降雪加密观测,编发重要天气报。

2015年9月,平罗新增大气成分观测。

2015年12月31日20时起,全区所有气象站取消毛发湿度表的观测。

2019年6月15日起,银川、盐池、同心、西吉、中宁、海原站取消雪压、低云量观测项目,惠农、陶乐、石嘴山、平罗、石炭井、沙湖站取消重要天气报的编发。

2019年8月31日20时起,除银川站,石炭井、石嘴山、惠农、沙湖、平罗、陶乐、吴忠、青铜峡、盐池、同心、麻黄山、韦州、贺兰、永宁、灵武、中卫、中宁、兴仁、海原、固原、西吉、六盘山、彭阳、隆德、泾源站停止日照人工观测。

2020年4月1日起,银川、贺兰、永宁、灵武、吴忠、盐池、同心、青铜峡、韦州、麻黄山、中卫、中宁、海原、兴仁站取消小型蒸发、电线积冰观测;除银川站外,国家基准气候站、国家基本气象站取消08、11、14、17、20时人工定时观测,国家气象观测站取消08、14、20时人工定时观测;除银川站外,所有台站取消地面状态、低云量、小型蒸发、雪压、辐射作用层状态、大气浑浊度6项观测项目,取消人工连续观测天气现象、日常守班、重要天气报编发、地面观测记录簿记录、值班日记填写、人工数据质量控制(含质控疑误信息反馈)等工作任务。

2020年12月31日20时起,石炭井、石嘴山、惠农、沙湖、贺兰、平罗、吴忠、银川、陶乐、青铜峡、永宁、灵武、中卫、中宁、兴仁、盐池、麻黄山、海原、同心、固原、韦州、西吉、六盘山、隆德、泾源站新增草温观测。

四、计算机在地面测报业务中的应用

全区自1986年,在地面测报业务中配备使用计算机,并不断升级换代,先后配备使用过PC-1500型、长城286、386、486、586型和联想系列计算机。

随着计算机在地面测报业务中的应用,从1988年10月起原手工制作的气象记录月报表改为计算机编制。1993年起气象记录年报表改为计算机制作,只填报封面、封底和15个时段最大降水量。1996年开始地面观测资料实现由计算机自动处理。2001年1月开始通过X.25分组网向区局传输原始资料,停止报送纸质报表。2004年以后,除观测簿采用人工观测外,其他项目逐步采用计算机测报软件自动观测。2014年起地面观测自动化全面普及运行,气象资料开始实现分钟及小时数据自动上传并入库,月、年报表形成自动制作。

五、地面气象观测站自动化、智能化建设

2003年1月1日起,银川、固原、惠农、陶乐、中宁、盐池、同心、西吉、海原自动气象站开始投入运行。2006年1月1日起,泾源、隆德、六盘山、兴仁、吴忠、韦州、麻黄山、永宁自动气象站正式投入单轨业务运行。沙湖站建站时直接建成自动气象站。2008年1月1日起,石炭井、石嘴山、贺兰、平罗、青铜峡、灵武、彭阳自动气象站正式投入单轨业务运行。器测记录以自动观测为准,目测项目仍以人工观测为准。

贺兰山站2009年8月建成自动气象站并投入业务运行,观测要素有气压、温度、湿度、风向、风速、降水,每年10月至次年4月无人值守。2014—2018年先后增加称重式降水传感器、能见度仪、DFC2型光电式数字日照计自动观测设备。2016年,新建一套新型自动气象站,原自动气象站作为备份自动气象站,实现双套自动气象站业务运行。

2013年,全区各站新型自动气象站建成,并于2014年1月1日作为主用自动气象站正式投入业务运行,原自动气象站作为备份自动气象站,自此实现双套自动气象站业务运行。新型自动气象站除气压、气温、湿度、风向、风速、降水、地温(包括地表、浅层和深层)、蒸发等基本要素实现自动观测外,安装能见度仪,实现能见度自动观测。此外,银川、固原站还增加直接辐射表、反射辐射表、散射辐射表的自动观测。

2017年10月,全区各站安装DSG5型降水现象仪,同年11月1日开始平行观测,2020年4月1日开始单轨业务运行。2018年9月各站均安装DFC2型光电式数字日照计,同年11月1日开始试运行,

2019 年 8 月 31 日 20 时开始单轨业务运行。

2020 年 4 月 1 日,宁夏地面气象观测自动化改革业务正式运行。国家级台站取消地面状态、低云量、小型蒸发、雪压、辐射作用层状态、大气浑浊度 6 项观测任务;取消每天 3 次人工定时观测、人工连续观测天气现象、日常守班、重要天气报编发、地面观测记录簿记录、值班日记填写、人工数据质量控制、综合气象观测运行监控系统(ASOM)和区级装备保障业务一体化平台中的日维护等工作任务。银川基准气候站保留人工观测任务。图 5-2 为 2018 年,固原市气象局工作人员开展地温观测。

图 5-2　2018 年,固原市气象局工作人员开展地温观测

第二节　高空探测

一、站网布局及历史沿革

银川探空站始建于 1954 年,是全区唯一的高空气象探测站。2004 年 8 月 28 日由原银川市郊区银新公社罗庄大队六小队迁至距原观测场西边 200 米处。2005 年 1 月 1 日迁至银川市金凤区黄河东路灵芝巷 51 号。

二、观测任务

1991 年 1 月 1 日起取消 01 时观测,每天 11 时、19 时、23 时进行 3 次经纬仪小球测风观测。2003 年 1 月 1 日起调整为每天 08 时、20 时 2 次进行高空气压、温度、湿度、风速、风向要素的观测。图 5-3 为 2014 年,银川国家基准气候站工作人员施放探空气球。

三、观测设备

1992 年开始,采用 701C 型测风雷达和 59 型探空仪进行探测,基本实现高空探测自动化。2002 年 11 月建成 GFE(L)Ⅰ型二次测风雷达(L 波段电子探空雷达),2003 年 1 月 1 日正式投入业务运行。GFE(L)Ⅰ型二次测风雷达和 GTSⅠ型数字电子探空仪配合进行高空探测,实现自动跟踪探空气球,自动采集、处理、存储探测的气象要素数据。图 5-4 为 2019 年,银川市气象局自动施放探空气球设备建成应用。

图 5-3　2014 年,银川国家基准气候站
工作人员施放探空气球

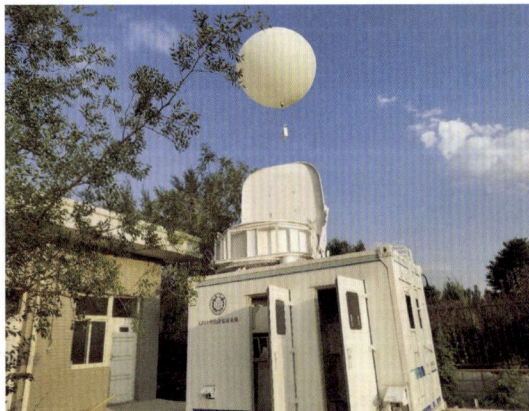

图 5-4　2019 年,银川市气象局自动施放
探空气球设备建成应用

第三节 大气成分观测

一、大气成分

(一)站点布局及历史沿革

按照中国气象局的站点布局,全区共建成 2 个大气成分观测站。2012 年 11 月建成银川大气成分观测站,2013 年 1 月 1 日起正式开始业务运行。2015 年 7 月建成平罗大气成分观测站,2015 年 9 月 1 日起进行观测。

(二)观测项目和任务

观测项目有 PM_{10}、$PM_{2.5}$ 和 PM_1。观测任务主要是每天对 PM_{10}、$PM_{2.5}$ 和 PM_1 进行 24 小时连续自动监测。

(三)观测仪器

银川站使用的仪器为 GRIMM180 颗粒物监测仪。

平罗站使用的仪器为 LGH-01B PM_{10} 监测仪和 LGH-01E $PM_{2.5}$ 监测仪。

二、酸雨

(一)站点布局及历史沿革

全区共有 6 个酸雨站,分别是银川、石嘴山、平罗、吴忠、固原、中卫。2001 年 7 月 1 日起银川、固原站开始酸雨观测。2006 年 7 月 1 日起中卫站开始酸雨观测。2007 年 8 月 1 日起石嘴山、平罗、吴忠站开始酸雨观测。

(二)观测项目和任务

观测项目为降水的酸碱度(pH 值)和电导率(K 值)测量。观测任务主要是采集降水样品,测量降水样品的 pH 值和 K 值,记录整理观测数据,编制酸雨观测报表,报送酸雨观测资料。按要求寄送降水样品。

(三)观测仪器

使用雷磁 PHSJ-3F 型 PH 计、雷磁 E-301F 型复合电极和雷磁 T-818-B-6 型温度电极进行降水的 pH 值测量,使用雷磁 DDSJ-308A 型电导率仪、DJS-1D(铂黑)电导电极进行 K 值测量。2019 年 10 月,银川、固原、中卫安装 TCYI1 型自动酸雨观测设备。

第四节 天气雷达

一、站网布局及历史沿革

宁夏自 20 世纪 70 年代开始建设使用天气雷达。1972 年在银川气象台建成 711 型天气雷达,开启雷达探测业务。此后,分别于 1974 年在固原六盘山、1986 年在中卫气象站建成 711B 型天气雷达。

随着科技进步,2000 年以后,宁夏原有天气雷达逐步换代或升级改造,并在吴忠新建一部天气雷达,截至 2020 年年底,全区天气雷达布设数量达到 4 部:银川、吴忠、固原新一代天气雷达和中卫 713C 型天气雷达。

银川新一代天气雷达 2003 年 8 月投入业务试运行,位于宁夏气象局院内;2017 年 12 月 1 日搬迁至银川市兴庆区掌政镇宁夏大气探测技术保障中心院内,同时将 CINRAD/CD 型设备更新替换为 CINRAD/CA 型。

固原新一代天气雷达 2004 年 6 月投入业务试运行,2005 年 5 月正式投入业务运行,位于六盘山气象站院内,2019 年 9 月进行了升级改造。

吴忠新一代天气雷达 2015 年 7 月投入业务运行,位于吴忠市红寺堡区。

2005 年 5 月 1 日起,原银川 713C 型天气雷达搬迁至中卫,代替原中卫 711B 型天气雷达。雷达分布见图 5-5。

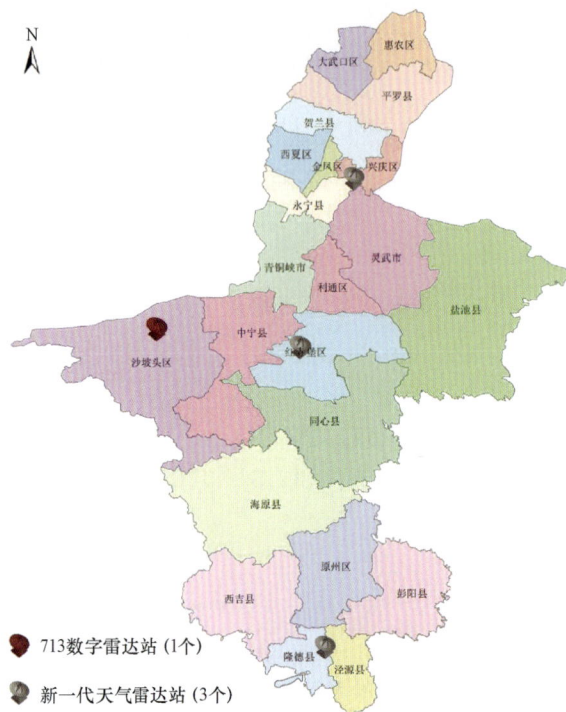

图 5-5　雷达分布

二、观测任务

银川、吴忠、固原天气雷达汛期 24 小时、非汛期每天 10—15 时开展观测,观测重点是暴雨、冰雹、雷雨大风、龙卷、暴雪、沙尘暴以及其他中小尺度天气系统的结构等。中卫雷达每年 5 月 1 日至 10 月 31 日,每天 08 时、11 时、14 时、17 时、20 时、23 时定时观测。银川、吴忠、固原、中卫雷达除规定时间段观测外,还根据预报服务等需要开展不定期观测。

三、观测设备

银川、吴忠新一代天气雷达设备为北京敏视达雷达公司生产的 CINRAD/CA 型雷达。固原新一代天气雷达设备为成都锦江电子系统工程有限公司生产的 CINRAD/CD 天气雷达。中卫天气雷达设备为桂林长海机器制造厂生产的 713C 型天气雷达。图 5-6 为 2018 年,吴忠市新一代天气雷达观测塔楼。

第五节　卫星遥感

一、工作概述

1995 年宁夏农业气象服务中心增加卫星遥感服务,开展全区植被长势和森林火灾监测,不定期发布服务产品;1997 年开始开展干旱遥感监测,不定期为自治区政府提供决策服务产品;1999 年开始开展霜冻遥感监测;2000 年,基于资源卫星数据,开展农业开发状况监测、黄河河道变化遥感监测分析、土地沙化监测等,不定期发布服务产品;2003 年开始开展黄河凌汛监测,在冬汛期不定期发布《宁夏黄河凌汛监测》服务产品;2004 年规范植被、火情、干旱遥感监测及预报等服务产品制作,持续发布《宁夏森林火险监测预报》《宁夏干旱

图 5-6 2018 年,吴忠市新一代天气雷达观测塔楼

遥感监测》以及《宁夏植被长势遥感监测》等服务产品;同年,利用 Landsat TM 数据,开展灌区粮食作物种植面积遥感调查;2005 年,基于 EOS/MODIS 卫星数据开展中部干旱带和南部山区水体遥感监测评估,为自治区政府提供决策报告;2006 年开展城市热岛监测、利用中巴资源卫星数据开展灌区粮食作物种植面积监测;同年,增加积雪遥感监测、沙尘遥感监测及大雾遥感监测等,不定期开展服务;2008 年将 NDVI 时间序列法应用在作物种植信息提取中,开展全区作物种植面积遥感调查;2017 年,基于高分一号卫星数据开展枸杞、酿酒葡萄等特色作物种植信息监测。图 5-7 为 2018 年,利用卫星遥感资料开展植被恢复评估。

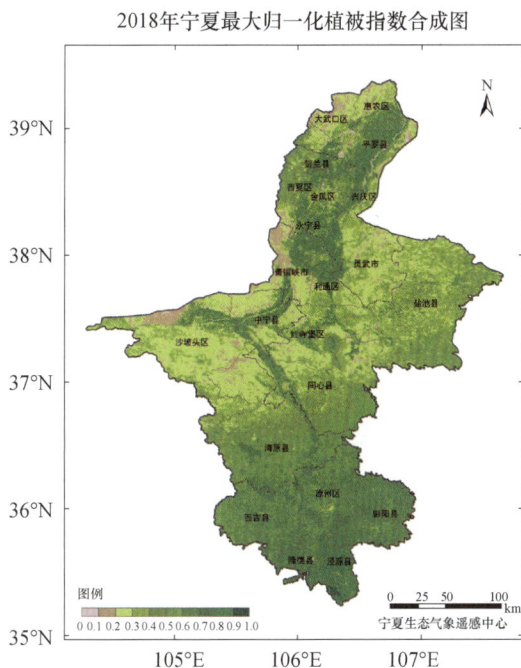

图 5-7 2018 年,利用卫星遥感资料开展植被恢复评估

2018 年宁夏生态气象遥感中心成立后,积极开展业务能力建设,推进遥感应用体系建设,进一步加强生态文明气象保障服务。立足业务需求,开展生态环境遥感监测评估技术研发。利用多源卫星遥感数据,探索遥感与深度学习等计算机技术的融合,开展植被生态质量评估技术、草地长势遥感监测评估技术、主要作物(小麦、玉米、水稻、马铃薯、枸杞、葡萄)种植信息遥感快速提取技术、作物不同发育期长势评估技术、基于高光谱测定的枸杞产地识别研究技术、枸杞水分和养分亏缺监测技术等研究,为生态遥感业务提供科技支撑。围绕业务发展需要,持续推进生态环境遥感业务能力建设。立足业务发展需求,编制

《宁夏生态气象遥感监测评估系统功能需求说明书》,完成区、市、县一体化生态遥感业务系统功能设计。依托中央财政、地方财政等建设项目,逐步推进计算、存储等基础能力建设和业务系统研发,提升生态气象业务服务能力。聚焦"山水林田湖草",持续开展生态遥感监测评估业务服务。开展植被长势、植被生态质量、黄河河道、主要湖泊水体、森林草原区火情、沙尘、城市热岛、土壤荒漠化、土壤盐渍化等遥感监测评估业务,每年制作发布监测评估服务材料 100 余期,向自治区政府、林业与草原局等部门提供决策服务。图 5-8 为 2019 年,利用风云气象卫星遥感资料开展森林草原火险监测。

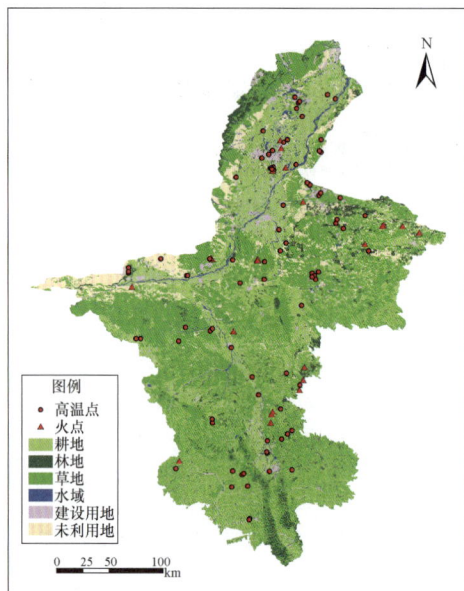

图 5-8 2019 年,利用风云气象卫星遥感资料开展森林草原火险监测

二、机构及设备

2018 年以前,由宁夏农业气象服务中心承担生态遥感业务,2018 年宁夏气象局成立宁夏生态气象遥感中心,在宁夏气象科研所加挂牌子,实行合署办公的运行管理模式,配备生态遥感业务人员,统筹负责全区生态气象及卫星遥感业务。

2015 年 9 月启动风云三号气象卫星省级接收站建设,2016 年 6 月完成相关软硬件设备安装调试。接收端位于平罗县气象局,数据处理端位于宁夏气象信息中心。风云三号气象卫星省级接收站可以接收处理 FY3、NOAA18、NOAA19、FY3B、FY3C、EOS/MODIS、NPP 等极轨卫星资料。

2018 年 5 月启动风云四号气象卫星省级接收站建设,2018 年 7 月完成系统安装调试,实现资料的正常接收。接收端位于石嘴山市气象局,数据处理端位于宁夏气象信息中心。风云四号气象卫星省级接收站集卫星跟踪、数据接收、数据处理和产品生成为一体,自动化程度、时效性和可靠性突出,具备数据接收快视、多时次合成云图动画、设备监控、存档检索等功能,可接收处理并生成云、辐射、降水、积雪、海洋、沙尘、气溶胶、火情、植被等多种数据和产品。图 5-9 为 2018 年,风云四号卫星省级接收站建设完成。

生态环境遥感业务使用的业务软件为中国气象局在省级统一部署的卫星监测分析与遥感应用系统(SMART),是集气象卫星监测、分析服务为一体的综合业务应用系统,具有遥感专业图像处理、信息提取、地理信息综合应用、遥感监测专题产品制作等功能,能够支撑省级基础生态遥感业务开展。卫星遥感数据管理与服务系统见图 5-10。

为带动区、市、县三级生态遥感业务一体化发展,结合生态气象服务需求和生态遥感业务开展需求,2020 年启动宁夏区、市、县一体化的生态遥感业务系统——"宁夏生态气象遥感监测评估系统"的建设,系统将实现多源卫星遥感数据与无人机近地面遥感数据的标准化处理、生态环境因子动态监测与评估、生态气象灾害动态监测与评估、农业遥感监测与评估、重大生态工程生态效益评估等功能，着力提升宁夏生态环境遥感业务能力。

图 5-9　2018 年，风云四号卫星省级接收站建设完成

图 5-10　卫星遥感数据管理与服务系统

第六节　农气观测

一、站点布局

宁夏共有 21 个农业气象观测站，其中 3 个农业气象试验站：永宁、盐池、固原；5 个一级农业气象观测站：平罗、永宁、盐池、固原、中卫；2 个二级农业气象观测站：同心、隆德；14 个辅助农业气象观测站：惠农、陶乐、银川、贺兰、灵武、吴忠、青铜峡、韦州、西吉、泾源、彭阳、中宁、海原、兴仁。宁夏农田小气候观测站网布局见图 5-11。

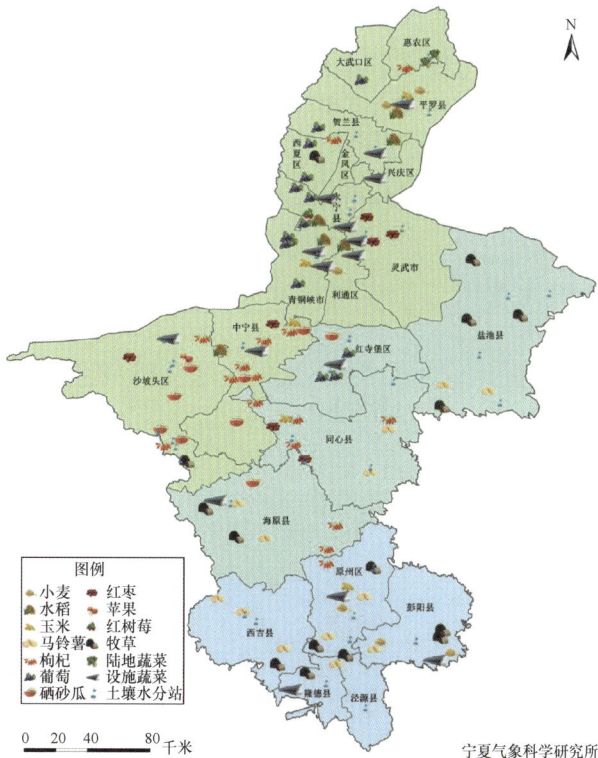

图 5-11　宁夏农田小气候观测站网布局

二、观测项目和任务

宁夏农气观测最早开始于 1950 年永宁的物候观测,此后陆续在盐池、平罗、隆德、中卫、同心开展作物观测。惠农在 1983—2004 年进行春小麦观测。2005 年中卫、中宁开展枸杞观测,固原、隆德、同心、盐池开展苜蓿观测。

2008 年 1 月 1 日起,宁夏气象局根据农业生产特点,调整小麦、水稻、玉米观测站网布局,增加观测项目和观测站;增加枸杞、葡萄、马铃薯观测,见表 5-1。

表 5-1　2008 年农业气象观测站点任务调整

站名	增加的观测任务
平罗站	马铃薯发育期、生长状况、土壤水分
银川站	酿酒葡萄物候期、含糖量、含酸量
永宁站	酿酒葡萄物候期、含糖量、含酸量
吴忠站	冬小麦和水稻发育期、生长状况、灌浆速度、产量结构
青铜峡站	酿酒葡萄物候期、含糖量、含酸量
中宁站	春小麦发育期、生长状况、灌浆速度、产量结构
中卫站	春小麦、玉米干物质、水稻灌浆速度。压砂西瓜发育期、土壤水分
盐池站	小麦生长量测定
同心站	小麦灌浆速度、玉米干物质。枸杞物候期、生长状况、土壤水分
固原站	玉米发育期、生长状况、干物质、产量结构、土壤水分
兴仁站	压砂西瓜发育期、土壤水分
西吉站	马铃薯发育期、生长状况、土壤水分
彭阳站	冬小麦发育期、生长状况、产量结构、土壤水分
隆德站	马铃薯发育期、生长状况、土壤水分
泾源站	马铃薯发育期、生长状况、土壤水分

2010 年 1 月,宁夏气象局对全区农业气象观测站网和观测任务进行了规范和调整,原由中国气象局管理的一级农业气象观测站和由宁夏气象局管理的二级农业气象观测站,全部纳入中国气象局统一管理体系。部分辅助农业气象观测站继续保留。同时,对各类农业气象观测站的观测任务进行了调整,见表 5-2。

表 5-2　2010 年农业气象观测站点任务调整

站名	站类	中国气象局管理项目	宁夏气象局管理项目		
			作物(畜牧)观测	物候观测	特色观测
平罗站	一级	春小麦、春玉米	马铃薯	草本、木本、动物、气象水文	
永宁站	一级	春小麦、春玉米、单季稻		草本、木本、动物、气象水文	酿酒葡萄
中卫站	一级	春小麦、春玉米	单季稻	草本、木本、动物、气象水文	枸杞、压砂瓜
固原站	一级	冬小麦、春玉米	苜蓿	草本、木本、动物、气象水文	胡麻
盐池站	一级	春小麦、春玉米、牧草	苜蓿	草本、木本、动物、气象水文	
隆德站	二级	冬小麦	马铃薯	草本、木本、动物、气象水文	
同心站	二级	春小麦	春玉米	草本、木本、动物、气象水文	枸杞
银川站	辅助				酿酒葡萄
吴忠站	辅助		冬小麦、单季稻		
青铜峡站	辅助				酿酒葡萄
中宁站	辅助				枸杞
西吉站	辅助		马铃薯		
兴仁站	辅助		压砂瓜		
彭阳站	辅助		冬小麦		

2020 年 5 月 1 日起,宁夏气象局根据农业气象生态观测发展需求,对相关农业气象观测项目进行了优化调整,见表 5-3。

表 5-3　2020 年农业气象观测站点任务调整

观测项目（站点）	任务来源	调整情况
春小麦（平罗、永宁、中卫、同心）	中国气象局	保留
冬小麦（固原、隆德）	中国气象局	保留
玉米（平罗、永宁、中卫、固原、盐池）	中国气象局	保留
水稻（永宁、中卫）	中国气象局	保留
牧草（盐池）	中国气象局	保留
自然物候（平罗、永宁、中卫、固原、盐池）	中国气象局	保留
土壤湿度固定地段（永宁、盐池、固原）	中国气象局	保留人工观测
春小麦（吴忠）	宁夏气象局	保留
冬小麦（彭阳）	宁夏气象局	保留
玉米（同心）	宁夏气象局	保留
水稻（吴忠）	宁夏气象局	保留
马铃薯（固原、西吉、海原）	宁夏气象局	保留
设施农业（平罗、中卫、吴忠、贺兰）	宁夏气象局	保留
酿酒葡萄（永宁、银川、青铜峡）	宁夏气象局	保留
枸杞（中卫、中宁、同心、惠农、固原）	宁夏气象局	保留
冷凉蔬菜（固原、西吉）	宁夏气象局	保留
胡麻（固原）	宁夏气象局	保留
硒砂瓜（兴仁）	宁夏气象局	保留
苜蓿（固原、盐池）	宁夏气象局	保留
枣（灵武）	宁夏气象局	保留
酿酒葡萄（红寺堡）	宁夏气象局	新增
春小麦（盐池）	中国气象局	2020 年观测任务结束后取消
土壤湿度固定地段（隆德）	中国气象局	取消 4—10 月人工观测，以自动土壤水分站 24 小时观测数据平均值代替
土壤湿度作物地段（永宁：小麦、玉米；平罗：小麦、玉米；盐池：玉米、牧草；固原：小麦、玉米；隆德：小麦；同心：小麦；中卫：小麦、玉米）	中国气象局	作物地段或附近有自动土壤水分站的可取消 4—10 月人工观测，以自动土壤水分站 24 小时观测数据平均值代替
马铃薯（平罗、隆德）	宁夏气象局	取消
苹果（吴忠）	宁夏气象局	取消
黄芪（隆德）	宁夏气象局	取消
枣（同心、中宁）	宁夏气象局	取消
土壤湿度固定地段（惠农、陶乐、西吉、泾源、彭阳、同心、韦州、海原、兴仁、中宁）	宁夏气象局	取消 4—10 月人工观测，以自动土壤水分站 24 小时观测数据平均值代替
土壤湿度作物地段（固原：胡麻、马铃薯、苜蓿；盐池：苜蓿；西吉：马铃薯；彭阳：小麦；同心：枸杞、玉米；兴仁：硒砂瓜；中宁：枸杞）	宁夏气象局	作物地段或附近有自动土壤水分站的可取消 4—10 月人工观测，以自动土壤水分站 24 小时观测数据平均值代替
土壤湿度辅助地段（平罗、永宁、中卫、固原、盐池、隆德、同心、银川、吴忠、中宁、西吉、彭阳、灵武、惠农、陶乐、青铜峡、泾源、海原）	宁夏气象局	辅助地段或附近有自动土壤水分站的可取消人工观测，以自动土壤水分站观测数据代替。春播等特殊时期，可由减灾处组织临时加密测墒。特色农业服务中心和科研所可根据服务需求提出加密观测申请，经减灾处、观测处审核后启动特定区域、特定时段的加密测墒

三、观测仪器

除土壤水分观测有专用仪器外，其他农业气象观测项目没有专用仪器。土壤水分人工观测使用的仪器有取土钻、取土盒、电子秤、烘土箱等。土壤水分自动观测使用的仪器为 DZN3 型土壤水分测量仪。2018 年,科研所工作人员开展小麦长势调查,见图 5-12。2019 年,建设完成的大田作物农业气象自动观测站,见图 5-13。

图 5-12　2018 年,科研所工作人员开展
小麦长势调查

图 5-13　2019 年,建设完成的大田作物
农业气象自动观测站

第七节　生态观测

一、站点布局

全区共布设 21 个生态观测站点,银川市承担生态观测的站点有银川、贺兰、永宁、灵武 4 个监测站。石嘴山市承担生态观测的站点有大武口、惠农、平罗、陶乐、沙湖 5 个监测站。吴忠市承担生态观测的站点有吴忠、青铜峡、盐池、同心、韦州 5 个监测站。固原市承担生态观测的站点有固原、西吉、隆德、泾源 4 个监测站。中卫市承担生态观测的站点有沙坡头、中宁、海原 3 个监测站。

二、观测项目和任务

宁夏生态观测项目主要包括植被发育期、植被覆盖度、草地植物多样性、大气沉降、土壤墒情、沙丘移动、地下水位、风蚀度、湖泊水位、湖泊结冰、湖水水温、城市热岛效应、城市绿地变化等。宁夏气象局2002 年在生态环境监测方面开始了初步的尝试,在银川、石嘴山两市开展了湖水温度、冰层厚度观测。在盐池、同心、海原、固原开展了草场植物多样性观测,观测内容包括植被覆盖度、植物多度、生物学产量等内容。2003 年增加草地植物多样性观测范围,开展了引黄灌区地下水位观测。2004 年在全区开展了气候生态环境(生态气象)监测工作。

2020 年 5 月 1 日起,宁夏气象局根据生态观测发展需求,对相关生态观测项目进行了优化调整,见表 5-4。

表 5-4　2020 年生态观测站点任务调整

观测项目(站点)	任务来源	调整情况
湖泊结冰(沙湖、银川)	宁夏气象局	保留
湖水水温(沙湖)	宁夏气象局	保留
大气沉降(惠农、平罗、石嘴山、同心、盐池、吴忠、银川、灵武、中卫、海原、固原、泾源、西吉)	宁夏气象局	保留
土壤冻结和解冻(平罗、盐池、吴忠、青铜峡、银川、灵武、中卫、中宁、海原、固原、泾源、隆德)	宁夏气象局	保留

续表

观测项目(站点)	任务来源	调整情况
草地优势草种发育期(同心、盐池、永宁、灵武、中卫、海原、固原、泾源)	宁夏气象局	保留
草地植被覆盖度(同心、盐池、永宁、灵武、中卫、海原、固原、泾源)	宁夏气象局	保留
草地植被产量(同心、盐池、中卫、海原、固原、泾源)	宁夏气象局	保留
大气沉降(陶乐、永宁、中宁)	宁夏气象局	取消
水体变化(石嘴山)	宁夏气象局	取消
地下水位(惠农、平罗、陶乐、石嘴山、盐池、青铜峡、韦州、贺兰、灵武、中宁)	宁夏气象局	取消
湖泊水位(石嘴山、沙湖、青铜峡、银川、永宁、西吉)	宁夏气象局	取消
城市热岛效应(石嘴山、银川)	宁夏气象局	取消人工观测,由自动站数据代替
湖水水温(银川)	宁夏气象局	取消
城市绿地变化(石嘴山、银川)	宁夏气象局	取消
湿地植物多样性(陶乐、石嘴山、沙湖、青铜峡、银川、永宁)	宁夏气象局	取消
土壤湿度(吴忠、青铜峡、韦州、灵武、中卫、中宁、海原、固原、泾源、隆德、西吉)	宁夏气象局	观测地点有自动土壤水分站的可取消4—10月人工观测,以自动土壤水分站数据代替
土壤冻结和解冻(韦州)	宁夏气象局	取消
草地优势草种发育期(陶乐、石嘴山、吴忠、青铜峡、韦州、中宁、隆德、西吉)	宁夏气象局	取消
草地植被覆盖度(陶乐、石嘴山、吴忠、青铜峡、韦州、中宁、隆德、西吉)	宁夏气象局	取消
草地植物多样性(陶乐、石嘴山、同心、盐池、吴忠、青铜峡、韦州、永宁、灵武、中卫、中宁、海原、固原、泾源、隆德、西吉)	宁夏气象局	取消
草地植被产量(韦州、隆德、西吉)	宁夏气象局	取消

三、观测仪器

生态观测项目多由人工观测完成,同时借助卫星遥感、无人机、大气沉降仪、生态观测船等设施进一步丰富观测手段。2017 年,科研所人员利用无人机开展生态气象监测,见图 5-14。2018 年 9 月 1 日,在银川市兴庆区鸣翠湖景区内建成 1 套自动生态观测站,对气温、体感温度、湿度、风向、风速、降水量、气压、大气负氧离子、大气成分($PM_{2.5}$、PM_{10} 等)、紫外线强度、二氧化碳、能见度等要素进行观测。自动生态观测站设备型号为 DZZ5 型。

图 5-14　2017 年,科研所人员利用无人机开展生态气象监测

第八节 其他观测

一、风能气象观测

(一)站点布局

全区风能资源观测测风塔于 2009 年 5 月建设完成,共 9 座,其中 70 米高测风塔 7 座,分别建在惠农落石滩、青铜峡风电场、灵武杨家窑、红寺堡墩墩梁、沙坡头美丽湖、沙坡头兴仁、盐池麻黄山。100 米高测风塔 2 座,分别建在青铜峡甘城子、红寺堡买河。

(二)观测项目和任务

70 米测风塔在 10 米、50 米和 70 米高度分别安装一套风向风速传感器,观测 3 个高度的风向风速。100 米测风塔则在 10 米、50 米、70 米、100 米高度分别安装一套风向风速传感器,观测 4 个高度的风向风速。此外还在 70 米、100 米测风塔 30 米高度处安装风速传感器,观测 30 米高度风速。

为提高测风塔的利用率,还在所有测风塔 10 米、70 米高度处分别安装一套温湿度传感器,在 7 米高度处安装一套气压传感器,进行温度、湿度、气压观测。

根据《宁夏气象局关于停止全区风能资源观测业务的通知》(气发〔2016〕3 号)要求,自 2016 年 1 月 1 日起,所有测风塔停止观测。2016 年 5 月,中国气象局综合观测司下发《关于进一步加强风能观测网测风塔运行安全管理的通知》(气测函〔2016〕51 号),要求各省气象局组织对测风塔安全隐患进行排查整治,并拟定保留、迁移及撤销测风塔计划。宁夏气象局经研究后决定保留惠农落石滩(70 米)、沙坡头美丽湖(70 米)、青铜峡甘城子(100 米)、红寺堡买河(100 米)4 座测风塔,其余 5 座测风塔按程序报废拆除。

二、交通气象观测站

(一)站点布局

为促进交通气象服务工作开展,2014 年在全区主要高速公路上建设 8 个交通气象观测站,开展气温、湿度、风向风速、气压、路面温度、路面状况、能见度等要素的观测。"十三五"期间交通气象观测站建设进一步加快,截至 2020 年年底,全区交通主干道共建设交通气象观测站 29 个,见表 5-5。

表 5-5　宁夏交通气象观测站

序号	站名	站号
1	鸣沙	Y0600
2	清水河枢纽	Y0601
3	下流水	Y0602
4	滚泉	Y0603
5	关马湖	Y0604
6	永宁立交	Y0605
7	燕子墩立交	Y0606
8	惠农收费站	Y0607
9	银青高速黄河大桥	Y1015
10	109 国道红果子	Y1745
11	110 国道红果子长城加油站	Y1746
12	滨河大道渠口	Y1874
13	109 国道平罗东环路	Y1875
14	110 国道崇岗	Y1876
15	小洪沟	Y2129
16	李旺	Y2250

序号	站名	站号
17	同心	Y2633
18	沿川子	Y3043
19	六盘山	Y3044
20	固原	Y3045
21	三营	Y3046
22	彭阳古城镇	Y3433
23	神林服务区	Y3434
24	泾源	Y3435
25	金凤区览山剧场	Y3900
26	宁夏大学体育场	Y3901
27	西夏区十里铺村	Y3902
28	望远高速路口	Y3903
29	滨河黄河大桥	Y3904

(二)观测项目和任务

观测项目:温度、湿度、雨量、风向风速、能见度、路面温度。

观测任务:对大雾、沙尘、强风、强降水、积雪、道路结冰、高温、低温、雷电等主要交通气象灾害天气气象要素以及道路综合状况等开展实时监测,为建立交通气象监测、预报、服务业务体系提供数据支撑。

(三)观测仪器

交通气象观测站使用的仪器为:CAMA-JT、DZZ6 型自动观测站等。

三、土壤水分观测站(农业)

(一)站点布局

宁夏土壤水分观测最早始于 1957 年的平罗,1989 年全区土壤水分观测业务进行了统一规范,惠农、平罗、陶乐、永宁、灵武、盐池、中卫、中宁、同心、海原、西吉、固原、隆德、泾源、兴仁、韦州 16 个站开展土壤水分观测,按固定地段进行观测。有作物观测的台站,同时进行作物观测地段的土壤湿度观测,组成了宁夏土壤湿度监测网。1994 年开始,除永宁、固原、盐池保留固定地段土壤湿度观测任务外,其余各站的固定地段土壤湿度观测均改为辅助观测地段。其中引黄灌区的辅助地段作为春墒调查点,在春季开展观测,其余站点每旬逢 8 观测。1996 年,固原、盐池、中卫、永宁、平罗 5 个站点进行加测土壤湿度,在每年 3—6 月和 9—10 月每旬逢 3 和出现 5 毫米以上降水过程后加测,1997 年,取消上述 5 站 10 月的加测任务。2004 年 1 月 1 日,在生态气象业务中增加银川、石嘴山、吴忠、青铜峡开展墒情观测。2004 年 6 月,银川、固原、平罗、永宁、盐池、中卫、惠农、隆德、同心、中宁、海原、西吉、泾源、陶乐、韦州、兴仁 16 个气象站每旬逢 8 进行土壤墒情监测。其中固原、永宁、盐池、平罗、中卫还在每旬逢 3 加测土壤墒情,监测时段为从春季 0～10 厘米深冻土完全融化时开始,到冬季土壤冻结深度大于或等于 10 厘米时止。2005 年由中国气象局统一布局在永宁、固原、盐池布设了 3 个自动土壤水分站。2007 年宁夏气象局在宁东、同心、预旺、冯记沟、麻黄山、韦州、海原、兴仁、红泉、长山头、西吉、泾源、隆德、彭阳、七营建设了 15 个自动土壤水分站,2013 年 10 月,七营站搬迁至海城镇武塬,更名为武塬。截至 2020 年,宁夏共建成 37 个自动土壤水分站,分布在 18 个市县区,见表 5-6。

表 5-6 宁夏土壤水分观测站

序号	站名	站号
1	永宁	Y1383
2	孙家滩	Y2584
3	红寺堡	Y2586
4	盐池	Y2583

序号	站名	站号
5	韦州	Y2681
6	中宁	Y2181
7	兴仁	Y2281
8	同心	Y2680
9	预旺	Y2682
10	曹洼	Y2280
11	固原	Y2282
12	寨科	Y3580
13	彭阳	Y3480
14	西吉	Y3180
15	隆德	Y3280
16	马场湖	Y1385
17	兴仁瓜地	Y2283
18	香山瓜地	Y2284
19	菁川	Y2082
20	吉强	Y3181
21	平罗	Y1880
22	立岗	Y1382
23	大坝	Y2585
24	中卫	Y2081
25	武塬	Y3081
26	泾源	Y3380
27	王团	Y2683
28	惠农	Y1881
29	大水坑	Y2588
30	王乐井	Y2582
31	麻黄山	Y2581
32	胜利	Y1386
33	常信	Y1384
34	开城	Y3082
35	陶乐	Y2587
36	永康瓜地	Y2285
37	临河	Y1381

(二)观测项目和任务

观测项目:土壤湿度。

观测任务:监测下垫面 10 厘米、20 厘米、30 厘米、40 厘米、50 厘米、60 厘米、80 厘米、100 厘米,共 8 层的土壤重量含水量、土壤体积含水量和土壤相对湿度,便于及时了解农作物(林草)根系水分状况,满足干旱气象服务需求。

(三)观测仪器

自动土壤水分站使用的仪器为 DZN3 型自动土壤水分观测仪。

四、农田小气候观测站

(一)站点布局

农田小气候观测站又称区级应用气象观测站。截至 2020 年,全区共建成 111 套应用气象观测站及实景监测系统,分布在 22 个市县区,见表 5-7。

表 5-7　宁夏农田小气候观测站

序号	站名	站号
1	惠安堡国家应用气象观测站(农业)	Y0100
2	麻黄山国家应用气象观测站(农业)	Y0101
3	下马关国家应用气象观测站(农业)	Y0102
4	预旺国家应用气象观测站(农业)	Y0103
5	张易国家应用气象观测站(农业)	Y0104
6	官厅国家应用气象观测站(农业)	Y0105
7	红耀国家应用气象观测站(农业)	Y0106
8	吉强国家应用气象观测站(农业)	Y0107
9	将台国家应用气象观测站(农业)	Y0108
10	挂马沟村国家应用气象观测站(农业)	Y0109
11	观庄国家应用气象观测站(农业)	Y0110
12	曹洼国家应用气象观测站(农业)	Y0111
13	海城国家应用气象观测站(农业)	Y0112
14	崇兴国家应用气象观测站(农业)	Y0113
15	立岗国家应用气象观测站(农业)	Y0114
16	李俊国家应用气象观测站(农业)	Y0115
17	通伏国家应用气象观测站(农业)	Y0116
18	小坝国家应用气象观测站(农业)	Y0117
19	宣和国家应用气象观测站(农业)	Y0118
20	头闸国家应用气象观测站(农业)	Y0119
21	姚伏国家应用气象观测站(农业)	Y0120
22	马莲渠国家应用气象观测站(农业)	Y0121
23	中河国家应用气象观测站(农业)	Y0122
24	红河国家应用气象观测站(农业)	Y0123
25	古城国家应用气象观测站(农业)	Y0124
26	渠口国家应用气象观测站(农业)	Y0125
27	大坝国家应用气象观测站(农业)	Y0126
28	河西国家应用气象观测站(农业)	Y0127
29	头营国家应用气象观测站(农业)	Y0128
30	白马国家应用气象观测站(农业)	Y0129
31	枸杞研究所国家应用气象观测站(农业)	Y0200
32	燕子墩国家应用气象观测站(农业)	Y0201
33	河西国家应用气象观测站(农业)	Y0202
34	豫海国家应用气象观测站(农业)	Y0203
35	河西国家应用气象观测站(农业)	Y0204
36	下马关国家应用气象观测站(农业)	Y0205
37	三营国家应用气象观测站(农业)	Y0206
38	黑城国家应用气象观测站(农业)	Y0207
39	七营国家应用气象观测站(农业)	Y0208
40	兴仁国家应用气象观测站(农业)	Y0209
41	镇罗国家应用气象观测站(农业)	Y0210
42	大战场国家应用气象观测站(农业)	Y0211
43	百瑞源枸杞国家应用气象观测站(农业)	Y0212
44	宁安国家应用气象观测站(农业)	Y0213

续表

序号	站名	站号
45	宁安国家应用气象观测站（农业）	Y0214
46	天景山国家应用气象观测站（农业）	Y0215
47	东塔国家应用气象观测站（农业）	Y0216
48	临河国家应用气象观测站（农业）	Y0217
49	园艺场国家应用气象观测站（农业）	Y0218
50	王团国家应用气象观测站（农业）	Y0219
51	丁塘国家应用气象观测站（农业）	Y0220
52	迎水桥国家应用气象观测站（农业）	Y0221
53	石空国家应用气象观测站（农业）	Y0222
54	永康国家应用气象观测站（农业）	Y0223
55	贺兰山农牧场国家应用气象观测站（农业）	Y0224
56	惠安堡国家应用气象观测站（农业）	Y0225
57	高沙窝国家应用气象观测站（农业）	Y0226
58	青山国家应用气象观测站（农业）	Y0227
59	冯记沟国家应用气象观测站（农业）	Y0228
60	寨科国家应用气象观测站（农业）	Y0229
61	张易国家应用气象观测站（农业）	Y0230
62	兴隆国家应用气象观测站（农业）	Y0231
63	草庙国家应用气象观测站（农业）	Y0232
64	城阳国家应用气象观测站（农业）	Y0233
65	杨河国家应用气象观测站（农业）	Y0234
66	大湾国家应用气象观测站（农业）	Y0235
67	南华山国家应用气象观测站（农业）	Y0236
68	西华山国家应用气象观测站（农业）	Y0237
69	蒿川国家应用气象观测站（农业）	Y0238
70	贺兰山东麓国家应用气象观测站（农业）	Y0239
71	美御酒庄国家应用气象观测站（农业）	Y0240
72	留世酒庄国家应用气象观测站（农业）	Y0241
73	李俊国家应用气象观测站（农业）	Y0242
74	闽宁国家应用气象观测站（农业）	Y0243
75	玉泉营国家应用气象观测站（农业）	Y0244
76	中粮长城云漠酒庄国家应用气象观测站（农业）	Y0245
77	贺东庄园（葡萄）国家应用气象观测站（农业）	Y0246
78	新庄集国家应用气象观测站（农业）	Y0247
79	新庄集国家应用气象观测站（农业）	Y0248
80	柳泉国家应用气象观测站（农业）	Y0249
81	御马葡萄酒基地国家应用气象观测站（农业）	Y0250
82	西鸽酒庄国家应用气象观测站（农业）	Y0251
83	禹皇酒庄国家应用气象观测站（农业）	Y0252
84	广武金沙湾农业综合开发区国家应用气象观测站（农业）	Y0253
85	红寺堡国家应用气象观测站（农业）	Y0254
86	关桥国家应用气象观测站（农业）	Y0255
87	常乐国家应用气象观测站（农业）	Y0256
88	香山国家应用气象观测站（农业）	Y0257
89	兴仁国家应用气象观测站（农业）	Y0258
90	永康国家应用气象观测站（农业）	Y0259

序号	站名	站号
91	喊叫水国家应用气象观测站（农业）	Y0260
92	白马国家应用气象观测站（农业）	Y0261
93	天景山国家应用气象观测站（农业）	Y0262
94	习岗国家应用气象观测站（农业）	Y0500
95	大泉林场国家应用气象观测站（农业）	Y0501
96	良田国家应用气象观测站（农业）	Y0502
97	掌政国家应用气象观测站（农业）	Y0503
98	李俊国家应用气象观测站（农业）	Y0504
99	红果子国家应用气象观测站（农业）	Y0505
100	庙台国家应用气象观测站（农业）	Y0506
101	城关国家应用气象观测站（农业）	Y0507
102	郭桥国家应用气象观测站（农业）	Y0508
103	金积国家应用气象观测站（农业）	Y0509
104	红寺堡国家应用气象观测站（农业）	Y0510
105	瞿靖国家应用气象观测站（农业）	Y0511
106	彭堡国家应用气象观测站（农业）	Y0512
107	红河国家应用气象观测站（农业）	Y0513
108	神林国家应用气象观测站（农业）	Y0514
109	西安国家应用气象观测站（农业）	Y0515
110	东园国家应用气象观测站（农业）	Y0516
111	新堡国家应用气象观测站（农业）	Y0517

（二）观测项目和任务

观测项目：土壤水分、地温、温度、湿度、风向、风速、降水、光合有效辐射、总辐射、二氧化碳浓度、红外冠层温度。

观测任务：开展优质粮食和草畜、蔬菜、枸杞、葡萄等核心种植区农业气象服务小气候观测及实景观测，提高农业气象服务小气候观测和作物生长状况、灾害发生情况的自动监测、数据收集处理分析能力，更好地发挥气象为农服务的作用。

（三）观测仪器

使用的仪器主要为 DZZ4 型自动观测站和 DZN2 型自动土壤水分观测仪。

五、闪电定位监测

（一）站点布局

宁夏气象局于 2006 年 10 月建成闪电定位监测系统，2007 年 1 月投入运行。该系统由布设在银川、中卫、同心、盐池、六盘山的 5 套闪电探测仪和布设在宁夏气象局的数据接收处理中心站组成。

（二）观测项目和任务

宁夏闪电定位监测系统通过 5 套闪电探测仪对全区进行实时地闪闪电定位监测，监测到的回击电磁波信息和 GPS 时间信息传送到中心站，经过中心站数据处理系统的计算处理，得到地闪发生时间、经纬度、雷电流极性、峰值强度、雷电流上升陡度等参数，为预报服务提供准确、客观、定点、定量化的雷电观测数据，提升在雷电预警服务方面的科技含量和可靠性。

（三）观测仪器

设备选用中国科学院国家空间科学中心的 ADTD 型闪电探测仪。

第六章　气象预报

第一节　天气预报业务

全区天气预报业务分为区级和市、县级两级,分别由宁夏气象台和市、县气象台承担,形成"两级布局、一级集约"的上下协同、集约高效的扁平化天气预报业务布局。

一、各级气象台天气预报业务职责

宁夏气象台是全区灾害性天气监测预警中心、天气预报产品制作中心和天气预报技术指导中心。负责区级灾害性天气的监测预警、联防协作及重大天气预报服务的实时组织指挥;承担区级灾害性天气监测预警、智能网格预报业务,负责全区短时临近预报(指导预报)预警产品和区级灾害性天气预警、气象灾害风险预警的制作发布,全区智能网格预报产品的制作和滚动更新;指导市、县气象局发布灾害性天气预警及气象灾害风险预警;组织全区天气预报会商;负责天气预报技术研发、数值预报解释应用、预报产品检验评估以及向市、县级气象台提供预报技术指导和预报人员交流培训等工作。

市、县气象台负责本行政区内灾害性天气的跟踪监测预警服务,负责发布本行政区的短时临近天气预报、灾害性天气预警及气象灾害风险预警;开展短时临近天气预报会商联防;应用区级预报产品,负责开展本行政区 0～6 小时实况订正和应用服务。1992 年,气象台预报人员开展气象预报分析,见图 6-1。

二、天气预报发展历程

(一)区级天气预报

宁夏气象台建台之初至 20 世纪 80 年代,天气预报由经验预报为主的传统预报逐步向数值预报为主的现代预报转变,预报工具、预报技术、预报方法不断发展。

80 年代中期之后,宁夏天气预报得到较快发展,采取计算机传输系统,宁夏气象台开展实时业务系统建设,建成自动填图系统、实时资料库系统、图形显示系统、卫星雷达数字化系统、短中长期和短时业务系统以及服务系统。1990 年 2 月,宁夏气象台的实时业务系统经过调试,逐步投入业务试用。1991 年,自动填图系统投入业务运行,实现天气图自动填图。1998 年,宁夏 MOS 法解释应用的客观定点定量预报产品投入业务使用,开始制作发布分县要素预报。1998 年 7 月,短期预报 MICAPS 人机交互系统工作平台投入业务运行,结束天气图只能靠手工分析的历史。取消纸制高空天气图分析。

进入 21 世纪以来,天气预报方法发生巨大变化,数值预报快速发展,数值预报产品广泛应用于天气预报,宁夏天气预报技术完成由传统手工为主的定性分析方式向智能化、客观、定量分析方向迈进的重大变革,天气预报业务体系日益完善。2003 年 8 月,银川新一代天气雷达投入业务试运行,开始与国土资源部门联合发布地质灾害气象条件预报。2005 年,视频会商系统正式投入业务,开始开展可视化天气会商。2006 年,宁夏气象局出台《宁夏气象局预报预测岗位考核办法》,开始开展预报预测业务人员岗位考核工作。2010 年,宁夏开展天气预报员上岗资格认证,对通过考核的天气预报员颁发天气预报员上岗资格证书。2012 年,宁夏天气预报质量评定系统、宁夏灾害性天气查询系统投入业务,宁夏开始开展天气预报逐日检验评估与评定业务。2013 年,正式开展山洪地质灾害气象风险预警业务、空气污染气象条件预报预警业务。2014 年开始,宁夏开展天气预报业务集约化调整,重点加强区级预报产品制作和指导职能,强化市县级天气监测预警和对区级天气预报的实况订正、应用服务职能;同年,"区市县三级集约化预报业务平台"投入业务运行。2016 年,宁夏开展预报员转型发展试点,按照"优化业务促集约、增加总量优结构、搭建平台提智能、健全机制强能力、转型发展见成效"的总体思路,推进预报员转型发展;同年,宁夏智能化集约化预报业务平台投入业务运行。2018 年年底,天气预报由传统的站点预报正式转变为空间分辨率达 5 千米、1 千米的智能网格预报。

(二)市、县级天气预报

20 世纪 90 年代,宁夏天气预报业务调整为区气象台制作城镇指导预报产品,地市级气象台订正并反馈本区域城镇订正预报产品,县级气象台站基于地市级订正预报产品开展实况订正和应用服务工作,形成区、市、县三级天气预报业务布局。

2014—2016 年,宁夏推进天气预报业务集约化调整,将预报产品制作向区级集约,形成宁夏气象台负责制作天气预报产品和预警指导产品,市、县级气象台负责应用区级预报产品开展天气监测预警、实况订正和应用服务工作的两级业务布局。2017 年 7 月,石嘴山市气象台预报员分析天气情况,见图 6-2。

图 6-1　1992 年,气象台预报人员开展
气象预报分析

图 6-2　2017 年 7 月,石嘴山市气象台预报员
分析天气情况

三、短时临近预报预警

短时临近天气预报是指对未来 0～12 小时天气过程和气象要素变化状态的预报。其中,0～2 小时预报为临近天气预报。宁夏 2005 年开始开展短时临近预报业务、6 小时雷达定量降水估测业务,发布气象灾害预警信号。2008 年,宁夏突发灾害性天气实时监测预警短信平台投入业务运行。2009 年,建立完善雷达定量降水及短临预报业务系统,SWAN 系统投入业务试运行。2011 年,开展宁夏短时临近预报质量检验业务。

宁夏短时临近天气预报业务主要包括监测分析、预报制作、预警发布、会商联防和检验评估等业务。工作重点是短时强降水、冰雹、雷雨大风、龙卷、雷电、大雾等灾害性天气的监测预报预警。预报产品内容主要包括基本气象要素(降水、气温、风、相对湿度、能见度、云量等)预报和灾害性天气落区(类型、时段、强度、影响区域)预报。主要利用雷达、卫星、自动气象站、闪电定位仪等各类观测资料和数值预报产品,综合运用多模式集成、客观外推等预报方法和大数据分析、人工智能等新技术,依托短时临近天气预报业务系统,制作发布短时临近天气预报预警产品。

短时临近天气预报业务在宁夏执行区级和市、县级两级布局。其中,宁夏气象台负责组织开展全区短时临近天气预报会商联防,跟踪监测本区灾害性天气,制作发布全区灾害性天气短时临近天气预报预警产品,为市、县气象台提供技术指导和支撑产品;负责制作全区气象灾害预警信号和气象风险预警产品。市、县气象台负责跟踪监测本行政区灾害性天气;负责应用上级业务指导产品,制作发布本行政区的短时临近天气预报产品;负责应用上级业务指导产品,发布气象灾害预警信号和气象风险预警产品;开展短时临近天气预报会商联防。

宁夏气象台每小时制作下发逐小时全区短时天气指导预报产品;每天 06、12 时定时制作下发全区 0～6 小时短时预报,18 时定时制作下发全区 0～12 小时短时预报,并根据天气变化及时滚动更新。当预计发生或者已发生重大灾害性天气时,发布气象灾害预警产品,增加短时预报制作下发和发布频次。预计发生或者已发生灾害性天气时,各级气象台发布气象灾害预警产品,同时根据天气系统的变化及时发布 0～2 小时的临近天气预报,并根据天气变化及时滚动更新。

四、中短期预报

短期天气预报是指预报时效在 72 小时以内的天气预报。中期天气预报是指预报时效在 4～10 天的天气预报。宁夏短期与中期天气预报现已融合为智能网格预报业务,是指预报时效 0～240 小时的天气预报。

1998 年 6 月,宁夏 MOS 法解释应用的客观定点定量预报产品投入业务应用,同年 7 月,宁夏开始制作发布短期分县要素预报,9 月开始开展中期逐日滚动过程预报业务。2000 年,宁夏开始向国家气象中心传送全区 20 个市县的城镇天气预报。

进入 21 世纪后,随着数值预报技术的发展,中短期预报精细化水平不断提升。2003 年,基于 T213 数值预报产品的省级 MM5 数值模式和 MOS 法解释应用的逐时客观定点定量预报产品投入业务应用,宁夏开始制作发布全区未来 24 小时内 6 小时间隔的精细化分县要素预报。2004 年,基于 T213 数值预报产品的 PP 法解释应用的逐日客观定点定量预报产品投入预报业务,开始制作发布 0～168 小时短中期逐日滚动分县要素预报;同年,开始开展短期灾害性天气及其次生灾害落区预报业务。2007 年,精细化天气预报业务系统建成,宁夏首次实现全区 206 个县、乡镇站点 0～168 小时的精细化预报。2011 年,基于经验指标的宁夏乡镇精细化预报自动订正平台投入业务运行,完成基于 EC 的 MOS 精细化预报产品开发。2012 年 5 月起,开始开展大城市逐 6 小时精细化气象要素预报业务。2014 年,乡镇精细化预报从每天 2 次 72 小时 185 个站点扩展到每天 3 次 168 小时 217 个站点。2015 年 6 月起,正式开展全区行政村精细化要素预报业务,乡镇精细化要素预报纳入行政村精细化要素预报,使宁夏精细化要素预报空间分辨率进入 5 千米,站点达到 2400 多个。

随着智能网格预报的发展,2018 年起,城镇天气预报、行政村精细化预报等站点预报转为由智能网格预报转化生成。2020 年 5 月,大城市逐 6 小时精细化气象要素预报业务被取消。

五、数值预报模式

(一)数值预报模式产品

20 世纪 80 年代,宁夏开始接收中央气象台发布的数值形势预报产品,用于短期天气预报业务。接收到的模式产品主要有中国 A 模式、B 模式,欧洲数值模式、日本数值模式等传真图。90 年代中期以后,中央气象台先后下发国产模式 T63、T106、T213、T639 数值预报模式产品。2010 年起,中国开始研发全球/区域通用数值天气预报系统(GRAPES),2016 年正式业务化运行并面向全国下发产品,包含 GRAPES_GFS 全球模式、GRAPES-MESO 中尺度区域模式、GRAPES 全球集合预报、GRAPES 区域集合预报等产品。北京、上海、广东 3 个区域气象中心分别研发高分辨率中尺度数值模式,即华北、华东、华南区域模式,供各省应用。国外数值模式产品增加美国 NCEP、德国等模式。

(二)宁夏本地中尺度数值预报模式

宁夏在 2007 年引进上海台风研究所 9 千米空间分辨率的"上海特奥模式",通过本地化移植和改进,发展成为宁夏中尺度数值预报模式 WRF(Weather Research Forecast)。2010 年,宁夏中尺度 WRF-RUC 正式业务化。2011 年,建立宁夏 WRF 模式产品本地化指标体系,完成 WRF 冬、夏状态切换并提高运行频率,开发基于 WRF 的乡镇精细化预报 DMO、宁夏 WRF 模式降水集合产品。2013 年,完成 WRF-9 千米、WRF-3 千米、WRF-RUC、WRF 集合预报的开发与业务运行。

2017 年,引进兰州大学雷达资料快速同化模块,开展基于 WRF-NX 和 C 波段雷达资料的快速同化技术研发,改进宁夏 WRF 模式的快速循环同化预报系统。2019 年,开展风云卫星资料同化技术研发。2020 年,实现 GRAPES 模式驱动 WRF 及逐时快速循环同化更新技术,完成基于 WRF 模式的强对流天气逐时格点落区预报产品研发。

检验结果表明,宁夏 WRF 在 24 小时时效内的强降水、风力预报方面平均预报性能优于全球数值预报模式,为宁夏短时、短期精细化预报提供重要技术支撑。

六、智能网格预报

智能网格预报是指有别于传统的疏密不均的站点定性预报和描述性预报,依托高时空分辨率数值模式,利用智能化集约化预报业务平台,制作发布的定量化、格点化预报,公众可随时随地获得基于位置的精细化气象要素预报服务。宁夏无缝隙、全覆盖、精准化、智慧型天气预报技术体系框架,见图 6-3。

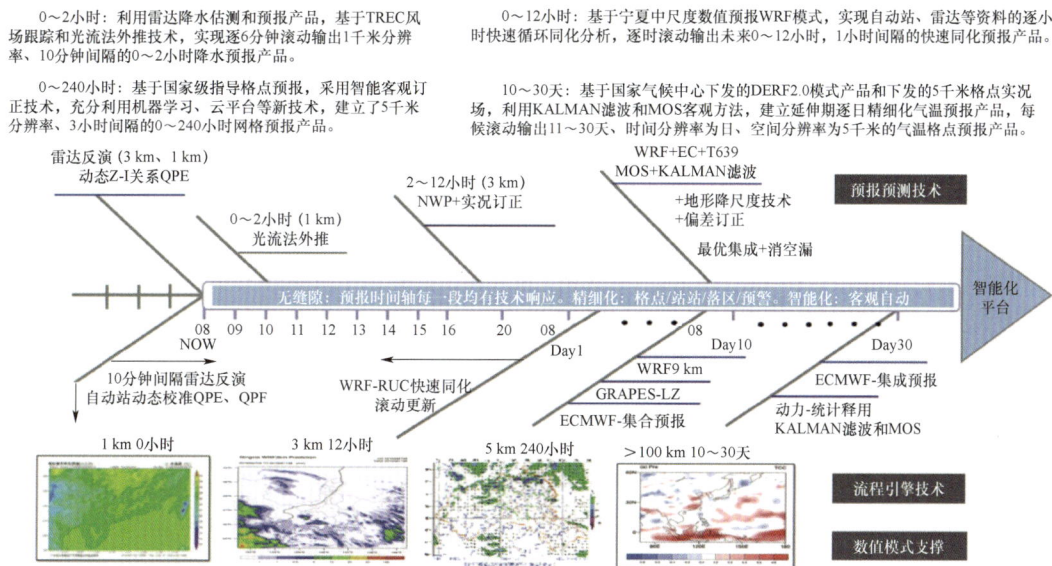

图 6-3　宁夏无缝隙、全覆盖、精准化、智慧型天气预报技术体系框架

2016 年宁夏开始开展格点精细化气象要素预报业务,以 SWAN 雷达外推产品、宁夏 WRF 中尺度数值预报模式、欧洲中心数值模式预报产品和观测数据为基础,建立温度、降水、湿度、风等气象要素精细网格化预报客观订正模型。

2017 年,宁夏大力推进精细化气象格点预报能力建设,以宁夏 WRF、ECMWF 等数值预报模式预报产品为基础,研发基于国家级格点指导预报动态检验与地形、气候、实况综合订正的 0～240 小时精细网格预报技术、基于 WRF-NX 和 C 波段雷达资料的快速同化技术、基于雷达外推与定量降水估测预报相结合的 0～2 小时降水格点预报技术,初步建立全区 0～2 小时逐 10 分钟、2～12 小时逐 1 小时、12～72 小时逐 3 小时、72～240 小时逐 6 小时全区 5 千米×5 千米、1 千米×1 千米的智能网格预报产品体系。2017 年 9 月 15 日开始,开展智能网格预报与站点预报的双轨业务运行。2018 年 12 月 10 日起,宁夏智能网格预报正式单轨业务运行。2019 年以来,在《宁夏天气预报技术体系发展规划(2019—2025)》确定的宁夏智能网格预报技术路线下,开展基于 WRF 模式的强对流天气逐时格点落区预报产品、GRAPES 模式驱动 WRF 及逐时快速循环同化更新技术、基于中央台指导预报和 EC 模式的 MOS 格点温度预报、融合分区最佳消空与配料的多模式最优集成降水预报订正技术等智能网格预报技术研发。

宁夏现行智能网格预报业务主要产品有:全区 0～2 小时逐 10 分钟、2～12 小时逐 1 小时、240 小时内逐 3 小时网格精细化气象要素预报。宁夏气象台负责制作、上传、下发全区智能网格要素预报,市县级气象台负责对智能网格预报转化的站点预报产品进行实况订正,开展服务。

宁夏气象台发布的网格预报产品主要有两部分。

短时临近预报产品:快速滚动更新的 0～2 小时逐 10 分钟间隔、水平分辨率 1 千米和 2～12 小时逐小时间隔、水平分辨率 1～5 千米的突发灾害性天气落区监测预警和气象要素网格预报产品。

短中期预报产品:0～240 小时逐 3 小时间隔,空间分辨率 5 千米的气象要素(重点为降水、气温、风向、风速、相对湿度、能见度等)和灾害性天气(强降水、大风、高温、强降温、沙尘等)网格预报产品。

短中期网格预报每天发布两次(06、17 时)。0～12 小时 1 千米分辨率的降水、气温网格预报为逐小时滚动更新。0～2 小时 1 千米分辨率降水格点预报产品为逐 6 分钟滚动更新。

第二节 气候预测业务

一、气候监测与预测发展历程

1996 年 11 月,宁夏气候资料中心更名为宁夏气候中心(宁夏气象档案馆),负责开展气候变化、诊断和气候影响评价以及气候应用、短期气候预测和咨询服务;负责向自治区党政部门提供决策气候服务。1991—1999 年期间开展宁夏月、季、年气候影响评价、气候异常诊断分析、短期气候预测业务工作。

2010 年 4 月,为加强气候和气候变化工作,在确保气候预测基础业务的同时,重点开展极端气候事件监测指标、评估方法研究与系统建设,制定宁夏极端天气气候事件指标体系,初步建立包括极端高温、低温、降水、干旱等天气气候事件监测业务平台。进一步完善宁夏气候业务平台——短期气候预测部分,继续开展逐月短期气候预测工作的诊断分析评估工作。在气候变化规律研究上,重点开展极端气候事件变化规律研究。在进一步深入分析大气环流、海温与宁夏气候异常关系的基础上,初步建立冬、春季气温与大气环流、海温异常关系的概念模型。开展热带印度洋海表面温度对西北地区东部降水影响的研究,多时间尺度干旱监测与预警、评估技术研究,宁夏三河源地区气候变化规律、干旱化发展趋势与防治对策研究等。

2011 年,加强极端天气气候的监测,制定实用于宁夏气候特点的干旱监测标准,进一步改进 CI 干旱指数在宁夏的本地化应用。建立宁夏极端天气气候事件监测业务系统,提出宁夏应对极端气候事件及气象灾害的对策建议,整体提升宁夏极端天气气候事件、气象灾害的监测、诊断分析、预测、预警与应对能力,为构筑宁夏防灾减灾的第一道防线提供科学支撑。

2012 年,完成中国气象局国家气候中心推广的"极端天气气候事件监测预测业务平台"的本地化应用;完成气候业务内网建设和 CIPAS 数据库、应用服务器软硬件采购、安装部署并开展本地化应用。完成各种干旱指标在宁夏的适应性分析,对适宜宁夏的 CI 综合气象干旱指标进行本地化修订。

2013 年,建立长 z 文件自动接收、解报业务工具,实现与实时监测业务系统的对接;依托中国气象局的技术支撑,完成极端天气气候事件系统 2.1 和 2.2 版本的升级;开展干旱预测业务,实现全区自动站的 CI 干旱监测;本地化 MODES 预测业务平台,并在预测业务中应用;进一步完善及本地化 CIPAS 综合业务系统;开展月内强降水过程预测业务,完成预测系统的本地化安装及应用。

2014 年,"月内重要过程与趋势预测业务系统"正式投入业务化运行;完成 MCI 系统的数据库配置及安装;实现 CEMS2.2.1 版本的升级;完成 FOADS1.0 系统的安装及 MODES 系统的改进,利用 CIPAS 系统实现 MODES 和 FODAS 预测系统的数据推送。7 月联合气象台开展无缝隙天气预报业务,首次在区内实现中期、短期、短时、临近天气预报与短期、长期气候预测的无缝隙连接;完成"宁夏极端气候事件监测系统"数据库的改版。

2015 年,完成"宁夏极端气候事件监测系统"数据库的改版,增加首场透雨、初终霜冻日期、四季入季等监测功能。完成极端天气气候事件监测业务系统(CEMS)升级版的本地化应用。完成宁夏暴雨和冷空气监测指标集成。完成动力与统计集成的季节气候预测系统(FODAS)及多模式解释应用集成预测系统(MODES)的本地化应用及改进。

2016 年,通过对宁夏春季霜冻发生时 500 hPa 高度场环流分布进行总结,归纳出基于"150 天韵律预测方法"的宁夏春季霜冻 500 hPa 高度场异常分布型,进一步补充完善月内重要过程与趋势预测业务系统(MAPFS)。基于前期环流特征量指数建立 7—9 月降水预测概念模型;在进一步深入分析大气环流、海温与宁夏气候异常关系的基础上,完善冬、春季气温与大气环流、海温异常关系的概念模型;基于前期海温异常建立汛期降水预测概念模型。在宁夏主模态降水异常与大气环流异常关系研究的基础上,建立主模态降水异常的概念模型,并应用到多模式解释应用集成预测系统(MODES)中。

2017 年,建立基于前期海温异常的月内强降水客观预测模型,并投入业务使用。对月 MAPFS 进行本地化应用及改进技术研究,初步建立适合宁夏的延伸期预测业务平台,实现中期天气预报与短期气候预测的无缝隙衔接。引进天文动力诊断预测技术,初步建立延伸期重要天气过程的概念模型。建立基于前期大气环流、强迫因子异常的宁夏24个国家级气象站逐月降水客观预测模型,并投入业务应用。在智能化气候业务系统框架下,研发"气候预测与检验评估业务系统"(测试版),投入业务试运行。在宁夏气候业务智能化系统建设一期工作的基础上,形成全面的宁夏智能化气候综合业务功能需求书(气候预测子系统)。基于MOS方法,对DERF2.0预测产品进行解释应用,建立预测模型。积极开展预测技术研究,为贫困县提供旬、月、季和农事关键期气候预测服务。

2018年,积极推进最新科研成果应用转化,智能化气候监测系统、月尺度降水客观化预测系统、西北地区东部降水预测系统等相继投入业务运行,为气候预测提供技术支撑。开展监测指标本地化研究,改进MCI气象干旱指数,继续完善智能化气候监测评价业务系统。探索研究宁夏夏季极端强降水事件变化规律及成因,确定导致不同时段强降水事件变化的大气环流因子及影响的海温关键区,揭示海温影响大气环流进而影响极端强降水事件的可能物理过程。建立DERF2.0客观化预测方法。加强模式产品的解释应用,研发动力与统计相结合的月及延伸期降水预测技术,进行月尺度客观化预测产品检验评估。开展S2S多模式产品的评估、应用业务试验,开展CFSv2模式产品的本地化解释应用工作技术方法研究。

2019年,完善智能化气候业务系统,优化了气候监测评价模块,并投入业务运行。改进了诊断分析模块,完成了客观化气候预测模块功能设计,研发了基于气候模式产品的延伸期—月客观预测模块,现已进入上线测试阶段。另外,开展气候预测关键技术研究,组织编制了《宁夏气候预测技术体系发展规划(2020—2025)》;基于CFSv2产品,研发了宁夏旬、候、日降水滚动客观预测技术。开展了基于场信息耦合的降尺度方法的应用研究,初步建立汛期降水预测模型。完成了宁夏典型年夏季持续极端高温事件气候成因分析。建立了候降水量客观预测模型,并集成到CIPAS系统中。开展了海冰对宁夏冬季极端低温的影响研究。开展了次季节—季节(S2S)产品应用试验和检验评估,提高了对季节内到季节尺度预测的认识和服务能力。

2020年,建立了动力与统计相结合的汛期降水和冬季气温预测模型,开展CFSv2模式产品在西北东部月降水解释应用研究。基于BCC二代预测模式,检验评估了不同起报时段模式对未来1~12个月宁夏气温、降水的预测能力。加强气候异常成因分析,分析热带太平洋ENSO、印度洋IOBM、北大西洋三极子海温异常与宁夏降水的关系,完善气候预测指标和模型。完善智能化气候业务系统,提升信息化、客观化水平,优化监测评价模块。完善预测系统诊断分析和气候背景分析模块,建立统计分析算法库、预测指标库及相应的月预测客观模型,实现外强迫因子自动分析。气候监测预测业务流程见图6-4。

二、气候监测

主要对高温、低温、霜冻、强降水、连阴雨、干旱、首场透雨、季节早晚、沙尘等异常天气现象及其他极端天气气候事件开展监测,通过查询智能化气候监测与评价业务系统,实时掌握各类天气气候事件的异常情况,不定期形成各类气候监测报告等。

目前气候监测工作利用智能化气候监测与评价业务系统,完成数据资料自动接收、气候监测数据统计查询、气候评价材料自动生成、气候监测与服务产品定期生成和入库等。

(一)重点内容

1. 季节监测

入春监测:上半年首次连续5日平均气温≥10 ℃时,从3月初开始实时监测入春情况。

入夏监测:上半年首次连续5日平均气温≥22 ℃时,从5月开始监测入夏情况。

入秋监测:下半年首次连续5日平均气温<22 ℃时,从7月下旬开始监测入秋情况。

入冬监测:下半年首次连续5日平均气温<10 ℃时,从9月开始监测入冬情况。

2. 首场透雨监测

日降水量≥10毫米的降水为透雨。从3月开始监测首场透雨出现时间。

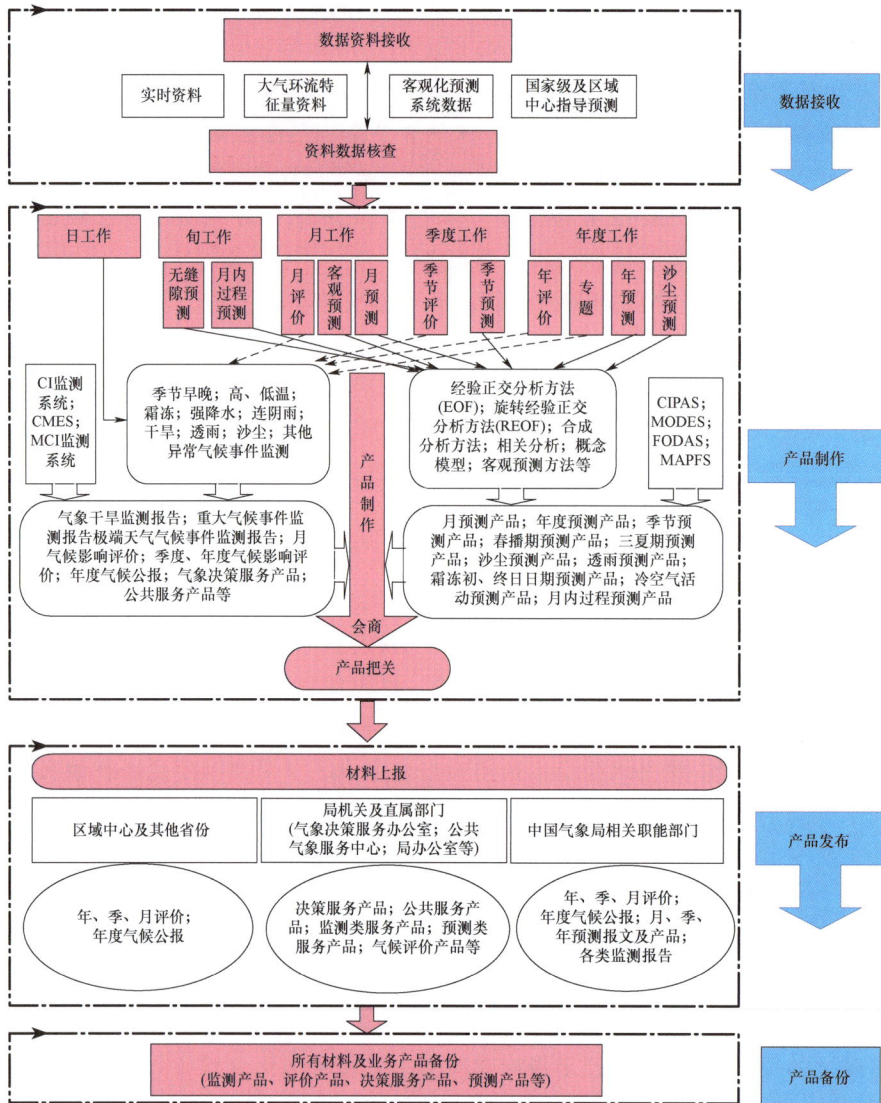

图 6-4　气候监测预测业务流程

3. 首场降雪监测

入秋后首场降雪出现日期。

4. 干旱

常年持续监测气象干旱情况。

5. 高、低温

5 月开始监测高温（日最高气温≥35 ℃）；11 月开始监测低温（小于或等于低温极端阈值的日最低气温）。

6. 沙尘

全年监测沙尘天气。

7. 霜冻

4 月开始监测春季霜冻；9 月开始监测初霜的日期及霜冻。

（二）监测产品

气候监测业务主要是不定期制作各类决策服务产品和监测产品。监测产品包括《极端天气气候事件监测报告》《气象干旱监测报告》《重要气候信息》等。

三、延伸期(10~30天)预报

宁夏依托 NCEP、Hadley 等再分析数据,大气环流、海温、积雪、海冰等指数,宁夏气象站点历史、实时观测数据,以及国家气候中心下发的 BCC、CFS、DERF 等模式预测产品,开展宁夏延伸期天气演变机理和可预报问题研究。

物理统计预测技术:根据大气低频的原理,引进并建立宁夏 150 天韵律延伸期重要天气过程预测方法;基于对流层、平流层典型大气环流场与宁夏延伸期重要天气过程的统计关系,建立春季强降温、5—9 月强降水过程统计预测概念模型;在已有印度洋、热带太平洋关键海区与宁夏关键时段降水关系研究成果的基础上,初步建立基于前期海温的宁夏月内强降水过程预测模型。

模式解释应用技术:基于宁夏历史降水、气温观测资料与气候模式历史回算数据之间的统计结果,构建宁夏 DERF、CFS 模式预测产品误差估计、误差订正方法,引进建立精细化到县的宁夏 11~30 天重要天气过程预测模型与技术方法。

四、月、季、年、次季节预测

随着科学技术的发展和气候业务现代化建设,宁夏初步形成较完整的月、季气候预测业务,气候预测技术支撑能力不断增强。开展基于外强迫因子(海温、积雪、海冰等)异常对宁夏月、季尺度的气温、降水影响机理研究,建立预测指标和概念模型。宁夏气候预测技术体系总体技术框架见图 6-5。

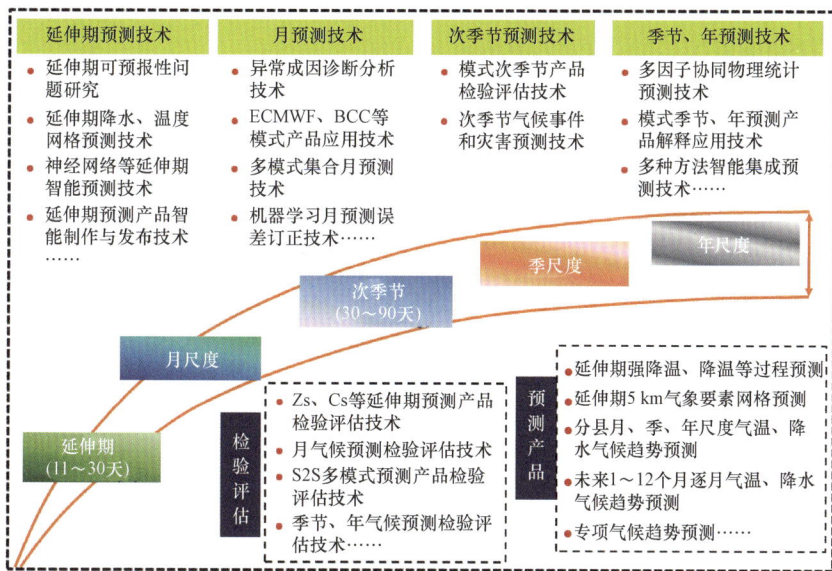

图 6-5　宁夏气候预测技术体系总体技术框架

(一)月预测

宁夏基于 NCEP、ECMWF、Hadley 等再分析数据以及站点观测数据,建立月气温、降水预测模型,开展海温、海冰等多因子协同影响宁夏气温、降水异常的成因及其机理研究。

物理统计预测技术:利用相关分析、周期分析等气候诊断方法,基本摸清海温、积雪、海冰等外强迫因子与宁夏月尺度气温、降水的关系,给出全球各主要海区海温异常模态与宁夏降水的联系,揭示热带太平洋、西北太平洋海温、热带印度洋、欧亚感热、青藏高原积雪感热、格陵兰海冰等外强迫因子影响宁夏降水的成因及其物理机制。初步建立宁夏月尺度气温、降水关键影响因子数据库,构建海温、海冰、感热、积雪等外强迫因子影响宁夏降水、气温的预测概念模型,建立逐月降水客观化预测模型和外强迫因子综合相似预测技术。

模式解释应用技术:利用宁夏历史降水观测资料,对不同起报时间的 DERF 和 CFS 气候模式月降水预测产品在宁夏的预测性能进行检验评估,采用 MOS 法开展动力与统计相结合的月降水预测技术研究。

(二)季节、年预测

宁夏利用多源观测和再分析历史数据,研究宁夏气候背景和变化规律,开展气候异常成因诊断和季节、年气候可预测性研究;基于统计学原理、物理气候学方法、开展物理统计预测和概念模型预测技术研究。

气候异常成因诊断:利用相关分析、周期分析等气候诊断方法,对宁夏异常气候成因进行诊断,揭示海温、积雪、海冰等外强迫因子与宁夏季尺度气温、降水的相关关系及其物理机制,以及海温与宁夏季节性重大干旱的相关关系。

气候背景和规律研究:利用趋势分析、气候突变检验、周期分析、时空结构分离等数理统计方法,开展宁夏季节和年气温、降水、极端气候事件和气象灾害背景及时空变化规律研究,揭示气候变暖以来的气候特征。

专项气候趋势预测:利用物理量相似、多因子相似等方法,建立宁夏季节尺度气温、降水气象要素、春季沙尘(暴)趋势、春季终霜结束日期、首场透雨日期等专项物理统计预测模型,在此基础上建立客观化和概念预测模型。

模式降尺度预测技术:对国家气候中心推广的动力与统计相结合的季节气候预测系统(FODAS)、多模式解释应用季节预测系统(MODES)进行本地化应用,开展站点气温和降水趋势预测。

(三)次季节预测

基于宁夏气象站点气温、降水等气象要素历史、实时观测数据,基于国家气候中心下发的 S2S 多模式预测产品可视化系统提供的模式产品数据资料,开展 S2S 多模式产品的本地化应用和夏季高温过程预测业务试验。

五、关键期和重要过程预测

宁夏主要开展春季首场透雨、沙尘暴过程、初霜冻日期、终霜冻日期等专题预测技术指标研究。此外,还进行贺兰山东麓酿酒葡萄、中南部马铃薯主要经济作物关键生育期敏感气候要素的趋势预测技术研究。

(一)沙尘暴预测

对前一年春季到当年冬季气温、降水、气压场、高度场、海温场及前期大气环流特征量进行统计分析,挑选出相关显著且具有明显物理意义的因子建立春季沙尘暴物理统计预测模型,定性地描述各物理量与沙尘暴日数的关系,见图 6-6。

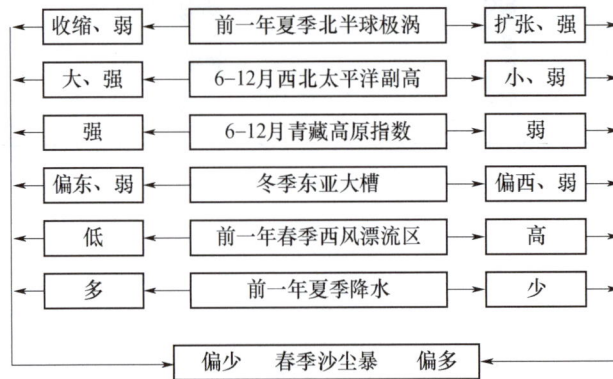

图 6-6　宁夏春季沙尘暴气候预测概念预测模型

(二)初、终霜冻日期预测

宁夏春季霜冻发生时对 500 hPa 高度场环流分布进行总结,归纳出基于"150 天韵律预测方法"的宁夏春季霜冻 500 hPa 高度场异常分布型。分析得出当赤道东太平洋海温为 ENSO 冷位相时,有利于宁夏初霜冻偏晚;夏季 5—7 月伊朗高压偏强时,有利于宁夏初霜冻偏晚;前期 5—7 月降水偏多,有利于宁夏初霜冻偏晚,反之偏早。建立全区春季终霜冻日期序列,对 26 项海温指数、其他 16 项指数及具有物理意义的大气环流指数进行普查筛选,确定对宁夏春季终霜冻日期有显著影响的因子,建立春季终霜冻日期的概念模型,见图 6-7。

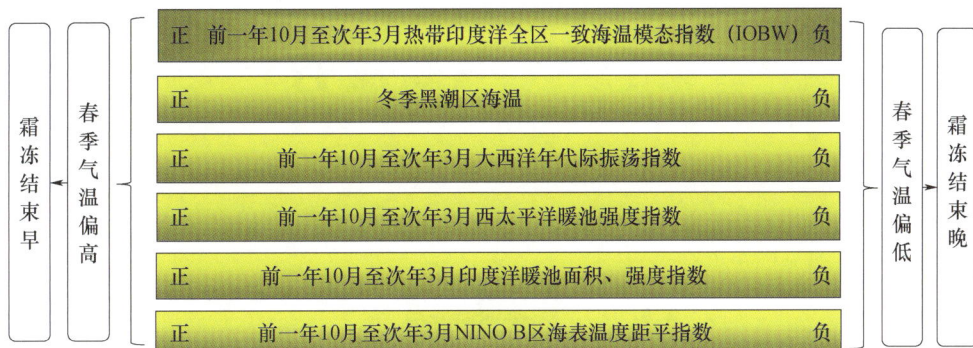

图 6-7　宁夏春季终霜冻日期概念模型

(三)春季首场透雨

宁夏春季首场透雨出现的早晚对海温有很好的响应,偏早年前期海温以暖水位相为主,偏晚年前期海温以冷水位相为主。上一年海温偏高的年份,次年宁夏春季首场透雨出现偏早,而上一年海温偏低的年份,次年宁夏春季首场透雨大都出现偏晚。此外,宁夏春季首场区域性透雨日期特迟年和特早年与当年春季降水呈反相关,首场区域性透雨特迟的年份春季降水以少为主,而特早年刚好相反,春季降水以多为主,即透雨早春季降水多,透雨迟春季降水少。

六、气候影响评价

(一)气候影响评价业务

根据中国气象局印发的《现代气候业务发展指导意见》(气发〔2011〕1 号)、《气候影响评价业务规定》(气发〔2004〕253 号)等规范及气候业务相关的管理规定和发展规划,制定气候评价业务相关规定。

气候评价业务主要是定期制作气候影响评价产品。各类产品的制作时间及发布时间见表 6-1。

月、季、年气候影响评价:(1)通过区局共享服务器指定目录进行发布;(2)上传国家气象业务内网"气候业务"栏目中"气候预测报文/气候影响评价产品上传下载系统";(3)通过 ftp 方式上传至公共气象服务中心;(4)上传宁夏气候监测评价系统"产品"栏目中进行。

年度公报:通过区局共享服务器对外发布;通过国家气象业务内网"气候业务"栏目中"气候预测报文/气候影响评价产品上传下载系统"进行上传。

表 6-1　气候评价产品发布时间

产品名称	发布时间	制作时间
月气候影响评价	每月 10 日 17:00 之前	每月 1—10 日
季气候影响评价	季度结束后的次月 15 日 17:00 之前	季节结束后次月 1—15 日
年气候影响评价	次年 1 月 15 日 17:00 之前	12 月中旬至 1 月 15 日
年气候公报	次年 1 月 31 日 17:00 之前发布电子产品	1 月 1—31 日

(二)气候影响评价产品

气候影响评价产品主要包括:《年气候公报》《月气候影响评价》《季气候影响评价》《年气候影响评价》等。

目前,月、季、年气候影响评价产品和年气候公报的内容主要包括摘要、基本气候概况、主要气候事件(高温、低温、干旱、暴洪洪涝、大风沙尘、霜冻、冰雹等)及其影响、气候对行业的影响评价(气候条件对农业、生态植被的影响,气候对水资源的影响,气候对交通、旅游业的影响,气候对人体舒适度的影响等)。除此以外,月和季节气候影响评价产品还增加"未来气候趋势预测及对策建议""最新气候热点"内容。

第七章 气象服务

按照气象服务的对象和内容,公共气象服务可划分为决策气象服务、公众气象服务和专业气象服务。公共气象服务架构示意图见图 7-1。

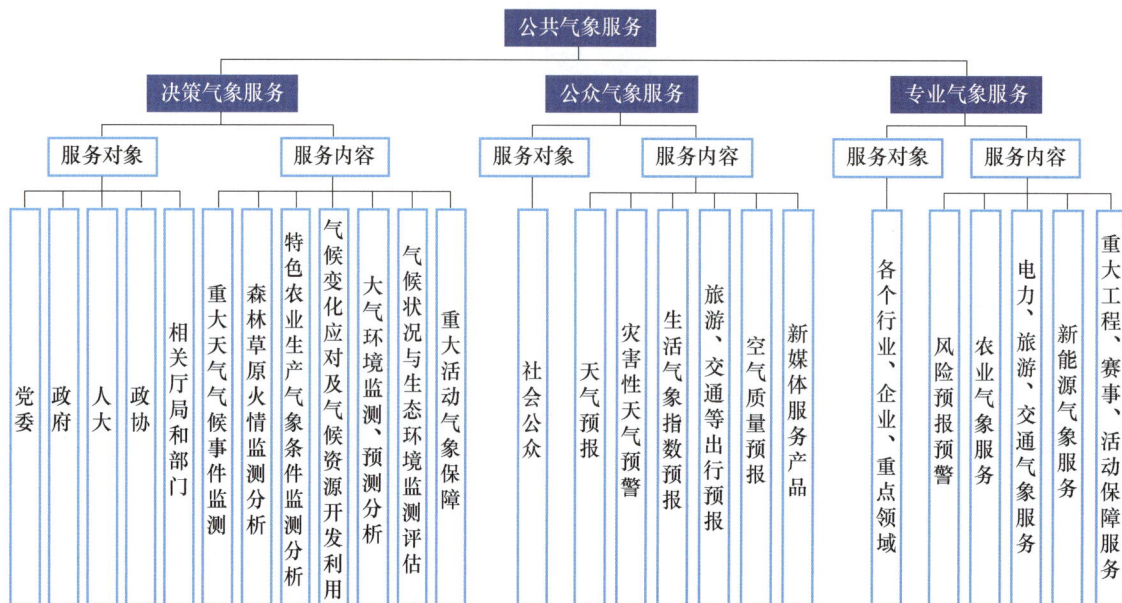

```
                          公共气象服务
        ┌──────────────────────┼──────────────────────┐
    决策气象服务              公众气象服务              专业气象服务
   ┌──────┴──────┐        ┌──────┴──────┐        ┌──────┴──────┐
 服务对象    服务内容    服务对象    服务内容    服务对象    服务内容
```

服务对象	服务内容	服务对象	服务内容	服务对象	服务内容
党委 / 政府 / 人大 / 政协 / 相关厅局和部门	重大天气气候事件监测 / 森林草原火情监测分析 / 特色农业生产气象条件监测分析 / 气候变化应对及气候资源开发利用 / 大气环境监测、预测分析 / 气候状况与生态环境监测评估 / 重大活动气象保障	社会公众	天气预报 / 灾害性天气预警 / 生活气象指数预报 / 旅游、交通等出行预报 / 空气质量预报 / 新媒体服务产品	各个行业、企业、重点领域	风险预报预警 / 农业气象服务 / 电力、旅游、交通气象服务 / 新能源气象服务 / 重大工程、赛事、活动保障服务

图 7-1 公共气象服务架构示意图

第一节 决策气象服务

一、决策气象服务沿革

1999 年,宁夏气象局成立决策气象服务领导小组,下设办公室,制定《宁夏气象局决策气象服务预案》。2005 年 6 月,宁夏气象局下发《关于成立宁夏气象局决策气象服务办公室的通知》(气发〔2005〕114 号),成立宁夏气象局决策气象服务办公室,挂靠宁夏气象台,把决策气象服务产品规范为《重要天气情况报告》《气象信息专报》《灾情快报》和《天气警报》4 类常规性材料和《专题报告》等重大决策气象服务材料。2014 年 3 月,宁夏气象局下发《宁夏气象局关于调整决策气象服务业务任务有关问题的通知》(气发〔2014〕11 号),将宁夏气象台承担的决策气象服务任务调整到宁夏气象服务中心,宁夏气象局决策气象服务办公室挂靠宁夏气象服务中心,把决策气象服务产品精简规范为《专题报告》《气象信息专报》和决策气象服务手机短信。

二、决策气象服务任务与内容

(一)决策气象服务主要任务

掌握全年决策气象服务各阶段工作重点;分析、研究气象情况和气象灾害对社会、经济发展的影响,分析决策气象服务需求,策划决策气象服务工作,提出决策气象服务建议;协调组织有关业务单位制作和提供综合性决策气象服务材料素材、前端产品;在有关业务单位实况监测分析、预报预测预估、气象情报与评价、灾情与灾害分析、影响评估、灾害风险评估产品基础上,制作和提供重大政治、社会、经济活动及全区大型会议所需综合性服务材料。《专题报告》以区局文件形式向自治区党委政府或有关领导报送重要气象监测预测及分析评估信息和建议。《气象信息专报》向自治区党委政府及有关决策部门上报关于党政领导重点关注的,对政府或有关部门决策有重大影响的重要气象监测、预报预测信息,重要综合性决策气象服务材料。决策气象服务手机短信以手机短消息形式向党政领导报送关于气象监测预测及预警方面的信息。

(二)决策气象服务主要内容

1. 重大天气气候事件监测

利用卫星遥感、常规气象资料及土壤墒情资料,对影响农作物生长的干旱、第一场透雨、霜冻、寒潮强降温、大风沙尘、冰雹、连阴雨、暴雨等重大灾害性天气气候事件监测分析和评估。

2. 森林草原火情监测分析

利用卫星遥感资料,实时预测森林草原火险,监测森林草原火情,为森林草原防火救灾提供科学决策依据。

3. 特色农业生产气象条件监测分析

根据酿酒葡萄、枸杞、设施农业等生产的气象指标,分析评估天气气候状况影响,为特色农业生产提供决策参考信息。

4. 气候变化应对及气候资源开发利用

分析气候变化对农业、生态的影响,分析评价太阳能、风能等清洁气候资源利用状况及潜力,为应对气候变化,发展清洁能源提供决策技术支撑。

5. 大气环境监测、预测分析

通过对沙尘、雾霾天气及其形成的气象条件分析,为提高空气质量提供监测分析和预测产品。

6. 气候状况与生态环境监测评估

利用卫星遥感、生态气象观测资料等开展植被、水体等生态环境状况监测和评估分析。

7. 重大活动气象保障

向春运、"两会"、中阿博览会等重大社会活动提供精细化气象保障服务。

三、决策气象服务事例

(一)专题气象服务

2008年,自治区政府在银川举办自治区成立50周年大型庆祝活动,全区各地也在9月中下旬开展一系列庆祝活动,中央代表团赴各市、县慰问。为保障自治区成立50周年大型庆祝活动顺利进行,宁夏气象局开展灾害性天气气候风险评估、每日滚动实时天气预报等气象保障服务工作,向党政领导及有关部门提供《重要天气情况报告》5期,编发《自治区50大庆专题气象服务》22期,为自治区成立50周年大庆圆满完成作出积极贡献。

(二)重大灾害性天气应对气象服务

1993年5月5日,全区大部分地区出现特大沙尘暴天气,区台提前3天发出大风预报,提前6小时报出强沙暴灾害,通过传真、电话、广播、天气警报系统等手段及时向党政部门及相关领导提供决策服务。自治区政府办公厅根据气象部门预报结论,向各地市县发出传真电报,要求采取措施,加强防范,减小危害。准确预报和及时服务,使全区遭受的损失减少到最低程度,取得突出社会效益。国务委员宋健对宁夏气象部门这次成功的预报服务给予表扬。

2014年4月下旬,宁夏出现大范围大风沙尘雨雪霜冻天气。宁夏气象局与农牧、林业等部门联合会商,及时向自治区及有关部门报送决策服务材料。自治区政府副主席屈冬玉在宁夏气象局呈报的《气象信息专报——4月24—27日大风沙尘雨雪霜冻天气影响评估报告》上作出批示:"此次低温冷害过程,由于气象预报准确,提早发布信息,农牧、林业部门和各县行动迅速、措施得当,加之降雨多,降温幅度小于预期,农作物、经果林受冻很少,只有彭阳、西吉、沙坡头等地的老旧温棚部分受损,有的质量差的被雪压垮,值得各地总结。感谢农林气的良好配合。"

2018 年 7 月 22 日午后至 23 日夜间,贺兰山银川至石嘴山段出现大暴雨,局地特大暴雨,累计雨量超过 200 毫米,西夏区贺兰山滑雪场雨强达 74.1 毫米/时,刷新宁夏有气象观测记录以来的日降水量极值。宁夏气象局于 7 月 22 日 22 时 50 分启动重大气象灾害(暴雨)Ⅲ级应急响应,23 日 5 时 30 分升级为 Ⅱ级应急响应。向自治区党委和政府报送《气象信息专报》3 期。自治区党委书记石泰峰作出批示:"要全力做好抗洪抢险救灾工作,妥善安排好转移群众的生活。气象等部门要密切关注雨情汛情变化,加强值班值守,强化防范应对措施,确保人民群众生命财产安全。"自治区政府主席咸辉批示:"要全力以赴,调动各方力量,按照应急预案,以最大努力做好防洪抗洪、抢险救灾工作。气象部门要密切监测天气变化,精准预报,为防洪减灾提供可靠的气象信息支撑,以最大限度减少损失。"及时有效的服务取得显著成效,有效减轻灾害损失,紧急疏散群众 5200 余人,没有人员伤亡。

(三)抗旱救灾气象服务

2011 年春季,宁夏遭遇严重干旱,中南部山区夏粮播种受到极大影响,人畜饮水告急。气象部门密切监测天气形势,5 月 6 日,对 5 月 7—9 日的降水天气过程做出分析预估,向党政部门报送《重要天气情况报告》,提出抓住降水有利时机抢墒播种的决策建议,并于 5 月 9 日、10 日连续向党政部门报送《气象信息专报》,提出根据墒情因地制宜扩大秋粮及牧草播种面积等建议。宁夏农牧厅于 5 月 7 日发出《做好抢墒播种的紧急通知》,及时准确的气象服务保障 26.7 万公顷马铃薯、7.3 万公顷压砂瓜、13.3 万公顷饲草种植计划顺利完成,全年粮食生产再获丰收,自治区政府发文对宁夏气象局通报表扬。

(四)大气污染防治气象服务

2015 年 11 月,宁夏频繁出现大雾天气,11 月 9—23 日,中北部大部地区多日出现能见度不足 100 米的浓雾。银川市连续出现 16 天大雾天气,为 1981 年以来同期时间最长。频繁出现的大雾天气对交通运输、环境空气质量等造成不利影响。11 月 9 日,宁夏气象局向自治区党委和政府报送《气象信息专报—10 月以来我区多雾天气 预计近期仍有雾天气,对道路交通航空和人体健康有不利影响需做好防范》。随后密切监测分析大雾天气变化,开展滚动服务,先后向自治区党委、政府报送《气象信息专报》4 期。之后,针对 2015 年 11—12 月持续雾霾天气,撰写《2015 年宁夏雾霾天气情况及其气象成因分析》《2013—2015 年银川和吴忠雾霾变化分析》等专题材料。自治区政府副主席曾一春作出批示:"气象局在气象监测与灾害预警,特别是在预警信息发布和'三农'气象服务方面做了大量工作,向同志们这种敬业尽职的工作精神表示敬意和感谢。"

(五)应对气候变化服务

2008—2009 年,宁夏气象局积极参与制定《宁夏应对气候变化方案》,向自治区上报《全球气候变化及其影响和对策研究》专题报告,报告受到自治区领导及有关部门的高度重视和好评。2009 年 12 月 7 日,宁夏气象局参与制作的《中国宁夏:行动带来改变》作为全国唯一反映省级应对气候变化工作成效的专题片在丹麦首都哥本哈根举行的联合国气候变化框架公约第 15 次缔约方大会上播放。

(六)森林草原防火气象服务

2007 年 5 月 16 日,宁夏六盘山国家级自然保护区二龙河小南川林区发生森林火灾,宁夏气象局立即启动气象服务应急预案,开展气象应急服务。各部门根据应急预案,开展实时跟踪预报服务,通过对宁夏六盘山二龙河小南川森林火灾发生时的天气实况、气候成因分析,及时向自治区有关领导和有关部门提供决策信息和建议。

利用遥感技术,实时监测全区森林和草原热源点,与自治区林草局建立联防联动机制,及时通告疑似火点信息,保障森林草原安全。

(七)全域旅游气象服务

2019 年 9 月,为充分利用宁夏旅游气候资源优势,助力全域旅游发展,宁夏气象局组织对宁夏夏季旅游气候资源进行深入分析。向自治区报送《气象信息专报——冬天可以到海南,夏天一定来宁夏—宁夏夏季旅游气候资源优势分析》,建议充分利用好气候资源优势,加大旅游气候资源优势宣传力度,积极申报"避暑之都""天然氧吧"等国家级旅游品牌认证,增强宁夏全域旅游影响力。自治区政协主席崔波作出批示:"此事做得有意义,应大力宣传该成果!"

四、决策气象服务评价

开展面向决策的气象服务,自治区领导平均每年在决策气象服务材料上的批示近 20 人次,对气象防灾减灾、服务保障自治区经济社会高质量发展提出要求,对气象服务工作给予充分肯定。

2005 年,向自治区报送《重要天气情况报告》29 期,《近期天气专报》13 期,《气象信息专报》16 期,《专题气象服务》15 期,《气象灾情快报》7 期。决策气象服务信息被自治区党委政府采纳 59 条,1 条信息被评为好信息。

2006 年,向自治区报送《重要天气情况报告》32 期,《气象信息专报》26 期,《气象灾情快报》5 期、《近期天气专报》13 期、《专题气象服务》7 期。决策气象服务信息被自治区党委政府采纳 48 条,1 条信息被评为优秀信息。

2007 年,向自治区报送《重要天气情况报告》27 期,《气象信息专报》29 期。为各类重大活动提供《近期天气专报》12 期,《专题气象服务》5 期。为自治区及防汛抗旱、发改委等有关部门提供不定期决策气象服务材料 40 余份。决策气象服务信息被自治区党委和政府、自治区防汛抗旱指挥部、自治区农牧厅共采纳 29 条,其中有 1 条信息被评为好信息,1 条信息被评为优秀信息。

2008 年,在冬季持续阴雪低温、春运、自治区“两会”、黄河凌汛、春播、山区旱情监测评估、奥运火炬传递、自治区成立 50 周年大庆等重大气象服务过程中做出积极努力,向自治区及相关部门报送《重要天气情况报告》35 期、《气象信息专报》35 期、《春运气象服务专报》4 期、《近期天气专报》13 期、《宁夏黄河凌汛监测分析》36 期、《高考气象服务专题》2 期、《自治区 50 大庆专题气象服务》22 期。决策气象服务信息被自治区信息刊物采用 48 条,被中国气象局等部门刊物采用 15 条,被党中央、国务院《每日汇报》采用 2 条。自治区党委书记陈建国、政府主席王正伟、政府副主席郝林海等领导在决策服务材料上作出批示 13 人次。决策气象服务办公室荣获自治区黄河防凌工作先进集体。

2009 年,向自治区及相关部门报送《重要天气情况报告》36 期,《气象信息专报》26 期,《春运气象服务专报》2 期、《近期天气专报》15 期、《高考专题服务》1 期、《中考专题服务》1 期、《黄河凌汛监测分析》13 期、《干旱评估报告》18 期、《重大突发事件报告》9 期。决策气象服务信息被自治区信息刊物采用 41 条。

2010 年,向自治区及相关部门报送《重要天气情况报告》30 期,《气象信息专报》49 期,《春运气象服务专报》5 期、《近期天气专报》37 期、《两会服务专报》11 期、《黄河凌汛监测分析》28 期。决策气象服务信息被自治区信息刊物采用 42 条,被中国气象局等部门刊物采用 5 次。自治区领导在决策服务材料上作出批示 17 人次。1 人荣获 2010 年自治区春运工作先进个人。

2011 年,向自治区报送《重要天气情况报告》26 期、《气象信息专报》49 期、《两会服务专报》6 期、《近期天气专报》36 期、《黄河凌汛监测分析》22 期、《春运服务专报》6 期、《日本核泄漏专题气象服务》2 期。决策服务材料得到自治区领导批示 12 人次,被中国气象局等部门刊物采用 4 条,被自治区党委信息刊物采用 36 条。

2012 年,向自治区报送《重要天气情况报告》30 期、《气象信息专报》52 期、《两会服务专报》6 期、《近期天气专报》10 期、《黄河凌汛监测分析》21 期、《春运服务专报》6 期、《第十一次党代会气象服务专报》6 期。决策服务材料得到自治区领导批示 11 人次,被中国气象局等部门刊物采用 5 条,被自治区党委信息刊物采用 20 条。

2013 年,向自治区报送《重要天气情况报告》2 期、《气象信息专报》85 期、《两会服务专报》12 期、《近期天气专报》1 期、《黄河凌汛监测分析》17 期、《春运服务专报》2 期。决策气象服务材料得到自治区领导批示 27 人次,决策服务信息被自治区党委信息刊物采用 27 条。

2014 年,在自治区“两会”、春播等重大活动和关键季节的服务和干旱、霜冻等气象灾害的应对服务以及面向重大决策的综合性专题服务等方面,取得明显成效。向自治区报送《气象信息专报》79 期、《专题会议材料》19 期、《黄河凌汛监测专题服务》6 期、《两会专题服务》9 期。决策气象服务材料得到自治区领导批示 33 人次。

2015 年,针对干旱、春播、“三夏”、持续大雾等向自治区报送《气象信息专报》73 期、《专题会议材料》

20 期、《两会专题服务》11 期。决策气象服务工作得到了自治区党委和政府及有关部门的好评。自治区领导对决策气象服务作出批示 15 人次。

2016 年，围绕自治区"两会"、春播等重大活动、关键农事季节和干旱、暴雨洪涝等气象灾害的应对服务以及面向重大决策的综合性专题服务，向自治区报送《气象信息专报》89 期，其他材料 36 期，取得明显的成效，得到自治区领导及有关部门的重视和好评，自治区领导作出批示 31 人次。

2017 年，针对冬春季干旱、夏季强对流天气、大范围持续高温、中南部山区持续干旱及暴雨山洪等重大高影响性天气气候事件，决策气象服务工作取得明显成效。向自治区报送《气象信息专报》64 期、《旱情简报》5 期和其他材料 42 期，得到自治区领导批示 28 人次。

2018 年，针对冬春季寒潮大风、夏季强对流天气及暴雨山洪等重大灾害和高影响天气气候事件，以及春运、春播、三夏等重要时段开展决策气象服务工作，取得明显成效。向自治区报送《气象信息专报》64 期，各类会议及专题材料 42 期，得到自治区领导批示 36 人次。

2019 年，围绕气象防灾减灾救灾、大气污染防治、精准脱贫、全域旅游以及春运、两会、三夏等重要时段积极开展决策气象服务工作。向自治区报送《气象信息专报》59 期、《大气污染防治气象条件周报》30 期、《气象灾害信息通报》72 期。围绕自治区精准脱贫、全域旅游战略报送专题决策咨询报告，得到自治区领导批示 19 人次。

2020 年，围绕黄河流域生态保护和高质量发展先行区建设、气象防灾减灾救灾、大气污染防治、精准脱贫、全域旅游等积极开展决策气象服务工作。向自治区报送《气象信息专报》63 期、《大气污染防治气象条件周报》48 期、《气象灾害信息通报》110 期。自治区领导批示 37 人次。

第二节　公众气象服务

一、公众气象服务沿革

公众气象服务是通过广播、电视、报刊、互联网及新媒体向公众公开发布气象信息。随着经济社会的发展，无线通信、网络等媒体迅速发展，宁夏气象部门在保持传统传播媒体优势的同时，适时开展电视天气预报节目、电话自动答询、无线寻呼、手机短信、网站、微博微信、APP、抖音等多种形式的公众气象信息服务。

1991 年 1 月，宁夏气象台制作的电视天气预报节目在宁夏电视台开始播出。

1995 年，成立宁夏气象寻呼台。

1996 年 12 月，在宁夏气象科研所声像室、宁夏气象台声像室基础上成立宁夏气象影视中心，主要承担电视天气预报节目制作、气象科普专题片制作等工作。各地市气象局购置电视天气预报制作设备，开始制作本地未来 24 小时电视天气预报，在当地电视台播出。

1998 年 9 月 1 日，宁夏气象影视中心制作的电视天气预报节目改为有主持人节目。1999 年，中卫县气象局预报人员开展预报服务工作，见图 7-2。

2000 年，宁夏气象影视中心制作的电视天气预报节目增加播出频道，覆盖宁夏省级公共、卫视、经济频道的早、中、晚间各主要播出时段。

2003 年，开始制作发布手机气象短信。同时，区、市两级气象部门建成"121 天气预报自动答询系统"并投入使用。

2005 年，宁夏气象部门开始发布气象灾害预警信号。12 月 2 日，宁夏气象台首次发布大风蓝色预警信号。

2006 年，将"121 天气预报自动答询系统"更改为"12121 天气预报自动答询系统"。3 月 23 日，手语电视天气预报节目正式在宁夏电视台公共频道开播；10 月，宁夏气象台开始发布紫外线指数预报。

2009 年 12 月，宁夏气象影视中心与宁夏广电网络公司签署中国气象频道在宁夏的落地协议，中国气象频道在宁夏全境落地播出。

2011 年，各地市气象局停止电视天气预报制作，由宁夏气象影视中心统一制作全区各电视台播出的天气预报。

2012年3月,气象微博开通。

2013年6月,《宁夏日报》开始开设气象专栏,每日刊发气象信息;10月,国家突发事件预警信息发布系统开始建设。

2014年1月,国家突发事件预警信息发布系统投入业务试运行;5月,宁夏天气微信公众号开通;7月,宁夏交通广播开通直播连线,气象分析师实时点评天气。

2015年5月,国家突发事件预警信息发布系统投入业务运行。

2017年1月,首个APP"致富宝"上线;4月,高清电视天气预报节目播出。2017年,青铜峡市气象局工作人员接受电视台采访,见图7-3。

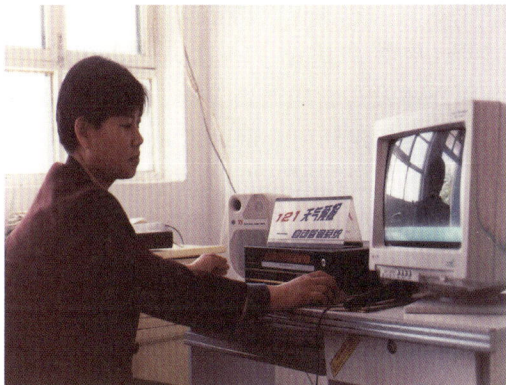

图7-2 1999年,中卫县气象局预报人员开展预报服务工作

图7-3 2017年,青铜峡市气象局工作人员接受电视台采访

2019年3月,"宁夏气象"抖音账号正式运行;5月,应用智能化虚拟演播室以及AR(现实增强技术)制作的电视天气预报节目播出,节目形式更丰富。

2020年5月,首个微信小程序"天气旅站"上线。

二、公众气象服务产品

① 每天早、中、晚通过报纸、广播、电视等传统媒体发布12～72小时全区区域天气预报和全区主要城市天气预报。

② 每天定时通过手机短信系统、12121电话自动答询系统、互联网等发布12～72小时全区区域天气预报和全区主要城市天气预报。

③ 每天不定时通过手机短信系统、12121电话自动答询系统、国家突发公共事件发布系统、互联网等媒体发布灾害性天气预警信号和短时临近天气预报。

④ 每天通过手机短信、互联网、传真等定时发布交通预报(24小时)、空气质量状况预报(24小时)、气象生活指数预报(24、48小时)、行车指数预报(24小时)、上下班指数(24小时)等气象生活信息产品。

⑤ 定时发布全国城市天气预报、周末及下周全区天气趋势情况(未来7～10天)。

⑥ 通过微博、微信、抖音等新媒体定时发布全区天气预报。不定时发布未来7～10天全区天气预报。开展气象科普知识宣传,普及防灾减灾知识等。

三、公众气象服务事例

1998年5月20日,全区大部地区出现中到大雨,局地暴雨。贺兰山苏峪口6小时降水量达167.8毫米。降水引起贺兰山东麓沿线所有山洪沟及同心县下流水、中卫黄河南岸诸沟、陶乐红崖子等山洪沟暴发山洪,苏峪口最大洪峰流量达440立方米/秒。各级气象部门通过专项材料、决策材料、警报接收机、传真、电话、BP机、广播、电视等方式广泛开展服务,使灾害损失降到最低。由于预报准确,服务及时,受到中国气象局的表彰奖励。

2006 年 7 月 14 日,银川市及石嘴山市惠农区出现历史罕见区域性暴雨。银川市降水量达 104.8 毫米,石嘴山市惠农区降水量达 92.5 毫米,均为有气象记录以来日降水量的最大值。宁夏气象局在暴雨出现前后,及时提供气象预报预测服务,在第一时间将最新预报、雨情向自治区党政部门及有关领导汇报,并通过传真、电话、手机短信、广播电视等多种方式进行服务,得到自治区领导的肯定。

2016 年 8 月 21 日傍晚到 22 日清晨,贺兰山沿山银川、石嘴山段出现大暴雨或特大暴雨。银川市贺兰县、西夏区、永宁县发生洪灾,约 9400 人受灾,紧急转移受困群众 5000 多人。宁夏气象局于 8 月 21 日 23 时 00 分将重大气象灾害Ⅳ应急响应升级为Ⅱ应急响应。通过手机短信平台向公众发布手机短信累计 12 条,182 万人次。向区级决策层发送手机短信 21 条,16002 人次。向防汛部门发布服务短信 14 条,4382 人次。向地质灾害防御部门发布服务短信 11 条,9273 人次。向农业保险用户发布短信 12 条,共计 565932 人次。通过新浪、腾讯微博向公众发布信息 122 条,被转发评论 149 次。发布微信 10 条。12121 电话答询 236 人次。组织召开信息通报会 1 次,向新闻媒体发送新闻通稿 1 次。中国广播网、《宁夏日报》、宁夏新闻网、《银川晚报》等新闻媒体报道 19 篇次。宁夏气象局门户网站发布气象服务信息和气象新闻 89 条,天气网主站 1 条,省级站 23 条。在中国气象频道节目滚动发布雷电黄色预警信号 1 条,山洪灾害气象风险预警和地质灾害气象风险预警各 2 条。在宁夏电视台卫视频道、公共频道发布地质灾害气象风险预警 1 条,向中国气象频道发送视频新闻 2 条。针对此次降水过程,密切监视、准确预报、及时预警、滚动服务,为抗洪抢险、转移被困群众、实现大灾面前人员"零伤亡"提供了有力的气象保障。

2019 年 6 月 18—27 日,全区持续阴雨天气达 10 天,创 1961 年以来 6 月极值。宁夏气象局于 6 月 26 日 8 时 20 分启动重大气象服务Ⅳ级应急响应,宁夏气象台先后发布暴雨蓝色预警信号 1 条,暴雨黄色预警信号 2 条,与自治区国土资源厅联合发布地质灾害气象风险黄色预警 1 条。为自治区自然资源厅、防汛办、应急办等单位传真服务 5 次,电话服务 20 余次,电话指导预警 5 条。由于气象部门预报准确,预警及时,最大限度减少了灾害损失。

第三节　农业气象服务

一、农业气象情报服务

(一)服务机构

1992 年成立宁夏农业气象服务中心,挂靠宁夏气象科研所,开展农业气象情报服务工作。具体开展的业务有农业气象旬(月)报、雨情分析及遥感监测等专题服务。随着业务体制的调整,2016 年成立宁夏农业优势特色产业综合气象服务中心,该中心承担大部分的农业气象情报服务工作。

(二)服务产品

宁夏农业气象服务中心成立之初,主要制作发布农业气象旬(月)报、雨情分析及遥感监测等专题服务产品,农气观测资料主要采取电码传输、手工翻译的方式,涉及作物种类主要为小麦、水稻和玉米等。1997 年,宁夏气象科研所自行开发农气 AB 报翻译系统,结束手工译报的历史,但该系统不太稳定,经常卡顿停止翻译,一直在不断完善。传统的 AB 报翻译系统始终处于边实践边完善的状态,故障和手工翻译的次数逐渐减少。自 2001 年开始,宁夏气象科研所开展每年 3 次农情调查工作,发布"宁夏农情调查报告"产品,随后又增加灾情调查,包括旱情调查、霜冻调查等,作为宁夏农业气象情报服务的特色工作一直保留至今。这一时期陆续启动了对枸杞、酿酒葡萄等自治区特色经济林果的试验研究,并在情报材料中逐步增加相关内容。宁夏智能化农业气象业务服务平台见图 7-4。

2006 年起,常规业务产品中陆续增加了土壤水分监测公报、农业干旱监测预报、春耕春播气象服务、夏收夏种气象服务、秋收秋种气象服务、农作物长势生态监测等多个种类,农业气象情报服务得到长足发展。同时,新开发了枸杞、酿酒葡萄等特色经济林果主要发育期气象条件分析业务产品,特色作物气象情报业务

图 7-4　宁夏智能化农业气象业务服务平台

工作得以迅速发展。鉴于传统的 AB 报翻译系统已经不能满足多种类气象业务工作,2012 年,宁夏气象科研所开发"宁夏农业气象业务服务系统",该系统吸纳当时所有农业气象业务工作内容。2016 年,宁夏气象局从顶层设计出发,开始宁夏气象系统业务服务智能化平台的开发。截至 2019 年,该系统已经纳入农业气象旬(月)报、土壤水分监测、特色作物气象专题等情报产品,目前系统以模块的方式在不断地扩充,成为业务服务的主要平台。2018 年,灵武市气象局联合灵武市园艺场开展经济林果霜冻调查,见图 7-5。

二、农业气象预报服务

(一)服务机构

1991 年至今,农业气象预报服务工作由宁夏气象科研所承担。

(二)农业气象科研及业务服务

1987 年开始,宁夏气象科研所根据宁夏气候条件对农业生产的影响,逐步建立小麦、水稻等粮食作物全区、灌区、山区产量预报模式,探索开展农作物产量预报。1999 年开始,宁夏气象科研所利用宁夏粮食产量统计资料和气象资料,建立小麦、水稻、玉米的统计模型,研究出宁夏灌区粮食趋势产量的预报方法并投入业务应用。预报的农作物有小麦、玉米、水稻、马铃薯、夏粮、秋粮等,预报种类有农作物单产、总产、趋势、定量等。每年分 4 次完成,小麦、夏粮单产、总产的趋势预报在 6 月 15 日前完成,定量预报在 7 月 15 日前完成。玉米、水稻、马铃薯、秋粮粮食总产的趋势预报在 7 月 15 日前完成,定量预报在 8 月 25 日前完成。从 2019 年开始,根据国家气象中心的要求,农作物产量预报上报产品确定为春小麦、水稻、玉米和粮食,自主开发的产品为冬小麦、夏粮、马铃薯、秋粮的趋势和定量预报。

1993 年,宁夏气象科研所开始探索开展小麦蚜虫、条锈病、黄矮病病虫害预报。其中小麦蚜虫、条锈病、黄矮病是利用当时的《1—9 月逐月气候预测》产品,预报效果与气候预测的准确率有很大关系。2013 年以后,气候中心取消《1—9 月逐月气候预测》产品,故小麦蚜虫、条锈病、黄矮病预测产品随之取消,目前正在开发基于格点化数值月产品的小麦病虫害预报预测模型。

2004—2006 年,承担科技部公益项目"宁夏枸杞黑果病发生和爆发流行的农业气象条件关系及预报方法研究"。2007 年,承担中国气象局新技术推广项目"宁夏枸杞气象与病虫害防治全程气象服务技术"。开发枸杞黑果病、红瘿蚊、蚜虫预报预测模型,自 2007 年开始开展应用服务,预测结果较为准确。马铃薯晚疫病预报系统由固原市气象局开发,自 2008 年开始应用,取得较好的效果。

2007 年,宁夏气象科研所开发基于遥感的农业干旱监测和预测系统,一直在业务中使用。2014 年以后,随着自动土壤水分观测站的建成和站点的不断增加,基于土壤湿度的干旱预测效果更好。

农气科研人员到村部开展霜冻防御培训,见图 7-6。

2014—2018 年,宁夏气象科研所在科技部公益性行业专项、国家自然科学基金、宁夏气象局重点项目等的支持下,研发杏、李、桃、苹果、酿酒葡萄、枸杞的霜冻指标和预报技术,2015 年开始开展业务应用。此外,还开展灌区春小麦适宜播种期、玉米适宜播种期、马铃薯适宜播种期和适宜收获期、枸杞适宜采摘期、酿酒葡萄冻害和适宜采摘期、枸杞和春小麦干热风预报等,农作物气象灾害预报产品逐年增加。2008年,在国家气象中心统一部署下,宁夏气象科研所开展农用天气预报业务,农用天气预报内容包括未来农业天气条件预报、农事活动预报、温室最低气温预报以及农业生产建议,每周星期一发布;2019年变更为不定期发布,增加自动气象观测站全景监测作物长势图。

图 7-5　2018 年,灵武市气象局联合灵武市园艺场开展经济林果霜冻调查

图 7-6　农气科研人员到村部开展霜冻防御培训

三、特色农业气象服务

从 1998 年开始,宁夏气象局科研人员围绕特色农业生长发育、病虫害发生规律、产量构成、品质评价与气象条件的关系开展相关试验研究,在枸杞、酿酒葡萄、杂交谷子、马铃薯等特色农业气象服务方面取得丰硕的研究成果。2016 年,宁夏农业优势特色产业综合气象服务中心成立,挂靠宁夏气象科研所。下设粮食作物、枸杞、葡萄、马铃薯 4 个分中心,分别承担粮食、枸杞、葡萄、马铃薯优势产业气象服务工作,宁夏优势特色农业产业专门气象服务机构更加健全,服务的针对性更强。完成农业优势特色产业综合气象服务中心的实体化运行,并已开始发挥服务效益。

(一)枸杞

根据全国枸杞产区药用、外观品质化验结果,研究建立枸杞若干药用成分和外观品质特征与气象因子的关系模型,确定形成不同品质等级的关键气象因子及等级指标;基于干热害、霜冻及炭疽病、蚜虫和红瘿蚊等主要农业气象灾害的发生概率,以优质果等级高,气象灾害、病虫害发生气候概率低为评价目标,构建枸杞气候好产品的认证标准;起草并获批《枸杞炭疽病发生气象等级》(QX/T 283—2015)、《农业气象观测规范　枸杞》(QX/T 282—2015)两项气象行业标准;2018 年,制定的"中宁枸杞国家气候标志"成为中国首例正式发布的特色农产品国家气候标志产品,在央视新闻栏目、新华网、新浪、网易等各大媒体报道。该方法被陕西、浙江、青海、甘肃、内蒙古、新疆等气象部门引进。新疆精河、甘肃武威应用该方法开展针对枸杞企业的枸杞气候品质认证。该认证思路被陕西《眉县猕猴桃国家气候标志评估报告》采用。中宁县气象局工作人员开展枸杞气象服务,见图 7-7。

(二)酿酒葡萄

分析气候资源对酿酒葡萄品质以及关键发育期影响,建立酿酒葡萄适宜放条期、埋土期预报,品质评价模型以及霜冻、霜霉病等主要气象灾害预报技术;在国家自然科学基金项目支持下,建立越冬冻害指标,为葡萄越冬冻害实时监测评估和服务奠定基础;在研究酿酒葡萄品质与气象因子条件关系的基础上,完成《农产品气候品质评价　酿酒葡萄》(QX/T 557—2020)气象行业标准的编制,2020 年发布实施。2018 年,气象科研所工作人员开展酿酒葡萄病虫害调查研究,见图 7-8。

(三)杂交谷子

通过气候相似性分析引进 40 余个谷子品种,开展品种筛选、需水规律等研究;确定张杂谷的农业气象指标,开展品种适宜气候区划和风险评估研究;建立杂交谷子光温水需求指标、适宜播种期、霜冻指标、抽穗扬花期高温干旱指标等,形成 10 项农业气象实用技术,实现张杂谷在宁夏的高产稳产,并被内蒙古河套灌区、青海黄南州、陕西榆林市和定边县等地引进、示范推广,研究成果在内蒙古河套灌区、陕西榆林市和定边县示范推广,成果获得 2018 年度中国气象学会科技成果二等奖,并参加全国气象部门成就展。农民种植的谷子喜获丰收,见图 7-9。

图 7-7　中宁县气象局工作人员
开展枸杞气象服务

图 7-8　2018 年,气象科研所工作人员
开展酿酒葡萄病虫害调查研究

(四)马铃薯

建立 5 大类 10 多项马铃薯全生育期气象服务监测预警指标,形成马铃薯全程的气象保障业务服务能力。开展马铃薯晚疫病监测、预报、预警技术研究;通过与农业技术推广部门合作,实现马铃薯晚疫病从监测、预报、预警到发布的无缝连接,全生育期减少农药防治次数 2 次,每亩减少药量 200 克,增产 9.4%～26.5%。解决马铃薯晚疫病早预警、早防治的关键技术问题。马铃薯特色农业气象服务平台见图 7-10。

图 7-9　农民种植的谷子喜获丰收

图 7-10　马铃薯特色农业气象服务平台

(五)其他

开展硒砂瓜需水规律研究工作,提出硒砂瓜适宜灌溉对策;针对设施大棚低温冻害的不利影响,研究明确棚内最低气温变化趋势,构建设施大棚冬春季最低气温预报模型,在业务应用上取得较好的效果。

第四节　生态气象服务

一、林业气象服务

(一)植被长势遥感监测评估

自 1995 年宁夏气象科研所开展植被长势监测评估业务服务以来,先后编发《宁夏植被长势遥感监测》《宁夏陆地植被生态质量监测评估报告》《宁夏生态保护红线区林草植被覆盖度遥感监测报告》《宁夏陆地植被生态质量评价及归因分析》等服务材料,坚持向自治区政府、林业部门提供相关服务。同时,为市县气象局开展植被长势监测及重大生态工程植被修复决策服务提供技术支撑。

(二)森林火险监测预报预警

自 1995 年宁夏气象科研所开展森林火灾监测业务服务以来,持续开展基于 FY、NOAA、EOS/MO-DIS 等极轨卫星遥感数据的森林草原区火情遥感监测,并及时通过电话、短信、微信等方式向林业管理部门进行预警。2004 年 1 月,宁夏农业气象服务中心开始发布森林火险气象预报警报。2010 年,宁夏气象服务中心与自治区森林防火部门达成协议,每周一、周四定期制作发布未来 3 天全区各大林区森林火险等级预报短信和专题材料,每周二、周五定期制作发布未来 3 天全区草原火险等级预报短信和专题材料。2013 年与自治区森林防火部门联合开发宁夏森林草原火险预警系统,实现森林草原火险预报预警信息和数据共享。2013 年开始逐月制作林业有害生物防治气象服务专报。2017 年与自治区森林草原防火部门建立联合会商机制,不定期联合发布森林草原火险预报预警信息。

二、大气污染防治气象服务

2001 年宁夏气象局与自治区生态环境厅建立联合开展空气质量预报及重污染天气会商机制。2013 年在对 Mo 天 els-3/CMAQ 模式本地化改造移植后,初步建成宁夏空气质量预报业务系统。每天早晨和下午两次制作未来 3 天全区各市县空气污染气象条件和臭氧污染气象条件预报,及时向自治区环境监测站开展服务。每天与自治区环境监测站业务人员会商未来空气质量趋势,当预测或已经有污染天气时,联合发布重污染天气预警。每周五向自治区相关领导和生态环境厅提供未来 10 天大气污染气象条件预测气象服务专报,为全区大气污染治理管控提供辅助决策依据。2016 年,初步开展银川都市圈空气污染气象条件预报及影响评估业务。2010 年以来,宁夏气象局先后开展空气质量预报预警技术方法研究,建立完成的多项空气污染预报指标和模型成果在空气质量环境预报业务中得到初步应用。同时,宁夏气象局引进上海台风研究所基于 WRF 模式开发的"STI-WARMS"华东区域中尺度数值预报业务系统,并对其进行本地化改进和优化完善,建立 9 千米分辨率的宁夏中尺度 WRF 模式预测系统。

第五节　专业气象服务

一、交通气象服务

2008 年 5 月,宁夏气象台与宁夏交通部门合作开展道路交通气象预报服务。通过电视、网站制作发布全区高速、国道、省道路段天气预报和出行指数预报。2014 年,先后在区内主要高速路上新建 8 个交通气象观测站,开展气温、湿度、风向风速、气压、路面温度、路面状况、能见度等要素的观测。另外,通过信息共享,接入交通部门建设的 2 个交通气象站的观测数据,在福银高速部分路段建立交通气象观测站网。2015 年,宁夏气象局与自治区交通厅合作,建立数据共享专线,实现宁夏主要站点气象观测实况、预报,以及高速公路沿线部分监控视频的信息共享。双方合作申报科研课题,开展道路沿线能见度预报、侧切风预报、路面温度预报、爆胎指数研究等工作,共建宁夏交通气象服务网,为交通行业从业人员和公众提供道路沿线天气实况、天气预报、灾害预警及能见度、路面湿滑指数、横风指数、爆胎指数、行车指数等专项预报,提高交通气象服务与保障能力。2016 年,为进一步推进交通气象服务工作,宁夏气象局明确把交通气象观测站网建设、城市交通气象风险监测预警服务系统建设、打造气象大数据(涵盖交通气象数据)分析共享平台等列入《宁夏气象事业发展"十三五"规划》,作为开展相关业务与服务的指南。

二、旅游气象服务

2000 年,宁夏气象部门开展旅游指数、人体舒适度、出行指数、紫外线指数等专业气象指数预报,并通过电视台、网站等进行发布,指导公众出行。针对春节、国庆等重要节假日提前制作专题服务材料,通过传真、电子邮件等向旅游部门服务。利用卫星云图、多普勒天气雷达以及各景区内的自动气象观测站等现代化监测设备,对各景区的天气实况和气象要素进行实时监测和跟踪。在贺兰山沿山建立暴雨观测网以及灾害性天气手机群发系统,遇有灾害性天气发生时,第一时间将气象预警信息传递到公众及旅游管理人员手中。2019年和旅游部门合作研发并提供基于全区3A以上景区的精细化实况、预报和预警,每天通过网站对公众发布。

三、电力及新能源气象服务

2003年5月与自治区电力公司建立长期的合作沟通机制,建立信息共享及气象灾害应急联动机制,根据协议开展电力气象服务。2012年年初,引进中国气象局公共气象服务中心风电功率预报系统,收集宁夏风塔风场观测资料,贺兰山一、二、三风电场气象观测和发电实况数据,对该系统进行本地化研发。2012年年底,在系统预报质量达到要求后,开始为贺兰山一、二、三风电场提供短期和超短期风电功率预报服务。2018年开始,基于宁夏气象云服务网,开发电力线路、变电站精细化实况、预报、预警服务产品接口,为电力部门提供电力气象数据保障服务。

四、水利气象服务

宁夏气象部门与水利部门建立了长效合作机制,为防汛、灌溉、水文及重大水利工程提供了气象保障服务。防汛方面,常年开展山洪、黄河防汛联合会商,联合发布山洪灾害预警,建立了防汛短信群,为防汛应急责任人提供精细化天气预报预警、雨情监测服务等;水利灌溉方面,与宁夏灌溉局建立了灌溉气象保障机制,为相关责任人提供墒情、春灌、冬灌及水情气象保障服务等;水文方面,为宁夏水文局开发了气象监测展示模块,挂载于黄河凌汛预报预警业务系统,开展黄河沿线气象观测数据共享;水利工程保障方面,2012年与宁夏水投集团开展深入合作,利用村镇精细化预报,为南部山区饮水保障工程各工程段提供精细化的天气监测预报预警服务等。

五、生活指数气象服务

依据宁夏本地区的气候特征、地理环境等因素,制订包括人体舒适度、穿衣、晾晒、洗车、感冒等11种生活类气象指数预报产品等级划分标准。基于宁夏智能网格预报,开发人体舒适度、穿衣、晾晒、紫外线、洗车、感冒等指数预报产品,通过中国天气网、宁夏旅游微信小程序向公众发布服务。

六、城市内涝气象服务

2015年,银川市气象局在引进的天津市城市暴雨内涝仿真模型的基础上,利用银川市城市地理信息、河道地形信息、工程设施信息、城市化信息、防涝调度信息等资料对模型数据库和程序参数进行本地化修订,建立基于ArcView GIS平台上的银川市暴雨内涝仿真模型。研究制定银川市城市内涝预报预警和相关服务指标。开发银川市城市内涝预报服务系统,2016年汛期前正式投入业务运行。基于该系统开展多次城市积涝气象风险预警业务,及时发布银川市城市积涝气象风险预警。其他各地市气象局根据宁夏气象台城市积涝气象风险预警指导产品,也开展了当地城市积涝气象风险预警服务。城市内涝气象服务系统见图7-11。

七、重大社会活动保障气象服务

宁夏气象部门历来重视重大社会活动保障气象服务工作,各级气象部门每年根据当地政府年度工作计划,提前梳理重大社会活动保障事项,制定周年服务方案和专项服务方案,积极组织开展服务工作。2004年9月第13届中国金鸡百花电影节、2005年8月中央电视台"同一首歌"大型文艺晚会在银川举办,气象部门主动服务,保障活动顺利开展。2005年9月第一届宁夏文化艺术节、2006年8月第十二届全区运动会、2008年7月北京奥运会火炬在银川接力传递活动,由于银川市气象局预报准确、服务主动及时,受到组委会的充分肯定。2010年自治区分别召开"房车节、园博会、文博会、第十三届运动会、黄河金

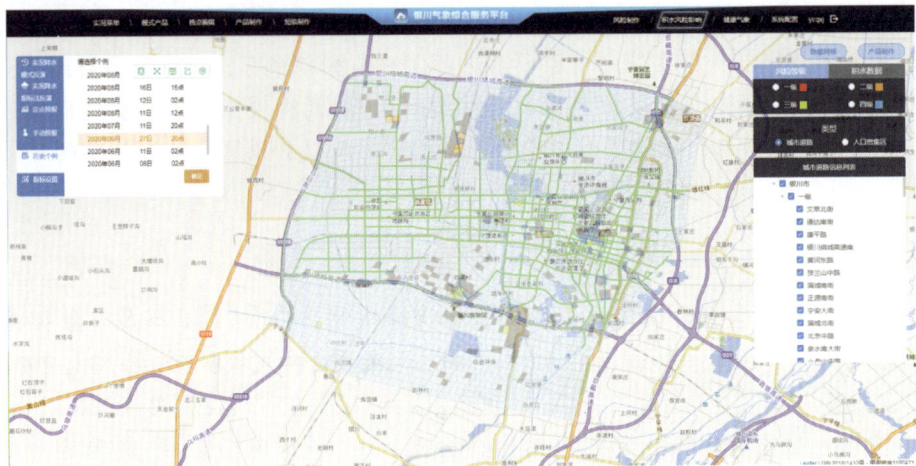

图 7-11   城市内涝气象服务系统

岸国际马拉松（半程）赛、宁洽会"等大型社会活动，宁夏气象部门精心组织，周密安排，保障有力，取得明显的社会效益。在第十三届运动会结束后，自治区体育局向宁夏气象局发来感谢信，组委会授予宁夏气象局"组织优秀参与奖"。在"宁洽会暨中阿经贸论坛"活动结束后，自治区政府授予宁夏气象局"服务保障工作先进单位"称号。此后，在历届中阿经贸论坛（中国—阿拉伯国家博览会）、环青海湖国际公路自行车赛（宁夏段）、宁夏黄河金岸国际马拉松赛、全区运动会等重大社会活动中，都提供优质的气象保障服务。还多次为 ITF 国际男子网球巡回赛（银川站）、全国第 22 届图书博览会、中国（宁夏）黄河善谷慈善博览会、自治区成立 50 周年、60 周年大庆等提供有力的气象保障，受到组委会及社会各界一致好评。特别是在第二届中阿经贸论坛气象保障服务工作中，宁夏气象服务中心不断创新服务方式，与北京华风集团公司合作，于论坛开幕式前一天，在 CCTV-2、CCTV-4、CCTV-阿拉伯语频道天气预报栏目增加播出银川地区未来 3 天天气预报和部分阿拉伯国家主要城市天气预报，丰富服务内容。2003 年，石嘴山市气象局业务人员开展第七届全国少数民族传统体育运动会现场气象服务，见图 7-12。

图 7-12   2003 年，石嘴山市气象局业务人员开展第七届
全国少数民族传统体育运动会现场气象服务

八、其他服务

2009 年 5 月，宁夏气象服务中心落实自治区《2009 年推进特色优势产业促进农业产业化发展的若干政策意见》要求，在自治区财政厅的支持下，投入 80 万元在《天气预报》栏目宣传宁夏 13 类农业特色优质农产品，服务农业发展。此后，多年坚持开展此项工作。

2009 年 9 月,宁夏气象服务中心在"十一"黄金周来临前,编制《宁夏旅游气象宣传策划方案》,通过卫视频道《天气预报》节目对全区 4A 级以上旅游景区进行宣传。2018 年与自治区旅游信息中心合作,组织开发宁夏 58 家 3A 级以上旅游景区天气预警预报,取得良好的社会效益。

第六节　气象助力精准脱贫

一、组织管理

自 1994 年,国家实施"八七"扶贫攻坚计划和宁夏实施"双百"扶贫攻坚计划以来,宁夏气象局积极组织开展扶贫攻坚工作。1997 年开始按照自治区统一部署,先后在隆德县好水乡中联村、庙湾村、观庄乡中梁村、姚套村、温堡乡夏坡村开展驻村扶贫,共计选派 13 批驻村扶贫工作队,驻村 32 人次,见表 7-1。吴忠市气象局、固原市气象局、西吉县气象局、隆德县气象局、海原县气象局也先后派出驻村工作队帮助同心县何渠村、西吉县李海村、西吉县大堡村、隆德县吴沟村、海原县红星村开展脱贫工作。石嘴山市气象局、永宁县气象局、贺兰县气象局、灵武市气象局、平罗县气象局、盐池县气象局、同心县气象局、青铜峡市气象局、泾源县气象局、中宁县气象局、沙坡头区气象局采取不驻村方式对贫困户进行帮扶。特别是 2015 年实施《中共中央国务院关于打赢脱贫攻坚战的决定》以来,在宁夏气象局党组的领导下,成立扶贫工作领导小组,组织全区各级气象部门围绕基层党组织建设、农村基础设施改善、教育卫生事业发展、科技助农、村集体经济发展等重点工作,充分利用气象现代化建设成果,积极发挥气象科技优势,全面开展脱贫攻坚工作,为全区建档立卡贫困人口 80.3 万人全部脱贫,1100 个贫困村全部脱贫出列,9 个贫困县全部脱贫摘帽贡献气象力量。

表 7-1　宁夏气象局历年驻村扶贫人员名单

年份	批次	姓名
1997 年	第一批	曲富强、喻荷蕖、刘宏悠
1998 年	第二批	梁海波、刘静、王兴国
2001 年	第三批	杨少奎、吕光辉
2002 年	第四批	张吉周
2003 年	第五批	冯建民、李银虎、张吉周
2004 年	第六批	鱼庆、张少波、李晓明
2005—2006 年	第七批	梁海波、黄生礼、李平东
2007—2008 年	第八批	梁海波、王黎军
2009—2012 年	第九批	梁海波、李伏军
2013—2014 年	第十批	曲富强、崔巍
2015—2016 年	第十一批	辛尧胜、姚肖萌
2017—2018 年	第十二批	陆耀辉、马贤、杨勇
2019—2020 年	第十三批	李涛、刘晓磊、李晓明

2016 年年初,宁夏气象局制定《气象助力宁夏精准脱贫行动计划(2016—2020 年)》,明确扶贫工作目标、任务和措施,统筹谋划扶贫工作。2016 年 6 月 15 日,经自治区政府同意,宁夏气象局联合自治区扶贫办、发改委、财政厅,在西吉县召开气象助力宁夏精准脱贫工作会议,研究协调部署扶贫工作。2018 年 4 月 26 日,宁夏气象局召开气象助力精准扶贫工作座谈会,中国气象局法规司、中国气象局公共气象服务中心、河南省气象局、甘肃省气象局、贵州省气象局、云南省气象局、陕西省气象局以及自治区发改委、农牧厅、政研室、扶贫办专家领导参加座谈会,广泛交流扶贫经验,相互借鉴学习,共同谋划气象扶贫工作。2016 年,宁夏气象局组织召开全区气象助力精准脱贫工作会议,见图 7-13。

二、气象助力精准脱贫

全区各级气象部门以发展精准气象、提升气象业务现代化内涵为抓手,以精准施策、精准预报、精准服务为基本要求,推动气象助力脱贫工作,切实发挥气象在助力脱贫攻坚中"趋利避害、减负增收"的独特作用。

（一）灾害防御服务

开展逐日滚动延伸期预测、逐旬滚动月预测、逐月滚动季和年预测,研发宁夏智能化综合气象业务服务共享管理平台和宁夏智能化公共气象服务产品综合发布系统并投入业务运行。面向全区建档立卡贫困户、新型农业经营主体、葡萄酒庄等不同需求,精准推送气象预报预警服务信息。与自治区扶贫云对接,研发基于地理位置服务(LBS)的气象助力精准扶贫手机 APP,向贫困户精准推送本地天气实况、预报预警、农业气象等服务信息,气象信息覆盖面进一步扩大。

（二）特色产业服务

围绕自治区"1＋4"特色产业,建成永宁、中宁、固原特色农业气象试验基地,获批成立农业农村部、中国气象局枸杞气象服务中心和宁夏区农业优势特色产业综合气象服务中心,完善贫困县马铃薯晚疫病、枸杞黑果病等 22 种气象服务指标,不断丰富特色产业气象服务产品,为枸杞、葡萄等产业发展提供全链条气象服务。建成智能化农业气象业务服务系统,实现基于位置的预报预警和"一户一号"直通式气象服务,有力保障了贫困地区粮食生产连年丰收和优势特色产业发展。

在银川市,加强与自治区葡萄产业发展局、宁夏大学、农科院和新型经营主体等合作,重点打造"酿酒葡萄气象台＋首席专家＋葡萄酒庄＋试验基地"的气象服务新模式,建成贺兰山东麓酿酒葡萄气象野外试验基地、酿酒葡萄气象实验室和服务工作室。在闽宁镇立兰酒庄、光伏农业产业园建成基于物联网的小气候和葡萄长势观测系统,为 82 个葡萄酒庄提供精准到点的专业气象服务产品。在固原市,联合市扶贫办、科技局、农牧局和西吉马铃薯研究所等多家单位,走访种养殖大户和定点帮扶农户,全面掌握马铃薯产业气象服务需求,制定马铃薯气象服务周年方案,开展全过程的气象服务。在宁夏佳立薯业公司西吉县将台基地、固原市生态与农业气象试验示范基地、原州区彭堡镇闫堡村冷凉蔬菜 3 个"研服产"示范基地建成小气候观测站和高清实景视频监测系统,开展马铃薯、西芹、甘蓝、辣椒等 16 种作物发育期、生理参数、产量与品质等项目观测。开发西吉县特色农业气象服务平台。针对马铃薯全生育期、储运、加工、制种全产业链,提供 31 种气象服务产品。在原州区示范推广红梅杏防春霜冻气象适用技术。在吴忠市,建成 2 套农业小气候观测站和服务信息发布系统,将 141 家林果企业和 396 家养殖企业及大户信息纳入服务对象数据库,开展直通式气象服务。在中卫市,将全市 30877 户贫困户及包村干部手机号纳入气象服务短信和微信平台,与移动、联通、电信三大运营商合作,开通绿色通道,针对枸杞、硒砂瓜、苹果、马铃薯等特色产业开展针对性服务。在石嘴山市,在贫困村特色产业园区布设基于物联网技术的小气候观测站和实景监测系统各 3 套,在 3 个贫困村安装气象信息接收设备,将 1 万多贫困人口信息纳入发布平台,实时推送天气预警和农用天气预报等信息。

（三）空中云水及风能气象资源开发

建成由 52 门高炮、90 部火箭发射架、20 个烟炉组成的地面作业网,完成 65 个标准化作业点建设。建成移动作业车辆和飞机空地通信定位监控系统。研发区市县三级人工影响天气业务系统和作业指标体系,并在固原市和西吉县部署,为科学指挥贫困地区增雨防雹作业,提高水资源开发利用提供信息化支撑。2015—2020 年,人工增雨(雪)作业累计增加降水约 53 亿立方米,防雹保护面积达到 1.2 万平方千米,人工影响天气效益明显。

（四）生态气象服务

主动融入生态立区战略,初步构建了生态气象业务服务体系,为宁夏森林、草原、水体、农田等生态系统保护和修复提供了监测、预报和评估等气象服务。开展了空气污染气象条件预报和重污染天气预警,基于遥感手段,完成六盘山地区近十年生态质量变化评估。与自治区林业、水利、农牧等部门建立常态化沟通协调机制,定期开展森林火险趋势、林业有害生物发生趋势、沙尘暴趋势等预测联合会商,为贫困地区生态文明建设和可持续性发展提供气象支撑。2017 年,宁夏气象局邀请自治区有关专家研讨气象助力精准脱贫工作,见图 7-14。

三、取得成效

（一）项目带动

选择在宁夏精准脱贫难度最大、任务最重的固原市西吉县和东西部协作异地搬迁移民扶贫集中区永宁县闽宁镇开展试点,初步探索形成需求精准对接、产学研服结合、政府主导推动、社会资源融合、部门协作互动、内部上下联动、智慧信息共享,集防治气象及次生衍生灾害、保障特色优势产业发展、开发空中云水及光伏等气候资源和服务生态文明建设 4 个方面内容为一体的"闽宁气象扶贫模式",带动全区气象助力精准脱贫工作。

图 7-13　2016 年,宁夏气象局组织召开
气象助力宁夏精准脱贫工作会议

图 7-14　2017 年,宁夏气象局邀请自治区
有关专家研讨气象助力精准脱贫工作

2016 年,在闽宁镇建成贺兰山东麓酿酒葡萄气象试验基地、酿酒葡萄气象实验室和服务工作室;在葡萄种植区建设基于物联网和"互联网+"技术的小气候观测站 3 套,共享酒庄实景观测信息,为当地 82 个葡萄酒庄提供精准到点的葡萄放条期、埋土期等专业服务产品;与宁夏大学和农科院合作,在闽宁镇光伏农业科技示范园建设气象监测、信息发布系统各 1 套,联合开展研究、培训与服务;与自治区水利厅和自然资源厅合作,在暴雨、山洪、地质灾害易发区加密建设自动气象站 6 套;以当地农场为依托,以政府购买服务为保障,建成火箭、高炮增雨防雹标准化作业点 2 个,地面烟炉 2 个。在西吉县,与企业联合建立马铃薯气象试验示范基地 2 个,建成生态与农业气象试验示范基地 1 个,建设农田小气候观测站和高清实景视频监测系统 3 套,开展马铃薯、西芹、甘蓝、辣椒等 16 种作物发育期、生理参数、产量与品质等项目观测;在暴雨、山洪等灾害多发区建设自动气象站 4 套;与西吉县农牧局、马铃薯研究所合作开展马铃薯气象服务技术研究和自然灾害防御、病虫害防治、养殖技术推广应用;完成 6 个标准化人影(即人工影响天气,下同)作业点改造和 1 套地面烟炉建设;开发西吉县特色农业气象服务平台。利用手机扶贫 APP 为当地 38411 户贫困人口和 21 个农民合作社、农业专业化服务组织推送精准到户、到产业的气象预警、农业种植、养殖等气象信息。气象业务现代化成果在示范点建设中得到集中体现。

(二)科技推广

2019 年 4 月,针对宁夏"五县一片"深度贫困区气温偏高、降水偏少的气候现状,制作《气象信息专报》,分析天气气候条件对春播的影响,并提出合理调整种植业结构、减轻旱灾风险的生产建议,得到自治区领导的批示和表扬。依托全国枸杞气象服务中心的建设,多部门联合建立枸杞发育期预报模型,完善枸杞农业气象指标库,发布适宜采收、晾晒、加工等全产业链气象服务产品 20 余种。充分发挥葡萄气象服务中心的作用,针对葡萄产业面临的霜冻危害开展试验研究,初步建立酿酒葡萄晚霜冻、越冬冻害的指标体系。修订完善酿酒葡萄周年服务方案,发布酿酒葡萄含糖量、晚霜冻预报、霜霉病气象等级预报、酿酒葡萄越冬冻害监测和埋土期气象适宜度预报等 60 余种服务产品。开展马铃薯适宜性气候区划、马铃薯晚疫病风险区划,研制马铃薯适播期、晚疫病、储运适适宜气象条件等服务产品 40 余种。

加强与自治区精准扶贫云对接,完善气象助力脱贫对象精准数据库,通过"致富宝"APP 等渠道为 38411 户贫困人口和 21 个农民合作社、农业专业化服务组织推送精准到户、到产业的气象信息,服务辐射所有贫困县。加大冷凉蔬菜精细化农业气候区划和农业气象灾害风险区划等"三农"专项建设成果的应用,充分挖掘宁夏固原地区高海拔气候优势,多部门联合推广种植冷凉蔬菜,据初步估算,冷凉蔬菜率先试点种植村——姚磨村人均可支配收入中蔬菜种植收入占80％以上,成为当地整村脱贫示范村。在前期工作的基础上,2019 年继续加大中南部贫困地区谷子种植推广力度,开展农民技术培训 5 期,累计培训 700 余人次,免费发放籽种和技术手册,鼓励农民大胆尝试,示范推广谷子 2668 公顷,其中张杂谷 1334 公顷,形成山区各县都有张杂谷产业的新局面,为山区农民增产增收创出一条新路。固原市气象局投入资金 27 万元,开展"四个一"林草产业气象条件、气候适宜性、气象灾害防御技术研究和"四个一"林草产业气象保障服务,制作发布的"四个一"林草产业气象服务产品受到固原市委和政府的一致好评。

（三）资金帮扶

2018 年,组织全区气象部门开展消费扶贫,向隆德县夏坡村扶贫企业购买农副产品共计 8.2 万元,鼓励职工购买扶贫点农户自产农品 3 万余元,提升扶贫点农户的持续增收能力。2019 年依托中国气象局乡村振兴项目和山洪地质灾害防治气象保障工程,筹措资金 408 万元在 9 个贫困县实施基层气象防灾减灾标准化建设项目,广泛收集、科学分类、系统整理贫困县基层防灾减灾数据,为辖区内的气象灾害、风险隐患点、重点防御单位、防灾减灾救灾设施等数据建立"一本账";依托地理信息系统,绘制包含其辖区遥感影像、气象防灾减灾信息、气象灾害服务策略等内容的气象灾害风险地图;所有贫困县开展"一队伍"的信息收集和分类管理,形成预警信息接收责任人定期更新机制。通过项目实施,提高贫困地区气象预警信息发布能力和服务能力,提升贫困县气象灾害防御的整体水平。

（四）驻村扶贫

全区气象部门先后安排 100 多名干部开展驻村扶贫工作。驻村扶贫工作组按照扶贫工作的统一部署,紧扣"两不愁 三保障"标准,结合农村环境整治,对扶贫村住房安全情况进行摸排鉴定,积极动员农户开展危房危窑改造,使村内常住户实现住房安全。积极与供水部门联系,帮助解决自来水入户问题,全力保障饮水安全。驻村扶贫工作组全力协助当地村委会发展扶贫攻坚产业,支持扶贫企业参与市场竞争,发挥资源优势,充分利用荒山、荒地等非粮食生产土地建立种植基地。在鼓励村民树立"贫穷落后不光荣,撸起袖子齐致富"观念的同时,着力聚焦和解决留守儿童、纯老户等弱势群众的生活困难,群众的帮扶满意度大幅提升。

按照扶贫工作相关要求,截至 2019 年,全区气象部门共承担 1163 户建档立卡户帮扶工作。区、市、县三级气象部门扶贫工作组入户遍访建档立卡户,深入每家每户,详细了解农户情况,向建档立卡户宣传讲解"产业扶贫""金融扶贫""扶贫保障""教育扶贫""健康扶贫""危房危窑改造"等方面的惠民政策,详细了解记录帮扶对象的生产经营、家庭生活以及扶贫政策享受情况,帮助协调解决子女入学、农产品销售、医疗报销、扶贫贷款等困难,按要求填写扶贫手册,对因病、因灾、因学等返贫家庭,重新纳入贫困人口,并开展帮扶工作,确保不出现错评漏评现象。各级气象部门先后开展献爱心捐书、捐赠电脑活动、"双结对双推进"支部共建活动、贫困大学生资助活动、教育扶贫资金发放活动等,并在重大节日对贫困户进行慰问,送上温暖和关爱。

第八章　人工影响天气

第一节　人工影响天气管理

一、历史沿革

到 20 世纪 80 年代,宁夏人工影响天气经过不断探索,形成以"三七"高炮防雹为主,飞机人工增雨实验为辅的工作局面。1992 年,在空军某部贺兰山机场建成贺兰山机场增雨基地,宁夏气象科研所负责飞机人工增雨的组织实施。此外,为便于人工影响天气作业工作的指挥,在宁夏气象台设立川区火箭防雹增雨指挥中心,在固原市气象局设立山区高炮(火箭)防雹增雨指挥中心,分别负责川区火箭防雹增雨指挥工作、山区高炮(火箭)防雹增雨指挥工作。1997 年,自治区下发《关于进一步加强人工影响天气工作的通知》,要求各县除开展防雹作业外,干旱时期要进行高炮增雨作业。

2003 年,宁夏气象局成立"区级(灌区)人工影响天气作业指挥中心",综合利用大气监测、探测等资料,组织实施全区飞机增雨、川区火箭防雹增雨作业和效果评估工作,并承担对山区高炮(火箭)防雹增雨指挥中心的技术指导。飞机人工增雨首次实施春夏秋三季连续作业,作业范围扩展到引黄灌区,并在 5—9 月组织开展大规模的火箭人工增雨作业。同年,在银川河东建成宁夏人工影响天气试验基地,飞机人工增雨外场作业地点由空军某部机场调整到银川河东机场。2010 年 3 月,撤销"区级(灌区)人工影响天气作业指挥中心",成立"宁夏人工影响天气中心"。2016 年 12 月 29 日,根据宁夏回族自治区机构编制委员会《关于调整宁夏气象局地方气象服务机构有关事项的通知》(宁编发〔2016〕39 号),宁夏气象局印发《宁夏气象局关于成立宁夏人工影响天气中心的通知》(气发〔2016〕145 号),成立宁夏人工影响天气中心。该中心属地方气象服务机构,正处级事业单位,委托宁夏气象局管理,与宁夏气象灾害防御技术中心合署办公。

2020 年,地面烟炉作业系统投入使用,作业手段更加丰富。全区共建成地面烟炉作业点 20 个,主要分布在牛首山、香山、南华山、六盘山等山区,其中牛首山 1 个,香山 3 个,南华山 4 个,六盘山 12 个,见表 8-1。

表 8-1　宁夏人工影响天气地面烟炉布设

序号	型号	编号	布设地点	使用单位
1	RYJ-1	A-080344	惠台作业点	泾源县气象局
2	RYJ-1	A-080345	大湾作业点	泾源县气象局
3	RYJ-1	A-080334	黄花作业点	泾源县气象局
4	RYJ-1	A-080465	什字作业点	泾源县气象局
5	RYJ-1	A-080335	陈靳作业点	隆德县气象局
6	RYJ-1	A-080340	大庄作业点	隆德县气象局
7	RYJ-1	A-080337	观庄作业点	隆德县气象局
8	RYJ-1	A-080339	好水作业点	隆德县气象局
9	RYJ-1	A-080336	城关作业点	隆德县气象局
10	RYJ-1	A-080343	奠安作业点	隆德县气象局
11	RYJ-1	A-080466	新站作业点	隆德县气象局
12	RYJ-1	A-080342	六盘山气象站	隆德县气象局

续表

序号	型号	编号	布设地点	使用单位
13	RYJ-1	A-080318	巨家湾作业点	海原县气象局
14	RYJ-1	A-080319	山门村作业点	海原县气象局
15	RYJ-1	A-080321	红羊乡作业点	海原县气象局
16	RYJ-1	A-080322	马厂作业点	海原县气象局
17	RYJ-1	A-080323	深井作业点	沙坡头区气象局
18	RYJ-1	A-080320	新水作业点	沙坡头区气象局
19	RYJ-1	A-080317	冯庄作业点	沙坡头区气象局
20	RYJ-1	A-080324	牛首山作业点	青铜峡市气象局

二、组织机构

1988 年,成立宁夏气象局人工影响天气办公室,统一归口管理全区气象系统人工影响天气工作。宁夏气象局人工影响天气办公室属宁夏气象局下属处级单位,核定编制 5 人。2013 年,重新调整成立宁夏气象局人工影响天气办公室,挂靠应急与减灾处,承担自治区人工影响天气与气象灾害防御指挥部办公室有关人工影响天气方面的日常工作,负责人工影响天气的规划计划、制度建立、人员培训、装备保障、指挥协调、监督管理等。

宁夏人工影响天气作业依据国务院《人工影响天气管理条例》《宁夏回族自治区人工影响天气管理办法》规定,在宁夏气象局人工影响天气办公室的统一管理下,在全区范围内组织开展。作业点的布设由市县级人工影响天气办公室根据需要提出申请,宁夏气象局人工影响天气办公室审批。火箭、高炮、人雨弹由宁夏气象局人工影响天气办公室统一采购配备,并组织开展装备更新和年检。

20 世纪 90 年代起,川区火箭防雹增雨作业由宁夏气象台组织实施,山区高炮防雹火箭增雨作业由固原气象局组织实施,飞机人工增雨作业由宁夏气象科研所组织实施。2010 年,成立了宁夏人工影响天气中心,挂靠宁夏气象科研所,负责全区人工影响天气作业指导、飞机人工增雨作业组织实施和北纬 37 度以北区域地面作业的组织实施,宁夏气象台不再承担人工影响天气相关工作。同时,成立了固原人工影响天气指挥中心,承担原固原气象局负责的山区高炮防雹火箭增雨作业组织实施和北纬 37 度以南区域地面作业的组织实施。2016 年,宁夏人工影响天气中心与新成立的宁夏气象灾害防御技术中心合署办公,人工影响天气作业组织实施工作职能一并进行划转,宁夏气象科研所不再承担人工影响天气作业组织实施工作职能。

目前,宁夏人工影响天气中心内设科室 3 个,分别为办公室、人工影响天气指挥中心、人工影响天气作业科。编制 20 名,其中地方全额预算事业编制 5 名,调剂使用国家气象事业编制 15 名。

截至 2020 年,全区从事地面火箭、高炮作业人员 288 人。其中,区级作业人员 6 人,主要开展应急增雨、防雹作业;市级作业人员 20 人,负责市本级增雨(雪)、防雹作业;县级作业人员 262 人,其中同时承担高炮和火箭增雨(雪)、防雹作业的 153 人,只承担火箭增雨(雪)、防雹作业的 109 人。

第二节　人工增雨(雪)

一、飞机增雨

(一)飞行概况

1991—2004 年,每年 5—7 月租用广州空军 13 师安-26 飞机开展作业,作业区主要集中在宁夏南部山区。

1994 年,在做好宁夏飞机增雨作业的同时,支援青海省、甘肃省定西、天水、庆阳、兰州地区、陕西省榆林、定边等地开展跨区域飞机人工增雨作业。

1996 年,飞机增雨作业除继续使用 713 天气雷达数传资料和 PMS 云粒子测量系统外,增加卫星云图资料,从北京人影办引进 GPS 全球定位系统,开通固原、银南两地通信网络。

2003 年,面对宁夏水资源短缺形势,自治区政府决定将飞机人工增雨工作的目的由抗旱保丰收、保障南部山区农业经济发展调整为保障整个宁夏生态环境建设,飞机人工增雨工作规模扩大,作业范围由南部山区扩大到全区,作业时间由历年的 5—7 月延长到 3—10 月。

2004—2014 年,增雨飞机先后租用中国飞龙专业航空公司飞机、兰州军区运七型军用运输机、成都军区运七型军用运输机开展飞机人工增雨作业,作业区覆盖宁夏全境,重点在中部干旱带。2010 年,机载播撒设备更新为新型碘化银焰条发生器,进一步提升催化剂运输、存储、使用上的安全性。增雨飞机——运七见图 8-1。

(二)增雨作业

"八五"期间,飞机人工增雨作业进场 339 天,共作业 63 架次,累计作业时长 138 小时 26 分,区内累计作业面积 104.9 万平方千米。"九五"期间,飞机人工增雨作业进场 374 天,共作业 53 架次,累计作业时长 129 小时 44 分,区内累计作业面积 119 万平方千米。"十五"期间,飞机人工增雨作业进场 804 天,共作业 107 架次,累计作业时长 258 小时 20 分,区内累计作业面积 393 万平方千米。"十一五"期间,飞机人工增雨作业进场 944 天,共作业 95 架次,累计作业时长 281 小时 39 分,区内累计作业面积 315.8 万平方千米。"十二五"期间,飞机人工增雨作业进场 987 天,共作业 93 架次,累计作业时长 347 小时 35 分,区内累计作业面积 318 万平方千米。"十三五"期间,飞机人工增雨作业进场 894 天,共作业 116 架次,累计作业时长 433 小时 9 分,区内累计作业面积 355 万平方千米。

(三)效益评估

经评估,1991—2020 年,宁夏境内飞机人工增雨共增加降水约 153 亿立方米。

二、火箭增雨(雪)

(一)作业分布与装备

2003 年建成全区地面火箭增雨(雪)防雹作业系统,火箭增雨(雪)作业开始大范围开展。截至 2020 年,全区共累积购置火箭架 162 部(表 8-2),先后淘汰报废 72 部,现用人工增雨(雪)火箭架 90 部(表 8-3),其中车载移动火箭架 32 部,固定火箭架 58 部;设置火箭增雨(雪)作业点 171 个,分布在 21 个县市区、15 个农场。火箭架为内蒙古北方保安民爆器材有限公司生产的多管火箭发射架,火箭弹使用内蒙古北方保安民爆器材有限公司生产的 RYI-6300 型火箭弹。2014 年,业务人员开展人工增雪作业,见图 8-2。

表 8-2 宁夏人工影响天气历年火箭架购置统计

序号	年份	数量(部)
1	2003 年	47
2	2004 年	11
3	2005 年	13
4	2006 年	12
5	2007 年	2
6	2008 年	10
7	2010 年	3
8	2015 年	55
9	2016 年	9
合计		162

表 8-3 宁夏人工影响天气火箭架布设

序号	地区	县(市、区)	布设地点	数量	编号
1	银川市	永宁县	黄羊滩农场	1	640121002
2			玉泉营农场	1	640121003

续表

序号	地区	县(市、区)	布设地点	数量	编号
3	银川市	贺兰县	王田	1	640122001
4		灵武市	磁窑堡	1	640181002
5		兴庆区	月牙湖	1	640104001
6		西夏区	平吉堡农场	1	640105003
7	石嘴山市	大武口区	大武口乡	1	640202003
8		平罗县	前进农场	1	640221003
9			前进乡	1	640221004
10			头闸	1	640221006
11		惠农区	西永固	1	640205001
12			简泉林场	1	640205002
13			尾闸乡	1	640205004
14			火车站	1	640205005
15	吴忠市	盐池县	宋家堡	1	640323008
16			麻黄山马会台	1	640323009
17			花马池	1	640323010
18			青山	1	640323011
19			马儿庄	1	640323012
20		红寺堡区	大河	1	640303001
21			沙泉	1	640303005
22			红寺堡镇	1	640303006
23		利通区	秦渠	1	640302004
24			金银滩	1	640302005
25			东塔	1	640302006
26			巴浪湖农场南	1	640302007
27			吴忠气象站新址	1	640302009
28		青铜峡市	蒋顶	1	640381001
29			叶盛	1	640381004
30			玉西村	1	640381005
31		同心县	王团(石狮)	1	640324007
32			同心(气象局)	1	640324008
33			丁塘	1	640324009
34			河西	1	640324010
35			预旺	1	640324011
36			田老庄	1	640324013
37	固原市	泾源县	泾光	1	640424001
38			南梁	1	640424003
39			蒿店	1	640424008
40			大湾	1	640424009
41		隆德县	奠安	1	640423001
42			陈靳	1	640423002
43			好水	1	640423009
44		西吉县	马建	1	640422001
45			田坪	1	640422002
46			红耀	1	640422003
47			苏堡	1	640422004
48			白城	1	640422005

续表

序号	地区	县(市、区)	布设地点	数量	编号
49	固原市	西吉县	偏城	1	640422006
50			吉强镇	1	640422007
51			硝河	1	640422008
52			黄家川	1	640422012
53			下堡	1	640422013
54		原州区	开城	1	640402001
55			彭堡	1	640402005
56			西郊	1	640402006
57			东郊	1	640402007
58			河川	1	640402008
59			官厅	1	640402009
60			炭山	1	640402010
61			寨科	1	640402012
62			杨郎	1	640402013
63			黄铎堡	1	640402014
64			张易	1	640402015
65		彭阳县	小岔	1	640425006
66			刘塬	1	640425007
67	中卫市	中宁县	余丁	1	640521001
68			渠口农场	1	640521006
69			鸣沙	1	640521007
70			大战场乡花豹湾村	1	640521008
71			天景山	1	640521011
72			鸣沙镇苦水沟梁村	1	640521010
73		沙坡头区	良繁场	1	640502001
74			山羊场	1	640502002
75			陶瓷厂	1	640502003
76			香山深井	1	640502004
77			景庄	1	640502005
78			石岘子	1	640502006
79			红泉	1	640502007
80			冯庄	1	640502008
81			永康乡西台村	1	640502014
82		海原县	曹洼	1	640522003
83			贾倘	1	640522004
84			蒿川	1	640522007
85			兴隆	1	640324014
86			兴仁	1	640522012
87			徐套	1	640521012
88			罗山	1	640522015
89			高崖乡草场村	1	640522016
90			七营	1	640522017

(二)增雨(雪)作业

全年开展火箭增雨(雪)作业,年均作业230次左右,发射火箭弹2500枚左右。例如,2011—2014年,为缓解旱情,宁夏气象局调集区级人影应急小分队和全区各市县移动作业车辆、火箭以及作业人员,集中到重旱区开展大规模增雨(雪)作业,保障旱区农业生产和人畜饮水。经统计,期间共实施 34 次跨区域大规模集中增雨(雪)作业。尤为典型的是 2011 年年初,宁夏南部山区出现中度气象干旱,同心及其以北地区出现严重气象干旱。2 月 17—18 日,宁夏气象局调集移动作业火箭架 16 部,配合当地固定作业点在南部山区和中部干旱带实施人工增雪作业 18 点次,累计发射火箭弹 63 枚,增加降水量 0.1227 亿立方米左右,不仅改善了土壤墒情,而且解决了人畜饮水困难,社会效益显著。

图 8-1　增雨飞机——运七

图 8-2　2014 年,业务人员开展人工增雪作业

(三)效益评估

经评估,2013 年以来,年均累计火箭增雨(雪)面积约 29 万平方千米,年均累计增加降水约 4.6 亿立方米。

第三节　人工防雹

一、作业分布与装备

宁夏防雹作业历史悠久。2002 年以前,主要以高炮防雹作业为主,2003 年全区火箭增雨(雪)防雹作业系统建成后,作业范围由南部山区扩大到全区,火箭、高炮防雹作业共同开展,基本形成地面高炮、火箭联合防雹作业体系。截至 2020 年年底,全区共有"三七"型双管高炮 52 门(表 8-4),布设在西吉、隆德等 9 个县区,设置高炮防雹作业点 60 个。高炮作业使用国营江陵机器厂生产的人雨弹。全区 90 部人工增雨(雪)火箭都可用于火箭防雹作业。

表 8-4　宁夏人工影响天气高炮布设

序号	地区	县(区)	使用单位	数量	编号	布设地点
1	吴忠市	同心县	吴忠市气象局	1	20120066	河西
2				1	20120070	下马关
3	中卫市	海原县	海原县气象局	1	2011010	曹洼
4				1	2011005	杨明
5				1	2011004	红羊
6		中宁县	中宁县气象局	1	20120061	喊叫水
7				1	20120065	徐套
8		沙坡头区	沙坡头区气象局	1	20120068	兴仁
9				1	20120069	景庄
10	固原市	原州区	原州区防雹站	1	2011017	河川点
11				1	120057	程儿山

续表

序号	地区	县（区）	使用单位	数量	编号	布设地点
12	固原市	原州区	原州区防雹站	1	120094	黄铎堡
13				1	20120054	彭堡点
14				1	120047	红庄点
15				1	20120076	张易点
16				1	20120061	南郊
17				1	20120059	南郊
18				1	120092	南郊
19				1	20120073	南郊
20				1	20120056	南郊
21				1	20120071	南郊
22		彭阳县	彭阳县气象站	1	2011016	彭阳点
23				1	20120057	小岔点
24				1	120091	王洼点
25				1	2011021	石岔点
26				1	20120055	孟塬点
27				1	2011009	刘塬点
28				1	120053	古城点
29				1	120055	罗洼点
30				1	120052	长城点
31		西吉县	西吉县气象局	1	2011003	马建点
32				1	2011020	红耀点
33				1	2011008	白城点
34				1	2011019	火石寨
35				1	20120072	田坪点
36				1	20120075	偏城点
37				1	20120062	沙沟点
38				1	20120064	县局
39				1	20120063	县局
40		隆德县	隆德县气象局	1	120054	城关点
41				1	120009	沙塘点
42				1	20120053	神林点
43				1	20120060	杨河点
44				1	20120058	好水点
45				1	2011007	奠安点
46				1	120093	陈靳点
47				1	2011011	观堡点
48				1	2011022	大庄点
49		泾源县	泾源县气象局	1	120056	惠台点
50				1	2011006	县局
51				1	20120054	县局
52				1	2011014	县局

二、作业管理

宁夏防雹作业人员由全部人工影响天气地面作业人员组成。截至2020年，共有288人，其中气象部门职工135人，聘用当地农民153人。2016年以前，作业人员实行持证上岗制度，上岗证由宁夏气象局人工影响天气办公室组织培训核发。2016 年开始,上岗证取消,改为作业人员年度技术培训,培训工作由区、市、县三级人工影响天气办公室分级组织开展。20 世纪 90 年代,隆德县气象局开展高炮作业培训,见图 8-3。

宁夏人工影响天气防雹作业由宁夏人工影响天气中心统一组织,根据人工影响天气潜势预报发布作业指令,申请作业空域。同时,宁夏人工影响天气中心负责指挥北纬 37°以北区域地面作业点实施作业,固原人工影响天气指挥中心负责指挥北纬 37°以南区域地面作业点实施作业。各个作业点每次完成作业后,及时将作业情况上报宁夏人工影响天气中心,宁夏人工影响天气中心对作业情况进行统计分析和作业效果评估。

随着银川和六盘山两部数字化多普勒天气雷达先后建成并投入使用,极大提高对各类天气的监测识别能力,地面火箭、高炮防雹作业科学性大大提升。

三、防雹作业

每年 5—9 月在南部山区开展"三七"型高炮防雹作业,2013 年以来,年均作业 90 余次,发射人雨弹 2000 发左右。

四、效益评估

经评估,2013 年以来,年均地面火箭、高炮防雹保护面积约 1.9 万平方千米。

第四节　人工影响天气科研成果

1991—2020 年,宁夏人工影响天气研究工作共申请到国家级项目 5 项、行业专项项目 1 项,分别为 1990 年的国家自然基金项目"冰雹云人工催化效果的数值模式检验",1996 年的国家自然基金项目"贺兰山地区沙尘暴若干问题的观测研究",2001 年的国家自然基金项目"层状云催化后冷水消耗与恢复规律的观测和数值模拟研究",2017 年的国家自然基金项目"六盘山区地形云结构特征及催化效果研究",2018 年行业专项人影试验研究项目"六盘山地形云人工增雨技术研究",2020 年第二次青藏高原综合科学考察研究第一子项目西风—季风协同作用及其影响第四子项目极端天气气候事件与灾害风险第七子项目六盘山云降水过程综合观测试验。4 项成果获自治区政府科学技术进步奖三等奖,1 项获四等奖,1 项成果获中国气象学会涂长望青年气象科技奖二等奖、宁夏回族自治区科学技术协会青年科技奖、宁夏科协首届青年科技工作者学术年会一等奖,并被共青团中央、全国青联授予中国青年科技创业奖。宁夏人工影响天气科研成果主要集中在以下几个方面。

一、仪器研制

1995 年,宁夏气象科研所吸收美国播撒器技术,经过 4 年研究试验改进,完成 ZY-II 型机载碘化银播撒器定型工作。该设备荣获首届"宁夏发明暨科技成果展览会"金奖,20 余套设备在国内部分省区推广应用,成为 20 世纪 90 年代国内飞机人工增雨作业的主要设备之一。该设备可在全密封仓内工作,减轻作业人员劳动强度,实现播云的半自动化,控制播撒量,延长播云时间,播云效果较好。1993—1994 年,宁夏气象科研所在阿拉善左旗、银川贺兰山机场利用滤膜采样法对大气冰核进行采样,部分样本在 Bigg 云室活化处理,备份滤膜在静力扩散云室中活化处理,比较二者活化处理方式的不同对冰核浓度的影响。宁夏气象科研所与中国科学院大气物理研究所、中国气象科学研究院等单位合作,研制静力扩散云室。2002 年,自行研制液氮催化剂播撒设备,并投入飞机人工增雨业务。

二、探测设备建设

1991 年以前,在固原地区布设测雹板网,共布测雹点 29 个,覆盖面积 1169 平方千米,测雹板网布设密度为 1 个/40 平方千米。1995 年,在自治区科委的支持和成都气象学院的帮助下,六盘山 711 天气雷达数字化完成;2005 年,中卫 711 天气雷达升级改造为 713C 型数字雷达;2003 年、2004 年、2015 年,银川、固原、吴忠分别建成新一代天气雷达,覆盖全区的人工影响天气雷达探测网基本建成。2017 年开始,在西北人工影响天气能力建设等项目的支持下,在宁夏六盘山区集中布设人工影响天气专业探测设备,先后在六盘山东西两侧及六盘山顶布设 8 个自动气象站梯度站,布设全固态 Ka 波段云雷达 4 部、雨滴谱仪 11 部、多通道微波辐射计 2 部、微雨雷达 3 部、全球导航卫星系统大气探测站(GNSS/MET)9 个、三维超声测风仪 11 台、雾滴谱仪 1 台、云凝结核计数器(CCN)1 部、X 波段双偏振雷达 2 部、激光云高仪 4 部。

三、野外科学试验

1994—1995 年 6 月,利用美国 MEE 公司生产的 130 型云凝结核计数器在贺兰山机场观测点开展试验,分析云凝结核浓度特征;1996、1997 年 4—5 月,分别在内蒙古吉兰泰气象站、阿拉善右旗气象站和宁夏贺兰山机场气象站、盐池气象站开展野外观测,观测项目有微气象观测、土壤湿度和温度、三分量脉动风速测量、分光直接辐射表、TSP、采用 An 天 erson 采样器观测沙尘粒子质量谱,用美制 ASP 粒谱仪观测沙尘粒子的浓度谱、表面积谱和体积谱,并对所采沙尘粒子进行化学组成分析;2018—2020 年,在宁夏六盘山区开展六盘山区地形云人工增雨技术研究野外科学试验;2020 年开始,在六盘山区开展第二次青藏高原综合科学考察研究第一子项目西风—季风协同作用及其影响第四子项目极端天气气候事件与灾害风险第七子项目六盘山云降水过程综合观测试验。

四、云和降水的微物理研究

用 TPZ-2 型含水量仪,铝箔取样器和 TPM-1 型云滴谱仪,对 18 次降水天气过程、25 架次飞行作业取得的 408 份含水量资料,299 份冰雪晶资料和 276 份云滴谱资料,系统分析宁夏夏季降水性层状云的微结构特征。云滴谱的谱分布采用 $N = cr^2 \exp(-br)$ 这一形式来拟合。低槽冷锋天气、青海低涡天气和西风小槽天气下高层云平均云滴浓度分别为 240.6 个/立方米、442.3 个/立方米、55.3 个/立方米;平均直径依次分别为 4.4 微米、3.8 微米和 4.5 微米。三类天气条件下高层云平均谱分布中的系数 a 依次分别为 14.706、10.555 和 0.898,系数 b 依次分别为 0.571、0.524 和 0.427。雪晶浓度随温度(高度)的分布出现峰值。低槽冷锋天气高层云中雪晶浓度分别在 −5 ℃ 和 −8 ℃ 处出现两个浓度峰值,其中峰值浓度分别为 400 个/立方米和 500 个/立方米;青海低涡型天气高层云雪晶浓度约在 −7 ℃ 附近达到极大值,其中峰值浓度为 170 个/立方米。含水量随温度(高度)的分布也呈现出多峰的特点,其平均值为 0.05~0.11 克/立方米。含水量的水平分布出现不均匀性,在 140 千米的飞行中,在 4.34 千米高度上共取 4 个样本,含水量最小为 0.2 克/立方米,最大为 1.11 克/立方米,起伏达 455%。在对层状云的个例探测中发现,层状云中存在对流泡,其云滴浓度变化在 28.0~1294.4 个/立方米,相差达两个量级。从地面雨强上看,雨强从 1 毫米/时增加到最大雨强 18 毫米/时,根据雨强峰值持续时间、高空风速以及雷达回波分析推算,层状云中对流泡水平尺度小于 10 千米。

利用同一函数形式:$N = AN_0 \exp(-ad + bd^2 - cd^3)$ 来统一拟合降水性层积云和高层云的小云滴谱、大云滴谱和雨滴谱,由上式得到的拟合谱与观测谱吻合得较好,其相关系数均大于 0.93,显著性水平为 0.001,说明有一定的代表性。从滴谱分析得出,层积云(Sc)和高层云(As)的云滴峰值直径天峰均为 14 微米,平均直径为 14.5 微米左右。但 As 云中的含水量较大,达 2.35 克/立方米,Sc 云中的含水量只有 0.5 克/立方米。总浓度也以 As 云中较多,达 8.64×10^8 个/立方米,Sc 云中的总浓度为 1.68×10^8 个/立方米。

在分析大量观测资料的基础上,利用动力场给定的二维层状云模式,模拟层状云降水和干冰人工催化增加降水的效果。催化方案按催化剂量、催化时间、干冰颗粒大小及其干冰在云中的播撒位置来设计,为人工增雨作业方案的优化设计提供理论基础。结果表明,模拟云和自然云较为接近,主要为冷云降水。干冰播撒剂量和播撒时机直接影响着增雨效果。当自然云水含量较大时,播撒剂量也应该增大;当云水含量较小时,催化剂量相应减少或不催化,过量催化反而减少降水。催化时机应选择在云发展时期。

播云高度和干冰丸大小应根据冷云厚度选择。模拟的自然云冰晶主要来源于自然冰核活化,冰雪晶和霰的生长主要靠凝化过程和碰并云水过程,雨滴主要来源于霰的融化,催化后雪和霰的含量有明显的增加,特别是雪的增加最为显著,这是降水增加的主要因素。

在对云和降水宏微观结构进行大量的野外观测和数值模拟研究的基础上,开展人工影响天气优化作业技术方法的研究,以提高人工影响天气的作业效果和效益。宁夏目前主要开展的是人工增雨优化作业技术方法的研究,该项目由自治区科委 1994 年立项,1995—1997 年执行。研究的主要目的是:对不同的降水云系如何进行催化作业,包括作业的时机、作业方法、催化剂的播撒量、作业部位等,才能得到最佳作业效果。基本内容包括:采用现代技术装备进行探测,掌握云和降水结构情况和变化,分析归纳云概念模式;利用合适的中尺度云模式、强风暴模式预测该云的自然降水,选择制定和寻找最佳作业方案,并估计作业效果;按预测要求和选定的最佳作业方案进行作业;对作业后的云和降水系统继续监测,将其信息反馈给模式计算,决定是否进行补充作业;把预测效果和实测效果进行比较,评估作业的有效程度。

五、雹云微物理学及防雹效果研究

利用采自宁夏南部山区的 10 个大雹块做成厚切片,共取 43 个冰样,分析其同位素氢—氘的含量。对宁夏南部山区 5 个雹暴的 395 个冰雹做切片分析,结果表明:霰胚占 66.4%,冻滴胚占 33.6%。对 10 个雹块的同位素氘和晶体分析发现,绝大多数霰胚的生长温度为 $-12 \sim -23\ ℃$,冻滴胚形成的温度为 $-8 \sim -14\ ℃$,霰胚的生长高度比冻滴胚形成的高度平均高 1000 米以上,霰胚还呈现出多个生长层的特点,并由晶体分析方法推断冰雹在云中的生长条件。对南部山区 22 个冰雹过程的 62 份雹谱资料进行分析,分析表明,雹谱呈 3 种类型:单峰型(38.7%)、单调下降型(41.9%)和双峰型(19.4%)。用参数法拟合雹谱,并与指数谱进行比较。由实测资料计算建立等效雷达反射率因子与动量通量之间的关系,其相关系数 0.97,显著性水平小于 0.01。从雹日密度概念出发,采用柯尔莫哥洛夫分布函数检验方法,检验固原地区雹日密度为正态分布。将 1958—1975 年资料作为未防雹年代样本,1976—1991 年资料作为防雹年代样本,经 t 检验,二者差异显著,且防雹后雹日密度绝对减少值大于 24.8% 的概率是 90%。利用包括冰晶浓度预报方程和播撒物质守恒方程的二维冷云模式,对所模拟的超级单体风暴进行不同播撒位置、不同播撒高度、不同播撒剂量、不同播撒时刻的对比试验。结果表明,播撒位置一般选在强上升气流中心区略下方的较弱区时,有利于消雹;播撒选在雹云发展初期 24 分钟时进行,超级单体雹云比弱单体雹云催化时间可推迟 5~6 分钟;播撒剂量,对于超级单体、弱单体基本上相同,需要播撒 460 克/千米的碘化银粒子会获得防雹效果。

六、大气气溶胶研究

宁夏气象科研所于 1994 年 6 月至 1995 年 7 月,在银川和巴音浩特每个工作日上午 10 时取样,所取样本在南京气象学院冷云室进行活化处理,对银川和巴音浩特两地冰核浓度进行测量及分析。1994 至 1995 年 6 月,宁夏气象科研所利用美国 MEE 公司生产的 130 型云凝结核计数器在贺兰山机场观测点共取观测资料 61 组。利用 1994 年 6 月 6 日—6 月 30 日上午 10 时资料分析云凝结核浓度的平均特征。沙尘粒子能够改变云和大气的辐射特性,从而对气候变化产生影响;某些沙尘粒子还可作为冰核,对云和降水乃至人工影响天气作业效果产生重要影响。

1996 年,宁夏气象科研所获批国家自然科学基金项目"贺兰山地区沙尘暴若干问题的观测研究"。研究人员通过野外观测和对所采沙尘粒子进行化学组成分析,对贺兰山地区沙尘现象得出如下结论:一是贺兰山地区 4、5 月沙尘暴发生频率最高,起沙的 10 分钟平均风速阈值为 5.0~5.3 米/秒,贺兰山对沙尘暴具有缩减风速和阻挡沙尘传输的作用,并促使山体两侧最高沙尘暴频数相应的风速范围有明显差异;二是沙尘天气下,气溶胶光学厚度迅速增大,扬沙和沙尘暴出现初期即大于 1.0,比晴空条件下增大一个数量级。同时浑浊度系数的增大和波长指数的减小可灵敏地表示沙尘含量的增多和较大粒径含量的比例增大;三是当出现沙尘天气时,贺兰山西侧的 TSP 浓度一般均大于东侧;四是贺兰山地区沙尘样本中以地壳类元素浓度最高;五是该地区气溶胶尺度数浓度谱均为单峰型,无沙尘现象时峰值比较稳定,表面积谱、质量谱主要是 3 峰型,部分为 2 峰型。当发生沙尘天气时,峰值移向较大尺度,强度越大,峰值直径越大。

七、六盘山区地形云研究

统计六盘山区五县区 1984—2014 年日平均降水量大于 5 毫米的降水天气过程,普查过程期间逐日常规地面观测资料,通过对天气现象、降水性质、降水范围等的综合分析判断,将降水分为对流性降水和层状云降水两种类型。同时根据平均降水量和降水范围对降水进行等级划分,利用再分析资料对不同降水类型、降水级别降水过程的天气形势、主要的影响系统和物理量场配置进行统计分析,建立六盘山区适宜开展增雨作业的天气概念模型。

利用再分析资料数据计算不同降水类型、不同降水级别降水过程的大气可降水量,对比实际观测到的降水量,分析六盘山区不同降水类型、不同降水级别降水过程人工增雨潜力,结合建立的适宜开展增雨作业的天气概念模型,建立六盘山地形云人工增雨作业概念模型,提升对六盘山区特色农业生产的保障能力。利用 2017 年 6—11 月宁夏六盘山区收集的微雨雷达和微波辐射计等探测资料,对比分析六盘山区山脊和山谷对流云降水、层状云和浅积云降水过程中的云微物理特征及亮带,针对典型层状云降水事件山脊和山谷站的亮带及以下各层的雨滴谱分布特征,探索亮带以上几层水凝物的分类。结果发现:六盘山区三类降水云山脊的反射率及反射率衰减程度均高于山谷,表明地形强迫使得山脊降水云的物理和动力过程较山谷更剧烈,层状云降水过程中山脊 0 ℃等温线以上的反射率明显高于山谷,表明山脊在 0 ℃等温线以上有更多水凝物。分析一次典型层状云降水过程发现:六盘山区降水液滴自亮带下落的过程中,碰并过程占主导;亮带以下各层天 S 天符合 Gamma 分布,山脊站 Gamma 分布的相关性比山谷站强且拟合优度更优;降水开始的前 3 分钟,推测 −4~0 ℃等温线之间的水凝物主要是霰,此后水凝物主要是雪颗粒和霰,而山谷在降水开始的前 5 分钟,−4~0 ℃等温线层之间的水凝物主要是雪颗粒和较大的霰,此后水凝物主要是霰。2019 年,六盘山地形云野外科学试验基地的多通道微波辐射计,见图 8-4。

图 8-3　20 世纪 90 年代,隆德县气象局
开展高炮作业培训

图 8-4　2019 年,六盘山地形云野外科学
试验基地的多通道微波辐射计

八、人工影响天气业务系统研发

2014 年开发宁夏人工影响天气精细化条件预报系统集成,项目结合宁夏多年人工影响天气科研与业务积累,充分利用人工影响天气数值模式及精细化预报产品,集合人工影响天气作业指标、作业模型参数,开发精细化的人工影响天气作业背景产品、作业时间、地点、用弹量、方位角、积冰分析、云中过冷水区分析、大气稳定度分析、飞行危险警戒与安全航线条件预报。在宁夏人工影响天气中心测试、改进、完善并应用。区、市、县三级人工影响天气综合系统于 2017 年 11 月完成建设和部署,有效提升宁夏人工影响

天气业务水平和保障能力。该系统以中国气象局人工影响天气中心的云降水精细化分析系统为基础,经过本地化开发,建成具备多源数据的实时采集和管理、云和雷达参数反演、作业条件预报分析、作业条件监测预警、飞机作业方案设计、飞机作业指挥、地面作业指挥、作业效果分析、综合业务管理、产品共享服务、三维电子沙盘、安全射界图制作等覆盖人工影响天气业务各环节功能、技术先进的综合业务系统。2018 年,宁夏人工影响天气中心建成增雨飞机定位系统和空域申报系统等。2020 年,建立西北旱区水汽实时反演系统,该系统基于宁夏全区建立的 GNSS/MET 站点,建立起一套从地基 GNSS/MET 原始观测数据解算、大气可降水量的反演以及相关水汽产品显示的综合数据处理与显示平台,可实现对各站点大气可降水量数据到站情况的监控,实现对 GNSS/MET 原始观测数据下载与合并、IGS 精密星历下载、解算所需各种表文件的下载、IGS 超级跟踪站原始观测数据下载与合并、数据解算策略的选取以及数据解算过程的定时自行运行,实现 GNSS/MET 原始数据对大气可降水量数据的反演,实现区域大气可降水量的区域分布显示,单站大气总延迟、大气可降水量、气压等时序变化显示。

九、人工增雨雪、防雹作业指标及作业概念模型研究

综合利用雷达、卫星、探空、自动气象站、中尺度人工影响天气数值模式产品等资料,建立宁夏不同类型降水云系(层状云、混合云、对流云)的人工增雨作业指标,并投入业务应用,提高宁夏人工增雨作业的科学性、安全性,合理利用弹药,节约成本,提高效益;基于多普勒雷达的宁夏黄土丘陵区高炮人工防雹作业指标研究,项目拟收集整理现有的宁夏黄土丘陵区的防雹作业的多普勒雷达基本反射率、组合反射率、回波顶高、回波底高、垂直累计液态水含量等雷达产品的指标,并结合 2016—2017 年典型个例对宁夏黄土丘陵区防雹作业的雷达产品的指标进行验证订正,建立起宁夏黄土丘陵区适合人工防雹作业的多普勒雷达产品的指标,将该指标集成到宁夏人工影响天气综合业务系统中;基于云反演产品的中部干旱带夏季层状云飞机增雨作业指标研究,挑选 2016—2017 年夏季中部干旱带适宜开展飞机人工增雨作业的层状云降水天气过程,收集过程期间利用 FY2G 卫星资料反演的有效粒子半径、云顶亮温、云顶温度、云顶高度、云光学厚度、过冷层厚度、液水含量 7 类云宏微观物理参数产品资料,结合地面降水资料,对过程期间 7 类宏微观物理量参数进行统计分析,给出基于 7 类云反演产品的中部干旱带夏季层状云飞机人工增雨作业指标阈值;基于多通道微波辐射计的宁南扶贫区层状云增雨条件判别指标研究,利用宁南扶贫攻坚区多通道微波辐射计及自动气象站探测资料,结合平凉探空资料、固原新一代天气雷达及 MICAPS 资料,分析不同季节(春、夏、秋)层状降水云在降水发生前后大气水汽含量、液态水含量的变化特征,得到降水发生时的大气水汽含量背景值以及降水发生前后液态水含量的大小及变率阈值,分析不同季节(春、夏、秋)层状降水云的大气水汽、液态水及温度的垂直廓线,确定增雨目标云的过冷却水的垂直位置,从而制定不同季节(春、夏、秋)层状云的人工增雨条件判别指标,为人影作业指挥人员把握最佳作业时机及确定最佳播云高度提供依据。

第九章 气象信息化建设

第一节 机构沿革

宁夏气象信息中心成立于 2002 年 12 月。在此之前,分属宁夏气象台和宁夏气候中心。1997 年,宁夏气象局机构改革在宁夏气象台设立信息网络科,与宁夏气象信息网络管理中心合署办公,由系统管理组、硬件维护组、网络运行组组成。主要职责为负责雷达(701、713 雷达)设备维护,区域网无线通信设备、卫星接收设备维护,网络运行性管理维护及服务、网络信息监控,供电和有关设备维护及相关资料档案管理。在宁夏气候中心设立档案科和资料科,主要承担气象科技档案的收集、整理、服务等管理工作,实时历史气候资料录入、审核处理、气象报表制作以及计算机网络系统管理等工作。

2002 年 12 月,组建宁夏气象信息网络中心。内设办公室、运行保障科、信息服务科、技术开发科共4 个科室。主要承担气象信息业务、网络运维保障、宁夏气象网站及办公自动化网运维保障、科技服务等相关职责。

2006 年 4 月,宁夏气象局机构调整,宁夏气象信息网络中心更名为宁夏气象信息中心,同时将原宁夏气象台档案科整建制划归宁夏气象信息中心,并挂宁夏气象档案馆牌子。内设办公室、信息运控科、信息技术保障科、信息处理与档案管理科、气象信息服务台、信息技术开发室。主要职责为承担气象信息业务、气象档案收集和管理、气象资料质量控制工作。

2010 年 4 月,宁夏气象信息中心的气象信息服务台整建制划归宁夏气象服务中心。宁夏气象信息中心承担为政府、部队、防汛、民航等部门和单位提供气象资料信息传输、信息共享服务任务及向社会公众发送气象预警信息等任务。

2019 年 5 月,宁夏气象信息中心进行机构调整。调整后内设 5 个科室:办公室、运维保障科、运行监控科、质量控制科、大数据服务科。主要职责为负责气象信息化基础设施资源运维保障、信息网络系统管理运维、信息网络安全防护、气象综合业务全流程运行监控、综合气象观测数据质量控制、气象大数据云平台运维保障、气象大数据管理挖掘服务、气象档案管理等。负责全区气象信息系统运行和安全防护技术指导。

第二节 信息系统

一、信息网络系统

宁夏气象信息网络系统结构复杂、应用多样,安全需求各异。根据其功能和应用的不同,可分为局域网:由综合业务、互联网应用两部分组成;城域网:由防灾减灾信息收集共享、行业用户接入两部分组成;气象广域网:由全国、全区两部分组成。

(一)广域网

宁夏气象局至中国气象局 中国气象局全国宽带通信网络系统作为新一代全国气象通信网络系统的主平台,承担气象观测资料、雷达数据、大气探测数据等气象数据的收集,以及数值预报产品、卫星产品、雷达产品等气象产品的下发任务,同时还要承担电视视频会商等多媒体传输业务和办公自动化系统的传输任务。逻辑上形成北京到各省 2 M 线路的专线点到点星型连接方式。宁夏节点建设工作于

2005 年 5 月,展开,同月开通银川—北京 2 M SDH 电路。在宽带网建成后,全国宽带网域中心电路进行两次升速工作,2006 年 5 月,银川—北京由 2 M 升至 4 M,2007 年 4 月,由 4 M 升至 8 M,升速采用 SDH 电路捆绑方式。2016 年,宁夏气象局至中国气象局的专线带宽由 16 M 升级为 36 M。2020 年,宁夏气象局至中国气象局的专线带宽由 36 M 升级为 520 M。

宁夏气象局至全区市县(站)　2004 年,宁夏气象局建设基于中国电信 MPLS-VPN 电路的全区宽带通信网,宁夏气象局至银川、永宁、贺兰、灵武、吴忠、盐池、青铜峡、同心、石嘴山、惠农、平罗、陶乐、中卫、中宁、海原、固原、西吉、隆德、泾源的电路带宽均为 2 M SDH 电路,整体网络为网状结构。23 条分组专线电路作为热备份电路,见表 9-1。

表 9-1　宁夏气象部门分组专线电路

序号	站名	电路类型	通信速率
1	银川	同步专线	64 Kbps
2	吴忠	同步专线	64 Kbps
3	石嘴山	同步专线	64 Kbps
4	固原	同步专线	64 Kbps
5	盐池	同步专线	9.6 Kbps
6	中宁	同步专线	9.6 Kbps
7	中卫	同步专线	9.6 Kbps
8	同心	同步专线	9.6 Kbps
9	陶乐	同步专线	9.6 Kbps
10	惠农	同步专线	9.6 Kbps
11	西吉	同步专线	9.6 Kbps
12	海原	同步专线	9.6 Kbps
13	六盘山	同步专线	9.6 Kbps
14	永宁	同步专线	9.6 Kbps
15	贺兰	同步专线	9.6 Kbps
16	青铜峡	同步专线	9.6 Kbps
17	灵武	同步专线	9.6 Kbps
18	平罗	同步专线	9.6 Kbps
19	石炭井	同步专线	9.6 Kbps
20	隆德	同步专线	9.6 Kbps
21	泾源	同步专线	9.6 Kbps
22	石嘴山观测站	同步专线	9.6 Kbps
23	兴仁	同步专线	9.6 Kbps

2008 年,将宁夏气象局至市局的传输带宽由 2 M 提高到 10 M,到县局的传输带宽由 2 M 提高到 4 M。2009 年,将石嘴山、永宁、中宁、青铜峡、同心、平罗局站分离的观测站线路由 64 K 分组网升级为 2 M SDH 电路。

2011 年,为进一步提高广域网的可靠性与传输带宽,宁夏气象局升级基于中国电信的 SDH 电路为 MPLS-VPN 电路(表 9-2),并建设基于中国移动 MPLS-VPN 电路的 2 M 全区备份电路,整体网络仍为星型结构,见表 9-3。

表 9-2　宁夏气象部门电信电路情况

序号	网点名称	电路通达方向	电路带宽	电路类型
1	银川气象局	宁夏气象局—银川气象局	10 M	MPLS-VPN 电路
2	灵武气象局	宁夏气象局—灵武气象局	4 M	MPLS-VPN 电路
3	永宁气象局	宁夏气象局—永宁气象局	4 M	MPLS-VPN 电路

序号	网点名称	电路通达方向	电路带宽	电路类型
4	贺兰气象局	宁夏气象局—贺兰气象局	4 M	MPLS-VPN 电路
5	吴忠气象局	宁夏气象局—吴忠气象局	10 M	MPLS-VPN 电路
6	盐池气象局	宁夏气象局—盐池气象局	4 M	MPLS-VPN 电路
7	青铜峡气象局	宁夏气象局—青铜峡气象局	4 M	MPLS-VPN 电路
8	同心气象局	宁夏气象局—同心气象局	4 M	MPLS-VPN 电路
9	韦州气象站	宁夏气象局—韦州气象站	4 M	MPLS-VPN 电路
10	麻黄山气象站	宁夏气象局—麻黄山气象站	4 M	MPLS-VPN 电路
11	石嘴山气象局	宁夏气象局—石嘴山气象局	10 M	MPLS-VPN 电路
12	陶乐气象站	宁夏气象局—陶乐气象站	4 M	MPLS-VPN 电路
13	石炭井气象站	宁夏气象局—石炭井气象站	4 M	MPLS-VPN 电路
14	平罗气象局	宁夏气象局—平罗气象局	4 M	MPLS-VPN 电路
15	惠农气象局	宁夏气象局—惠农气象局	4 M	MPLS-VPN 电路
16	沙湖气象站	宁夏气象局—沙湖气象站	4 M	MPLS-VPN 电路
17	中卫气象局	宁夏气象局—中卫气象局	10 M	MPLS-VPN 电路
18	中宁气象局	宁夏气象局—中宁气象局	4 M	MPLS-VPN 电路
19	兴仁气象站	宁夏气象局—兴仁气象站	4 M	MPLS-VPN 电路
20	海原气象局	宁夏气象局—海原气象局	4 M	MPLS-VPN 电路
21	固原气象局	宁夏气象局—固原气象局	10 M	MPLS-VPN 电路
22	隆德气象局	宁夏气象局—隆德气象局	4 M	MPLS-VPN 电路
23	西吉气象局	宁夏气象局—西吉气象局	4 M	MPLS-VPN 电路
24	泾源气象局	宁夏气象局—泾源气象局	4 M	MPLS-VPN 电路
25	彭阳气象站	宁夏气象局—彭阳气象站	4 M	MPLS-VPN 电路
26	六盘山气象站	固原气象局—六盘山气象站	4 M	MPLS-VPN 电路

表 9-3　宁夏气象部门移动电路情况

序号	网点名称	电路通达方向	电路带宽	电路类型
1	银川气象局	宁夏气象局—银川气象局	2 M	MPLS-VPN 电路
2	灵武气象局	宁夏气象局—灵武气象局	2 M	MPLS-VPN 电路
3	永宁气象局	宁夏气象局—永宁气象局	2 M	MPLS-VPN 电路
4	贺兰气象局	宁夏气象局—贺兰气象局	2 M	MPLS-VPN 电路
5	吴忠气象局	宁夏气象局—吴忠气象局	2 M	MPLS-VPN 电路
6	盐池气象局	宁夏气象局—盐池气象局	2 M	MPLS-VPN 电路
7	青铜峡气象局	宁夏气象局—青铜峡气象局	2 M	MPLS-VPN 电路
8	同心气象局	宁夏气象局—同心气象局	2 M	MPLS-VPN 电路
9	韦州气象站	宁夏气象局—韦州气象站	2 M	MPLS-VPN 电路
10	麻黄山气象站	宁夏气象局—麻黄山气象站	2 M	MPLS-VPN 电路
11	石嘴山气象局	宁夏气象局—石嘴山气象局	2 M	MPLS-VPN 电路
12	陶乐气象站	宁夏气象局—陶乐气象站	2 M	MPLS-VPN 电路
13	石炭井气象站	宁夏气象局—石炭井气象站	2 M	MPLS-VPN 电路
14	平罗气象局	宁夏气象局—平罗气象局	2 M	MPLS-VPN 电路
15	惠农气象局	宁夏气象局—惠农气象局	2 M	MPLS-VPN 电路
16	沙湖气象站	宁夏气象局—沙湖气象站	2 M	MPLS-VPN 电路
17	中卫气象局	宁夏气象局—中卫气象局	2 M	MPLS-VPN 电路
18	中宁气象局	宁夏气象局—中宁气象局	2 M	MPLS-VPN 电路
19	兴仁气象站	宁夏气象局—兴仁气象站	2 M	MPLS-VPN 电路
20	海原气象局	宁夏气象局—海原气象局	2 M	MPLS-VPN 电路

续表

序号	网点名称	电路通达方向	电路带宽	电路类型
21	固原气象局	宁夏气象局—固原气象局	2 M	MPLS-VPN 电路
22	隆德气象局	宁夏气象局—隆德气象局	2 M	MPLS-VPN 电路
23	西吉气象局	宁夏气象局—西吉气象局	2 M	MPLS-VPN 电路
24	泾源气象局	宁夏气象局—泾源气象局	2 M	MPLS-VPN 电路

2014 年,全区存在局站分离情况的局站及彭阳气象站补充建设移动备份电路。系统建成后,通过两张网状宽带网,利用 MPLS-VPN 电路特性,全区各级气象局站之间实现网络互通,各市县级气象局之间网络通信不再需要自治区级网络进行转发。利用 OSPF 路由协议,采取相应策略路由,宁夏气象广域网实现既能充分利用两条电路的带宽资源,又做到两条电路相互备份,提供宁夏气象局与市县气象局站的可靠通信。

2015 年,宁夏气象局继续升级中国电信和中国移动 MPLS-VPN 电路带宽,升级后,宁夏气象局至市级和鸣翠湖探测基地、河东人影基地广域网带宽达到 200 M,至县级广域网带宽达到 100 M,至站级广域网带宽达到 20 M。

2015 年,电信电路新增 10 M、50 M、100 M 电路各 1 条,并对原有 33 条电信电路进行了提速,其中 6 条 10 M 升速至 100 M,14 条 4 M 升速至 50 M,13 条 4 M 升速至 10 M,见表 9-4。

表 9-4　2015 年宁夏气象部门电信电路情况

序号	通达方向	数量(条)	电路带宽	电路类型
1	宁夏气象局—银川气象局 宁夏气象局—吴忠气象局 宁夏气象局—石嘴山气象局 宁夏气象局—中卫气象局 宁夏气象局—固原气象局 宁夏气象局—河东人影基地 宁夏气象局—鸣翠湖探测基地	7	100 M	MPLS-VPN 电路
2	宁夏气象局—灵武气象局 宁夏气象局—永宁气象局 宁夏气象局—贺兰气象局 宁夏气象局—盐池气象局 宁夏气象局—青铜峡气象局 宁夏气象局—同心气象局 宁夏气象局—平罗气象局 宁夏气象局—惠农气象局 宁夏气象局—中宁气象局 宁夏气象局—海原气象局 宁夏气象局—隆德气象局 宁夏气象局—西吉气象局 宁夏气象局—泾源气象局 固原气象局—六盘山气象站 宁夏气象局—红寺堡雷达站	15	50 M	MPLS-VPN 电路
3	宁夏气象局—麻黄山气象站 宁夏气象局—韦州气象站 宁夏气象局—陶乐气象站 宁夏气象局—石炭井气象站 宁夏气象局—沙湖气象站 宁夏气象局—兴仁气象站 宁夏气象局—彭阳气象站	14	10 M	MPLS-VPN 电路

续表

序号	通达方向	数量(条)	电路带宽	电路类型
3	宁夏气象局－永宁县广场气象站 宁夏气象局－吴忠气象站 宁夏气象局－青铜峡公园气象站 宁夏气象局－同心高速出口气象站 宁夏气象局－石嘴山森林公园气象站 宁夏气象局－平罗广场防雷中心 宁夏气象局－中宁黑河公园气象站	14	10 M	MPLS-VPN 电路

2015 年,移动电路新增 10 M、100 M 电路各 3 条,新增 50 M 电路 4 条,并对原有 26 条移动电路进行了提速,见表 9-5。

表 9-5　2015 年宁夏气象部门移动电路情况

序号	网点名称	电路通达方向	升级前带宽	升级后带宽	备注
1	银川气象局	宁夏气象局－银川气象局	2 M	100 M	提速
2	灵武气象局	宁夏气象局－灵武气象局	2 M	50 M	提速
3	永宁气象局	宁夏气象局－永宁气象局	2 M	50 M	提速
4	永宁观测站	宁夏气象局－永宁县广场气象站	无	10 M	新增
5	贺兰气象局	宁夏气象局－贺兰气象局	2 M	50 M	提速
6	吴忠气象局	宁夏气象局－吴忠气象局	2 M	100 M	提速
7	吴忠观测站	宁夏气象局－吴忠气象局观测站	2 M	10 M	新增
8	盐池气象局	宁夏气象局－盐池气象局	2 M	50 M	提速
9	青铜峡气象局	宁夏气象局－青铜峡气象局	无	50 M	新增
10	青铜峡观测站	宁夏气象局－青铜峡公园气象站	2 M	10 M	提速
11	同心气象局	宁夏气象局－同心气象局	无	50 M	新增
12	同心观测站	宁夏气象局－同心高速出口气象站	2 M	10 M	提速
13	韦州气象站	宁夏气象局－韦州气象站	2 M	10 M	提速
14	麻黄山气象站	宁夏气象局－麻黄山气象站	2 M	10 M	提速
15	石嘴山气象局	宁夏气象局－石嘴山气象局	无	100 M	新增
16	石嘴山观测站	宁夏气象局－石嘴山森林公园气象站	2 M	10 M	提速
17	陶乐气象站	宁夏气象局－陶乐气象站	2 M	10 M	提速
18	石炭井气象站	宁夏气象局－石炭井气象站	2 M	10 M	提速
19	平罗气象局防雷中心	宁夏气象局－平罗广场防雷中心	无	10 M	新增
20	平罗气象局	宁夏气象局－平罗气象局	2 M	50 M	提速
21	惠农气象局	宁夏气象局－惠农气象局	2 M	50 M	提速
22	沙湖气象站	宁夏气象局－沙湖气象站	2 M	10 M	提速
23	中卫气象局	宁夏气象局－中卫气象局	2 M	100 M	提速
24	中宁气象局	宁夏气象局－中宁气象局	无	50 M	新增
25	中宁观测站	宁夏气象局－中宁黑河公园气象站	2 M	10 M	提速
26	兴仁气象站	宁夏气象局－兴仁气象站	2 M	10 M	提速
27	海原气象局	宁夏气象局－海原气象局	2 M	50 M	提速
28	固原气象局	宁夏气象局－固原气象局	2 M	100 M	提速
29	隆德气象局	宁夏气象局－隆德气象局	2 M	50 M	提速
30	西吉气象局	宁夏气象局－西吉气象局	2 M	50 M	提速
31	泾源气象局	宁夏气象局－泾源气象局	2 M	50 M	提速
32	彭阳气象站	宁夏气象局－彭阳气象站	2 M	10 M	提速
33	六盘山气象站	固原气象局－六盘山气象站	2 M	50 M	提速

序号	网点名称	电路通达方向	升级前带宽	升级后带宽	备注
34	河东人影基地	宁夏气象局－河东人影基地	无	100 M	新增
35	红寺堡雷达站	宁夏气象局－红寺堡雷达站	无	50 M	新增
36	鸣翠湖探测基地	宁夏气象局－鸣翠湖探测基地	无	100 M	新增

（二）局域网

9210 系统建设完成后，依托项目网络环境，区局局域网络系统逐步建成，具备 128 K 的互联网出口。随着气象业务的发展及办公信息化步伐的加快，原局域网已满足不了业务发展的需求，2003 年 3 月建成主干千兆、桌面百兆的局域网系统。该系统采用结构化综合布线系统，以 CISCO 公司的 Catalyst6506 为核心交换机，CISCO3550 及 CISCO2950 为边缘交换机，NetScreen NS—204 防火墙提供网络安全防护、Notorn AntiVirus V8 网络服务器版的病毒防护体系。

2013 年 4 月开始区市县级网络升级工作。升级内容包括气象防灾减灾信息中心网络扩充。采用三层结构，分别为核心层、汇聚层和接入层，增加 1 台华为三层交换机，作为气象防灾减灾信息中心大楼互联网子网的核心。利用 MPLS VPN 技术，在气象防灾减灾信息中心建设 1 台城域网路由接入设备，专门用于与涉灾部门用户的网络连接。使用华为 NE20E-8 路由器 1 台，配置双路由交换板、双电源、8 端口百兆电接口，整机 2/3 层包转发率最高可达 10 Mpps，为与各涉灾部门间的通信提供支持。选用思科 WS-C3750X-24T-S 作为汇聚交换机。新增 1 台支持端口管理的千兆交换机用于防火墙与电信互联网电路的连接，保证与互联网访问带宽。设备选型为防火墙天融信 TG5230，配备 8 口电口插板。千兆交换机 WS-C2960S-24TS-L 作为楼层交换机。在 5 个市级气象局各配置 2 台千兆交换机，在 13 个县级气象局站各配备 1 台千兆交换机，与县级局站原有交换机共同使用，在交换机中划分综合业务网与互联网子网，为不同信息流的进一步分类和隔离提供网络基础。六盘山气象站配备 1 台千兆交换机。

（三）城域网

区级城域网包括与自治区党委政府、空军、武警总队、直升机大队、国土、水利、交通、空管、森林防火、广电、盐池通用机场等 13 条 2～100 M 地面宽带通信电路。同城各行业用户所需的信息资料由综合业务网直接推送至城域网防火墙非军事区内，再由各行业用户自行调用，实现行业用户与综合业务网的安全隔离。其中与政府部门的地面宽带主要用于政府部门行政公文的传递、视频会议及政务大厅的政务审批等。与民航等其他部门的地面宽带网主要用于气象资料的共享，为各部门提供气象监测、预警、预报、专业服务等信息，同时接收国土、交通、水利等部门的相关资料。

二、应急通信系统

20 世纪 90 年代初期，气象通信主要使用微机转报系统和超短波辅助通信。

2008 年，从甘肃省气象局借用气象应急观测车，开展奥运火炬在宁夏传递的现场气象保障工作。

2010 年建成气象应急移动指挥系统，由两辆车辆和搭载的通信、探测设备组成。两辆车分别负责通信传输和气象探测业务。其中通信传输车兼做应急指挥车，配备卫星通信、短距离微波通信、音视频采集与播放、视频会议等多套设备，主要功能有：通过卫星双向通信链路与国家局或区局建立通信联系，以微波通信方式与探测车建立通信，能够对气象数据进行收发与简单处理，可以加入并参与全国或全区气象系统视频会议，可以主持全区气象视频会商等。

2014 年建成由无线对讲机和 8 部海事卫星电话组成的应急通信系统。对讲机为摩托罗拉 XIRP8268 数字对讲机，通信距离 3～5 千米。海事卫星电话为 Inmarsat 公司生产的 IsatPhone2 海事卫星电话，内置与电子罗盘一体的 GPS 位置信息，在全球范围内稳定通信。

三、卫星数据广播系统

1996 年，在全区 15 个气象台站建成卫星气象单向数据接收站（PCVSAT 接收站）。PCVSAT 接收站是中国气象局 9210 工程的重要组成部分,由 1.2 米小口径卫星天线、PC 机、高速卫星广播数据接收卡和接收软件组成,使用亚洲二号通信卫星 KU 波段进行通信,接收卫星广播数据。

2006 年建成新一代卫星数据广播接收(试验)系统(DVB－S1),采用 1.2 米小口径卫星天线、亚洲二号通信卫星 KU 波段进行传输。后经多次扩容,传输速率达到 8 Mbps。

2011 年建成卫星数据广播系统 CMACast,业务化运行后逐步取代 PCVSAT 和 DVB-S1 系统,大幅度增加气象资料广播的种类和数量,提高数据分发的时效性和可靠性。该系统采用 1.8 米口径卫星天线,通过亚洲四号通信卫星 C 波段进行数据传输;2018 年转而使用亚洲九号卫星进行通信传输。该系统与美国的 GEONETCast、欧洲中心的 EUMETCast 一起,共同组成全球对地观测信息传播系统,主要负责对亚太地区进行 WMO 全球交换资料的分发和风云系列卫星云图产品的广播。卫星数据广播系统 CMACast 宁夏子系统,分 2 个批次在区市县三级气象部门共建设 26 个站点(不含彭阳),于 2012 年 6 月 1 日投入业务运行,取代原有的 DVB-S1、PCVSAT 等系统,承载气象数据广播业务。

四、高清视频会商系统

2003 年起,中国气象局开始建设北京—各省(区、市)的电视会议(会商)系统,该系统在建设初期利用 9210 工程 VAST 卫星信道以 1 M 带宽,开通中国气象局到各省(区、市)气象局的电视会议(会商)系统。实现视频、图文信息的双流同步发送。

2005 年 5 月,使用上海华平公司的软视频会议系统建成宁夏气象视频会商、会议系统。建成初期,在区局会议室、各市气象局、各县气象局和宁夏气象台设立 26 个视频会场。后来根据需求,陆续增设各气象站、民航局空管站等 10 个视频会场,目前全区视频会场达到 36 个。2009 年对上海华平公司的软视频会议系统进行升级,更新软件和硬件设备,各市局站增加 SONY D70 摄像机,各县局站配备 42 寸液晶高清电视机作为显示终端,会议音视频更加清晰流畅。

2012 年,宁夏气象高清视频会商系统建设完成并投入业务应用。该系统采用全新的硬件编解码终端设备处理音视频信号,取代原有的软件编解码标清视频会议系统。系统由高清 MCU、终端和视频设备组成,达到 1080P/30fps 的高清分辨,实现区市县各级气象部门所有会场节点的互联互通。截至 2020 年年底,加入系统的会场节点达到 42 个。

五、高性能计算机应用

2002 年,购置美国 SGI 公司的 Origin 计算机,建成高性能计算环境,开启高性能计算机应用的进程,为天气预报和科研提供数值计算支持。SGI Origin 计算机采用 CC-NUMA 体系结构,利用高带宽、低延迟的 NUMAlink 模块,连接 4 台基本服务器模块,配置 IRIX 操作系统,8 个 MIPS 处理器,16 G 内存,峰值浮点运算速度可达 103 G flops。移植 MM5 等模式,主要用于宁夏数值天气预报。模式运行需 2 小时,整体运行较为稳定、可靠。该系统的建成并投入使用,极大提高数值计算能力,使数值预报实现业务化。

2009 年起引进曙光高性能计算机,经过 4 年的持续投资建设至 2012 年,形成以曙光 TC2600 刀片服务器和曙光 A840r-G、A650、I650 等机架式服务器为节点,通过异构集群和高速 IB 交换模块等配套设备搭建而成的高性能集群服务器。该集群服务器共有 17 个计算节点,CPU 核心数量达到 256 个,其理论浮点运算速度峰值达到 1 万亿次/秒。IO 节点存储空间 16 T。在曙光高性能计算机上,运行宁夏 WRF 模式 9 千米,3 千米分辨率和 RUC 快速同化业务系统,9 千米每日输出 4 次预报产品,起报时间分别为北京时间 02、08、14 和 20 时,预报时效分别为 96、72 和 48 小时;3 千米为逐小时循环输出,预报时效为 12 小时。

六、办公自动化

(一)Notes 邮箱系统

2001 年,Notes 邮箱系统建成并投入使用。先是在区局机关各处室之间进行邮件传递,之后逐步扩大到(区气象局)各直属单位和各地市气象局,2004 年又进一步扩大到县气象局站,应用范围覆盖全区各级气象部门。Notes 邮箱系统成为气象部门政务信息传递的重要途径,基本实现办公信息自动化。

(二)综合管理信息系统

2011 年,中国气象局办公室出台《关于推进中国气象局综合管理信息系统建设的指导意见》(气办发〔2011〕31 号),根据指导意见,由中国气象局办公室牵头开发中国气象局综合管理信息系统(Comprehensive Management Information System of CMA,简称 CMIS 系统)。宁夏综合管理信息系统主要由基础设施以及支撑系统组成。基础设施由 3 台服务器、1 个磁盘阵列和 1 台安全认证网关组成。作为基础设施后台调用以及支持的支撑系统包括 Notes 服务器、2 个短信平台服务器(以统一短信接口被综合信息管理系统调用)。

2012 年 5 月 20 日,根据《关于宁夏气象局综合管理信息系统试运行的通知》(宁气办发〔2012〕19 号)要求,宁夏气象局综合管理信息系统上线试运行,试运行期间启用的功能模块包括首页信息发布、公文管理、出差管理、督查督办、目标管理、会议室管理等。

(三)气象政务管理系统

气象政务管理系统(简称"气政通")由中国气象局统一开发,国省市县四级应用。以气象电子政务网、国省两级集约化资源池和信息安全为基础,形成以"一个政务应用平台、一个政务数据中心、多业务应用系统"即"一平台、一中心、多应用"为核心,以标准规范体系和信息安全体系为两翼的气象政务管理信息化的整体框架,2019 年 7 月 15 日正式上线。

七、集约化基础设施资源池

基础设施资源池是由虚拟化、分布式计算等技术构建的 IT 虚拟资源和物理资源的集合,主要满足不同业务应用对基础设施资源的需求。2015 年,应用浪潮公司云海 InCloud Sphere V4.0 虚拟化软件建设资源池,由 2 台主机,2 部存储构成 1 个集群,配置 CPU 250 GHz、内存 255 G、共享储存 10.8 T,迁移 6 个业务应用系统,部署在 11 台虚拟服务器。

2016 年,应用 VMware 公司 vCenter 6 虚拟化管理软件,建成由 8 台物理主机、2 部 SAN 存储资源构成的宁夏气象基础设施资源池。按照信息化、集约化、标准化的理念和方式,后续基础资源建设陆续扩展资源池,至 2020 年形成由 11 台物理主机,5 部 SAN 存储,配置资源为 CPU 1.23 THz、内存 2.75 TB、存储 85 TB 的虚拟化资源池,为天气气候预测、气象服务和科研提供基础设施资源服务,运行不同版本 Windows 和 linux 虚拟服务器近 100 台。

八、网络安全系统

2003 年,宁夏气象局建设第一台硬件防火墙,东软 NETEYE5032,为宁夏气象局 2 Mbps 的互联网出口提供网络安全防护。

2006 年,宁夏气象局建设覆盖业务网的网络版的杀毒软件:卡瑞星和巴斯基,实现计算机杀毒从单机版向网络版的过渡。使用思科的 ASA5510 防火墙。

2007 年,熊猫烧香病毒爆发,为保障业务,全局切断互联网清除病毒。

2008 年,将互联网防火墙升级为国产天融信防火墙,逐步开展对全区气象部门接入互联网的统一管理。

2012 年,构建包括 IPS、日志审计、网闸等的新一代安全防护体系。

2014—2020 年,逐年完善网络安全防护措施,增加上网行为管理、负载均衡、应用防火墙、堡垒机、网络准入管理等网络安全设备。

2008 年,宁夏气象局开展信息系统网络安全等级保护工作,完成宁夏气象部门第一次系统等保定级工作,信息系统总数为 25 个,其中三级信息系统 2 个:国内气象通信系统宁夏分系统、宁夏气象信息综合分析处理系统(MICAPS 系统),二级信息系统 23 个。2013 年,首次对 2 个三级信息系统开展等保测评,之后每年对三级信息系统开展等保测评。2015 年,新增 1 个三级信息系统:宁夏回族自治区突发事件预警信息发布系统。2017 年,新增 1 个三级信息系统:全国综合气象信息共享平台宁夏分系统。截至 2020 年,区级气象信息系统定级备案总数为 16 个,其中三级信息系统数量 4 个:国内气象通信系统宁夏分系统、宁夏气象信息综合分析处理系统(MICAPS 系统)、宁夏突发事件预警信息发布系统、全国综合气象信息共享平台宁夏分系统;二级信息系统数量 12 个:宁夏突发事件预警信息发布系统、宁夏气象部门财务核算业务系统、宁夏视频天气会商与会议系统、气象监测全网运行监控系统、气象影视制作系统、宁夏智能化综合气象业务服务共享管理平台、宁夏公共气象服务产品综合发布系统、宁夏区域数值预报业务系统、人工影响天气作业指挥系统、气象政务管理信息系统宁夏分系统、宁夏气象服务网、宁夏气象云服务网。

第三节 信息业务

一、气象信息传输

宁夏气象信息中心通过省内通信网、通信线路收集全区各台站的观测资料、产品及预报等相关数据。通过卫星气象数据广播系统接收北京主站广播的数据。同时,通过国省地面宽带线路将各类观测资料和产品传输到国家气象信息中心,通过全区地面宽带线路为全区各级气象部门提供数据服务。另外,通过同城线路收集预定的资料数据,向同城用户提供气象资料及产品。1999 年 7 月 5 日,中卫县气象局观测人员正在处理数据,见图 9-1。

图 9-1 1999 年 7 月 5 日,中卫县气象局观测人员正在处理数据

宁夏气象数据资料传输方式不断更新。1993 年组建超短波 VHF 无线通信网,利用超短波通信技术传输气象信息数据,结束语音传报历史。1996 年开通 X.25 专线。2000 年区局到市县局站开通 X.25 分组交换网,超短波传输作为备用线路。2004 年建成 2 M 宽带通信网络,分组交换网作为备用线路。

2012 年 1 月起 CMACast 系统投入业务试运行,2012 年 3 月新一代通信系统网络备份与恢复功能实现后,完全取代原 9210 工程业务系统,承担起核心传输业务工作。2012 年 6 月 CMACast 系统正式投入业务运行。

宁夏上行资料主要分为三大类:雷达资料、有中心站资料、无中心站资料。有中心站资料通过中心站软件收集、处理和转发。无中心站资料通过 FTP 方式上传到信息收集系统服务器再进行转发。具体流程如图 9-2 和图 9-3 所示。

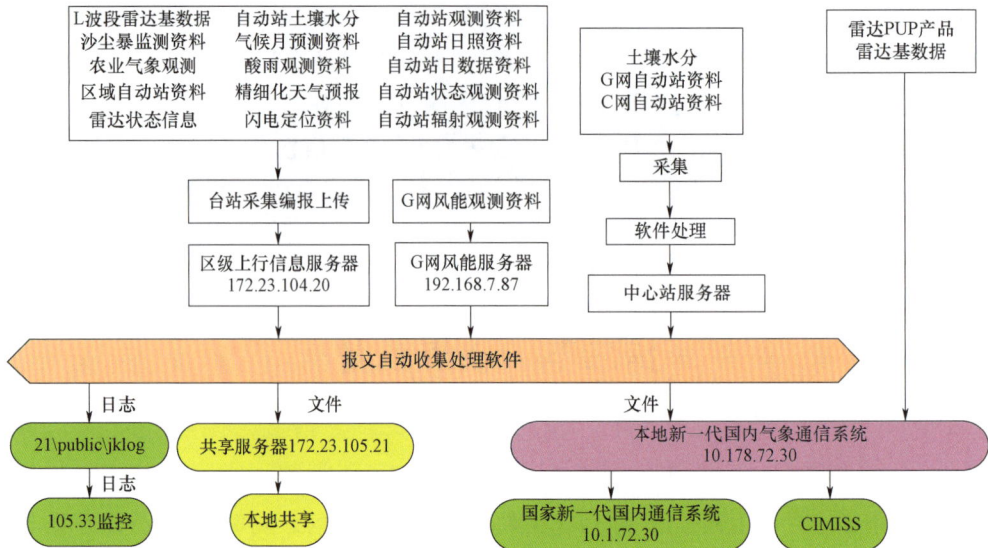

图 9-2　宁夏上行气象数据文件资料收集处理流程图

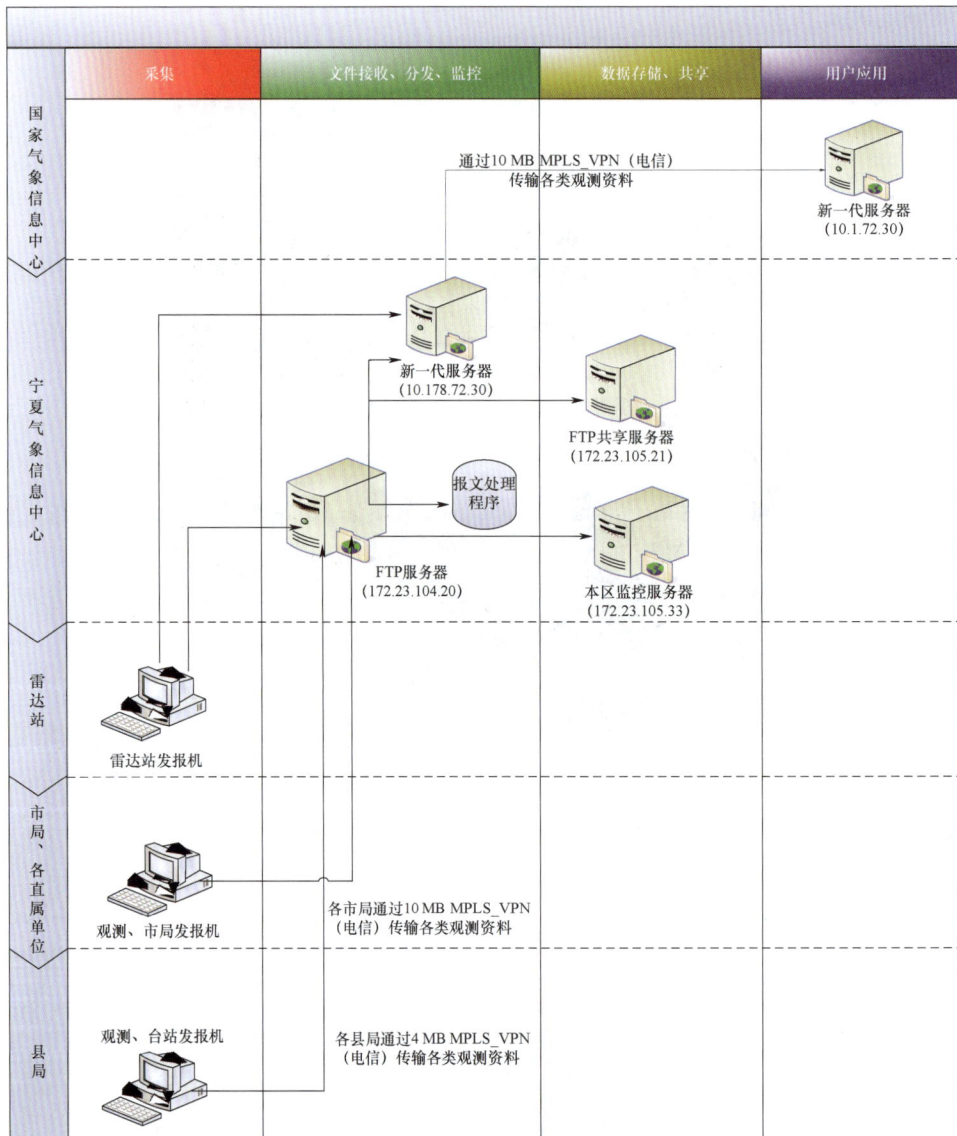

图 9-3　纵向上传业务流程图

（一）雷达资料上传业务流程

雷达资料中的雷达 PUP 产品、雷达基数据在本地雷达生成文件以后，通过宁夏气象广域网传输到区级新一代系统中，在新一代系统中监控、传输至国家气象信息中心，同时还传输至 CIMISS 系统进行资料的收集、加工处理及共享等。

（二）有中心站资料上传业务流程

风能、区域站 C 网、区域站 G 网和土壤水分等资料通过 GPRS 或者 CDMA 方式将传感器采集到的资料传输到中心站服务器，通过中心站软件解析处理形成 Z 文件报文，用报文处理软件处理转发至新一代系统，再转发到国家气象信息中心和 CIMISS 系统；同时，转发至 21 服务器做文件级存储共享，转发至 33 监控系统实现日志入库，监控资料传输情况。

（三）无中心站资料上传业务流程

新 Z 文件等常规资料通过 FTP 方式将各个台站报文编辑软件生成的文件传输到信息收集系统服务器相应目录下，使用报义处理软件处理转发至新一代系统，再转发到国家气象信息中心和 CIMISS 系统；同时，转发至 21 服务器做文件级存储共享，转发至 33 监控系统实现日志入库，监控资料传输情况。

二、气象信息监控

宁夏气象信息中心通信系统传输、监控包括：数据收集、格式检查、数据分发备份、数据补调、错报调阅及修改、监控、统计等。

数据收集：收集的资料类型包括地面气象资料、高空气象资料、天气雷达资料、气象卫星资料、数值预报产品、农业气象资料、大气成分资料、酸雨资料、GPS 资料、气象服务产品等。

格式检查：对收集的部分资料做基本的格式检查，特别是常规资料做文件名、报头行及 5 码检查。

数据分发备份：实时资料按后端用户需求做实时分发及备份存储。

数据补调：按系统制作的应收节目表，当应收资料在规定时间未到达时，系统将自动获取地面备份站的相关资料。

错报调阅及修改：当收集资料未通过格式检查时，系统会将资料放入错报目录，同时在监控界面上给出提示，监控人员可利用界面进行错报调阅及修改，修改正确后重新送入分发目录。

监控：包括系统级监控及应用级监控。系统级监控内容有主机文件系统空间使用情况、操作系统主要进程等。应用级监控内容有应用进程运行状态、各时次站级资料、文件的收发和上传等。

统计：主要实现对资料收发、上传时效情况的统计及报表的制作。

（一）上行信息传输监控

① 各种探测资料经测站进行必要的加工之后，按照规定的数据格式和接口标准上行传输。

② 探测资料上行传输主要以国家公用网为基础的气象广域网进行传输。

③ 产品上行信息流程：地市级到省级、省级到国家级产品的上行采用广域网传输。

（二）下行信息传输监控

① 国家级主要采用一点对多点分组广播方式，向省、市、县下发气象资料和指导产品。广域网作为下行资料的补充调用和备用传输手段。

② 省级向所属市、县分发的指导产品，可采用由国家级广播或经由本地广域网下行传输两种方式传输。

（三）信息存储检索传输

① 探测资料和产品通过网络传送到各级局域网的数据库服务器中，经过数据加工、分类进入数据库。

② 各业务用户经局域网（本地用户）或广域网（远程用户）对数据库进行检索，获取各自所需的气象资料。

③ 业务系统所形成的各种加工产品，需再经网络返回到数据库中，以供其他用户共享。

（四）其他信息传输监控

① 各级业务管理部门所需的业务管理信息，经由广域网上行和下行。

业务管理信息由各级数据库管理,供业务管理人员检索调用。

② 各级办公自动化系统形成的行政公文及其他信息,经由广域网上行和下行。省级之间的信息交换,经由广域网传输。

2013 年研制开发宁夏气象信息综合监控系统。实现对上行和下行资料的传输监视、查询、统计以及对未及时上传的气象资料进行告警提示。

2015 年 7 月,实时—历史地面气象资料一体化业务正式运行。建立观测数据质量控制业务流程。

宁夏气象局于 2018 年启动宁夏气象业务服务全流程实时监控与智慧管理平台建设,实现气象综合业务"两横(数据全流程、业务全流程)一纵(基础设施设备)"的气象业务全流程监控信息采集、存储、加工、服务和一体化、可视化监控,提升气象综合业务运行监控能力、运维保障决策能力,提高气象业务管理的科学化、精准化水平。2019 年,"天镜·宁夏"气象大数据监控中心建成,见图 9-4。

图 9-4　2019 年,"天镜·宁夏"气象大数据监控中心建成

第四节　重大工程建设

一、9210 工程

气象卫星综合应用业务系统(简称 9210 工程)是气象部门 20 世纪 90 年代的骨干工程,该项目采用卫星通信、计算机网络、分布式数据库、程控交换和人机交互处理等先进技术,建成卫星通信和地面通信相结合、以卫星通信为主的现代化气象信息网络系统,实现气象信息的高速传输以及计算机网络化和气象信息的共享。

9210 工程 1993 年 2 月开始实施,1998 年年底实现准业务运行,1999 年投入业务化运行。9210 工程由卫星通信网和计算机网络两部分组成。卫星通信网是一个以卫星通信为主、地面通信为辅的综合通信网,它由一个设在中国气象局的主站、30 个区域及省级站、近 300 个地(市)级站,以及若干单收站组成的覆盖全国的数据/话音卫星通信专用网组成。卫星通信部分采用的是 VSAT 技术,可分为卫星数据网、卫星话音网和中速数据广播网。地面部分用 CHINAPAC 进行降级备份。计算机网络通过卫星通信网把全国地(市)级以上各级气象部门的局域网络连成一个集中控制、分级管理的计算机广域网,以加强数据的收集、处理、分发和监控能力,同时还建立分级分布式数据库和天气预报人机交互处理等系统,以满足气象业务应用的需求。宁夏建设有 1 个省级站、5 个市级站、14 个县级站。

9210 工程重点解决从下而上的资料收集和从上向下逐级提供天气预报指导信息、行政管理信息及专业气象服务指导信息的分发,适当提供上下之间和跨省之间信息交换手段,提供地(市)级以上公用电话通道,实现除拨打公用电话外,还可以进行带内数据传输的功能。地(市)级以上各级气象部门分别建立由微机、小型机和工作站组成的局域网系统,以加强信息的接收、处理和分发能力,并通过卫星通信网,把全国连成一个分级管理的计算机广域网,共享网络资源。

二、全国综合气象信息共享平台(CIMISS)

全国综合气象信息共享平台(CIMISS)是国家气象方面信息基础性建设的重要工程,为气象部门及相关行业用户提供包括新一代天气雷达资料在内的、涵盖综合气象探测数据和信息产品的共享服务平台。CIMISS 于 2008 年 9 月经国家发改委批准立项,2009 年全面启动项目建设,2013 年逐步在全国开展 CIMISS 试验版软件部署工作,2014 年 1 月开始投入业务试运行,2016 年 12 月全系统投入业务化运行。CIMISS 系统主要建设内容分为 9 个部分,包括 7 个系统的建设,以及计算机场地环境改造和标准规范基础性工作。7 个系统为:数据收集与分发系统、数据加工处理系统、数据存储管理系统、数据共享服务系统、业务监控系统、服务器及存储系统和网络与安全系统。项目在全国共构建 1 个国家中心和 31 个省级中心,所有的中心以全国气象宽带网络联结成一个物理分布、逻辑统一的信息共享平台,为部门内外用户提供以雷达信息为主,涵盖气象探测数据和业务服务信息产品的共享服务,并对上述信息进行快速收集、标准处理和规范存储。CIMISS 综合数据库见图 9-5。

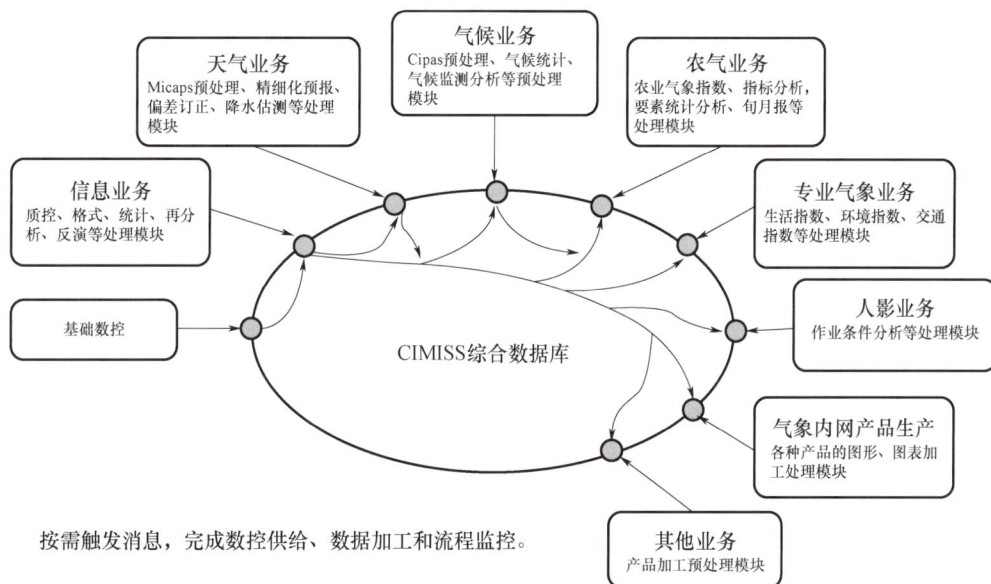

图 9-5　CIMISS 综合数据库

三、大数据云平台

气象大数据云平台(宁夏)工程简称"天擎"系统,省级于 2019 年 12 月开始实施,截至 2020 年 7 月,项目进入历史数据导入及系统测试阶段。"天擎"系统基于气象"专有云+公共云",部署横向集成、纵向贯通、开放共享、标准统一的气象大数据云平台,构建"一级集约,两级部署,互联一体"(1 个国家主/备气象数据中心+31 个省级数据节点+公共云数据资源池)的全国气象大数据业务布局,助力智慧气象发展。

"天擎"系统围绕气象大数据云平台需要提供的核心能力,针对数据资源、数据交换、存储管理、产品加工、应用支撑、监控运维等方面,梳理现状、总结问题、分析当前以及智慧气象的发展需求,提出大数据云平台的功能目标和性能指标。"天擎"系统采用统一设计,集中开发,分省实施。统一设计大数据云平台的定位、功能和布局,适应全国智慧气象"云+端"的应用架构。核心软件统一开发和全国部署,包括数据交换、产品加工、挖掘分析、数据存储与服务、业务监控等。宁夏气象大数据应用总体架构,见图 9-6。

四、宁夏智能化综合业务服务共享管理平台

2016 年起,宁夏气象局以"标准化、集约化、智能化"为设计原则,按照"331"的功能布局(即基础数据

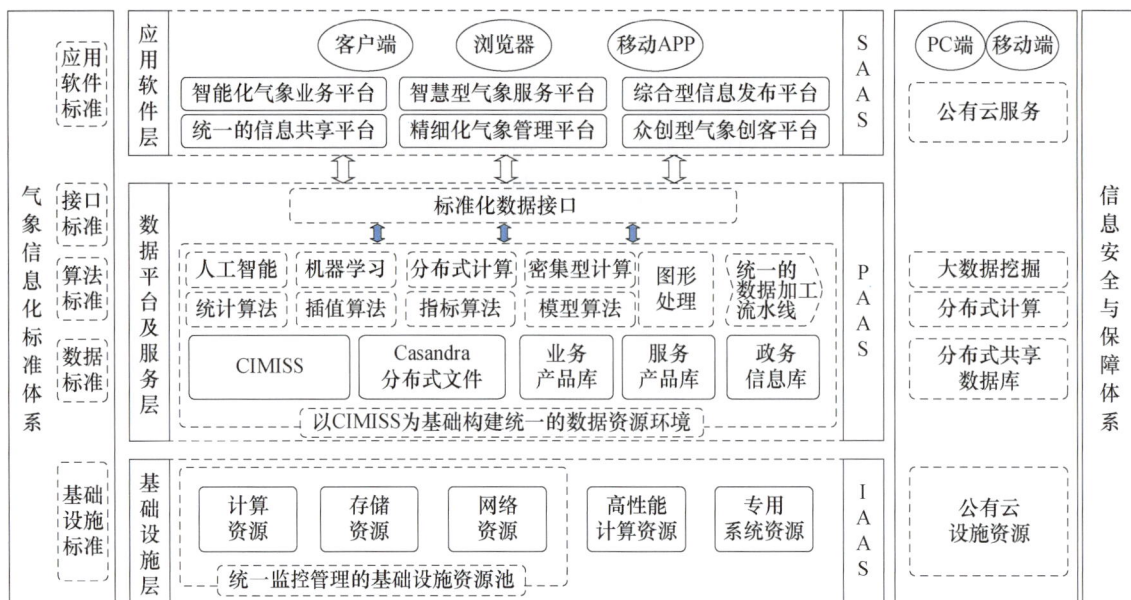

图 9-6　宁夏气象大数据应用总体架构

库、业务产品库、服务产品库 3 个数据库；业务产品自动生成系统、服务产品智能制作系统和服务信息智慧发布系统 3 类智能化系统；建设 1 个统一共用的综合气象信息共享与管理系统），运用集约化发展理念，探索业务、服务和管理"云上部署、终端应用"的模式，将区级天气预报、气候预测、农业气象等核心业务系统和市县级业务平台进行集约整合，设计构建了"一级部署、三级应用、覆盖全业务链"的宁夏智能化综合业务服务共享管理平台。包括基础观测数据智能化分析应用系统、宁夏智能化集约化天气预报业务系统、宁夏智能化气候业务系统、宁夏智能化公共气象服务产品综合发布系统、宁夏智能化农业气象业务服务系统、新一代天气雷达故障智能化诊断系统、宁夏智能化人工影响天气综合业务系统、宁夏气象综合业务全流程实时监控与智慧管理平台（天镜·宁夏）、宁夏市县级综合业务服务系统，并通过业务内网建设形成共享共用的综合气象信息共享与管理系统。

第五节　专业网站

宁夏气象局于 2001 年开通第一个专业互联网网站——宁夏气象信息服务网，随后又陆续开通宁夏农村综合经济信息网、宁夏气象局门户网、中国天气网宁夏天气频道、宁夏交通气象服务网及宁夏酿酒葡萄气象服务网等。专业互联网站的开通在气象信息传播、专业气象服务、气象科普宣传等方面发挥重要作用。

宁夏交通气象服务网由宁夏气象局与宁夏交通厅联合主办，2015 年初正式上线运行，开展道路交通气象公众服务。

2018 年，宁夏气象服务中心将宁夏农村综合经济信息网、宁夏专业气象服务网、宁夏气象信息服务网、宁夏酿酒葡萄气象服务网等网站优化整合为宁夏气象服务网。

自 2018 年起，中国气象局推进气象政府网站集约共享，依托气象部门基础资源池互联网资源，实现覆盖气象部门国省市县四级，形成"统一部署、统一标准、统一平台、统一安全、统一运维、统一监管"的气象政府网站群，初步形成"1＋31"国省两级气象政府网站格局。2019 年，宁夏气象局对门户网站进行升级改版，改版后网站实现宁夏气象政府网站在国家级气象网站集约化平台的部署和运行，达到资源共享，实现资源互联互通和协同联动。2019 年 4 月 16 日，按照《中国气象局办公室关于进一步加快推进气象政府网站集约化有关事项的通知》要求，宁夏气象政府网站将原有域名 www.nxqx.gov.cn 变更为 nx.cma.gov.cn。2019 年 6 月 21 日，完成新旧网站切换工作，新版宁夏气象政府网站正式上线运行。

第十章　气象资料与气象档案

第一节　机构沿革

宁夏气象档案馆始建于 1982 年 10 月,原名宁夏气象局气候资料室,1986 年开始对外称宁夏气象档案馆,与宁夏气象局气候资料室合署办公,一个机构,一套人马,两块牌子。1999 年 1 月,宁夏气象部门进行业务体制改革,宁夏气象档案馆划归宁夏气象台。2006 年 5 月,随着气象业务体制改革的进一步深化,宁夏气象档案馆划归宁夏气象信息中心。

宁夏气象档案馆主要负责集中统一管理全区气象部门具有永久保存价值的气象记录档案,维护气象记录档案、资料的完整与安全,负责接收、保管全区气象记录档案和气象科学研究活动产生的档案;编制档案检索工具,对档案学理论和现代化管理技术进行研究和应用,开发气象档案信息资源,提供气象档案利用服务。开展气象科技档案、资料的整编、分析研究,做好档案的编研工作;负责全区气象台站地面、高空、日射、农气、酸雨、生态环境等气象记录报表的审核、制作、归档。同时,承担宁夏气象局机关文书档案、基本建设等档案的管理工作,对各市气象档案管理业务进行技术指导。馆藏档案以纸质为主,还包括磁盘、光盘、磁带等机读载体的档案。

第二节　气象资料

一、气象资料收集

(一)实时气象资料

1995 年 11 月以前,加入电传电路网络的台站和地区,气象资料传输依托有线电传电路,实时气象资料的存储时间大约 3 天,收集平台是 PDP11/44 小型机电报交换系统。

1995 年 11 月,区级和各市级系统全部加入 CHINAPAC,实时气象资料收集从原来电报电路转换为CHINAPAC,收集平台是 9210。实时气象资料的存储按照资料的传输频次制定,常规地面、高空、航危报、城镇天气预报、重要天气报、卫星云图、传真等存储 10 天;气候句报、月报等存储 90 天。

2004 年起,自动气象站、区域气象站等各类气象资料逐步实现自动上传。在资料存储方面,文件级资料存储按照传输频次和存储系统计算机性能而定。2019 年,"天镜·宁夏"气象资料收集系统建成,见图 10-1。

(二)历史气象资料

宁夏历史气象资料的收集方式主要有:各台站按规定向区气象局资料管理部门定期或不定期移交、上报,中国气象局下发,与外省气象部门交换,从外部门交换等方式。

宁夏历史气象资料收集内容如下:

地面气象记录月(年)报表。1991—1992 年,宁夏 8 个国家基本站、2 个国家基准站报送纸质地面气象记录月报表至宁夏气象档案馆。15 个国家一般站报送纸质地面气象记录月报表至所属地市气象局,生成信息化数据文件后再报送至宁夏气象档案馆。

1993 年至 1997 年 6 月,宁夏 7 个国家基本站、15 个国家一般站报送纸质地面气象记录月报表至宁夏气象档案馆,2 个国家基准站地面气象记录月报表在台站生成信息化数据文件后再报送至宁夏气象档案馆。

1997 年 7 月开始,宁夏 2 个国家基准站、7 个国家基本站、11 个国家一般站地面气象记录月报表在各

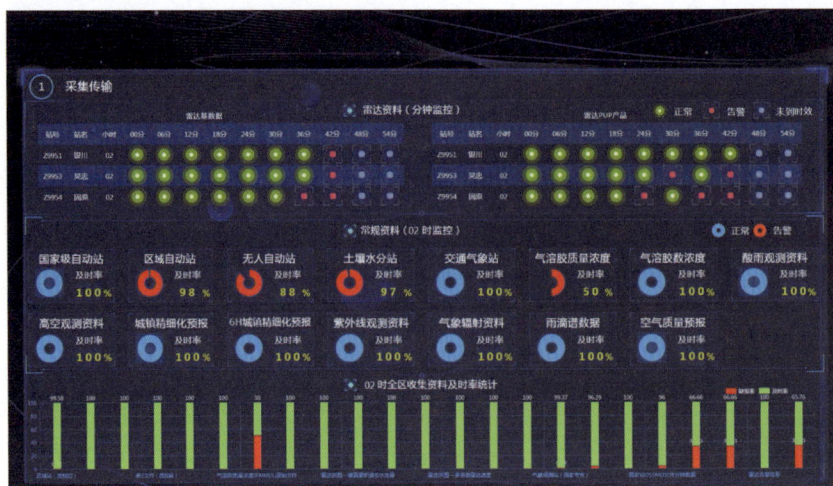

图 10-1　2019 年，"天镜·宁夏"气象资料收集系统建成

站生成信息化数据文件后，通过通信系统上报至宁夏气象档案馆。麻黄山、韦州、兴仁、六盘山 4 个国家一般站报送纸质地面气象记录月报表至宁夏气象档案馆。

2003 年 1 月开始，宁夏 9 个国家基准站、基本站建成自动站，报送自动站地面气象资料基本数据文件（旧 A 文件）、地面气象记录月报表封面封底数据文件（V 文件）、降雨分钟数据文件（J 文件）至宁夏气象档案馆。同年 11 月，麻黄山、韦州、兴仁、六盘山 4 个国家一般站地面气象记录月报表在各站生成信息化数据文件后，通过通信系统上报至宁夏气象档案馆。

2004 年 1 月，宁夏有 8 个国家一般站建成为自动站，开始报送自动站地面气象资料基本数据文件（旧 A 文件）、地面气象记录月报表封面封底数据文件（V 文件）、降雨分钟数据文件（J 文件）至宁夏气象档案馆。

1991—2003 年，各台站均报送纸质地面气象记录年报表，从 2004 年开始报送地面气象记录年报表信息化数据文件（Y 文件）。

高空气象记录月报表。1991—1999 年，高空站报送纸质高空风记录月报表（高表-1）、高空压温湿记录月报表（高表-2）、高空气象观测记录表。2000 年 1 月，探空计算机换型和 2003 年 1 月探空站更换为 L 波段二次测风雷达后，在上报纸质高空气象记录月报表和高空观测记录表的同时，开始上报高空风记录数据文件、高空压温湿记录规定层数据文件、高空压温湿记录特性层数据文件、高空压温湿记录数据文件。

气象辐射记录月报表。1991 年至 1992 年 8 月，宁夏 2 个辐射站报送盒式磁带至宁夏气象档案馆。1992 年 9 月起，宁夏开始使用新型辐射观测仪，2 个辐射站恢复报送纸质气象辐射记录月报表至宁夏气象档案馆。2003 年起，2 个辐射站建成为自动站，气象辐射记录月报表生成信息化数据文件，通过通信系统报送至宁夏气象档案馆。

农业气象记录报表。1991—2012 年，各农业气象观测站报送纸质作物生育状况观测记录年报表（农气表-1）、土壤水分观测记录年报表（农气表-2）、物候观测记录年报表（农气表-3）、畜牧气象观测记录年报表（农气表-4）至宁夏气象档案馆。2013 年开始各农业气象观测站生成农业气象观测年数据文件后，再报送至宁夏气象档案馆。

酸雨观测记录月报表。2001—2005 年各酸雨观测站报送纸质酸雨观测记录月报表至宁夏气象档案馆；2006 年开始各酸雨站生成酸雨观测记录月报表数据文件后，再报送至宁夏气象档案馆。

2004 年，宁夏气象记录档案保管体制调整后，各台站保存的自建站以来的气压、气温、相对湿度、降雨量、EL 型电接风向风速 5 种自记纸及各种地面气象观测簿、气象辐射观测记录簿、农业气象观测记录簿、特种气象观测记录簿等资料全部移交至宁夏气象档案馆。自此以后，全区各台站每年向宁夏气象档案馆报送一次上一年度形成的气象自记纸、气象观测簿等资料。

其他历史资料。1994 年开始，各市气象局、宁夏气象台每年将上一年度气象灾害资料刻录光盘后报送至宁夏气象档案馆。

1999 年以前，宁夏气象台将手绘地面、高空天气原始图按年装订成册后，定期移交至宁夏气象档案馆。从 2000 年开始，宁夏气象台每年报送天气图数据光盘。

2005 年开始，各天气雷达站每年将上一年度天气雷达个例资料刻录光盘后报送至宁夏气象档案馆。

二、气象资料质控

气象观测数据质量控制对象主要有常规气象探测仪获取的各类气象记录月报表为基础的纸质载体和相应的信息化模式数据。自 20 世纪 90 年代初期信息化采集方式引入微型计算机后，气象记录月报表数据质量控制由传统的人工审核改为人机交互审核。质量控制方式是微机提供疑误信息，然后人工进行甄别并加以纠错，以此消除原始数据错误。

地面气象资料从 1991 年开始，8 个国家基本站地面月气象资料采用人机结合方式进行质量控制。1992 年起，全区所有台站地面月气象资料全部采用人机结合方式进行质量控制。2004 年开始，地面年气象资料也采用人机结合方式进行质量控制。

气象辐射资料、高空气象资料在 2003 年以前采用人工质量控制，2004 年开始采用人机结合方式进行质量控制。

农业气象观测资料在 2012 年以前采用人工质量控制，2013 年开始采用人机结合方式进行质量控制。

酸雨观测资料在 2005 年以前采用人工质量控制，从 2006 年开始采用人机结合方式进行质量控制。

2007 年开始，宁夏省级自动站数据质量控制系统投入使用，该系统为国家信息中心组织开发的"省级自动站实时数据质量控制系统"宁夏本地化系统，系统包括自动站数据入库、质控信息导入、质量控制、数据质量监视、质控信息查询、质控信息分析、日记记录和系统管理等功能项，各功能项又由若干子功能组成。系统实时进行全区自动站观测数据的质量控制，并生成质控后的报文上传国家气象信息中心。可实现自动站报文解报入库、自动站观测要素质量控制、带质控码的自动站报文生成、人机交互监控等。系统适用于国家站和区域站，目的是对自动站观测数据进行有效、全面的质量控制，保证资料的质量，重点是对错误数据进行检测。通过质量控制系统，快速了解最近时次自动站数据质量状况，并可由质量审核员对疑误数据的质量描述进一步人工确认或修改，为自动站数据业务应用提供参考。

2014 年开始，气象资料业务系统（Meteorological Data Operational System，MDOS）投入使用。该系统由数据库、数据入库系统、质量控制系统、业务操作平台、统计处理系统、报警系统、文件上传系统、元数据管理系统等组成。系统主要应用在台站级和省级，台站级由台站级数据采集处理系统组成，负责观测数据及元数据的上传、质控信息的处理与反馈。省级由数据入库系统、数据库存储管理系统、质量控制系统、业务操作平台、报警系统、文件上传系统和统计处理系统组成，主要完成数据的质量控制、处理及查询反馈。

三、气象资料加工处理

1991—1992 年，宁夏气象档案馆使用微机录入 8 个国家基本站地面气象记录月报表资料，使用 5Z-Ⅲ型作孔机对 2 个国家基准站地面气象记录月报表进行信息化加工。各地市气象局使用微机录入所属国家一般站地面气象记录月报表资料。

1993 年开始，宁夏气象档案馆使用微机录入 7 个国家基本站、15 个国家一般站地面气象记录月报表资料，2 个国家基准站使用微机录入地面气象记录月报表资料。

1997 年 7 月开始，2 个国家基准站、7 个国家基本站、11 个国家一般站使用微机录入地面气象记录月报表资料；麻黄山、韦州、兴仁、六盘山 4 个国家一般站仍由宁夏气象档案馆使用微机录入地面气象记录月报表资料。

1999 年 1 月，中国气象局下发《全国地面气象资料 A6、A7 文件信息基本模式暂行规定》（气预发〔1999〕第 14 号），宁夏气象档案馆 1999 年 2 月开始，对 7 个国家基本站、2 个国家基准站地面气象记录月报表中自记观测项目进行信息化处理，分别生成 A6、A7 数据文件。

2003 年 1 月，宁夏 9 个国家基本站、基准站建成为自动站，开始自动生成地面气象记录月报表信息化数据文件。同年 11 月,麻黄山、韦州、兴仁、六盘山 4 个国家一般站开始使用微机录入地面气象记录月报表资料。

2004 年 1 月、2006 年 1 月宁夏分别有 8 个国家一般站建成为自动站,开始自动生成地面气象记录月报表信息化数据文件。

2004 年开始,各台站自动生成地面气象记录年报表信息化数据文件。

2000 年开始,中国气象局"高空 701C 型探测业务系统"陆续投入业务运行后,高空气象观测信息化数据文件由系统直接生成。

2003 年开始,随着地面自动气象站陆续投入业务运行,2 个气象辐射站自动生成气象辐射月报表资料。

2003 年,中国气象局统一安排开展全国基本站、基准站雨量自记纸数字化处理工作。宁夏气象档案馆使用国家气象信息中心下发的"降水自记纸图形数字化处理软件",历时 5 年时间,完成宁夏 9 个基本站、基准站雨量自记纸的数字化处理任务,生成分钟级和小时级降水强度数据文件。

四、气象资料共享应用

9210 工程建设完成之前,实时气象资料提供文件方式共享,但资料共享的类型比较少,仅仅局限于常规地面、高空、旬月报及中国气象局下发的一些指导产品。

9210 工程投入业务运行后,中国气象局通过卫星通信方式实现实时气象资料广播,广播范围覆盖各级台站,资料共享服务从原来单一省级文件共享扩展到卫星广播与文件相结合的方式。另外,9210 系统实现数据库方式资料共享服务,广播的资料类型也得到扩充,特别是指导产品,如 T213、GRIB、GRID、FAX 等。

2002 年开始,中国气象局根据业务发展的需求,陆续增加一些新的观测项目,如自动站、沙尘暴、土壤墒情、闪电定位、区域站、雷达 PUP 产品和雷达数据等,这些观测项目投入业务运行后,资料量和类型不断增加,因此基于 PCVSAT 广播原理和带宽已经不能满足业务的需求。2006 年,中国气象局开发完成 DVB-S 广播系统,并实现所有实时气象资料的广播。

2003 年,宁夏气象信息综合数据库(又称 21 服务器)开始上线运行,提供全区上行资料和下行接收资料的文件共享服务,包括农业气象资料、气候资料、常规气象资料,传真图资料,数值预报产品 T213、T639 资料、区域中尺度数值预报 grapes 模式产品、MM5 模式产品、wrf 模式产品;自动土壤水分观测资料、酸雨资料、区域自动站资料、大监自动站资料、闪电定位资料、雷达资料、风能资源观测数据等实时资料。系统由 1 台 IBM 3650 M2 服务器和 IBM DS 磁盘阵列构成,Windows 2003 操作系统,业务网内运行。2010 年对系统硬件设备进行更新。

2007 年,宁夏风能资源数据库建成投入使用,该数据库是根据《关于开展风能资源详查和评价工作的通知》(发改能源〔2007〕1380 号)和《国家发展改革委员会关于风能资源数值模拟、综合评价和数据库建设方案的批复》(发改能源〔2007〕3032 号)等文件要求,建设以地理信息系统和网络技术为支撑的省级风能资源数据库,为风电发展规划、风电场选址和风电机组设计提供数据支持。项目建设由国家气象信息中心统一组织全国气象部门开展风能资源数据库建设。宁夏风能资源数据库由 3 部分组成:数据收集处理和质量控制模块、数据存储管理系统、数据的共享服务系统。风能资源数据库共享服务系统基于基础地理信息、风能资源专业观测网获取的观测要素数据,采用 WebGIS 等可视化技术实现风能信息图形化在线发布,为决策部门用户、业务用户、行业用户以及公众用户提供不同层次的风能数据共享服务。

2013 年 8 月,宁夏地面基础气象资料服务平台正式投入使用。该软件是以 B/S 架构作为基础,通过网络以网页的形式查找所需的气象资料。在用户权限上从要素种类到要素的时间序列都有使用权限的限制,简化业务人员查阅气象资料工作和一些统计计算工作。

数据量大、使用频率低的信息化资料采取离线服务的方式。需要时可采取数据复制、加工统计的方式提供服务。

第三节　气象档案

1997 年 4 月以前,气象档案根据《气象科技档案分类法》分为气象科技管理、气象记录、气象业务技术和服务、气象科学研究、气象仪器设备、气象教育和气象基本建设七大类。1997 年 4 月,中国气象局下发《气象档案分类表》,将气象档案分为党务、气象事业管理、气象观测记录、气象业务技术、气象科学研究、气象基本建设、气象仪器设备、气象标准计量八大类。

根据气象档案的来源、内容属性和业务流程的不同,气象档案主要分为气象记录档案和气象工作档案两大部分。

一、气象记录档案

气象记录档案主要包括气象观测记录纸、气象观测记录表(簿)、气象观测记录月(年)报表、气象记录机读载体资料、气象记录整编出版物、手绘天气图、气候图集出版物等。

现馆藏纸质气象记录档案主要有:地面各种气象观测记录簿,气象辐射观测记录簿,农业气象观测记录簿,特种气象观测记录簿,地面气压、气温、相对湿度、降雨、EL 型风向风速自记纸,高空观测记录表,地面、高空、辐射、农业气象、酸雨等观测记录月(年)报表,台站历史沿革,各种气象记录整编出版物等。此外,还收集天气雷达个例、闪电定位仪、大气成分、土壤水分、气象灾害等各种非常规气象观测机读载体资料。截至 2020 年年底,馆藏纸质气象记录档案 20193 卷、机读载体 474 盒。

二、气象工作档案

(一)文书档案

文书档案包括机关文书档案和气象事业单位管理档案两类。

机关文书档案主要包括气象工作发展规划、基建计划、财务预算、组织机构设立、干部任免、职工录用与转正、技术职务评聘、厅局级以上奖励等文件材料。截至 2020 年年底,馆藏 2186 册。

气象事业管理档案主要包括综合管理、气象业务管理、气象科研、教育管理、气象外事管理、气象机构人事管理、计财审计管理、气象产业装备管理、气象服务管理等业务档案。此类档案主要是中国气象局下发的各种业务技术规定、规范、技术指导等文件材料,本区气象部门产生的业务、科研管理等方面的文件材料等。

(二)气象业务技术档案

气象业务技术档案主要包括大气探测、天气预报、气象通信、气象资料、气候、农业气象、专业气象、卫星气象等的业务运行手册、技术规章、技术报告、调查报告、技术总结、业务技术产品、服务成果、业务运行软件、业务技术会议材料等。截至 2020 年年底,馆藏 138 册。

(三)气象科学研究档案

气象科学研究档案主要包括大气探测、通信技术、天气动力、气候、农业气象、大气物理、大气化学、人工影响天气、气象科学实验、卫星气象、专业气象等科研准备阶段、试验阶段、总结鉴定验收文件、成果奖励申报、应用成果推广、科研会议文件、科研论文、论著及汇编材料等。截至 2020 年年底,馆藏 167 册。

(四)气象基本建设档案

气象基本建设档案主要包括重点工程建设、业务实施建设、住宅建设、生活服务设施、公共设施、台站基本建设等综合性文件材料、可行性研究、设计任务书,勘测材料、设计、施工、竣工文件等。截至 2020 年年底,馆藏 388 册。

(五)气象仪器设备档案

气象仪器设备档案主要包括气象观测仪器、专用设备等。

(六)气象标准计量档案

气象标准计量档案主要包括国家、行业、部门、地方标准和计量规程等。

除上述各类气象档案外,档案馆还保存有中国气象局下发的全国各种气象资料、各省(区、市)交换的气象资料等。

第十一章 气象技术装备与保障

第一节 机构沿革

1990 年撤销宁夏气象局物资处,成立宁夏气象技术装备处,单位性质由局机关变为直属事业单位,编制 32 人,下设:政办室、计量检定所、机修科、器材供应站、避雷检测站 5 个科室,负责全区气象系统仪器装备和"三材"(钢材、木材、水泥)计划、供应、管理及检定、机修业务和技术指导工作。1996 年机构改革,将宁夏回族自治区气象技术装备处改为宁夏气象技术装备中心,下设政办室、供应站、机修科、气象计量检定所,负责全区气象技术装备的供应、检定和检修工作。负责宁夏天地通实业公司的管理运营,积极发展气象产业。2006 年机构改革,将宁夏气象技术装备中心更名为宁夏大气探测技术保障中心,下设办公室、运行监控与技术保障科、气象计量检定所、大气探测技术开发室,承担全区地基和空基气象设备保障业务,负责大气探测技术、规范、方法的试验、研究与对下的技术指导。2010 年机构调整,撤销大气探测技术开发室,增设气象装备科,承担全区地基和空基气象设备保障业务,负责大气探测技术、规范、方法的试验、研究与对下的技术指导。2020 年机构调整,设置办公室、技术保障与开发科、气象装备科、气象计量检定所,负责国家级地面观测站网和大型装备运行保障、气象仪器装备采购和供应管理、气象计量检定、气象应急观测及对下技术指导,承担气象装备保障智能化顶层设计、研究、开发、试验和推广应用等工作。

第二节 装备供应

气象装备是指气象业务所用各种仪器设备。主要包括地面气象观测、高空气象探测、气象信息传输与处理以及检定检修所需的仪器设备。1990 年宁夏气象技术装备处成立后,为适应国家经济体制从计划经济向市场经济的转变,承担的供应任务逐步调整,取消全区气象部门基建所用"三材"的供应,承担全区气象部门气象装备统一供应,保障气象业务正常开展。2006 年机构改革后,宁夏大气探测技术保障中心装备供应以气象专用仪器设备为主,计算机、打印机等通用设备由各级气象部门自行购买。2014 年随着全区气象部门三级保障体系的建立,气象装备供应基本实现随项目实施配备和各级气象部门根据需要自行采购。

一、地面气象仪器

(一)温度、气压、湿度观测仪器

人工观测供应的温度观测仪器有双金属温度计、玻璃液体温度表、百叶箱最高温度计、百叶箱最低温度计,供应的气压观测仪器有空盒气压计、空盒气压表、水银气压表,供应的湿度观测仪器有毛发湿度计、毛发湿度表。随着自动气象站建成,温度、气压、湿度观测实现自动化,人工观测所用仪器逐步停用。目前,全区只有银川站还在使用。

(二)风向、风速观测仪器

人工观测供应的风向、风速观测仪器有 EL 型电接风向风速计、EN 型电子测风仪。目前,银川站还在使用,其他站随着自动气象站建成,已经逐步停用。

(三)降水量观测仪器

人工观测供应的降水量观测仪器为 SL3-1 遥测雨量计。目前,银川站还在使用,其他站随着自动气

象站建成,已经逐步停用。

(四)地温观测仪器

人工观测供应的地温观测仪器有曲管温度表、地面最高温度计、地面最低温度计、地面零厘米温度计。目前,银川站还在使用,其他站随着自动气象站建成,已经逐步停用。

(五)太阳辐射观测仪器

供应的太阳辐射观测仪器有 TBQ-2 总辐射表、DFY4 散射表、TBS-2 直射表、DTF5 净表和 RYJ2 记录器。

二、天气雷达

1995 年六盘山 711 型天气雷达数字化改造和 2005 年中卫 711 型天气雷达升级改造以及 2003 年、2004 年、2015 年银川、固原、吴忠新一代天气雷达建成,全部是依托建设项目进行雷达设备采购安装,所需设备由生产厂家直接供货。

三、高空探测装备

银川探空站使用的 GTS11 型(南京大桥)、GTS12 型(上海长望气象科技股份有限公司)、GTS13 型(太原无线电一厂)数字探空仪和 750 克探空气球(中国化工株洲橡胶研究设计院有限公司)由宁夏大气探测技术保障中心集中采购供应。

第三节　计量检定

一、机构设置

(一)组织机构

宁夏气象部门气象计量检定工作起步于 1959 年,1971 年成立气象仪器计量检定室,1988 年扩建为宁夏气象计量检定所,并取得宁夏质量技术监督局授权。宁夏气象计量检定所现为宁夏大气探测技术保障中心内设科室,依法开展气象计量器具计量检定、校准工作,业务上接受宁夏质量技术监督局和国家气象计量所双重领导。2017 年,因政策变化,将法定计量检定机构名称由宁夏气象计量检定所变更为宁夏大气探测技术保障中心。2018 年,探测中心气象计量检定人员利用风洞装置对杯式风速传感器进行检定,见图 11-1。

(二)计量标准考核

1988 年宁夏气象计量检定所建立气压、温度、湿度、风速仪器检定标准装置,2012 年宁夏气象计量检定所建立雨量社会公用计量标准和电导率仪、酸度计部门计量标准,2014 年宁夏气象计量检定所建立接地电阻表部门计量标准,按照《计量标准考核规范》(JJF 1033—2016)要求,接受并通过宁夏质量监督部门每 4 年一次的计量标准复查考核。

(三)机构认证

自 1988 年宁夏气象计量检定所建成以来,宁夏质量技术监督局按照《法定计量检定机构考核规范》(JJF 1069—2012)的要求,每 5 年对宁夏气象计量检定所进行一次复查考核。宁夏气象计量检定所由于设备完善,《质量手册》《程序文件》《作业指导书》等体系文件健全,管理严格规范,历次复查考核全部重新获得授权。2018 年,探测中心计量检定人员为检定风速传感器做准备,见图 11-2。

二、计量业务开展

① 负责对授权的气象计量器具检定、校准项目实施行业监督管理,完成质量技术监督部门组织的计量监督检验和计量申诉的仲裁检定。

② 负责对全区气象计量器具产品的质量认证检验,气象计量器具新产品样机的实验和委托实验。

③ 承担或参与气象计量检定规程、检定方法的制定与修订任务。

④ 承担或参与气象计量检定设备和标准装置的技术改造和开发研究。

⑤ 开展计量标准的比对和能力验证工作。

⑥ 开展全区气象计量器具的计量检定、校准。

⑦ 开展全区气象部门接地电阻表、酸度计的检定工作。

⑧ 开展国家级自动气象站的年度巡检工作。

图 11-1　2018 年,探测中心气象计量检定人员利用
风洞装置对杯式风速传感器进行检定

图 11-2　2018 年,探测中心计量检定人员为
检定风速传感器做准备

第四节　技术保障

一、人工气象站保障

人工气象站技术保障由宁夏大气探测技术保障中心承担,主要负责全区国家级地面气象观测站人工观测仪器设备的安装、维修、年度巡检。2016 年全区国家级地面气象观测站实现自动气象站双备份后,除银川站保留人工观测项目外,其余各站取消气压、温度、湿度、雨量、风速、风向、地温、能见度人工观测项目,相应人工观测设备随之停用,人工气象站保障工作自此结束。2019 年,探测中心业务人员在石炭井气象站开展自动气象站巡检工作,见图 11-3。

二、自动气象站保障

(一)国家级自动气象站

国家级自动气象站由宁夏大气探测技术保障中心负责建设,并负责疑难故障维修、重要备件储备、年度巡检、技术升级等工作。各市大气探测技术保障机构负责辖区内国家级自动气象站一般性故障维修、一般备件储备等工作。各县局站负责本局站国家级自动气象站的日常维护、简单故障维修等工作。

(二)区域自动气象站

区域自动气象站技术保障由辖区内各市、县级大气探测技术保障机构负责,开展自动站建设、故障维修、巡查维护、现场核查、备件储备等。宁夏大气探测技术保障中心承担对下技术指导工作。2010 年,探测中心业务人员检修移动应急气象观测设备,见图 11-4。

三、雷达保障

(一)探空雷达保障

探空雷达技术保障主要由宁夏大气探测技术保障中心承担,负责探空雷达疑难故障维修、省级备件储备、年度巡检、大修升级等工作。银川探空站承担日常维护与一般性故障维修、台站级备件储备工作。

图 11-3　2019 年,探测中心业务人员在石炭井
气象站开展自动气象站巡检工作

图 11-4　2010 年,探测中心业务人员检修
移动应急气象观测设备

(二)天气雷达保障

天气雷达技术保障主要由宁夏大气探测技术保障中心承担,负责天气雷达疑难故障维修、省级备件储备、年度巡检、大修升级等工作。各雷达所在单位承担日常维护与一般性故障维修、台站级备件储备工作。

四、三级保障体系建设

2014 年以后,宁夏气象部门三级保障体系逐步完善,气象探测设备运行、维护、维修实行区、市、台站三级业务布局;计量检定、气象专用物资供应实行区一级业务布局。

区级技术保障单位宁夏大气探测技术保障中心承担全区气象技术装备保障的技术指导、技术支持;承担全区探测设备的区级维修技术保障任务;承担全区国家级自动气象站、高空探测雷达等大中型仪器设备的年度巡检和大修任务;承担应急气象服务设备储备、维护和应急气象观测、保障预案制定任务;承担全区气象部门气象仪器设备的计量检定和技术监督;承担全区专用气象仪器装备的供应、调配和管理等工作及探测设备维护、维修档案的建立和探测设备信息数据库的建设任务;承担大气探测技术保障业务现代化建设、技术研究、开发、试验和推广应用等工作。

市级承担本级及行政区域内国家级自动气象站、土壤水分站、闪电定位仪等气象设备的一般故障维修保障与安全管理工作;承担对辖区内区域气象站的巡检、现场校验和故障维修工作;承担对计算机网络系统、通信、电源系统、视频系统等进行检查、维护;负责对台站级气象探测设备维护、维修提供技术指导、技术培训。

台站级承担本站及所辖区域气象观测设备的清洁维护、仪器更换和简单故障维修、仪器现场校准等业务;承担对计算机网络系统、通信、电源系统、视频系统等进行检查、维护;承担仪器设备保管、质量反馈及装备运行环境条件和安全保障等。

第三篇　气象科技与人才

第十二章　气象科技

第一节　科研管理

一、管理机构

宁夏气象局科技管理工作由宁夏气象局科技与预报处具体负责,其主要任务是根据宁夏经济社会发展和气象现代化建设需求,不断完善科技创新体系,建立健全科技管理机制,推进科技创新平台建设,促进气象科技成果转化应用,为宁夏气象现代化建设提供坚实科技支撑。

1983 年 6 月至 2001 年 7 月,设立宁夏气象局科技教育处(国气人字第 180 号);2001 年 7 月至 2006 年 4 月,设立宁夏气象局业务科技处(中国气象局气发〔2001〕75 号);2006 年 4 月至 2010 年 2 月,设立宁夏气象局科技减灾处(中国气象局气发〔2006〕111 号)。2010 年 2 月至今,更名为宁夏气象局科技与预报处(气候变化处)(中国气象局气发〔2010〕59 号),其主要职责如下:

① 主管全区气象部门气象科技发展与管理;

② 负责建立面向研究型业务发展需求的科技立项与管理机制;

③ 针对气象科技创新体系建设,负责编制和组织实施气象科技发展规划、计划;

④ 负责组织实施气象科研项目的立项和管理;

⑤ 负责组织建立科研和业务结合的成果转化机制,组织实施科技成果的中试与业务准入工作,推动科技成果的业务转化;

⑥ 负责组建宁夏气象局技术委员会,并负责落实相关工作;

⑦ 负责协调科技合作、科技交流等事项;

⑧ 承办宁夏气象局交办的其他事项。

二、管理机制

2010 年至 2020 年,先后制定、修订了《宁夏气象局气象科学技术研究管理办法(修订)》(气发〔2013〕15 号)、《宁夏气象局技术委员会章程(修订)》(气发〔2013〕18 号)、《宁夏气象局科学技术工作奖励办法(修订)》(气发〔2014〕117 号)等科研管理办法 13 项,见表 12-1。

表 12-1　2010 年以来宁夏气象局科技管理制度制定、修订情况

序号	名称	文号
1	《宁夏气象局气象科学技术研究管理办法(修订)》	(气发〔2013〕15 号)
2	《宁夏气象局技术委员会章程(修订)》	(气发〔2013〕18 号)
3	《宁夏气象局科学技术工作奖励办法(修订)》	(气发〔2014〕117 号)
4	《宁夏气象局创新团队建设与管理办法(修订)》	(气发〔2015〕96 号)
5	《宁夏气象局科学技术成果认定办法(试行)》	(气发〔2015〕111 号)
6	《宁夏气象局气象科研项目管理办法》	(气发〔2015〕124 号)
7	《宁夏气象局创新团队建设与管理办法(修订)》	(气发〔2016〕124 号)
8	《宁夏气象局气象科研项目管理办法》	(气发〔2017〕100 号)
9	《宁夏气象局气象科技成果转化管理办法(试行)》	(气发〔2017〕107 号)
10	《宁夏气象部门气象科学技术成果认定实施细则》	(气发〔2018〕63 号)

续表

序号	名称	文号
11	《宁夏气象部门气象科技成果业务准入管理办法(试行)》	(气发〔2018〕64 号)
12	《宁夏气象部门气象科技成果转化管理办法(修订)》	(气发〔2018〕65 号)
13	《宁夏气象局创新团队管理办法(试行)》	(气发〔2019〕65 号)

三、科技创新平台建设

(一)宁夏气象防灾减灾重点实验室

1999 年 12 月,宁夏气象局和自治区科技厅共同成立以宁夏气象科研所为依托的宁夏气象防灾减灾重点实验室,该实验室是自治区最早成立的 4 个区级重点实验室之一。2009 年,依托宁夏气象防灾减灾重点实验室,宁夏气象局和自治区科协联合建立"宁夏气象防灾减灾院士工作站",作为引领宁夏气象部门科技创新、凝聚和培养优秀气象科技人才、开展学术交流的重要基地。

宁夏气象防灾减灾重点实验室下设 4 个研究室:气象灾害预报技术研究室、气象灾害防御技术研究室、气象灾害监测评估技术研究室、气候评估与资源开发技术研究室。实验室拥有银川河东 2.5 公顷实验基地,相关科研仪器 36(台)套,其中高性能计算机向全区气象系统开放和共享。实验室现有人员 68 人,其中固定人员 43 人,客座人员 25 人。在固定人员中,正高级工程师 10 人、副高级工程师 17 人、工程师 12 人、助理工程师 4 人;博士 6 人、硕士 24 人;全国劳动模范 1 人、全国先进工作者 2 人;自治区"313"人才学术技术带头人 2 人、自治区科技先进工作者 2 人、自治区青年科技奖获得者 1 人,中国气象局西部人才津贴 15 人(次)。在研究实践中形成自治区创新团队 1 个、宁夏气象局创新团队 3 个。

实验室成立以来,先后承担国家自然科学基金项目 13 项,国家科技部公益性行业专项项目 4 项,农业成果转化资金项目 2 项,公益类(气象)行业专项 2 项,行业专项横向合作 5 项,全球环境基金(GEF)赠款项目 1 项,中英气候变化专项 1 项,中英瑞适应气候变化项目 1 项,中国气象局气候变化、新技术推广、预报员专项等 29 项,宁夏科技攻关、自然基金等项目 45 项,合作承担科技部、国家自然基金项目 6 项,累计获得科研经费 2041.6 万元。获得省部级科技进步二等奖 5 项、三等奖 14 项。在各类刊物发表论文 470 余篇。

宁夏气象防灾减灾重点实验室与中国科学院大气物理研究所、国家气象中心、中国气象科学研究院、中国农业科学院、南京信息工程大学、中国气象局兰州干旱气象研究所和宁夏农林科学院等一大批科研院所、高校开展广泛合作,科研合作紧密。聘请丑纪范院士、李泽椿院士等一批著名科学家作为实验室科学顾问和学术委员。

(二)中国气象局旱区特色农业气象灾害监测预警与风险管理重点实验室

2014 年 9 月,由中国气象局和宁夏回族自治区政府共建中国气象局旱区特色农业气象灾害监测预警与风险管理重点实验室。2017 年,重点实验室召开年会,见图 12-1。2017 年 10 月 10 日,中国气象局旱区特色农业气象灾害监测预警与风险管理重点实验室正式纳入中国气象局重点开放实验室管理序列,见图 12-2。中国气象局旱区特色农业气象灾害监测预警与风险管理重点实验室在宁夏气象防灾减灾重点实验室研究方向基础上,重点面向旱区特色农业发展中气象科技问题,开展特色农业气象应用基础和应用研究,促进新技术成果在特色农业生产及气象防灾减灾中应用,为现代气象业务中特色农业气象保障提供科技支撑。其主要研究方向确定为 3 个:特色农业气象灾害监测;特色农业气象灾害预测预警;特色农业气象灾害风险管理。

2013 年以来,宁夏气象局加强重点实验室建设顶层设计,完善重点实验室管理制度,先后印发宁夏气象防灾减灾重点实验室发展规划、中国气象局旱区特色农业气象灾害监测预警与风险管理重点实验室章程、学术委员会章程、固定人员和流动人员管理办法、固定人员和流动人员聘任办法、科研项目管理办法、科技奖励管理办法、仪器开放共享管理办法等。2018 年以后,修订印发《中国气象局旱区特色农业气象灾害监测预警与风险管理重点实验室科研项目管理办法(修订)》(气发〔2018〕8 号)、《中国气象局旱区特色农业气象灾害监测预警与风险管理重点实验室章程》(气发〔2019〕64 号)、《中国气象局旱区特色农业气象灾害监测预警与风险管理重点实验室固定人员和流动人员管理办法》(气发〔2019〕68 号)、《中国气象局旱区特色农业气象灾害监测预警与风险管理重点实验室固定人员和流动人员聘任办法》(气发〔2019〕68号)。统筹宁夏气象部门科技基础条件、经费等资源,持续优化重点实验室研究软、硬件条件,建成重点实验室客座研究室、特色农业气象理化分析室、客座专家工作室、专家公寓;建成葡萄、枸杞、马铃薯3个特色农业气象野外试验示范基地;每年组织召开重点实验室学术委员会会议和学术年会,为科技人员搭建学习交流平台;设立重点实验室开放研究项目、指令性项目、青年培养项目;建立以提高科技成果转化为导向的科技奖励制度,通过奖励增强宁夏气象科技创新活动的针对性和创新活力。

图 12-1 2017 年,重点实验室召开年会

图 12-2 2017 年重点实验室纳入
中国气象局重点开放实验室管理序列

(三)六盘山地形云野外科学试验基地

2019 年 10 月,中国气象局与宁夏回族自治区政府签署《共同推进宁夏气象现代化高质量发展合作协议》,明确建设六盘山地形云野外科学试验基地,要求通过 5 年时间将六盘山地形云野外科学试验基地打造成为国家级野外科学实验基地,10 年时间建成国内一流、国际有影响的开放式野外科学试验基地。加强六盘山地形云野外科学试验基地整体规划(图 12-3),编写《六盘山地形云野外科学试验基地发展规划(2020—2025 年)》,并多次邀请美国、韩国以及国内人工影响天气知名专家进行论证,获得充分肯定。多方筹集资金3600 多万元,初步建成以六盘山气象观测站为"主试验站",隆德气象观测站、泾源气象观测站及泾源大湾等为"辅助试验站"的六盘山地形云野外科学试验基地,开展试验基地人工影响天气作业能力、基础探测设备等建设及关键技术研发。基地现布设多通道微波辐射计、Ka 波段云雷达、微雨雷达、激光云高仪、X 波段双偏振雷达、激光雨滴谱仪等设备,建立以首席科学家为指导的六盘山地形云人工增雨雪技术研究创新团队,加强与国内外科研院所等合作,承担、合作承担青藏高原科考项目子专题、国家重大研发计划项目等省部级科研项目 16 项,聚焦六盘山地形云水资源开发与人工影响天气关键技术问题,开展宁夏空中云水资源潜力评估、人工增雨雪技术等野外科学试验和技术研究。六盘山地形云野外科学试验基地的云雷达,见图 12-4。

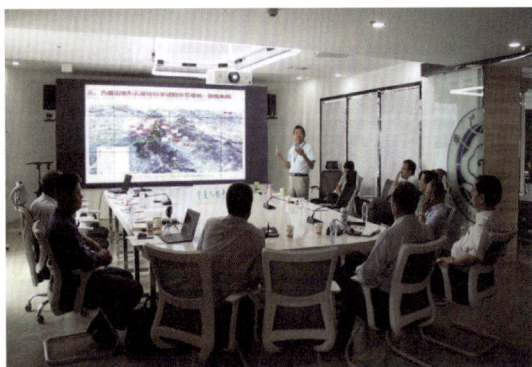

图 12-3 2019 年,人工影响天气中心(以下简称人影中心)
开展六盘山地形云野外科学试验基地规划讨论

图 12-4 六盘山地形云野外科学
试验基地的云雷达

第二节　科研成果

一、省部级及以上科研项目

1991 年以来,宁夏气象局围绕全区经济社会发展和宁夏气象业务现代化需求,聚焦宁夏气象业务服务重点难点以及关键核心技术问题,以智能网格预报、客观化气候预测、气象灾害预警、公共气象服务、农业气象灾害风险管理等为重点,组织开展核心技术攻关,先后承担科技部项目 9 项(表 12-2)、国家自然科学基金 23 项(表 12-3)、自治区科研项目 115 项(表 12-4)、中国气象局科研项目 84 项(表 12-5)。2012年,气象科研所建设果树防霜试验示范基地,见图 12-5。

表 12-2　1991 年以来宁夏气象部门获科技部科研项目统计

序号	项目名称	承担单位	主持人	立项时间
1	宁夏强沙尘暴监测技术体系研究	宁夏气象科研所	王连喜、赵光平	2000 年
2	宁夏移民迁出区退耕还林的气候模拟与分析	宁夏气象科研所	王连喜	2002 年
3	宁夏河东沙地生态破坏与植被恢复的试验示范园区建设	宁夏气象防灾减灾重点实验室	王连喜	2002 年
4	宁夏枸杞黑果病爆发的农业气象条件及预报方法研究	宁夏气象科研所	刘　静	2003 年
5	枸杞黑果病与气象条件关系研究	宁夏气象科研所	刘　静	2003 年
6	宁夏气候对全球气候变化的响应及其机制	宁夏气象科研所	陈晓光	2005 年
7	中国北方果树霜冻灾害防御关键技术研究	宁夏气象科研所	张晓煜	2012 年
8	西北地区东部降水异常机理及预测方法研究	宁夏气象科研所	杨建玲	2013 年
9	果园霜冻防御关键技术集成应用	银川恒实科技开发咨询服务有限公司	张晓煜	2020 年

表 12-3　1991 年以来宁夏气象部门获国家自然科学基金统计

序号	项目名称	承担单位	主持人	立项时间
1	准地砖 Q 矢量分析方法在宁夏降水天气的诊断和应用	宁夏气象科研所	车锡果	1991 年
2	冰雹云人工催化效果的数值模式检验	宁夏气象科研所	牛生杰	1991 年
3	贺兰山地区沙尘暴若干问题的观测研究	宁夏气象科研所	牛生杰	1996 年
4	宁夏枸杞优质高产的气候形成机理及区域研究	宁夏气象科研所	刘　静	2000 年
5	宁夏强沙尘暴成灾机理、控灾对策研究	宁夏气象科研所	赵光平	2001 年
6	层状云催化后过冷水消耗与恢复规律的观测和数值研究	宁夏气象防灾减灾重点实验室	牛生杰	2002 年
7	贺兰山东麓优质酿酒葡萄的气候形成机理及小气候调控	宁夏气象科研所	张晓煜	2004 年
8	贺兰山地区沙尘暴热力动力结构和预警方法研究	宁夏气象科研所	王连喜	2004 年
9	西北地区东部沙尘暴重大转型事件的机理研究	宁夏气象台	赵光平	2006 年
10	气候变化背景下黄土高原粉用马铃薯高产优质的气候敏感性研究	宁夏气象科研所	李剑萍	2008 年
11	西北地区东部水汽输送的年代际变化及其异常成因分析	宁夏气象台	陈　楠	2009 年
12	基于 GIS 的中国北方不同品种酿酒葡萄优质生态区区划研究	宁夏气象科研所	张晓煜	2010 年
13	热带印度洋海表面温度对西北地区东部降水影响的研究	宁夏气候中心	杨建玲	2010 年
14	宁夏高酸苹果优质高产的气候形成机理及精细化区划研究	宁夏气象科研所	张　磊	2011 年
15	贺兰山东麓酿酒葡萄晚霜冻预报方法研究	宁夏气象科研所	张　磊	2014 年
16	青藏高原陆面过程异常对东亚—西太平洋春夏季大气季节内振荡影响的研究	宁夏气候中心	崔　洋	2014 年
17	空气湿度对宁夏富士苹果花期霜冻指标的影响研究	宁夏气象科研所	李红英	2015 年
18	宁夏枸杞主栽品种花蕾期霜冻指标研究	宁夏气象科研所	段晓凤	2015 年
19	酿酒葡萄越冬冻害形成机理研究	宁夏气象科研所	张晓煜	2016 年
20	西北干旱高辐射城市银川臭氧污染气象条件与光化辐射通量研究	宁夏气象科研所	刘玉兰	2017 年

续表

序号	项目名称	承担单位	主持人	立项时间
21	贺兰山地形对强降水触发和发展的影响机理研究	宁夏气象科研所	纪晓玲	2018 年
22	贺兰山东麓暴雨的中尺度特征与形成机理研究	宁夏气象台	陈豫英	2019 年
23	贺兰山东麓酿酒葡萄土内萌芽的温度驱动机理	宁夏气象科研所	张 磊	2019 年

表 12-4　1991 年以来宁夏气象部门获自治区科研项目统计

序号	项目名称	承担单位	主持人	项目类型	立项时间
1	温室效应对农作物生长影响及对策研究	宁夏气象科研所	董永祥	自治区科委科技攻关计划（一般）项目	1991 年
2	"温室效应"对农作物生长发育和产量的影响极其对策研究	宁夏气象科研所	董永祥	自治区科委科技攻关计划项目	1991 年
3	宁夏短时天气综合预报智能系统的研究	宁夏气象台	陈晓光 张玉琳	自治区科委科技攻关计划（一般）项目	1992 年
4	地膜棉花气候生态适应性的试验研究	宁夏气象科研所	董永祥	自治区科委科技攻关计划项目	1992 年
5	桑蚕研制技术的气象条件试验研究	宁夏气候中心	梁 旭	自治区科委科技攻关计划（一般）项目	1993 年
6	宁夏主要农作物大面积灾情遥感估测及系统研究	宁夏气象台	吴敏先	自治区科委科技攻关计划（一般）项目	1993 年
7	宁夏春季区域灾害性沙尘暴天气成因及短期预报、警报和抗灾服务系统的研究	宁夏气象台	赵光平	自治区科委气象科学研究（试验）项目	1994 年
8	南部山区种桑养蚕技术开发及气候适应性研究	宁夏气象局		自治区科委科技攻关计划重点项目	1994 年
9	气象卫星数字化在宁夏强降水天气预报中的应用	宁夏气象台	王连喜 冯建明	自治区科委科技攻关计划一般接转项目	1994 年
10	宁夏气象部门管理信息自动化系统	宁夏气象局	杨泾森	自治区科委科技攻关计划（一般）项目	1995 年
11	多媒体天气会商系统的研究	宁夏气象台	郭建川	自治区科委科技攻关计划（一般）项目	1995 年
12	人工增雨优化作业技术方法的研究	宁夏气象科研所	牛生杰	自治区科委科技攻关计划一般接转项目	1995 年
13	宁夏灾害性天气综合预测预报（中短期）技术	宁夏气象局		自治区科委科技攻关计划（重点）项目	1996 年
14	宁夏农业气候资源评价与相似分析系统	宁夏气象科研所		自治区科委科技攻关计划（一般）项目	1996 年
15	宁夏灾害性天气中,短期综合预测预报	宁夏气象局	吴岩峻	自治区科委科技攻关计划（重点）项目	1996 年
16	扬黄新灌区农业气候资源开发及节水灌溉试验研究	宁夏气象科研所	王连喜	自治区项目办气象科学研究（一般）项目	1996 年
17	温棚蔬菜二氧化碳施肥效果推广应用	宁夏气象科研所	李凤霞	自治区项目办气象科学研究（一般）项目	1996 年
18	宁夏短期气候预测系统的研究	宁夏气象台	冯建民	自治区科委气象科学研究（试验）项目	1997 年
19	宁夏主要农业气象灾害监测与损失评估系统研究	宁夏气象科研所	刘 静	自治区科委科技攻关计划（一般）项目	1998 年
20	宁夏中尺度灾害性天气预报系统	宁夏气象台	冯建民	自治区科委科技攻关计划（一般）项目	1998 年

续表

序号	项目名称	承担单位	主持人	项目类型	立项时间
21	银川市空气污染预报方法的研究	宁夏气象科研所	桑建人	自治区科委科技攻关计划（一般）项目	1999年
22	气象3S系统在我区农业中的应用研究	宁夏气象科研所	赵广平	自治区科委科技攻关计划（一般）项目	1999年
23	惠农县地理信息系统	宁夏气象科研所	李凤霞	自治区项目办	2000年
24	宁夏惠农县节水农业示范区农业综合信息查询系统研究	宁夏气象科研所	王连喜	自治区农业综合开发项目办公室	2000年
25	宁夏灌区春小麦立体复合种植节水灌溉技术研究	宁夏气象科研所	李凤霞	自治区项目办气象科学研究（一般）项目	2000年
26	惠农县农业综合项目区本底信息系统建设	宁夏气象防灾减灾重点实验室	李凤霞	自治区项目办	2000年
27	713C天气雷达在宁夏大面积定量测量降水中的应用研究	宁夏气象科研所	赵光平 刘　梅	自治区科技厅科技攻关计划（重点）项目	2000年
28	数值预报产品在宁夏大到暴雨预报中的释用技术与预报系统建设	宁夏气象防灾减灾重点实验室	刘建军	自治区科技厅	2000年
29	宁夏地区中尺度暴雨产生的云物理机制数值研究	宁夏气象防灾减灾重点实验室	牛生杰	宁夏自然基金	2000年
30	宁夏生态建设气象决策实时分析系统及量化分层技术研究	宁夏气象科研所	李剑萍	自治区科技厅	2002年
31	宁夏干旱发生突变规律及预测技术研究	宁夏气象台	冯建民	自治区科技厅	2002年
32	银川市老城市区大气中可吸入颗粒物（PM_{10}）来源解析	宁夏气象防灾减灾重点实验室	桑建人	宁夏自然基金	2002年
33	宁夏暴雨中尺度系统发生、发展机理的数值试验研究	宁夏气象防灾减灾重点实验室	刘建军	宁夏青年基金	2002年
34	宁夏河套灌区农业气象3S管理系统的开发与研究	宁夏气象科研所	王连喜	自治区农业综合开发项目办公室	2003年
35	宁夏灌区水稻控制灌溉节水高效栽培的计算机辅助决策系统研究	宁夏气象科研所	李凤霞	自治区农业综合开发项目办公室	2003年
36	宁夏天气异常与突变规律的诊断及监测预警技术	宁夏气象台	赵光平	自治区科技厅	2003年
37	形成宁夏沙尘暴天气的动力机制及热力条件研究	宁夏气象防灾减灾重点实验室	李艳春	宁夏自然基金	2003年
38	地表紫外线辐射增强对宁夏主要农作物生理及生态系统的影响	宁夏气象防灾减灾重点实验室	王连喜	宁夏自然基金	2003年
39	我区天气异常与突变规律的诊断及监测预警技术	宁夏气象防灾减灾重点实验室	赵光平	宁夏科技攻关计划项目	2003年
40	宁夏喷滴灌高效农业技术体系及综合效益平均研究	宁夏气象科研所		自治区项目办	2004年
41	宁夏中部干旱带沙尘暴突变的驱动力研究	宁夏气象防灾减灾重点实验室	陈　楠	宁夏自然基金	2004年
42	宁夏暴雨型地质灾害风险预报研究	宁夏气象防灾减灾重点实验室	赵光平	宁夏科技攻关计划项目	2004年
43	太阳能资源综合利用技术研究与开发	宁夏气象防灾减灾重点实验室	桑建人	自治区科技厅	2005年
44	贺兰山东麓暴雨山洪灾害演进模拟及预警方法研究	宁夏气象防灾减灾重点实验室	桑建人	宁夏科技攻关计划项目	2005年

续表

序号	项目名称	承担单位	主持人	项目类型	立项时间
45	气候变暖对宁夏中部干旱带降水资源变化的影响研究	宁夏气象台	陈豫英	宁夏自然基金	2006 年
46	宁夏主要地物在 EOS/MODIS 资料中的敏感性试验研究	宁夏气象防灾减灾重点实验室	李剑萍	宁夏自然基金	2006 年
47	宁夏强对流天气多源资料特征分析与机理研究	宁夏气象台	胡文东	宁夏自然基金	2006 年
48	宁夏空中云水资源开发潜力的研究	宁夏气象台	陆晓静	宁夏自然基金	2006 年
49	宁夏人工增雨潜力及技术研究	宁夏气象科研所	桑建人	宁夏回族自治区科技攻关计划项目	2007 年
50	银川太阳能热水器建筑设计气候标准的研究	宁夏气象科研所	桑建人	宁夏自然基金	2007 年
51	宁夏雷电天气演变及潜势预报预警技术研究	宁夏气象台	纪晓玲	宁夏自然基金	2007 年
52	降水集中度与宁夏旱涝的关系研究	宁夏气候中心	纳 丽	自治区自然科学基金	2010 年
53	宁夏大到暴雪对气候变化的响应及其机理研究	宁夏气象台	丁永红	自治区自然科学基金	2010 年
54	基于 EOS MODIS 的宁夏小麦精细化遥感估产	宁夏气象科研所	刘 静	自治区科技攻关计划项目	2010 年
55	宁夏灰霾天气形成机理、预报预测及防治对策研究	宁夏气候中心	桑建人	自治区科技攻关计划项目	2010 年
56	宁夏短时强降水分级监测预警指标及概念模型研究	宁夏气象台	纪晓玲	自治区自然科学基金	2011 年
57	自然环境对宁夏暴雨的影响机理研究	宁夏气象台	杨 侃	自治区自然科学基金	2011 年
58	宁夏近 10 年土地覆盖变化对气候变化的响应	宁夏气候中心	李 欣	自治区自然科学基金	2011 年
59	宁东(陆家东)风电厂发电量预报系统研究	宁夏气候中心	左河疆	自治区自然科学基金	2011 年
60	宁夏雷击风险与雷电灾害区划及对策研究	宁夏雷电防护技术中心	刘春泉	自治区自然科学基金	2011 年
61	气候变暖背景下宁夏霜冻变化特征及其对特色作物的影响	宁夏气象科研所	张 磊	自治区转制院所扶持项目	2011 年
62	宁夏风能预报技术应用研究	宁夏气候中心	孙银川	自治区科技攻关计划项目	2011 年
63	热带太平洋 ENSO 影响宁夏气候异常的进一步研究	宁夏气象科研所	杨建玲	自治区自然科学基金	2012 年
64	基于 FY-3/MERSI 的宁夏干旱遥感监测研究	宁夏气象科研所	张学艺	自治区自然科学基金	2012 年
65	基于 CERES 的宁夏空中云水资源特征及其可利用性研究	宁夏气象科研所	常倬林	自治区自然科学基金	2012 年
66	基于 WRF 模式研究典型地形对宁夏降水影响	宁夏气候中心	朱晓炜	自治区自然科学基金	2012 年
67	宁夏沿黄经济区雾霾天气成因及预报方法研究	宁夏气象台	陈豫英	自治区自然科学基金	2012 年
68	基于可公度原理的宁夏灾害性天气延伸期预测方法研究	固原市气象局	张成军	自治区自然科学基金	2012 年

续表

序号	项目名称	承担单位	主持人	项目类型	立项时间
69	宁夏县乡村级灾害性天气精细化预报关键技术研究	宁夏气象防灾减灾重点实验室	陈豫英	自治区科技攻关计划项目	2012 年
70	银川市湿地对局地大气环境影响的模拟研究	宁夏气候中心	崔　洋	自治区自然科学基金	2013 年
71	宁夏绿色建筑气候资源精细化评估	宁夏气象防灾减灾重点实验室	王素艳 郑广芬	自治区自然科学基金	2013 年
72	气候变暖影响下的呼吸系统传染病（腮腺炎）发生发展规律及预测研究	宁夏气象防灾减灾重点实验室	冯建民	自治区科技支撑计划项目	2013 年
73	银川市城市规划大气环境影响评估研究	宁夏气象防灾减灾重点实验室	纳　丽	自治区科技支撑计划项目	2013 年
74	贺兰山东麓葡萄年份酒评价指标体系研究	宁夏气象防灾减灾重点实验室	李剑萍	自治区科技支撑计划项目	2013 年
75	极端灾害性天气预测预警服务系统建设与应用	海原县气象局	纪晓玲	自治区科技惠民计划项目	2013 年
76	贺兰山东麓酿酒葡萄春季晚霜冻灾害防御技术研究	宁夏气象科研所	李红英	自治区自然科学基金	2014 年
77	宁夏大气水汽、液态水特征研究	宁夏气象科研所	田　磊	自治区自然科学基金	2014 年
78	银川市 $PM_{2.5}$ 质量浓度和气溶胶光学厚度的分布特征及相关性研究	宁夏气象科研所	王　敏	自治区自然科学基金	2014 年
79	贺兰农业气象信息化服务和农村气象灾害防御体系综合示范	贺兰县气象局	贺兰县气象局	自治区科技惠民计划项目	2014 年
80	基于溃变理论的宁夏强对流天气预报方法研究	宁夏气象台	刘鹏兵	自治区自然科学基金	2015 年
81	基于新国标的银川空气质量预报检验及订正技术研究	银川市气象局	邵　建	自治区自然科学基金	2015 年
82	宁夏人工增雨指标研究及应用	宁夏气象科研所	李剑萍 田　磊	自治区转制院所扶持专项	2015 年
83	基于多源探测资料和数值模式的宁夏强对流天气监测预警技术体系研究	宁夏气象防灾减灾重点实验室	纪晓玲	自治区重点研发计划项目	2015 年
84	首府大气雾霾边界层扩散模拟研究	宁夏气象防灾减灾重点实验室	桑建人	自治区重点研发计划项目	2015 年
85	宁夏湖泊湿地的气候效应及气候变暖影响未来补水量的研究	宁夏气象防灾减灾重点实验室	李艳春 陈　楠	自治区重点研发计划项目	2015 年
86	惠农区雷电灾害预警与减灾技术示范	惠农区气象局	喇永昌	自治区科技惠民计划项目	2015 年
87	枸杞全程气象保障服务与预警技术示范	中宁县气象局	雷　蕾	自治区科技惠民计划项目	2015 年
88	成熟采收期降水对酿酒葡萄品质的影响研究	宁夏气象科研所	王　静	自治区自然科学基金	2016 年
89	贺兰山东麓酿酒葡萄酒庄春季生长关键期气温精细化预报	宁夏气象防灾减灾重点实验室	陈豫英	自治区重点研发计划项目	2016 年
90	宁夏中南部马铃薯关键期气象条件预测技术研究	宁夏气象防灾减灾重点实验室	王素艳	自治区重点研发计划项目	2016 年
91	宁夏贫困区引种高优节水张杂谷新品种与全程气象保障技术试验示范	宁夏气象科研所	刘　静	自治区科技惠民计划项目	2016 年
92	基于 FY2G 卫星的宁夏空中云水资源开发潜力研究	宁夏气象灾害防御技术中心	常倬林	自治区自然科学基金	2017 年

续表

序号	项目名称	承担单位	主持人	项目类型	立项时间
93	宁夏植被生态质量评价方法研究	宁夏气象科研所	赵慧	自治区自然科学基金	2018 年
94	致洪暴雨精准格点化识别预警技术研发及应用	宁夏气象台	邵建	自治区重点研发计划项目	2018 年
95	银川大气污染特点及污染来源的数值模拟研究	宁夏气候中心	孙银川	自治区重点研发计划项目	2018 年
96	宁东能源化工基地对银川大气环境影响及对策研究	宁夏气候中心	崔洋	自治区重点研发计划项目	2018 年
97	基于云计算与移动互联网的农用天气预报智能服务平台软件研发	宁夏气象服务中心	高国弘	自治区重点研发计划项目	2018 年
98	宁夏中南部山区马铃薯全程气象保障服务与灾害预警技术应用示范	宁夏气象科研所	张学艺	自治区科技惠民计划项目	2018 年
99	宁夏大气环境容量评估技术研究	宁夏气候中心	王岱	自治区自然科学基金	2019 年
100	盆栽灵武长枣促早栽培的需冷量和需热量研究	宁夏气象科研所	张磊	自治区自然科学基金	2019 年
101	宁夏灌区玉米苗期晚霜冻预报方法研究	宁夏气象科研所	马国飞	自治区自然科学基金	2019 年
102	宁夏六盘山区地面碘化银烟炉增雨雪作业条件研究	宁夏气象灾害防御技术中心	田磊	自治区自然科学基金	2019 年
103	基于银川多普勒雷达 PUP 产品解析的宁夏北部强对流天气气候特征研究	宁夏气象台	杨婧	自治区自然科学基金	2019 年
104	六盘山区地形云空中云水资源开发利用关键技术及应用示范	宁夏气象灾害防御技术中心	常倬林	自治区重点研发计划（科技支撑）项目	2019 年
105	基于多源遥感的枸杞水分和养分亏缺监测技术研究	宁夏气象科研所宁夏气象防灾减灾重点实验室	李剑萍	自治区重点研发计划（对外合作专项）一般项目	2019 年
106	银川都市圈臭氧污染成因及控制对策研究	宁夏气象科研所	刘建军	自治区重点研发计划（对外合作专项）	2019 年
107	基于 GIS 的贺兰山暴雨山洪灾害风险与影响区划研究	宁夏气候中心	左河疆	自治区自然科学基金	2020 年
108	基于茎流的干旱区酿酒葡萄蒸腾量估算模型	宁夏气象科研所	王静	自治区自然科学基金	2020 年
109	宁夏土壤水分对降水脉动的响应研究	宁夏气象科研所	闫伟兄	自治区自然科学基金	2020 年
110	六盘山区山地雾微物理结构特征研究	宁夏气象灾害防御技术中心	孙艳桥	自治区自然科学基金	2020 年
111	六盘山区空中云水资源反演模型建立及开发潜力研究	宁夏气象灾害防御技术中心	舒志亮	自治区自然科学基金	2020 年
112	宁夏夏季云降水概念模型及云水资源开发技术方法研究	宁夏气象灾害防御技术中心	穆建华	自治区自然科学基金	2020 年
113	膜下滴灌条件下宁夏干旱带压砂瓜最优灌溉制度试验研究	中卫市气象局	庞婷婷	自治区自然科学基金	2020 年
114	基于多源数据融合网格化土壤湿度的干旱动态损失评估技术研究	宁夏气象科研所	闫伟兄	自治区重点研发计划（自治区农业科技园区专项）项目	2020 年
115	基于智能网格预报的精细化地质灾害气象风险预警关键技术研究与应用	宁夏气象台	纪晓玲	自治区重点研发计划（科技支撑计划）项目	2020 年

表 12-5　1991 年以来宁夏气象部门获中国气象局科研项目统计

序号	项目名称	承担单位	主持人	项目类型	立项时间
1	利用 3＋网开进行数据通信建立地台实时资料收集处理	宁夏气象局	高　凯	西北基金	1991 年
2	贺兰山脉在宁夏北部地区暴雨形成中的作用的动力诊断分析及其在预报中的应用	宁夏气象科研所	吴岩峻	国家气象局气象科学研究（一般）项目	1992 年
3	用实时资料图形处理系统充实地区台汛期降水预报	石嘴山市气象局	高　峰	国家气象局气象科学研究（试验）项目	1992 年
4	研制银南地区台对所辖县站的一般性降水指导预报方法	吴忠市气象局	刘建军	国家气象局"短平快"项目	1992 年
5	小麦—地膜花生套种的农业气象试验研究	固原市气象局	杨维栋	国家气象局"短平快"项目	1992 年
6	高粱高产优质栽培技术农业气象条件研究	宁夏气象科研所	武万里	国家气象局"短平快"项目	1993 年
7	风能热水器	宁夏气象技术装备处	尹渝生	国家气象局"短平快"项目	1993 年
8	黄芪、党参、柴胡等中药材在南部山区的开发引种	同心县气象局	李子平	中国气象局科技扶贫项目	1994 年
9	宁夏南部山区春季干旱遥感灾害实时动态监测系统研究	宁夏气象台	陈晓光	中国气象局"短平快"项目	1994 年
10	宁夏春小麦全程气象服务系统	宁夏气象科研所	黄　峰	中国气象局"短平快"项目	1994 年
11	西吉县主要地形条件下胡麻、向日葵套种栽培措施	西吉县气象局	孙　俊	中国气象局短平快、振兴地方经济、科技扶贫项目	1995 年
12	宁夏新灌区气候资源的开发利用及农作物最佳布局研究	宁夏气象科研所	李凤霞 王连喜	中国气象局气象科学研究（一般）项目	1996 年
13	日本优质荞麦良种选纯及推广	盐池县气象局	任　玉 曲富强	中国气象局短平快、振兴地方经济、科技扶贫项目	1996 年
14	坡地马铃薯—地膜玉米间作蓄水保墒的农业气象栽培措施	西吉县气象局	孙　俊	中国气象局科技扶贫项目	1997 年
15	宁南山区覆膜穴播小麦增产技术的应用示范	宁夏气象科研所 固原市气象局	戴小笠	中国气象局科技扶贫项目	1997 年
16	高寒半干旱贫困山区花椒树的引种	隆德县气象局	喻荷渠	中国气象局科技扶贫项目	1997 年
17	陕甘宁老区干旱半干旱地区雨水集蓄技术研究	宁夏气象局	喻荷渠	中国气象局科技扶贫项目	1998 年
18	宁夏地区人体舒适度预报服务技术	银川市气象局	赵　杰	中国气象局气象科学研究（一般）项目	1999 年
19	甜高粱在陕甘宁半干旱地区的示范推广	中卫县气象局	张玉兰	中国气象局	2001 年
20	宁南山区膜侧种植技术的推广	宁夏气象科研所	戴小笠 周惠琴	中国气象局	2001 年
21	中国西部气候资源与农业气象灾害数据库	宁夏气象科研所	黄　峰	中国气象局	2001 年
22	宁南山区小麦膜侧种植技术的推广	宁夏气象防灾减灾重点实验室	戴小笠	中国气象局	2001 年
23	宁南山区中药材引种试验与推广	宁夏气象科研所	张晓煜	中国气象局	2002 年
24	中尺度数值预报模式和预报产品释用技术在宁夏新一代天气预报业务技术中的推广应用	宁夏气象科研所	陈晓光	中国气象局	2002 年

续表

序号	项目名称	承担单位	主持人	项目类型	立项时间
25	中药材引种及人工栽培	宁夏气象科研所	张晓煜	中国气象局	2002 年
26	宁夏沙尘暴监测预警服务系统研究	宁夏气象台	陈晓光	中国气象局	2003 年
27	宁夏沙尘暴热力、动力结构和预警方法研究	宁夏气象科研所	刘建军	中国气象局	2003 年
28	热干风对宁夏枸杞生理活性的影响成因及产品质量损失监测评估研究	宁夏气象科研所	刘 静	中国气象局	2004 年
29	宁南半干旱区中药材种植推广	宁夏气象科研所	张晓煜	中国气象局	2004 年
30	宁南山区干旱遥感监测及灾损评估方法研究	宁夏气象科研所	张晓煜	中国气象局	2005 年
31	基于遥感参数反演技术的农业气象灾害监测与评估	宁夏气象科研所	王连喜	中国气象局	2005 年
32	宁夏灌区春小麦节水灌溉试验示范	宁夏气象科研所	王连喜 张 磊	中国气象局重点支持省所科研项目	2007 年
33	西北地区精养鱼塘气象预报服务系统示范开发	宁夏气象科研所	刘玉兰	中国气象局新技术推广面上项目	2007 年
34	宁夏枸杞气象与病虫害防控全程气象服务技术	宁夏气象科研所	刘 静	中国气象局新技术推广（面上）	2007 年
35	气候变化对宁夏主要农作物及适应性影响研究（2 期）	宁夏气象科研所	刘 静	中国气象局气候变化专项	2007 年
36	基于天气系统识别的强冷空气爆发分析系统	宁夏气象台	胡文东	中国气象局预报员专项	2010 年
37	宁夏夏季强降水预报指标与概念模型研究	宁夏气象台	纪晓玲	中国气象局预报员专项	2011 年
38	基于 MICAPS 系统的宁夏中短期预报方法集成	宁夏气象台	胡文东	中国气象局气象关键技术集成与应用项目	2011 年
39	宁夏特色农业气象服务技术集成与应用	宁夏气象台	张 磊 卫建国	中国气象局气象关键技术集成与应用项目	2011 年
40	中国河套地区极端气候事件的气候变化特征研究及对策	宁夏气候中心	冯建民 郑广芬	中国气象局气候变化专项	2011 年
41	2011 年宁夏强对流天气过程分析总结	宁夏气象台	丁永红	中国气象局预报员专项	2012 年
42	宁夏大到暴雨监测预报指标研究与业务应用	宁夏气象台	胡文东	中国气象局预报员专项	2012 年
43	宁夏短临灾害性天气监测预警技术集成	宁夏气象台	纪晓玲	中国气象局气象关键技术集成与应用项目	2012 年
44	宁夏中部干旱带硒砂瓜气象监测预警服务技术	中卫市气象局	张玉兰	中国气象局气象关键技术集成与应用项目	2012 年
45	基于 GIS 的宁夏自然灾害风险评估与区划	宁夏气象科研所	李红英	中国气象局气候变化专项	2012 年
46	2012 年宁夏对流天气过程分析总结	宁夏气象台	丁永红	中国气象局预报员专项	2013 年
47	2012 年宁夏几次暴雨过程对比分析	宁夏气象台	贾宏元 陈豫英	中国气象局预报员专项	2013 年
48	宁夏平原雷暴出流触发对流监测预警技术集成	宁夏气象科研所	胡文东	中国气象局气象关键技术集成与应用项目	2013 年
49	风电功率预报系统优化技术集成与应用	宁夏气象服务中心	李剑萍	中国气象局气象关键技术集成与应用项目	2013 年

续表

序号	项目名称	承担单位	主持人	项目类型	立项时间
50	机场边界层风特性影响评估技术与示范	宁夏气候中心	桑建人 崔　洋	中国气象局气候变化专项	2013 年
51	2013 年宁夏不同强度风沙天气的热力动力条件分析	宁夏气象台	陈豫英	中国气象局预报员专项	2014 年
52	WRF 模式在宁夏强对流天气中的应用研究	宁夏气象台	杨　侃 穆建华	中国气象局预报员专项	2014 年
53	机场工程选址阶段气候论证评估技术集成	宁夏气候中心	崔　洋 孙银川	中国气象局气象关键技术集成与应用项目	2014 年
54	宁夏人工影响天气精细化条件预报系统集成	宁夏气象科研所	常倬林 胡文东	中国气象局气象关键技术集成与应用项目	2014 年
55	酿酒葡萄系列成果在气候品质认证上的集成	宁夏气象科研所	马力文 桑建人	中国气象局气象关键技术集成与应用项目	2014 年
56	气候变化对宁夏旱作农业的影响与适应对策	宁夏气象科研所	刘　静 张学艺	中国气象局气候变化专项	2014 年
57	基于代表站的行政村最高最低温度订正指标分析	宁夏气象台	杨有林	中国气象局预报员专项	2015 年
58	基于多模式预报产品检验的宁夏温度预报偏差订正技术方法	宁夏气象台	马金仁	中国气象局预报员专项	2015 年
59	影响宁夏的热带气旋远距离暴雨统计特征及物理概念模型研究	宁夏气象台	闫　军	中国气象局预报员专项	2015 年
60	宁夏精细化预报产品集成与推广应用	宁夏气象台	陈豫英	中国气象局气象关键技术集成与应用项目	2015 年
61	宁夏气象干旱监测与预测关键技术集成与应用	宁夏气候中心	郑广芬	中国气象局气象关键技术集成与应用项目	2015 年
62	气候变化对贺兰山东麓酿酒葡萄的影响评估	宁夏气象科研所	张晓煜 王　静	中国气象局气候变化专项	2015 年
63	0 到 12 小时逐小时精细化要素预报产品订正技术研究	宁夏气象台	陈豫英 何劲夫	中国气象局预报员专项	2016 年
64	2015 年宁夏大到暴雪天气成因及预报指标分析	宁夏气象台	贾宏元 晁　媛	中国气象局预报员专项	2016 年
65	宁夏马铃薯适应气候变化的节水抗旱技术研究	宁夏气象科研所	刘　静 李剑萍	中国气象局气候变化专项	2016 年
66	宁夏贺兰山沿山致洪极值暴雨综合分析	宁夏气象台	纪晓玲	中国气象局预报员专项	2017 年
67	气候变化及生态移民对六盘山国家自然保护区气候旅游资源的影响评估	宁夏气候中心	王素艳 郑广芬	中国气象局气候变化专项	2017 年
68	气候变化对宁夏贫困区马铃薯的影响与对策	宁夏气象科研所	马力文	中国气象局气候变化专项	2017 年
69	C 波段雷达快速循环同化技术在宁夏短临格点预报中的应用研究	宁夏气象台	杨　侃 毛　璐	中国气象局预报员专项	2018 年
70	贺兰山东麓极端暴雨的异常天气特征分析	宁夏气象台	陈豫英 刘鹏兵	中国气象局预报员专项	2018 年
71	基于动态最优的智能网格预报订正技术	宁夏气象台	张成军 李　强	中国气象局预报员专项	2018 年
72	宁夏生态移民区气候承载力评估研究	宁夏气候中心	李　欣 杨建玲	中国气象局气候变化专项	2018 年

续表

序号	项目名称	承担单位	主持人	项目类型	立项时间
73	基于国家局智能网格指导预报的宁夏 MOS 气温预报方法研究	宁夏气象台	杨 银	中国气象局预报员专项	2019 年
74	贺兰山东麓两次罕见特大暴雨的对比分析	宁夏气象台	陈豫英 杨 婧	中国气象局预报员专项	2019 年
75	风云四号 A 星卫星资料在宁夏强对流天气监测预警中的应用	宁夏气象台	邵 建	中国气象局预报员专项	2019 年
76	2018 年宁夏暴雨天气过程物理机制分析	银川市气象局	肖云清 何 泉	中国气象局预报员专项	2019 年
77	基于 CFS2.0 模式产品的西北地区东部月降水预测技术	宁夏气候中心	李 欣 郑广芬	中国气象局气象预报业务关键技术发展专项	2019 年
78	枸杞品质对宁夏气候变化的响应与适应对策	宁夏气象科研所	刘 静 孙银川	中国气象局气候变化专项	2019 年
79	极端天气指数在宁夏强降水预报中的应用研究	宁夏气象台	李 婷	中国气象局预报员专项	2020 年
80	2019 年宁夏连阴雨形成机制及预报研究	宁夏气象台	贾宏元	中国气象局预报员专项	2020 年
81	宁夏暴雨高频落点成因探究	宁夏气象台	丁永红	中国气象局预报员专项	2020 年
82	基于加密自动站的宁夏北部强对流天气分析	银川市气象局	朱海斌	中国气象局预报员专项	2020 年
83	西北地区东部冬季气温客观预测技术研究	宁夏气候中心	李 欣	中国气象局气象预报业务关键技术发展专项	2020 年
84	河套灌区复种制度推广的气候可行性研究	宁夏气象科研所	朱永宁	中国气象局气候变化专项	2020 年

二、科技成果转化应用

宁夏气象局在气象预报预测和公共气象服务方面开展深入研究,取得丰硕的科研成果,积极推动科技成果业务转化和应用,科研成果在气象业务中发挥重要科技支撑作用。2005 年以来,自主研究开发140 余项科技成果投入业务应用,见表 12-6。

表 12-6　1991 年以来宁夏气象部门投入业务应用科技成果统计

序号	成果名称	成果完成单位	投入业务应用时间
1	宁夏枸杞产量预测与品质气象评价技术	宁夏气象科研所	2005 年
2	气象要素五点推算方法	宁夏气象科研所	2005 年
3	宁夏气候资源空间分布图	宁夏气象科研所	2005 年
4	无资料地区气候资料的小网格订正方法	宁夏气象科研所	2005 年
5	Z 文件处理软件	宁夏气象信息中心	2006 年
6	枸杞黑果病爆发流行的农业气象指标及预报技术	宁夏气象科研所	2007 年
7	宁夏枸杞干热害发生气象指标与监测评估技术	宁夏气象科研所	2008 年
8	宁夏枸杞气象与病虫害防控全程气象服务技术	宁夏气象科研所	2008 年
9	基于 MODIS 数据的 PDI、MPDI 算法模型	宁夏气象科研所	2008 年
10	基于 TVDI 的春小麦干旱灾损评估模型	宁夏气象科研所	2008 年
11	基于 MODIS 数据宁夏主要地物遥感识别技术	宁夏气象科研所	2008 年
12	基于 MODIS 数据温度植被指数(TVDI)和能量指数的干旱监测模型	宁夏气象科研所	2008 年
13	干旱、小麦干热风、水稻低温冷害监测预警与灾害损失评估技术	宁夏气象科研所	2009 年
14	中国天气网宁夏站支撑程序	宁夏气象服务中心	2010 年

续表

序号	成果名称	成果完成单位	投入业务应用时间
15	宁夏人工影响天气信息管理系统	宁夏人影中心	2011 年
16	宁夏精细化暴雨洪涝灾害风险普查数据库的建立及致灾阈值研制（2018 年版）	宁夏气候中心	2012 年
17	宁夏水利厅气象信息共享平台	宁夏气象服务中心	2012 年
18	气候变化背景下宁夏中部干旱带节水型高效农业综合实用技术	宁夏气象科研所	2012 年
19	双通道微波辐射计人影作业指标	宁夏人影中心	2012 年
20	宁夏短时强降水预报指标及概念模型（2013 年版）	宁夏气象台	2013 年
21	宁夏冬春季气温异常的物理概念预测模型	宁夏气候中心	2013 年
22	eastfax 电子传真系统	宁夏气象服务中心	2013 年
23	宁夏森林火险监测预警系统	宁夏气象服务中心	2013 年
24	配料法在宁夏强降水落区预报中的应用技术	宁夏气象台	2014 年
25	宁夏极端气候事件监测预警业务平台（2014 年版）	宁夏气候中心	2014 年
26	宁夏绿色建筑气候资源精细化评估技术	宁夏气候中心	2014 年
27	宁夏地面基础气象资料服务平台	宁夏气象信息中心	2014 年
28	层状云、混合云降水宏观水汽、液水条件特征（2014 年版）	宁夏人影中心	2014 年
29	宁夏空中云水资源时空分布特征及开发利用潜力结论（2014 年版）	宁夏人影中心	2014 年
30	宁夏人工影响天气精细化条件预报系统（2014 年版）	宁夏人影中心	2014 年
31	宁夏预报产品综合显示系统	宁夏气象台	2015 年
32	宁夏智能化集约化天气预报业务系统（2018 年版）	宁夏气象台	2015 年
33	宁夏中尺度天气分析技术（2015 年版）	宁夏气象台	2015 年
34	基于动态检验的多模式集成预报技术（2015 年版）	宁夏气象台	2015 年
35	月内强降水过程趋势预测系统	宁夏气候中心	2015 年
36	宁夏气象高清视频发布网	宁夏气象服务中心	2015 年
37	宁夏自动站实时数据质量控制与评估系统（2015 年版）	宁夏气象信息中心	2015 年
38	地温传感器现场校准通道切换电路研制	宁夏大气探测技术保障中心	2015 年
39	宁夏干旱半干旱区高产杂交谷子农业气象适用技术	宁夏气象科研所	2015 年
40	宁夏张杂谷种植的适宜气候区划	宁夏气象科研所	2015 年
41	DSSAT 水稻生长模型模拟、低温冷害、适宜育秧期农业气象预评估技术	宁夏气象科研所	2015 年
42	山区引种高优杂交谷子气象保障服务技术	宁夏气象科研所	2015 年
43	酿酒葡萄气候品质认证指标和技术、认证流程	宁夏气象科研所	2015 年
44	枸杞炭疽病发生气象等级指标和评估方法	宁夏气象科研所	2015 年
45	枸杞农业气象观测规范标准	宁夏气象科研所	2015 年
46	基于 CERES 的宁夏空中云水资源特征及其可利用性研究	宁夏人影中心	2015 年
47	宁夏暴雪天气成因分析及预报指标研究（2016 年版）	宁夏气象台	2016 年
48	宁夏天气预报质量综合检验评估系统（2016 年版）	宁夏气象台	2016 年
49	基于代表站的村镇精细化温度预报订正指标	吴忠市气象局	2016 年
50	气象干旱监测与预测业务系统（2016 年版）	宁夏气候中心	2016 年
51	宁夏气象灾害信息管理及风险评估系统（2018 年版）	宁夏气候中心	2016 年
52	宁夏气象门户网支撑程序	宁夏气象服务中心	2016 年
53	宁夏专业气象服务网	宁夏气象服务中心	2016 年
54	宁夏多源自动气象观测数据文件自动归档管理系统	宁夏气象信息中心	2016 年
55	宁夏气象观测站网信息管理系统（2016 年版）	宁夏气象信息中心	2016 年
56	宁夏县级综合气象业务服务系统（2016 年版）	宁夏气象信息中心	2016 年
57	国家级自动站小时数据自动检索上传	宁夏气象信息中心	2016 年
58	西北区域气象计量检定实验室量值比对	宁夏大气探测技术保障中心	2016 年
59	日光温室棚内最低气温预报技术	宁夏气象科研所	2016 年

续表

序号	成果名称	成果完成单位	投入业务应用时间
60	气候变化对宁夏旱作农业的影响与适应对策	宁夏气象科研所	2016 年
61	马铃薯需水量估算方法及灌溉定额方案	宁夏气象科研所	2016 年
62	枸杞气候品质评价方法及论证技术	宁夏气象科研所	2016 年
63	基于多普勒雷达的对流云火箭增雨、防雹作业用弹量	宁夏人影中心	2016 年
64	宁夏人影作业条件分析预报平台	宁夏人影中心	2016 年
65	宁夏人工影响天气信息的可视化系统	宁夏人影中心	2016 年
66	利用多普勒雷达定量估算层状云降水效率(2016 年版)	宁夏人影中心	2016 年
67	银川市城市气象灾害影响预报及风险评估系统	银川市气象局	2016 年
68	基于光流法的 0～2 小时降水格点预报系统	宁夏气象台	2017 年
69	雷达外推预报与数值预报融合应用技术(2017 年版)	宁夏气象台	2017 年
70	未来 11～30 天逐日降水滚动预测技术(2018 年版)	宁夏气候中心	2017 年
71	气候客观预测产品检验评估系统(2017 年版)	宁夏气候中心	2017 年
72	西北地区东部降水气候预测系统	宁夏气候中心 南京信息工程大学 宁夏气象科研所 西北区域气候中心 中国海洋大学	2017 年
73	智能化气候监测评价业务系统 V1.0(2018 年版)	宁夏气候中心	2017 年
74	LED 电子显示屏气象信息显示系统	宁夏气象服务中心	2017 年
75	基于地理信息的 3D 图像动画自动生成技术研究	宁夏气象服务中心	2017 年
76	宁夏智能化公共气象服务产品综合发布系统(2017 年版)	宁夏气象服务中心	2017 年
77	"致富宝"APP	宁夏气象服务中心	2017 年
78	宁夏专业气象服务短信平台	宁夏气象服务中心	2017 年
79	宁夏气象云服务网	宁夏气象服务中心	2017 年
80	宁夏微天气——气象微信公众号服务平台	宁夏气象服务中心	2017 年
81	大屏幕一体机气象信息多媒体展示系统	宁夏气象服务中心	2017 年
82	宁夏气象助力精准脱贫服务短信发布系统	宁夏气象服务中心	2017 年
83	宁夏气象综合数据库(2017 年版)	宁夏气象信息中心	2017 年
84	宁夏气象数据存储规范(2017 年版)	宁夏气象信息中心	2017 年
85	宁夏气象综合数据库管理系统(2017 年版)	宁夏气象信息中心 成都淞幸科技有限责任公司	2017 年
86	宁夏基础气象观测数据智能化分析应用系统(2017 年版)	宁夏气象信息中心 兰州大方电子有限责任公司	2017 年
87	DB64/T 1509—2017 数字式温湿度表校准规范	宁夏大气探测技术保障中心	2017 年
88	区域气象站运行监控与资料分析系统(2017 年版)	宁夏大气探测技术保障中心	2017 年
89	宁夏马铃薯适应气候变化节水抗旱技术	宁夏气象科研所	2017 年
90	土壤相对湿度的农业干旱等级划分指标(壤土)	宁夏气象科研所	2017 年
91	农事活动气象适宜等级指标(水稻移栽期、收获、晾晒、施肥;玉米收获、晾晒;冬小麦播种、返青期施肥、收获、晾晒)	宁夏气象科研所	2017 年
92	适宜播种期、收获期指标(旱直播稻适宜播种期、灌区春小麦适宜播种期、冬小麦适宜收获期)	宁夏气象科研所	2017 年
93	粮食作物病虫害发生气象等级指标(春小麦蚜虫、春小麦条锈病、冬小麦蚜虫)	宁夏气象科研所	2017 年
94	春小麦黄矮病发生程度判别指数计算方法及危害等级指标	宁夏气象科研所	2017 年
95	粮食作物气象灾害等级指标(①水稻苗期低温冷害;②年度低温冷害;③玉米苗期霜冻;④玉米高温热害;⑤小麦干热风。)	宁夏气象科研所	2017 年

续表

序号	成果名称	成果完成单位	投入业务应用时间
96	水稻孕穗—抽穗扬花期障碍性低温冷害风险等级	宁夏气象科研所	2017 年
97	基于雷达、数值模式资料的防雹指标(2017 年版)	宁夏人影中心	2017 年
98	利用 MODIS 数据反演云物理参数评估宁夏人工增雨效果及潜力	宁夏人影中心	2017 年
99	宁夏大气水汽、液态水特征及相关指标(2017 年版)	宁夏人影中心	2017 年
100	宁夏黄土丘陵区高炮人工防雹作业指标(2017 年版)	宁夏人影中心	2017 年
101	"气象助力闽宁脱贫"微信平台	银川市气象局	2017 年
102	酿酒葡萄气候品质认证与溯源试点服务系统	银川市气象局	2017 年
103	银川市空气污染气象条件预报平台	银川市气象局	2017 年
104	11～30 天逐日滚动气温格点精细化预报产品	宁夏气象台 宁夏气候中心	2018 年
105	气候变化及生态移民对六盘山国家自然保护区气候旅游资源的影响评估技术	宁夏气候中心	2018 年
106	气候可行性论证规范 机场工程气象参数统计(QX/T 424—2018)	宁夏气候中心	2018 年
107	气象预报数据在电视天气预报节目中的自动转换与开发	宁夏气象服务中心	2018 年
108	公众和决策短信智能化自动生成技术研究	宁夏气象服务中心	2018 年
109	专业气象服务行业指标体系研究	宁夏气象服务中心	2018 年
110	宁夏气象雷达监测图像显示系统	宁夏气象服务中心	2018 年
111	宁夏突发事件预警信息发布系统(2018 年版)	宁夏气象服务中心	2018 年
112	宁夏预警信息发布业务实时监控平台(2018 年版)	宁夏气象服务中心	2018 年
113	宁东环境气象服务与空气质量预报系统	宁夏气象服务中心	2018 年
114	宁夏综合气象信息共享与管理系统(2018 年版)	宁夏气象信息中心	2018 年
115	地面自动气象观测数据交换格式规则	宁夏气象信息中心	2018 年
116	宁夏气象基础数据传输监控系统(2018 年版)	宁夏气象信息中心	2018 年
117	宁夏气象信息通信业务运维支持系统	宁夏气象信息中心	2018 年
118	宁夏气象服务图形化产品色标标准	宁夏气象信息中心	2018 年
119	宁夏气象标准化图形接口	宁夏气象信息中心	2018 年
120	国家级新型自动气象站故障隐患识别与分析系统(2018 年版)	宁夏大气探测技术保障中心	2018 年
121	新一代天气雷达故障智能化诊断系统(2018 年版)	宁夏大气探测技术保障中心	2018 年
122	宁夏国家级台站总云量识别系统(2018 年版)	宁夏大气探测技术保障中心	2018 年
123	新一代天气雷达(CINRAD/CA)远程控制系统(2018 年版)	宁夏大气探测技术保障中心	2018 年
124	基于 MODIS 的宁夏小麦精细化遥感估产技术	宁夏气象科研所	2018 年
125	酿酒葡萄晚霜冻指标(2018 年版)	宁夏气象科研所	2018 年
126	酿酒葡萄农业气象服务技术(2018 年版)	宁夏气象科研所	2018 年
127	果园霜冻防御技术	宁夏气象科研所	2018 年
128	马铃薯适应气候变化的适宜播期及种植密度	宁夏气象科研所	2018 年
129	宁夏玉米发育期气象条件相似年型计算方法	宁夏气象科研所	2018 年
130	玉米秃尖发生气象等级指标(2018 年版)	宁夏气象科研所	2018 年
131	灾害区划技术(①玉米霜冻;②小麦干热风;③水稻冷害;④农业干旱;⑤枸杞黑果病;⑥葡萄冻害。)	宁夏气象科研所	2018 年
132	气候区划技术(玉米、长枣、春小麦、冬小麦、设施农业、枸杞、苹果、压砂瓜、苜蓿、水稻)	宁夏气象科研所	2018 年
133	宁夏智能化农业气象业务服务平台(2018 年版)	宁夏气象科研所	2018 年
134	气象仪器装备数据库	宁夏大气探测技术保障中心	2019 年
135	固原市冷凉蔬菜(辣椒)气象服务指标	固原市气象局	2019 年
136	基于 DERF2.0 的宁夏月内重要过程趋势预测系统	宁夏气候中心	2020 年
137	贺兰山东麓酿酒葡萄分布遥感解译方法	宁夏气象科研所	2020 年

续表

序号	成果名称	成果完成单位	投入业务应用时间
138	贺兰山东麓酿酒葡萄适宜埋土期预报方法	银川市气象局	2020 年
139	基于云反演产品的中部干旱带夏季层状云飞机增雨作业指标	宁夏气象灾害防御技术中心	2020 年
140	助力闽宁精准脱贫气象服务网	宁夏气象服务中心	2020 年

图 12-5　2012 年,气象科研所建设果树防霜试验示范基地

三、科技著作

1991 年以来,宁夏气象科技工作者依托科研项目研究成果,先后出版科技论著 8 部(表 12-7),推动了宁夏气象现代化发展和气象科技水平的提高,为宁夏气象工作提供科技支撑。

表 12-7　1991 年以来宁夏气象科技工作者出版的科技论著统计

序号	著作名称	第一作者	第一作者单位	出版社	出版时间
1	中国北方酿酒葡萄生态区划	张晓煜	宁夏气象科研所	气象出版社	2014 年
2	北方果园防霜技术手册	张晓煜	宁夏气象科研所	中国农业出版社	2015 年
3	北方果园霜冻防御	张晓煜	宁夏气象科研所	气象出版社	2015 年
4	宁夏空气质量状况及其预测预报	刘玉兰	银川市气象局	阳光出版社	2015 年
5	枸杞气象业务服务	马力文	宁夏气象科研所	气象出版社	2017 年
6	西北人影研究(第三辑)	桑建人	宁夏气象灾害防御技术中心	气象出版社	2020 年
7	宁夏张杂谷种植农业气象适用技术手册	刘　静	宁夏气象科研所	气象出版社	2020 年
8	中国西北地区东部汛期降水异常成因及预测研究	王鹏祥	宁夏气候中心	气象出版社	2020 年

四、科技论文

1991 年以来,宁夏气象部门科技业务人员共发表论文近 2000 篇,其中 SCI/SCIE/EI 发表论文 5 篇(表 12-8),国内核心期刊发表论文 410 余篇,国内公开期刊发表论文 1500 余篇。

表 12-8　1991 年以来宁夏气象科技工作者发表的 SCI/SCIE/EI 论文统计

序号	论文名称	主要作者	第一作者所在单位	刊登期刊	期刊级别	发表时间
1	我国北方高酸苹果综合品质评价	李红英,张磊,张晓煜,曹宁	中国气象局旱区特色农业气象灾害监测预警与风险管理重点实验室、宁夏气象防灾减灾重点实验室	食品科学	EI 收录国内期刊	2017 年

续表

序号	论文名称	主要作者	第一作者所在单位	刊登期刊	期刊级别	发表时间
2	Transformation of Rainfall(Aug 6,2018) characteristics in Yinchuan city(银川市降雨特征变化分析)	LI H Y,SHEN Z Z,YU G Q（李红英,申震州,于国强）	宁夏气象科研所	Earth and Environmental Science（地球与环境科学）	EI 收录国外期刊	2019 年
3	Concurrent droughts and hot extremes in Northwest China from 1961 to 201(1961—2017 年西北复合型暖干事件变化)	LI Xin,YOU Qinglong,REN Guoyu,WANG Suyan,ZHANG Yuqing（李欣,游庆龙,任国玉,王素艳,张余庆）	宁夏气候中心	International Journal of Climatology（国际气候学杂志）	SCI（SCIE）收录国外期刊	2019 年
4	基于危害积温的枸杞花期霜冻指标试验	朱永宁,张 磊,马国飞,徐蕊,李芳红,段晓凤	宁夏气象科研所	农业工程学报	EI 收录国内期刊	2020 年
5	Global warming effects on climate zones for wine grape in Ningxia region（全球变暖对宁夏酿酒葡萄气候带的影响）	WANG Jing,ZHANG Xiaoyu,SU Long,LI Hongying,ZHANG Lei,WEI Jianguo（王静,张晓煜,苏龙,李红英,张磊,卫建国）	宁夏气象科研所	Theoretical and Applied Climatology（理论与应用气候学）	SCI（SCIE）收录国外期刊	2020 年

五、专利

1991 年以来,依托各类科研项目,宁夏气象科技工作者共获得专利 11 项,见表 12-9。

表 12-9　1991 年以来宁夏气象部门获得的专利统计

序号	专利名称	专利类型	专利号	专利权人	发明(设计)人	获得时间
1	果园防霜烟雾弹及其制造	发明专利	2014100233001	张晓煜	张晓煜,张学云,许夕恕,张磊,李红英	2014 年
2	野外霜冻试验箱	实用新型专利	ZL 2015 2 0897395.X	宁夏气象科研所	张晓煜,张学云,张磊,李红英,王静,马国飞	2015 年
3	一种雷达智能化远程控制系统	实用新型专利	ZL 2018 2 0813811.7	宁夏大气探测技术保障中心	荀家宝,左湘文,胡斌,肖建辉,刘青松	2018 年
4	一种烟弹引火线点火装置	实用新型专利	ZL 2018 2 1577406.6	宁夏气象科研所	卫建国,王昕雨,李红英,刘文毫,张晓煜,刘俊芃,王静	2018 年
5	一种远程防霜点火控制装置	实用新型专利	ZL 2018 2 1682334.1	宁夏气象科研所	卫建国,王昕雨,张晓煜,刘文毫,李红英,刘俊芃,王静	2018 年
6	一种地温传感器现场校准通道切换电路系统	实用新型专利	ZL 2019 2 1144414.6	宁夏大气探测技术保障中心	王少辉,黄玉学,薛筝筝,张红英,孙嘉楠	2019 年
7	一种果园防霜辅助加热及引燃装置	实用新型专利	ZL 2019 2 1104505.7	宁夏气象科研所	李红英,卫建国,张晓煜,王昕雨,王静,刘文毫	2019 年
8	一种果园防霜机远程运行控制装置	实用新型专利	ZL 2019 2 0552970.0	宁夏气象科研所	张晓煜,卫建国,王昕雨,王静,刘俊梵,李红英,刘文毫	2019 年
9	一种自动气象站数据智能解析仪	实用新型专利	ZL 2020 2 0595539.7	宁夏大气探测技术保障中心	黄玉学,张红英,薛筝筝,王少辉,宫军	2020 年
10	液氮降温的霜冻模拟自动记录控制器	实用新型专利	ZL 2020 2 1058582.6	宁夏气象科研所	卫建国,张晓煜,李红英,马宁,段晓凤,王静	2020 年
11	一种基于液氮降温控制的便携式霜冻试验箱	实用新型专利	ZL 2020 2 1059577.7	宁夏气象科研所	卫建国,张晓煜,王静,马宁,张磊,李红英,段晓凤,崔巍,陈增境,李新庆	2020 年

六、科技奖励

1991 年以来，宁夏气象部门获得国家级科技奖励 2 项（表 12-10）、省部级科技奖励 38 项，见表 12-11 和表 12-12。1996 年，宁夏气象研究所科研项目获得国家科技进步奖二等奖，见图 12-6。2013 年，宁夏气象局科研项目获得国家科学技术进步奖二等奖，见图 12-7。

表 12-10　1991 年以来宁夏气象部门获国家级科技奖励统计

授奖时间	项目名称	获奖等级	获奖单位
1996 年	小麦黄矮病冬春麦区间流行关系及春麦区流行趋势预测的研究	国家科技进步二等奖	宁夏气象科研所
2013 年	中国西北干旱气象灾害监测预警及减灾技术	国家科技进步二等奖	宁夏气象局

表 12-11　1991 年以来宁夏气象部门获省部级科技奖励统计（第一完成单位）

授奖时间	项目名称	获奖等级	主持人
1992 年	牧草农业气象条件鉴定	自治区科技进步三等奖	董永祥
1994 年	宁夏灾害性天气预报专家系统	自治区科技进步三等奖	李文源
1994 年	宁夏冰雹同位素氘的分析	自治区科技进步三等奖	陈玉山
1994 年	甜菜地膜覆盖的小气候效应	自治区科技进步四等奖	李凤霞
1996 年	宁夏夏季降水性层状云微物理过程数值模拟	自治区科技进步三等奖	牛生杰
1996 年	2Y-II 型机载碘化银播撒器的改进	自治区科技进步三等奖	陈玉山
1996 年	宁夏农业产量气象预报和服务方法的研究	自治区科技进步四等奖	董永祥
1998 年	宁夏灾害性天气综合预测预报（中、短期）技术	自治区科技进步二等奖	吴岩峻
1999 年	人工增雨优化作业技术方法研究	自治区科技进步二等奖	牛生杰
2001 年	银川市空气污染预报方法的研究	自治区科技进步三等奖	桑建人
2002 年	宁夏农业综合开发惠农节水示范区节水农业试验与示范	自治区科技进步二等奖	王连喜
2003 年	气象 3S 技术在宁夏农业中的应用研究	自治区科技进步三等奖	赵光平
2003 年	宁夏主要农业气象灾害监测与灾损评估研究	自治区科技进步三等奖	刘　静
2005 年	宁夏移民迁出区退耕还林的气候模拟与分析	自治区科技进步三等奖	王连喜
2005 年	宁夏强沙尘暴成灾机理、控灾对策研究	自治区科技进步二等奖	赵光平
2005 年	中尺度数值预报模式和预报产品释用技术在宁夏新一代天气预报业务技术中的推广应用	自治区科技进步三等奖	陈晓光
2005 年	宁夏枸杞高产优质的气候形成机理及区划研究	气象科技研究开发科技进步二等奖	刘　静
2006 年	贺兰山地区沙尘暴热力动力结构和预警方法研究	自治区科技进步三等奖	王连喜
2006 年	我区暴雨型地质灾害风险预报研究	自治区科技进步三等奖	赵光平
2007 年	太阳能综合利用技术研究与开发	自治区科技进步三等奖	桑建人
2008 年	基于遥感参数反演技术的农业气象灾害监测与评估	自治区科技进步三等奖	李剑萍
2008 年	贺兰山东麓优质酿酒葡萄气候形成机理及小气候调控	自治区科技进步三等奖	张晓煜
2008 年	宁夏精细化气象要素预报业务系统	自治区科技进步三等奖	赵光平
2009 年	宁夏干旱发生发展突变分析及预测技术研究	自治区科技进步二等奖	冯建民
2010 年	宁夏气候对全球气候变化的响应及其机制	自治区科技进步三等奖	陈晓光
2011 年	西北地区东部沙尘暴转型重大机理研究	自治区科技进步三等奖	赵光平
2012 年	气候变化背景下宁夏干旱监测预警系统研究	自治区科技进步三等奖	张晓煜
2016 年	宁夏灰霾天气形成机理、预报预测及防治对策	自治区科技进步三等奖	桑建人
2016 年	中国北方果树霜冻灾害防御关键技术研究与应用	自治区科技进步三等奖	张晓煜
2016 年	基于 GIS 的中国北方酿酒葡萄生态区划	自治区科技进步三等奖	张晓煜
2016 年	北方果树（苹果、梨、桃、杏、李子）霜冻灾害防御关键技术研究与应用	气象科学技术进步成果二等奖	张晓煜
2018 年	宁夏干旱半干旱区高产杂交谷子引种农业气象适用技术示范推广	气象科学技术进步成果二等奖	刘　静

表 12-12　1991 年以来宁夏气象部门获省部级科技奖励统计(合作单位)

授奖时间	项目名称	获奖等级	获奖单位或获奖人
2010 年	西北区域干旱监测预警评估业务系统	甘肃省科技进步二等奖	宁夏气象局
2012 年	宁夏适应气候变化的农业开发技术集成研究与示范	自治区科技进步二等奖	刘　静
2013 年	西北极端干旱事件个例库及干旱指标数据集	甘肃省科技进步二等奖	郑广芬
2016 年	压砂瓜水肥高效利用及压砂地持续利用研究与集成示范	自治区科技进步一等奖	张晓煜
2019 年	脆弱生态修复人工增雨立体作业体系及应用研究	甘肃省科技进步三等奖	宁夏气象灾害防御技术中心
2020 年	宁夏苜蓿优质高产关键技术研究与示范	自治区科技进步二等奖	宁夏气象科研所

图 12-6　1996 年,宁夏气象研究所科研
项目获得国家科技进步奖二等奖

图 12-7　2013 年,宁夏气象局科研项目
获得国家科学技术进步奖二等奖

第三节　气象学会

一、学会理事会

宁夏气象学会成立于 1978 年 7 月 6 日,业务主管单位为自治区科协。宁夏气象学会原挂靠宁夏气象局科技预报处,现挂靠宁夏气象科研所。主要业务范围包括理论政策研究、学术经验交流、技术培训、科普宣传咨询等方面。在学会理事会和宁夏气象局党组领导下,宁夏气象学会不断加强学会自身建设,加强与各理事单位、团体会员单位沟通,理顺内外部关系,扩大理事单位范围,组织发展新会员。按照自治区科协和自治区民政厅社会组织管理局要求每年定期进行年度检查等。

(一)理事会

1. 第七届理事会(2009 年 11 月—2015 年 4 月)

2009 年 11 月 9 日,宁夏气象学会第七次会员代表大会在银川召开,选举产生了第七届理事会,共产生理事 41 人,常务理事 15 人。

理事长:冯建民

副理事长:刘建军　黄　峰

秘书长:张玉林

副秘书长:赵子尧　刘　梅

2. 第八届理事会(2015 年 4 月—2020 年 6 月)

2015 年 4 月 28 日,宁夏气象学会第八次会员代表大会召开,选举产生第八届理事会,共产生理事 42 人,常务理事 21 人。

理事长:王建林

副理事长:黄　峰　彭维耿(民航宁夏空管分局气象台台长)

秘书长:曲富强

(二)组织建设

为加强学会组织机构和制度建设,2017 年 11 月,学会秘书处秘书长专职化并聘任专职学会秘书 1名,使学会工作运行更加顺畅,为更好地开展助力创新、调研、承接政府职能方面工作打下基础。

为规范宁夏气象学会会员管理,更好地为会员服务,按照学会章程,2017 年 8 月,学会秘书处开展宁夏气象学会会员入会(重新注册登记)工作,新增个人会员 21 人。

2015 年至 2019 年,每年按照自治区民政厅对社团管理要求,主动向主管部门自治区科协、自治区民政厅及税务部门提交《年度检查报告书》和《财务审计报告》等,认真做好审定年检工作。按时完成各种年度报表资料统计工作和工作总结、工作计划上报工作,在内部建构、财务会计管理、会员管理及业务活动等方面得到审核部门认可。

2016 年 11 月,制定《宁夏气象学会会费收取标准及管理规定(试行)》《宁夏气象学会气象科学优秀学术论文奖励办法》;2017 年 12 月,修订完善《宁夏气象学会常务理事会议事规则》《宁夏气象学会财务管理办法》《宁夏气象学会会员和理事管理暂行办法》;2018 年年底,制定《宁夏回族自治区气象学会文件、印章管理办法》,修订完善《宁夏回族自治区气象学会科技奖励管理办法(试行)》。

2017 年,学会建立专家库,组织专家开展优秀学术论文推荐评选、优秀咨询报告评选、项目咨询论证等。按照自治区科协要求,进行气象助力精准脱贫专家、团队登记,上报登记专家 12 人,服务团队 14 个。

第八届理事会围绕自治区经济建设、气象科技进步和气象现代化建设,开展各种富有成效的活动,取得一定成绩,得到自治区科协和各有关单位好评。宁夏气象学会被中国科协评为"2015 年全国科普日特色活动组织单位""2017 年全国科普日活动优秀组织单位""2018 年全国科普日活动优秀组织单位","气象科学大讲堂"获 2018 年全国科普日优秀活动。宁夏气象学会获 2016 年度"自治区先进学会",2 人分获2017 年度、2019 年度自治区科协"优秀学会工作者"。

二、学术活动

2015 年至 2019 年,共举办各种形式学术报告会 80 余场次,听众累计 4000 余人次,其中国家级学术活动 2 次,区域性学术活动 10 次,院士报告会 1 次。学术报告会内容涉及气象各学科、国际国内学术前沿、气象科学发展和业务应用。完成自治区科协学术交流项目见表 12-13,完成自治区科协调研课题统计见表 12-14。2011 年,李泽椿院士在宁夏气象局做学术报告,见图 12-8。2016 年,宁夏气象局与 IBM 天气公司交流,见图 12-9。

表 12-13　完成自治区科协学术交流项目

时间	项目名称	完成单位
2016 年 9 月	全国特色农业气象灾害监测预警及风险管理学术交流会	宁夏防灾减灾重点实验室 宁夏气象科研所
2018 年 11 月	枸杞气象研究与服务技术研讨会	宁夏气象科研所
2019 年 9 月	六盘山扶贫区地形云空中云水资源开发利用学术交流会	宁夏人工影响天气中心

表 12-14　完成自治区科协调研课题统计

时间	题目	完成人
2016 年 11 月	贺兰山东麓酿酒葡萄产业中存在的气象问题及对策建议	张晓煜
2018 年 10 月	改革气象服务供给助力乡村振兴战略	张玉兰
2019 年 10 月	完善气象及相关预警信息发布传播联动机制提升农村防控自然灾害风险	张玉兰

三、论文评奖

组织开展 2016、2017、2018 年度宁夏气象科学优秀学术论文评选活动。2016 年评选出二等奖 22

篇,三等奖 37 篇(一等奖空缺);2017 年评选出二等奖 13 篇,三等奖 11 篇(一等奖空缺);2018 年评选出二等奖 10 篇,三等奖 13 篇(一等奖空缺),见表 12-15。

表 12-15　宁夏自然科学优秀论文评选获奖情况

获奖时间	论文题目	获奖等级	第一作者
2015 年	西北通用机场选址气候论证关键评估指标研究	一等奖	崔　洋
2015 年	基于 CI 指数的宁夏干旱致灾因子特征指标分析	二等奖	李红英
2015 年	银川地区大气水汽、云液态水含量特征的初步分析	二等奖	田　磊
2015 年	西北地区东部季节干旱的时空变化特征分析	三等奖	杨建玲
2015 年	基于 GIS 的中国北方酿酒葡萄歌海娜生态适宜性区划	三等奖	王　静
2015 年	银川市大气污染物浓度变化特征及其与气象条件的关系	三等奖	严晓瑜
2017 年	热带印度洋海温与西北地区东部降水关系研究	一等奖	杨建玲
2017 年	宁夏西吉两次诱发地质灾害的极值暴雨对比分析	二等奖	纪晓玲
2017 年	宁夏贺兰山东麓酿酒葡萄成熟采收期气候资源变化及对葡萄品质的影响	二等奖	郑广芬
2017 年	宁夏中部干旱带降水渗透深度预测模型研究	三等奖	李红英
2017 年	气候变暖对宁夏贺兰山东麓酿酒葡萄热量资源及冷冻害的影响分析	三等奖	王素艳
2017 年	热力作用对宁夏不同强度沙尘天气的影响	三等奖	陈豫英
2017 年	宁夏枸杞蚜虫发生规律及其气象等级预报	三等奖	刘　静
2019 年	银川地区大气颗粒物输送路径及潜在源区分析	二等奖	严晓瑜
2019 年	基于雷达回波强度面积谱识别降水云类型	二等奖	杨有林
2019 年	贺兰山东麓罕见特大暴雨的预报偏差和可预报性分析	三等奖	陈豫英

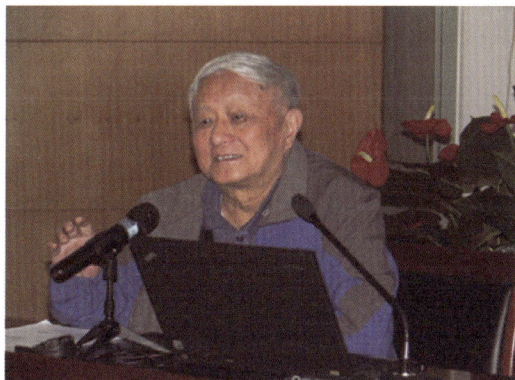

图 12-8　2011 年,李泽椿院士在
宁夏气象局做学术报告

图 12-9　2016 年,宁夏气象局与
IBM 天气公司交流

组织第三批、第四批(2018、2019 年)"宁夏青年科技人才托举工程"人选推荐工作,共有 6 人入选。

崔洋荣获第十五届(2017 年)宁夏青年科技奖。刘静入选第二届(2017 年)宁夏最美科技人。李红英荣获第十六届(2018 年)宁夏青年科技奖。

2016 年 4 月,宁夏气象科研所荣获自治区"十二五全民科学素质实施工作先进单位",丁永红荣获自治区"十二五全民科学素质实施工作先进个人"。

宁夏气象学会推荐的"北方果树(苹果、梨、桃、杏、李子)霜冻灾害防御关键技术研究与应用"项目获得中国气象学会 2016 年度气象科学技术进步成果二等奖。

2018 年 12 月,杨侃、李欣荣获"第九届全国优秀青年气象科技工作者"称号。

2018 年,银川市气象局被评为中国气象学会第十届全国气象科普工作先进集体;柴媛被评为中国气象学会第十届全国气象科普工作先进工作者。

"宁夏干旱半干旱区高产杂交谷子引种农业气象适用技术示范推广"项目获得中国气象学会 2018 年

度气象科学技术进步成果二等奖。

推选 3 名选手参加由自治区科技厅、自治区科协主办的"2018 年宁夏科普讲解大赛",分获一二三等奖,其中 1 名选手代表宁夏参加 2018 年全国科普讲解大赛获优秀奖。

在由宁夏科协主办的"典赞·2018 科普宁夏"年度评选活动中,"宁夏气象局'小小减灾官'西北赛区活动"被评为"2018 宁夏科学场馆优秀科普活动";"宁夏天气"被评为"2018 宁夏优秀科学传播自媒体"。

四、科普工作

2015 年至 2019 年,每年利用"3·23 世界气象日""5·12 防灾减灾日""全国科普日"、自治区双创等活动,发挥学会专家和科普资源优势,组织举办不同主题学术报告会、专家访谈,针对公众关心的热点问题普及气象科学知识。

面向社会公众开放气象科普馆、博物馆、天气预报会商大厅,天气预报节目演播室以及人工影响天气指挥中心等业务平面,让前来参观的社会公众感受到气象发展新成果,了解气象服务内容和渠道,进一步增强公众对气象服务的获得感。2016 年至 2019 年,共对外接待公众 12000 多人次。

2015 年至 2019 年,积极组织参加自治区科协举办的"全区科技活动周"、宁夏"全国科普日"主会场活动,通过科普展示、展板宣传、发放科普宣传资料、现场答疑等方式进行科普宣传,普及气象科学知识,提高公民气象防灾减灾意识。共发放宣传材料 3500 余份,接受咨询 150 余人次。2019 年,气象科普宣传见图 12-10。

2015 年至 2019 年,连续 5 年组织成都信息工程学院志愿者和各理事单位科技人员在银川市开展"气象防灾减灾宣传志愿者中国行"宣传活动。利用大型科普活动宣传气象工作在社会经济发展中的重要作用,增加社会和公众对气象工作的理解和支持,增强社会公众利用气象科技进行防灾减灾意识和能力,收到良好的宣传效果。

2015 年至 2019 年,组织宁夏青少年参加中国气象学会举办的第 34 至 38 届青少年气象夏令营。共派出辅导员 5 人,营员 15 人。

2015 年 9 月 16 日,组织农业气象专家深入吴忠林场开展气象科技下乡和科普惠农活动,向林场干部和农民讲解宣传果园霜冻防御技术并发放果园防霜技术科普材料,推广宁夏气象科技工作者自主发明的专利产品"果园防霜烟弹"、移动式防火墙等。

2016 年 5 月,气象学会邀请农业气象专家赴吴忠市红寺堡区、同心县下马关镇,对广大农户开展高产杂交谷子种植技术现场示范培训,向 100 余名农民发放培训技术材料、讲解谷子低成本简化机械化栽培管理和全程气象保障技术。

2016 年 5 月,气象学会面向全区中小学生组织开展"我看家乡的天气和气候"竞赛活动,共征集到 156 篇科技小论文(科普小短文),19 篇作品荣获优秀作品奖,2 名老师获得优秀辅导员奖,1 个气象学会获得优秀组织奖。在 2016 年中国气象学会举办的"我眼中的天气和气候"竞赛活动中,宁夏气象学会推荐的两篇文章荣获三等奖。

2017 年 5 月 11 日,在第 9 个全国防灾减灾日来临之际,宁夏气象局组织气象专家深入永宁县板桥村开展气象科技下乡活动,向当地农技人员和农户宣传并发放果园霜冻防御技术科普材料,推广果园霜冻防御技术,将气象科普和咨询服务送到农民家门口。

2018 年 3 月,参与承办的 2017 年第一届"小小减灾官全国科普大赛"西北赛区比赛历时 4 个月圆满收官。比赛备受社会各界关注,活动共设置防灾减灾科普进校园、初赛、复赛、决赛 4 个阶段,活动覆盖多所学校,设计了丰富多彩的科普活动。2018 年,小小减灾官全国科普大赛西北赛区决赛颁奖典礼,见图 12-11。

2018 年 5 月、2019 年 3 月分别组织开展两届"宁夏气象科普讲解大赛"。通过大赛宣传普及气象科学知识,提高公民气象防灾减灾和应对气候变化意识,为广大气象科普传播、讲解和志愿人员搭建学习交流平台,进一步提升气象科普传播能力。

2018 年 9—10 月,组织宁夏气象科研所、银川市气象局有关专家,深入吴忠市红寺堡区、青铜峡市小坝镇和银川市立兰酒庄,为酿酒葡萄、鲜食葡萄种植基地技术人员、葡萄种植大户等近 150 人举办葡萄气象服务技术讲座。

图 12-10　2019 年,气象科普宣传

图 12-11　2018 年,小小减灾官全国科普大赛
西北赛区决赛颁奖典礼

2019 年 1 月 31 日,银川市气象局被中国气象局、中国气象学会授予"全国气象科普教育基地"。

2019 年 5 月,选派气象专家深入宁夏中部干旱带,针对玉米、马铃薯、小杂粮播种关键期、生长后期田间管理等农业气象知识举办讲座并进行"果树防霜技术与对策"培训授课,共培训农民和农技人员 80 余人,发放相关资料 100 余份。

2019 年 11 月 18—19 日,气象科普大讲堂《气候变化与气象防灾减灾安全管理》在宁夏 5 个市、县 5 所中小学开展讲座,2500 多名师生聆听讲座。

五、社会培训

2016 年 12 月,防雷管理体制改革后,宁夏气象学会举办两期防雷专业技术人员培训班,对已经取得防雷专业资格证书的技术人员进行继续教育培训工作,共有 100 余人参加培训。组织开展防雷专业技术资格认定考试,共有 101 人参加防雷装置检测资格证书考试。

2017 年 12 月,宁夏气象学会开展全区雷电防护装置检测技术人员能力评价培训、考试,共有 157 人参加。

2018 年 7 月,宁夏气象学会开展 2 次全区雷电防护装置检测技术人员能力评价培训、考试,共有 394 人参加。

2019 年 7 月,宁夏气象学会开展全区雷电防护装置检测技术人员能力评价培训、考试,共有 370 人参加。

第十三章　体制与人事人才

第一节　管理体制

一、体制沿革

1992 年，自治区政府印发《关于进一步加强气象工作的通知》（宁政发〔1992〕60 号），明确在全区建立双重计划财务体制，并由地方承担气象事业项目经费。

1996 年，宁夏气象局机关实施国家公务员制度，区局机关工作人员纳入依照国家公务员制度管理范围。6 月 12 日，中国气象局印发《关于下发〈宁夏回族自治区气象部门机构编制方案〉的通知》（中气人发〔1996〕43 号），区局机关内设机构 8 个：办公室、业务发展处、科技教育处、计划财务处、人事劳动处（离退休干部处）、科技服务处（与自治区人工影响天气办公室合署办公）、监察审计处（与党组纪检组合署办公）、直属机关党委（与思想政治工作处合署办公）；区局直属正县（处）级事业单位 5 个：宁夏气象台、宁夏气象科研所、宁夏气候中心（宁夏气象档案馆）、宁夏气象技术装备中心、宁夏气象局后勤服务中心（宁夏气象局行政管理处）；全区设银南、固原、石嘴山 3 个正县（处）级地（市）气象局（其内设机构最多不超过6 个）；全区设县（市）气象局（站）20 个，县（市）气象局机构规格为正科级。

1999 年 3 月 26 日，中国气象局印发《关于成立宁夏回族自治区专业气象服务台的批复》（中气人发〔1999〕20 号），同意将宁夏气候中心（宁夏气象档案馆）并入宁夏气象台，实行一个机构 3 块牌子；同意成立宁夏专业气象服务台，为宁夏气象局直属正县（处）级事业单位。

2001 年，全区 4 个地（市）级气象管理机构（银川市气象局、石嘴山市气象局、吴忠市气象局、固原行署气象局）工作人员纳入依照国家公务员制度管理范围。

2001 年 11 月 14 日，中国气象局关于印发《宁夏回族自治区国家气象系统机构改革方案》的通知（气发〔2001〕164 号），宁夏气象局机构规格为正厅级，内设办公室、业务科技处、计划财务处、人事教育处、政策法规处、监察审计处（与党组纪检组合署办公）6 个职能处室和机关党委办公室（精神文明建设办公室）、离退休干部办公室（原离退休干部处更名，保留机关性质，机构规格仍为正处级）；直属处级事业单位 8 个：宁夏气象台（宁夏气候中心、宁夏气象档案馆）、宁夏气象信息网络中心、宁夏专业气象台、宁夏气象科研所（宁夏气象防灾减灾重点实验室）、宁夏气象技术装备中心、宁夏防御雷电灾害技术中心、宁夏气象局后勤服务中心、宁夏气象局国有资产运营中心；地（市）气象局 4 个：银川市气象局、石嘴山市气象局、吴忠市气象局、固原行署气象局，机构规格为正处级；县（市、区）气象局（站）：设 20 个县（市、区）气象局（站），机构规格为正科级，永宁县气象局（永宁农业气象试验站）、贺兰县气象局、平罗县气象局、惠农县气象局、陶乐县气象局、石炭井区气象局、青铜峡市气象局、灵武市气象局、中卫县气象局、中宁县气象局、同心县气象局、盐池县气象局、海原县气象局、西吉县气象局、泾源县气象局、隆德县气象局 16 个县（市、区）气象局，实行局站合一，机构规格为正科级。核定全区设六盘山气象站、韦州气象站、麻黄山气象站、兴仁气象站 4 个乡级气象站。

2004 年 4 月 29 日，宁夏气象局印发《关于部分机构及职责调整的通知》（气发〔2004〕27 号），宁夏气象影视中心由宁夏气象局国有资产运营中心成建制划归宁夏气象台管理，宁夏气象影视中心主任由宁夏气象局领导班子成员兼任；宁夏专业气象台挂靠宁夏气象科研所。

2004 年 12 月 28 日，宁夏气象局印发《关于组建宁夏气象局机关服务中心的通知》（气发〔2004〕190 号），决定成立宁夏气象局机关服务中心，挂靠区局办公室。

2005 年 5 月 12 日，宁夏气象局印发《关于永宁农业气象试验站管理体制变更的通知》（气发〔2005〕88 号），将永宁农业气象试验站从永宁县气象局分离，划归宁夏气象科研所管理，机构规格为正科级，核定编制为 5 名，科级领导职数核定为 1 名。

2005 年 6 月 24 日，宁夏气象局印发《关于成立宁夏气象局决策气象服务办公室的通知》（气发〔2005〕114 号），决定成立宁夏气象局决策气象服务办公室，挂靠宁夏气象台。

2005 年 7 月 4 日，中国气象局印发《关于宁夏回族自治区气象局部分机构调整的批复》（气发〔2005〕140 号），同意成立中卫市气象局，机构规格为正处级，将原吴忠市气象局管理的中卫县气象局和中宁县气象局，原固原市气象局管理的海原县气象局和海原县兴仁气象站划归中卫市气象局管理；中卫市气象局及所辖县（区）气象局（站）实行上级气象部门与本级人民政府双重领导，以上级气象部门领导为主的管理体制；同意将中卫县气象局更名为中卫市沙坡头区气象局，与中卫市气象台实行一个机构，两块牌子。

2005 年 7 月 6 日，宁夏气象局印发《关于惠农县气象局等机构名称变更的批复》（气发〔2005〕129 号），同意惠农县气象局更名为石嘴山市惠农区气象局，实行局站合一；同意陶乐县气象局更名为陶乐气象站。

2006 年 4 月 11 日，中国气象局印发《宁夏回族自治区国家气象系统机构编制调整方案》（气发〔2006〕111 号），调整内设机构：撤销业务科技处；成立监测网络处、科技减灾处；整合办公室与政策法规处，成立办公室（政策法规处、宁夏气象局应急管理办公室）。调整直属单位：设立宁夏气候中心，加挂宁夏气象能源开发服务中心牌子；宁夏气象信息网络中心更名为宁夏气象信息中心，加挂宁夏气象档案馆牌子；宁夏气象台加挂宁夏人工影响天气指挥中心牌子；宁夏气象科研所加挂宁夏农业气象服务中心牌子；宁夏气象技术装备中心更名为宁夏大气探测技术保障中心；宁夏防御雷电灾害技术中心更名为宁夏雷电防护技术中心；宁夏气象局国有资产运营中心更名为宁夏气象科技服务中心，加挂宁夏专业气象台牌子。地级市气象局调整：在固原市气象局设自治区级大气探测技术保障分中心，实行固原市气象局与宁夏大气探测技术保障中心双重领导，以固原市气象局为主的管理体制。县级气象局（站）调整：在银川、固原、中卫 3 个气象局（站）基础上，组建国家气候观象台；增设贺兰山气象站和沙湖气象站，为国家气象观测站二级站。调整后机构设置为内设机构 8 个：办公室（政策法规处、宁夏气象局应急管理办公室）、监测网络处、科技减灾处、计划财务处、人事教育处、监察审计处（与党组纪检组合署办公）和机关党委办公室（精神文明建设办公室）、离退休干部办公室。各内设机构主要职责由宁夏气象局根据职能调整研究确定。直属事业单位 8 个：宁夏气象台（宁夏人工影响天气指挥中心）、宁夏气候中心（宁夏气象能源开发服务中心）、宁夏气象信息中心（宁夏气象档案馆）、宁夏大气探测技术保障中心、宁夏气象科研所（宁夏气象防灾减灾重点试验室、宁夏农业气象服务中心）、宁夏雷电防护技术中心、宁夏气象科技服务中心（宁夏专业气象台）、宁夏气象局后勤服务中心。地市气象局 5 个：银川市气象局、石嘴山市气象局、吴忠市气象局、中卫市气象局、固原市气象局。县级气象局（台、站）27 个，县级气象局（台、站）机构规格为正科级。其中：银川、固原、中卫 3 个为国家气候观象台，由所在地市气象局统一管理。设置在县级行政区域的国家气候观象台与所在行政区域的县级气象局实行局、台合一。地方气象机构 3 个：宁夏防雷减灾管理局，在宁夏气象局办公室加挂该机构牌子；宁夏人工影响天气领导小组办公室，在宁夏气象台加挂该机构牌子；宁夏避雷装置检测站，该机构为正科级事业单位，设置在宁夏雷电防护技术中心。

2010 年 2 月 11 日，中国气象局印发《宁夏回族自治区气象局内设机构调整方案》（气发〔2010〕59 号），调整主要内容：成立应急与减灾处，监测网络处更名为观测与网络处，科技减灾处更名为科技与预报处（气候变化处），人事教育处更名为人事处，单独设立政策法规处，加挂行政审批办公室、宁夏防雷减灾管理局（地方气象机构）牌子，办公室不再加挂政策法规处、宁夏防雷减灾管理局牌子。领导职数调整：宁夏气象局机关增设 2 个处级机构，增加处级领导职数 2 名。调整后内设机构设置 10 个：办公室（应急管理办公室）、应急与减灾处、观测与网络处、科技与预报处（气候变化处）、计划财务处、人事处、政策法规处（行政审批办公室）、监察审计处（与党组纪检组合署办公）、机关党委办公室（精神文明建设办公室）、离退休干部办公室。政策法规处加挂宁夏防雷减灾管理局（地方气象机构）牌子。

2010 年 3 月 31 日，中国气象局印发《关于同意宁夏回族自治区气象局部分直属事业单位机构名称调整的批复》(中气函〔2010〕74 号),同意将宁夏气象科技服务中心(宁夏专业气象台)机构名称调整为宁夏气象服务中心(宁夏专业气象台,宁夏气象影视中心);宁夏气象台(宁夏人工影响天气指挥中心)机构名称调整为宁夏气象台;宁夏气象科研所(宁夏气象防灾减灾重点实验室,宁夏农业气象服务中心)机构名称调整为宁夏气象科研所(宁夏农业气象服务中心,宁夏人工影响天气中心)。调整后,宁夏气象局直属处级事业单位 8 个,分别为宁夏气象台、宁夏气候中心(宁夏气象能源开发服务中心)、宁夏气象服务中心(宁夏专业气象台,宁夏气象影视中心)、宁夏气象信息中心(宁夏气象档案馆)、宁夏大气探测技术保障中心、宁夏气象科研所(宁夏农业气象服务中心,宁夏人工影响天气中心)、宁夏雷电防护技术中心、宁夏气象局后勤服务中心。

2010 年 3 月,根据中国气象局《关于在气象部门组建财务核算中心的通知》(气发〔2007〕58 号)精神,宁夏气象局印发《关于成立宁夏气象局财务核算中心的通知》(气发〔2010〕23 号),决定成立宁夏气象局财务核算中心。

2012 年 6 月,中国气象局印发《关于独立设置宁夏回族自治区中卫市沙坡头区气象局的批复》(中气函〔2012〕70 号),同意独立设置中卫市沙坡头区气象局,不再与中卫市气象台实行一个机构、两块牌子。沙坡头区气象局机构规格为正科级。

2012 年 11 月,中国气象局印发《关于宁夏回族自治区气象局所属事业单位清理规范意见的批复》(中气函〔2012〕573 号),批复宁夏气象局直属事业单位 9 个,市(地)级气象局 5 个,县级气象局 14 个;其他独立设置的县级气象机构 8 个(均为气象站)。

2013 年 4 月 26 日,中国气象局印发《中国气象局关于同意宁夏回族自治区气象局后勤服务中心更名的批复》(中气函〔2013〕121 号),同意宁夏气象局后勤服务中心更名为宁夏气象局机关服务中心。

2013 年 5 月 17 日,中国气象局印发《中国气象局关于核定宁夏回族自治区县级气象管理机构参照公务员法管理事业编制的通知》(中气函〔2013〕163 号),县级气象管理机构参照《中华人民共和国公务员法》管理。核定宁夏国家气象系统县级气象管理机构参照公务员法管理事业编制 52 名。调整后,宁夏国家气象系统财政补助事业编制 735 名,其中,参照公务员法管理事业编制 183 名,业务系统财政补助事业编制 552 名。

2014 年 12 月 29 日,印发《宁夏气象局关于调整宁夏气象学会秘书处挂靠运行方式的通知》(气发〔2014〕165 号),决定宁夏气象学会秘书处调整挂靠到宁夏气象科研所。

2015 年 12 月 25 日,根据《中国气象局党组关于进一步加强省(区、市)气象局纪检工作的通知》(中气党发〔2015〕39 号)精神,宁夏气象局党组印发《关于调整部分内设机构的通知》(宁气党发〔2015〕23 号),决定撤销宁夏气象局监察审计处,重新组建中共宁夏气象局党组纪检组。

2016 年 8 月 27 日,宁夏机构编制委员会印发《关于调整宁夏气象局地方气象服务机构有关事项的通知》(宁编发〔2016〕39 号),撤销自治区避雷装置检测站,设置自治区人工影响天气中心,正处级事业单位,委托宁夏气象局管理,核定全额预算事业编制 5 名,核定主任 1 名(正处级),副主任 1 名(副处级)。同意在宁夏气象局所属宁夏气象服务中心挂自治区突发事件预警信息发布中心牌子,所需人员通过地方政府购买服务方式解决。同意在宁夏气象局所属宁夏气象科研所挂自治区农业优势特色产业综合气象服务中心牌子,增加全额预算事业编制 5 名。

2016 年 12 月 29 日,宁夏气象局印发《关于成立宁夏气象灾害防御技术中心的通知》(气发〔2016〕144 号),将宁夏雷电防护技术中心更名为宁夏气象灾害防御技术中心,机构规格为正处级,内设 4 个科(室):办公室、气象灾害防御技术服务科、气象灾害调查科、培训部,宁夏气象灾害防御技术中心人员编制 25 名,领导职数:处级 1 正 2 副,科级 4 正 4 副。

2018 年 12 月 20 日,印发《宁夏气象局关于部分内设机构职责调整的通知》(气发〔2018〕70 号),决定对宁夏气象局部分内设机构职责做如下调整:将科技与预报处承担的气象科普宣传管理职责(气象科普工作的协调和管理)调至办公室,强化气象宣传统一归口管理;将科技与预报处承担的生态气象服务管理职责调至应急与减灾处;将应急与减灾处承担的生态观测、农业气象观测及其技术保障方面的综合观测业务管理职责调至观测与网络处;将政策法规处承担的气象科技服务的宏观协调、政策指导和组织管理职责调至计划财务处;将政策法规处归口管理自治区政务服务中心气象窗口日常工作的职责调至气象服务中心。

2019 年 12 月 24 日,依据《中国气象局关于宁夏回族自治区气象局事业单位分类意见的批复》(中气函〔2019〕268 号),宁夏气象局及所属地市级、县级气象局有公益一类事业单位编制 463 名,公益二类事业单位编制 67 名,暂不分类事业单位编制 22 名。宁夏气象局直属事业单位中,宁夏气象台等 7 个事业单位为公益一类事业单位,宁夏气象服务中心为公益二类事业单位,宁夏气象局机关服务中心暂不分类。地市级气象局直属事业单位中,气象服务机构划分为公益二类,其他机构为公益一类;县级气象局直属事业单位为公益一类,见表 13-1。

表 13-1　宁夏气象局事业单位分类意见

序号	机构名称	分类意见
1	宁夏气象台	公益一类
2	宁夏气候中心(宁夏回族自治区气象能源开发服务中心)	公益一类
3	宁夏气象信息中心(宁夏回族自治区气象档案馆)	公益一类
4	宁夏大气探测技术保障中心	公益一类
5	宁夏气象科研所(宁夏回族自治区农业气象服务中心,宁夏回族自治区人工影响天气中心)	公益一类
6	宁夏气象灾害防御技术中心	公益一类
7	宁夏气象局财务核算中心	公益一类
8	宁夏气象服务中心(宁夏回族自治区专业气象台、宁夏回族自治区气象影视中心)	公益二类
9	宁夏气象局机关服务中心	暂不分类

二、人员编制与结构

1996 年,中国气象局印发《关于下发〈宁夏回族自治区气象部门机构编制方案〉的通知》(中气人发〔1996〕43 号),核定全区气象部门人员编制总数为 781 名,其中:宁夏气象局机关 64 名,宁夏气象局直属事业单位 332 名,地(市)局 172 名,县(市)局(站)212 名,为三类艰苦站增核轮换编制 1 名。

2001 年,中国气象局印发《宁夏回族自治区国家气象系统机构改革方案》的通知(气发〔2001〕164 号),核定宁夏国家气象系统人员编制为 722 人,其中宁夏气象局机关 62 名、地(市)气象局机关 63 名,全区气象业务系统 597 名。

2005 年,中国气象局印发《关于宁夏回族自治区部分机构调整的批复》(气发〔2005〕140 号),增核 6 名市气象局机关人员编制,全区气象部门国家气象系统人员编制调整为 728 人,其中宁夏气象局机关 62 名、地市气象局机关 69 名,全区气象业务系统 597 名。

2006 年,中国气象局印发《宁夏回族自治区国家气象系统机构编制调整方案》(气发〔2006〕111 号),核定宁夏国家气象系统人员编制为 735 名。其中宁夏气象局机关 62 名,地市气象局机关 69 名,全区气象业务系统 604 名。

2013 年,中国气象局印发《中国气象局关于核定宁夏回族自治区县级气象管理机构参照公务员法管理事业编制的通知》(中气函〔2013〕163 号),核定宁夏国家气象系统县级气象管理机构参照公务员法管理事业编制 52 名。调整后,宁夏国家气象系统财政补助事业编制 735 名,其中参照公务员法管理事业编制 183 名(宁夏气象局机关 62 名,地市气象局机关 69 名,县级气象局机关 52 名)。全区气象业务系统财政补助事业编制 552 名。

三、老干部

宁夏气象局离退休干部办公室成立于 2001 年,其主要职责是:负责全区气象部门离退休干部工作的宏观管理与指导;承担宁夏气象局机关离退休干部的管理及服务工作。各地市、县(区)气象局、各直属事业单位离退休干部工作归各级办公室,具体工作由相关工作人员兼任。截至 2020 年,全区气象部门有专兼职离退休干部工作者 40 人,其中 50 岁以下 27 人,50 岁以上 13 人。

截至 2020 年年底,全区气象部门共有离退休人员 466 人,其中离休人员 3 人,退休干部 435 人、退休工人 28 人。宁夏气象局机关及各直属事业单位离退休人员与各市、县（区）气象局（站）离退休人员占比各为 50%。退休人员由 1990 年的 31 人逐年递增至 2020 年的 463 人，离休人员由 1990 年的 13 人逐年递减至 2020 年的 3 人。

2020 年年末统计，全区气象部门离退休党员共计 231 人，有 1 个离退休党总支，有 6 个独立离退休党支部。其中，宁夏气象局离退休党总支下辖 4 个独立党支部，党员 126 名。固原市气象局、同心县气象局各有 1 个独立离退休党支部。2019 年，宁夏气象局召开离退休干部职工座谈会暨信息通报会，见图 13-1。

图 13-1　2019 年，宁夏气象局召开离退休干部职工座谈会暨信息通报会

第二节　专业人才与教育培训

一、专业人才

截至 2020 年年底，全区气象部门共有在编在职职工 644 人。按学历划分：博士 7 人、硕士 85 人、大学本科 510 人、大专 26 人、中专 15 人、高中及以下 1 人，大专及以上学历人员占职工总数 97.5%，比 1990 年增加 71.4%。按专业技术职称划分：正研级高工 21 人、副研级高工 113 人、工程师 273 人、初级职称 209 人，中级及以上职称人员占职工总数 63.2%，比 1990 年增加 40.1%。其中大学本科人数由 1990 年的 107 人增长到 510 人，增长近 5 倍；研究生从 2 人增加到 92 人；高中及以下由 1990 年的 172 人下降到 1 人。副高级专业技术人员由 1990 年的 13 人增加到 2020 年的 113 人，增长 8 倍多，正研级专业技术人员从 1 人增加到 21 人，见表 13-2。

表 13-2　1991—2020 年宁夏气象局人员结构变化情况

年份	固定职工人数	学历情况						专业技术情况			
		博士	硕士	本科	专科	中专	高中及以下	正高	副高	中级	初级
1991 年	811		3	110	120	398	180		12	174	432
1992 年	807		4	118	122	391	172		13	185	433
1993 年	813		4	118	135	395	161		13	179	485
1994 年	810		4	123	142	388	153		24	219	346
1995 年	814		4	123	144	387	156		24	224	351
1996 年	810		3	109	219	368	111		10	239	385
1997 年	802		3	117	221	364	97		14	259	398
1998 年	792		2	117	222	339	112		18	233	369
1999 年	763		1	126	229	328	79		23	239	330
2000 年	730		5	117	228	312	68		22	229	311

续表

年份	固定职工人数	学历情况						专业技术情况			
		博士	硕士	本科	专科	中专	高中及以下	正高	副高	中级	初级
2001年	736										
2002年	721										
2003年	724		11	150	200	272	91	2	58	252	358
2004年	721		11	161	236	239	74		60	251	361
2005年	728	1	12	202	239	207	67	5	52	257	350
2006年	669	1	18	227	238	160	25	5	55	231	302
2007年	688	2	15	264	240	141	26	3	59	228	319
2008年	681	2	12	293	226	133	15	4	65	260	303
2009年	652	3	21	338	183	101	6	4	66	296	257
2010年	644	3	19	412	129	75	6	6	71	304	243
2011年	661	5	30	440	115	65	6	7	72	319	218
2012年	685	6	43	475	98	58	5	9	75	308	224
2013年	694	6	57	494	79	54	4	10	80	333	212
2014年	690	5	60	504	67	50	4	10	87	325	242
2015年	666	5	64	503	56	35	3	10	94	316	207
2016年	655	7	72	501	46	26	3	11	102	309	210
2017年	654	8	80	509	35	20	2	16	102	299	198
2018年	649	8	85	510	30	15	1	18	120	277	196
2019年	652	8	87	515	26	15	1	17	119	270	212
2020年	644	7	85	510	26	15	1	21	113	273	209

二、教育培训

(一)培训机构

1992年，撤销宁夏气象学校，成立宁夏气象局培训中心。宁夏气象局培训中心为科级事业单位，由宁夏气象局科技教育处直接管理。

1996年，宁夏气象局科技教育处负责组织编制全区气象科学发展、专业人才培养和气象继续教育规划、计划，负责职工学历教育、业务培训组织管理。同年，明确宁夏气象局培训中心为科级事业单位，由宁夏气象局科技教育处代管。

1997年，宁夏气象局人才交流中心成立，为副处级事业单位，挂靠宁夏气象局人事劳动处。主要负责气象职工短期技术培训、岗位培训、在职人员继续教育、理论教育、现代化管理知识短期培训教育、各类文化课补习和职业技术培训以及面向社会办班等工作。

1999年，宁夏气象局培训中心划归宁夏气象局人才交流中心管理，宁夏气象局人才交流中心加挂宁夏气象局培训中心牌子。

2001年，中国气象局批复同意《宁夏回族自治区国家气象系统机构改革方案》(气发〔2001〕164号)，人事教育处负责职工在职教育、培训组织管理。

2002年，宁夏气象局印发《宁夏气象局人才交流中心机构改革方案》(气发〔2002〕24号)和《关于进一步明确教育培训职能的通知》(宁气办发〔2002〕7号)，明确宁夏气象局人事教育处负责教育培训管理，宁夏气象局人才交流中心(宁夏气象局培训中心)负责气象培训、在职教育和管理人才具体工作。

2004年，宁夏气象局印发《关于宁夏气象局培训中心管理体制变更的通知》(气发〔2004〕187号)，将宁夏气象局人才交流中心挂宁夏气象局培训中心牌子的管理体制变更为宁夏气象局培训中心与宁夏气象局人才交流中心合署办公，一个机构，两块牌子。

2006年，将宁夏气象局培训中心(宁夏气象局人才交流中心)机构和职责划入宁夏气象科研所，保留牌子,设立气象培训中心科(含情报、编刊),承担全区气象部门职工岗位及新技术、新知识培训任务。

2010 年,中国气象局印发《宁夏回族自治区气象局内设机构调整方案》(气发〔2010〕59 号),明确人事处负责全区气象培训组织管理。宁夏气象局印发《关于印发宁夏气象局直属事业单位机构调整方案的通知》(气发〔2010〕24 号),明确宁夏气象科研所机构规格为正处级,负责全区气象部门职工岗位及新技术、新知识培训任务。

2015 年,宁夏气象局印发《宁夏气象局第二批下放运行性管理职能工作方案》(气发〔2015〕13 号),明确将人事处承担的教育培训事务性工作职责下放至宁夏气象科研所,职能下放后人事处承担相关工作的监督检查指导和中国气象局各类培训班参培人选的确定等职责。

2016 年 12 月 29 日,宁夏气象局将教育培训事务性工作职责从宁夏气象科研所调整到宁夏气象灾害防御技术中心,负责全区气象部门职工岗位及新技术、新知识培训任务等。

(二)在职教育

宁夏气象部门在职教育主要以学历(学位)教育、岗位培训为主。

1. 学历(学位)教育

1991 年以来,宁夏气象部门对在职人员学历教育分层次进行,主要有 3 个途径:一是按照"按需培养、专业对口、学以致用、讲求实效"的培训原则,支持气象科技人员通过成人高考进入中高等院校以脱产或半脱产的学习方式开展学历教育;二是与北京气象学校、南京大学、成都信息工程学院、南京信息工程大学等院校合作,采用委培和联合办学等方式,举办专升本函授班、研究生课程进修班培养高等学历气象科技人才;三是通过宁夏气象中专学校进行中等学历教育。宁夏气象局相继出台《关于修改补充宁夏气象局气象〈科学技术研究管理实施细则〉和〈成人教育管理实施细则〉的通知》(宁气字〔1990〕第 077 号)、《关于实行专业技术人员继续教育证书登记制度的通知》(宁气字〔1991〕第 130 号)、《关于结构调整中成人教育有关事项的通知》(宁气科发〔1999〕2 号)等规定,对继续教育相关工作进行明确。

1999 年,宁夏气象局下发《关于下发宁夏气象局继续教育管理实施细则的通知》(宁气科发〔1999〕9 号),将继续教育分 3 个层次:一是以培养学科带头人为主的研究生;二是以培养业务技术骨干为主的短期培训(一般为半年);三是以学习新知识、新技术为主的岗位培训,积极支持具备条件的在职人员进行多种形式的函授、电大、夜大、自学考试学习,在保障在职职工继续教育的权利和义务基础上,同时将宁夏气象部门继续教育工作纳入规划、年度计划和目标管理任务中。

1988—1990 年,宁夏气象中专学校招收学员 40 人,其中,宁夏气象部门在职职工 37 人,完成中专学历教育毕业生 37 人。

1999 年,宁夏气象局向自治区成人招生办申请,建议南京气象学院和成都气象学院将宁夏气象部门在职职工纳入招生对象范围。

2007 年,成都信息工程学院在宁夏举办 2007 级大气科学专升本函授班,学制三年,共招收 55 名学员。2010 年,8 名学员获得成都信息工程学院继续教育学院青海函授站优秀学员称号。

2012 年,宁夏气象局与南京信息工程大学大气科学学院合作,在宁夏开办"气象学研究生进修班(宁夏班)",招收来自宁夏、内蒙古、新疆、河南等地学员 74 人,其中,宁夏气象部门学员 66 人。进修班参学71 人,2012—2013 年每年在宁夏银川集中面授 1 个月。2014 年,宁夏气象局与兰州大学大气科学学院联合建立大气科学研究和人才培养基地,见图 13-2。

2. 岗位培训

从 1991 年开始,岗位培训逐步形成年初下达计划,全年按计划实施常规化管理。培训形式由传统面对面学习发展为集中面授和远程学习相结合;授课老师由原有宁夏气象中专学校老师、系统内兼职老师,扩展到国内外专家、院士、区内系统外、宁夏气象部门专家或相关专业技术人员。

1992 年对通信业务、管理人员进行转岗培训。

1996 年 5 月,对宁夏气象局局机关工作人员进行公务员过渡培训,38 名工作人员顺利完成培训并获合格证书。1998 年宁夏气象部门开始实行上岗证制度,依照《宁夏回族自治区气象局上岗证颁发实施方案》,经业务人员申请,业务管理部门组织考试考核、资格审查和宁夏气象局研究批准,给成绩合格专业技术人员颁发上岗证。获得上岗证人员根据宁夏气象局下发的《关于印发宁夏气象部门基本气象业务上岗聘任办法(试行)的通知》(宁气发〔1999〕3 号)、《关于下发〈宁夏气象部门业务岗位上岗证管理办法(试行)〉的通知》(宁气发〔1999〕21 号)等规定,持证上岗,见表 13-3。

表 13-3　1991 年以来宁夏气象部门专业技术人员上岗和转岗人员培训情况

年份	类别	专业	获上岗证书人员数
1994 年	网络	普及 Novel 网络和 Ms_dos6 知识	70 人(上网操作证)
1996 年	9210 工程	9210 工程、VSAT 系统培训二级培训	培训 230 人次,获上岗证书 150 人
1997 年	计算机	计算机知识普训培训	216 人
1998—2003 年	基本气象业务岗位上岗培训	地面测报、预报和信息网络	分 4 批进行培训,获上岗证书 288 人;其中,管理岗 6 人
2006 年	气象信息网络业务上岗培训	气象信息网络业务	4 人

针对气象事业发展和人才培养需求,宁夏气象部门认真分析研究,制定并下发年度培训计划,组织开展专业技术培训和科学管理培训。2014 年,宁夏气象局开展自动气象观测站维护培训,见图 13-3。

图 13-2　2014 年,宁夏气象局与兰州大学大气科学学院联合建立大气科学研究和人才培养基地

图 13-3　2014 年,宁夏气象局开展自动气象观测站维护培训

第四篇　气象事业管理

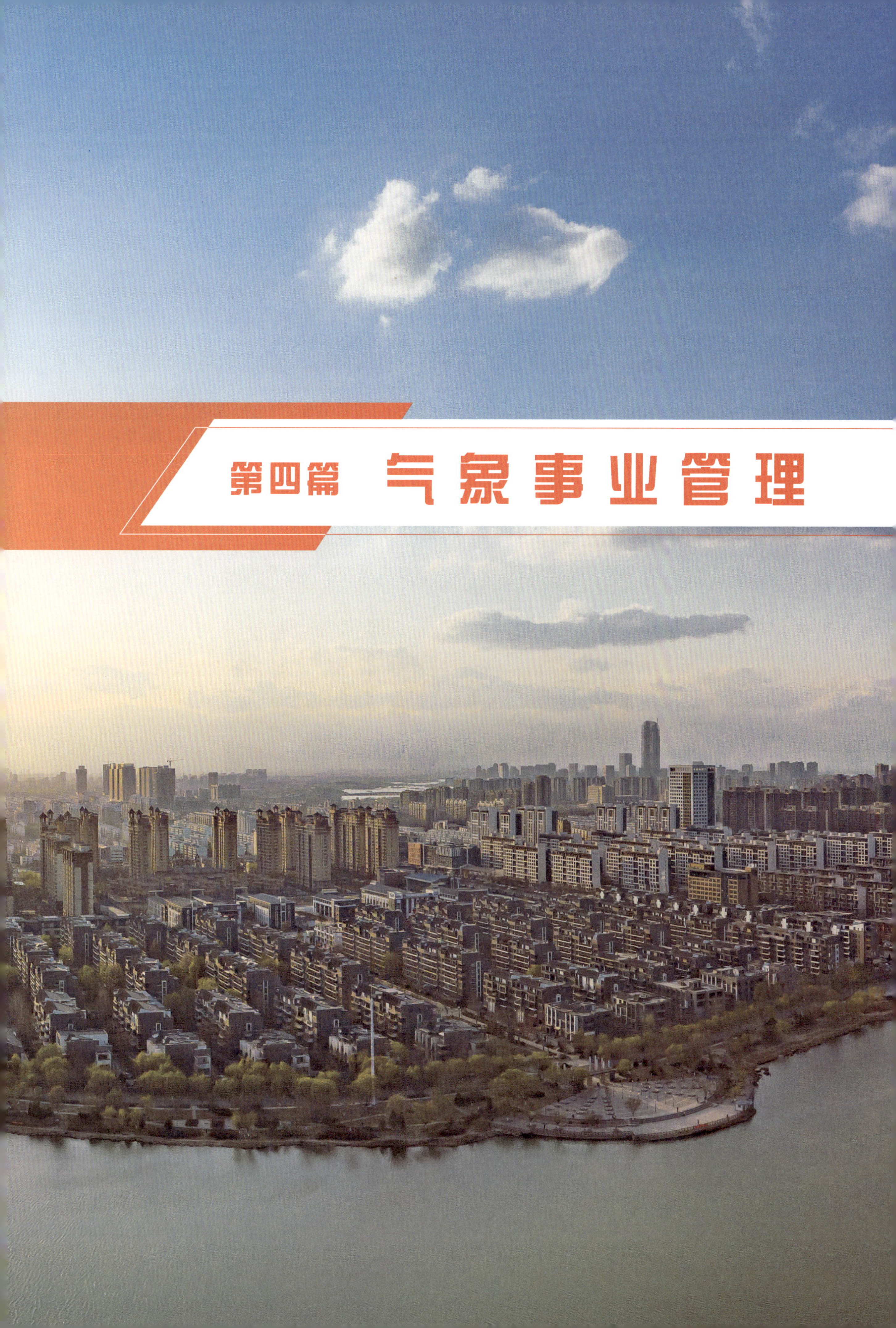

第十四章　机构与职责

第一节　管理机构

宁夏气象局成立于 1958 年 12 月,成立之初隶属于自治区农业厅领导。1978 年 6 月,经中共宁夏回族自治区委员会批准,宁夏气象局为一级局,是自治区革命委员会的职能部门。1980 年全区气象部门管理体制自上而下改革,实行以气象部门为主的领导体制,同时明确了地市气象局为县团级建制,县气象站为科级建制。1983 年,全国气象部门管理体制实行调整改革,各级气象部门实行气象部门和地方政府双重领导,以气象部门为主的领导管理体制。1992 年,根据《国务院关于进一步加强气象工作的通知》精神,各级气象部门实行与双重领导管理体制相适应的双重计划财务体制。自此,宁夏气象局实行中国气象局和自治区人民政府双重领导管理体制与双重计划财务体制,负责宁夏区域内的气象行政管理和气象业务工作。图 14-1 为 2019 年宁夏气象局。

图 14-1　2019 年,宁夏气象局

目前,宁夏气象局共有内设机构 10 个;直属事业单位 9 个,其中公益一类事业单位 7 个,公益二类事业单位 1 个,暂不分类事业单位 1 个;市气象局 5 个;县(市、区)气象局 14 个;独立设置气象站 8 个;地方气象机构 5 个。

一、1996 年宁夏气象局机构设置

① 宁夏气象局内设机构 8 个:办公室、业务发展处、科技教育处、计划财务处、人事劳动处(离退休干部处)、科技服务处(与自治区人工影响天气办公室合署办公)、监察审计处(与党组纪检组合署办公)、直属机关党委(与思想政治工作处合署办公)。

② 直属单位 5 个:宁夏气象台、宁夏气象科研所、宁夏气候中心(宁夏气象档案馆)、宁夏气象技术装备中心、宁夏气象局后勤服务中心(宁夏气象局行政管理处)。

③ 地市气象局 3 个:石嘴山市气象局、银南地区气象局、固原行署气象局。

④ 县(市、区)气象局(站)20 个:永宁县气象局、贺兰县气象局;石炭井区气象局、惠农县气象局、平罗县气象局、陶乐县气象局;青铜峡市气象局、中卫县气象局、中宁县气象局、灵武市气象局、盐池县气象局、

同心县气象局、韦州气象站、麻黄山气象站；海原县气象局、西吉县气象局、隆德县气象局、泾源县气象局、兴仁气象站、六盘山气象站。

二、2001 年宁夏气象局机构设置

① 内设机构 8 个：办公室、业务科技处、计划财务处、人事教育处、政策法规处、监察审计处（与党组纪检组合署办公）、机关党委办公室（精神文明建设办公室）、离退休干部办公室（原离退休干部处更名，保留机关性质，机构规格仍为正处级）。

② 直属单位 8 个：宁夏气象台（宁夏气候中心、宁夏气象档案馆）、宁夏气象信息网络中心、宁夏专业气象台、宁夏气象科研所（宁夏气象防灾减灾重点实验室）、宁夏气象技术装备中心、宁夏防御雷电灾害技术中心、宁夏气象局后勤服务中心、宁夏气象局国有资产运营中心。

③ 地市气象局 4 个：银川市气象局、石嘴山市气象局、吴忠市气象局、固原行署气象局。

④ 县（市、区）气象局（站）20 个：永宁县气象局（永宁农业气象试验站）、贺兰县气象局；平罗县气象局、惠农县气象局、陶乐县气象局、石炭井区气象局；青铜峡市气象局、灵武市气象局、中卫县气象局、中宁县气象局、同心县气象局、盐池县气象局、韦州气象站、麻黄山气象站；海原县气象局、西吉县气象局、泾源县气象局、隆德县气象局、六盘山气象站、兴仁气象站。

三、2006 年宁夏气象局机构设置

① 内设机构 8 个：办公室（政策法规处、宁夏气象局应急管理办公室）、监测网络处、科技减灾处、计划财务处、人事教育处、监察审计处（与党组纪检组合署办公）、机关党委办公室（精神文明建设办公室）、离退休干部办公室。

② 直属单位 8 个：宁夏气象台（宁夏人工影响天气指挥中心）、宁夏气候中心（宁夏气象能源开发服务中心）、宁夏气象信息中心（宁夏气象档案馆）、宁夏大气探测技术保障中心、宁夏气象科研所（宁夏气象防灾减灾重点试验室、宁夏农业气象服务中心）、宁夏雷电防护技术中心、宁夏气象科技服务中心（宁夏专业气象台）、宁夏气象局后勤服务中心。

③ 市气象局 5 个：银川市气象局、石嘴山市气象局、吴忠市气象局、固原市气象局、中卫市气象局。

④ 县（市、区）气象局（台、站）26 个：银川国家气候观象台、永宁县气象局（永宁国家气象观测站二级站）、贺兰县气象局（贺兰国家气象观测站二级站）、灵武市气象局（灵武国家气象观测站二级站）、贺兰山气象站（贺兰山国家气象观测站二级站）；石嘴山国家气象观测站二级站、平罗县气象局（平罗国家气象观测站二级站）、惠农区气象局（惠农国家气象观测站一级站）、陶乐气象站（陶乐国家气象观测站一级站）、石炭井气象站（石炭井国家气象观测站一级站）、沙湖气象站（沙湖国家气象观测站二级站）；吴忠国家气象观测站一级站、青铜峡市气象局（青铜峡国家气象观测站二级站）、同心县气象局（同心国家气象观测站一级站）、盐池县气象局（盐池国家气象观测站一级站）、韦州气象站（韦州国家气象观测站一级站）、麻黄山气象站（麻黄山国家气象观测站一级站）；固原国家气候观象台、西吉县气象局（西吉国家气象观测站一级站）、泾源县气象局（泾源国家气象观测站二级站）、隆德县气象局（隆德国家气象观测站二级站）、六盘山气象站（六盘山国家气象观测站二级站）；中卫国家气候观象台（挂沙坡头区气象局牌子）、中宁县气象局（中宁国家气象观测站一级站）、海原县气象局（海原国家气象观测站一级站）、兴仁气象站（兴仁国家气象观测站一级站）。

四、2010 年宁夏气象局机构设置

2010 年宁夏气象局内设机构和直属单位进行调整，调整后内设机构和直属单位如下。

① 内设机构 10 个：办公室（应急管理办公室）、应急与减灾处、观测与网络处、科技与预报处（气候变化处）、计划财务处、人事处、政策法规处（行政审批办公室）、监察审计处（与党组纪检组合署办公）、机关党委办公室（精神文明建设办公室）、离退休干部办公室。政策法规处加挂宁夏防雷减灾管理局（地方气

象机构)牌子。

② 直属单位 9 个:宁夏气象台、宁夏气候中心(宁夏气象能源开发服务中心)、宁夏气象服务中心(宁夏专业气象台,宁夏气象影视中心)、宁夏气象信息中心(宁夏气象档案馆)、宁夏大气探测技术保障中心、宁夏气象科研所(宁夏农业气象服务中心,宁夏人工影响天气中心)、宁夏雷电防护技术中心、宁夏气象局后勤服务中心、宁夏气象局财务核算中心。

五、2013 年宁夏气象局机构设置

① 内设机构 10 个:办公室(应急管理办公室)、应急与减灾处、观测与网络处、科技与预报处(气候变化处)、计划财务处、人事处、政策法规处(行政审批办公室)、监察审计处(与党组纪检组合署办公)、机关党委办公室(精神文明建设办公室)、离退休干部办公室。政策法规处加挂宁夏防雷减灾管理局(地方气象机构)牌子。

② 直属单位 9 个:宁夏气象台、宁夏气候中心(宁夏气象能源开发服务中心)、宁夏气象服务中心(宁夏专业气象台,宁夏气象影视中心)、宁夏气象信息中心(宁夏气象档案馆)、宁夏大气探测技术保障中心、宁夏气象科研所(宁夏农业气象服务中心,宁夏人工影响天气中心)、宁夏雷电防护技术中心、宁夏气象局机关服务中心、宁夏气象局财务核算中心。

③ 市气象局 5 个:银川市气象局、石嘴山市气象局、吴忠市气象局、固原市气象局、中卫市气象局。

④ 县(市、区)气象局 14 个:灵武市气象局、永宁县气象局、贺兰县气象局;惠农区气象局、平罗县气象局;青铜峡市气象局、盐池县气象局、同心县气象局;西吉县气象局、隆德县气象局、泾源县气象局;沙坡头区气象局、中宁县气象局、海原县气象局。

⑤ 其他独立设置县级气象机构 8 个:陶乐气象站、石炭井气象站、沙湖气象站、贺兰山气象站、麻黄山气象站、韦州气象站、兴仁气象站、六盘山气象站。

六、2016 年以后宁夏气象局机构设置

① 内设机构 10 个:办公室(应急管理办公室)、应急与减灾处、观测与网络处、科技与预报处(气候变化处)、计划财务处、人事处、政策法规处(行政审批办公室)、党组纪检组、机关党委办公室(精神文明建设办公室)、离退休干部办公室。政策法规处加挂宁夏防雷减灾管理局(地方气象机构)牌子。

② 直属单位 9 个:宁夏气象台、宁夏气候中心(宁夏气象能源开发服务中心)、宁夏气象服务中心(宁夏专业气象台,宁夏气象影视中心)、宁夏气象信息中心(宁夏气象档案馆)、宁夏大气探测技术保障中心、宁夏气象科研所(宁夏农业气象服务中心)、宁夏气象灾害防御技术中心(宁夏人工影响天气中心)、宁夏气象局机关服务中心、宁夏气象局财务核算中心。

③ 地方气象机构 5 个:自治区人工影响天气中心、自治区突发事件预警信息发布中心、自治区农业优势特色产业综合气象服务中心、彭阳县气象站、红寺堡区气象站。

市气象局 5 个、县(市、区)气象局 14 个、气象站 8 个,与 2013 年的设置相同。

第二节 管理职责

一、宁夏气象局和各内设机构

(一)宁夏气象局

① 制定宁夏气象事业发展规划、计划,并负责本行政区域内气象事业发展规划、计划及气象业务建设的组织实施;负责本行政区域内重要气象设施建设项目的审查;履行社会管理职能,对本行政区域内的气象活动进行指导、监督和行业管理。

② 按照职责权限审批气象台站调整计划;组织管理本行政区域内气象探测资料的汇总、分发;依法保

护气象探测环境;管理本行政区域内气象标准化工作和涉外气象活动。

③ 在本行政区域内组织对重大灾害性天气跨地区、跨部门的联合监测、预报工作,及时提出气象灾害防御措施,并对重大气象灾害作出评估,为本级政府组织防御气象灾害提供决策依据;管理本行政区域内公共气象服务工作;管理本行政区域内公众气象预报、灾害性天气警报以及农业气象预报、城市环境气象预报、火险气象等级预报等专业气象预报的发布。

④ 组织制订和实施本行政区域气象灾害防御规划;组织本行政区域内气象灾害防御应急管理工作;负责本行政区域内突发公共事件气象保障工作。

⑤ 制定人工影响天气作业方案,并在本级政府的领导和协调下,管理、指导和组织实施人工影响天气作业;组织管理雷电灾害防御工作,会同有关部门指导对可能遭受袭击的建筑物、构筑物和其他设施安装的雷电灾害防护装置的检测工作。

⑥ 负责向本级政府和同级有关部门提出利用、保护气候资源和推广应用气候资源区划等成果的建议;组织对气候资源开发利用项目进行气候可行性论证;参与自治区政府应对气候变化工作,组织开展气候变化影响评估、技术开发和决策咨询服务。

⑦ 组织开展气象法制宣传教育,负责监督有关气象法规的实施,对违反《中华人民共和国气象法》有关规定的行为依法进行处罚,承担有关行政复议和行政诉讼。

⑧ 统一领导和管理本行政区域内气象部门的计划财务、机构编制、人事劳动、科研和培训以及业务建设等工作;会同市级政府对所辖气象机构实施以部门为主的双重管理;会同自治区党委政府做好当地气象部门的精神文明建设和思想政治工作。

⑨ 承担中国气象局和自治区政府交办的其他事项。

(二)宁夏气象局各内设机构

① 办公室(应急管理办公室):综合协调机关工作;组织协调应急管理工作和宁夏气象局应急值守;承担宁夏气象局党组重大决策咨询任务;负责政务信息、文秘、机要、保密、目标管理、宣传管理、综合档案、信访、安全生产、外事和国家安全、机关财务、电子政务、督查督办等工作;组织草拟宁夏气象局综合性文件、报告、总结、计划及有关管理制度;负责全局性会议安排及局机关行政后勤;负责气象科普工作的协调和管理。

② 应急与减灾处:组织拟订和实施全区气象灾害防御规划;组织开展气象灾害防御及其应急管理工作;组织指挥应急气象服务小分队;策划、组织区级决策气象服务;负责气象服务发展规划、业务管理和组织实施工作;负责气象服务业务技术和业务能力建设的管理、指导;负责农业气象业务的管理;负责生态气象服务的管理;组织突发公共事件气象保障工作;负责人工影响天气业务的管理;指导气象信息员防灾减灾工作。

③ 观测与网络处:负责综合气象观测业务的管理,负责气象记录档案的管理;负责综合气象观测站网和大型气象技术装备的规划布局;负责气象装备技术保障业务管理;负责气象通信网络的管理;负责生态观测、农业气象观测及其技术保障方面的综合观测业务的管理。

④ 科技与预报处(气候变化处):负责气象预测、预报、预警业务和气候业务的管理;组织协调灾害性天气联防;负责气象科研工作的管理;组织重大科技成果推广和应用;组织协调气候变化科学相关工作,承担宁夏气象局应对气候变化领导小组办公室的职责;组织指导气候资源的开发利用和保护工作,管理和审查气候可行性论证工作;负责气象资料开发应用的管理;负责气象科技扶贫工作的协调和管理。

⑤ 计划财务处:组织拟订全区气象事业发展规划、计划并监督实施;审核全区重要气象建设项目的立项和方案;负责协调以双重计划财务体制为基础的气象公共财政保障体系的建立和完善;负责宁夏气象局大院及台站的建设规划;负责全区气象科技服务的宏观协调、政策指导和组织管理;管理全区气象部门国有资产、计划财务、基本建设、统计、房改、医保、政府采购等工作。

⑥ 人事处:负责宁夏气象局党组管理干部的考核、奖惩、任免和后备干部队伍建设及科级干部队伍建设的监督、检查;负责全区气象部门人才队伍建设的管理;负责机构编制、劳动工资、社会保障、录用调配、

奖惩、人事档案、专业技术人员等各项人事人才工作的管理和指导;负责全区气象培训的组织管理;归口管理全区气象行业从业人员岗位培训和面向社会的气象知识培训。

⑦ 政策法规处(行政审批办公室):负责气象法规工作;负责宁夏气象局规范性文件的合法性审查等管理工作;负责全区气象行政许可工作的综合管理和指导,承担区本级气象行政许可集中受理工作;组织协调全区气象行业管理工作;负责全区气象行业标准化工作;负责管理防雷减灾工作。

⑧ 党组纪检组:维护党章和党内法规、国家法律法规,监督检查宁夏气象局及所属直属单位、市气象局领导班子和干部遵守党的政治纪律、组织纪律、廉洁纪律、群众纪律、工作纪律和生活纪律,以及贯彻执行民主集中制、选拔任用干部、作风建设、依法行使职权和廉洁从政、贯彻党的路线方针政策,落实中国气象局党组及宁夏气象局党组重大决策部署等情况;经中国气象局党组或中央纪委驻中国气象局纪检组或自治区纪委批准,初步核实宁夏气象局领导班子及其成员违反党纪的问题,参与调查宁夏气象局领导班子及其成员违反党纪的案件;调查全区气象部门处级干部违反党纪党规的案件及其他重要案件,提出处分建议;指导各直属单位、各市气象局调查处理党员、科级干部违反党纪政纪的案件;协助宁夏气象局党组加强全区气象部门的党风廉政建设和组织协调反腐败工作;督促宁夏气象局党组落实党风廉政建设主体责任;对全区气象部门各级党组织和管辖范围的领导班子及成员履行党风廉政建设主体责任不力、造成严重后果的,提出问责建议,按照管理权限交有关部门实施责任追究;受理对全区气象部门党组织和党员的检举、控告,受理全区气象部门党组织和党员不服处分的申诉;向宁夏气象局党组、自治区纪委以及中央纪委驻中国气象局纪检组、中国气象局直属机关纪委报告党内监督工作情况,提出建议;履行宁夏气象局行政监察和内部审计职责,发挥好行政监察和内部审计在党风廉政建设中的作用;承办宁夏气象局党组、自治区纪委以及中国气象局党组、中央纪委驻中国气象局纪检组、中国气象局直属机关纪委、中国气象局审计室交办的其他任务。

⑨ 机关党委办公室(精神文明建设办公室):承担宁夏气象局机关和直属单位党建日常管理工作;指导各市、县气象局的党建工作;归口管理宁夏气象局机关和直属单位工会、共青团、妇女、统战、侨务和计划生育工作;对全区气象部门的精神文明建设和气象文化建设等工作进行组织、督察与指导,负责区气象局大院的综合治理管理、民兵预备役的管理等工作。

⑩ 离退休干部办公室:负责全区气象部门离退休干部工作的宏观指导;承担区气象局机关离退休干部的管理及服务等工作。

二、市气象局

① 组织协调完成本行政区域内天气、气候、生态与农业气象、人工影响天气、雷电等业务工作;组织管理本行政区域内综合观测、预测预报、公共气象服务和信息与技术支持体系及科技支撑的有关工作。

② 负责本行政区域内气象事业发展规划、计划的制定及气象业务建设的组织实施;负责本行政区域内气象设施建设项目的审查;对本行政区域内的气象活动进行指导、监督和行业管理。

③ 负责本行政区域内的气象观测、预报管理工作,及时提出气象灾害防御措施,并对重大气象灾害作出评估,为本级政府组织防御气象灾害提供决策依据;负责本行政区域突发公共事件的气象应急管理,配合上级做好气象应急保障。

④ 负责本行政区域内公众气象预报、灾害性天气警报以及农业气象预报、专业气象预报等气象预报的发布。

⑤ 在本级政府的领导下,管理本行政区域人工影响天气工作,指导和组织人工影响天气作业。

⑥ 负责向本级政府和同级有关部门提出利用气候资源和推广应用气候资源区划等成果的建议;组织气候可行性论证,承担气候影响评价和气候应用服务。

⑦ 组织开展法制宣传教育,负责监督气象法律法规的实施,依法保护气象探测环境。依法履行本区域内的气象行政执法和气象行政许可职责,承担有关行政复议和行政诉讼。

⑧ 统一领导和管理本行政区域内气象部门的计划财务、人事劳动、科研和培训以及业务建设等工作;

会同县政府对县气象机构实施以部门为主的双重管理;协助地方党委和政府做好当地气象部门的精神文明建设和思想政治工作。

⑨ 挂市防雷减灾管理局牌子,负责本行政区域内防雷减灾的宣传教育、法制化建设及监督检查;承担本行政区域内防雷防静电安全设施的设计审核、施工监督、工程验收和防雷预警系统的研究、开发及推广应用工作;负责本行政区域内防雷、防静电装置的安全检查及雷电、静电灾情调查、统计、技术鉴定和灾情评估工作。组织管理雷电灾害防御工作,会同有关部门指导对可能遭受袭击的建筑物、构筑物和其他设施安装的雷电灾害防护装置的检测工作;负责本行政区域的防雷减灾和升空气球的安全督查工作。

⑩ 承担上级气象主管机构和本级政府交办的其他事项。

三、县(市、区)气象局

① 负责本行政区域内气象事业发展规划的制定及气象工作的组织实施;对本行政区域内的气象活动进行指导、监督和行业管理。

② 组织指导本行政区域内气象灾害防御工作;组织拟订和实施本行政区域的气象灾害防御规划;组织气象灾害防御应急管理工作;管理本行政区域人工影响天气工作,指导和组织人工影响天气作业;指导城乡气象工作,组织推进农村气象灾害防御体系和农业气象服务体系建设,组织指导乡(镇)、村、街道(社区)气象信息服务站(工作站)和气象协理员、信息员队伍建设。

③ 组织管理本行政区域内雷电灾害防御工作,会同有关部门指导对可能遭受袭击的建筑物、构筑物和其他设施安装的雷电灾害防护装置的检测工作;负责本行政区域内雷电灾害防护装置的设计审核和竣工验收;负责管理本行政区域内的施放气球活动。

④ 组织本行政区域内气候资源的综合调查、区划,指导气候资源的开发利用和保护,组织并审查重点建设工程、重大区域经济开发项目和城乡建设规划的气候可行性论证和气象灾害风险评估。

⑤ 负责本行政区域内的气象台站和气象设施的组织建设和维护管理;组织管理本行政区域内气象探测资料的采集、传输和汇交;依法保护气象设施和探测环境;负责审查建设项目大气环境影响评价所使用的气象资料。

⑥ 负责本行政区域内的气象监测、预报预警、公共气象服务管理工作;组织管理本行政区域内气象信息的发布和传播;组织重大活动、突发公共事件气象保障工作;承担重大突发公共事件预警信息发布系统建设及运行维护。

⑦ 组织开展气象法制宣传教育,负责监督有关气象法律法规的实施,对违反《中华人民共和国气象法》《宁夏回族自治区气象条例》和《宁夏回族自治区气象灾害防御条例》等法律法规有关规定的行为依法进行处罚,承担有关行政诉讼;组织宣传、普及气象科学知识。

⑧ 管理本级气象部门内部的计划财务、人事劳动、队伍建设、教育培训和业务建设;负责气象部门双重计划财务体制的落实工作;负责党的建设、精神文明和气象文化建设。

⑨ 承担上级气象主管机构和本级政府交办的其他事项。

第三节 省部合作

一、第一轮省部合作

2011年9月5日,中国气象局和自治区政府在银川召开第一轮省部合作会议,中国气象局局长郑国光与自治区政府主席王正伟签署了《共同推进宁夏公共气象服务能力建设合作协议》。明确双方围绕"十二五"时期,宁夏深入实施西部大开发战略,着力建设我国西部现代产业聚集区、统筹城乡发展示范区、生态文明先行区、内陆开放试验区、民族团结进步和谐区"五大战略性突破"的目标,从宁夏气象防灾减灾和气象服务的迫切需求出发,按照科学发展观要求,坚持因地制宜、突出特色、项目带动、服务引领原则,共同加强对宁夏气象工作的领导,大力推进宁夏气象现代化体系和一流装备、一流技术、一流人才、一流台站建设,不断提升宁夏气象预测预报、防灾减灾、应对气候变化、开发利用气候资源等能力和水平,促进宁夏气象事业快速健康发展,为宁夏经济社会科学发展、跨越发展提供一流的气象服务和强力保障。2011 年 9 月 5 日,中国气象局与自治区政府在银川签署合作协议,见图 14-2。

图 14-2　2011 年 9 月 5 日,中国气象局与自治区政府在银川签署合作协议

(一)合作内容

1. 宁夏沿黄经济区气象保障体系建设工程

建立完善宁夏沿黄经济区气象防灾减灾体系,以贺兰山东麓、黄河金岸、中小河流、中小水库、易灾地区和中南部山区贫困县工业园区为重点,建设暴雨、雷电、山洪地质灾害等气象及其次生、衍生灾害的监测系统和交通气象等专业观测系统;以沿黄城市带为中心,建设暴雨、山洪等灾害性天气的预警系统和精细化的城市、交通、旅游等专业气象预报预警系统,建设宁夏突发公共事件预警信息发布和公共气象服务系统;以宁东能源化工基地为核心,建设包括温室气体监测等内容的气候变化监测评估系统;围绕宁夏风能、太阳能产业发展需求,建设风能、太阳能开发气象服务系统。

2. 宁夏农业气象服务和农村气象灾害防御体系建设工程

实施宁夏农业气象服务和农村气象灾害防御体系建设工程,全面提升气象为农服务能力,推进城乡公共气象服务均等化。建立布局合理、精细化的农业气象和农村气象灾害监测网络,建成现代农业气象预报服务系统、乡镇天气预报预警业务系统和广覆盖的预警信息发布网络,构建有效联动的农村气象灾害防御组织体系。

3. 宁夏人工影响天气作业能力建设工程

实施人工影响天气作业能力建设工程,提高宁夏人工影响天气作业科学化、规范化水平和经济社会效益。开展人工影响天气指挥平台建设,建立能基本满足人工影响天气指挥、作业、评估需求的专业探测系统,更新、完善地面作业催化系统,完成地面作业点标准化建设,建立人工影响天气专业通信系统,组建陕甘宁蒙人工影响天气跨区域联合作业银川基地,组建宁夏人工影响天气应急小分队。加强人工影响天气保障能力建设,组建宁夏人工影响天气作业培训和科普基地,提高人工影响天气高炮检修能力。

4. 宁夏吴忠新一代天气雷达建设工程

在宁夏中部干旱带——吴忠建设新一代天气雷达工程。主要建设新一代天气雷达、雷达综合业务应用系统、配套气象监测系统和基础设施,与银川、固原新一代天气雷达组网,形成覆盖宁夏全境及周边地区的新一代天气雷达监测网。

(二)中国气象局重点支持事项

① 大力支持"十二五"期间宁夏气象事业发展,将双方合作实施的宁夏四大气象重点工程纳入中国气象事业发展"十二五"规划。加强项目对接,通过国家整体布局的《全国中小河流治理和中小水库除险加固、山洪地质灾害防御和综合治理总体规划》有关气象工程、农业气象服务和农村气象灾害防御体系建

设、千亿斤粮食增产气象保障工程、国家突发公共事件预警信息发布系统等重点工程对合作项目予以投资支持。

② 发挥自身优势,重点在气象现代化装备、业务服务系统建设等方面对宁夏予以支持。立项建设宁夏吴忠新一代天气雷达建设工程,主要负责新一代天气雷达装备和雷达综合业务应用系统建设。负责投资建设温室气体排放统计监测装备和业务系统。

③ 充分发挥中国气象局及其所属部门在政策、技术、人才等方面的优势,建立国家级专家定期赴宁工作交流和东西部对口支援机制,指导、支持以气象防灾减灾重点实验室为基础的宁夏气象科技创新平台建设,建立中国气象局及其所属部门科技成果、先进技术在宁夏的试点和推广机制,支持宁夏进一步加快提升气象预报预测、公共气象服务和气象防灾减灾能力。

④ 加大对宁夏基层气象能力建设的支持力度,将宁夏基层气象台站建设和基础设施改善纳入中国气象局"十二五"项目库,并在"十二五"首批项目中予以优先实施。

(三)自治区政府重点支持事项

① 将宁夏气象事业发展纳入自治区国民经济和社会发展"十二五"规划,编制实施《宁夏气象事业发展"十二五"规划》。按照时间进度要求,组织实施好宁夏四大气象重点工程。

② 立项支持宁夏沿黄经济区气象保障体系建设、农业气象服务和农村气象灾害防御体系建设、人工影响天气作业能力建设等工程,重点负责落实项目建设用地和基础设施投资(包括吴忠新一代天气雷达建设工程的用地和配套基础设施建设)。投资建设沿黄经济区暴雨、雷电等气象灾害监测站网和风能、太阳能、交通气象等专业观测站网。加大对人工影响天气基础设施和装备建设的投入力度。

③ 加快推进《宁夏回族自治区气候资源开发利用和保护办法》《宁夏回族自治区气象设施和气象探测环境保护办法》等地方性法规规章建设。

④ 支持宁夏气象防灾减灾重点实验室能力建设,在科研项目和经费上予以倾斜,推进气象科技创新,增强宁夏公共气象服务发展科技支撑能力。

二、第一次省部合作联席会议

2013 年 11 月 12 日,自治区政府与中国气象局在北京召开共同推进宁夏公共气象服务能力建设合作第一次联席会议,就合作协议落实的有关事项进行了商讨。自治区政府副主席屈冬玉、中国气象局副局长沈晓农共同主持会议。

(一)省部合作内容

1. 关于宁夏吴忠新一代天气雷达建设工程

自治区发展改革委 2013 年年底前完成吴忠新一代天气雷达建设工程初步设计批复和宁夏人工影响天气作业能力建设工程立项、可行性研究报告以及初步设计批复工作;自治区发展改革委、财政厅2014 年按照地方配套比例安排吴忠新一代天气雷达建设工程配套资金 2975 万元,安排宁夏人工影响天气作业能力建设工程部分配套资金;2014 年完成宁夏沿黄经济区气象保障体系工程、宁夏农业气象服务和农村气象灾害防御体系建设工程立项、可行性研究报告和初步设计批复,并列入自治区 2015 年、2016 年基本建设投资计划。中国气象局将重点工程建设资金 23838 万元列入 2014—2016 年度投资计划(2011—2013 年已投资 10243 万元),增加"三农"专项资金、人工影响天气专项资金、小型基建项目和业务建设项目等对宁夏的投入。中国气象局计财司、减灾司、观测司、预报司继续加强对宁夏气象局的指导,做好项目对接工作,帮助提高工程项目科学设计水平,充分发挥项目投资效益。

2. 关于共同建设宁夏气象防灾减灾重点实验室

自治区政府与中国气象局联合发文,将宁夏气象防灾减灾重点实验室作为省部共建共管的重点实验室,在基础条件建设、科研项目安排、人才培养交流等方面给予更大支持,提升宁夏气象事业软实力。

3. 关于在宁夏开展率先基本实现气象现代化试点

中国气象局将宁夏作为全国气象部门率先基本实现气象现代化试点,自治区政府将宁夏气象局作为自治区率先基本实现现代化试点部门,双方决定加强领导,出台文件,共同支持,全面推进,加快宁夏气象事业科学发展,推动宁夏在西北地区乃至全国率先基本实现气象现代化。

4. 关于共同建设吴忠市红寺堡区和宁东能源化工基地气象业务服务管理机构

双方均认为在宁夏宁东能源化工基地和吴忠市红寺堡区设立气象业务服务管理机构非常必要,也十分迫切。中国气象局人事司和宁夏气象局应就宁夏宁东能源化工基地和吴忠市红寺堡区气象业务服务管理机构的组建事宜进行调研,提出具体意见上报中国气象局,争取将其纳入中国气象局局站序列。自治区政府在气象现代化建设和维持经费等方面给予支持。

5. 健全合作协议,落实长效机制

宁夏气象局要及时向自治区政府和中国气象局汇报合作协议落实情况,提出工作落实中存在的问题和建议措施。根据事业发展面临的新情况、新要求,不断充实合作内涵,借助中国—阿拉伯国家博览会的大平台,积极推动中阿气候变化论坛等活动,推进省部合作深入发展。

(二)省部合作成效

① 中国气象局通过山洪地质灾害防治气象保障工程、气象监测与灾害预警工程、新一代天气雷达建设工程、粮食气象保障工程和预警信息发布工程等重点工程不断加大对宁夏投资力度,累计投资10243 万元,是"十一五"期间全部投资的 1.3 倍。在抓好项目落实的同时,中国气象局还从班子建设、科技能力、人才培养等方面重点扶持宁夏气象工作,调整补充了宁夏气象局领导班子,选调干部到中国气象局挂职锻炼,先后支持宁夏气象局行业专项课题 7 项,在正研级职称评定、国家级首席预报员评选等方面向宁夏倾斜,提升了宁夏气象局综合实力。

② 自治区党委和政府从政策、项目和资金等方面持续加大支持力度,颁布了《宁夏回族自治区气象设施和气象探测环境保护办法》等 2 部政府规章,出台了《自治区人民政府办公厅关于加强气象灾害监测预警及信息发布工作的实施意见》(宁政办发〔2013〕49 号)等 5 份政策性文件,将气象防灾减灾工作纳入对市、县(区)农业农村工作的综合考评,组织了气象灾害防御工作专项督查,按照中国气象局和自治区政府2∶1 的比例落实省部合作 4 项重点工程建设配套资金,有力推动了宁夏气象事业持续快速发展。

三、第二次省部合作联席会议

2015 年 8 月 11 日,自治区政府与中国气象局在银川共同召开省部合作第二次联席会议。会前,自治区党委书记李建华、副书记崔波与中国气象局局长郑国光就第二次联席会议所涉及内容进行了充分会谈沟通。中国气象局局长郑国光和自治区党委常委、政府常务副主席张超超,自治区政府党组副书记郝林海等出席了会议。

(一)省部合作内容

① 继续落实省部合作 4 项重点工程。做好吴忠新一代天气雷达建设工程后续工作,在 2015 年试运行的基础上并入全国新一代天气雷达网,及早发挥效益;双方按建设进度及时、足额落实宁夏人工影响天气作业能力建设一期工程资金,做到 2015 年开工,2016 年竣工;进一步加快二期工程前期工作进度,力争2017 年开工建设;2016 年完成宁夏农业气象服务和农村气象灾害防御体系建设工程可研审批,2016—2017 年双方安排资金进行项目建设,力争 2017 年建成;根据宁夏城市建设发展对气象服务的需求,将"宁夏沿黄经济区气象保障体系工程"调整为"宁夏城市气象灾害防御及服务保障体系建设工程",列入宁夏气象事业发展"十三五"规划重点项目,双方共同予以支持。

② 加快共建宁夏气象防灾减灾重点实验室。中国气象局投资 200 万元以上,支持宁夏气象防灾减灾重点实验室在基础条件、科技研发、人才交流培养、科研成果转化等方面的建设。自治区政府按照科技中期财政规划框架,在科技专项中统筹安排资金支持重点实验室建设,支持宁夏气象局通过重点实验室与有关部门联合建立酿酒葡萄、枸杞等特色作物气象灾害试验示范点以及特色农业气象服务机构。中国气象局依托宁夏气象防灾减灾重点实验室,建设中国气象局旱区特色农业气象灾害监测预警与风险管理重点实验室并完成评估,2017 年与自治区政府联合为其挂牌。

③ 加强宁夏人工影响天气能力建设。中国气象局加快西北区域人工影响天气工程立项进程,在工程项目的设计、建设中充分考虑宁夏人工影响天气工作的迫切需要,力争在宁夏布局 1 架人工增雨飞机。自治区政府按照国家项目要求配套建设资金,并保障运行维持经费。

④ 拓展省部合作领域和范围。围绕"十三五"时期宁夏打赢脱贫攻坚战,打造中阿合作先行区、内陆开放示范区和丝绸之路经济带战略支点等重大战略部署,中国气象局积极指导,加大科技支撑力度,并在相关领域气象保障项目上予以倾斜支持。自治区政府积极协调有关单位全力配合,支持各领域的服务创新和技术创新,并给予相关政策、项目和资金支持。双方共同推进气象大数据应用中心建设,为气象防灾减灾、特色优势产业发展、交通旅游气象服务、生态环境监测评估、水资源及新能源开发利用等提供个性化、精准化、多元化的气象服务,与智慧城市、智慧农业、智慧交通、智慧旅游等相融合。

⑤ 共同编制好宁夏气象事业发展"十三五"规划。双方共同组织编制并审定《宁夏气象事业发展"十三五"规划》(以下简称《规划》)。中国气象局将宁夏城市气象灾害防御及服务保障体系建设、飞机人工影响天气作业能力建设、贺兰山东麓及六盘山区暴雨灾害预警监测、精准脱贫气象保障、生态保护气象服务保障、气象大数据应用等重点工程纳入《规划》,中国气象局对《规划》项目予以重点支持,力争"十三五"期间对宁夏投资比"十二五"翻一番。自治区政府将气象工作纳入全区经济社会发展"十三五"规划统筹考虑,将《规划》列入自治区"十三五"专项规划编制范围,并安排重点项目配套建设资金。

⑥ 认真落实好双重计划财务体制。鉴于气象工作业务特点和主要为当地发展服务的实际,按照国务院确定的"建立健全与气象部门现行领导管理体制相适应的双重气象计划体制和相应的财务渠道,合理划定中央和地方财力分别承担基建投资和事业经费的气象事业项目",中国气象局和自治区政府共同推进气象事业的发展。国家安排的气象建设项目,以中央投资为主,宁夏按要求配套资金;宁夏安排的气象建设项目,以地方投资为主,积极争取中央资金支持。

⑦ 完善省部合作协调机制。进一步加强双方的协调和沟通,每 2 年召开一次省部合作联席会议。宁夏气象局要在每年年底对省部合作进展情况进行一次总结评估,将结果及时向自治区政府和中国气象局汇报,并提出工作建议,根据宁夏气象事业发展面临的新情况、新要求,不断充实合作内容,确保省部合作协议和联席会议议定事项按计划有效落实。2015 年 8 月 11 日,中国气象局与自治区政府在银川召开省部合作第二次联席会议,见图 14-3。

(二)省部合作成效

① 中国气象局通过实施气象监测与灾害预警、新一代天气雷达建设、预警信息发布和"三农"气象服务专项等重点项目,不断加大对宁夏投资力度,并在机构和队伍建设、科技支撑能力建设、人才交流培养等方面予以倾斜,自动气象观测站由 2011 年的 178 个增加到 880 个,实现了雷达监测宁夏境内全覆盖;天气预报精准化水平稳步提高,天气预报空间分辨率由城镇精细到行政村,预报时效延长到 168 小时,灾害性天气预报准确率达到 80% 以上,突发灾害性天气预警提前到 15 分钟以上,有力提升了宁夏气象现代化水平和气象服务保障能力。

② 自治区党委和政府进一步加强了对气象工作的领导和支持,连续 4 年将气象为农服务工作纳入市、县政府工作考评体系;颁布了《宁夏回族自治区气象设施和气象探测环境保护办法》等 2 部政府规章,出台了《自治区人民政府关于加快推进气象现代化的意见》等 5 个政策性文件;落实了宁夏吴忠新一代天气雷达系统建设工程和宁夏人工影响天气作业能力建设一期工程配套建设资金,有力推动了宁夏气象事业持续快速发展。

四、第三次(深化)省部合作联席会议

2016 年 3 月 9 日,自治区与中国气象局在北京召开深化省部合作座谈会。自治区党委书记、人大常委会主任李建华,自治区政府主席刘慧和中国气象局局长郑国光出席座谈会并讲话。自治区领导张超超、马廷礼、马三刚、孙贵宝、马瑞文、王和山、马力、曾一春、李彦凯、李定达和部分驻宁全国人大代表、全国政协委员以及中国气象局领导许小峰、沈晓农、矫梅燕、于新文出席座谈会。

（一）省部合作内容

1. 共同推进智慧宁夏建设

自治区和中国气象局共同推进智慧宁夏建设。中国气象局安排有关领导和专家到宁夏中卫西部云基地考察调研，明确气象信息化和智慧气象在中卫西部云基地的功能定位和建设任务，在中国气象局气象信息化工程建设中专项安排。对于中国气象局在宁夏布局的气象信息化方面的项目，自治区将其作为公益性、基础性事业，在建设用地、基础设施、用电、网络、运行维护保障等方面给予支持，提供优质服务。双方决定启动实施智慧宁夏气象行动计划，以发展智慧气象为先导，促进"互联网气象＋各行各业"深度融合和创新应用，为宁夏经济社会发展提供优质气象保障服务，以此推动智慧宁夏建设。中国气象局在项目、人才和技术等方面给予大力支持。自治区将"气象云"纳入智慧宁夏建设范畴，从项目、资金等方面予以支持。

2. 共同推进宁夏精准脱贫

自治区和中国气象局共同推进宁夏精准脱贫，启动实施气象助力宁夏精准脱贫行动计划，着力提高气象防灾减灾和服务保障能力，发挥好气象助力脱贫攻坚"趋利避害、减负增收"的独特作用。中国气象局决定将宁夏中南部贫困地区作为全国气象部门助力精准脱贫的示范区，在建设项目、政策、科技、人才等方面给予特殊支持。中国气象局将宁夏人工影响天气能力建设相关内容优先纳入向国家发展改革委争取的全国人工影响天气重点工程，在宁夏安排一架人工增雨作业飞机，切实提升宁夏乃至陕甘蒙周边地区空中云水资源的开发能力，同时在人工影响天气中央补助资金包括装备更新经费上加大对宁夏的支持力度。自治区承担飞机增雨基地建设、飞机日常运行费用等地方配套经费，支持组建宁夏人工影响天气中心，积极解决相应的人员和运行经费问题。

3. 共同落实推进宁夏特色气象现代化重大工程

自治区和中国气象局共同审定《宁夏"十三五"气象事业发展规划》，按相关程序印发执行。"十三五"期间，双方共同支持宁夏实施农业气象服务和农村气象灾害防御体系建设、人工影响天气能力建设（二期）、美丽宁夏城市气象保障、"互联网气象＋"、基层气象台站基础设施改善五大工程，全面推进宁夏特色气象现代化建设。建设期为2016—2020年。中国气象局和自治区分别将上述五大工程的建设内容纳入"十三五"全国气象发展规划、自治区国民经济和社会发展"十三五"相关规划中予以支持。中国气象局与自治区按照2∶1的比例落实五大工程建设资金。

4. 完善省部合作协调机制

自治区与中国气象局继续完善双重领导管理体制和双重计划财务体制，深化省部合作，组织有关部门抓好落实，确保到2020年建成宁夏特色气象现代化，力争在气象助力精准脱贫、发展智慧气象、服务特色优势产业等领域走在西部前列。2016年3月9日，中国气象局、宁夏回族自治区深化省部合作座谈会在京举行，见图14-4。

（二）省部合作成效

在双方的共同努力下，宁夏气象事业有了长足发展，特别是在气象重点工程建设、人工影响天气能力建设、气象为农服务、气象科技支撑、人才交流培养等方面，双方合作取得了良好效果，大幅提升了宁夏气象保障能力。同时，自治区出台了一系列支持气象事业发展的政策文件，落实了配套工程建设资金，有效保障了气象工作的顺利开展。为进一步深化双方在"十三五"期间的合作，加快宁夏气象现代化建设步伐，充分发挥气象工作在助力智慧宁夏发展、精准脱贫等方面的重要作用，有力保障开放富裕和谐美丽宁夏建设奠定了良好基础。

五、第二轮省部合作

2019年10月18日，中国气象局和自治区政府在银川召开第二轮省部合作会议，中国气象局局长刘雅鸣与自治区政府主席咸辉签署了《共同推进宁夏气象现代化高质量发展合作协议》。明确双方在2019年至2023年不断深化双方发展战略合作，持续加强对宁夏气象工作的双重领导，深入推进宁夏气象现代化高质量发展,更好地发挥气象在推动落实乡村振兴战略、实施"创新驱动、脱贫富民、生态立区"三大战略和决胜全面建成小康社会中的服务保障作用,为"建设美丽新宁夏,共圆伟大中国梦"和推进西部大开发形成新格局作出新的更大贡献。

图 14-3　2015 年 8 月 11 日,中国气象局与自治区政府在银川召开省部合作第二次联席会议

图 14-4　2016 年 3 月 9 日,中国气象局、宁夏回族自治区深化省部合作座谈会在京举行

(一)省部合作内容

1. 建设宁夏城乡生态环境保护气象服务工程

自治区政府投资实施"宁夏城乡生态环境保护气象服务工程"。重点建设生态环境卫星遥感监测评估安全预警业务平台、重污染天气气象条件和环境空气质量预报预警系统、空中云水资源监测和开发利用综合业务系统、气象灾害风险预警和辅助决策业务系统、山水林田湖草保护气象条件贡献评价系统、突发事件预警信息发布中心和发布系统 6 项建设任务,将气象工作充分融入自治区"生态立区"战略大局,有效提升生态文明建设气象保障服务能力。

2. 建设宁夏"气象+行业"大数据应用示范工程

中国气象局和自治区政府共同投资实施融合气象、农业农村、水利、林草、生态环境等多部门数据的一体化大数据应用示范工程,共同打造宁夏地球科学大数据应用中心。推进气象与高影响行业、公共预警部门技术融合、数据融合、业务融合,实现"跨层级、跨地域、跨系统、跨部门、跨业务"的大数据协同管理和应用服务,提升大数据在宁夏综合防灾减灾救灾、生态文明建设等方面的应用能力和水平。以地球科学大数据为先导,推进数据开放,培育和发展大数据产业。

3. 建设六盘山地形云野外科学试验示范基地

中国气象局投资建设六盘山地形云野外科学试验示范基地。围绕六盘山特殊地形和云水资源,开展地形云精细化结构特征、云和降水微物理数值模拟、云水资源开发利用、冰雹等气象灾害形成机理、生态气象与环境野外试验研究,解决人工干预天气的关键科学技术,建成人工影响天气新技术、新方法融合创新众智平台与应用示范平台,全力打造以地形云研究为核心的六盘山地形云野外科学试验示范基地。力争通过 5 年时间将其建设成为国家级野外科学试验基地,10 年时间建成国内一流、国际有影响的野外科学试验基地。

4. 实施宁夏农村气象信息服务工程

自治区政府投资实施农村气象信息服务工程。围绕实施乡村振兴战略,开展乡村气象防灾减灾标准化建设;建立农村气象灾害影响预报和风险预警服务平台;建设涵盖农情、气象、土壤、病虫害等内容的农业环境互动信息服务系统;建立生态宜居、宜业、宜游气象(气候)指标和指数预报模型;建设休闲农业和乡村旅游气象服务平台。开展农村气象灾害影响预报和风险预警、"气候好产品"认证、乡村旅游景色预报等服务,全面提升农村防灾减灾、智慧农业服务、生态文明建设、精准脱贫等综合气象服务保障能力。

5. 实施宁夏基层气象现代化建设提质增效工程

中国气象局投资实施宁夏基层气象现代化建设提质增效工程。围绕宁夏基层气象台站现代化建设标准和要求,将基层台站基础设施环境改造与气象现代化建设统一部署,重点投资建设具备条件的基层气象台站基础设施综合改善工程和基层台站气象现代化建设工程,着力提高基层气象业务服务能力和水平,稳步提升基层气象现代化质量和效益。

6. 组建宁夏生态气象和卫星遥感中心

中国气象局负责组建宁夏生态气象和卫星遥感中心,优化机构设置和人员配置,健全体制机制,强化生态文明建设气象服务保障职能,保障业务运行维持经费,为开展生态气象风险监测预警和评估、重大天气气候事件和重大工程对"山水林田湖草"及"气土城"等生态系统的影响评估、生态环境动态监测评估、生态适宜性评价以及卫星遥感技术在生态环境保护、"三农"服务和防灾减灾救灾等领域的应用提供技术支持,为气象助力宁夏"生态立区"战略提供基础性服务。

(二)省部合作成效

1. 重大项目顺利实施,提升了全区气象现代化水平

宁夏吴忠红寺堡新一代天气雷达建设工程于 2013 年批复实施,总投资 5951 万元,已完成建设并投入业务运行;宁夏人工影响天气作业能力建设工程于 2015 年批复实施,总投资 5924 万元,已完成 65 个标准化作业点、18 个烟炉等人影工程建设,并开始分项进行业务验收;宁夏农业气象服务和农村气象灾害防御体系建设工程于 2017 年批复实施,总投资 9028 万元,已建成枸杞、酿酒葡萄等特色产业农田小气候观测站 111 套,在全国率先实现了省级农业气象自动化观测全覆盖。

2. 建成省部合作重点实验室,打造出气象科技创新新高地

省部共建旱区特色农业气象灾害监测预警与风险管理重点实验室,建成特色农业气象野外试验示范基地 3 个,购置人工气候箱等 38 种仪器设备。建成特色农业气象理化分析室和重点实验室客座研究室,重点实验室软、硬件研究条件得到大幅提升。2017 年,作为全国 8 个区域气象中心所在省(市、区)外仅有的 2 个省级实验室之一,正式纳入到中国气象局重点开放实验室管理序列。

3. 推动双重计划财务体制有效落实

2016 年,自治区财政厅和宁夏气象局联合印发了《关于进一步落实气象事业双重计划财务体制的通知》,落实了中央和地方财政共同保障气象事业发展投入机制。2018 年,全区地方财政投入在部门支出中的占比较 2011 年提高了 1 倍。宁夏气象局本级职工地方津补贴缺口全额列入自治区财政年度预算,市县级气象部门从 2017 年开始足额列入了地方财政年度预算,基层气象部门预算资金结构进一步优化。

4. 地方气象服务机构设置更加完备

2016 年 8 月,自治区批准成立了自治区人工影响天气中心、自治区突发事件预警信息发布中心、自治区农业优势特色产业综合气象服务中心和红寺堡区气象站 4 个地方机构,核定编制 16 人,有力提升了全区综合气象防灾减灾和气象服务综合能力。

5. 气象工作深度融入自治区发展大局

在省部合作推动下,气象部门服务保障自治区重大战略更加有力。认真完成自治区党委和政府关于创新驱动、脱贫富民、生态立区、军民融合、灾害防御、应急管理、空间生态环境评价等 26 个重要议事协调机构承担的气象工作职责,主动对接自治区自然资源厅、生态环境厅、交通运输厅、水利厅、农业农村厅、应急管理厅、林业和草原局等 10 余个单位,召开气象服务需求座谈会,签署合作协议,发挥部门优势,形成合力,推动各行各业高质量发展。与宁东能源化工基地管委会共同建设宁东气象台,联合开展气象防灾减灾、大气污染防治、气候资源开发利用等工作。与自治区重大活动相关组委会对接,开展自治区重大活动精细化气象服务,成功保障了自治区成立 60 周年系列庆祝活动、中阿博览会、环青海湖自行车赛等重大活动、重要赛事的圆满举办,获得自治区领导和社会各界的一致好评。

6. 气象服务效益显著

在气象防灾减灾方面,坚持以人民为中心的思想,努力做到精细监测、精准预报、精确预警、精心服务。成功预报服务了 2016 年"8·21"、2018 年"7·22"贺兰山特大暴雨抗洪抢险救灾工作,最大限度减轻了气象灾害造成的损失,实现大灾面前受威胁群众"零伤亡"。据统计,近 5 年全区因气象灾害造成的直接经济损失较前 5 年平均降低 2.9%。在助力乡村振兴和脱贫富民战略方面,坚持"趋利""避害"并举。不断提升农村气象防灾减灾能力,实施农村气象防灾减灾强基工程,在西吉等 13 个县(区)开展"六个一"气象防灾减灾标准化建设。将 1794 名驻村干部纳入气象信息员队伍,将 26149 名建档立卡贫困户纳入气象服务对象库,助力解决因灾返贫、因灾致贫难题。不断加强气象为农服务,建成自治区特色农业产业综合气象服务中心及枸杞、酿酒葡萄、马铃薯、优质粮食 4 个分中心,研发气象为农服务产品 200 余种,面向全区 5100 多个现代农业专业合作社、种植大户和 12 万建档立卡贫困户提供基于位置的全产业链、直通式服务。"中宁枸杞"获全国首个特色农产品国家气候标志,以"气候好产品"助力自治区打造和提升"宁字号"特色优势农产品品牌。在保障生态立区战略方面,坚持"防治""修复"两个目标。服务自治区蓝天保卫战,开展银川市大气污染源分析及影响评估,强化天气趋势及空气污染气象条件预报服务,为污染防治、调度生产提供决策服务。保障生态文明建设,利用卫星遥感资料完成全区退耕还林草生态恢复效益评估,为自治区生态文明建设规划提供参考依据。开展城市湖泊湿地生态气象监测与评估能力示范建设,修编 5 个地级市和 5 个典型县的城市暴雨强度公式,为城市生态修复提供标准规范。积极参与沿黄生态廊道、贺兰山东麓生态修复等重大工程建设,为项目实施提供气象方案。大力实施人工增雨作业,年均累计增加降水超过 10 亿立方米,为生态文明建设增加有效降水。

第十五章　综合管理

第一节　计划财务管理

一、机构设置与主要职责

计划财务处自 1974 年正式设立以来，一直作为宁夏气象局内设机构之一，履行计划财务管理职能，计划财务工作在宁夏气象事业发展中承担着重要的财力支撑和经济保障作用。

1992 年，自治区政府印发《关于进一步加强气象工作的通知》（宁政发〔1992〕60 号），标志着宁夏由以部门管理为主、地方管理为辅的计划财务管理体制正式转变为双重计划财务体制，由地方承担气象事业项目经费。

宁夏气象局计划财务处是宁夏气象局内设机构，主要任务是组织拟订全区气象事业发展规划、计划并监督实施；审核全区重要气象建设项目的立项和方案；负责协调以双重计划财务体制为基础的气象公共财政保障体系的建立和完善；负责宁夏气象局大院及台站的建设规划；管理全区气象部门国有资产、计划财务、基本建设、统计、房改、医保、政府采购等工作。

二、制度建设

2010 年，制定《宁夏气象部门财务计算机信息网络管理暂行办法》。

2014 年，制定《宁夏气象局计财业务系统运行管理规定》。

2015 年，制定《宁夏气象部门网上银行业务管理规定》。

2016 年，制定《宁夏气象部门财务审核与报账业务规范》《宁夏气象局培训费管理办法》。

2017 年，制定《宁夏气象局综合预算编制工作规程》《宁夏气象局气象科研项目管理办法》《宁夏气象部门合同管理办法》。

2018 年，制定《宁夏气象部门预算指标管理办法（试行）》《宁夏气象部门预算和决算考核办法》《宁夏气象局"三农"服务专项资金管理办法》《宁夏气象局机关财务管理办法（试行）》《宁夏气象部门推进财务内部控制工作方案》《宁夏气象部门政府采购管理实施细则》。

2019 年，制定《宁夏气象部门国库集中支付考核办法》《宁夏回族自治区中央财政人工影响天气业务经费管理实施细则》《宁夏气象部门财务报销管理办法》《宁夏气象部门财务管理若干规定》《宁夏气象部门会议费管理办法》《宁夏气象局公务接待管理办法》《宁夏气象部门企业负责人履职待遇和业务支出管理暂行办法》。

2020 年，制定《宁夏气象部门差旅费管理办法》《宁夏气象部门预算绩效目标设定实施细则》《宁夏气象部门预算绩效运行监控管理暂行办法》。

三、中央财政资金

宁夏气象部门所需资金以中央财政拨款为主。随着国民经济的发展，国家财力不断增强，气象部门开展的业务项目增多，中央财政对宁夏气象部门的资金投入也逐年增加。"八五"期间中央财政对宁夏气象部门投入的资金为 3967.17 万元；"九五"较"八五"期间增长 2486.63 万元，达到 6453.80 万元；"十五"期间中央财政投入资金增长幅度最大，达到 160.94%，资金量超过亿元，为 16840.55 万元；"十一五"和"十二五"期间，中央财政投入资金量连续翻番，分别达到 33833.14 万元和 60603.62 万元；"十三五"期间由于经济下行压力加大，中央财政投入资金量增长趋于平缓，为 76478.09 万元。1991—2020 年宁夏气象部门中央财政拨款变化见图 15-1。1991—2020 年宁夏气象部门中央财政拨款统计见表 15-1。

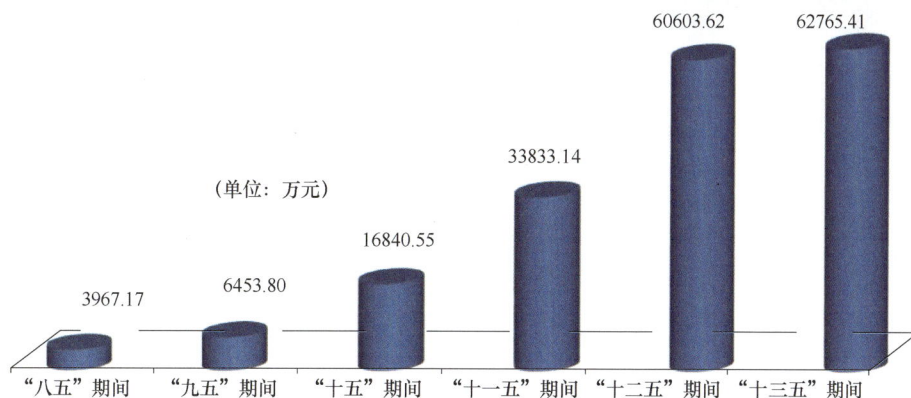

图 15-1 1991—2020 年宁夏气象部门中央财政拨款变化

表 15-1 1991—2020 年宁夏气象部门中央财政拨款统计 单位:万元

年份	拨款额	年份	拨款额
1991 年	628.70	2006 年	4465.87
1992 年	700.00	2007 年	5488.27
1993 年	703.37	2008 年	6990.78
1994 年	980.10	2009 年	8630.97
1995 年	955.00	2010 年	8257.25
1996 年	1008.40	2011 年	9248.38
1997 年	1033.10	2012 年	12096.05
1998 年	1230.00	2013 年	11792.22
1999 年	1352.70	2014 年	12995.42
2000 年	1829.60	2015 年	14471.55
2001 年	2387.80	2016 年	14875.27
2002 年	2764.90	2017 年	16080.50
2003 年	4515.95	2018 年	13959.12
2004 年	3326.52	2019 年	17850.52
2005 年	3845.38	2020 年	13712.68

四、地方财政资金

1992 年,国务院下发《关于进一步加强气象工作的通知》(国发〔1992〕25 号),进一步明确气象工作主要任务,确定要建立健全双重气象计划体制和相应的财务渠道,在加快国家气象业务体制建设的同时,积极发展主要为地方经济建设服务的地方气象事业。在此基础上,自治区政府下发贯彻文件,地方气象事业得到迅速发展,各级地方政府支持气象事业发展的经费投入不断增加。"八五"期间,地方财政对宁夏气象部门投入的资金为 977.10 万元;"九五"较"八五"期间,增长 887.10 万元,达到 1864.20 万元;"十五"期间,地方财政投入资金增长幅度最大,达到 147.25%,为 4609.28 万元;"十一五"和"十二五"期间,地方财政投入资金量连续翻番,分别达到 11240.42 万元和 23202.51 万元;"十三五"期间,地方财政投入力度继续保持高速增长态势,达到 34826.61 万元。1991—2020 年宁夏气象部门地方财政拨款变化见图 15-2。1991—2020 年宁夏气象部门地方财政拨款统计见表 15-2。

表 15-2 1991—2020 年宁夏气象部门地方财政拨款统计 单位:万元

年份	拨款额	年份	拨款额
1991 年	120.7	2006 年	1821.04
1992 年	163.3	2007 年	1658.87

年份	拨款额	年份	拨款额
1993 年	244.2	2008 年	1258.62
1994 年	226.1	2009 年	3246.26
1995 年	222.8	2010 年	3255.63
1996 年	310.6	2011 年	2794.18
1997 年	323.4	2012 年	5438.18
1998 年	325.3	2013 年	4376.15
1999 年	400.0	2014 年	4956.08
2000 年	504.9	2015 年	5637.92
2001 年	563.5	2016 年	9195.59
2002 年	909.9	2017 年	8727.48
2003 年	1485.8	2018 年	5353.5
2004 年	770.3	2019 年	5215.64
2005 年	879.78	2020 年	6334.4

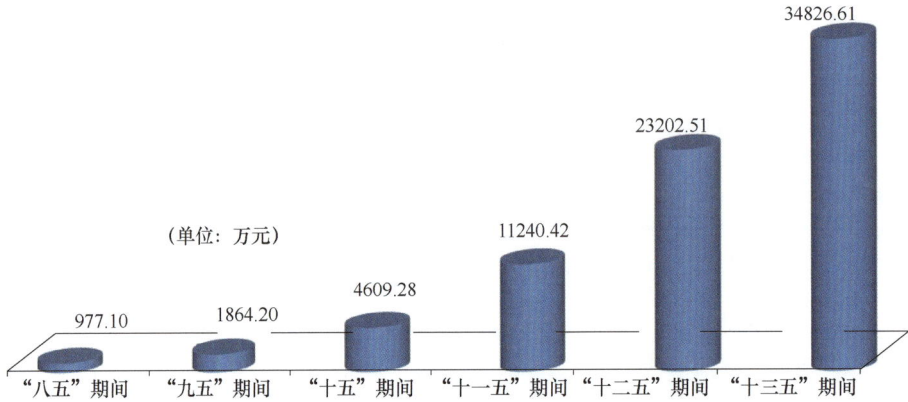

（单位：万元）

图 15-2 1991—2020 年宁夏气象部门地方财政拨款变化

第二节 基本建设投资

1991—2000 年，全区气象部门共投入资金 7 亿多元用于基础设施和气象业务项目建设，台站面貌不断改善，现代化程度不断提高。2016 年，永宁县气象局见图 15-3。2018 年，贺兰县气象局见图 15-4。2018 年，六盘山气象站见图 15-5。2019 年，西吉县气象局见图 15-6。2019 年，泾源县气象局见图 15-7。1991—2020 年宁夏气象部门基本建设情况见表 15-3。

图 15-3 2016 年，永宁县气象局

图 15-4 2018 年，贺兰县气象局

图 15-5　2018 年,六盘山气象站

图 15-6　2019 年,西吉县气象局

图 15-7　2019 年,泾源县气象局

表 15-3　1991—2020 年宁夏气象部门基本建设情况　　　　　　　　　　　　　　　单位:万元

时间	投资额	主要建设项目
1991—1995 年	994.5	台站业务用房和附属设施维修等
1996—2000 年	1469.8	附属设施维修和以 9210 工程为主的气象业务现代化建设
2001—2005 年	6602.66	附属设施建设维修、银川新一代天气雷达系统项目、固原新一代天气雷达系统项目和新一代人工增雨火箭体系,在全区范围内购置增雨火箭 100 套
2006—2010 年	13898.55	正式启动由中国气象局投资建设的"宁夏回族自治区气象监测与灾害预警工程",同时继续加大对基层艰苦台站建设的投入,特别是国家级站点的升级改造建设
2011—2015 年	27441.61	建设宁夏人工影响天气能力建设工程一期、全国新增千亿斤粮食气象保障工程和国家突发公共事件预警信息发布系统等
2016—2020 年	24529.04	宁夏农业气象服务体系和农村气象灾害防御体系建设项目、山洪地质灾害防治气象保障工程和西北区域人工影响天气能力建设工程陆续开工建设,2020 年新获批宁夏城乡生态环境保护气象服务工程

第三节　国有资产管理

一、工作概述

中国气象局于 1992 年 8 月在计划财务司设立国有资产管理筹备处,1993 年正式成立国有资产管理

处,具体负责气象部门清产核资工作组织实施,承担气象部门国有资产管理工作,这标志着全国气象部门将国有资产纳入计划财务管理工作。

宁夏气象局不断完善内部控制制度体系,从国有资产规划、配置、使用、处置各环节厘清管理职责,严格审核审批,加强国有资产全生命周期监管,实现国有资产保值增值,为气象事业持续发展提供保障。

二、制度建设

1992 年,制定并下发《宁夏回族自治区气象局固定资产管理办法》(宁气发〔1992〕25 号);2005 年,制定并印发《宁夏气象部门固定资产管理暂行办法》(气发〔2005〕138 号)和《宁夏气象部门房地产产权管理实施细则》(气发〔2005〕172 号);2016 年,制定并印发《宁夏气象部门国有资产使用管理办法(试行)》《宁夏气象部门国有资产处置管理办法(试行)》《宁夏气象部门岗位变动人员国有资产管理细则(试行)》《宁夏气象部门国有资产配置管理实施细则(试行)》(气发〔2016〕136 号);2017 年印发《计财处关于加强国有资产出租、出借事项管理的通知》(气计函〔2017〕40 号);2018 年印发《宁夏气象局办公室关于印发宁夏气象局办公用房管理办法(暂行)的通知》(宁气办发〔2018〕19 号)。

三、清产核资及资产清查

2006 年至 2016 年,国家组织进行二次全面资产清查工作。

第一次资产清查工作基准日是 2006 年 12 月 31 日。全区气象部门核实资产总额 101953993.67 元(其中:盘盈资产 29774798.86 元,盘亏资产 5882233.99 元)。负债合计为 3202287.02 元,净资产为 98751706.65 元。

列入宁夏气象部门此次资产清查的所有事业单位共计 33 个(其中自治区气象局本级单位 1 个,直属单位 7 个,市气象局 5 个,县级气象局及气象站 20 个)。

第二次资产清查工作基准日是 2015 年 12 月 31 日。全区气象部门资产账面汇总数 561911875.89 元,负债账面汇总数 12149866.79 元;资产清查报表账面汇总数 561756350.13 元,负债账面汇总数 12043077.17 元。

经审计,宁夏气象部门资产账面汇总数 561756350.13 元,负债账面汇总数 12043077.17 元;资产清查汇总数 559559171.35 元,负债清查汇总数 12043077.17 元。

列入宁夏气象部门此次资产清查的所有事业单位共计 37 个(其中自治区气象局本级单位 1 个,直属单位 8 个,市气象局 5 个,县级气象局及气象站 22 个,气象学会 1 个)。

从 2016 年开始,宁夏气象部门开始常态化资产清查工作,要求各单位在每年 5 月组织资产清查工作,6 月统一将资产清查结果函报计划财务处,并根据清查结果及时进行国有资产处置。

第十六章　政策法规

第一节　机构建设

宁夏气象法治建设起步于 20 世纪 90 年代,以《宁夏回族自治区气象条例》立法为标志。

2001 年以前,气象法规工作由宁夏气象局办公室承担。

2001 年 10 月,根据中国气象局下发的《宁夏回族自治区气象系统国家机构改革方案》(中气人发〔2001〕16 号)和《宁夏气象局印发〈宁夏回族自治区气象局机关机构改革实施方案〉的通知》(宁气人发〔2001〕21 号),成立宁夏气象局政策法规处,组织管理全区气象政策法规工作。

2002 年,在全区地市气象部门机构改革中,各地市气象局成立政策法规科,挂靠业务科技科,负责管理本行政区域内政策法规工作。

2006 年,宁夏气象局进行机构编制调整,政策法规处并入宁夏气象局办公室。

2010 年,宁夏气象局对内设机构和直属单位进行调整,政策法规处独立设置。

2012 年,在全区气象机构综合改革中,各县(市、区)气象局成立政策法规科,挂靠县(市、区)气象局办公室,负责管理本行政区域内政策法规工作,进一步健全法制机构。

2014 年,在全区县级气象机构改革中,各县(市、区)气象局政策法规科由挂靠县(市、区)气象局办公室,调整为挂靠县(市、区)气象局防灾减灾科。

2020 年,在全区气象业务技术体制重点改革中,市、县(市、区)气象局不再保留政策法规科牌子,各市气象局原政策法规科承担的职能由业务科技科负责,各县(市、区)气象局原政策法规科承担的职能调整到办公室负责。县(市、区)气象局气象行政许可、行政执法和社会管理工作任务根据实际情况向市级集约。

第二节　执法队伍

为确保气象行政执法责任制的贯彻落实,更好地履行《中华人民共和国气象法》及有关法律法规赋予各级气象主管机构的社会管理职能,1999 年宁夏气象局向自治区政府法制办申请行政执法主体资格并获得批准。

2007 年,全区气象部门 19 个行政执法主体全部申领办理《行政处罚实施机关罚没职权确认证》。

2008 年,全区气象部门 19 个行政执法主体全部在自治区财政厅开设行政罚款缴纳专用账户,实现行政罚款收缴分离。

2002—2007 年,各地市气象局先后成立气象行政执法队。2010 年,宁夏气象局成立气象行政执法总队。2012 年,各县(市、区)气象局也成立行政执法队,区、市、县三级气象部门气象行政执法队伍全部建立。

截至 2020 年,全区气象部门 97 人经培训、考核,取得自治区政府核发的行政执法证件,以兼职人员为主的气象行政执法运行模式基本形成。

第三节　立　　法

一、气象立法总体情况

宁夏气象立法工作从 1998 年开始,经过二十多年的发展,先后出台 2 部法规,5 件政府规章,6 件规范性文件,成效显著。2 部法规:《宁夏回族自治区气象条例》《宁夏回族自治区气象灾害防御条例》。5 件政府规章:《宁夏回族自治区防雷减灾管理办法》《宁夏回族自治区人工影响天气管理办法》《宁夏回族自治区气象设施和气象探测环境保护办法》《宁夏回族自治区气象灾害预警信号发布与传播办法》《宁夏回族自治区气候资源开发利用和保护办法》。此外还出台《宁夏回族自治区暴雨灾害防御办法》《宁夏回族自治区人工影响天气作业安全管理办法(试行)》2 件政府规范性文件和《宁夏回族自治区雷电防护装置检测质量考核办法》《宁夏回族自治区雷电防护装置检测单位监督管理办法》《宁夏回族自治区气候可行性论证区域评估工作规程》《宁夏回族自治区雷电防护装置检测机构信用评价管理办法》4 件部门规范性文件。形成"两条例、五规章"及多件规范性文件组成的地方气象法规体系。

二、两部《条例》出台过程

(一)《宁夏回族自治区气象条例》

1998 年 12 月 28 日,自治区人大常委会副主任黄超雄一行到宁夏气象局视察工作,提出将《宁夏回族自治区气象条例》纳入自治区人大立法计划。

2000 年 1 月 11 日,自治区人大常委会副主任黄超雄一行到宁夏气象局交流座谈,指导气象法治建设工作。

2000 年 4 月 9—30 日,自治区人大常委会副主任黄超雄带领气象立法调研组先后赴重庆、湖北、湖南、江西、黑龙江等地区,就气象管理体制、气象地方立法与气象行政执法情况,以及气象探测环境与气候资源保护利用、防雷、人工影响天气、气象行业管理、专业有偿服务范围等内容进行调研。

2000 年 12 月 14 日,自治区政府召开第 57 次常务会议,审议并原则通过《宁夏回族自治区气象条例(草案)》,要求修订完善后报请自治区人大常委会审议。

2001 年 3 月 13—16 日,自治区人大常委会副主任黄超雄与部分人大常委,先后到银川、盐池、青铜峡、固原等地进行气象立法调研。

2001 年 3 月 28—29 日,自治区八届人大常委会第 18 次会议对《宁夏回族自治区气象条例(草案)》进行初次审议,并提出修改意见。

2001 年 7 月 20 日,《宁夏回族自治区气象条例》经自治区八届人大常委会第 20 次会议审议通过。自 2001 年 10 月 1 日起施行。

2006 年 3 月 31 日,自治区第九届人大常委会第 21 次会议对《宁夏回族自治区气象条例》进行修订。

2016 年 3 月 24 日,自治区第十一届人大常委会第 23 次会议对《宁夏回族自治区气象条例》进行第二次修订。

2020 年 11 月 25 日,自治区第十二届人大常委会第 23 次会议对《宁夏回族自治区气象条例》进行第三次修订。

(二)《宁夏回族自治区气象灾害防御条例》

2008 年,自治区第十届人大常委会决定,将《宁夏回族自治区气象灾害防御条例》列入自治区"十一五"立法规划和 2009 年立法计划。

2009 年 3 月 5—16 日,自治区人大常委会副主任马秀芬等一行 9 人前往四川、海南、江苏进行《宁夏回族自治区气象灾害防御条例》立法调研,主要就气象灾害防御规划的制定和实施、气象灾害防御设施的建设和运行、防雷管理、气候可行性论证、气象灾害风险评估、应急救援和灾后调查重建等内容进行座谈交流。

2009 年 4 月 30 日,自治区人民政府第 34 次常务会议讨论通过《宁夏回族自治区气象灾害防御条例(草案)》,并提请自治区人大常委会审议。

2009 年 5 月 25 日,自治区第十届人大常委会第 10 次会议对《宁夏回族自治区气象灾害防御条例(草案)》进行初次审议,并提出修改意见。会后,自治区人大法制委员会、人大常委会法制工作委员会会同有关部门到区内外再次进行调研。6 月 29 日,自治区人大常委会召开《宁夏回族自治区气象灾害防御条例(草案)》专家立法论证会,来自治区人大法制委员会、人大常委会法制工作委员会、政府法制办、气象局、农科院、水利厅、农牧厅、科技厅及宁夏大学的法律专家、理论和实际工作者们就条例草案进行讨论,并提出修改意见。7月31日,自治区第十届人大常委会第11次会议审议通过《宁夏回族自治区气象灾害防御条例》,自2009年10月1日起施行。

2020年11月25日,自治区第十二届人大常委会第23次会议对《宁夏回族自治区气象灾害防御条例》进行修订。

三、5件政府"规章"颁布

(一)《宁夏回族自治区防雷减灾管理办法》

2006年12月29日,自治区政府公布《宁夏回族自治区防雷减灾管理办法》(宁夏回族自治区人民政府令(第94号)),自2007年2月1日起施行。2007年,宁夏气象局与自治区政府法制办联合举办《宁夏回族自治区防雷减灾管理办法》新闻发布会,见图16-1。

2016年6月15日,宁夏回族自治区人民政府令(第83号)对《宁夏回族自治区防雷减灾管理办法》做了修改。

(二)《宁夏回族自治区人工影响天气管理办法》

2007年12月17日,自治区政府公布《宁夏回族自治区人工影响天气管理办法》(宁夏回族自治区人民政府令(第104号)),自2008年1月1日起施行。

2016年6月15日,宁夏回族自治区人民政府令(第83号)对《宁夏回族自治区人工影响天气管理办法》做了第一次修改。

2017年10月9日,宁夏回族自治区人民政府令(第92号)对《宁夏回族自治区人工影响天气管理办法》做了第二次修改。

(三)《宁夏回族自治区气象设施和气象探测环境保护办法》

2011年12月8日,自治区政府公布《宁夏回族自治区气象设施和气象探测环境保护办法》(宁夏回族自治区人民政府令(第40号)),自2012年1月1日起施行。

2016年6月15日,宁夏回族自治区人民政府令(第83号)对《宁夏回族自治区气象设施和气象探测环境保护办法》做了修改。

(四)《宁夏回族自治区气象灾害预警信号发布与传播办法》

2012年12月3日,自治区政府公布《宁夏回族自治区气象灾害预警信号发布与传播办法》(宁夏回族自治区人民政府令(第51号)),自2013年2月1日起施行。

(五)《宁夏回族自治区气候资源开发利用和保护办法》

2017年1月20日,自治区政府公布《宁夏回族自治区气候资源开发利用和保护办法》(宁夏回族自治区人民政府令(第91号)),自2017年3月1日起施行。法律法规文本见图16-2。

图16-1　2007年,宁夏气象局与自治区政府法制办联合举办《宁夏回族自治区防雷减灾管理办法》新闻发布会

图16-2　法律法规文本

四、规范性文件

2014 年 5 月 23 日、12 月 18 日自治区人民政府办公厅分别转发宁夏气象局制定的《宁夏回族自治区暴雨灾害防御办法》《宁夏回族自治区人工影响天气作业安全管理办法(试行)》2 件政府规范性文件。2018 年 11 月 8 日,自治区人民政府办公厅对以上 2 件政府规范性文件做了修改。

宁夏气象局还制定印发《宁夏回族自治区雷电防护装置检测质量考核办法》《宁夏回族自治区雷电防护装置检测单位监督管理办法》《宁夏回族自治区气候可行性论证区域评估工作规程》《宁夏回族自治区雷电防护装置检测机构信用评价管理办法》4 件部门规范性文件。

此外,全区各地市政府出台多个加强气象管理方面的规范性文件。2003 年石嘴山市政府出台《石嘴山市防御雷电灾害管理规定》,2005 年中卫市政府出台《中卫市防雷减灾管理办法》,2014 年固原市政府出台《固原市气象灾害管理办法》,气象法规体系不断健全。

第四节　行政执法

1999 年 11 月 16 日,自治区政府法制局发布《关于部分行政处罚实施机关资格的公告》,宁夏气象局被确认为具有气象管理行政处罚实施机关的法定授权组织。11 月 19 日,《宁夏日报》刊登此公告,向社会公布。宁夏气象局正式取得气象行政执法主体资格。

2000 年以来,全区各级人大机关共组织开展气象专项执法检查或视察调研 20 余次,各级气象主管机构主动向人大机关汇报工作 30 余次,人大机关指导检查气象工作已形成长效机制。2006 年 6 月,全国人大农委执法检查组前来宁夏,就《中华人民共和国气象法》规定的主要法律制度、贯彻实施工作取得的主要成效和存在的主要问题实施检查指导。2007 年 4 月,自治区人大常委会在全区范围开展学习宣传和贯彻实施《中华人民共和国气象法》《宁夏回族自治区气象条例》专项执法检查。执法检查组就贯彻实施工作中存在的突出问题和薄弱环节,向当地政府提出改进意见建议并督导落实。2007 年 5 月,自治区第九届人大常委会第28 次会议审议《自治区人民政府关于气象工作情况报告》和《自治区人大常委会执法检查组关于检查〈中华人民共和国气象法〉、〈宁夏回族自治区气象条例〉实施情况的报告》,这是自《中华人民共和国气象法》《宁夏回族自治区气象条例》颁布实施以来,自治区立法机关首次将气象工作议题列入常委会会议审议范围。2010 年 4 月 28 日,自治区人大常委会组织召开学习宣传和贯彻实施《气象灾害防御条例》座谈会,自治区人大常委会副主任马秀芬和自治区政府副秘书长张存平、中国气象局政策法规司副司长于玉斌等同志出席会议并讲话;自治区政府 34 个部门负责人及相关人员参加会议并作交流发言。座谈会围绕国务院《气象灾害防御条例》及《宁夏回族自治区气象灾害防御条例》解读,研究探讨气象灾害防御工作的新方法、新举措,推动"政府主导、部门联动、社会参与"的气象灾害防御体制建设。此外,全区各级人大及人大机关领导同志就气象法律法规贯彻落实情况多次前往气象部门视察调研,指导检查气象工作,对于新时期、新阶段维护气象法治权威、强化社会公众法治意识、优化气象事业发展法治环境,发挥积极作用。

区、市两级共举办各类行政执法培训班 9 期,组织集中执法培训 3 期,受训人员 400 余人次,培养执法骨干 14 名,执法骨干地市局配备率 100%。

执法经费、装备投入逐年稳步增加,区、市两级 6 个行政执法主体全部配备数码照相机、摄像机、录音笔等气象行政执法取证设备;县级行政执法主体数码相机配有率 100%。2017 年前还为各级行政执法主体配备气象行政执法专用车辆,公务用车改革后,气象行政执法用车继续得到保障。

建立宁夏气象局法律顾问制度,聘请 1 名专职律师担任法律顾问,促进重大事项决策法律咨询制度的落实。

第五节　法治宣传教育

一、"一五"普法宣传教育(1986—1990 年)

1985 年 11 月 5 日,中共中央、国务院转发《关于向全体公民基本普及法律常识的五年规划》的通知,确定 1986 年至 1990 年为"一五"法制宣传教育时间。宁夏气象局严格按照《关于向全体公民基本普及法律常识的五年规划》要求,通过多种方式的学习和开展法制宣传,使广大干部职工了解法律常识,增强法制观念。

二、"二五"普法宣传教育(1991—1995 年)

根据党中央、国务院〔1990〕20 号文件及国家气象局关于印发《气象部门开展法制宣传教育的第二个五年规划》的通知(国气法发〔1991〕16 号),从 1991 年开始,紧密结合宁夏气象部门实际,在全区气象部门范围内认真组织实施"二五"普法规划。经过五年的精心组织实施,完成各项学习任务。通过学习宣传法律、专业法和部门法规规章,气象部门广大干部职工的法律意识明显提高,法制观念普遍增强。应用法律武器,保护自己的合法权益,解决气象工作的疑难问题,成为职工群众的自觉行动,在宁夏气象部门初步形成学法、用法的良好法制环境。

三、"三五"普法宣传教育(1996—2000 年)

1996 年,成立宁夏气象局"三五"普法工作领导小组,加强对"三五"普法工作组织领导。制定《宁夏气象局"三五"普法工作规划》,明确指导思想、目标与任务、对象与要求,把普法工作列入各单位年度目标任务考核中。领导干部带头学习法律法规知识,通过党组中心组学习,加深领导干部对邓小平同志关于民主法制思想的理解,提高依法决策、依法管理水平。每年制定年度普法工作安排,通过宣传专栏、黑板报、上街宣传等形式加大学习宣传普及法律知识力度。有针对性地举办"三五"普法骨干培训班,尤其是加大处级干部培训力度,邀请法学专家、法制局领导、讲师团老师开展培训。《中华人民共和国气象法》出台后,举办专门辅导报告会,加强对气象法的学习宣传贯彻。认真学习贯彻党的十四届六中全会精神,制定《宁夏气象部门社会主义精神文明建设"九五"规划和 2010 年远景目标》,将民主法制建设纳入其中。将普法教育与贯彻党的十五大精神结合起来,邀请自治区党委讲师团、教研室专家开展专题辅导报告。将普法工作与社会治安综合治理相结合,签订责任书,落实领导干部在综合治理中的责任,从 1996 年以来,宁夏气象局综合治理连续多年优秀达标,被辖区评为治安模范单位。把普法教育与"三讲"教育、党风廉政教育等工作相结合,认真学习《党章》《监察法》等相关法律法规。

四、"四五"普法宣传教育(2001—2005 年)

为进一步加强对"四五"普法工作的组织领导,宁夏气象局先后成立法制建设领导小组和普法依法治理办事机构。制定《宁夏气象部门"四五"普法规划》和《宁夏气象局依法治理工作规划》,全面安排部署宁夏气象部门"四五"普法依法治理工作,明确"四五"普法依法治理工作指导思想、总体目标、主要任务、普法对象、基本方法和实施步骤。在"四五"普法依法治理工作期间,投入普法依法治理工作经费 20 多万元,征订各类普法学习书籍和报纸宣传材料 1300 多册(份),为普法依法治理办事机构配备各种办公设施,购置照相机、摄像机、录音笔等专用设备。在"四五"普法期间共举办各类法制培训班和讲座 22 期,受教育人数达 8500 多人次。2001 年 9 月 25 日,自治区政府副主席陈进玉就《宁夏回族自治区气象条例》的学习、宣传、贯彻、实施接受记者采访,加强媒体宣传。2002 年、2003 年组织职工参加自治区统一组织的"四五"普法考试,2004 年自行组织普法考试,进一步检验学习效果。普法依法治理制度逐步健全,先后制定《关于加强宁夏气象部门领导干部学法用法工作的实施意见》《宁夏气象局党组中心组学法制度》《宁夏气象局领导干部学法档案制度》《宁夏气象局领导干部法制讲座制度》《宁夏气象局重大问题决策法律咨询制度》《宁夏气象局法律知识培训考试制度》《宁夏气象局普法依法治理工作奖惩制度》等,切实加强和规范普法依法治理工作的组织管理,使普法依法治理工作逐步走上科学化、规范化轨道。宁夏气象局获"四五"普法先进单位;青铜峡市气象局获"四五"普法先进集体;全区气象部门有 2 人分获自治区级和地市级"四五"普法先进个人荣誉称号。

五、"五五"普法宣传教育（2006—2010 年）

"五五"普法期间，宁夏气象法律法规建设迈入新阶段，气象法规体系基本形成，气象事业步入依法管理、依法发展、依法保障法制轨道。宁夏气象局累计投入法治建设经费 100 余万元，5 个地市气象局累计投入经费 60 余万元，13 个县级局累计投入经费 40 余万元，有力保障普法教育工作顺利开展和气象事业健康发展。深入开展"法律六进"活动，防雷法制宣传"进校园、进工地"活动收效良好，百家房产企业防雷法制宣传工作顺利推进，科普基地科普法制宣传活动深入开展，大专院校气象专题报告暨法制宣传工作每年定期举办。期间，共接待学习参观人员 3000 余人次，举办科普暨法制宣传讲座 100 余场、受众 5 万余人，捐赠法律书籍 3000 余册，向 500 余所中小学校赠送防雷知识宣传挂图、光盘 500 余套。2010 年，自治区人大常委会召开学习宣传和贯彻实施《气象灾害防御条例》座谈会，见图 16-3。

六、"六五"普法宣传教育（2011—2015 年）

2011 年印发《宁夏气象部门开展法制宣传教育第六个五年规划》，成立宁夏气象局"六五"普法领导小组。每年年初制定印发《宁夏气象部门普法工作要点》，安排部署全区气象部门普法依法治理工作，并将法制建设及普法宣传工作作为目标任务分解下达到各市局及各直属单位，与基本业务同布置、同检查、同考核。"六五"普法期间，法制建设及普法经费每年保证在 8 万元以上。全区气象部门共举办法治讲座、报告 40 余场，组织法律知识考试 9 次，开展法律知识竞赛和知识答题、法治理论文章征文及评比、法治文化作品征集等活动，极大地丰富了单位职工法治文化生活。制定《宁夏气象局开展"深化法律六进 推进依法治国"法治宣传教育主题活动实施方案》，以气象灾害防御、气象探测环境保护、雷电防护等气象法律法规为重点，组织开展气象法律"进机关、进乡村、进社区、进学校、进企业、进单位"主题活动。

七、"七五"普法宣传教育（2016—2020 年）

2016 年成立宁夏气象局普法依法治理领导小组，制定印发《宁夏气象部门开展法治宣传教育第七个五年规划（2016—2020 年）》，组织召开全区气象部门"七五"普法动员大会。"七五"普法期间，全区气象部门共举办法治讲座、报告 20 余场，组织法律知识考试 10 余次、法律知识竞赛和答题 5 次、法治征文 1 次、法治文化作品征集活动 1 次、微视频征集评比 1 次，极大地丰富了单位职工的法治文化生活。建立法律顾问和公职律师公司律师制度，制定印发《宁夏气象部门推行法律顾问和公职律师公司律师制度实施细则》和《宁夏气象局重大问题决策法律咨询制度》，宁夏气象局、各市气象局及部分直属事业单位和国有企业均聘请法律顾问，充分发挥法律顾问在法律咨询论证和法治宣传教育工作中的重要作用。严格落实普法责任制，制定印发《宁夏气象部门落实"谁执法谁普法"普法责任制的实施意见》以及普法内容清单、普法责任清单、普法措施清单、普法标准清单、普法责任制考核办法的"四清单一办法"。积极开展宪法学习宣传，组织党组中心组学习会，深入开展《宪法》通读活动，开展宪法专题讲座，组织宪法知识测试和微信宪法答题活动，开展宪法宣誓仪式。组织开展《民法典》专题讲座。2017 年，宁夏气象局开展"12·4"国家宪法日普法宣传，见图 16-4。

第六节　行政审批

宁夏气象行政审批工作起步于 2005 年，全区各级气象局逐步开始在当地政务大厅设置气象行政审批窗口，派驻人员集中受理办理行政审批事项。组织实施的行政审批事项共有 21 项，其中行政许可事项 15 项，分别是：气象技术装备（含人工影响天气作业设备）使用许可证审核，气象台（含特种观测站）的迁建审批，新建、扩建、改建建设工程避免危害气象探测环境审批，外国组织和个人在中国从事气象活动审核，人工影响天气作业组织资格认定，人工影响天气作业人员资格认定，升放无人驾驶自由气球或者系留气球活动审批，重要气象设施建设项目审批，大气环境影响评价使用非气象主管部门提供的气象资料审查,向社会发布气象预报和灾害天气预报的审批,广播、电视等传播媒介改变气象预报节目播放时间的审查,从事气象科技服务审批,升放无人驾驶自由气球、系留气球单位资质认定,防雷装置检测、防雷工程专业设计、施工单位资质认定,防雷装置设计审核和竣工验收;公共服务事项6项,分别是:防雷产品使用备案核准,外地防雷工程专业资质备案核准,为教学和科学研究等开展的临时气象观测备案,其他部门新建、撤销气象台站审批,气象信息服务单位备案,气象信息服务单位建立气象探测站(点)备案。

图 16-3　2010年,自治区人大常委会召开学习宣传和贯彻实施《气象灾害防御条例》座谈会

图 16-4　2017年,宁夏气象局开展"12·4"国家宪法日普法宣传

2008年,根据自治区政府《关于印发宁夏回族自治区政务服务中心组建方案的通知》(宁政发〔2008〕40号)精神,宁夏气象局成立行政审批办公室。

随着行政审批制度改革的深入开展,国务院多次对行政审批事项进行清理取消。2014年,按照《国务院关于取消和调整一批行政审批项目等事项的决定》(国发〔2014〕50号),宁夏气象局取消防雷产品使用备案核准、外地防雷工程专业资质备案核准、为教学和科学研究等开展的临时气象观测备案3项公共服务事项。

2015年,按照《国务院关于取消非行政许可审批事项的决定》(国发〔2015〕27号)要求,宁夏气象局取消其他部门新建、撤销气象台站审批。

2016年,按照《全国人民代表大会常务委员会关于修改〈中华人民共和国对外贸易法〉等十二部法律的决定》(中华人民共和国主席令第五十七号)要求,宁夏气象局取消人工影响天气作业组织资格认定、重要气象设施建设项目审批、大气环境影响评价使用非气象主管部门提供的气象资料审查3项行政审批事项。

2016年,按照《关于优化建设工程防雷许可的决定》(国发〔2016〕39号)要求,宁夏气象局取消防雷工程专业设计、施工单位资质认定行政审批事项。2017年6月6日,印发《宁夏气象局关于贯彻落实〈中国气象局关于进一步贯彻落实国务院关于优化建设工程防雷许可决定的实施意见〉的通知》(气发〔2017〕86号),各市县气象局按照文件要求于2017年年底完成与住建等部门建设工程防雷许可的交接工作。

2017年,中国气象局着手建设网络行政审批平台。2018年年底,宁夏气象部门所有行政审批事项均通过中国气象局行政审批平台、宁夏政务服务平台等网络审批平台实现全部行政审批项目网上办理,并按照自治区政府相关规定大力压缩审批时限、流程、环节,切实提高办事效率。随着网上办理或综合代办的推行,各级气象部门在当地政府政务大厅设置的气象行政审批窗口逐步撤销。目前,只有宁夏气象局、银川市气象局还在当地政府政务大厅保留气象行政审批窗口。

截至2020年,宁夏气象部门保留行政许可事项6项,比2005年减少9项,减少60%。保留的6项行政许可事项分别是:气象台站迁建审批,雷电防护装置检测单位资质认定,新建、扩建、改建建设工程避免危害气象探测环境审批,雷电防护装置设计审核和竣工验收,升放无人驾驶自由气球、系留气球单位资质认定,升放无人驾驶自由气球或者系留气球活动审批。保留的公共服务事项2项,分别是:气象信息服务单位备案,气象信息服务单位建立气象探测站(点)备案。

第七节　标准化建设

宁夏气象局从 2009 年开始发挥气象行业标准化组织管理职能,积极推动标准化建设工作。2009年,组织申报气象地方标准《建筑物防雷设计评价技术规范》,并获自治区质量技术监督局审批立项,2010 年 12 月 21 日,该标准发布实施。2011 年,组织申报气象行业标准 1 项,并获中国气象局审批立项。2012 年,组织申报气象行业标准 2 项,地方标准 1 项,均获审批立项。2013 年,地方标准《压砂西瓜农业气象观测技术规范》发布实施。2014 年,13 项地方标准获宁夏质量技术监督局审批立项。2015 年,组织申报气象行业标准 1 项,地方标准 8 项,均获审批立项;《农业气象观测规范 枸杞》《枸杞炭疽病发生气象等级》《煤化工装置防雷设计规范》3 项气象行业标准发布实施。2016 年,组织申报气象行业标准 2 项,1 项获审批立项;7 项地方标准获批立项。2017 年,组织申报气象行业标准 1 项;《数字式温湿度表校准规范》《地面自动气象观测数据交换格式规则》《酿酒葡萄农业气象服务技术规程》《果园霜冻防御技术规程 熏烟和加热法》《光伏发电站防雷装置检测技术规范》5 项地方标准发布实施。2018 年,组织申报气象行业标准 2 项,1 项获审批立项;8 项地方标准获批立项;《气候可行性论证规范 机场工程气象参数统计》气象行业标准发布实施。2019 年,组织申报气象行业标准 1 项;4 项地方标准获批立项;《石油库防雷装置检测技术规范》《汽车加油(气)站防雷装置检测技术规范》《风电场风能资源测量评估数据处理技术规范》3 项地方标准发布实施。2020 年,组织申报气象行业标准 4 项,2 项地方标准获批立项;《农产品气候品质评价 酿酒葡萄》气象行业标准发布实施;《建筑物雷电防护装置设计技术评价工作规程》《风电场专业气象服务规程》《枸杞蚜虫气象服务技术规程》《红枣生产农业气象观测规范》《常用生活气象指数服务产品等级划分》《煤化工防雷装置检测技术规程》《气象灾害防御示范乡镇建设标准》《宁夏城市短历时暴雨强度公式与暴雨雨型报告编制规范》《宁夏公路交通气象观测站建设技术规范》《城市供排水系统防雷装置检测技术规范》《湿地公园雷电防护技术规范》11 项地方标准发布实施。宁夏气象部门气象标准制修订情况见表 16-1。

表 16-1　宁夏气象部门气象标准制修订情况

年份	行业标准制修订情况		地方标准制修订情况	
	立项数量	发布实施数量	立项数量	发布实施数量
2009 年			1	
2010 年				1
2011 年	1			
2012 年	2		1	
2013 年				1
2014 年			13	
2015 年	1	3	8	
2016 年	1		7	
2017 年				5
2018 年	1	1	8	
2019 年			4	3
2020 年		1	2	11

2014 年以来,宁夏气象局将气象标准化工作纳入各相关单位目标任务考核中。2015 年 6 月 8 日成立宁夏气象标准化技术委员会,建立《宁夏气象标准化技术委员会章程》和《宁夏气象标准化技术委员会秘书处工作细则》等工作制度。2016 年起,宁夏气象局加强了标准实施执行情况的规范化管理,每年及时更新宁夏气象部门标准执行清单,2016 年执行国家气象标准 40 个,行业气象标准 173 个,地方气象标准 2 个,到 2020 年执行国际气象标准 1 个,国家气象标准 169 个,行业气象标准 373 个,地方气象标准 19

个,团体气象标准 2 个。同时,各业务单位和各市气象局也及时梳理更新公布本单位的气象标准执行清单。2016 年,宁夏气象局与自治区质量技术监督局联合下发《关于印发深化气象标准化工作改革实施方案的通知》,提出 2016 年至 2020 年宁夏气象标准化发展的指导思想、基本原则、六项具体工作任务和四项保障措施。2017 年宁夏气象局印发《宁夏气象标准体系框架》《宁夏气象地方标准化工作管理办法》,加强气象标准化管理。2019 年印发《宁夏气象局关于进一步加强气象标准化工作的通知》,对标中国气象局要求,结合宁夏实际,努力做好第二次全国气象标准化工作会议精神贯彻落实。2020 年在自治区地方标准管理办法出台后,修订印发了《宁夏气象地方标准管理办法》,进一步加强地方气象标准建设实施管理工作。

加强标准化工作培训。2016 年 9 月和 2019 年 4 月,两次举办"宁夏气象标准化工作改革及标准编制技能培训班",全区各市县气象局、各直属事业单位政策法规、业务管理、标准化工作技术骨干 80 多人参加学习培训。2018 年 4 月举办全区防雷安全监管暨防雷检测技能培训班,来自区内外 30 多家防雷检测机构的 80 余人参加培训,重点对防雷监管标准体系进行学习和宣贯。2016 年至 2020 年先后安排 10 多名气象骨干人员参加中国气象局法规司等举办的全国气象标准编制技能培训班和气象标准化工作专题培训班,全面学习标准编写编制的基础与技能、标准制定程序等,努力提高全区气象标准的申报、制修订能力和水平。

第八节　气象科技服务管理

一、气象科技服务称谓和管理机构

(一)气象科技服务称谓

1984—1991 年,称为"专业有偿服务"和"综合经营"。

1992—1996 年,称为"气象科技服务与产业"和"综合经营"。

1997—2001 年,称为"以气象信息产业为重点的高新技术产业"。

2002—2020 年,称为"气象科技服务"。

(二)气象科技服务管理机构

为加强对气象科技服务工作的组织管理,保障全区气象科技服务能够依法、规范、健康发展,1996 年,宁夏气象局组建成立"宁夏气象局科技服务处"。2001 年,撤销"宁夏气象局科技服务处",组建成立"宁夏气象局政策法规处",职能得到进一步扩充和增强。

二、气象科技服务发展历程

宁夏气象科技服务可分为 6 个发展阶段。

第一阶段为探索起步阶段(1985—1991 年)。1985 年 3 月 29 日,《国务院办公厅转发国家气象局关于气象部门开展有偿服务和综合经营的报告的通知》(国办发〔1985〕25 号),为宁夏气象部门开展有偿服务和综合经营奠定政策基础。自此,全区各级气象部门开始探索开展气象有偿服务和开办小卖部、加工厂、招待所等经营实体,气象科技服务开始起步。

第二阶段为逐步发展阶段(1992—1996 年)。根据中国气象局党组提出的调整气象事业结构,形成基础业务、科技服务、综合经营"三大块"的发展思路,宁夏气象部门解放思想,适应市场经济需要,加强气象科技服务队伍建设,积极兴办经济实体,拓展经营项目,大力发展科技服务和综合经营。先后新开拓施放气球、防雷检测、电视天气预报广告、无线寻呼、打字印刷等服务项目,推广建成农村气象预报警报网,经营服务范围涉及商品销售、通信技术、产品加工、种植养殖业、印刷业等领域。成立宁夏气象局科技服务处,加强对科技服务和综合经营的管理,保障科技服务和综合经营健康发展。

第三阶段为产业调整阶段(1997—2001 年)。1996 年全国气象部门产业发展工作会议召开后,宁夏气象部门依托气象基本业务系统,发展以气象信息产业为重点的高新技术产业。整合原有经营实体和项目,发展规模经营,提升市场竞争力。推行成本核算、效益考核运行机制,切实提高经营收入。成立宁夏气象影视中心,新建宁夏专业气象服务台和国有资产运营中心,建成蓝天宾馆。整合组建彩球部和防雷中心,重组宁夏华云信息技术有限责任公司,通过对全区气象部门科技服务与产业,尤其是宁夏气象局各单位经营实体的整合,不断优化资源配置,增强规模效益。出台《宁夏气象部门产业管理办法实施细则》《宁夏气象局直接投资企业管理暂行办法》等管理制度,规范经营管理。

第四阶段为产业转型阶段(2002—2009 年)。经过多年发展,宁夏气象科技服务具备一定规模,但结构还不够合理,科技含量还不足。宁夏气象局及时调整思路,确立以市场需求为导向,以经济效益为中心,充分发挥部门优势,适应社会主义市场经济体制,以高新技术产业为重点的产业体系发展目标。出台《宁夏气象局关于进一步加快发展气象科技服务的实施意见》,促进气象科技服务进一步发展。大力开展专业气象服务、影视广告、防雷检测、防雷工程、施放气球、手机短信、121 信息电话等项目,基本形成以气象信息服务、防雷检测、影视广告等支柱项目为主,防雷工程、专业气象服务等项目为补充的科技服务发展格局。同时,培养一批懂管理、善经营的气象科技服务骨干队伍,为"十一五"期间科技服务的新一轮发展积累宝贵经验、奠定坚实基础。

第五阶段为快速发展阶段(2010—2015 年)。随着经济社会的高速发展,全区气象部门在做好气象基础业务工作的同时,气象科技服务工作也步入快速发展轨道。在巩固原有专业气象服务、影视广告、防雷检测、防雷工程、施放气球、手机短信、121 信息电话等项目的同时,新增防雷装置设计图纸技术评价、雷击风险评估、防雷装置跟踪检测、气候可行性论证等新项目。积极与自治区财政厅、物价局协调,出台《自治区物价局关于核定防雷技术服务收费试行标准的复函》《自治区物价局关于重新核定雷击风险评估和气候可行性论证收费标准的复函》等收费文件,为防雷技术服务、气候可行性论证等项目的依法开展提供制度保障,全区气象科技服务快速发展,经济效益大幅提高。

第六阶段为全面社会化阶段(2016—2020 年)。随着"放管服"改革的推进,各级气象部门逐步退出气象科技服务经营活动,在防雷技术服务改革带动下,气象科技服务市场不断开放,社会企业广泛参与的多元化气象科技服务市场逐步形成。气象部门所属企业主要开展专业气象服务、气候可行性论证、手机短信、影视广告等项目。全区气象科技服务经过多年发展,为缓解气象部门事业经费不足、改善职工办公和生活条件、稳定职工队伍发挥重要作用,并为宁夏气象事业高质量发展注入了活力。

第十七章　党的建设

第一节　全面从严治党

一、全面加强党的建设

始终坚持和加强党对宁夏气象事业的全面领导，以党的政治建设为统领，全面推进气象部门党的政治建设、思想建设、组织建设、作风建设、纪律建设，把制度建设贯穿其中，把讲政治体现在气象工作全过程和各领域。坚持把党的政治建设摆在首位，持续加强思想理论武装，健全完善党建和党风廉政建设工作组织体系、制度与机制，重视和加强基层党组织建设，层层落实全面从严治党责任，深入推进党风廉政建设，加强作风建设和气象文化建设，推进党的建设与业务工作深度融合、相互促进，营造风清气正、干事创业的良好政治生态和发展环境，确保党的理论和路线方针政策在宁夏气象部门贯彻落实，为宁夏气象事业改革创新发展提供坚强政治保证。

截至 2020 年年底，宁夏区、市、县三级气象局均设有党组。全区气象部门有 1 个机关党委，1 个党总支，42 个党支部（其中宁夏气象局机关党委所辖党支部 21 个）；党员 606 人（含离退休党员），其中宁夏气象局机关党委管理党员 311 人。

1992 年，宁夏气象局机关党委进行改选。

1997 年，宁夏气象局设置政工处。

2001 年，宁夏气象局设置机关党委办公室（精神文明建设办公室），撤销政工处。

2004 年，自治区党委组织部、宁夏气象局党组联合印发《关于加强气象部门党的基层组织建设的意见的通知》；制定《机关党建工作责任制规定》《党建工作目标任务考核标准》。

2007 年，制定《关于加强领导干部作风建设的实施意见》《宁夏气象部门工作过错责任追究办法》等制度。

2007 年，中共宁夏气象局机关第六次代表大会在银川召开，见图 17-1。

2012 年，以公推直选方式完成宁夏气象局机关党委换届选举。

2013 年，制定《中共宁夏气象局机关委员会工作规则》《宁夏气象局机关党建目标责任制考核评分标准》等制度。

2015 年，深入推进基层服务型党组织创建工作，印发《创建星级党组织管理考核细则》和《基层服务型党组织建设实施意见》。

2016 年，完成宁夏气象局机关党委、机关纪委换届选举。印发《中共宁夏气象局党组关于进一步加强全区气象部门党的建设的实施意见》《中共宁夏气象局机关委员会关于局机关支部调整的通知》。宁夏气象台《构建新气象 服务零距离》基层支部工作法获区直机关建设服务型党组织优秀案例。

2017 年，整合成立宁夏气象局党组党建和党风廉政建设工作领导小组。开展"作风建设年"活动。首次开展星级党员评定工作。印发《关于进一步规范"三会一课"制度的通知》。

2018 年，召开全区气象部门全面从严治党工作会议。实施"三强九严"工程，印发《机关党建工作"灯下黑"问题专项整治活动实施方案》。实行基层党组织星级管理和考核。全区气象部门深入开展"三化"问题排查治理，以及"共产党员信仰宗教和参与宗教活动"专项整治。印发《宁夏气象局党组关于扎实推进全区气象部门党的政治建设的实施方案》。

2019 年，召开全区气象部门全面从严治党工作会议。印发《中共宁夏气象局党组关于以政治建设为统领加强宁夏气象部门党的建设的责任分工》《中共宁夏气象局党组巡察工作领导小组工作规则》《中共宁夏气象局党组巡察工作领导小组办公室工作规则》和《中共宁夏气象局党组巡察组工作规则》。中共宁夏气象局机关委员会印发《深入推进"三强九严"工程开展机关党建质量提升年活动暨"匠心工程"实施方案》。中共宁夏气象局党组党建和党风廉政建设工作领导小组办公室印发《关于开展融入业务抓党建示范建设的通知》。确定宁夏气象台、宁夏气象科研所、银川市气象局 3 个单位开展融入业务抓党建示范建设,初步形成了"天燕""科技兴宁 气象先锋""精测风雨 情系万家"党建工作品牌。

2020 年,召开全区气象部门全面从严治党工作会议。修订《宁夏气象局党组党建和党风廉政建设工作领导小组工作规则》《中共宁夏气象局机关委员会工作规则》等党建工作制度。启动"让党中央放心、让人民群众满意的模范机关"创建工作。印发《以党建和业务深度融合推进模范机关创建的具体措施》。宁夏气象局首次纳入自治区党委效能目标管理考核体系,全面从严治党作为重要考核内容。党建与业务融合不断深入,全区气象部门共形成"党建＋业务"品牌 36 个。

二、思想政治教育

1992 年,召开全区气象系统思想政治工作会议暨第三次年会,通过《宁夏气象局思想政治工作实施细则》,征集交流论文 52 篇。组织学习贯彻邓小平同志南方谈话、党的十四大精神。

1993 年,组织学习贯彻邓小平同志建设有中国特色的社会主义理论、党的十四届三中全会《中共中央关于建立社会主义市场经济体制若干问题的决定》。

1995 年,召开全区气象系统第三次职工思想政治工作研讨会。

1996 年,宁夏气象局与自治区党委组织部、宣传部在银川联合举办了两场陈金水同志事迹报告会。

1999 年,全区气象部门针对工作实际,特别是改革中反映出的思想问题,深入开展思想政治工作。

2001 年,制定《宁夏气象部门思想政治工作考核评分标准》并将考核工作纳入目标管理。学习贯彻江泽民总书记"七一"重要讲话、党的十五届六中全会精神。在自治区农口部门学习贯彻十五届六中全会精神交流会议上,宁夏气象局作大会交流发言。

2002 年,学习贯彻党的十六大精神。宁夏气象局党组集中 4 天时间,召开由全区气象部门处级以上干部参加的党组扩大会议,认真学习贯彻党的十六大精神,紧密联系部门实际思考和研讨。

2004 年,宁夏气象局荣获自治区党委宣传部、组织部授予的"全区思想政治工作先进单位"。

2015 年,印发《关于加强全区气象部门经常性思想政治工作的意见》,"五必谈""五必访"得到落实。发放《全区气象部门青年职工思想动态调查问卷》,开展青年职工思想动态调研。

2017 年,深入学习宣传贯彻党的十九大精神。举办了全区气象部门学习贯彻党的十九大精神党务纪检干部培训班和十九大精神专题学习研讨班。学习贯彻落实党的十八届六中全会精神和习近平总书记重要指示精神,学习自治区第十二次党代会精神,学习自治区党委和中国气象局党组一系列重要决策部署。

2018 年,印发《中共宁夏气象局党组关于贯彻落实加强和维护党中央集中统一领导若干规定精神的通知》。深入学习贯彻习近平新时代中国特色社会主义思想和党的十九大精神,组织对全区气象部门上百名党务干部进行全员培训,并选派处级以上干部参加自治区、中国气象局举办的党务和纪检干部培训班。2019 年,宁夏气象局举办党组中心组学习研讨会,见图 17-2。

2020 年,印发《宁夏气象局干部职工思想动态分析报告办法》。建立完善宁夏气象局党组领导班子成员基层党建工作联系点、宁夏气象局机关党委委员联系基层党支部、支部书记和委员联系党员等工作机制。学习宣传贯彻习近平总书记关于气象工作重要指示和视察宁夏重要讲话精神。编写学习贯彻习近平总书记关于气象工作重要指示和视察宁夏重要讲话精神宣讲稿,党组班子成员带头在处级干部、有关培训班、基层联系点等广泛宣讲辅导。学习宣传贯彻党的十九届五中全会精神。开展了党员"大学习"、"信仰与忠诚"党性教育活动。

三、主题教育

1997 年,全区气象部门开展讲学习、讲政治、讲正气"三讲"教育。组织学习贯彻邓小平理论、党的十四届六中全会和党的十五大精神。宁夏气象局近 3 年开展的"学党章、学邓小平理论"活动,通过区直机关工委考核验收,达到优秀标准。

图 17-1　2007 年,中共宁夏气象局机关
第六次代表大会在银川召开

图 17-2　2019 年,宁夏气象局举办党组
中心组学习研讨会

2000 年,全区气象部门开展讲学习、讲政治、讲正气"三讲"教育回头看活动。在全区气象部门组织举办了全国先进工作者杨强铭同志先进事迹巡回报告会。

2004 年,自治区区直机关工委在宁夏气象局召开"党员先进性教育"、争创"三个一流"活动现场会,宁夏电视台和《宁夏日报》以"宁夏气象局重视党建工作"为题进行报道。

2005 年,开展以实践"三个代表"重要思想为主要内容的保持党员先进性教育活动,将活动与学习中国气象事业发展战略、开展气象业务知识竞赛等紧密结合。

2008 年,开展深入学习实践科学发展观活动。宁夏气象局注重突出气象部门实践特色,与查找和解决影响制约宁夏气象事业科学发展的突出问题有机结合,扎实推进"学习实践活动",受到自治区学习实践活动领导小组办公室第九指导检查组的好评。

2009 年,全区气象部门第一、第二批深入学习实践科学发展观活动圆满结束,群众满意度达 99%。

2013 年,作为第一批单位,宁夏气象局开展了党的群众路线教育实践活动。

2014 年,市、县气象部门作为第二批单位,开展了党的群众路线教育实践活动,见图 17-3。

2015 年,开展"三严三实"专题教育。组织了"守纪律、讲规矩"主题教育和《中国共产党廉洁自律准则》(简称《准则》)《中国共产党纪律处分条例》(简称《条例》)集中学习月活动。

2016 年,开展学党章党规、学系列讲话,做合格党员"两学一做"学习教育。举办"两学一做"党员学习大培训和"学习贯彻十八届六中全会精神专题培训班"。结合"两学一做"学习教育,安排部署气象助力精准脱贫"学习年""大调研"活动。

2017 年,深化"两学一做"学习教育,全面落实领导班子成员、支部书记、普通党员讲党课三级党课学习机制。开展了学习党章党规、学习习近平总书记系列重要讲话精神、学习《准则》《条例》等内容的专题学习研讨。

2019 年,全区气象部门自上而下分两批开展"不忘初心、牢记使命"主题教育。学习宣传贯彻党的十九届四中全会精神。

2020 年,开展"不忘初心、牢记使命"主题教育问题整改回头看。学习宣传贯彻党的十九届五中全会精神。

四、党风廉政宣传教育

1994 年,开展反腐败斗争和干部廉洁自律教育,各级领导班子召开专题民主生活会。

2008 年,印发《建立健全惩防体系 2008—2012 年工作规划》的实施意见。加强反腐倡廉宣传教育,开展"六个一"和廉政文化"六进"活动。

2013 年,学习贯彻中央八项规定精神以及中国气象局党组和自治区党委的实施意见,制定实施细则,建立完善财政性资金支出、公务接待和出差管理等相关配套制度。

2014 年,印发《中共宁夏气象局党组关于贯彻落实〈建立健全惩治和预防腐败体系 2013—2017 年工作规划〉的实施细则》。开展"转作风、抓发展"活动。

2015 年,落实党风廉政建设"两个责任",建立党风廉政建设责任制台账,开展落实"两个责任"轮训。召开"三严三实"专题民主生活会。开展基层服务型党组织建设星级评选、"守纪律、讲规矩"主题教育、党员大培训、"从严从实抓落实 大干实干 100 天"和《准则》《条例》集中学习月等活动。

2016 年,开展全区气象部门党风廉政宣传教育月活动,举办专题辅导,进行知识测试。以党组理论学习中心组学习、廉政党课、专题辅导讲座、机关党委会、支部学习会等形式专题学习党内法规。

2017 年,印发《关于加强气象部门党建和党风廉政建设工作组织体系建设若干意见责任分工》《关于落实党风廉政建设党组主体责任和党组纪检组监督责任的实施意见》。开展党风廉政宣传教育月活动,组织党员干部赴自治区廉政教育基地、银川监狱等开展警示教育活动,观看警示教育片,邀请有关专家开展党风廉政建设专题辅导。将近年来宁夏及全国气象部门典型案例汇编分发,以案释法。落实区直机关纪工委要求,分别建立处级、科级及以下干部廉政档案。

2018 年,开展党风廉政建设宣传教育月、廉政警示教育活动。专题学习《中国共产党纪律处分条例》,强化纪律规矩意识。学习贯彻习近平总书记关于进一步纠正"四风"、加强作风建设重要指示精神,部署开展了形式主义、官僚主义等"四风"问题自查自纠和集中整治工作。

2019 年,建立了领导干部插手干预重大事项记录报告制度。开展了处级以上领导干部配偶、子女及其配偶违规经商办企业问题专项清理。组织党员公诺、迎"七一"集中主题党日、"微党课、微宣讲、微故事"学习大提升、庆祝新中国成立 70 周年升国旗仪式、"传精神"革命家书诵读、意识形态专题报告会等系列活动。组织党员干部赴宁东党性教育培训基地、石嘴山廉政教育基地、西吉县将台堡红军会师纪念馆开展党性教育。

2020 年,严格贯彻落实中央八项规定及其实施细则精神,开展了公务接待、办公用房、公务出差等方面的自查自纠和专项检查。开展党风廉政宣传教育月和廉政警示教育活动,结合近年来全国气象部门和地方典型案例以案释法,加强党的政治纪律和政治规矩学习教育。开展"七一"红色故事会、党员公诺、主题党日、专题组织生活会、谈心谈话、廉政警示教育等活动,加强党风廉政经常性教育。

五、创先争优

多年来,全区气象部门坚持以中国特色社会主义理论为指导,深入贯彻落实党的方针政策和上级决策部署,结合时代特征和新要求,不断加强和深化党的建设各项工作,强化党建政治保障,围绕中心、服务大局,充分发挥基层党组织战斗堡垒作用和党员先锋模范作用,涌现了一批先进典型,为推动宁夏气象事业发展作出积极贡献,宁夏气象部门党建工作取得丰硕成果。2019 年,宁夏气象局组织党员重温入党誓词,见图 17-4。宁夏气象部门党建荣誉见表 17-1。

图 17-3　2014 年,宁夏气象局开展党的
群众路线教育实践活动

图 17-4　2019 年,宁夏气象局组织党员
重温入党誓词

表 17-1　宁夏气象部门党建荣誉

序号	年份	获奖单位或人员	荣誉称号
1	1996 年	宁夏气象局机关党委	区直机关先进基层党组织
2		2 名党员	区直机关优秀共产党员、优秀党务工作者
3	2001 年	宁夏气象局	区直机关党建工作先进单位
4	2002 年	宁夏气象局	全区宣传思想工作先进集体
5	2003 年	宁夏气象局	区直机关党建工作先进单位
6	2004 年	宁夏气象局	全区思想政治工作先进单位
7	2005—2009 年	宁夏气象局机关党委	连续五年获区直机关党建目标责任制考核优秀达标单位
8	2010 年	宁夏气象局	区直机关"机关党的建设年"先进单位
9	2011 年	宁夏气象局	"党群共建　创先争优"活动被区直机关工委树为"创新示范亮点工作培育单位"
10		宁夏气象台党支部	区直机关先进基层党组织
11		张晓煜、刘玉兰	区直机关优秀共产党员
12		王迎春、戴小笠	区直机关优秀党务工作者
13		冯建民	自治区学习型领导干部
14	2012 年	宁夏气象局团委	全区"五四"红旗团委
15		宁夏气象服务中心党支部	区直机关创先争优先进基层党组织
16	2014 年	宁夏气象台党支部	区直机关先进基层党组织
17		柳荐秋	区直机关优秀共产党员
18	2015 年	宁夏气象科研所党支部	区直机关先进基层服务型党组织
19		马金仁	区直机关优秀共产党员
20		薛宏宇	区直机关优秀团员
21	2016 年	宁夏气象台党支部	《构建新气象 服务零距离》获区直机关建设服务型机关党组织优秀案例
22		王鹏祥	《弘扬六盘山精神　强化气象助力精准脱贫的责任意识与问题导向》荣获区直机关"精品党课"
23		宁夏气象台党支部 宁夏气象服务中心党支部	区直机关庆祝建党 95 周年先进基层党组织
24		张冰、王素艳、文秀萍	区直机关优秀共产党员，优秀党务工作者
25	2017 年	宁夏防御雷电灾害 技术中心团支部	区直机关工委"五四红旗团支部"
26		左湘文、杨婧	区直机关"向上向善好青年"
27	2018 年	朱永宁	区直机关优秀共青团干部
28	2019 年	银川市气象局业务科技科	全国气象部门优秀公务员集体
29		陆耀辉	全国气象部门优秀公务员
30		魏广泱	全国气象部门优秀县气象局局长
31	2020 年	宁夏气象局机关 石嘴山市气象局 西吉县气象局	中国气象局党组授予"全国气象部门创建模范机关先进单位"称号
32		吴忠市气象局党支部	全国气象部门先进基层党组织
33		陆耀辉	全国气象部门优秀共产党员
34		宋菊花	全国气象部门优秀党务工作者
35		朱永宁	自治区团委"全区优秀共青团干部"
36		宁夏气象台	区直机关工委全区"我身边的战'疫'模范"集体
37		李胜发	区直机关工委全区"我身边的战'疫'模范"个人

第二节　精神文明建设

一、主要措施

(一)统筹推进

宁夏气象局党组始终坚持以党建为引领,以培育和践行社会主义核心价值观、弘扬气象文化和"准确、及时、创新、奉献"气象精神为主线,推动精神文明建设与党建有效融合,常态化开展文体娱乐、气象文化阵地建设、政治思想教育、创先争优、道德讲堂、学雷锋志愿服务等活动,不断深化精神文明创建,努力营造风清气正、干事创业的良好氛围,推动宁夏气象事业不断发展进步。2008 年,宁夏气象局召开全区气象部门精神文明建设工作研讨会,见图 17-5。

(二)强化保障

宁夏气象局党组印发《中共宁夏气象局党组关于推进气象文化建设的实施意见》,加强气象文化基础设施建设,丰富精神文明创建载体和职工健康文化生活,加强精神文明创建工作的组织领导,建立完善文明单位(行业)创建领导机构和工作机构,形成宁夏气象局党组统一领导,职能机构组织协调、党政群团齐抓共管、干部群众积极参与的领导机制和工作机制,不断强化党组织的战斗堡垒和党员的先锋模范作用。压实责任、明确任务,将精神文明创建工作纳入年度目标任务考核范畴,与业务工作同规划、同部署、同检查、同考核,形成"人人抓创建,事事为创建"的浓厚氛围,干部职工创建活动参与面达 100%,全区气象部门精神文明创建工作不断迈上新台阶。

(三)理论武装

始终把思想政治教育作为基础性工程来抓,特别是党的十九大以来,把学习习近平新时代中国特色社会主义思想以及关于气象工作重要指示和视察宁夏重要讲话精神作为理论学习常设课题,通过党组理论学习中心组学习研讨、领导班子集中学习、辅导报告会、党员"大学习""信仰与忠诚"党性教育等形式,着力深化理论武装,教育引导党员和干部职工增强"四个意识"、坚定"四个自信"、做到"两个维护"。党组班子率先垂范,示范引领,每年集中学习 12 次以上。通过开展"不忘初心、牢记使命"主题教育,以及专题讲座、机关学习例会、培训班、党课及"三严三实"专题教育、"守纪律、讲规矩"主题教育活动、"我的初心我的成长——做政治合格共产党员"学习教育主题实践活动等措施,学习贯彻落实党的历次会议精神,学习自治区党委和中国气象局党组一系列重要决策部署,力求学深悟透,长期坚持,不断深化"两学一做"学习教育,加强党员干部思想政治建设。通过"学习强国"、共产党员网、宁夏机关党建网、宁夏文明网等载体学习,实现线上线下结合推动部门理论学习常态化,着力打造学习型部门和单位。每年举办专题学习报告会 20 余场,聚焦"不忘初心 无私奉献",运用"身边人、身边事"教育人、引导人、激励人。

(四)思想道德建设

以培育和践行社会主义核心价值观、弘扬"准确、及时、创新、奉献"气象精神为主线,以道德讲堂和气象大讲堂为平台,开展了"加强党性修养,树立和弘扬优良作风"主题思想大讨论和"弘扬气象工作者优良传统与作风"、"讲文明、树新风"、共铸诚信、优良作风主题思想大讨论、文明礼仪教育实践、思想道德宣传年、思想道德模范推进年等系列教育实践活动,传承文明风尚,开展社会主义核心价值观及"四德"教育。组织开展自治区"巾帼文明岗""巾帼建功先进集体"、自治区"五一"劳动奖章、自治区民族团结进步创建活动示范单位、宁夏"五四"青年奖章、自治区和区直机关道德模范、全国"五一"劳动奖章、全国"三八红旗手"、全国"五好家庭""好家庭 好家风 好家训"等创先争优推介评选工作。

(五)倡树文明新风

组织开展"梦想与奋斗·建设美丽新宁夏"主题活动,激发爱岗敬业精神,凝心聚力促进气象改革发展,服务美丽新宁夏建设,营造文明健康向上的气象文化氛围。围绕讲文明、树新风,广泛开展文明社会风尚行动,举办文明礼仪讲座,普及文明礼仪规范,开展文明风尚传播学习宣传活动。积极开展普法宣传教育,领导干部带头尊法学法守法用法,推进依法行政、依法办事。围绕防灾减灾气象保障服务,教育引导干部职工强化服务意识,立足岗位建功立业,提升工作和服务水平。积极倡导绿色生活,开展文明餐桌、节能减排、绿色出行宣传教育活动,争创节约型单位。2006 年,宁夏气象局开展"气象人精神"演讲比赛,见图 17-6。

图 17-5　2008 年,宁夏气象局召开全区
气象部门精神文明建设工作研讨会

图 17-6　2006 年,宁夏气象局开展
"气象人精神"演讲比赛

二、气象文化活动

1995 年,举办全区气象部门第四届职工运动会。

1997 年,举办以迎接香港回归为主题的全区气象系统职工运动会。

1998 年,围绕文明行业创建以及宁夏气象局成立 40 周年庆祝活动,在省部级报刊等新闻媒体刊登文章近百篇,拍摄专题片 4 部,通过气象成就展广泛宣传 40 年来气象事业取得的巨大成就。

2001 年,举办"北京申奥——我们共同的心愿"全民健身活动周系列活动和宁夏气象系统第六届职工运动会。

2004 年,举办全区气象系统第七届职工运动会和全民健身周活动、宁夏气象系统离退休干部书画展以及党青工妇、军民联建等丰富多彩的精神文化娱乐活动。

2008 年,深化"文明行业、文明单位、文明机关"三大创建活动。组织职工参加奥运火炬传递活动(图 17-7),举办宁夏气象局成立 50 周年庆祝活动。

2009 年,举办全区气象系统第八届职工运动会和国庆 60 周年歌咏比赛。

2012 年,举办气象精神主题大讨论和气象文化建设论坛。

2013 年,组织开展弘扬气象精神征文、气象文化展演、庆祝建党 92 周年歌咏比赛。开展宁夏气象局文明单位创建工作,首批命名 3 个直属单位为"宁夏气象局文明单位"。

2014 年,举办宁夏气象系统第九届职工运动会。以"弘扬气象精神、践行社会主义核心价值观"为主题,举办青年论坛、书画摄影、读书月系列活动。

2015 年,组织开展文明单位(处室)创建、"争做文明银川人""职工送温暖""青春建功""恒爱行动"等活动。

2016 年,在全区气象部门组织开展"青年先锋号""青年先锋岗"创建活动。举办"共筑气象梦　同心谱新篇"气象文化展演、"美丽宁夏多彩气象"主题征文及摄影比赛、软式排球赛等活动。

2017 年,举办"弘扬宁夏精神主题演讲比赛"。组织开展"道德模范""最美人物""宁夏好人"、文明家庭、巾帼文明岗、向上向善好青年等先进典型的推介评选工作。

2018 年,组建宁夏气象局文体协会。开展"建功立业新时代""爱心志愿服务"等活动。

2019 年,举办以"健康新理念、建功新时代"为主题的全区气象部门第十一届职工运动会。落实全国文明城市创建要求,开展爱国主义教育基地基础设施建设和服务质量提升工作。

2020 年,举办"新时代 新担当 新气象"迎新春气象文化展演。推进以气象科普宣传、环境整治、疫情防控等突出气象行业特点的"风向标"气象志愿服务行动。

三、文明单位创建

多年来,宁夏气象局坚持"以人为本,重在建设"的方针,围绕中心、服务大局,推进物质文明与精神文明相互促进,协调发展,不断把文明单位创建工作推向深入。1995 年,宁夏气象局被自治区文明委授予"自治区文明单位",1998 年,宁夏气象部门被自治区党委政府命名为首批"自治区文明行业"。2005 年,宁夏气象局(机关)被中央文明委授予第一批"全国文明单位"。2020 年,宁夏气象局(机关)、吴忠市气象局被中央文明委授予第六届"全国文明单位",平罗县气象局、盐池县气象局、六盘山气象站晋升为自治区文明单位。截至 2020 年年底,全区气象部门区、市、县气象局站全部创建成市级以上文明单位,其中国家级文明单位 4 个,自治区级文明单位 18 个,地市级文明单位 3 个,见表 17-2。

表 17-2 宁夏气象部门文明单位统计

文明单位等级	单位名称	命名时间	命名单位
全国 文明单位	宁夏气象局(机关)	2005 年	中央文明委
	固原市气象局	2011 年	中央文明委
	中卫市气象局	2015 年	中央文明委
	宁夏气象局(机关)	2020 年	中央文明委
	吴忠市气象局	2020 年	中央文明委
自治区 文明单位	宁夏气象局	1995 年	自治区党委政府
	隆德县气象局	1995 年	自治区党委政府
	海原县气象局	2001 年	自治区党委政府
	固原市气象局	2002 年	自治区文明委
	吴忠市气象局	2002 年	自治区文明委
	陶乐气象站	2002 年	自治区文明委
	中卫县气象局	2004 年	自治区文明委
	银川市气象局	2007 年	自治区文明委
	石嘴山市气象局	2007 年	自治区文明委
	中宁县气象局	2010 年	自治区文明委
	青铜峡市气象局	2012 年	自治区文明委
	泾源县气象局	2012 年	自治区文明委
	贺兰县气象局	2015 年	自治区文明委
	惠农区气象局	2017 年	自治区文明委
	西吉县气象局	2017 年	自治区文明委
	平罗县气象局	2020 年	自治区文明委
	盐池县气象局	2020 年	自治区文明委
	六盘山气象站	2020 年	自治区文明委
地市级 文明单位	永宁县气象局	1999 年	银川市政府
	灵武市气象局	2001 年	银川市政府
	同心县气象局	2005 年	吴忠市政府

第三节 群团组织

一、工会

宁夏气象局工会委员会成立于 1986 年,归属自治区区直机关工会工委领导,2018 年调整为由自治区农林水财轻工工会管理。宁夏气象局工会组成按照工会组织法选举产生,历任主席为马铁汉、王迎春、郑又兵、张冰。截至 2020 年 12 月,宁夏气象局工会下辖 9 个基层工会:宁夏气象科研所工会成立于 1978 年,宁夏气象台工会、宁夏大气探测技术保障中心工会成立于 1983 年,宁夏气象局机关工会成立于 1986 年,宁夏气象信息中心工会、宁夏气象局机关服务中心工会成立于 2002 年,宁夏气候中心工会、宁夏气象服务中心工会成立于 2010 年,宁夏气象灾害防御技术中心工会成立于 2017 年。全区气象部门各市、县(市、区)气象局均相继成立了单位工会组织。

多年来,宁夏气象局工会依法维护职工的合法权益,秉承争做职工信赖娘家人、全心全意服务职工群众的宗旨,发挥工会桥梁纽带作用,立足气象行业特点,主动融入气象事业发展大局和中心工作,把工会工作与党建、精神文明建设有机融合,大力弘扬社会主义核心价值观和准确及时创新奉献的气象精神,营造文明健康向上的气象文化氛围,提升职工素质,服务职工群众,推动岗位建功,提高气象服务保障水平。着力打造集学习阅读、文化活动、体育健身及爱国主义教育、气象科普教育基地等为一体的气象文化阵地建设,职工之家服务功能得到延伸拓展;气象职业技能竞赛、行业运动会、气象文化展演、娱乐健身等精神文化活动丰富多彩;创新气象"风向标"品牌志愿服务,气象防灾减灾科普宣传、服务基层减灾治理、学雷锋志愿服务等不断深入社区民众;干部职工积极投身新冠肺炎疫情防控,守土尽责,疫情防控气象服务保障精准到位。宁夏气象局工会在履行维权维稳职责、竭诚服务职工群众、丰富职工健康文化生活、推动精神文明创建、激发爱岗敬业担当精神、激励创新实干建功立业、凝心聚力促进气象改革发展、服务美丽新宁夏建设等方面,充分发挥了联系职工群众的桥梁和纽带作用,取得了积极成效。

二、共青团

2006 年 2 月,共青团宁夏气象局委员会经宁夏气象局机关党委和区直机关团工委批准成立。宁夏气象局团委组成按照共青团章程选举产生,历任书记为王迎春、胡连山、申欣。宁夏气象局团委根据团员人数和工作需要,成立和调整所属团支部组成,截至 2020 年 12 月,宁夏气象局团委共有 3 个联合团支部:宁夏气象台团支部、宁夏气象服务中心团支部、宁夏气象科研所团支部。2019 年,宁夏气象局团委决定在宁夏气象局机关和各直属单位成立若干青年理论学习小组,旨在加强气象青年思想政治建设,推动气象青年深入学习贯彻习近平新时代中国特色社会主义思想,不断提高其政治理论素养,坚定其永远跟党走的理想信念,引导其勇于担当时代使命。各市、县(市、区)气象局也相继成立青年理论学习小组,青年工作得到进一步加强。图 17-8 为 2009 年,宁夏气象局团委开展共青团爱岗敬业传统教育活动。

图 17-7　2008 年,吴忠市气象局职工(左)
　　　　　参与奥运火炬传递

图 17-8　2009 年,宁夏气象局团委开展共青团
　　　　　爱岗敬业传统教育活动

多年来,宁夏气象局团委坚持党的领导,认真履职,密切联系团员和青年,将团的工作与党建、精神文明建设和工会组织等工作有机结合,组织开展思想教育、理论学习,加强团员青年的理想信念教育,开展适合青年特点的创先争优、岗位建功、文体娱乐活动、知识竞赛、青年志愿服务等活动,关心关爱青年,关心团员青年政治进步,积极协调和帮助解决团员青年的有关问题和实际困难,充分调动团员青年工作热情,青年活力、共青团生力军和突击队作用得到切实发挥。

三、妇女委员会

1990年，宁夏气象局妇女委员会成立。妇女委员会主任由宁夏气象局机关党委办公室相关同志兼任，历任妇女委员会主任为李英霞、文秀萍。全区气象部门各基层工会组织中均设有女工委员，负责妇女工作。

多年来，宁夏气象局妇女委员会坚持党的领导，认真履职，发挥党联系妇女群众的桥梁和纽带作用，密切联系女职工，将妇女工作与党建、精神文明建设和工会组织等工作有机结合，积极配合党支部、工会、共青团做好相关工作。宣传和贯彻执行党和国家有关保护妇女儿童的政策、法律、法规，维护妇女儿童的合法权益，做好女职工的思想政治工作。组织女职工学习，提高女职工综合素质，积极组织适合女职工身心特点的文化体育娱乐活动，丰富女职工的精神文化生活；组织开展三八红旗手、巾帼建功、五好文明家庭等创先争优评选活动，宣传、表彰先进典型，关心女职工的学习、工作、家庭和生活，积极反映女职工合理诉求，帮助解决实际困难，充分调动女职工工作热情，妇女"半边天"作用得到切实发挥。

第四节　纪检监察

一、机构沿革

1989年2月22日，根据国家气象局党组《关于贯彻中发〔1988〕6号文件的通知》批准，宁夏气象局党组纪检组撤销，由宁夏气象局监察室按照授权履行纪律检查职能。

1991年1月3日，宁夏气象局党组印发《关于恢复中国共产党宁夏回族自治区气象局党组纪律检查组的通知》（宁气党字〔1991〕第001号）恢复宁夏气象局党组纪检组，明确宁夏气象局党组纪检组与宁夏气象局监察室、审计室实行一套班子，3块牌子，同时履行3个机构的职能，行使3个机构的权限，并接受各自上级部门的检查指导。

1993年2月20日，宁夏气象局党组印发《关于调整局机关机构的决定》（宁气党发〔1993〕4号），宁夏气象局党组纪检组与宁夏气象局机关党委合署办公，撤销宁夏气象局监察审计室。

1994年12月20日，宁夏气象局党组印发《关于部分调整局机关机构的通知》（宁气党发〔1994〕12号），决定宁夏气象局党组纪检组与新成立的监察审计室合署办公，纪检、监察、审计实行一个机构，3块牌子。

1996年6月，根据中国气象局下发的《宁夏回族自治区气象局机构编制方案的通知》（中气人发〔1996〕43号）文件，宁夏气象局设立宁夏气象局监察审计处，宁夏气象局审计室改名为宁夏气象局审计处，党组纪检组与宁夏气象局监察审计处、审计处合署办公。

2015年12月25日，宁夏气象局党组印发《关于调整部分内设机构的通知》（宁气党发〔2015〕23号），撤销宁夏气象局监察审计处，重新组建宁夏气象局党组纪检组，履行纪检、行政监察和内部审计职责。

二、体系建设

（一）领导协调机构

1996年5月10日，成立宁夏气象局反腐倡廉工作领导小组。2002年8月6日，宁夏气象局党组决定将宁夏气象局反腐倡廉工作领导小组更名为宁夏气象局党风廉政建设工作领导小组。2017年9月19日，根据《中共中国气象局党组关于加强气象部门党建和党风廉政建设工作组织体系建设的若干意见》（中气党发〔2017〕32号）精神，宁夏气象局党组决定将宁夏气象局党组党建工作领导小组和党组党风廉政建设工作领导小组进行整合，成立宁夏气象局党组党建和党风廉政建设工作领导小组及其办公室，领导小组是宁夏气象局党组领导下的议事协调机构，在宁夏气象部门党的建设工作中发挥整合力量、统筹规划、组织协调和监督落实作用。

（二）制度机制

每年由宁夏气象局党组纪检组牵头、各市局党组纪检组长参加组成考核小组，对各市气象局、各直属单位进行党风廉政建设责任制年终考核并通报结果。2006年至2014年，每年都制定《党风廉政建设和反腐败工作实施意见》，宁夏气象局党组与各市气象局党组、各直属单位领导班子主要负责人签订落实党风廉政责任目标责任书，分解下达党风廉政建设责任目标任务和考核标准。年底按《宁夏气象部门党风廉政建设责任制考核办法》进行单独考核并通报考核结果，并纳入单位目标任务管理。从 2013 年开始，每年召开全区气象部门党风廉政建设会议（全面从严治党工作会议），对党风廉政建设年度工作任务进行责任分解，并推动落实。2015—2020 年，每年都制定《党风廉政建设工作任务分工》或《全面从严治党工作任务分工（清单）》，落实宁夏气象局党组领导班子成员全面从严治党责任，并将工作任务分解到各市气象局、各直属单位和各内设机构，纳入单位目标任务进行考核。

（三）惩防体系建设

2005 年 10 月 10 日，印发《落实〈建立健全教育制度监督并重的惩治和预防体系实施纲要〉具体办法的通知》（宁气党发〔2005〕22 号），部署全区气象部门落实《实施纲要》任务。2008 年 2 月，收集 2005 年至 2007 年宁夏气象部门落实《实施纲要》的制度、规定、部门规章、管理办法共 104 项，编发《宁夏气象局落实〈实施纲要〉制度文件汇编》。宁夏气象局党组纪检组于 2010 年 12 月至 2011 年 1 月、2011 年 3 月至 4 月、2012 年 11 月至 12 月，对各市气象局、各直属单位、各内设机构落实《工作规划》年度任务情况进行检查和督导 3 次，并向中纪委驻中国气象局纪检组、自治区纪委报送自查报告。2014 年 6 月 25 日，印发《中共宁夏气象局党组关于贯彻落实〈建立健全惩治和预防腐败体系 2013—2017 年工作规划〉的实施细则》（宁气党发〔2014〕22 号），制定 33 条具体任务、明确牵头和落实责任处室。各直属单位和各市、县（市、区）气象局党组结合实际制定贯彻落实《工作规划》的实施细则。

（四）廉政风险防控

按照中国气象局廉政风险防控工作安排，2011 年至 2015 年期间，宁夏气象局确定廉政风险防控试点单位和防控事项开展试点工作，成立工作领导小组，领导小组下设办公室，由宁夏气象局监察审计处负责组织协调承办具体日常工作。

（五）廉政文化建设和廉政教育监督

从 2005 年开始，宁夏气象局将廉政文化建设纳入目标管理。从 2002 年开始，每年都确定一个主题，在全区气象部门开展党风廉政建设宣传教育月活动，通过重温入党誓词、廉政知识竞赛、观看警示教育片、参观廉政警示教育基地和革命圣地、举办廉政书画展和撰写心得体会等多种形式，教育和引导气象部门干部职工严守党的纪律，廉洁从政。同时，采取党组中心理论学习组学习、专题民主生活、廉政专题报告会、廉政谈话（约谈）、警示教育会等多种方式加强党员干部廉政教育。2012 年，宁夏气象局召开党内警示教育学习会，见图 17-9。

图 17-9　2012 年，宁夏气象局召开党内警示教育学习会

2004 年宁夏气象局党组纪检组获全国气象部门"党风廉政宣传教育工作先进集体"。2006 年 10 月编发《清风细雨气象新——气象部门优秀廉政文化作品选》。2006 年至 2014 年编发《清风塞上行》廉政宣

传电子刊 94 期(在 2014 年"工作信息、简报"专项清理后停止编发)。

2001 年开始,宁夏气象局党组纪检组登记、管理处级干部廉政档案,各气象局党组纪检组、各直属单位负责本地区、本单位科级领导干部廉政档案的登记与管理。2015 年,宁夏气象局党组纪检组开展处级干部廉政档案更新工作,72 名处级干部填报《廉政档案登记表》,之后,新提任处级干部填报廉政档案 17份。2017 年,宁夏气象局机关纪委建立科级干部廉政档案。

(六)局(政)务公开

2002 年 4 月 15 日,印发《宁夏气象部门推行政务公开制度实施意见》(气发〔2002〕10 号),在全区市、县(市、区)气象局(站)、直属事业单位全面推行政务公开制度,明确政务公开的基本原则、公开内容、公开形式和监督保障制度等要求,并纳入年度目标任务管理。2006 年 7 月 24 日,印发《宁夏气象局落实深化局务公开工作的实施办法》和《宁夏气象局局务公开工作考核和责任追究办法(试行)》的通知(气发〔2006〕94 号),明确局务公开的指导思想、基本原则、工作目标、主要任务、主要内容和考核与责任追究等要求,督促各单位积极真实地向社会公开气象政务信息、社会服务信息和相关办事程序,向干部职工公开单位内部的重要工作及涉及群众切身利益的事项。做好政务公开档案管理和相关报表报备。

(七)执纪问责

1991 年至 2020 年年底,按照规定,共受理信访举报及问题线索 69 件;全区气象部门干部职工因违反中央八项规定精神等违规违纪行为受到纪律处分、组织处理、诫勉谈话等共 32 人次。

三、监督检查

(一)专项整治

2006 年 6 月 26 日,宁夏气象局党组纪检组印发《宁夏气象部门治理商业贿赂专项工作实施方案》(宁气党纪发〔2006〕4 号),成立治理商业贿赂专项工作领导小组,在全区气象部门开展为期 5 个月的商业贿赂专项治理工作。

2007 年 8 月 22 日,印发《关于清理纠正领导干部利用职权和职务影响以借用为名占用他人住房汽车问题的通知》(宁气党纪发〔2007〕12 号),组织全区气象部门副处级(含非领导职务)及其以上领导干部如实填写《领导干部借用他人住房汽车情况申报表》,开展借用他人住房汽车情况清理和纠正工作。

2009 年 12 月 31 日,印发《关于在全区气象部门开展工程建设领域突出问题专项治理工作的通知》(气发〔2009〕172 号),成立专项治理工作领导小组,专项治理工作办公室设在监审处。对吴忠市麻黄山和韦州艰苦站工作基地建设、大探中心应急指挥中心建设、石嘴山市气象局基础设施综合改善、信息中心气象灾害预警电话发布硬件购置、宁夏气象局大院地下车库建设工程、固原市六盘山气象站道路维修改造6 个建设项目开展监督检查和整治工作。

2013 年 6 月 9 日和 8 月 30 日,先后印发《关于在全区气象部门纪检监察机构开展会员卡专项清退活动的通知》(宁气党纪发〔2013〕5 号)和《关于在全区气象部门开展清理退还会员卡行动的通知》(宁气党纪发〔2013〕8 号),在全区气象部门开展清理退还会员卡行动,47 名纪检监察干部、45 名副处级以上领导干部做出零持有报告。

2014 年 5 月 19 日,印发《宁夏气象局党组贯彻落实中央八项规定专项整改工作方案》,成立专项整改工作领导小组,在宁夏气象局党组班子、宁夏气象局机关处级领导干部和各直属单位领导班子,各市、县(市、区)气象局党组班子范围内开展集中专项整改,深刻查摆在落实中央八项规定精神方面存在的突出问题,严肃纪律,健全监督机制,巩固和扩大党的群众路线教育实践活动成果。

(二)专项监督检查

2008 年至 2011 年,每年都印发通知在全区气象部门开展决策执行情况大检查,成立决策执行情况大检查小组,重点围绕各级党组织领导班子工作制度、议事规则、办事程序、内部规章制度建立健全情况;围绕中心工作,以"三重一大"为重点,在干部任免、政府采购、项目招标、观测环境保护、局务公开、固定资产管理等方面开展专项检查和通报。

2014 年至 2016 年,每年印发《宁夏气象部门廉政和效能监督检查工作方案》,从贯彻执行中央八项规定精神及工作纪律、廉洁从政和遵守财经纪律、贯彻执行民主集中制和"三重一大"集体决策制度、贯彻落实宁夏气象局各项重大决策部署 4 个方面列出问题清单,组织各市、县(市、区)气象局,各直属单位,宁夏气象局办公室进行对照检查并上报检查报告。宁夏气象局监审处会同办公室、计划财务处、人事处、机关党办等处室对各单位自查情况各进行 2 轮抽查,对发现的问题及时反馈、督促整改。年底,向宁夏气象局党组提交专题报告。

(三)巡视巡察监督

2010 年 12 月 7 日,印发《宁夏气象局巡视工作暂行办法》(宁气党发〔2010〕33 号),建立由宁夏气象局人事处牵头,会同宁夏气象局党组纪检组、机关党委共同承担巡视任务,设立宁夏气象局巡视组具体实施的工作机制。2017 年开始,成立由宁夏气象局党组书记、局长任组长,党组纪检组组长为副组长的巡察工作领导小组,组织协调和统筹指导区、市两级巡察工作。设立巡察工作领导小组办公室,挂靠宁夏气象局党组纪检组,负责巡察日常工作。

2015 年 5 月 22 日,印发《关于对固原市气象局和宁夏气象局机关服务中心进行常规巡视的实施方案》,成立宁夏气象局第一巡视组,巡视固原市气象局和宁夏气象局机关服务中心,并向党组进行报告。

2017 年开始,每年制定《巡察工作实施方案》,召开巡察工作动员会进行布置。设立党组巡察组对全区气象部门 14 个处级单位、28 个科级单位实施巡察,截至 2018 年年底实现巡察全覆盖。

2019 年启动第二轮巡察。2020 年年初将县级气象局纳入宁夏气象局党组的巡察范围,实现巡察工作上下联动、一体谋划、一体推进。巡察工作领导小组每年向宁夏气象局党组报告巡察情况、向中国气象局巡视办提交巡察工作总结。2015—2020 年宁夏气象局党组巡察工作见表 17-3。

表 17-3 2015—2020 年宁夏气象局党组巡察工作

年份	巡察组			被巡察单位	巡察时间
2015 年	宁夏气象局党组第一巡察组	组长	马 磊	固原市气象局 宁夏气象局机关服务中心	2015 年 5 月
		成员	李曹健 文秀萍 李永顺		
2017 年	宁夏气象局党组第一巡察组	组长	王立军	吴忠市气象局党组 宁夏气候中心	2017 年 4—9 月
		副组长	郝学琴		
		成员	申 欣 李永顺		
	宁夏气象局党组第二巡察组	组长	王卫东	石嘴山市气象局党组 宁夏气象信息中心	
		副组长	杨志莲		
		成员	肖 白 黑福丽		
2018 年	宁夏气象局党组第一巡察组	组长	王立军	银川市气象局党组 固原市气象局党组 宁夏气象局财务核算中心	2018 年 4—7 月
		副组长	汪进宝		
		成员	申 欣 李永顺		
	宁夏气象局党组第二巡察组	组长	张 锋	中卫市气象局党组 宁夏气象局机关服务中心 宁夏联安雷电防护 技术研究所(有限公司)	2018 年 4—7 月
		副组长	赵建玲		
		成员	喇永昌 黑福丽		
	宁夏气象局党组第三巡察组	组长	杨志莲	宁夏气象台 宁夏气象服务中心	2018 年 8—11 月
		副组长	陈学清		
		成员	高振辉 申 欣		

续表

年份	巡察组			被巡察单位	巡察时间
2018 年	宁夏气象局党组第四巡察组	组长	郝学琴	宁夏气象科研所 宁夏大气探测技术保障中心	2018 年 8—11 月
		副组长	徐雪洲		
		成员	陈玉华 厚军学		
2019 年	宁夏气象局党组第一巡察组	组长	郝学琴	宁夏气象灾害防御技术中心 宁夏气象台(巡察"回头看")	2019 年 5—10 月
		副组长	张映琪		
		成员	李永顺 石菊红		
	宁夏气象局党组第二巡察组	组长	汪进宝	银川市气象局(巡察"回头看") 宁夏气象服务中心(巡察"回头看")	2019 年 10—12 月
		副组长	赵建玲		
		成员	厚军学 马 宁		
2020 年	宁夏气象局党组第一巡察组	组长	王卫东	石嘴山市气象局党组 惠农区气象局党组 平罗县气象局党组 宁夏气象信息中心	2020 年 7—10 月
		成员	雷 蕾 张宏元 李香芳		
	宁夏气象局党组第二巡察组	组长	高建文	吴忠市气象局党组 青铜峡气象局党组 盐池县气象局党组 同心县气象局党组	
		成员	李永顺 徐江华 陈 妍		
	宁夏气象局党组第三巡察组	组长	禹卓英	贺兰县气象局党组 灵武市气象局党组 永宁县气象局党组 宁夏气候中心	
		成员	申 欣 陶 涛 黑福丽		

四、内部审计工作

宁夏气象局成立审计机构后,坚持以气象事业发展为中心,依据《审计法》《审计署关于内部审计工作的规定》和《中国内部审计准则》以及国家相关法律法规开展审计工作,加强对财务运行工作的审计监督,充分发挥内审的监督和服务职能。把内审工作作为反腐倡廉的一项重要任务抓紧抓实抓好,强化领导干部廉洁自律。每年开展财务支付、预算执行、科技产业、建设项目以及人影等地方气象事业项目的审计。从 1996 年开始,实施领导干部经济责任审计,督促领导干部切实履行职责。从 2007 年开始,建立交叉审计工作制度,在全区气象部门基层台站开展交叉审计,把审计监督工作不断向基层延伸。在深化气象改革,促进党风廉政建设,加强财务管理,提高经济效益和投资效益等方面发挥积极作用。

工作机制和制度建设。1998 年 3 月 10 日,印发《宁夏气象局内部审计工作制度》(宁气审发〔1998〕1 号),明确宁夏气象局审计处负责全区气象部门的内部审计工作,各地(市)气象局负责本地区的内部审计工作,制定本地区审计工作管理办法和审计工作计划,填报本地区的审计报表。直接审计单位为本单位和所属县(市、区)气象局(站)以及所属全部经营实体。各直属单位负责所属经营实体的审计监督工作,制定本单位审计工作计划,填报本单位审计统计报表。各地(市)气象局、宁夏气象局直属各单位配备专(兼)职审计工作人员。对各审计机构实行审计监督的主要事项、主要权限、审计工作程序等进行规范。

1991—2000 年共完成审计项目 43 个,金额 9657.80 万元,其中经济责任审计 4 个、金额 650.49 万元,其他审计 39 个、金额 9007.31 万元。

2001—2010 年共完成审计项目 245 个,金额 94874.25 万元,其中经济责任审计 104 个、金额 56213.89 万元,项目审计 35 个、金额 4148.53 万元,其他审计 106 个、金额 34511.83 万元。

2011—2020 年共完成审计项目 400 个,金额 291859.88 万元,其中经济责任审计 77 个、金额 173471.96 万元,项目审计 152 个、金额 28751.21 万元,其他审计 171 个、金额 89636.71 万元。

第十八章 基层局站

第一节 银川市气象局站

银川市位于黄河上游宁夏平原中部,东靠黄河,西依贺兰山,是宁夏首府,自治区政治、经济、文化、科技中心,中国历史文化名城,素有"塞上江南"之称。银川市具有四季分明、昼夜温差大、降水较少、气候干燥、日照充足的气候特点。下辖兴庆区、金凤区、西夏区、永宁县、贺兰县和灵武市,总面积 0.9 万平方千米。银川市气象局见图 18-1。

图 18-1 银川市气象局

一、领导体制与机构设置

银川市气象局始建于 1935 年 11 月,在银川市新城区(现西夏区)设立宁夏测候所,1938 年 2 月迁至宁夏同心县。1950 年重建于银川市新城区西花园机场,初称银川气象站,由西北军区管理。1953 年 10 月转由宁夏地方政府管理。1954 年 10 月转由甘肃省气象科(局)管理。1956 年扩建为银川气象台。1958 年 12 月转由宁夏气象局管理。1987 年 6 月设立银川市气象台(科级单位),挂靠宁夏气象台。1997 年 11 月成立银川市气象局,与宁夏气象台实行一个机构两块牌子。2001 年 12 月组建银川市气象局,2002 年 2 月成为独立的地市级气象机构。实行由气象部门和地方政府双重领导,以气象部门领导为主的管理体制。

内设机构:办公室(人事科)、业务科技科、计划财务科。直属事业单位:气象台、气象服务中心(宁夏葡萄气象服务中心)、综合气象观测站、大气探测技术保障中心(人工影响天气中心)、财务核算中心。县(市)气象局(站):贺兰县气象局、永宁县气象局、灵武市气象局、贺兰山气象站。截至 2020 年年底,银川市气象部门人员编制数 83 人,其中参公人员编制 25 人,事业编制 58 人。银川市气象局领导干部名录见表 18-1。

表 18-1　银川市气象局领导干部名录

姓名	性别	职务	职称	任职时间
刘永政	男	局长	高级工程师	2002 年 2 月—2008 年 3 月
王永华	男	纪检组长	政工师	2002 年 4 月—2010 年 9 月
张　锋	男	副局长	高级工程师	2002 年 2 月—2012 年 7 月 2018 年 10 月—
赵　军	男	副局长	工程师	2004 年 12 月—2008 年 6 月
马　磊	男	局长	工程师	2008 年 3 月—2011 年 12 月
刘春泉	男	副局长	高级工程师	2011 年 4 月—2013 年 12 月
刘建军	男	局长	高级工程师	2011 年 12 月—2014 年 7 月
李剑萍	女	副局长	高级工程师	2013 年 1 月—2014 年 9 月
纳　丽	女	纪检组长	高级工程师	2013 年 6 月—2016 年 11 月
姚宗国	男	局长	高级工程师	2014 年 7 月—2018 年 11 月
马玉荣	男	副局长 局长	高级工程师	2014 年 8 月—2019 年 11 月 2019 年 11 月—
王卫东	男	纪检组长	高级工程师	2016 年 11 月—2020 年 7 月
邵　建	男	副局长	高级工程师	2018 年 12 月—
李永顺	男	纪检组长	助理工程师	2020 年 10 月—

二、气象业务与服务

(一)气象观测

1. 地面观测

全市共有地面观测站 5 个,其中银川站为国家基准气候站,贺兰、永宁、灵武、贺兰山站为国家气象观测站。2002 年开始地面自动观测,先后增加自动观测项目有辐射自动观测、大型蒸发、能见度观测仪、称重式降水传感器、降水现象仪、数字式日照计等。银川国家基准气候站承担每日 24 次定时自动观测项目的观测,观测资料参加全球气候交换,并保留每天 08、14、20 时的所有人工观测项目观测任务,还承担太阳辐射观测、闪电定位监测、酸雨观测、沙尘暴、土壤水分和大气成分观测。贺兰、永宁、灵武国家气象观测站承担每日 24 次定时自动观测项目的观测。贺兰山国家气象观测站承担每日 24 次定时自动观测项目的观测,保留每年 5—9 月值守班工作任务。

2. 高空观测

银川探空站 1954 年开始每天两次经纬仪小球测风观测。2003 年开始每天 08 时、20 时两次高空观测业务。

(二)气象预报

负责短期气候预测及中期、短期、短时和临近天气预报及灾害性天气警报等预报产品的制作和发布。同时开展空气质量、生活气象、紫外线及交通气象预报以及山洪、地质灾害、城市内涝和空气污染气象条件预报。2006 年 1 月起正式发布突发气象灾害预警信号。2012 年开展乡镇精细化预报业务。2013 年银川市城市积涝气象风险系统投入业务试运行。2018 年开始建设银川市城市气象服务平台。2019 年开始将格点预报应用于乡镇和行政村精细化预报业务。

(三)气象信息网络

2002 年,分组交换网应用于气象资料传输,Notes 网应用于行政办公。2004 年年底全区气象部门内网开通,实现资料共享。2005 年会议、天气会商、培训等视频网络的开通实现人机对话,地面测报网络开通 DDN 传输方式。2006 年开通宽带通信网,移动和电信双备份,大大提高气象信息的综合传输能力。

(四)气象服务

1. 公众气象服务

通过广播、电视、报纸、互联网、"12121"电话、手机气象短信和微信、微博等新媒体,电子显示屏、大喇叭等多种手段和方式发布预警信号信息,为广大公众提供气象服务。2012年开通电视直播连线,2017年开展为期一年的银川新闻电台直播连线。

2. 决策气象服务

自2002年开始开展预测预报和墒情、雨情、农情等情报服务,向党政领导及有关部门提供《气象信息专报》《重要天气报告》《雨情快报》《灾情直报》等多种决策服务产品,内容主要为气候趋势预测、土壤墒情分析、汛期天气形势预测、重要活动期间天气情况以及春播、夏收夏种、秋收秋种等重要农事活动期间天气形势分析等。

3. 专业气象服务

通过电话、信函、传真、网络等为专业用户提供气象资料和预报服务。2002年以后,陆续为辖区内防汛、铁路、电力、保险、水利、公路、农业、渔业等部门开展预报和资料服务。2006年5月,成立银川市气象科技服务中心,开展各类气象预报分析资料、气象灾害分析鉴定、长期气候预测产品等服务。2006年12月,成立宁夏新气象科技有限责任公司,开展气象预报影视广告、系留气球施放、防雷检测、雷击风险评估等有偿气象服务。

(五)农业气象

银川市农业气象观测项目主要包括小麦、水稻、玉米、白菜、胡麻、葡萄、红枣、自然物候等,观测内容为作物生育期,土壤水分和木本、草本植物物候期,气象水文现象,候鸟、昆虫、两栖动物物候期。农业气象服务主要以《农用天气预报》为主,在主要农事关键期制作发布《春耕春播气象服务专报》《春季经济林果霜冻期气象服务专题》《夏收夏种气象服务专报》《秋收秋种气象服务专报》等。特色农业气象服务有酿酒葡萄、设施番茄、灵武长枣等。

(六)人工影响天气

2002年5月,银川市政府成立银川市人工影响天气领导小组,办公室设在银川市气象局。2002年7月,在黄羊滩农场进行首次人工影响天气消雹实验作业。2003年7月装备新一代防雹增雨火箭。2017年,完成区市县三级人影综合业务系统建设。银川市现有车载移动式火箭发射架6部,火箭增雨防雹作业点13个,牵引车8辆,常年开展人影作业,在抗旱增雨防雹中发挥重要作用。

三、局站建设

银川市气象局:2003年开始,因观测场搬迁,银川市政府投资795.9万元,新建观测场和2674.0平方米业务、行政综合办公楼。2005年1月1日,新观测场建成并正式投入业务运行;2006年8月,业务楼和行政楼及其他设施全部建成。2008年投资23.0万元对院内环境进行绿化、美化。2012年投资213.0万元对业务楼进行扩建,扩建面积840.0平方米。2015年投资114.0万元,建设人影炮弹库、值班室等。2018年投资103.0万元,进行基础设施维修改造。

永宁县气象局:2004年因探测环境受到影响,永宁国家一般气象观测站搬迁至永宁县县城宁和广场东南角开展业务,永宁县气象局在原址王太村办公,开始实行局站分离。2010年投资129.0万元,对基础设施进行维修改造。2014年至2016年因永宁县整体规划调整,永宁县气象局搬迁至县城胜利路65号办公(办公场所属政府置换所有,总建筑面积1357.6平方米),2015年投资150.0万元完成办公场所的装修改造,2016年11月正式投入使用。2019年投资645.0万元在望洪镇农丰村五队新建永宁国家一级农试站业务用房一栋,建筑面积1066.6平方米。同年,因县城整体规划调整以及探测环境影响,永宁县政府投资135.0万元实施永宁国家气象观测站搬迁建设项目,2020年年底完成建设并投入业务使用。

贺兰县气象局:2013年至2015年,投资901.0万元,建设业务用房2748.7平方米。

灵武市气象局:2004年10月至2006年,投入项目资金71.3万元,实施台站基础设施综合改善。2008年投入项目资金37.0万元,进行院落绿化及基础设施维修。2016年投入项目资金300.0万元,建设业务用房及其配套设施,2017年年底完成建设投入使用。

贺兰山气象站:贺兰山气象站始建于1961年7月,1991年撤销,2007年恢复重建,2010年正式投入业务运行。2013 年投资 30.0 万元,对气象站护坡进行维修;2015 年投资 41.0 万元,进行电池更换、生活电路改造以及观测场标准化改造等;2016 年投资 106.0 万元,进行供电、房屋保温和加固等方面的综合改善。

第二节　石嘴山市气象局站

石嘴山市位于宁夏北部,地貌分为贺兰山山地、贺兰山东麓洪积扇冲积平原、黄河冲积平原和鄂尔多斯台地 4 种类型,属温带大陆性气候。下辖大武口区、惠农区、平罗县,总面积 0.53 万平方千米,人口 80.59 万。石嘴山市气象局见图 18-2。

图 18-2　石嘴山市气象局

一、领导体制与机构设置

石嘴山市气象局的前身为 1972 年 1 月建成的石嘴山市大武口气象站,由石嘴山市人民武装部领导。1973 年 6 月管理体制变动,归石嘴山市革命委员会领导。1974 年 1 月更名为石嘴山市气象台。1981 年11 月更名为石嘴山市气象局。1983 年 6 月实行气象部门与地方政府双重领导,以气象部门领导为主的管理体制,一直延续至今。

内设机构:办公室(人事科、监察审计科、应急管理办公室),业务科技科(政策法规科),计划财务科(财务核算中心)。直属事业单位:气象台(决策气象服务办公室)、气象服务中心(气候可行性论证中心)、大气探测技术保障中心(气象信息中心)、人工影响天气中心。县(区)气象局(站):惠农区气象局、平罗县气象局、陶乐气象站、石炭井气象站、沙湖气象站。截至 2020 年年底,全市气象部门人员编制数为 72 人。石嘴山市气象局领导干部名录见表 18-2。

表 18-2　石嘴山市气象局领导干部名录

姓名	性别	职务	职称	任职时间
邹万治	男	局长	工程师	1987 年 5 月—1993 年 1 月
陈跃树	男	副局长	工程师	1990 年 2 月—1995 年 6 月
陈占林	男	副局长 局长	工程师	1993 年 1 月—1994 年 8 月 1994 年 8 月—1996 年 4 月
田堆川	男	副局长	工程师	1993 年 1 月—2002 年 4 月
任国华	男	局长	工程师	1996 年 4 月—1999 年 1 月
杨　涛	男	副局长 局长	工程师	1996 年 4 月—1999 年 1 月 1999 年 1 月—2005 年 8 月
高　峰	男	副局长	工程师	1996 年 4 月—2003 年 4 月
吴学林	男	纪检组长	工程师	1998 年 5 月—2017 年 2 月

续表

姓名	性别	职务	职称	任职时间
施新民	男	副局长 局长	高级工程师	2002年4月—2007年4月 2008年11月—2016年11月
黄 峰	男	局长	高级工程师	2005年8月—2008年2月
张广平	男	副局长	高级工程师	2006年4月—2012年7月 2013年12月—
李政林	男	副局长	工程师	2008年4月—2014年12月
姚宗国	男	副局长	高级工程师	2012年7月—2012年11月
舒志亮	男	副局长	高级工程师	2016年10月—2018年12月
纳 丽	女	副局长 局长	高级工程师	2016年11月—2017年7月 2017年7月—2020年3月
汪进宝	男	纪检组长	工程师	2017年12月—
蔡江涛	男	局长	工程师	2020年3月—
刘 孔	男	副局长	工程师	2020年8月—

二、气象业务与服务

(一)气象观测

从1991年起,石嘴山市有5个国家级台站开展地面观测气象业务,2007年增加沙湖国家一般气象站。其中惠农区气象局、陶乐气象站为国家基本气象观测站,每天进行02、08、14、20时4次定时观测,拍发天气电报。05、11、17、23时补充定时观测,拍发补充天气报、重要天气报,同时承担航空报、危险天气报发报任务。石嘴山市气象站、平罗县气象局、石炭井气象站、沙湖气象站为国家一般气象观测站,承担全国统一的一般气象观测站的观测项目,08时、14时、20时3个时次地面观测。观测项目有风向、风速、气温、湿度、气压、云、能见度、天气现象、降水、日照、小型蒸发、地面温度、雪深、冻土。每天编发08、14、20时3个时次的天气加密报。2020年4月1日起,所有观测站全部实行地面气象观测自动化,取消每天人工定时观测。

(二)气象预报

组织应用全区智能网格预报"一张网"开展本地精细化预报服务;开展本行政区短时、临近预报,灾害性天气监测预警、山洪、地质、城市内涝等气象风险预警业务及预警技术研究;强化灾害性天气过程预报技术分析、天气图分析、天气会商、区域联防等业务能力;指导县(区)气象台开展灾害性天气实时监测、短临预报和预警信号发布,提高县级预报预警精准化水平。

(三)气象信息网络

1998年1月8日,建立市局卫星通信系统,组建市局域网络,宁夏气象局到地市局开通分组交换网,实现气象资料上传下达。2000年宁夏气象局到地市局和县局站开通X.25分组交换机节点机,超短波传输作为备用,初步具备现代化通信基础。2001年4月25日,建立市局到宁夏气象局10M的光纤通信网。2004年11月11日,全市计算机网络升级,各县局开通到宁夏气象局的2M光纤地面宽带网通信,分组网交换网作为备份线路。2005年5月25日,石嘴山气象台到宁夏气象局开通视频会议系统,实现气象预报可视会商和视频召开会议。2005年10月,石嘴山市电视台为石嘴山市气象局开通10M光缆专线,用于政务办公信息传输。2007年各县局到宁夏气象局的2M光纤地面宽带网升级为6M,9210卫星通信系统作为备份通信。2008年11月,在宁夏气象局的统一安排下,石嘴山市气象局及各县站建成MPLS-VPN宽带传输通信网,宁夏气象局到市局传输速率为10M,到各县局站传输速率为4M。目前石嘴山市气象局所有台站均实现通信网络电信、移动双备份,市局、县局、台站带宽分别达到100M、50M和20M。办公系统开通政务内、外网。2018年石嘴山市气象局与石嘴山市武警支队开通VPN专线一条,实现气象信息直通部队。

（四）气象服务

1. 公众和决策服务

1992 年惠农县成为石嘴山市第一个实现乡乡布设气象警报接收机的县。1996 年开辟电视天气预报节目,1997 年在市局开通"121"天气预报电话答询系统,1999 年将"121"天气预报电话答询号码升级为"96121"。2005 年"12121"天气预报电话答询系统进行调整,整合到宁夏气象服务中心。2000 年开通宁夏农网"农村气象服务平台",开始在互联网上发布农业气象服务信息。2003 年开通手机短信气象服务,建立气象信息手机短信服务群,不断扩大气象信息覆盖面。

2. 专业专项服务

自 1991 年以来,每年开展春耕春播、夏收夏种、秋收秋种气象服务。2010 年开始,在市、县局实施"一县一品"特色农业气象服务。2017 年根据《应急与减灾处关于推进"一县一业"气象服务工作的通知》(气减函〔2017〕14 号)安排,石嘴山市气象台继续开展酿酒葡萄精细化周年服务,惠农局开展露天蔬菜精细化周年服务,平罗局开展优质水稻精细化周年服务。2018 年,惠农局又增加枸杞特色农业气象服务。2018 年在自治区气象为农服务"两个体系"建设项目的支持下,在全市各类农作物田间安装小气候观测站9 套。自 1991 年以来,专业有偿气象服务涉及的领域有工业、农业、林业、畜牧业、交通运输业、旅游业;服务方式主要以气象短、中期天气预报和天气警报为主,通过电话和纸制材料提供气象服务。进入到 21 世纪,增加电视天气预报节目。

（五）农业气象

平罗县气象站观测项目包括:甜菜、春小麦、春玉米、马铃薯、自然物候等,观测内容为作物生育期、土壤水分和木本、草本植物物候期、气象水文现象、候鸟、昆虫、两栖动物物候期;惠农县气象站观测项目包括:小麦生育期及土壤水分观测,墒情普查;陶乐县气象站观测项目包括:固定地段作物生育期土壤水分观测,墒情普查。2005 年惠农县气象站取消小麦观测,只进行墒情普查。同年陶乐县行政区划调整,合并到平罗县,撤县设镇,将服务、农气观测等相关任务调整到平罗县气象局,只在陶乐站保留地面观测和生态观测任务。各站按规定拍发农业气象旬(月)报。开展主要农作物苗情监测,产量预报和农情、墒情等专题服务。

（六）人工影响天气

2002 年经石嘴山市政府批准,成立石嘴山市人工影响天气领导小组,办公室设在石嘴山市气象局,负责人工影响天气的日常管理工作。惠农区和平罗县政府分别成立人工影响天气领导小组,在当地气象部门设立人工影响天气办公室。2003 年 8 月,宁夏气象局为石嘴山市配备人工影响天气作业车 5 辆,火箭发射架 5 部;设置人工影响天气作业点 12 个,其中大武口 3 个,惠农县 3 个,平罗县 6 个,在全市范围内开展人工影响天气工作。2004 年为简泉农场和简泉林场各配备 1 部火箭发射架,同时各增加 1 个作业点;2008 年为平罗局配备 1 部火箭发射架。2012 年宁夏气象局为石嘴山市县区配备人影作业车辆 5 辆,2017 年宁夏气象局为石嘴山市气象局、平罗县气象局各配备 1 辆人影作业车辆,为石嘴山市气象局配备人影弹药运输车 1 辆;2018 年惠农区政府为惠农区气象局配备人影作业车辆 1 辆。2019 年对全市人影作业点进行调整,调整后全市共设置作业点 9 个,分布在大武口区大武口乡、崇岗长青、平罗县高庄、前进农场、前进、五香、头闸、红崖子、惠农区火车站。人影作业车辆 8 辆,弹药运输车辆 1 辆,火箭发射架 8 部。

三、局站建设

石嘴山市气象局:1998 年建成 2278.0 平方米的办公楼;2000 年在大武口森林公园内建成观测站业务用房 103.8 平方米;2018 年在大武口新区建成 5095.7 平方米的预警中心业务楼。

惠农区气象局:2006 年投资建设 466.0 平方米三层业务楼,同时建成 188.0 平方米的食堂及活动室;2016 年投资建设 794.3 平方米的三层新业务楼。

平罗县气象局:2002 年投资建成 985.8 平方米三层业务楼;2013 年投资建成 392.7 平方米的附属用房;2017 年投资建成 1656.3 平方米二层气象预警中心业务楼。

石炭井气象站:2016 年投资建成二层业务楼,面积 408.6 平方米;2018 年投资在大武口市区购买 5 套单身公寓，共计 367.4 平方米。

陶乐气象站：2008 年投资建设 486.0 平方米的二层业务楼；2017 年投资在平罗县城购买单身公寓 2 套，面积 226.3 平方米。

沙湖气象站：2007 年建成二层业务楼，面积 621.0 平方米；2009 年投资建成观测用房 470.0 平方米，同时建成职工餐厅 180.0 平方米。

第三节　吴忠市气象局站

吴忠市位于宁夏中部，原为古灵州城和金积县驻地，地处宁夏平原腹地，地势南高北低，属中温带干旱、半干旱气候区。东与内蒙古鄂尔多斯、陕西榆林地区、甘肃庆阳地区毗邻，南与固原市接壤，西与中卫市和内蒙古阿拉善盟为邻，北靠宁夏首府银川市，总面积 2.14 万平方千米，人口 142.25 万人。下辖利通区、红寺堡区、青铜峡市、盐池县、同心县。吴忠市气象局见图 18-3。

图 18-3　吴忠市气象局

一、领导体制与机构设置

吴忠市气象局始建于 1959 年 6 月，初称吴忠气候站，1974 年 1 月扩建为银南行署气象台，1980 年 4 月建立银南行署气象局，1998 年 11 月撤地设市后更名为吴忠市气象局。1983 年 6 月至今，实行由气象部门和地方政府双重领导，以气象部门领导为主的管理体制。

内设机构：办公室（人事科、监察审计科、应急管理办公室）、业务科技科（政策法规科）、计划财务科（财务核算中心）；直属事业单位：气象台（决策气象服务办公室）、大气探测技术保障中心（气象信息中心）、气象服务中心（气候可行性论证中心）、吴忠国家基本气象站、人工影响天气中心。县（市）气象局（站）：盐池县气象局、同心县气象局、青铜峡市气象局、麻黄山气象站、韦州气象站。地方机构：红寺堡区气象站。截至 2020 年年底，人员编制数为 83 人。吴忠市气象局领导干部名录见表 18-3。

表 18-3　吴忠市气象局领导干部名录

姓名	性别	职务	职称	任职时间
马振春	男	局长	工程师	1984 年 10 月—1993 年 7 月
邹万治	男	副局长	工程师	1985 年 1 月—1995 年 6 月
杨强铭	男	副局长	工程师	1987 年 5 月—1992 年 3 月
赵子尧	男	副局长 局长	高级工程师	1990 年 7 月—1994 年 8 月 1994 年 8 月—2003 年 8 月

续表

姓名	性别	职务	职称	任职时间
张文霞	女	副局长	工程师	1992 年 3 月—1996 年 4 月
高峰	男	副局长	高级工程师	1996 年 4 月—1999 年 1 月
马磊	男	副局长 局长	高级工程师	1996 年 4 月—2005 年 12 月 2005 年 12 月—2008 年 3 月
范天信	男	副局长兼纪检组长	工程师	1999 年 1 月—2002 年 4 月
孙振夏	男	副局长	工程师	2002 年 4 月—2006 年 4 月
李胜发	男	纪检组长 副局长 副局长	工程师	2002 年 4 月—2004 年 7 月 2004 年 7 月—2005 年 8 月 2012 年 11 月—2016 年 11 月
赵军	男	纪检组长	工程师	2004 年 12 月—2008 年 3 月
杨有林	男	副局长	高级工程师	2006 年 4 月—2011 年 7 月
王卫东	男	局长	高级工程师	2008 年 3 月—2012 年 11 月
赵光星	男	副局长	工程师	2008 年 4 月—
郝学琴	女	纪检组长	工程师	2008 年 4 月—2012 年 7 月 2018 年 11 月—
马玉荣	男	副局长	高级工程师	2011 年 7 月—2014 年 8 月
张广平	男	副局长兼纪检组长	高级工程师	2012 年 7 月—2013 年 12 月
张锋	男	纪检组长	高级工程师	2013 年 12 月—2018 年 10 月
施新民	男	局长	高级工程师	2016 年 11 月—2019 年 7 月
张玉兰	女	副局长 局长	高级工程师	2019 年 8 月—2020 年 9 月 2020 年 9 月—

二、气象业务与服务

(一)气象观测

1. 地面观测

2007 年 1 月 1 日起,吴忠、盐池、同心国家基本站调整为国家气象观测一级站;韦州、麻黄山国家一般站调整为国家气象观测一级站,每天 8 次人工观测并编发 8 次天气报;青铜峡国家一般站调整为国家气象观测二级站,每天 3 次人工观测。2009 年 1 月 1 日起,吴忠、盐池、同心国家气象观测一级站调整为国家基本站,人工定时观测时次调整为每日 5 次;韦州、麻黄山国家气象观测一级站调整为国家一般站,青铜峡国家气象观测二级站调整为国家一般站。2020 年 4 月 1 日起,所有观测站全部实行地面气象观测自动化,取消每天的人工定时观测、人工连续观测天气现象、日常守班、重要天气报编发、地面观测记录簿记录、值班日记填写、人工数据质量控制(含质控疑误信息反馈)等工作任务。吴忠国家气象观测站从 2007 年 8 月 1 日起,开展酸雨观测业务。

2. 雷达观测

2015 年,建成吴忠新一代天气雷达,2016 年 6 月 1 日正式投入使用,承担吴忠市及周边地区灾害性天气监测预警。

(二)气象预报

1990 年开展短中期定性定量预报,2001 年使用 MICAPS(气象信息综合分析处理系统)订正制作气温的短期预报,2004 年新增森林火险等级预报,2007 年开始发布乡镇短时临近灾害性天气警报、乡镇短期天气预报。2014 年 4 月,按照《宁夏天气预报业务集约化实施方案(试行)》,调整为在宁夏气象台设立市级预报岗,集中制作吴忠市短临天气预报预警产品、精细化(分县、乡镇、部分行政村)短期天气预报(订正预报)产品、灾害性天气预警及气象灾害风险预警产品。2016 年 1 月调整为吴忠市气象台和各县气象局负责本行政区内灾害性天气的监测服务,负责发布本区域短时、临近预报及预警信号。2019 年 3 月,基于智能网格预报,利用宁夏智能网格一体化转换引擎生成的预报产品开展服务。

(三)气象信息网络

1993年及之前台站主要通过电报等无线报务系统传输报文。1994年实现甚高频电话传报。随着计算机及通信技术发展,1996年吴忠已有5个台站配置微机服务终端进行地—县、区—地无线(有线)传输。2005年完成气象通信宽带网的建设。2010年借助MPLS-VPN网络实现与宁夏气象局间的10 Mbps带宽连接,带宽为2 Mbps的SDH光纤线路作为备份;县局开通带宽为4 Mbps的光纤电路。青铜峡观测站采用2 Mbps的SDH光纤线路直接接入宁夏气象局。2013年网络升级改造后,市局电信电路带宽为10 Mbps,县局为4 Mbps,移动电路带宽为2 Mbps,电信、移动电路实现互为备份。2015年电信电路及移动电路带宽升级为100 Mbps,各县局和红寺堡雷达站电信电路及移动电路升级为50 Mbps,韦州、麻黄山、青铜峡观测站电信电路及移动电路升级为20 Mbps。

(四)气象服务

1. 公众气象服务

1995年开始电视天气预报服务,每天向《吴忠日报》、电视台、广播电台发布未来48小时天气预报。1997—2002年利用第一代"12121"天气预报电话自动答询机开展公众气象服务。2005年开始利用手机短信、市政府网站开展天气预报服务,并通过电话、传真、新闻媒体等多种形式向社会公众发布天气预报信息。

2. 决策气象服务

向吴忠市委和政府、农业部门、防汛抗旱指挥部、交通运输等部门以《重要天气情况报告》《气象信息专报》《专题气象服务》《天气警报》等不同形式,开展天气、气候、气候变化、农业气象与生态、人工影响天气等方面的专题性、综合性决策服务,为地方政府抗旱救灾、重点建设项目、重大社会活动等提供决策气象服务。遇有重大天气过程,利用手机短信向吴忠市委、吴忠市政府、农业部门、防汛抗旱指挥部、交通运输等部门领导发送气象信息。2012年3月,成立决策气象服务中心(挂靠在气象台),决策气象服务内容主要为灾害性、关键性、转折性天气预报预警,旬、月、季、年度短期气候预测,重大社会活动专题预报和现场保障服务、主要农作物产量预报、气象情报(雨情、灾情、墒情、农情等)、气候影响评价、气象灾害调查分析评估等。1996年7月,开通气象服务政府终端后部分信息通过网络传输,2000年后逐步通过手机短信向党政领导及时提供重要气象信息。

3. 专业专项服务

根据不同服务用户的需求,开展专业、专项气象服务和各种技术服务,专业气象服务的领域涉及农业、林业、水利、工业、商贸、交通、环保、旅游、建筑、规划、能源等行业。服务内容有气象资料、气象预报预警信息、专业气象预报分析等。专项气象服务主要针对文化体育活动、商贸交流、庆典等重大社会活动、重大工程建设项目和突发公共事件、应急气象保障。2004年5月成立吴忠市雷电灾害技术防御中心,开展防雷设施检测、雷电灾害调查、雷电风险评估、防雷装置技术评价与相关技术咨询服务。1997年10月起,在电视天气预报栏目中插播商业广告,并开始独立制作电视天气预报节目及商业广告。

(五)农业气象

盐池为国家一级农气站,同时也是国家二级牧业气象试验站,同心为国家二级农气站,吴忠、青铜峡、韦州为辅助农气观测站。农气观测项目主要包括春小麦、水稻、牧草、玉米、酿酒葡萄、枸杞等。除麻黄山站外,其他各台站均进行生态项目的观测。生态观测项目主要包括植被发育期、植被覆盖度、大气沉降、土壤墒情等。开展农业气象预报情报服务、农业气象专题预报,发布各类专题服务材料。开展作物生育期气象条件分析、病虫害的预测预防等。

(六)人工影响天气

2000年吴忠市及各县(市)成立人工影响天气领导小组,在市气象局设人工影响天气领导小组办公室,在县(市)气象局成立防雹办公室。2002年4月19日,根据宁夏气象局文件通知,吴忠市气象局成立吴忠市人工影响天气技术中心。2006年4月20日,县级气象局也成立了人工影响天气技术中心。2012年3月29日,吴忠市人工影响天气技术中心更名为吴忠市人工影响天气中心,县级气象局人工影响天气技术中心同时更名为人工影响天气中心,挂靠县(市)气象台。2016 年 12 月 30 日,县级人工影响天气中心挂靠县级大气探测技术保障中心。

宁夏气象局于 2003 年至 2015 年,先后在吴忠市投资布设 39 部火箭发射架,调配 7 门三七高炮。2017 年配备 19 个人影弹药储存保险柜,同年建设青铜峡牛首山烟炉园。2003 年至 2017 年,先后购置配备移动作业车辆 16 辆,市局配备 1 辆弹药运输车。截至 2020 年,全市共有火箭增雨消雹作业点 26 个,每年平均人工增雨作业 103 次,基本形成布局合理、设备齐全、人员稳定的人影局面。人影工作为全市抗旱防雹发挥重要作用。

三、局站建设

吴忠市气象局:1992 年新建职工住宅楼 1473.5 平方米,2004 年新建职工住宅楼 3099.1 平方米。2005 年投资 38.0 万元,对单位大院供暖管道、给排水管道进行了综合改造,并将 260.0 平方米的住宅改造为单身职工宿舍和车库。2008 年申请项目资金 197.0 万元,购置职工公寓 5 套 607.3 平方米,将 362.9 平方米的小二楼改造为单身职工宿舍,解决了艰苦台站和新进人员的住宿问题。2009 年申请专项资金 136.0 万元,进行了集中供暖入网建设、供电线路改造以及创建全国文明单位设施建设。2013 年 9 月,自治区政府和中国气象局共同投资 5951.0 万元,建成红寺堡雷达观测站,建设雷达塔楼 1939.5 平方米、业务用房 1156.1 平方米及其配套设施;建成吴忠雷达资料处理应用中心业务用房 3957.0 平方米及其配套设施;建成吴忠新一代天气雷达标校站业务用房 299.8 平方米及其配套设施。截至 2020 年,市局现有业务一体化办公楼 2 栋,总建筑面积 5607.2 平方米。先后多次争取项目建设资金,对市气象局大院环境进行改造。

青铜峡市气象局:2005 年局(站)迁移至青铜峡市小坝镇建民北街,投资建成综合楼 1008 平方米,辅助用房 107.0 平方米。2016 年进行台站综合改善,新建辅助用房 686.4 平方米,并将观测站迁址到清秀园内,实行局站分离;2019 年,观测站值班室进行重建,建筑面积 96.1 平方米。

盐池县气象局:2002 年投资 32.0 万元,新建 1 栋 519.3 平方米办公楼和 98.9 平方米附属用房。2008 年投资 60.0 万元扩建办公楼及职工宿舍,新建面积为 222.1 平方米。2009 年投资新建业务楼 351.5 平方米。

同心县气象局:2002 年,同心县国家气象观测基本站进行迁移,由中国气象局投资 25.0 万元,建设业务用房 306.0 平方米,新址位于同心县城二村三社;2003 年投资 40.8 万元,对业务用房等进行综合改善。2008 年投资 128.0 万元,完成 608.7 平方米业务用房建设;投资 100.0 万元,完成 363.8 平方米的附属用房及配套设施建设。2013 年投资 341.0 万元,新建业务服务用房 1123.3 平方米;投资 62.0 万元,进行了配套设施建设。

麻黄山气象站:位于盐池县麻黄山乡北侧山顶,占地面积 6666.7 平方米。2003 年投资 20.0 万元进行综合改善,建成家属住房 2 套,办公用房 1 套,共 175.0 平方米。2007 年根据国家气象业务改革规划,投资 69.0 万元实施麻黄山国家一级气象站升级改造项目,扩建职工住房 92.0 平方米,办公、雷达用房 197.6 平方米。2008 年至 2012 年,先后投资 224.0 万元,进行工作基地建设、道路建设等。2016 年投资 143.0 万元,建设附属用房 3 套 173.8 平方米。2017 年、2018 年,购置职工公寓 5 套 492.9 平方米。

韦州气象站:位于同心县韦州镇,占地面积 8666.7 平方米。2002 年职工自筹资金建设砖木结构家属房 3 套。2004 年投资 30.0 万元,建设办公和观测用房 400.0 平方米。2006 年至 2013 年,先后拨款 183.0 万余元,进行了台站综合改善。2017 年、2018 年,购置职工公寓 5 套 497.7 平方米。

第四节　固原市气象局站

固原市位于宁夏南部的六盘山地区。东与甘肃庆阳市、平凉市为邻,南与平凉市相连,西与甘肃白银市分界,北与宁夏中卫市、吴忠市接壤。下辖原州区、西吉县、隆德县、泾源县、彭阳县,总面积 1.05 万平方千米,人口 150.11 万。固原市气象局见图 18-4。

图 18-4　固原市气象局

一、领导体制与机构设置

1956 年 10 月,成立甘肃省固原气象站,1958 年 10 月更名为宁夏固原县气象站,1959 年 7 月 1 日扩建为固原气象台。1981 年 12 月成立固原行署气象局,2002 年 7 月撤地设市后更名为固原市气象局。1983 年 6 月至今,实行气象部门和地方政府双重领导,以气象部门领导为主的管理体制。

内设机构:办公室(人事科)、业务科技科、计划财务科。直属事业单位:气象台、气象服务中心(人工影响天气指挥中心)、大气探测技术保障中心、气象试验示范中心(国家基准气候站)、财务核算中心。县气象局(站):西吉县气象局、隆德县气象局、泾源县气象局、六盘山气象站。地方机构:彭阳县气象站。固原市气象局领导干部名录见表 18-4。

表 18-4　固原市气象局领导干部名录

姓名	性别	职务	职称	任职时间
任国华	男	局长	工程师	1988 年 6 月—1996 年 3 月
吴国恩	男	副局长	工程师	1988 年 6 月—1991 年 6 月
李凤堂	男	副局长	工程师	1991 年 7 月—2002 年 4 月
		纪检组组长		2002 年 5 月—2005 年 8 月
王 林	男	副局长	工程师	1988 年 6 月—1998 年 11 月
胡建忠	男	副局长	工程师	1994 年 7 月—1999 年 3 月
		局长		1999 年 3 月—2006 年 8 月
		纪检组组长		2006 年 8 月—2008 年 3 月
		局长		2008 年 3 月—2012 年 2 月
范天信	男	副局长	工程师	1995 年 7 月—1998 年 7 月
董凡成	男	纪检组组长	政工师	2000 年 12 月—2003 年 10 月
王卫东	男	副局长	高级工程师	2002 年 4 月—2006 年 8 月
		局长		2006 年 8 月—2008 年 3 月
杜 鑫	男	副局长	工程师	2002 年 4 月—2013 年 1 月
		局长		2013 年 1 月—
陈海波	男	副局长	工程师	2006 年 5 月—2011 年 10 月
杨志莲	女	纪检组组长	工程师	2008 年 4 月—2019 年 4 月
		副局长		2019 年 4 月—
韩世涛	男	副局长	高级工程师	2010 年 11 月—2019 年 4 月

姓名	性别	职务	职称	任职时间
李国兴	男	副局长	助理工程师	2013 年 12 月—2016 年 11 月
饶彤华	女	副局长	高级工程师	2017 年 2 月—
高建文	男	纪检组组长	工程师	2019 年 6 月—

二、气象业务与服务

(一)气象观测

全市有地面气象观测站 6 个。固原、六盘山国家基准气候站每天进行 24 次定时观测。西吉国家基本气象站每天进行 8 次定时观测。隆德、泾源、彭阳国家气象站每天进行 3 次定时观测。2003 年建成固原、西吉自动气象观测站。2004 年建成六盘山、隆德及泾源自动气象观测站。2006 年建成彭阳自动气象观测站。

(二)气象预报

负责短期气候预测及中期、短期、短时和临近天气预报及灾害性天气警报、火险等级预报、环境气象、生活气象等预报产品的制作与发布;开展气候评价、气候监测、诊断、预测业务和服务,气候资源利用、开发和保护的调查研究和气象科技兴农业务。固原市气象台 2004 年正式开展短时临近天气预报业务以及灾害性天气和次生灾害天气预报。2006 年开展精细化天气预报业务和灾害性天气预警信号发布业务。2007 年开展雷电预报预警业务。

(三)气象信息网络

1994 年建成计算机 Nvell 局域网络进行气象资料传输共享,同时建成固原行署气象局、各县气象局(站)到银川分组交换网,传输速率提高到 9.6 Kbps。1996 年 PES 数据处理/TES 语音处理混合站建成投入试用,采用卫星中继通信进行气象资料传输,实现卫星和地面双线路传输。2000 年局域网升级为以太网,建立 WIN/NT 服务器,所辖县气象局同时组建以太网,气象报文、资料结束语音转接进入网络传输。2002 年全市所有气象台站接入光纤,通信速率为 2 Mbps,所有气象资料进入网络处理时代,气象信息网络基本实现卫星与地面宽带双网络运行的通信方式。2008 年市局到宁夏气象局通信升级为 VPN 数字电路,通信速率达 10 Mbps,县局升级 VPN 数字电路,通信速率达 4 Mbps。

(四)气象服务

1. 公众服务

1995 年开始电视天气预报服务,1997—2002 年利用第一代"12121"天气预报电话自动答询机开展公众气象服务,2005 年开始利用手机短信、市政府网站开展天气预报服务,并通过电话、传真、新闻媒体等多种形式向社会公众发布天气预报信息。

2. 决策服务

以《重要天气情况报告》《气象信息专报》《专题气象服务》《天气警报》等不同形式开展天气、气候、气候变化、农业气象与生态、人工影响天气等方面的专题性、综合性决策服务,为地方政府抗旱救灾、重点建设项目、重大社会活动、生态建设等提供决策气象服务产品。为党和国家领导人视察固原工作提供优质的气象服务。

3. 专业专项服务

开展烤烟引种、马铃薯种植、中药材种植、山区苜蓿病虫害、地膜玉米覆盖等农业气象技术专项研究与合作气象服务,开展泥石流、滑坡等地质灾害、空气质量、紫外线指数、穿衣指数、道路结冰预警预报服务。

4. 气象科技服务

开展专业有偿服务、防雷防静电工程、电视天气预报、12121 声讯电话、手机短信、高炮修理、氢气球施放等气象服务。

(五)农业气象

开展春小麦和粮食作物产量预报,同时进行农作物适宜种植研究。开展农作物发育气象跟踪服务、墒情动态监测和动态分析。制作多种服务产品,包括农业气象专题分析、专项汇报、专项服务、旬月报、墒情快讯、特色预报分析服务。2003年新增马铃薯、冬小麦观测。2008年新增玉米观测。2005年新增紫花苜蓿观测。2018年新增枸杞观测和冷凉蔬菜观测。

(六)人工影响天气

截至2019年年底,固原市有标准化作业点47个,其中高炮作业点24个,高炮火箭作业点23个。高炮43门,火箭发射架30部。人影装备库房41个,弹药库房43个,弹药保险柜42个,增雨(雪)烟炉园10个,移动增雨(雪)作业车9辆。每年4—9月开展人工高炮防雹,全年开展人工火箭增雨(雪)作业,人工防雹增雨作业效果显著。

三、局站建设

固原市气象局:1992年,固原市气象局大院内建设砖混家属平房1排5套,1998年建成临街五层砖混结构商住楼1栋,面积2700.0平方米。2004年应固原新一代多普勒天气雷达建设需要,建设1栋2200.0平方米、四层框架结构新一代天气雷达信息资料处理中心。2016年7月建设固原基准站业务用房287.0平方米。2018年在原州区长城梁生态园建成固原国家二级农业气象试验站,占地面积12000.0平方米,业务用房793.1平方米。2020年1月1日,固原国家基准气候站迁至原州区长城梁生态园。

西吉县气象局:位于西吉县城西关。1998年修建人工影响天气业务用房3间;2000年申请综合改善资金20.0万元,改造办公楼,更换观测场围栏,硬化办公区,并购置办公设备;2004年对办公区进行改造。2014—2015年建设西吉县气象灾害预警信息中心,总投资1029.0万元,建筑面积2070.0平方米。

隆德县气象局:1997年对办公楼进行改造。1998—2004年,先后投资6.0万余元对院落进行了硬化、绿化。2001年投资15.0万元对观测场和办公楼进行了改造。自筹集资金10.0万元,修建了40.0平方米会议室和60.0平方米职工活动室。2006—2008年争取资金135.0万元,修建了500.0平方米业务用房,并进行观测场、旧办公楼改造和办公园区、家属区硬化、绿化。2020年争取地方项目资金492.7万元,对气象观测场、门房进行建设,硬化、绿化院落;争取中央资金600.0万元,实施气象站业务用房及附属设施建设项目,建成业务用房1032.0平方米。

泾源县气象局:2003年在原办公楼前建设350.0平方米2层业务用房,并绿化、硬化了院落。2008年在办公楼西侧增建2层、面积约200.0平方米的综合楼。2016—2017年实施泾源县气象局整体迁建项目,该项目位于泾源县滨河路香水风情园内,占地面积19107.0平方米,建设框架结构业务用房、附属用房各1栋,建筑面积为1914.0平方米,总投资1361.8万元。

六盘山气象站:地处六盘山山顶。2004年实施六盘山多普勒雷达建设项目,建成576.0平方米的2层雷达楼及职工活动、休息室。2012年投资103.0万元,实施六盘山气象站避雷塔网建设。2015年利用山洪项目实施110千伏、10千米供电专线改造项目。2016年投资355.0万元,拆除危房351.0平方米,建设储煤房和附属用房,开展院落及道路硬化,完成护坡、围墙维修等。2018年投资95.0万元,完成水暖锅炉拆除、业务用房及附属用房铺设新型环保电地暖项目实施。

第五节 中卫市气象局站

中卫市位于宁夏中西部,地处宁夏、甘肃、内蒙古三省(区)交界地带,属中温带大陆性气候。下辖沙坡头区、中宁县、海原县,总面积1.76万平方千米,常住人口117.46万。中卫市气象局见图18-5。

一、领导体制与机构设置

1953年成立中卫县茶房庙气象哨,1958年11月成立中卫县气象站,1991年更名为中卫县气象局。2004年7月中卫市气象局筹备组成立;2005年8月经中国气象局批准,中卫市气象局正式挂牌成立,处级建制。1983年6月至今,实行气象部门与地方政府双重领导,以气象部门领导为主的管理体制。

图 18-5 中卫市气象局

内设机构:办公室(人事科)、业务科技科、计划财务科。直属事业单位:气象台、气象服务中心、大气探测技术保障中心(人工影响天气中心)、财务核算中心。县(区)气象局(站):沙坡头区气象局、中宁县气象局、海原县气象局、兴仁气象站。截至 2020 年年底,人员编制数为 74 人。中卫市气象局领导干部名录见表 18-5。

表 18-5 中卫市气象局领导干部名录

姓名	性别	职务	职称	任职时间
戴小笠	男	筹备组组长 局长	高级工程师	2004 年 7 月—2005 年 7 月 2005 年 8 月—2007 年 3 月
李胜发	男	筹备组副组长 副局长兼纪检组长	工程师	2004 年 7 月—2005 年 7 月 2005 年 8 月—2008 年 4 月
孙振夏	男	副局长 局长	工程师	2006 年 5 月—2011 年 11 月 2011 年 12 月—
施新民	男	副局长	高级工程师	2007 年 4 月—2008 年 1 月
刘庆军	男	副局长 局长	高级工程师	2008 年 1 月—2009 年 11 月 2009 年 12 月—2010 年 3 月
姚宗国	男	副局长 副局长兼纪检组长	高级工程师	2008 年 1 月—2012 年 7 月 2010 年 11 月—2012 年 7 月
张玉兰	女	副局长	高级工程师	2010 年 4 月—2013 年 12 月
郝学琴	女	纪检组长	工程师	2012 年 7 月—2018 年 11 月
李国兴	男	副局长	助理工程师	2013 年 1 月—2013 年 12 月 2016 年 11 月—
王卫东	男	副局长	高级工程师	2013 年 12 月—2016 年 10 月
李福生	男	副局长	高级工程师	2017 年 7 月—2020 年 8 月
禹卓英	女	纪检组长	助理工程师	2019 年 6 月—
谭华	男	副局长	助理工程师	2020 年 10 月—

二、气象业务与服务

(一)气象观测

中卫市地面气象观测站 4 个,其中,中卫、中宁、海原为国家基本气象站,兴仁为国家气象观测站。2002 年至 2005 年,进行地面自动观测站建设。2013 年 9 月完成新型自动气象站建设。2013 年 1 月至 2014 年 9 月,建成自动能见度仪。2018 年 9 月安装 DFC2 型光电式数字日照计。2018 年 10 月建成 DSG5 型降水天气现象仪。2020 年 4 月 1 日起取消每天的人工定时观测、人工连续观测天气现象、日常守班、重要天气报编发、地面观测记录簿记录、值班日记填写、人工数据质量控制（含质控疑误信息反馈）等工作任务,全部实行地面气象观测自动化。

(二)气象预报

负责全市范围的临近、短时、短期、中期天气预报、精细化乡镇天气预报及灾害性天气监测预警、城市环境空气质量、臭氧污染气象条件、生活指数、沙坡头景区旅游指数、山洪地质灾害气象风险预警等预报产品的订正制作、发布与服务。

1997年通过中卫县有线电视对外发布天气预报,并增加全县各乡(镇)及旅游景点的天气预报服务。2007年7月开始独立制作中卫市天气预报。2010年开发中卫市预报业务平台,中卫市气象台发布全市精细化乡镇天气预报。2014年全区进入区、市、县三级集约化预报业务运行改革阶段,市气象台派送预报员至宁夏气象台市级岗交流值班,订正下发区台短期预报岗制作的银川、石嘴山、吴忠、中卫四市指导预警、城镇预报、村镇精细化和旅游景点预报。中卫市气象台主要职责为监测预警与气象服务,利用下发预报预警进行服务。2016年撤销市级预报岗,市气象台负责本行政区内灾害性天气的监测服务,负责发布本区域临近和短时预报;发布本行政区的灾害性天气预警及气象灾害风险预警;应用区级预报产品,负责开展本行政区行政村精细化预报业务0～6小时实况订正和应用服务;增加中卫市空气污染气象条件预报。2016年3月起,联合中卫市环保局开展中卫市环境空气质量预报预警工作。2018年1月1日起,通过中卫交通音乐广播电台发布全市天气预报预警和沙坡头景区旅游指数预报,同年8月起,订正制作全市臭氧污染气象条件预报。2019年中卫市气象台利用县(区)局订正后的格点转站点村镇、旅游景点精细化预报结论对外服务。

(三)气象信息网络

2000年,建成卫星单收站系统。2001年1月起通过分组网向宁夏气象局传输原始资料。2004年建成分组交换系统,并布设DDN光纤,气象电报、数据传输实现网络化、自动化。2004年10月宁夏气象局内联网开通,2005年开通互联网。2006年视频会商系统开通。2008年对光纤进行拓宽,由2M拓宽至4M。2012年5月20日,CMACAST正式开始运行。2013年10月开始布设国家突发事件预警信息发布系统,2014年1月11日运行。

(四)气象服务

1. 公众服务

公共气象服务产品包括常规预报、精细化分县预报、天气预警等,通过广播、电视、报纸、电话、互联网、12121声讯电话、电子显示屏、卫星广播等媒体为广大群众服务。

2. 决策服务

决策气象服务涵盖城乡经济建设、工农业生产、社会民生及防灾减灾,主要包括防汛抗旱、生态保护、交通旅游、城乡建设、重大社会活动等的气象保障服务。

3. 科技开发应用

20世纪80年代起,数理统计预报、MOS预报、能量天气学等学术成果和技术方法相继应用于天气预报业务。2005年起,围绕气象业务和服务需求,制定科研计划,确定自立课题,一大批新成果、新技术投入气象业务应用。

(五)农业气象

开展春小麦、玉米和水稻粮食作物产量预报,同时进行枸杞种植研究,开展农作物发育气象跟踪服务、墒情动态监测和动态分析。制作多种服务产品,包括农业气象专题分析、墒情快讯、特色预报分析服务。

(六)人工影响天气

2002年中卫县、中宁县各配备1台车载式防雹增雨火箭,开始移动增雨作业试验。2003年5月,海原、中宁、中卫陆续配备防雹增雨火箭。截至2020年,全市有24部火箭发射架、7门高炮、7个增雨(雪)烟炉园,设置12个高炮火箭混合作业点,6个固定火箭作业点。常年开展人影作业,在防汛抗旱和生态保护中发挥重要作用。

三、局站建设

中卫市气象局(含沙坡头区气象局):占地面积 2.0 万平方米。2005 年建设 1 幢 800.0 平方米砖混结构综合业务用房。2006 年修建中卫市气象局探测中心附属用房 160.0 平方米。2007—2009 年,建设砖混结构业务用房 848.0 平方米、锅炉房 35.0 平方米、发电机房 15.0 平方米。2010—2011 年,修建中卫市气象灾害监测预警中心业务用房 1234.0 平方米。2015 年改造维修职工食堂和库房 250.0 平方米,新建市局通往城区混凝土道路 317.0 米,建设天然气管道 400.0 米。

海原县气象局:2005 年投资 68.0 万元,建设业务用房及门房 519.0 平方米。2010 年在海原新区建设业务用房 410.0 平方米,附属用房 205.0 平方米。2018 年投资 131.0 万元,对业务用房供暖设施进行改造。

中宁县气象局:2008 年投资 71.0 万元在南河子公园建设业务用房 140.0 平方米,附属用房 120.0 平方米。2011 年投资 47.3 万元建设中宁县气象科普展室与科普长廊等。2012—2013 年,建设气象灾害监测预警中心业务用房 2680.0 平方米及其配套设施。2015 年投资 120.0 万元,建设附属用房 203.0 平方米、围墙 508.0 米以及其他设施。

兴仁气象站:2007 年投资 94.0 万元,建设业务用房 340.0 平方米,附属用房 110.0 平方米。2014 年投资 75.0 万元,购置职工公寓房 2 套,每套面积 85.0 平方米。

第六节　其他台站

一、彭阳县气象站

彭阳县气象站始建于 1984 年,由彭阳县政府建设、县农牧局管理的独立法人事业单位,固原市气象局对其进行行业指导和业务代管。

二、红寺堡区气象站

吴忠市红寺堡区气象站建于 2015 年 6 月。2016 年 8 月 30 日,宁夏机构编制委员会办公室印发《关于设置红寺堡区气象站的通知》(宁编办发〔2016〕275 号),同意设置红寺堡区气象站,正科级事业单位,委托吴忠市气象局管理,核定全额预算事业编制 6 名,科级领导职数 1 正 1 副。2018 年 4 月 10 日开始正式运行。主要业务有气象监测、天气预报预警、公共气象服务、特色作物观测、区域自动站维护、气象信息的发布和传播、吴忠新一代天气雷达三级保障及本行政区域人工影响天气作业等。

红寺堡区气象站占地面积 1 万平方米,现有雷达塔楼 1 座 1939.5 平方米,业务用房及附属用房等 1156.1 平方米,供水、供暖、供电、供气条件满足工作和生活需求。

三、宁东气象台

2018 年 12 月,宁夏气象局与宁东能源化工基地管委会签署《合作协议》。按照协议要求,在宁东能源化工基地管委会的大力支持下,2019 年 4 月,组建宁东能源化工基地气象台,见图 18-6。宁东能源化工基地气象台的主要任务有:承担宁东能源化工基地天气预报、天气预警制作发布业务;承担宁东能源化工基地决策气象服务、专业气象服务业务;承担宁东能源化工基地空气污染气象条件预报等专业预报制作与发布业务;承担宁东能源化工基地气象监测设备建设、运行与维护工作;承担宁东能源化工基地多渠道气象服务网及信息共享系统的建设与维护工作;承担宁东能源化工基地工业园区气象灾害风险评估及相关气象技术研发工作;承担宁东能源化工基地工业园区气候资源评估及开发利用技术研发工作等。

四、宁夏人工影响天气中心

2016 年 12 月,根据自治区机构编制委员会《关于调整宁夏气象局地方气象服务机构有关事项的通知》(宁编发〔2016〕39 号),宁夏人工影响天气中心成立。该中心属地方气象服务机构,正处级事业单

图18-6　2019年，宁东能源化工基地气象台挂牌成立

位，委托宁夏气象局管理，与宁夏气象灾害防御技术中心合署办公。

宁夏人工影响天气中心内设科室3个，分别为：办公室、人工影响天气指挥中心、人工影响天气作业科。编制20名。其中，地方全额预算事业编制5名，调剂使用国家气象事业编制15名。领导职数：处级1正1副，科级3正4副。

宁夏人工影响天气中心负责全区飞机增雨、火箭增雨雪、高炮防雹作业的决策指挥和效果评估。

五、宁夏预警中心

自治区党委政府高度重视突发事件应急管理工作，将宁夏突发事件预警信息发布系统建设项目列入《宁夏回族自治区突发事件应急体系建设"十三五"规划》和《宁夏回族自治区"十三五"脱贫攻坚规划》，明确由宁夏气象局负责实施。2016年8月，自治区机构编制委员会《关于调整宁夏气象局地方气象服务机构有关事项的通知》明确设立自治区突发事件预警信息发布中心，挂靠宁夏气象局下属的宁夏气象服务中心。

2017年宁夏突发事件预警信息发布系统开始建设，历经一年的建设，通过政务外网实现预警信息发布各部门之间互联互通和区市县乡四级上下衔接，具备了突发事件预警信息快速接收、处理和及时发布能力，达到突发事件预警信息发布权威、畅通、规范、高效，横向到边，纵向到底目标。2018年5月16日，该项目通过宁夏气象局组织的业务验收，并投入业务运行。

依托国家突发事件预警信息发布系统和宁夏突发事件预警信息发布系统所建设完成的宁夏突发事件预警信息发布中心，可以实现各类预警信息的快速收集、处理和发布，并具备了部门联合会商、信息发布、运行监控、决策指挥、灾情直播等功能。未来通过汇聚应急管理、旅游交通、水利水文、农业农村、卫生防疫等部门的各类预警信息、风险信息，推动"预警＋行业"的数据融合分析，有望实现部门间互联互通、区市县乡上下衔接、突发事件预警信息发布覆盖所有行政村和社区、预警信息面向基层应急责任人覆盖率为100％，面向公众的覆盖率提高到95％以上；常规预警信息发布面向基层应急责任人时效提高到5分钟内，公众10分钟。

六、宁夏特色农业气象服务中心

自治区农业优势特色产业综合气象服务中心成立于2016年8月，核定全额预算事业编制5名，挂靠宁夏气象科研所，主要承担粮食、枸杞、葡萄、马铃薯、草畜等特色优势产业气象服务工作。2017年9月宁夏气象局批复同意《宁夏农业优势特色产业综合气象服务中心建设方案》，下设粮食作物、枸杞、葡萄、马铃薯4个分中心。2018年招聘5名地方编制人员，完成农业优势特色产业综合气象服务中心的实体化运行，并已开始发挥服务效益。

第五篇　人物和荣誉

第十九章　人　　物

第一节　人物简介

一、领导干部

刘秀桐　1935 年 12 月出生,河南舞阳人,中国共产党党员,中专文化程度,气象管理高级工程师。1954 年 7 月进入中国人民解放军长春机要干部学校学习。1955 年 8 月,分配到内蒙古气象局从事机要员工作。1957 年 8 月进入北京气象学校学习,毕业后留校任教。1970 年 12 月到宁夏气象部门工作。历任同心气象站站长、宁夏气象局人事处副处长、处长。1983 年 5 月任宁夏气象局党组成员、副局长。

陈　力　1936 年 2 月出生,湖北黄梅县人,中国共产党党员,中专文化程度,高级工程师。1951 年 1 月参军,1956 年 9 月转业进入成都气象学校学习,1959 年 9 月毕业分配到宁夏气象局参加工作。历任贺兰山气象站站长、贺兰县农业局副局长、水电局局长、宁夏气象科研所技术员。1991 年 8 月任宁夏气象局党组纪检组组长。

康国杰　1937 年 9 月出生,宁夏西吉县人,中国共产党党员,中专文化,高级政工师。1951 年 9 月参加工作。曾先后担任西吉县新营区委宣传、组织干事,县委组织部干事、副部长,县文教科副科长,县干校革委会主任、书记,西吉县委政治处副主任。1971 年起历任固原地区干校革委会副主任、党委副书记,固原地区党校副校长、党委副书记,固原地区气象局副局长、局长、党组书记,宁夏气象局监察审计室主任、机关党委副书记、人事处处长。1996 年 9 月任宁夏气象局党组纪检组组长。

聂树勋　1939 年 5 月出生,四川叙永县人,中国共产党党员,中专文化,气象管理高级工程师。1955 年毕业于长春气象通讯干校,同年参加工作。历任银川气象台通填、机务科长、副台长,宁夏气象局计财处处长、办公室主任。1997 年 11 月至 1999 年 4 月任宁夏气象局助理巡视员。

魏国新　1940 年 7 月出生,江苏南京市人,中国共产党党员,大学本科学历,高级工程师。1964 年 7 月毕业于南京大学气象系,同年 8 月分配到固原地区气象台从事天气预报工作。1976 年 3 月调入宁夏气象局人工降雨办公室工作。1977 年 6 月起历任宁夏气象台短期预报组组长、副台长、台长。1992 年 8 月任宁夏气象局业务处处长。1998 年 6 月任宁夏气象局副总工程师。2000 年 2 月任宁夏气象局助理巡视员。

张正洪　1942 年 1 月出生,江苏溧水县人,中国共产党党员,大学本科学历,高级工程师。1966 年 9 月毕业于南京气象学院。1968 年 6 月在西吉县气象局参加工作。1983 年 10 月任宁夏气象台台长。1988 年 3 月任宁夏气象局党组成员、副局长。1995 年 3 月调往湖南省气象局任职。

马占山　1943 年 5 月出生,回族,河北雄县人,中国共产党党员,大专文化。1965 年 9 月在宁夏中卫县机关社教队工作。1967 年 3 月起历任固原地区气象局预报员、业务科科长、副局长。1983 年 4 月任宁夏气象局党组成员、副局长。1988 年 3 月任宁夏气象局局长(主持局党组工作)。1989 年 9 月任宁夏气象局党组书记、局长。1994 年,国务院授予"全国民族团结进步模范"称号。1998 年 4 月调任自治区纪委副书记、监察厅厅长。

杨泾森　1948 年 12 月出生,河南舞阳人,中国共产党党员,大学本科学历,高级工程师。1968 年 12 月在宁夏永宁县通桥公社参加工作(下乡知识青年),1982 年 1 月宁夏大学毕业分配到宁夏气象学校工作。1991 年 1 月起任宁夏气象局办公室副主任、主任等职务。2000 年 2 月任宁夏气象局党组成员、党组纪检组组长。2006 年 4 月任宁夏气象局巡视员。

陈晓光　1953 年 12 月出生，宁夏中卫县人，中国共产党党员，研究生学历，正研级高级工程师。1974 年 8 月兰州大学毕业分配到宁夏气象台从事预报工作。1975 年 10 月至 1977 年 3 月在兰州大学数值预报研究班学习，1988 年 9 月至 1991 年 8 月在南京气象学院读研究生。1977 年 3 月起历任宁夏气象台预报科副科长、科长、计算机室主任，宁夏气象科研所天气室主任、主任工程师，宁夏气象台台长。2001 年 11 月任宁夏气象局党组成员、副局长。2007 年 6 月调任青海省气象局党组书记、局长。2010 年 5 月调任宁夏气象局巡视员。

夏普明　1954 年 2 月出生，甘肃环县人，中国共产党党员，大专学历，高级工程师。1970 年 12 月在部队任报务员。1975 年起历任吴忠行署气象局通讯机务组组长、政办室副主任、主任。1986 年任宁夏气象局人事处主任科员。1988 年 9 月至 1990 年 7 月，在中国地质大学武汉干部管理学院学习。1991 年起历任宁夏气象局办公室副主任、计财处处长。1995 年 7 月任宁夏气象局党组成员、副局长。2000 年 2 月任宁夏气象局党组书记、局长。2010 年 1 月调任四川省气象局巡视员。

陈占林　1954 年 12 月出生，回族，宁夏平罗人，中国共产党党员，大学普通班文化。1978 年 8 月兰州大学毕业分配到石嘴山市气象局工作。1993 年 1 月起历任石嘴山市气象局副局长，石嘴山市气象局党组书记、局长，宁夏气象台台长。1997 年 11 月起历任宁夏气象局党组成员、党组纪检组组长、副局长、党组副书记。2013 年 8 月任宁夏气象局巡视员。

王立军　1959 年 12 月出生，宁夏银川人，中国共产党党员，大学本科学历，高级工程师。1982 年 1 月毕业于宁夏大学，1984 年进入宁夏气象局工作。1992 年 7 月起历任宁夏华云技术开发公司副总经理（副处级）、宁夏气象技术装备处副处长、宁夏气象局监测网络处处长、观测与网络处处长、宁夏气象学会秘书长（2012 年 7 月至 2013 年 12 月兼宁夏气象信息中心主任）、宁夏气象局离退休干部办公室主任等职务。2019 年 11 月任宁夏气象局二级巡视员。

冯建民　1960 年 9 月出生，甘肃正宁人，中国共产党党员，研究生学历，高级工程师。1983 年 7 月南京气象学院毕业分配到宁夏气象台工作。1996 年 8 月起历任宁夏气象局科技教育处副处长，宁夏气象科研所副所长、宁夏气象台台长、宁夏气象局人事教育处处长。2006 年 7 月任宁夏气象局党组成员、副局长。2018 年 7 月任宁夏气象局巡视员，2019 年 6 月任宁夏气象局一级巡视员。

吴岩峻　1961 年 11 月出生，宁夏盐池县人，中国共产党党员，研究生学历，高级工程师。1982 年 8 月兰州大学毕业分配到宁夏气象科研所工作。1987 年 9 月至 1990 年 6 月在南京气象学院读研究生。1991 年 1 月起历任宁夏气象科研所副所长、主任工程师，宁夏气象局局长助理。1996 年 3 月任宁夏气象局党组成员、副局长。1998 年 7 月调往海南省气象局任职。

牛生杰　1962 年 8 月出生，宁夏中卫县人，中国共产党党员，研究生学历，正研级高级工程师。1982 年 7 月南京气象学院毕业分配到宁夏气象科研所工作。1986 年 9 月至 1989 年 1 月在南京气象学院读研究生。1989 年 1 月起历任宁夏气象科研所应用室主任、副所长、所长。1997 年 11 月任宁夏气象局党组成员、副局长。2002 年 10 月辞去宁夏气象局党组成员、副局长，调往南京气象学院工作。

党志成　1963 年 4 月出生，陕西渭南人，中国共产党党员，研究生学历，高级工程师。1987 年 8 月自南京气象学院毕业分配到陕西省安康地区气象局工作。1995 年 2 月起历任陕西省气象技术装备处副处长、陕西省气象技术装备中心副主任，西安市气象局党组副书记、副局长、党组书记、局长，陕西省防雷中心主任。2002 年 2 月任陕西省气象局党组成员，西安市气象局党组书记、局长。2008 年 9 月任陕西省气象局副巡视员。2010 年 1 月任宁夏气象局党组成员、副局长，2012 年 7 月调往陕西省气象局任职。

丁传群　1963 年 10 月出生，江苏盐城人，中国共产党党员，研究生学历，高级工程师。1984 年 7 月南京气象学院毕业分配到宁夏气象科研所工作。1994 年 8 月起历任宁夏气象局业务处副处长、处长，宁夏气象台副台长，宁夏专业气象服务台台长，宁夏气象局办公室主任。2003 年 11 月任宁夏气象局党组成员、副局长。2010 年 1 月任宁夏气象局党组书记、局长。2015 年 8 月调往陕西省气象局任职。

王建林　1963 年 12 月出生，河南辉县人，中国共产党党员，大学本科学历，正研级高级工程师。1987 年 7 月南京气象学院毕业，同年 8 月在中国气象科学研究院参加工作。1999 年 6 月起历任中国气象科学研究院农业气象和遥感应用中心(应用气象研究中心)农业气象信息服务室主任,国家气象中心气候评价、气候环境与农业气象室副主任,国家气象中心遥感应用与农业气象室副主任、主任,国家气象中心农业与生态气象室主任,国家气象中心农业气象中心主任,国家气象中心业务处(科技发展处)处长,国家气象中心副总工程师(正处级)。2014 年 9 月任宁夏气象局党组成员、副局长。2019 年 5 月调往中国气象局任职。

尚永生 1964 年 2 月出生,河南洛阳人,中国共产党党员,大学本科学历,高级工程师。1985 年 8 月南京大学毕业分配到中央气象台工作。1986 年 7 月至 1987 年 6 月随中央讲师团赴云南从事支教工作。1988 年 5 月起在宁夏气候资料中心工作。1995 年 9 月起历任宁夏气候资料中心副主任,宁夏气象局业务发展处副处长、业务科技处处长、办公室主任。2012 年 7 月任宁夏气象局党组成员、党组纪检组组长,2019 年 5 月任宁夏气象局党组成员、副局长。

庞亚峰 1964 年 11 月出生,陕西凤翔人,中国共产党党员,大学本科学历,高级工程师。1984 年 7 月自陕西省气象学校毕业分配至西安气象观测站工作。1995 年 2 月起历任陕西省气象局思想政治工作处副处长,渭南市气象局党组书记、局长,西安市气象局党组成员、副局长,陕西省防雷中心主任兼陕西省气象局防雷办公室主任,陕西省气象局直属机关党委办公室(精神文明建设办公室)主任,陕西省气象局办公室主任。2019 年 5 月任宁夏气象局党组成员、党组纪检组组长。

杨 涛 1965 年 11 月出生,山东招远人,中国共产党党员,大学本科学历。1988 年 8 月南京气象学院毕业分配到石嘴山市气象局工作。1996 年 4 月起历任石嘴山市气象局党组成员、副局长,石嘴山市气象局党组副书记、副局长,石嘴山市气象局党组书记、局长,宁夏气象局办公室主任、计划财务处处长、人事处处长。2017 年 6 月任宁夏气象局副巡视员。2018 年 7 月调往新疆气象局任职。

杨兴国 1967 年 11 月出生,甘肃民乐人,中国共产党党员,博士研究生学历,正研级高级工程师。1989 年 7 月南京气象学院毕业分配到甘肃省气象局兰州干旱气象研究所工作。2000 年 7 月起历任甘肃省气象局兰州干旱气象研究所副所长、中国气象局兰州干旱气象研究所副所长,甘肃省气象局业务科技处处长、业务处处长,甘肃省气象信息与技术装备保障中心主任,甘肃省气象局人事处处长。2012 年 7 月任宁夏气象局党组成员、副局长。2014 年 11 月调任甘肃省气象局党组成员、副局长。2018 年 2 月调任宁夏气象局党组副书记、副局长,主持工作。2018 年 7 月任宁夏气象局党组书记、局长。

王鹏祥 1968 年 7 月出生,甘肃通渭人,中国共产党党员,博士研究生学历,正研级高级工程师。1989 年 7 月南京气象学院毕业分配到甘肃省陇西县气象局工作。2001 年 12 月起历任甘肃省气象中心副主任、兰州中心气象台副台长,张掖市气象局党组成员、副局长,甘肃省气象局办公室副主任、主任。2008 年 10 月起历任甘肃省气象局党组成员、副局长,西藏气象局党组成员、副局长。2012 年 8 月任西藏气象局党组书记。2015 年 8 月任宁夏气象局党组书记、局长。2018 年 2 月调往河南省气象局任职。

陈 楠 1969 年 4 月出生,陕西蒲城人,中国共产党党员,大学本科学历,正研级高级工程师。1991 年 7 月兰州大学毕业分配到宁夏气象台工作。2011 年 7 月起历任宁夏气象台主任工程师、副台长,宁夏气象局科技与预报处副处长,应急与减灾处副处长、处长,宁夏气象服务中心主任。2019 年 5 月任宁夏气象局总工程师。

刘建军 1969 年 7 月出生,宁夏盐池县人,中国共产党党员,博士研究生学历,高级工程师。1990 年 7 月南京气象学院毕业分配到盐池县气象局工作。1991 年 9 月至 2000 年 8 月在吴忠市气象局工作。2000 年 8 月调宁夏气象科研所工作。2002 年 4 月起历任宁夏气象科研所副所长,宁夏气象局业务科技处副处长,科技减灾处副处长、处长,科技与预报处处长,银川市气象局党组书记、局长,宁夏气象局办公室主任。2017 年 6 月任宁夏气象局党组成员、副局长。

宁夏气象局领导名录见表 19-1。

表 19-1　宁夏气象局领导名录

姓名	职务	任职时间
陈 力	党组成员	1981 年 8 月—1996 年 3 月
	纪检组组长	1991 年 8 月—1996 年 3 月

续表

姓名	职务	任职时间
马占山	局长（主持局党组工作）	1988 年 3 月—1989 年 9 月
	党组书记、局长	1989 年 9 月—1998 年 6 月
刘秀桐	党组成员、副局长	1983 年 5 月—1996 年 3 月
张正洪	副局长	1988 年 3 月—1995 年 3 月
	党组成员	1989 年 9 月—1995 年 3 月
夏普明	党组成员、副局长	1995 年 7 月—1998 年 6 月
	党组副书记、副局长，主持工作	1998 年 6 月—2000 年 2 月
	党组书记、局长	2000 年 2 月—2010 年 1 月
吴岩峻	党组成员、副局长	1996 年 3 月—1998 年 8 月
陈晓光	党组成员、副局长	1996 年 3 月—1997 年 1 月
	党组成员、副局长	2001 年 11 月—2007 年 6 月
	巡视员	2010 年 5 月—2013 年 12 月
康国杰	党组成员、纪检组组长	1996 年 9 月—1997 年 11 月
牛生杰	党组成员、副局长	1997 年 11 月—2002 年 10 月
陈占林	党组成员、纪检组组长	1997 年 11 月—2000 年 2 月
	党组成员、副局长	1998 年 8 月—2006 年 4 月
	党组成员、纪检组组长	2006 年 4 月—2010 年 1 月
	党组副书记、纪检组组长	2010 年 1 月—2012 年 7 月
	党组副书记	2012 年 7 月—2013 年 8 月
	巡视员	2013 年 8 月—2014 年 12 月
聂树勋	助理巡视员	1997 年 11～1999 年 4 月
魏国新	副总工程师	1998 年 6 月—2000 年 7 月
	助理巡视员	2000 年 2 月—2000 年 7 月
杨泾森	党组成员、纪检组组长	2000 年 2 月—2006 年 4 月
	巡视员	2006 年 4 月—2009 年 1 月
丁传群	党组成员、副局长	2003 年 11 月—2010 年 1 月
	党组书记、局长	2010 年 1 月—2015 年 8 月
冯建民	党组成员、副局长	2006 年 7 月—2018 年 7 月
	巡视员	2018 年 7 月—2019 年 6 月
	一级巡视员	2019 年 6 月—2020 年 10 月
党志成	党组成员、副局长	2010 年 1 月—2012 年 7 月
杨兴国	党组成员、副局长	2012 年 7 月—2014 年 11 月
	党组副书记、副局长，主持工作	2018 年 2 月—2018 年 7 月
	党组书记、局长	2018 年 7 月—
尚永生	党组成员、纪检组组长	2012 年 7 月—2019 年 5 月
	党组成员、副局长	2019 年 5 月—
王建林	党组成员、副局长	2014 年 9 月—2019 年 5 月
王鹏祥	党组书记、局长	2015 年 8 月—2018 年 2 月
刘建军	党组成员、副局长	2017 年 6 月—
杨 涛	副巡视员	2017 年 6 月—2018 年 8 月
庞亚峰	党组成员、纪检组组长	2019 年 5 月—
陈 楠	总工程师	2019 年 5 月—
王立军	二级巡视员	2019 年 11 月—2019 年 12 月

二、先进人物

杨强铭 1941 年 4 月出生，四川古蔺人，中国共产党党员，大学本科学历，高级工程师。1964 年毕业于甘肃农业大学,先后在宁夏隆德县气象站、六盘山气象站从事气象观测和天气预报工作。2001 年享受国务院政府特殊津贴。1981 年调往固原地区气象局从事天气预报工作,担任副局长。1987 年调任银南地区气象局副局长。1992 年调往宁夏气象台担任中期天气预报总领班。2001 年退休。1998 年荣获自治区"民族团结进步先进个人",2000 年荣获"自治区先进工作者""全国先进工作者"。2020 年获中国气象局颁发的"新中国气象事业 70 周年"突出贡献纪念章。

段云汉 1953 年 8 月出生,宁夏西吉县人,中国共产党党员,中专学历,工程师。1976 年 7 月毕业于宁夏气象学校,同年 8 月参加工作,长期在基层台站从事气象观测、综合管理。1991 年在霜冻预报服务工作中成绩突出,受到中国气象局通报表彰。1995 年、1996 年、1999 年被宁夏气象局评为"先进工作者"。1998 年被国家民委授予"全国民族团结进步先进个人"。

郭建川 1959 年 2 月出生,宁夏银川人,硕士研究生学历,高级工程师。1981 年 9 月毕业于宁夏气象中专班,分配到宁夏气象台工作。1996 年 6 月获得中国科技大学计算机软件硕士学位。先后从事过气象观测、计算机通信、信息网络等工作。主持和参加了十几项科研课题,发表论文十多篇。1995 年当选为第八届全国青联委员,2005 年荣获"自治区先进工作者""全国先进工作者"。1994 年 10 月至 2005 年 5 月先后任宁夏气象台副台长、宁夏华云公司经理、宁夏防雷中心主任、宁夏气象信息中心主任。2005 年 5 月调任宁夏科技厅副厅长。

刘 梅 1962 年 12 月出生,山西朔县人,大学文化程度,高级工程师。1983 年 7 月兰州大学毕业分配到宁夏气象台工作。1998 年 5 月起历任宁夏气象台副台长、主任工程师,宁夏气象局科技减灾处副处长、应急与减灾处副处长。2014 年 3 月起先后任宁夏气象局应急与减灾处、政策法规处调研员。1998 年被自治区妇联授予"自治区三八红旗手"称号,同年获自治区科技进步二等奖。2000 年被全国妇联授予"全国三八红旗手"称号。

杨有林 1967 年 2 月出生,藏族,甘肃天祝县人,中国共产党党员,大学本科学历,正研级高级工程师。1990 年 7 月毕业于南京气象学院,同年 7 月在内蒙古阿拉善盟气象局参加工作,2000 年 8 月调入宁夏气象科研所。2006 年以来先后任吴忠市气象局副局长,宁夏气象台副台长、宁夏气象信息中心主任。2003 年被自治区党委政府授予"民族团结进步先进个人"。2005 年被国务院授予"全国民族团结进步模范个人"。

纪晓玲 1967 年 10 月出生,陕西富平县人,中国共产党党员,硕士研究生学历,正研级高级工程师,宁夏第十二次党代会代表。1991 年毕业于兰州大学,长期从事天气预报及天气预报技术研究工作,先后担任西北区和中国气象局首席预报员、宁夏气象局创新团队带头人和领军人才。主持参加省部级以上科研项目 16 项、业务建设项目 12 项,发表论文 49 篇,合作出版专著 2 部、软件著作权 3 个、编写业务技术规划 8 项。获得全国优秀值班预报员 6 次,获得省部级科技进步三等奖 2 次、优秀学术论文 5 篇。2013 年主持气象台工作以来,带领气象台先后荣获自治区"五一劳动奖状"、全国气象工作先进集体、中国气象局重大气象服务先进集体等殊誉。2018 年荣获"全国三八红旗手"。

贾永辉 1969 年 5 月出生,甘肃镇原县人,中国共产党党员,大学本科学历,高级工程师。1990 年 7 月毕业于兰州气象学校,同年 7 月参加工作,长期在基层台站从事气象观测。2008 年、2009 年获全区地面观测"百班无错情奖"。2012 年、2013 年荣获"全区气象部门精神文明建设先进个人"和"全区优秀质量测报员"。2014 年荣获"全区气象部门优秀党务工作者"。2015 年荣获"自治区先进工作者""全国先进工作者"。

李剑萍 1971 年 2 月出生,宁夏中宁县人,中国共产党党员,硕士研究生学历,正研级高级工程师。1993 年毕业于北京农业大学。2010—2021 年先后担任宁夏气象服务中心副主任,银川市气象局副局长,宁夏气象科研所副所长、所长。主要从事气象服务、应用气象研究工作。主持 7 项省部级以上科研项目,骨干参加国家"十一五"科技支撑项目、科技部公益项目、国家自然基金项目等 10 项,发表论文 66 篇。获省部级科技进步三等奖 1 次。2007 年获"全国巾帼建功标兵"、中国气象局第四届"西部优秀人才津贴"。2009 年荣获全国气象系统先进工作者。2020 年荣获"自治区三八红旗手"。

杨建玲 1973 年 8 月出生,宁夏西吉县人,中国共产党党员,博士研究生学历,研究员。1995 年毕业于南京气象学院,2007 年获得中国海洋大学博士研究生学位。2007 年至今先后在宁夏气候中心、宁夏气象科研所从事气候与气候变化业务和科研工作。主持国家级、省部级科研项目7项，出版专著《中国西北地区东部汛期降水异常成因及预测研究》，发表论文45篇。2016年荣获"自治区五一劳动奖章""全国五一劳动奖章"；入选自治区"青年拔尖人才"。

蔡　敏　1982年8月出生，回族，浙江东阳人，中国共产党党员，大学本科学历，工程师。2005年毕业于西北第二民族学院，2014年获得兰州大学大气科学理学硕士学位。2006—2012年在基层台站从事气象观测工作，2012年至今从事综合观测、气象服务管理等工作。2009年在"第二届全国气象行业气象观测技能竞赛"中取得团体第十名和"计算机综合处理"单项二等奖、个人全能三等奖，被中国气象局授予"全国气象行业技术能手"称号。2010年荣获"自治区先进工作者""全国先进工作者"。

第二节　代表名录

一、党代会代表

夏普明　2007年6月当选宁夏第十次党代会代表。

文秀萍　2007年6月当选宁夏第十次党代会代表。

丁传群　2012年6月当选宁夏第十一次党代会代表。

纳　丽　2012年6月当选宁夏第十一次党代会代表。

王鹏祥　2017年6月当选宁夏第十二次党代会代表。

纪晓玲　2017年6月当选宁夏第十二次党代会代表。

陈　荣　2017年6月当选宁夏第十二次党代会代表。

二、人大代表

杨建玲　2018年1月当选宁夏第十二届人大代表、宁夏第十二届人大常委会委员。

三、政协委员

刘书宗　1992年3月当选政协宁夏第六届委员会委员。

夏普明　2002年12月当选政协宁夏第八届委员会委员。

刘书宗　2002年12月当选政协宁夏第八届委员会委员。

夏普明　2008年1月当选政协宁夏第九届委员会委员。

马力文　2008年1月当选政协宁夏第九届委员会委员。

丁传群　2013年1月当选政协宁夏第十届委员会委员。

王鹏祥　2018年1月当选政协宁夏第十一届委员会委员。

杨兴国　2019年1月增补为政协宁夏第十一届委员会委员。

第三节　高级职称人员名录

一、正高人员

1994年，董永祥取得正研级高级工程师任职资格。

2001年，牛生杰取得正研级高级工程师任职资格。

2003年，王连喜、赵光平取得正研级专业技术职务任职资格，任职资格自2003年10月算起。

2004年，陈晓光、刘静取得正研级专业技术职务任职资格，任职资格自2004年11月算起。

2004年，李凤霞取得农业技术推广研究员职务任职资格，任职资格自2004年12月算起。

2008 年,张晓煜、胡文东取得正研级专业技术职务任职资格,任职资格自 2008 年 5 月算起。

2009 年,陈楠取得正研级专业技术职务任职资格,任职资格自 2009 年 5 月算起。

2010 年,桑建人取得正研级专业技术职务任职资格,任职资格自 2010 年 5 月算起。

2011 年,纪晓玲取得正研级专业技术职务任职资格,任职资格自 2011 年 5 月算起。

2012 年,陈豫英取得正研级专业技术职务任职资格,任职资格自 2012 年 5 月算起。

2013 年,郑广芬取得正研级专业技术职务任职资格,任职资格自 2013 年 5 月算起。

2014 年,李艳春取得正研级专业技术职务任职资格,任职资格自 2014 年 6 月算起。

2016 年,杨建玲取得正研级专业技术职务任职资格(研究员),任职资格自 2016 年 4 月算起。

2017 年,丁永红、王素艳、刘玉兰、李剑萍、张磊取得正高级工程师任职资格,任职资格自 2017 年 12 月算起。

2018 年,马力文、贾宏元取得正高级工程师任职资格,任职资格自 2018 年 11 月算起。

2019 年,李红英取得研究员任职资格,孙银川、崔洋、苏占胜、张智取得正高级工程师任职资格,任职资格自 2019 年 12 月算起。

2020 年,张学艺、张成军、杨侃、杨有林、纳丽取得正高级工程师任职资格,任职资格自 2020 年 12 月算起。

二、副高人员

1992 年,陈晓光取得高级工程师任职资格,任职资格自 1992 年 10 月算起。

1993 年,陈力、王世琪、姚凤岐、宫传生、牛生杰取得高级工程师任职资格,任职资格自 1993 年 10 月算起。

1994 年,刘秀桐、聂树勋、王沛、赫大德、尹鹤鸣、马玉霞、翟朝勋取得气象管理高级工程师任职资格,任职资格自 1994 年 8 月算起。

1994 年,康国杰、魏成斋、谷定民、何望京、刘桂森、汤赞、谢宗昌取得高级政工师任职资格,任职资格自 1994 年 5 月算起。

1994 年,吕树才取得副主任中医师任职资格,任职资格自 1994 年 4 月算起。

1994 年,王连喜、丁传群、王立军、尚永生取得高级工程师任职资格,任职资格自 1994 年 12 月算起。

1995 年,吴岩峻、黄峰、王凡、冯建民、杨泾森、沈跃琴、赵子尧取得高级工程师任职资格。吴岩峻任职资格自 1994 年 12 月算起,其余人员任职资格自 1995 年 10 月算起。

1996 年,刘静、武兆辉、李凤霞、李晓红取得高级工程师任职资格,任职资格自 1996 年 12 月算起。

1997 年,桑建人、陶林科、刘永政取得高级工程师任职资格,任职资格自 1997 年 12 月算起。

1999 年,安夏兰、徐阳春、戴小笠、王广辉、郑广芬、郭建川、刘庆军、施新民、刘利华取得高级工程师任职资格。刘庆军、施新民、刘利华任职资格自 1999 年 4 月算起,其余人员任职资格自 1999 年 5 月算起。

2000 年,连小芳取得新闻系列副高级职务任职资格,任职资格自 2000 年 12 月算起。

2000 年,林惠珍、高娃取得高级政工师任职资格,任职资格自 2000 年 12 月算起。

2001 年,王卫东、高峰、赵立斌、刘玉兰、马玉荣、张智、尤志宇、张晓煜、苏占胜、马力文、刘建军、孙继明、张锋取得副研级高级工程师任职资格,任职资格自 2001 年 8 月算起。

2002 年,丁永红、纪晓玲、杨有林、赵杰、程少敏取得副研级高级工程师任职资格,任职资格自 2002 年 12 月算起。

2003 年,陆晓静取得副研级高级工程师任职资格,任职资格自 2003 年 1 月算起。

2003 年,陈楠、张玉兰取得副研级高级工程师任职资格,任职资格自 2003 年 12 月算起。

2004 年,余世同取得副研级高级工程师任职资格,任职资格自 2004 年 12 月算起。

2005 年,杨勤取得副研级专业技术职务任职资格,任职资格自 2005 年 9 月算起。

2005 年,李剑萍、高国弘、陈豫英取得副研级高级工程师任职资格,任职资格自 2005 年 12 月算起。

2005年，孙秀慧取得副主任妇产科学医师任职资格，任职资格自2005年8月算起。

2006年，贾宏元、孙银川、牛建军取得副研级高级工程师任职资格，任职资格自2006年9月算起。

2007年，杨建玲取得副研级高级工程师任职资格，任职资格自2007年9月算起。

2007年，丁建军、纳丽、雷小斌、郭立新、刘春泉、武万里、姚宗国、王建英取得副研级高级工程师任职资格，任职资格自2007年12月算起。

2008年，李凤琴、肖云清、张成军取得副研级高级工程师任职资格，任职资格自2008年12月算起。

2009年，周翠芳、白玲、张磊、夏普明取得副研级高级工程师任职资格。周翠芳、白玲、张磊任职资格自2009年11月算起，夏普明任职资格自2009年12月算起。

2010年，张建荣、周虎、张广平、王素艳、孙俊、李福生、张淑琴、韩世涛、卫建国、康玉兰、杨洁取得副研级高级工程师任职资格，任职资格自2010年12月算起。

2011年，袁慧琴、范小明、饶彤华、毛万忠、林莉、李志军取得气象高级工程师任职资格，任职资格自2011年12月算起。

2012年，杨侃、崔洋、张燕林、任玉、张学艺、陈海波、单新兰、梁培、袁海燕取得气象高级工程师任职资格，任职资格自2012年12月算起。

2013年，邵建、倪丽霞、陈晓娟、吴志岐、马筛艳、李红英、伍一萍、张红英、岳勇、舒志亮取得气象高级工程师任职资格，任职资格自2013年12月算起。

2014年，丁莉、方宁莲、马金仁、闫军、王静梅、胡斌、冯瑞萍、陈玉华、钟海云、黄建伟、穆建华、王迎春取得气象高级工程师任职资格，任职资格自2014年11月算起。

2015年，左河疆、严晓瑜、陈彦虎、韩颖娟、于金华、贾生玉、马宁、赵久顺、常倬林取得气象高级工程师任职资格，任职资格自2015年12月算起。

2015年，喻静取得高级会计师任职资格，任职资格自2015年6月算起。

2016年，李欣、杜宏娟、马国飞、段晓凤、郑东生、肖建辉、范彦芳、张吉周、杨海山、张玉林取得气象高级工程师任职资格。杨海山、张玉林任职资格自2016年12月算起，其他人员任职资格自2016年11月算起。

2017年，张小玲取得高级会计师任职资格，任职资格自2017年7月算起。

2018年，马少军、马俊贵、亢艳莉、王洪福、王静、左湘文、刘旭、刘娟、刘晓磊、何泉、张立新、张德卫、李向栋、李淑君、杨云、陈兴财、陈增境、卓凤艳、侯建平、贾永辉、郭晓雷、高永红、常耀军、缑晓辉、董国庆、翟涛、谭志强、戴全章取得气象高级工程师任职资格，任职资格自2018年2月算起。

2019年，刘仲平、孙学珍、赵蔚、曹宁、樊宽取得气象高级工程师任职资格，任职资格自2019年12月算起。

2020年，王少辉、田磊、朱晓炜、朱海斌、刘垚、孙艳桥、李保华、李强、李新庆、吴金宁、沈元德、张玉青、张玉虎、张瑞兰、陈荣、黄文燕、崔巍、韩世昌取得气象高级工程师任职资格，任职资格自2020年11月算起。

第二十章 荣　　誉

第一节　单位名录

1993 年,中宁县气象局荣获全国气象部门重大气象服务先进集体称号。

1994 年,西吉县气象局被国务院授予"全国民族团结进步先进集体"称号。

1995 年,宁夏气象局、隆德县气象局被自治区党委政府授予"自治区文明单位"称号。

1995 年,宁夏气象局被自治区政府授予体育工作先进集体。

1996 年,宁夏气象科研所《小麦黄矮病冬春麦区间流行关系及春麦区流行趋势预测的研究》项目荣获国家科技进步二等奖。

1996 年,宁夏气象科研所声像室被国家科委、中国科协授予全国先进科普工作集体。

1996 年,隆德县气象局荣获全国气象部门双文明建设先进集体。

1996 年,固原行署气象局、中宁县气象局荣获全国气象部门气象服务先进集体。

1996 年,宁夏气象科研所农业气象服务中心被自治区政府授予"全区农业战线先进集体"称号。

1997 年,自治区气象体协被国家体委授予"1997 年全国全民健身宣传周先进单位"。

1997 年,宁夏气象影视中心被中国气象局、中国气象学会授予全国气象科普工作先进集体。

1998 年,西吉县气象局被国家民委授予"民族团结进步模范"称号。

1998 年,石嘴山市气象局被中国气象局授予防洪抢险先进集体。

1998 年,宁夏气象局被自治区党委政府命名为首批自治区文明行业。

1999 年,宁夏气象局荣获"全国精神文明建设先进单位""自治区文明单位标兵"称号。

1999 年,隆德县气象局荣获中央文明委"全国创建文明行业工作先进单位"称号。

1999 年,宁夏气象科普基地被科技部、中宣部、教育部、中国科协授予全国青少年科技教育基地。

1999 年,中宁县气象局荣获自治区人民政府双文明建设先进集体。

2000 年,中宁县气象局荣获全国气象部门双文明建设先进集体。

2001 年,隆德县气象局被中央文明委、中国气象局分别授予"全国 500 家文明示范单位"称号、全国气象部门第二批"文明服务示范单位"称号。

2001 年,宁夏气象系统体育协会被国家体育总局授予"1996－2000 年度全国群众体育先进单位"称号。

2001 年,宁夏气象局荣获第九届全国运动会群众体育先进单位称号。

2001 年,海原县气象局被自治区党委政府授予"自治区文明单位"称号。

2002 年,宁夏气象局被自治区党委宣传思想工作领导小组授予"自治区宣传思想工作先进集体"称号。

2002 年,吴忠市气象局、固原市气象局、陶乐气象局被自治区文明委授予"自治区文明单位"称号。

2002 年,吴忠市气象局被中央文明委授予"全国精神文明建设工作先进单位"称号。

2003 年,宁夏气象局荣获全国气象部门精神文明建设先进集体。

2004 年,宁夏气象科普基地被中央文明委授予"全国未成年人教育示范基地"称号。

2004 年,宁夏气象科普基地被中国科协评为"全国科普日活动先进单位"。

2004 年,中卫县气象局被自治区文明委授予"自治区文明单位"称号。

2005 年,宁夏气象局机关被中央文明委授予全国文明单位称号。

2005年，固原市气象局、吴忠市气象局被中央文明委授予全国精神文明建设先进单位称号。

2005年，宁夏气象台被人事部、中国气象局授予"全国气象部门先进集体"荣誉称号。

2005年，宁夏气象科普教育基地被中央文明办、教育部等6部委授予首批"全国青少年校外活动示范基地"称号。

2005年，中卫市气象局荣获全国气象部门政务公开先进集体称号。

2005年，固原市气象局荣获全国气象部门重大气象服务先进集体称号。

2006年，石嘴山市气象局荣获全国气象部门重大气象服务先进集体称号。

2006年，隆德县气象局荣获中国气象局"全国气象部门文明台站标兵"称号。

2007年，银川市气象局、石嘴山市气象局被自治区文明委授予"自治区文明单位"称号。

2008年，宁夏气象台荣获全国气象部门重大气象服务先进集体称号。

2008年，隆德县气象局被中央文明委授予"全国精神文明建设工作先进单位"称号。

2008年，盐池县气象局被中国气象局授予"全国气象部门文明台站标兵"称号。

2009年，固原市气象局、隆德县气象局被中央文明委授予全国精神文明建设先进单位称号。

2009年，中卫市气象局被人社部、中国气象局授予"全国气象系统先进集体"称号。

2009年，宁夏气象局被自治区文明委评为自治区精神文明建设工作先进单位。

2010年，银川市气象局荣获中国气象局"全国气象部门文明台站标兵"称号。

2010年，中宁县气象局被自治区文明委授予"自治区文明单位"称号。

2011年，宁夏气候中心气候变化与预测科被全国妇联授予"全国巾帼文明岗"。

2011年，固原市气象局被中央文明委授予"全国文明单位"称号。

2011年，宁夏气象学会荣获"全国科协系统先进集体"和"全国科协系统先进集体标兵"称号。

2012年，银川市气象局荣获全国气象部门重大气象服务先进集体称号。

2012年，宁夏气象台荣获全国气象部门重大气象服务先进集体称号。

2012年，永宁县气象局荣获中国气象局"全国气象部门文明台站标兵"称号。

2012年，宁夏气象局被自治区政府授予"2012宁洽会暨第三届中阿经贸论坛保障服务先进单位"。

2012年，青铜峡市气象局、泾源县气象局被自治区文明委授予"自治区文明单位"称号。

2012年，宁夏气象服务中心、吴忠市气象局办公室被自治区妇联授予"自治区三八红旗集体"。

2012年，宁夏气象服务中心被自治区政府授予"宁洽会暨第三届中阿经贸论坛保障服务先进单位"。

2013年，宁夏气象局《中国西北干旱气象灾害监测预警及减灾技术》项目荣获国家科技进步二等奖。

2013年，银川市气象局工会获中国农林水利工会"全国气象行业模范职工小家"。

2013年，六盘山气象站被人社部、中国气象局授予"全国气象工作先进集体"称号。

2013年，宁夏气象局决策办被自治区妇联授予"自治区城乡妇女岗位建功先进集体、自治区巾帼文明岗"称号。

2014年，永宁县气象局荣获全国气象部门重大气象服务先进集体称号。

2015年，中卫市气象局被中央文明委命名为"第四届全国文明单位"。

2015年，贺兰县气象局被自治区文明委授予"自治区文明单位"称号。

2016年，宁夏气象台荣获全国气象部门重大气象服务先进集体称号。

2016年，西吉县气象局被自治区文明委授予"自治区文明单位"称号。

2017年，宁夏气象台被人社部、中国气象局授予"全国气象系统先进集体"称号。

2017年，惠农区气象局、西吉县气象局被自治区文明委授予"自治区文明单位"称号。

2019年，银川市气象局业务科技科荣获全国气象部门优秀公务员集体称号。

2019年，宁夏气象台被自治区总工会授予自治区"五一劳动奖状"。

2020年，宁夏气象局（机关）、吴忠市气象局被中央文明委命名为"第六届全国文明单位"。

2020年，宁夏气象科研所荣获全国气象部门先进单位称号。

2020 年，平罗县气象局、盐池县气象局、六盘山气象站被自治区文明委授予"自治区文明单位"称号。

2020 年，宁夏气象局(机关)、石嘴山市气象局、西吉县气象局荣获中国气象局"全国气象部门创建模范机关先进单位"称号。

第二节　个人名录

1992 年，宁夏气象科研所齐鸿炳被国家科委授予全国科学技术情报系统先进工作者。

1992 年，宁夏气象科研所李凤霞被自治区妇联授予"巾帼建功立业先进个人"称号。

1993 年，宁夏气象科研所牛生杰被国家气象局授予全国优秀青年气象工作者。

1993 年，中宁县气象局张燕林被自治区政府授予自治区十大杰出青年。

1994 年，宁夏气象局马占山被国务院授予"全国民族团结进步模范"称号。

1994 年，宁夏气象科研所牛生杰被共青团中央、全国青年联合会授予中国青年科技创业奖。

1994 年，宁夏气象科研所齐鸿炳被中国气象局授予优秀气象影视工作者。

1994 年，宁夏气象科研所李凤霞被自治区政府授予"科技兴农先进个人"称号。

1995 年，固原行署气象局陈四元被自治区政府授予"自治区先进工作者"称号。

1996 年，宁夏气象局牛生杰被人事部、中国气象局授予"全国气象部门先进工作者"称号。

1996 年，宁夏气象局宫传生被国家科委授予"全国科技保密先进工作者"称号。

1996 年，固原行署气象局刘利华被中国气象局评为全国气象服务先进个人。

1996 年，永宁农业气象试验站苏占胜被自治区党委政府授予"'八五'期间全区农业战线先进个人"称号。

1997 年，宁夏气象局牛生杰被中国科协授予"全国优秀科技工作者"称号。

1997 年，宁夏气象局马铁汉被国家体委授予"全国群众体育先进个人"称号。

1998 年，西吉县气象局段云汉被国家民委授予"全国民族团结进步先进个人"称号。

1998 年，银川市气象局杨强铭荣获自治区民族团结进步先进个人。

1998 年，宁夏气象台刘梅被自治区妇联授予自治区"三八红旗手"称号。

1999 年，宁夏气象台齐鸿炳被科技部、中央宣传部、中国科协授予"全国科普先进工作者"称号。

1999 年，宁夏气象局牛生杰被人事部、中国气象局授予"全国气象系统先进工作者"称号。

2000 年，宁夏气象台杨强铭被国务院授予"全国先进工作者"称号。

2000 年，宁夏气象台刘梅被全国妇联授予全国"三八红旗手"称号。

2000 年，西吉县气象局段云汉被人事部、中国气象局授予"全国气象系统先进工作者"称号。

2000 年，吴忠市气象台赵立斌荣获中国气象局"全国气象部门双文明建设先进个人"称号。

2000 年，宁夏气象台杨强铭荣获自治区"先进工作者"称号。

2000 年，西吉县气象局段云汉被中国气象局授予"全国气象系统先进工作者"称号。

2001 年，宁夏气象科研所李凤霞被自治区妇联授予自治区"三八红旗手"称号。

2003 年，宁夏气象局赵子尧荣获全国气象部门精神文明建设先进个人。

2005 年，宁夏气象信息中心郭建川被国务院授予"全国先进工作者"称号。

2005 年，宁夏气象科研所杨有林被国务院授予"全国民族团结进步模范"称号。

2005 年，宁夏气象局黄文燕在首届全国气象人精神演讲比赛总决赛中获得二等奖。

2005 年，宁夏气象信息中心郭建川被自治区政府授予"自治区先进工作者"称号。

2005 年，宁夏气象台沈跃琴被自治区妇联授予自治区"三八红旗手"称号。

2006 年，宁夏气象局办公室闫淑霞被中共中央保密委员会办公室、国家保密局授予"'四五'保密法制宣传教育先进工作者"称号。

2007 年，宁夏气象科研所李剑萍被全国妇联授予全国"巾帼建功标兵"称号。

2008 年，宁夏气象台胡文东被中国气象局授予"奥运会、残奥会气象服务先进个人"。

2008 年，宁夏气象台丁永红被自治区党委政府授予"第六届全区民族团结进步先进个人"称号。

2008 年，宁夏大气探测技术保障中心胡斌被自治区文明委授予 2008 年度宁夏"礼德之星"称号。

2008 年，宁夏气象台陈晓娟被自治区文明委授予 2008 年度宁夏"孝德之星"称号。

2008 年，固原市气象局李富虎荣获宁夏首届环境保护特殊贡献奖。

2008 年，宁夏气象局石忠、任玉被自治区 50 大庆筹备工作委员会授予"先进个人"称号。

2009 年，宁夏气象科研所刘静荣获科技部"全国野外科技工作先进个人"称号。

2009 年，宁夏气象科研所李剑萍被人社部、中国气象局授予"全国气象系统先进工作者"称号。

2009 年，宁夏气象科研所张磊荣获中国气象局重大气象服务先进个人称号。

2009 年，宁夏大气探测技术保障中心张红英被自治区文明委授予"第二届道德模范"称号。

2010 年，灵武市气象局蔡敏被国务院授予"全国先进工作者"称号。

2010 年，宁夏气象学会秘书长张玉林被科技部、中宣部和中国科协联合授予"全国科普先进工作者"称号。

2010 年，宁夏气象台陈豫英家庭被全国妇联评为"全国五好文明家庭"。

2010 年，宁夏气象局刘桂森、陈振兴被评为全国气象部门离退休干部先进个人。

2010 年，灵武市气象局蔡敏被自治区党委政府授予"自治区先进工作者"称号。

2010 年，宁夏气象信息中心康玉兰被自治区妇联授予自治区"三八红旗手"称号。

2011 年，宁夏气象局赵子尧荣获全区"五五"普法先进个人称号。

2012 年，西吉县气象局魏广泱被人社部、中国气象局联合授予"全国人工影响天气工作先进个人"称号。

2012 年，惠农区气象局李淑君被自治区总工会授予"自治区五一劳动奖章"。

2012 年，惠农区气象局李淑君被自治区"创双优"组委会授予"自治区技术标兵"称号。

2012 年，宁夏气象局王迎春被自治区文明委授予自治区精神文明建设先进工作者称号。

2013 年，麻黄山气象站贺建君被自治区党委宣传部、自治区文明委授予"全区爱岗敬业模范"称号。

2013 年，宁夏气候中心孙银川被自治区党委授予"自治区第七次民族团结进步模范个人"称号。

2014 年，宁夏气象台闫军被自治区总工会授予"自治区五一劳动奖章"。

2014 年，中卫市气象局张燕林被人社部、中国气象局授予"全国气象先进工作者"称号。

2014 年，石炭井气象站顾建兵被自治区团委、自治区人社厅、宁夏青联授予第十届"宁夏青年五四奖章"。

2015 年，六盘山气象站贾永辉被国务院授予"全国先进工作者"称号。

2015 年，中卫市气象局洪潇楠被中国农林水利工会全国委员会表彰为"全国气象行业优秀工会积极分子"。

2015 年，六盘山气象站贾永辉被自治区党委政府授予"自治区先进工作者"称号。

2016 年，宁夏气象科研所杨建玲被全国总工会授予"全国五一劳动奖章"。

2016 年，宁夏气候中心崔洋获宁夏第十五届青年科技奖。

2016 年，宁夏气象科研所杨建玲被自治区总工会授予"自治区五一劳动奖章"。

2016 年，宁夏气象台纪晓玲被自治区妇联授予自治区"三八红旗手"称号。

2016 年，宁夏气象信息中心马宁家庭被自治区妇联评为宁夏"最美家庭"。

2017 年，宁夏气象科研所张学艺被人社部、中国气象局授予"全国气象部门先进工作者"称号。

2017 年，宁夏气象服务中心雷小斌被中国扶贫基金会授予"公益模范个人"称号。

2017 年，西吉县气象局杨彭怀荣获中国气象局重大气象服务先进个人称号。

2018 年，宁夏气象台纪晓玲被全国妇联授予全国"三八红旗手"称号。

2018 年，宁夏气象局郑又兵被自治区总工会授予"自治区优秀工会工作者"称号。

2018 年，宁夏气象信息中心马宁家庭被全国妇联评为"第十一届全国五好家庭"。

2018 年，石嘴山市气象局陈彦虎荣获全国气象部门优秀个人称号。

2018 年，隆德县气象局温芸芸荣获中国气象局重大气象服务先进个人称号。

2018 年，隆德县气象局范晓华被中国气象局授予"全国人工影响天气工作先进个人"称号。

2018 年，宁夏气象科研所刘静荣获宁夏第二届"最美科技人"。

2018 年，宁夏气象科研所李红英荣获"宁夏青年科技奖"。

2019 年，石炭井气象站顾建兵入选中央文明办"中国好人榜"。

2019 年，西吉县气象局魏广泱被中国气象局评为全国气象部门优秀县气象局局长。

2019 年，永宁县气象局卢小龙被自治区总工会授予"自治区五一劳动奖章"。

2019 年，宁夏人工影响天气中心常倬林家庭、信息中心卓凤艳家庭被自治区妇联评为宁夏"最美家庭"。

2019 年，宁夏气象局李新庆、朱永宁、朱晓炜入选"宁夏青年科技人才托举工程"。

2020 年，固原市气象局余文梅被中国气象局授予"全国气象工作先进个人"称号。

2020 年，宁夏气象服务中心缑晓辉荣获全国气象部门先进个人称号。

2020 年，宁夏气象台刘鹏兵被自治区党委政府授予"自治区先进工作者"称号。

2020 年，宁夏气象科研所李剑萍被自治区妇联授予自治区"三八红旗手"称号。

2020 年，宁夏气象信息中心卓凤艳家庭被自治区妇联评为"自治区五好家庭"。

大事记

1991 年

1月29日—2月1日，全区气象工作会议在银川召开。自治区政府副主席李成玉出席会议。

2月6—10日，自治区政府副主席李成玉到泾源县气象站和六盘山气象站慰问。

3月，市台统一制作发布分县预报，所辖各站停止制作公众预报，只作专业预报。

4月，自治区政府副主席李成玉和部分厅局领导先后来宁夏气象局慰问，并送匾额，以示感谢和鼓励。

9月，宁夏气象科研所首次申请国家自然科学基金课题并获资助。

是年，全区气象部门开展科研项目73项。其中有7项成果达到国内同类项目研究的先进水平，1项获国家气象科学技术进步四等奖。

是年，组织开展银川—地市台微机远程通信试验获得成功。

是年，撤销贺兰山气象站。

是年，经自治区有关部门批准，成立自治区避雷检测站。

是年，撤销宁夏气象学校，改为职工培训中心。

是年，经局党组研究，宁夏各县气象站全部改名为气象局。

1992 年

2月25—28日，召开全区气象工作会议。自治区政府副主席李成玉到会并讲话。

4月8日，自治区人大常委会副主任雷鸣一行10人视察宁夏气象局。

4月23日，党组书记、局长马占山向自治区六届人大常委会第24次会议作全区气象工作情况专题汇报。

6月16日，《宁夏回族自治区人民政府关于进一步加强气象工作的通知》（宁政发〔1992〕60号）下发，落实双重计划财务体制和由地方承担的气象事业项目经费。

10月10日，自治区政府副主席任启兴视察宁夏气象局。

是年，银川到银南、石嘴山两地（市）数传业务正式开通。

1993 年

1月1日，宁夏气象局行政处正式与宁夏气象局机关脱钩，成为直属事业单位。

2月9—12日，召开全区气象工作会议。自治区政府副主席任启兴出席会议。

6月3日，国务委员宋健主持召开"5·5特大沙尘暴天气情况汇报会"，自治区政府副主席马文学在汇报中赞扬宁夏气象部门预报准确，服务及时，减少灾害造成的损失。

8月10—15日，中国气象局副局长李黄一行5人到宁夏部分台站调研指导，先后会见自治区政府副主席任启兴和部分地市县政府领导。

12月21—23日，自治区气象为农业服务经验交流会议在银川召开。自治区政府副主席任启兴和自治区政协副主席吴尚贤出席会议。11个厅局的领导和21个地市、县或部门的负责人应邀参加会议。

是年，宁夏气象局推荐"碘化银播散器"等5项科技成果参加北京中国气象科技成果展示交流会。

是年，全区各站正式启用 EN 型风数据仪和新一代辐射观测仪器。

是年,建成固原二级农试站;大罗山通信中转铁塔建成,并进行 200 MHz 数传试验,提高无线数传能力。

是年,宁夏气象局被评为全国群众体育活动先进单位。

是年,《宁夏三十年气候资料》出版。

是年,宁夏气象局机关进行机构调整。调整后设置 7 个处室:办公室、人事处、计财处、业务处、科教处、经营服务处、机关党委。

1994 年

2 月 4 日,自治区政府副主席周生贤慰问六盘山气象站。

2 月 15 日,自治区政府副主席周生贤到宁夏气象局慰问气象工作者,并参观气象业务现代化设施。

3 月 23 日,自治区政协副主席吴尚贤等应邀参加在宁夏气象台举行的"世界气象日纪念活动"。

10 月 15 日,在银川召开"全国气象部门审计工作座谈会",审计署驻中国气象局审计局局长龙云琴等全国 25 位代表参加会议。

是年,宁夏气象科研所组织编译的《云和降水最新进展》一书在气象出版社出版发行。

1995 年

1 月 25 日,自治区政府主席白立忱慰问六盘山气象站职工,并支持解决该站危房和环境建设。

3 月 8 日,副局长张正洪调往湖南省气象局任职。

5 月 16 日,宁夏北部出现沙尘暴,风力达 11 级,能见度短时低至 3 米左右。

7 月 6 日,中国气象局党组发文,决定夏普明任宁夏气象局副局长、党组成员。

7 月 18 日,青年科技工作者郭建川当选中华全国青年联合会第八届委员会委员,并参加在北京召开的全国青年联合会第八届委员会第一次会议,受到党和国家领导人接见。

7 月,给 11 个国家基准站、基本站和航危报站配备测报微机处理终端,实现地面测报数据处理、编报微机化,建成地县微机数传系统,构成区、地、县三级计算机通信网络。

11 月,建成银川中规模气象卫星接收站。

是年,牛生杰出席全国跨世纪科技人才群英会和第二届全国青年科技工作者学术年会,受到党和国家领导人接见。

1996 年

3 月 19—22 日,全区气象工作会议在银川召开。自治区政府副主席王魁才出席会议。

5 月 13—15 日,宁夏气象局组织实施人工增雨作业,两天飞行作业 4 架次,作业区普降小到中雨,缓解南部山区旱情,受到正在南部山区考察的国务院副总理姜春云的赞扬。

5 月 24 日,自治区政府副主席、区人工影响天气领导小组组长周生贤到人工增雨基地,慰问广空 13 师机组、驻宁空军 39458 部队以及人工增雨全体人员。

9 月 4 日,中国气象局党组发文,决定康国杰任宁夏气象局党组纪检组组长、党组成员。

10 月 18 日,宁夏气象台举行建台 40 周年庆祝活动。银川市市长韩有为、副市长冯炯华及民航、军航气象台等有关单位领导到会祝贺。

12 月,在宁夏气象台成立宁夏气象影视中心,并开始与宁夏电视台合作播出电视天气预报节目。

1995 年 12 月—1996 年 3 月,在全区气象部门开展测报、日射、探空、预报、通信及气候资料输入等基础业务"百日优质劳动竞赛"活动。

1997 年

11 月 17 日,自治区党委书记毛如柏一行到六盘山气象站慰问气象干部职工。

是年,宁夏气象台 VSAT 次站参加全国省级系统联调进展顺利。三个地(市)级 VSAT 小站全部安装调试完毕。

是年,宁夏气象系统被评为全区"职工职业道德建设先进单位"。

是年,全区地(市)局电视天气预报制作系统均已投入正常运行。

是年,气象寻呼台开通实时股票信息服务项目,填补市场空白,成为银川首家也是唯一开通这一项目的寻呼台。

是年,经中国气象局批复同意,成立宁夏气象局人才交流中心,为宁夏气象局直属副处级事业单位,挂靠在人事劳动处。

1998 年

4 月 6 日,自治区党委书记毛如柏专程到宁夏气象台天气预报会商室了解雨情、墒情和天气演变趋势。

6 月 4 日,在自治区八届人大一次会议上,马占山被任命为宁夏监察厅厅长。此前,马占山已当选宁夏纪律检查委员会常务副书记。

6 月 12 日,夏普明任宁夏气象局党组副书记,主持工作;免去马占山宁夏气象局局长、党组书记职务(中气党发〔1998〕18 号)。

6 月,宁夏 MOS 法解释应用的客观定点定量预报产品投入业务使用。

8 月 14 日,中国气象局党组以中气党发〔1998〕26 号文通知,任命陈占林为宁夏气象局副局长;免去吴岩峻宁夏气象局副局长、党组成员职务。

9 月 1 日,宁夏气象影视中心开始制作主持人化电视天气预报节目,并正式在宁夏电视台开播。

9 月 17 日,宁夏气象局成立 40 周年庆典大会在银川举行。自治区人大常委会主任马思忠、政府副主席任启兴、党委常委王正伟、人大常委会副主任黄超雄及有关厅局领导出席,甘肃、青海、新疆、西藏、内蒙古、广西、陕西、天津 8 个省(区、市)气象局领导到会祝贺。当天下午,自治区党委书记毛如柏到气象局看望来宾。

10 月 6—8 日,宁夏气象局召开首次天气预报工作会议。

11 月 8 日,宁夏科学技术委员会、宁夏气象局联合发出《关于在宁夏气象科研所的基础上共建宁夏气象防灾减灾重点实验室的决定》(宁科政字〔1998〕289 号)。

11 月,银南行署气象局更名为吴忠市气象局。

12 月 28 日,自治区人大常委会副主任黄超雄与人大农环委的负责人到宁夏气象局调研指导工作时指出:要加速《宁夏回族自治区气象条例》的出台,依法保护气象部门的合法权益。自治区人大已将《宁夏回族自治区气象条例》列入 1999 年立法计划。

是年,宁夏气象局以宁气发〔1998〕17 号文通知,决定组建宁夏华云总公司筹备小组。

是年,宁夏气象局以宁气发〔1998〕20 号文通知,决定成立宁夏气象科技服务中心筹备小组。

1999 年

1 月 9 日,宁夏气象局印发《宁夏气象部门事业结构战略性调整实施意见》《基本气象业务上岗聘任办法(试行)》《待岗人员管理办法(暂行)》(宁气发〔1999〕2、3、4 号)。全区气象事业结构战略性调整正式实施。宁夏气候中心整建制并入宁夏气象台,并保留宁夏气候中心和宁夏气象档案馆的牌子;宁夏气象台气象影视中心及专业服务划归专业气象服务台;宁夏气象台同时挂银川市气象局牌子,一套班子两块牌子。

1 月 25 日,宁夏气象局党组下发《关于成立宁夏回族自治区专业气象服务台的通知》(宁气党发〔1999〕4 号)。决定成立正处级直属事业单位宁夏专业气象服务台。

2 月 2 日,在宁夏宣传思想工作会议命名表彰文明行业仪式上,自治区党委书记毛如柏向宁夏气象局颁发"文明行业"牌匾。

2 月 16 日,自治区党委书记毛如柏来到宁夏气象局,先后到宁夏气象台预报会商室、基准站观测科和观测场,亲切慰问节日坚守工作岗位的气象业务人员。

3 月 10 日,宁夏气象局大院各有关单位正式实施气象事业结构战略性调整后的业务切换。

3 月 18 日,自治区党委书记毛如柏、常委马文学出席在宁夏气象台天气会商室召开的宁南山区抗旱春播汇报会,与会的还有区计委、财政厅等有关涉农厅局领导。

4 月 26 日,自治区党委副书记任启兴、自治区政府副主席刘仲前往贺兰山飞机人工增雨基地慰问作业人员。

5 月 11 日,自治区政府副主席刘仲专程到宁夏气象局,了解气象工作及近期天气情况,并检查防汛抗旱气象服务工作。

6 月 24 日,应自治区党委书记毛如柏的邀请,中国科学院院士叶笃正和中国科学探险学会常务副主席高登义抵达银川。26 日,两位科学家到宁夏气象局听取工作情况汇报,参观气象现代化建设成果;28 日在宁夏宾馆礼堂分别作《全球变化对中国气候环境的可能影响》以及《再谈世界峡谷之最》科学报告。

6 月,9210 工程投入业务运行。

9 月 13—18 日,中国工程院院士、原国家气象中心主任李泽椿一行 5 人应邀来银川调研宁夏气象防灾减灾重点实验室和宁夏中尺度灾害性天气监测预警系统建设等有关事宜。自治区党委书记毛如柏、自治区政府副主席王全诗分别会见李泽椿一行。

9 月 14—17 日,中国气象局计财司在宁夏气象局召开部分省市专业气象有偿服务有关政策研讨会。

9 月 21—25 日,日本千叶大学教授高村民雄先生来宁从事由中国科学院、日本千叶大学和宁夏气象局合作研究的大气辐射科研活动。

10 月 11 日,自治区党委常委、组织部部长、自治区"三讲"办主任陈希明会见中国气象局"三讲"巡视组组长李仲怀一行,听取副局长夏普明关于"三讲"活动准备情况汇报,就"三讲"教育等有关问题进行沟通。

11 月 16 日,自治区法制局发布《关于部分行政处罚实施机关资格的公告》,宁夏气象局被确认为具有气象管理行政处罚实施机关的法定授权组织。

12 月 9 日,自治区政府副主席马锡广就《中华人民共和国气象法》贯彻实施接受宁夏电视台记者采访。

12 月 28 日,宁夏气象防灾减灾重点实验室成立揭牌仪式在宁夏气象局举行。自治区政府副主席刘仲出席并揭牌。自治区农业厅、水利厅、林业厅等单位的领导以及新闻单位记者和宁夏气象局职工参加揭牌仪式。

是年,银川至兰州通信方式由专线改为分组方式,完成 9210 工程地面备份网建设。

是年,成立华云信息技术有限责任公司。

2000 年

1 月 11 日,自治区人大常委会副主任黄超雄一行 6 人到宁夏气象局,就气象立法、中尺度灾害性天气预警系统建设等进行调研指导。

1 月 29 日,自治区党委副书记任启兴、政府副主席刘仲等领导,到六盘山气象站看望慰问职工。

2 月 18 日,宁夏气象局召开干部大会,中国气象局人事劳动司副司长王怀刚宣读中国气象局党组中气党发〔2000〕8 号文件:任命夏普明为宁夏气象局局长、党组书记;杨泾森为党组纪检组组长、党组成员;免去陈占林党组纪检组组长(兼);任命魏国新为宁夏气象局助理巡视员。

2 月 18 日,自治区党委书记毛如柏会见中国气象局副局长刘英金一行。

3 月 6—8 日,2000 年全区气象工作会议召开。自治区政府副主席刘仲出席会议,并为先进集体与先进个人颁奖。

4月1—6日,中国气象局副局长颜宏一行5人来宁夏调研气象部门参与实施西部大开发与西部气象事业发展工作。

4月9—30日,自治区人大常委会、自治区法制局与宁夏气象局就《中华人民共和国气象法》的贯彻实施和地方气象法规建设等重大问题,组成立法调研组赴外省市进行专项调研。

4月21日,自治区党委书记毛如柏到宁夏气象台了解近期天气。

4月29日,自治区政府副主席陈进玉一行到贺兰山飞机人工增雨基地调研指导。

5月9日,自治区党委书记毛如柏到宁夏气象台预报会商室了解旱情、天气变化以及飞机增雨情况。

7月26日,全国人大教科文卫委员会委员张序三一行到宁夏气象局开展全国人大科普立法调研。

8月15—16日,以江西省人大常委会副主任周慤平为团长的考察团一行8人到宁夏气象局参观考察。

8月18—21日,全国气象局长研讨会在银川召开。中国气象局局长温克刚,副局长李黄、颜宏、刘英金、郑国光,纪检组组长孙先健及中国气象局各司室、各直属单位和各省(市、区)气象局领导53人参加会议。副局长郑国光作《气象部门西部开发实施意见》《全国气象部门第十个五年计划(草案)说明》的报告。自治区党委书记毛如柏、政协主席马思忠、党委副书记任启兴、人大常委会副主任黄超雄、政府副主席陈进玉、政府副秘书长容健出席开幕式。会议期间,自治区政府主席马启智会见中国气象局领导。

8月23日,中国气象局正式批复银川新一代天气雷达系统立项,列入中国气象局"十五"期间布点建设计划。

9月1日,宁夏气象台网络中心开始通过9210工程系统向国家气象中心进行上行资料传输,不再向区域中心传输。

10月1日,"宁夏气象信息服务网"(风雨同舟)互联网网站正式开通。

12月14日,自治区政府常务会议审议并原则通过《宁夏回族自治区气象条例(草案)》。

2001 年

1月19日,自治区政府副主席陈进玉到宁夏气象局看望慰问气象干部职工。

1月,宁夏气象台杨强铭享受国务院特殊津贴。

2月8—9日,全区气象工作会议在银川召开,自治区政府副主席陈进玉出席会议。

3月7—8日,西北区2001年汛期天气趋势预测会商会暨学术报告会在银川召开。陕西、甘肃、宁夏、青海、新疆气象部门领导、专家和业务人员出席会议。

3月12日,宁夏气象台在电视等媒体上开始发布沙尘天气预报。

3月13—16日,自治区人大常委会副主任黄超雄与部分人大常委,先后到银川、盐池、青铜峡、固原等地进行气象立法调研,慰问六盘山气象站职工。

4月1日,宁夏专业气象服务台与银川市环保局开始联合向社会发布银川空气质量预报。

4月1日,全区一般气象站实时气象资料开始通过卫星综合业务信息网上传,并参加全国一般气象站实时资料交换。

4月8日—5月24日,宁夏气象局及银川、石嘴山、吴忠局计算机局域网通信速率由10 M升至100 M。

5月31日,自治区党委书记毛如柏在宁夏气象台听取近期及汛期天气趋势预测汇报,并就做好气象服务工作作出指示。

6月13日,自治区在宁夏气象台天气会商室召开宁南山区旱情与气象形势分析会。自治区党委书记毛如柏及农业厅、水利厅、财政厅、计委、民政厅、林业局和气象局的领导参加会议。

6月30日,自治区政府副主席马俊廷一行到贺兰山飞机增雨基地检查了解增雨情况并慰问机组人员。

7月1日,银川、固原基准站正式开展酸雨观测业务。

7月2日,自治区政府主席马启智一行7人到宁夏气象局调研指导。

7月20日,《宁夏回族自治区气象条例》经自治区八届人大常委会第20次会议审议通过,自2001年10月1日起施行。

8月10日,彭阳县气象站加入分组交换网,并正式投入业务运行。

8月15日,中国气象局计财司(气计函〔2001〕19号),同意宁夏气象局启动建设宁夏农村综合信息网网站。

9月1日,宁夏贺兰山沿山无人值守自动气象监测站网正式投入业务运行并纳入正常业务管理。

9月25日,自治区政府副主席陈进玉就《宁夏回族自治区气象条例》学习、宣传、贯彻、实施接受记者采访。

10月13日,由中国气象学会组织制作、山西科教影视中心和宁夏气象影视中心承制的科普电视片《二十四节气》荣获第七届全国优秀科技音像制品二等奖。

10月15日,中国气象局批复,同意宁夏气象局晋升国家二级档案管理单位(气发〔2001〕115号)。

10月23日,宁夏气象局印发《宁夏回族自治区气象局机关机构改革实施方案》的通知(宁气人发〔2001〕21号)。

11月14日,中国气象局印发《宁夏回族自治区国家气象系统机构改革方案》的通知(气发〔2001〕164号)。宁夏气象局内设办公室、业务科技处、计划财务处、人事教育处、政策法规处、监察审计处(与党组纪检组合署办公)6个职能处室和机关党委办公室(精神文明建设办公室)、离退休干部办公室;正处级事业单位8个:宁夏气象台(宁夏气候中心、宁夏档案馆)、宁夏气象信息中心、宁夏专业气象台、宁夏气象科研所(宁夏气象防灾减灾重点实验室)、宁夏气象技术装备中心、宁夏防雷中心、宁夏气象局后勤服务中心、宁夏国资中心;设银川、石嘴山、吴忠、固原4个地市气象局;设20个县(市)气象局(站)。人员编制核定为722名。其中:宁夏气象局机关62名,地(市)局机关63名,全自治区气象业务系统597名。

11月17—20日,中国气象局副局长刘英金一行5人在宁夏进行人才战略调研。

11月19日,中国气象局副局长刘英金在宁夏气象局宣读中国气象局党组2001年10月29日《关于陈晓光同志任职的通知》(中气党发〔2001〕42号),陈晓光任宁夏气象局副局长、党组成员(列牛生杰之前)。

12月5日,宁夏气象信息网络Notes电子邮件系统在全区气象部门正式投入运行。

是年,根据全区气象部门事业结构战略性调整部署,将市局所属机构调整为内设机构和直属事业单位两类。内设机构为办公室、计划财务科、业务科技科。直属事业单位为气象台、气象信息网络中心、气象科技服务中心、人工影响天气技术中心。

2002 年

2月1日,宁夏气象局国有资产运营中心挂牌成立。

2月26日,宁夏中尺度灾害性天气预警系统银川新一代天气雷达楼工程建设破土动工。

3月8日,江泽民总书记在参加九届全国人大五次会议宁夏代表团的审议时,对宁夏生态环境的历史演变情况极为关注。为此,自治区主席马启智电话指示宁夏气象局:要求两日内提供一份关于宁夏历史时期气候变化和生态环境演变的分析报告。宁夏气象局随即组织有关专家编写出《宁夏气候变化与生态环境》报告,并于10日中午电传到北京,得到自治区主席马启智充分肯定。

4月16日,宁夏气象局在2001年度全国气象部门目标管理考核中,被中国气象局评为优秀达标单位。

5月19日,国家计委检查组和自治区计委来宁夏抽查国债资金建设项目(中尺度预警系统)运行情况。

5月23日,自治区党委书记陈建国到宁夏气象局调研指导。

6月26日,宁夏气象局印发《关于宁夏气象防灾减灾重点实验室学术委员会组成的批复》(气发〔2002〕36号)。

7月9—13日,原南京气象学院院长、教授朱乾根先生在宁夏气象局考察,并作学术报告。

8月26日,宁夏气象局、宁夏电信公司联合印发《关于开通我区"121"特服号电话合作开展气象信息服务的通知》(宁气发〔2002〕11号)。

8月29日,自治区财政厅、宁夏气象局联合向国家财政部(抄送中国气象局)报送《关于建设宁夏新一代火箭防雹增雨作业体系的请示》(宁财农发〔2002〕785号)。

9月18日,宁夏第一个地面自动气象观测站在银川国家基准气候站安装调试成功。

9月27日,2002年西北五省气象台长、科研所长联席会在银川召开。

10月7—9日,宁夏气象防灾减灾重点实验室第一次学术委员会会议在银川召开。丑纪范、李泽椿、杜行远等院士、研究员7人和学术委员会其他成员及领导出席会议。

10月10日,中国气象局党组以中气党发〔2002〕60号文通知,同意牛生杰的辞职请求,免去其宁夏气象局副局长、党组成员职务。

10月29日,宁夏区域数值天气预报高性能计算机系统通过专家论证和验收。

11月4日,中国气象局以气发〔2002〕338号文批复,同意宁夏固原新一代天气雷达项目立项建设。

11月16日,自治区政府办公厅致函中国气象局,对宁夏气象局为地方服务成绩显著表示感谢(宁政办函〔2002〕55号)。

12月18日,自治区政府副主席赵廷杰一行在中国气象局参观考察,与局长秦大河、纪检组长孙先健会晤,就地方气象事业发展等共同关心的问题进行交谈。

12月26日,自治区人工影响天气领导小组会议在宁夏气象局召开。

12月31日,在自治区文明委召开的文明行业复查总结会上,宁夏气象行业顺利通过复查验收,并被重新确认命名为"文明行业"。

是年,全区气象"121"声讯电话开通。

是年,宁夏气象台不再挂银川市气象局牌子,银川市气象局独立运行。银川基准站、贺兰县气象局、永宁县气象局、灵武市气象局划归银川市气象局。

是年,固原行署气象局更名为固原市气象局。

2003 年

1月8日,宁夏电视天气预报节目扩增播出频次与时段,由原来每天制作5档增加到早、中、晚、夜间全天播出13档,在宁夏电视台卫视频道、公共频道、经济频道早、中、晚间5个时段、3分钟时长的固定《天气预报》节目播出。

1月19—21日,中国气象局副局长许小峰一行4人在宁夏慰问气象干部职工。自治区政府副主席赵廷杰、政协副主席马占山分别会见许小峰一行。

1月24日,自治区人大常委会副主任韩有为一行到宁夏气象局慰问。

1月25日,宁夏气象局与兰州大学资源环境学院签订局校合作协议,就科研、人才培养等方面开展全方位合作。

3月11日,中国气象局发文恢复中卫县气象站为国家基本气象站。

3月25—28日,中国气象局在银川组织举办第3期国家基本(准)站降水自记纸数字化处理培训班,来自全国16个省、市、自治区40多名技术人员进行系统学习。

3月25日,宁夏气象局召开2003年春季沙尘天气气象信息通报会,首次向社会公开发布春季沙尘暴发生趋势展望。

4月22日,中国科协副主席徐善衍一行在宁夏气象局检查指导气象科普工作。

5月4日,自治区党委书记陈建国,党委常委、秘书长于革胜,自治区政府副主席赵廷杰一行,到宁夏气象台天气会商室慰问预报服务人员,检查人工增雨工作。

5月6日,自治区政府副主席赵廷杰赴银川河东机场看望并慰问飞机人工增雨机组和科技人员。

5月20日,宁夏首次实施火箭人工增雨作业。西吉县气象局发射火箭弹3枚,产生一定的增雨效果。

6月1日,宁夏中尺度数值天气预报业务系统(MM5中尺度数值模式)在宁夏气象台投入准业务运行。

7月10日,自治区政府副主席刘仲在宁夏气象局检查第七届全国民运会气象保障服务工作筹备情况。

7月12日,自治区政府在宁夏气象局举行宁夏新一代防雹增雨火箭装备交接仪式。自治区政府副主席赵廷杰出席会议。

7月24日,宁夏国土资源厅、宁夏气象局联合下发《关于开展汛期地质灾害气象预报预警工作的通知》(宁国土资发〔2003〕101号)。自治区级地质灾害气象预报预警工作自8月1日起开展业务试运行,主要业务工作由宁夏气象台和宁夏地质环境监测站承担。

8月8日,银川新一代(多普勒)天气雷达建设安装、调试成功,投入业务试运行。

9月18日,宁夏气象手机短信息服务业务正式开通。

10月,宁夏气象主管机构依法成功查处北京掌讯公司在宁夏非法发布、传播气象信息违法案件。

11月11日,中国气象局党组以中气党发〔2003〕47号文通知,丁传群任宁夏气象局副局长、党组成员。

2004 年

1月,基于T213数值预报产品的PP法解释应用的逐日客观定点定量预报产品投入预报业务使用,宁夏气象台开始制作发布0～168小时短中期逐日滚动分县要素预报。

1月,赵光平享受2003年度宁夏回族自治区政府特殊津贴,刘静享受第一届中国气象局西部优秀人才津贴,王连喜入选2003年度宁夏回族自治区"新世纪313人才工程"。

1月,宁夏首次开展冬季火箭人工增雪作业。

1月19日,自治区政府副主席赵廷杰一行到宁夏气象局进行慰问。

2月6日,宁夏气象局党组印发《关于成立宁夏气象局会计结算中心的通知》(宁气党发〔2004〕1号),成立宁夏气象局会计结算中心,撤销局国有资产运营中心会计结算部。局会计结算中心为宁夏气象局直属事业单位,由计划财务处负责管理。

2月16日,自治区党委党的建设工作领导小组表彰全区党建工作先进单位,宁夏气象局获得表彰(宁党建〔2004〕1号)。

3月1日,银川、固原、盐池、中宁、同心、陶乐、惠农、西吉、海原、中卫站全面开展沙尘暴数据资料探测工作。

3月5日,宁夏气象局印发《宁夏气象局后勤服务中心改革实施方案和物业管理实施方案》(气发〔2004〕12号)。改制组建"宁夏气象综合服务中心"。

3月16日,中国气象局印发《关于银川国家基准气候站和探空站迁移的批复》(气发〔2004〕45号),同意将银川国家基准气候站和探空站迁移到距现站址900米的银川市金凤区良田乡的新址。

4月6日,自治区农牧厅、宁夏气象局印发《关于联合开展主要农作物病虫害监测预报工作的通知》。每年5月1日至8月31日,利用电视媒体联合发布主要农作物病虫害监测预报信息。

4月9日,自治区机构编制委员会办公室印发《关于区、市气象机构加挂防雷减灾管理局牌子的通知》(宁编办发〔2004〕48号)。宁夏气象局加挂"宁夏防雷减灾管理局"牌子。

4月11—13日,中国气象局局长秦大河一行6人在宁夏气象部门调研指导。期间,自治区党委书记陈建国、自治区政府主席马启智分别会见秦大河一行。

4月19日,由自治区政协副主席马瑞文带队的自治区政协科研人才环境调研组一行11人到宁夏气象局就气象科研体制改革、机制创新以及稳定人才队伍和人才培养途径等方面进行调研指导。

4月29日,宁夏气象局印发《关于部分机构及职责调整的通知》(气发〔2004〕27号)。宁夏气象影视中心由宁夏气象局国有资产运营中心成建制划归宁夏气象台管理;宁夏专业气象服务台由挂靠银川市气象局改为挂靠宁夏气象科研所。

5月1—2日,自治区党委书记陈建国、政府副主席赵廷杰先后到宁夏气象台,询问了解天气和增雨情况,慰问节日期间坚守岗位的气象科技人员。

5月9—10日,自治区科技厅、发改委、气象局、环保局在银川联合召开中国—加拿大合作地方(宁夏)清洁发展机制(CDM)能力建设示范项目启动会议。

5月21—23日,中国气象科学研究院院长张人禾、副院长王祖亭一行6人到宁夏气象局就局院双方开展人才培养、业务科研、资源共享等方面合作签署合作协议。

6月8日,自治区党委书记陈建国在银川亲水街建设工地召开现场办公会,研究气象局大院规划建设等相关事宜。

6月8—10日,全国气象部门2003年度综合统计年报会审会议在银川召开,来自中国气象局和各省、区、市气象局的48位代表及有关领导参加会议。

6月13日,银川新一代天气雷达系统通过中国气象局监测网络司组织的现场验收。

6月27日,宁夏气象科普馆开馆,自治区党委常委于革胜、李东东为气象科普馆开馆揭幕,自治区政协副主席金晓昀以及自治区科协等单位领导、银川二中学生参观气象科普馆。

6月30日,自治区政府在宁夏气象局召开宁夏防灾减灾重大课题研究领导小组第一次会议。防灾减灾重大课题研究领导小组组长、自治区政府副主席赵廷杰主持,自治区发改、财政、科技、民政、国土资源、水利、农牧、卫生、气象、地震、环保、林业、统计等有关部门领导和领导小组成员参加会议。

7月7—8日,全国气象部门党风廉政宣传教育工作经验交流会在银川召开。中纪委驻中国气象局纪检组组长孙先健、自治区纪委常务副书记郁纪鸣、中纪委宣教室专员阎群力等领导出席会议。会议期间,自治区党委副书记、纪委书记刘丰富和自治区政府副主席赵廷杰等先后会见孙先健等领导。

7月14日,宁夏气象局党组研究决定,成立中卫市气象局筹备领导小组(宁气党发〔2004〕18号)。

7月20日,自治区党委组织部、宁夏气象局党组联合印发《关于加强气象部门党的基层组织建设的意见的通知》(宁组通〔2004〕64号)。

7月28日,世界气象组织WMO世界农业气象委员会前主席、荷兰瓦格宁根大学Stigter教授来宁考察,在宁夏气象局就如何利用农业气象信息改善农民生活和保护农业资源防止退化等问题作学术报告。

8月10日,依据中国气象局《短时、临近预报业务暂行规定》,宁夏正式启动短时、临近预报业务工作。

8月27日,自治区人大常委会副主任韩有为就宁夏降水和水资源状况等相关问题到宁夏气象局调研。

9月23—30日,宁夏气象局自治区外国专家局智力引进项目,引进移植国外沙尘天气数值预报系统,开展宁夏沙尘暴天气数值试验研究工作。邀请美国马里兰州立大学NASA研究中心研究员陈葆德博士,来银川开展研究和进行技术指导。

9月30日,自治区政府办公厅下发《关于进一步加强气象探测环境和设施保护的通知》(宁政办发〔2004〕207号)。

10月14日,中国气象学会和华风集团公司联合举办的第五届华风杯全国电视气象节目观摩评比大会在京召开,宁夏气象局选送的节目获得资讯类优秀奖。

11月24日,兰州大学大气科学学院宁夏大气科学研究和人才培养基地成立挂牌仪式在宁夏气象局举行。

12月12—16日,固原新一代天气雷达通过现场测试验收。

12月21日，自治区未成年人思想道德教育现场会在宁夏气象科普馆召开。自治区领导刘丰富、李东东、郑小明和区、市、县宣传、文化、教育等单位负责人参加。

12月27日，宁夏气象局印发《关于调整中宁县等气象局(站)管理工作的通知》(气发〔2004〕188号)。自2005年1月1日起，将吴忠市气象局所属中卫县、中宁县气象局，固原市气象局所属海原县气象局和兴仁气象站调整由中卫市气象局筹备领导小组管理。

12月28日，宁夏气象局印发《关于组建宁夏气象局机关服务中心的通知》(气发〔2004〕190号)。决定成立宁夏气象局机关服务中心，挂靠宁夏气象局办公室，内设车辆管理科和文印所。

12月31日，自治区党委政府作出《关于命名表彰自治区文明行业、自治区级文明单位、自治区文明村镇的决定》(宁党发〔2004〕66号)，宁夏气象部门等4个行业荣获第二届自治区文明行业称号。

是年，为加强社会管理，各地市气象局成立行政执法队，开始开展执法检查工作。

是年，各地市气象局成立防雷技术服务企业(防雷中心)，开始开展防雷防静电设施检测业务。

2005 年

1月1日，银川国家基准气候站和贺兰、青铜峡一般站3个观测场新址顺利实现业务切换并正式开展工作。

1月14日，宁夏气象局党组会议专题研究决定成立宁夏气象部门保持共产党员先进性教育活动领导小组和工作机构。

1月28日，夏普明委员提交的《关于开展生态环境与农业气候区划的建议》提案，被自治区政协评为优秀提案。

2月4日，自治区政府副主席赵廷杰一行到六盘山气象站看望慰问气象职工。

4月10日，银川713C雷达迁建中卫的搬迁、安装、建设工作顺利完成。

4月15日，自治区政府在银川凯达宾馆召开全区气象暨人工影响天气工作会议。中国气象局副局长许小峰、自治区政府副主席赵廷杰出席会议。宁夏气象局夏普明局长、陈晓光副局长分别作气象和人影工作报告。

5月10日，宁夏气象局、公安厅印发《关于开展全区民用爆炸物品生产储存场所防雷防静电专项安全检查检测工作的紧急通知》(宁气发〔2005〕10号)。

5月12日，宁夏气象局印发《关于永宁农业气象试验站管理体制变更的通知》(气发〔2005〕88号)，将永宁农业气象试验站从永宁县气象局划归宁夏气象科研所。

5月23日，自治区政府决定任命郭建川为宁夏科学技术厅副厅长(宁政干发〔2005〕30号)。

5月27日，宁夏气象局印发《关于建立宁夏沙湖国家一般气象站的批复》(气发〔2005〕99号)，同意石嘴山市气象局组织建设沙湖气象站。2007年1月1日，沙湖气象站建成并正式开始业务运行。

5月31日，永宁、盐池和固原3个农气观测站的自动土壤水分观测站建设相继完成。6月10日起自动土壤水分观测试运行，8月1日起，自动土壤水分观测正式纳入单轨业务运行。

6月1日，宁夏气象视频天气会商(会议)系统投入业务试运行。

6月24日，宁夏气象局决定成立各市气象局会计核算中心；成立宁夏气象局决策服务办公室(气发〔2005〕113、114号)。

7月2日，中国气象局印发《关于宁夏回族自治区部分气象机构调整的批复》(气发〔2005〕140号)。同意成立中卫市气象局，机构规格为正处级。将原吴忠市气象局管理的中卫县气象局和中宁县气象局、原固原市气象局管理的海原县气象局和海原县兴仁气象站划归中卫市气象局管理。同意将中卫县气象局更名为中卫市沙坡头区气象局，与中卫市气象台实行一个机构，两块牌子；同意惠农县气象局更名为石嘴山市惠农区气象局；同意陶乐县气象局更名为陶乐气象站。

7月7—8日，中国气象局副局长宇如聪来银川参加2005年度"国家杰出青年科学基金"评审答辩会。副局长宇如聪还为荣获"全国民族团结进步模范个人"的杨有林颁发奖状。

7月13日,全区气象部门"宁夏气象人精神"演讲比赛在银川举行。

7月20日,自治区党委书记陈建国到宁夏气象台调研指导工作并慰问气象职工。

8月4日,中央文明办未成年人思想道德建设工作组副组长张英伟等一行3人在宁夏气象局考察青少年校外活动示范基地运行情况。

8月11日,宁夏气象信息共享服务网络正式开通。

8月29日,西北五省(区)气象装备中心主任研讨会在银川召开。

9月12—16日,由中国气象局监测网络司、中国气象局大气探测技术中心组成的专家组对宁夏气象局DES—II型气象风洞标准装置进行测试验收。经专家组测试,各项技术指标均达到要求,通过验收并准许投入业务运行。

9月28日,中卫市气象局举行成立挂牌仪式。

10月20—21日,由自治区人大常委会委员钱其昌、自治区人大常委会农环委主任马继桢、副主任黄学银参加的自治区人大执法检查组赴吴忠、石嘴山、盐池、平罗和惠农等市、县(区),检查各地学习宣传和贯彻实施《中华人民共和国气象法》《宁夏回族自治区气象条例》情况。

10月21日,宁夏气象部门第二届"春雨杯"业务竞赛总结表彰会在宁夏气象局召开,历时218天的"春雨杯"业务竞赛活动圆满落下帷幕。

10月26日,自治区政府公布《宁夏回族自治区突发气象灾害预警信号发布规定》及其附件《宁夏回族自治区突发气象灾害预警信号及防御指南》,自2005年12月1日起施行。

11月30日,英国国际合作发展部副部长加雷斯·托马斯携秘书及驻华代表处首席代表安德烈·戴维斯一行3人访问宁夏,对中英合作项目"气候变化对中国农业的影响"在中国的进展情况进行考察。由宁夏气象防灾减灾重点实验室、中国农业科学研究院、宁夏CDM环保服务中心所承担的相应子专题部分中方项目组代表,介绍"气候变化对中国农业的影响"在中国、在宁夏进行此项目研究的背景和进展等情况。

12月2日,宁夏气象台首次发布突发气象灾害预警信号:大风蓝色预警信号。

2006 年

1月17日,中国气象局印发《关于表彰2005年度目标管理考核成绩优秀单位的决定》(气发〔2006〕9号),宁夏气象局作为特别优秀达标单位位列省(区、市)气象局类第一名。

1月20日,自治区政府印发《关于表彰奖励宁夏气象局的决定》(宁政发〔2006〕14号)。

1月24日,自治区政府副主席赵廷杰一行到宁夏气象局慰问。

1月26日,自治区政府办公厅印发《关于在防灾减灾工作中开展手机气象预警预报短信服务的通知》(宁政办发〔2006〕12号)。自治区政府决定,将手机气象预警预报短信服务纳入防灾减灾体系建设和应急管理工作范畴,在全区各级党政部门开展手机短信气象防灾减灾服务工作。

2月22日,宁夏气象学会理事长陈晓光被推选为参加中国科协第七次全国代表大会代表。

2月22日,中国气象局印发《关于公布第二届西部优秀人才津贴人选的通知》(气发〔2006〕32号),宁夏气象局赵光平、张晓煜、杨勤入选。

3月21—22日,宁夏气象局参与的中英环境科技合作项目"气候变化对中国农业的影响"研究项目(二期)研究方案论证国际研讨会在银川举行。

3月23日,电视手语《天气预报》节目正式在宁夏电视台公共频道开播。

4月7日,宁夏气象局召开全区业务技术体制改革工作实施动员大会。

4月11日,中国气象局印发《宁夏回族自治区国家气象系统机构编制调整方案》(气发〔2006〕111号)。

4月12日,自治区人大常委会副主任余今晓一行4人,就加强农业与农村、环境与资源保护工作在宁夏气象局调研和座谈。

4 月 13 日,《宁夏自然灾害防灾减灾重大问题研究》丛书出版发行首发仪式在宁夏气象局举行。

4 月 14 日,中国气象局党组印发《关于杨泾森、陈占林两同志职务任免的通知》(中气党发〔2006〕15 号),杨泾森任宁夏气象局巡视员,免去其宁夏气象局党组纪检组组长、党组成员职务;陈占林任宁夏气象局党组纪检组组长,免去其宁夏气象局副局长职务。

4 月 30 日,自治区政府副主席赵廷杰带领自治区政府办公厅、农牧厅、水利厅、林业局的领导到宁夏气象局听取天气会商并现场办公,对下一阶段农牧业生产等工作进行安排部署。

5 月 18—19 日,自治区政府副主席赵廷杰、气象局局长夏普明、科技厅副厅长张新君等一行 6 人在京出席全国气象科学技术大会。

5 月 30 日,全区气象行业先进集体先进工作者表彰大会和 2006 年全区气象局长会议在银川召开。自治区政府副主席赵廷杰出席会议。

5 月 30 日,宁夏气象科研所开始发布枸杞夏果采果期预报。

6 月 21—24 日,由全国人大农业与农村委员会和中国气象局联合组成的执法检查组一行 6 人在全国人大农委委员景学勤带领下,专门就宁夏贯彻实施《中华人民共和国气象法》及配套法规情况进行执法检查。

7 月 14—15 日,宁夏北部出现区域性暴雨,银川、惠农两站降水量分别达 104.8 毫米和 92.5 毫米,均创历史纪录。

7 月 14 日,宁夏气象科研所开始发布枸杞黑果病发生和流行监测预警。

7 月 17 日,中国气象局党组以中气党发〔2006〕33 号文通知,冯建民任宁夏气象局副局长、党组成员。

8 月 2 日,西北五省区气象局纪检监察工作联席会在银川召开。

8 月 11—12 日,中国气象局副局长张文建在宁夏检查气象业务技术体制改革等工作。

8 月 20 日,宁夏气象科研所开始发布酿酒葡萄含糖量预报。

8 月 23 日,中国科学院院士丑纪范、中国工程院院士李泽椿和特邀嘉宾中国科学院院士李崇银等应邀来银川出席宁夏气象防灾减灾重点实验室第二届学术委员会年会并作学术报告。

8 月 27—29 日,中国气象局副局长王守荣一行参加宁夏气象局党组民主生活会,并进行调研,看望干部职工。

8 月 28 日,自治区政府副主席赵廷杰、中国气象局副局长王守荣、中国科学院院士丑纪范、中国工程院院士李泽椿以及自治区发改委等单位的领导和专家在宁夏气象局出席宁夏防灾减灾信息中心项目可行性研究报告评审会。

9 月 26 日,自治区政府印发《自治区人民政府关于加快气象事业发展的意见》(宁政发〔2006〕120 号)。

9 月 27 日,宁夏气象局、自治区科技厅、自治区科协在宁夏气象局联合召开自治区科技发展工作会议。自治区政府副主席赵廷杰、自治区政协副主席袁汉民和中国气象局副局长宇如聪专程到会指导。自治区发改委、财政厅、民政厅、国土资源厅、水利厅、农牧厅等部门和宁夏大学等高校及各市气象、科技部门的代表参加会议。

9 月 29 日,银川国家气候观象台落成揭牌仪式在银川举行。

10 月 2 日,自治区党委书记陈建国慰问六盘山气象站全体干部职工。

10 月 25 日,自治区政府办公厅印发《自治区人民政府办公厅关于印发〈宁夏回族自治区重大气象灾害预警应急预案〉的通知》(宁政办发〔2006〕181 号)。

10 月 25 日,根据中国气象局《关于印发宁夏回族自治区国家气象系统机构编制调整方案的通知》(气发〔2006〕111 号)精神,增设贺兰山气象站和沙湖气象站。

12 月 22 日,《宁夏回族自治区防雷减灾管理办法》正式颁布。2007 年 2 月 1 日起施行。

2007 年

1 月 16 日,宁夏气象科研所张晓煜入选 2006 年度自治区"新世纪 313 人才工程"学术技术带头人。

3月23日，宁夏气象局、自治区科协、宁夏大学资源环境学院在银川联合举办纪念世界气象日报告会，有关专家围绕纪念主题作气象专题报告。

3月28日，自治区政府副主席张来武一行到宁夏气象局调研。

4月2日—6日，自治区人大常委会副主任余今晓带领自治区人大执法检查组，对全区学习宣传和贯彻实施《中华人民共和国气象法》《宁夏回族自治区气象条例》情况进行执法检查。4月6日，自治区政府在宁夏气象局召开"自治区贯彻实施《中华人民共和国气象法》《宁夏气象条例》工作情况汇报会"，自治区人大常委会副主任余今晓、自治区政府副主席赵廷杰等出席会议。

4月10日，宁夏气象科研所开始发布宁夏生态质量气象评价季报、荒漠生态气象监测季报、灌溉农田生态气象监测季报。

4月26—27日，自治区人事厅、科协、气象局和气象学会在银川联合举办"气候变化对社会经济影响与对策"高级研修班。

4月30日，宁夏气象台开始发布UV-B紫外线指数分县预报。宁夏气象科研所开始发布宁夏病虫害发生气象等级预报。

5月1日，宁夏气象科研所开始发布宁夏农业干旱监测及预测公报。

5月，宁夏气象局在中卫市、惠农区、盐池县、同心县、西吉县和泾源县新建6个太阳辐射观测点，为开展太阳能资源评估提供观测资料。

5月10日，自治区政府法制办、宁夏气象局在宁夏气象预警中心6楼会议室召开《宁夏回族自治区防雷减灾管理办法》学习宣传新闻发布会。

5月15日，宁夏气象局与南京信息工程大学在南京签署局校合作协议。

5月17日，宁夏气象局气象应急服务指挥小组以及固原市、泾源县气象局有关人员赴六盘山国家级自然保护区二龙河小南川林区森林火灾现场，开展气象观测和服务。

5月20日，宁夏气象台开始发布雷电潜势预报。

6月1日，宁夏气象台开始发布到乡镇的精细化预报指导产品。

6月11日，中国气象局党组印发《关于陈晓光同志免职的通知》(中气党发〔2007〕22号)，免去陈晓光宁夏气象局副局长、党组成员职务，另有任用。

6月17日，宁夏气象台首次发布全区交通气象预报。

6月22日，自治区政协召开"宁夏教育和气象工作情况通报会"。自治区政协主席任启兴出席会议，局长夏普明向会议通报全区气象工作情况。

7月5日，经请示自治区政府办公厅政务处同意，宁夏气象局组织召开"气象与多部门应急协作座谈会"。宁夏气象局、安监局、防汛办、农牧厅、林业局、环保局、卫生厅、地震局、国土资源厅、反恐办、民政厅、交通厅和自治区政府办公厅政务处等部门有关领导和人员出席会议。

7月28日，由中国气象局、中国气象学会主办，宁夏气象局、科技厅、科协联合承办的第26届全国青少年气象夏令营在银川森林公园正式开营。自治区政协副主席袁汉民、中国气象学会秘书长王春乙出席会议。来自全国22个省(区、市)的180余名青少年出席开营仪式。本届夏令营主题是"气候变化与大漠风情"。

9月4—5日，中国气象局兰州区域气象中心男子篮球选拔赛在西安举办，宁夏代表队取得第二名好成绩。

9月6日，宁夏气象局、科技厅联合印发《宁夏回族自治区气象科技"十一五"发展规划(2006—2010年)》(宁气发〔2007〕34号)。

9月18日，自治区党委副书记于革胜、宁夏气象局局长夏普明在北京京西宾馆出席全国气象防灾减灾大会。

9月21日，自治区人大常委会副主任余今晓带领20余位自治区人大常委会委员来宁夏气象局参观指导。

10 月 10 日,自治区公安厅、气象局、广播电视总台联合发出《关于联合开展道路安全气象信息交换与发布工作的通知》,要求共享道路交通和气象信息资源;建立完善及时交换信息的渠道;加强道路交通安全气象信息的社会服务。

10 月 11—15 日,在江苏南京举行的第二届全国气象行业运动会上,宁夏气象局代表队队员喇永昌在400 米比赛中获第 6 名,赢得铜牌;陈荣在跳远比赛中获第 8 名,赢得铜牌,实现宁夏代表队队员在全国气象行业运动会奖牌零的突破。

10 月 23 日,宁夏气象台首次发布银川地区灰霾预报。

11 月 1 日,宁夏气象局与上海台风所合作,成功完成 WRF 中尺度数值预报模式的本地化移植,并投入试运行。

11 月 14 日,自治区政府办公厅印发《宁夏回族自治区气象事业发展"十一五"规划》(宁政办发〔2007〕228 号)。

11 月 24—26 日,英国国际发展部首席科学顾问(副部级)Gordon Conway(高登康)爵士、英国国际发展部中国办事处高级环境顾问 John Warburton(王博同)在全国政协委员、国家应对气候变化专家组成员林而达研究员等陪同下,到宁夏就中英合作项目"全球气候变化对宁夏农业的影响及适应性措施选择研究"进展情况进行考察。

11 月 30 日,自治区政府办公厅印发《宁夏回族自治区"十一五"期间突发公共事件应急体系建设规划》(宁政办发〔2007〕248 号),确定"宁夏突发公共事件预警信息发布系统"项目依托宁夏气象局气象业务系统和气象预报警报信息发布系统进行建设。

12 月 17 日,自治区政府公布《宁夏回族自治区人工影响天气管理办法》(宁夏回族自治区人民政府令第 104 号),2008 年 1 月 1 日起施行。

是年,自治区政府投资 440 万元的宁夏区域气象观测网和干旱监测网建设项目基本建成,区域自动气象观测站达到 145 个,土壤水分自动监测站达 15 个。

是年,石炭井区气象局更名为石炭井气象站。

是年,六盘山气象站由国家一般气象站升格为国家基本气象站。

2008 年

1 月 25 日,全区气象行政执法车辆交接仪式在宁夏气象局举行,5 辆行政执法车辆分别移交给 5 个地市气象局。

2 月 4 日,自治区党委书记陈建国一行到宁夏气象局慰问一线气象工作者。

2 月 27 日,宁夏气象局与农牧厅联合在贺兰县立岗镇现场召开灌区春播气象信息及农机演示信息通报会。

3 月 21 日,自治区政府决定成立自治区应对气候变化及节能减排工作领导小组(宁政发〔2008〕53号)。宁夏气象局局长为领导小组成员,并兼任自治区应对气候变化领导小组办公室副主任。

4 月 3 日,自治区人影办组织召开"2008 年宁夏飞机人工增雨协调会"。自治区政府办公厅、气象局、财政厅、防汛抗旱办、农牧厅、林业局、民政厅、兰空司令部作战处、兰空司令部气象处、兰空司令部航管处、民航兰州区域管制室、空六师、民航银川空管局、宁夏机场(集团)公司、中航油宁夏分公司、兰空运输团增雨机组等单位的代表参加会议。

4 月 11 日,宁夏气象局与自治区安监局联合召开气象灾害防御座谈会。

4 月 11 日,自治区党委书记陈建国到宁夏气象局,调研了解人工影响天气工作。

4 月 18 日,固原市气象局李富虎完成第二十三次南极科学考察抵达银川。

4 月 28 日,省级气象科研所小型座谈会在银川召开,来自山西、内蒙古、山东、海南、云南、西藏、陕西、青海、宁夏 9 个省(区)气象局负责科研管理的内设机构和气象科研所的人员参加会议。

6 月 11 日,银川市气象局与河北省唐山市气象局对口交流合作协议签字仪式在银川举行。

6月25日,气象宽带 MPLS VPN 网络建设签字仪式在中国电信宁夏分公司会议厅举行。

7月14日,自治区政府副主席郝林海一行来宁夏气象局慰问全区气象部门干部职工和飞机增雨机组。

7月14日,宁夏气象局召集自治区公安厅、自治区信息产业办、自治区国家安全厅、自治区国家保密局等部门的专家召开宁夏气象信息系统安全等级定级专家评审会。

7月31日,中国气象局"学习宣传和贯彻实施《建筑物防雷检测技术规范》等气象标准电视电话会议"召开,宁夏气象局、科技厅、建设厅、交通厅、广电局、质监局的人员在宁夏气象局分会场出席会议。

8月19日,宁夏气象局首届防雷工作联席会议在银川召开。

8月10—12日,中国气象局副局长王守荣到宁夏气象局调研指导工作。

9月3日,自治区人大常委会副主任马秀芬一行6人到宁夏气象局检查指导工作。

9月19日,宁夏气象局在预警中心大楼前隆重举行建局50周年庆典活动。中国气象局、兰州区域气象中心以及陕西、青海、江苏、河北等省气象局专门发来贺信。

9月23日,为保障自治区成立50周年各项庆典活动的顺利举行,宁夏气象局组织开展大规模人工消(减)雨作业。

是年,对全区宽带信息网络进行全面升级改造,宁夏气象局到市、县局(站)网络带宽由2 M分别提升到10 M和4 M。

2009 年

1月23日,自治区政府主席王正伟一行,到宁夏气象局慰问气象职工。

3月5—16日,自治区人大常委会副主任马秀芬一行9人前往四川、海南、江苏进行《宁夏回族自治区气象灾害防御条例》立法调研。

3月16—19日,宁夏气象局代表赴昆明参加第二届全国气象行业地面气象测报技能竞赛。宁夏气象局代表队取得团体第十名的好成绩;蔡敏取得计算机综合处理单项奖第三名和个人全能第十二名优异成绩。

3月20日,自治区政协副主席李淑芬、人口资源环境委员会领导及部分政协委员30余人到气象部门参观气象业务现代化建设成就。

3月21日,围绕"天气、气候和我们呼吸的空气"主题,宁夏气象局联合自治区卫生、保健协会,在宁夏科技馆举办纪念世界气象日"气象与医疗健康科普报告会"。

4月1日,宁夏气象局首次与自治区林业局联合召开宁夏森林防火气象信息通报视频会议。

4月15日,自治区人影办联合内蒙古阿拉善盟、乌海市,陕西靖边县、定边县政府以及各市盟县人影办,在宁夏飞机人工增雨基地召开2009年宁夏周边跨省区飞机人工增雨作业协调会,确定跨省区飞机人工增雨作业实施方案。

4月23日,全区大部地区出现大风沙尘天气过程,有10站出现8~9级瞬时大风,8站出现沙尘暴,13站出现扬沙或浮尘天气。

4月28日,宁夏防灾减灾信息中心业务楼建设举行开工典礼。

5月27日,宁夏气象服务电子显示屏首次落户银川锦绣苑和蓝山名邸社区。

6月26日,宁夏、甘肃、陕西、青海、新疆气象局代表队在兰州参加"华云杯"西北五省区气象法律法规知识现场竞赛,宁夏气象局代表队获第二名。

6月29日,自治区人大常委会召开《宁夏回族自治区气象灾害防御条例(草案)》立法专家论证会。

7月19—23日,中国气象局培训中心气候及气候变化国际研修班一行19人先后考察访问宁夏气象局、中卫市局及沙湖气象站。

7月22日,自治区政府副主席、人工影响天气领导小组组长郝林海主持召开领导小组全体会议,听取领导小组办公室关于开展人工影响天气工作情况汇报,研究人工影响天气工作有关问题。

7月28日,宁夏气象局与南京信息工程大学签署合作协议,就人才培养、科学研究、气象现代化建设和资源共享等方面开展合作。

7月31日,自治区十届人大常委会第十一次会议审议通过《宁夏回族自治区气象灾害防御条例》,10月1日起正式施行。

8月1—4日,由中国科学院大气物理研究所、南京信息工程大学、中国气象科学研究院、国家气候中心、成都信息工程学院、云南大学等单位共同协办,宁夏气象局承办的第十届中国科学院研究生暨海峡两岸大气科学学术研讨会,在银川开幕。来自海峡两岸120余名青年研究人员参加会议。

8月11日,自治区政府主席王正伟主持召开自治区政府第43次常务会议,审议通过《宁夏应对气候变化方案》。

8月10—12日,中国气象局副局长王守荣率工作组一行4人,在宁夏气象局检查指导工作。

8月28—29日,在自治区政府应急办主持下,宁夏气象局与教育厅、民政厅、国土资源厅、交通厅、水利厅、农牧厅、卫生厅、林业局、地震局等相关单位,共同召开气象应急管理暨气象灾害防御协作座谈会。

9月10日,自治区科技评估中心组织区内10位专家对宁夏气象防灾减灾重点实验室近三年来的工作进行绩效评估。

10月11—12日,在"庆祝新中国成立60周年暨第二届全国气象行业文艺汇演"中,宁夏气象局参演的宁夏坐唱《宁夏气象新气象》节目获曲艺小品类三等奖。

10月26—27日,中国气象局局长郑国光一行到宁夏检查指导气象工作。自治区政府主席王正伟在银川会见局长郑国光。

11月9日,宁夏气象防灾减灾重点实验室在银川举办成立十周年纪念会议暨第三届学术委员会会议。

11月9日,宁夏气象局举办宁夏气象防灾减灾院士工作站揭牌仪式。工作站由宁夏气象局主管,自治区科协为业务协调指导单位,依托单位为宁夏气象科研所和宁夏科协工作办公室。

11月26日,第十一届全国政协人口资源环境委员会副主任秦大河院士应邀来宁作题为《气候变化科学与中国21世纪可持续发展》报告。报告会由自治区区直机关工委、自治区科协共同主办。

12月15日,自治区党委书记陈建国致信中国气象局局长郑国光,祝贺中国气象局成立六十周年,感谢中国气象局对宁夏工作的关心和支持。

12月31日,气象频道本地化插播进入实际插播试运行阶段。

2010 年

1月4日,中国气象局党组印发《关于丁传群等4位同志职务任免的通知》(中气党发〔2010〕5号),丁传群任宁夏气象局党组书记、局长;免去其宁夏气象局副局长职务。陈占林任宁夏气象局党组副书记。党志成任宁夏气象局党组成员、副局长。免去夏普明宁夏气象局党组书记、局长职务。

1月11日,中国气象局局长郑国光一行来宁夏调研指导工作。自治区党委书记陈建国在银川会见中国气象局局长郑国光一行。

1月15日,在第二届全国气象行业天气预报技能竞赛中,宁夏气象局代表队获团体奖第五名,邵建获个人全能三等奖,闫军获历史个例天气预报单项成绩第二名和个人全能优秀奖。

2月11日,中国气象局下发《关于印发宁夏回族自治区气象局内设机构调整方案的通知》(气发〔2010〕59号),对宁夏气象局内设机构调整方案进行批复。调整后宁夏气象局内设机构为10个,分别为办公室(应急管理办公室)、应急与减灾处、观测与网络处、科技与预报处(气候变化处)、计划财务处、人事处、政策法规处(行政审批办公室)、监察审计处(与党组纪检组合署办公)8个职能处(室)和机关党委办公室(精神文明建设办公室)、离退休干部办公室。政策法规处加挂宁夏防雷减灾管理局(地方气象机构)的牌子。

3月9日,宁夏气象局召开内设机构调整动员大会。

3月13日，自治区政府副主席郝林海参观中国气象局。

4月7日，宁夏气象局承担的"西北区域干旱监测预警评估业务系统"项目被甘肃省政府授予"甘肃省科学技术进步奖二等奖"。

4月28日，自治区人大组织召开学习宣传和贯彻实施《气象灾害防御条例》座谈会。自治区人大常委会副主任马秀芬、自治区政府副秘书长张存平、中国气象局政策法规司副司长于玉斌及宁夏气象局局长丁传群出席会议。

5月21日，中国气象局印发《关于陈晓光同志任职的通知》(气发〔2010〕114号)，陈晓光任宁夏气象局巡视员。

5月24日，自治区党委书记陈建国到宁夏气象局现场办公，安排部署防汛抗旱工作。

5月26日，"全国人工影响天气业务系统暨公共气象服务业务系统观摩交流会"在北京隆重召开，由宁夏气象局推荐，宁夏气象科研所开发的"农业气象综合业务系统"被专家组评为优秀业务系统。

8月9日，宁夏气象局与中国移动通信集团宁夏有限公司签订信息化战略合作协议。

8月22—24日，中国气象局副局长许小峰在宁夏银川出席"风能太阳能等再生资源可持续利用专题研究班"开班仪式并授课。许小峰一行还深入贺兰县气象局、沙湖气象站和银川河东人影基地检查指导工作。

8月31日，自治区党委政府印发《关于表彰"8·11"抗洪抢险先进单位的通报》。宁夏气象局被授予"8·11"抗洪抢险先进单位。

11月9—11日，"西北区域行政许可暨行政执法培训班"在宁夏银川举办。来自陕西、甘肃、青海、宁夏4省(区)气象局共37名学员参加培训。

12月9日，宁煤集团烯烃项目雷击风险评估报告专家评审会召开，这是宁夏开展的首例雷击风险评估项目。

12月10日，吴忠市利通区气象局成立揭牌仪式在吴忠市气象局举行。

12月10日，自治区气象应急指挥系统交付仪式在宁夏气象局举行，中国华云技术开发公司向宁夏气象局交付气象应急指挥系统。

2011 年

1月7日，宁夏气象局与民航西北地区空中交通管理局宁夏分局签署战略合作协议，进一步加深两部门的合作交流。

2月10日，自治区人大常委会副主任马秀芬带领人大农委主任等一行5人到宁夏气象局检查指导工作。

3月17—18日，2011年全区气象科技服务联席会在永宁县召开。会议对2011年全区气象科技服务工作做安排部署。

4月28日，中国气象局副局长于新文在北京主持召开专题会议，听取宁夏气象局关于宁夏气象事业发展"十二五"规划及省部合作协议有关工作情况汇报。

6月28日，中国气象局局长郑国光、副局长许小峰在北京会见自治区政府副主席郝林海一行，双方就加强省部合作，加快宁夏气象事业发展，推进"十二五"时期宁夏公共气象服务能力建设，更好地服务地方经济社会发展等问题交换意见。

7月21日，宁夏气象局、国土资源厅联合召开地质灾害防御工作座谈会。

7月22日，全国"太阳能光伏发电预报系统"第一次推广会在宁夏银川召开。

8月11—14日，南京信息工程大学党委副书记、副校长李刚来宁夏调研，与宁夏气象局领导商谈人才培养、科技创新等方面合作事宜。

9月5日，中国气象局与自治区政府在银川签署共同推进宁夏公共气象服务能力建设合作协议。中国气象局局长郑国光，自治区政府主席王正伟代表双方签署合作协议。

9 月 6 日,中国气象局局长郑国光、副局长沈晓农检查指导宁夏气象工作。

10 月 28 日,2011 年度西北区跨省(区)人工增雨作业总结暨西北区人影能力建设项目论证会在银川召开。

10 月 28 日,《宁夏回族自治区气象设施和气象探测环境保护办法(草案)》立法论证会在宁夏气象局召开。

2012 年

1 月 1 日—12 月 31 日,全区气象部门开展"春雨杯"地面测报业务竞赛活动。

1 月 5 日,自治区政府发布《自治区人民政府关于表彰宁夏气象局的决定》(宁政发〔2012〕1 号),对宁夏气象局 2011 年工作予以通报表彰。

1 月 13—17 日,宁夏气象局在贺兰、沙湖、麻黄山、泾源 4 个气象站建成全区首批称重式固态降水传感器。

1 月 14—17 日,中国气象局副局长矫梅燕一行到银川市气象局、贺兰县气象局、新平村农业气象信息服务站、中卫市气象局、六盘山气象站、宁夏气象局慰问基层干部职工和离退休干部。

1 月 16 日,自治区政府副主席郝林海在银川会见中国气象局副局长矫梅燕一行。

2 月,气象工作纳入自治区党委政府印发的《农业农村工作综合考评办法》。

2 月,自治区政府办公厅下发《关于加强气象灾害监测预警及信息发布工作的实施意见》(宁政办发〔2012〕49 号)。

3 月 13 日,由宁夏气象服务中心注册开设的"@宁夏天气-宁夏气象"通过新浪微博的官方认证。

3 月 31 日,根据中国气象局部署,宁夏全区气象台站正式启动地面气象观测业务改革调整切换工作。20 点(北京时间)发报结束后,所有国家级地面观测站取消天气报和加密天气报编发报任务,采用新 Z 格式文件向省级并经省级向国家级信息中心上传实时观测资料。

4 月 10 日,惠农区气象局李向军完成第二十七次南极科学考察工作归来。

4 月 10 日,2012 自治区飞机人工增雨工作协调会在银川召开,自治区政府办公厅、自治区财政厅、宁夏气象局、兰州军区空军司令部作战处、航管中心、气象中心、驻宁空 6 师、兰空运输团增雨机组、西部机场集团宁夏机场有限公司、民航兰州区域管制室、民航宁夏空管分局、中国航空油料宁夏分公司和宁夏气象台、宁夏气象科研所、宁夏人工影响天气办公室等单位代表参加会议。

4 月 13 日,自治区党委宣传部在中卫市召开《全区爱国主义教育基地工作会议》,自治区党委常委、宣传部部长蔡国英出席会议。会上,宁夏气象科普馆通过自治区复检再次被确认为爱国主义教育基地并授牌。

5 月 8 日,宁夏人工影响天气中心联合阿拉善盟、乌海市、靖边县、定边县人工影响天气办公室在宁夏飞机人工增雨基地召开 2012 年宁夏及周边地区飞机人工增雨工作协作会。

5 月 24 日,宁夏恒安防雷工程有限公司正式揭牌。

5 月 27—29 日,国家防总副秘书长、中国气象局副局长矫梅燕率国家防总西北防汛抗旱检查组在宁夏检查指导防汛抗旱工作。

6 月 1 日,宁夏 CMACast 接收系统正式投入业务运行。

6 月,宁夏气象信息中心按进度历时两年完成"宁夏省级及中华人民共和国成立前气象灾害历史资料数字化处理"工作。

7 月 9 日,全区气象为农服务暨人工影响天气工作会议在银川召开。自治区党委副书记崔波、自治区人大常委会副主任马秀芬、自治区政府副主席郝林海、自治区政协副主席李淑芬和中国气象局副局长矫梅燕等领导出席会议。

7 月 19 日,宁夏气象局召开干部大会,中国气象局人事司干部一处副处长郭志武代表中国气象局党组宣布:陈占林任宁夏气象局党组副书记,不再担任宁夏气象局党组纪检组长。党志成不再担任宁夏气象局副局长,另有任用。杨兴国任宁夏气象局副局长,尚永生任宁夏气象局党组纪检组长。

7月31日,南京信息工程大学大气科学学院2012年气象学研究生进修班(宁夏班)在银川开班。来自全区各级气象部门的66名学员将在宁夏气象培训基地进行研究生课程学习。

8月7日,自治区国土资源厅、气象局共同建设宁夏卫星导航连续运行基准站网(简称NXCORS)合作协议签字仪式在银川举行。

8月22日,国家973"高分辨率气候模式研制与评估"项目2012年度学术年会在银川召开,中国气象局副局长、项目首席科学家宇如聪主持会议。

8月30日,固原市政府与宁夏气象局共同推进固原市气象防灾减灾能力建设合作协议签署仪式在固原举行。

8月31日,宁夏气象局与银川市政府签署共同推进银川率先基本实现气象现代化合作框架协议。

8月,宁夏气象局在全国气象部门离退休干部工作30年总结研讨会上荣获"全国气象部门老干部信息宣传工作先进集体"。

9月27—28日,由自治区总工会、人社厅主办,宁夏气象局具体承办的2012年全区气象行业技能竞赛在银川开赛。竞赛首次吸纳民航宁夏空管分局、彭阳气象站等行业队伍参赛,来自全区6个代表队、30名选手参加比赛。

11月6日,宁夏气象局与石嘴山市政府在石嘴山签署共同推进石嘴山气象防灾减灾能力建设合作协议。

12月12日,宁夏气象局与中卫市政府在中卫签署共同推进中卫气象防灾减灾能力建设合作框架协议。

2013 年

2月22日,自治区政府副主席屈冬玉到宁夏气象局就近期天气气候情况和全区旱情等进行调研。

3月8日,宁夏银川出现自1961年以来3月上旬日最高气温,最高气温达到27.9℃。

3月13日,由自治区党委宣传部、自治区科技厅、自治区科协联合组成检查组在宁夏气象局检查气象科普基地建设和相关工作开展情况。

3月19日,宁夏气象局与自治区林业局联合召开2013年森林防火气象信息通报视频会。

4月3日,自治区政府应急办专门下发《关于切实做好寒潮天气应对防范工作的紧急通知》,部署寒潮天气防范应对工作。

4月20日,自治区政府副主席屈冬玉带领自治区部分厅局主要负责人到银川河东人工影响天气基地慰问一线增雨作业人员。

4月24日,自治区政府新闻办在宁夏气象局举行新闻发布会,对《宁夏回族自治区气象灾害预警信号发布与传播办法》作深入解读,并发布有关情况。

4月25日,宁夏气象局和吴忠市政府签署共同推进吴忠市气象防灾减灾能力建设合作协议。

5月16日,自治区党委书记李建华致信慰问气象干部职工。

6月7日,自治区党委副书记崔波、自治区政府副主席屈冬玉一行到宁夏气象局进行调研。

6月19日,自治区政府办公厅发文成立自治区人工影响天气与气象灾害防御指挥部(宁政办发〔2013〕89号)。明确指挥部总指挥、副总指挥和成员单位。

7月2日,宁夏气象局与自治区交通运输厅共同签署《宁夏交通运输厅与宁夏气象局战略合作协议》。
7月23日,全区气象部门深入开展党的群众路线教育实践活动动员大会在银川召开。中国气象局党的群众路线教育实践活动第五督导组到会指导。

8月15日,香港理工大学陈明理、杜亚平教授和邓仕明博士以及上海交通大学傅正财教授一行,来银川作雷电防护相关知识学术报告。

8月16日,中国气象局批复同意建设宁夏吴忠新一代天气雷达系统。

8 月 19 日,南京信息工程大学大气科学学院 2012—2013 年气象学研究生进修班(宁夏班)毕业典礼在银川河东宁夏人工影响天气基地举行。

8 月 30 日,中国气象局党组中气党发〔2013〕37 号文通知,陈占林任宁夏气象局巡视员,免去其宁夏气象局党组副书记职务。

9 月 2—4 日,自治区人大常委会副主任王儒贵为组长的自治区人大执法检查组,赴银川市、吴忠市等地气象局、观测站(场)、人影作业点等,进行《中华人民共和国气象法》贯彻实施情况检查。

9 月 16 日,自治区人大常委会办公厅向全国人大常委会办公厅上报《宁夏回族自治区人大常委会关于检查气象法实施情况的报告》(宁人常办〔2013〕70 号)。

10 月 5 日,中国气象局副局长许小峰在宁夏贺兰县调研指导县级气象机构综合改革、气象为农服务"两个体系"建设等工作。

11 月 12 日,自治区政府与中国气象局在北京召开共同推进宁夏公共气象服务能力建设合作第一次联席会议。

11 月 12 日,中国气象局局长郑国光在北京会见参加省部合作联席会议的自治区政府副主席屈冬玉一行。

11 月 15—16 日,中央纪委驻中国气象局纪检组组长、中国气象局党组成员刘实一行来宁夏调研纪检监察审计工作和党风廉政建设工作。

12 月 2 日,2013 年西北区域气象中心工作会议在银川召开。中国气象局副局长沈晓农出席会议。陕西、甘肃、宁夏、青海四省(自治区)气象局领导及相关处室负责人参加会议。

12 月 3 日,中国气象局副局长沈晓农在宁夏检查指导气象工作。

12 月 3 日,自治区政府、中国气象局联合印发《关于省部合作第一次联席会议纪要》。

12 月 6 日,根据中国气象局(中气函〔2013〕121 号)批复精神,宁夏气象局印发《宁夏气象局关于宁夏气象局后勤服务中心更名的通知》,将宁夏气象局后勤服务中心更名为宁夏气象局机关服务中心,机构规格为正处级。

是年,六盘山气象站由国家基本气象站升格为国家基准气候站。

2014 年

1 月 14 日,宁夏气象局启动"2013 年宁夏十大天气气候事件"评选,活动采取专家评议加网络有奖票选方式进行。

1 月 20 日,自治区政府副主席屈冬玉在宁夏气象台天气会商室主持召开气象、水利、农牧、林业等部门抗旱减灾联合会商及专题会议,就抗旱减灾等工作进行安排部署。

1 月 30 日,自治区党委书记李建华一行来到宁夏气象局,慰问春节期间坚守岗位的一线气象干部职工。

2 月 7 日,自治区政府副主席屈冬玉一行到宁夏气象局慰问一线气象职工。

2 月 20 日,宁夏气象局召开第一批党的群众路线教育实践活动总结大会。

2 月 28 日,宁夏气象局举办 2014 年部门气象灾害预警服务联络员培训班。来自宁夏教育、民政、交通、农牧等 23 个部门的灾害防御管理工作人员参加培训。

3 月 24 日,宁夏气象局组织申报的《建筑物防雷装置跟踪检测技术规范》《机场工程建设选址气候可行性论证技术规范》等 13 个项目被宁夏质监局批准列入宁夏 2014 年地方标准制定计划(宁质技监〔2014〕21 号)。

5 月 12 日,宁夏气象局在全国"防灾减灾日"期间与自治区政府应急办、防汛抗旱指挥部办公室、民政厅、国土资源厅等部门联合开展暴雨灾害应急演练。

5 月 16 日,杨侃、张学艺、陈豫英被中国气象局批准为享受第六届西部优秀青年人才津贴人选。

5 月 21 日,自治区政府组织在银川召开多部门参加的杂交谷子及栽培新技术推广论证会。

5 月 23 日,自治区政府办公厅转发宁夏气象局关于《宁夏回族自治区暴雨灾害防御办法》的通知(宁政办发〔2014〕83 号）。《宁夏回族自治区暴雨灾害防御办法》于 7 月 1 日起正式实施。

5 月 30 日，宁夏气象局组织召开 2014 年自治区部门间气象灾害预警服务联络员会议。来自自治区经信委、教育、公安、民政、财政、国土、水利、农牧、林业、安监、电力等 25 个部门（行业）代表参加会议。

6 月 10 日，西北区域气象中心在宁夏气象局组织召开第十三届环青海湖国际公路自行车赛气象服务保障协调会。来自甘肃、青海、宁夏三省（区）气象局有关负责人参加会议。

6 月 20 日，宁夏县级气象业务改革研讨会在银川召开。

6 月 23 日，宁夏气象局与兰州大学大气科学学院在银川签署合作协议，双方决定在人才培养、业务科研、资源共享等方面开展深入合作。

6 月 24 日，自治区政府新闻办在宁夏气象台会商室举行新闻发布会，对《宁夏回族自治区暴雨灾害防御办法》作深入解读，并发布有关情况。

6 月 26 日，宁夏环保厅与宁夏气象局签署联合应对大气污染合作协议，并召开第一次共同应对大气污染部门联席会议。

7 月 10 日，宁夏人工影响天气与气象灾害防御指挥部第一次全体会议在银川召开。会议总结去年以来宁夏人工影响天气与气象灾害防御工作，部署今年下半年工作。自治区政府副主席、指挥部总指挥屈冬玉参加会议。

7 月 16—18 日，第十三届环青海湖国际公路自行车赛（宁夏段）在银川、中卫市举办。宁夏气象局启动重大气象服务Ⅲ级应急响应。

7 月 23 日，宁夏气象局经与自治区交通厅协调，实现宁夏高速公路 11 个视频监控点实时信息在宁夏气象台等业务单位的接入和业务应用。

7 月 24 日，《宁夏回族自治区人民政府关于加快推进气象现代化的意见》（宁政发〔2014〕64 号）印发，随文公布《宁夏回族自治区气象现代化指标体系》。

8 月 20 日，2014 年省级综合管理系统扩建试点工作研讨会在银川召开。来自中国气象局办公室电子政务处、河北省气象局、福建省气象局、重庆市气象局、宁夏气象局、中科软科技股份有限公司的 16 名代表参加会议。

8 月 28 日，甘肃、青海、宁夏三省区人工影响天气对空作业联控保障工作会在银川召开，审议通过《甘青宁三省区人工影响天气对空作业联控保障工作会议纪要》。

9 月 16 日，中国气象局山洪办在银川组织召开西北片区山洪工程项目管理工作座谈会。甘肃、陕西、青海、宁夏四省区气象局分管山洪项目工作的领导出席会议。

9 月 23 日，吴忠市政府与宁夏气象局在吴忠市召开共同推进吴忠市气象防灾减灾能力建设合作第一次联席会议，就市厅合作协议落实有关事项进行商讨。

9 月 25—27 日，中国气象局"三农"服务专项第十五检查小组来宁夏检查"三农"服务专项工作。

10 月 17 日，中国气象局人事司干部一处李红山代表中国气象局党组在宁夏气象局干部大会上宣布：王建林任宁夏气象局党组成员、副局长（中气党发〔2014〕48 号）。

10 月 22 日，全区气象部门党的群众路线教育实践活动总结大会在银川召开。

11 月 2 日，中国气象局党组以中气党发〔2014〕58 号文通知，免去杨兴国宁夏气象局党组成员、副局长职务，另有任用。

12 月 12 日，宁夏气象局与银川市政府在银川召开共同推进银川率先基本实现气象现代化合作第一次联席会议。

是年，进行县级气象机构调整，设置内设机构和直属业务单位。内设机构为办公室、防灾减灾科（政策法规科）。直属业务单位为气象台（气象观测站）、气象服务中心、雷电防护技术中心（人工影响天气中心、大气探测技术保障中心）。全区各县级气象局成立党组及其纪检组。

是年，根据宁夏气象局艰苦气象台站运行机制改革实施方案，全区逐步推行艰苦台站与县（市、区）气象局合署办公运行模式。

2015 年

1 月 16 日,宁夏气象局与国家气象中心在北京签署《共同推动宁夏天气预报技术发展 合力推进气象现代化建设合作协议》。

1 月 27 日,中国气象局副局长许小峰一行慰问六盘山气象站、泾源县气象局职工。

2 月 2 日,自治区政府发文对宁夏气象局等为支持地方经济社会发展作出突出贡献中央驻宁单位予以表彰(宁政发〔2015〕4 号)。

2 月 2 日,自治区政府在宁夏气象局召开春耕生产会商会议。自治区政府副秘书长李学明主持会议,宁夏气象局、水利厅、农牧厅、林业厅等单位分管领导及相关处室负责人参加会议。

3 月 24 日,宁夏气象局、自治区林业厅、自治区森林防火办公室在银川联合召开全区森林火险气象信息通报和春季森林防火形势通报视频会议。

3 月 31 日,自治区人工影响天气与气象灾害防御指挥部办公室在银川召开 2015 年人工影响天气作业协调会议。

5 月 12 日,宁夏气象局联合自治区应急、防汛、国土资源、交通运输等部门开展暴雨灾害应急演练。

6 月 1 日,宁夏正式开展全区行政村精细化要素预报业务。

6 月 8 日,全区气象部门"三严三实"专题教育动员电视电话会议召开。

6 月 17 日,自治区人大常委会副主任袁进琳一行到宁夏气象局检查指导气象灾害应急管理工作。

7 月 1 日,吴忠新一代天气雷达系统建成投入业务试运行。

8 月 10—11 日,中国气象局局长郑国光一行在宁夏气象部门调研指导工作。期间,自治区党委书记李建华在银川市会见局长郑国光一行。

8 月 11 日,自治区政府与中国气象局在银川召开省部合作第二次联席会议,总结双方合作协议落实情况,安排部署下一阶段工作。中国气象局局长郑国光,自治区政府副主席张超超出席会议。

8 月 11 日,自治区政府组织召开全区气象防灾减灾暨推进气象现代化工作会议。

8 月 18 日,自治区质监局复函宁夏气象局,同意成立宁夏气象标准化技术委员会。

9 月 9 日,新建、改建、扩建建设项目避免危害气象探测环境审批和防雷装置设计审核两项气象行政审批事项纳入自治区建设项目"多规合一"并联审批流程(宁政服发〔2015〕39 号)。

10 月 10 日,自治区政府副主席曾一春一行到宁夏气象局调研指导工作。

10 月 13 日,中国气象局副局长许小峰,自治区党委组织部副部长王铎出席宁夏气象局干部大会。中国气象局人事司长胡鹏宣读《中共中国气象局党组关于王鹏祥和丁传群同志职务任免的通知》,王鹏祥任宁夏气象局党组书记、局长。免去丁传群宁夏气象局党组书记、局长职务,另有任用。会后,许小峰到宁夏气象台、气象服务中心、气象信息中心、气候中心等单位进行调研指导。

12 月 29 日,固原市气象局马强完成第三十一次南极科学考察回到银川。

2016 年

1 月 13 日,宁夏气象局刘鹏兵荣获第十届全国气象行业职业技能竞赛暨第五届全国气象行业天气预报职业技能竞赛个人全能三等奖。

1 月 14 日,自治区政府印发《自治区人民政府关于表彰宁夏气象局的决定》(宁政发〔2016〕12 号),充分肯定 2015 年宁夏气象部门为全区经济社会发展作出的突出贡献,对宁夏气象局进行通报表彰。

1 月 27 日,2016 年全区气象局长会议在银川召开。自治区政府副主席曾一春出席会议。

2 月 24 日,自治区政府印发《关于印发宁夏回族自治区国民经济和社会发展第十三个五年规划纲要的通知》(宁政发〔2016〕30 号),将农业气象服务体系建设工程、人工影响天气作业能力建设二期工程、美丽宁夏城市气象保障工程和"互联网气象＋"工程相关内容纳入规划纲要。

2 月 26 日,自治区政府副主席曾一春到中国气象局对接工作。中国气象局局长郑国光会见曾一春一行。

3月9日,宁夏回族自治区和中国气象局深化省部合作座谈会在北京举行。自治区党委书记李建华、政府主席刘慧、中国气象局局长郑国光等领导出席座谈会。

3月24日,自治区第十一届人民代表大会常委会第23次会议通过对《宁夏回族自治区气象条例》的修改。

3月29日,宁夏气象局召开全面深化气象改革领导小组会议,专题研究部署宁夏防雷减灾体制改革工作。

4月15日,全区防雷减灾体制改革推进会在中卫市召开,研讨推进防雷减灾体制改革工作。

6月15日,经自治区政府同意,宁夏气象局联合自治区扶贫办、发改委、财政厅,在西吉县召开气象助力宁夏精准脱贫工作会议。

6月22—24日,中国气象局副局长矫梅燕一行到宁夏检查指导汛期气象业务服务,调研气象现代化、西部云基地建设和气象助力精准脱贫等工作。

7月25日,宁夏气象局召开由中国气象局、自治区宣传部、人民网联合主办的"绿镜头·发现中国"系列采访活动走进宁夏启动仪式。

8月4日,宁夏气象局与石嘴山市政府在石嘴山市召开市厅合作第二次联席会议。会议总结市厅合作开展以来取得的阶段性成果和经验,研究部署共同推进石嘴山市气象现代化建设有关事宜。

8月21—22日,贺兰山沿山出现大暴雨和特大暴雨,引发五十年一遇山洪。贺兰山滑雪场累计降水量达239.5毫米,为宁夏有气象记录以来日降水量极值。气象部门准确预报,提前为自治区指挥抗洪抢险提供对策建议,得到自治区领导和社会各界肯定。

8月29日,宁夏气象局召开中国气象局党组巡视组巡视宁夏气象局党组工作动员会。

8月30日,根据自治区机构编制委员会办公室文件宁编办发〔2016〕275号通知,同意设置红寺堡区气象站,委托吴忠市气象局管理。

10月9—10日,全国气象影视三十年暨传媒发展研讨会在银川召开。来自全国各省(区、市、计划单列市)气象部门153名代表参加会议。

10月11日,宁夏气象局与银川市政府在宁夏气象局共同召开启动第二轮合作座谈会,签署《宁夏回族自治区气象局银川市政府共同推进银川率先基本实现气象现代化第二轮合作框架协议》。

11月4日,西北五省(区)气象局党风廉政工作经验交流研讨会在宁夏气象局召开。来自甘肃、陕西、青海、宁夏、新疆气象局党组纪检组长和纪检组副组长,宁夏气象局机关党委专职副书记和各市气象局党组纪检组长参加会议。

11月10—11日,由兰州中心气象台和宁夏气象台联合举办的"2016年西北区预报技术经验交流会"在银川召开。来自国家气象中心、西北各省(区)气象局、部队、民航等单位50多名代表参加会议。

11月28—30日,在第十一届全国气象行业职业技能竞赛中,宁夏气象局周楠荣获强对流天气监测预警与服务单项第三名,被授予二等奖;卢小龙荣获个人全能第27名。

是年,根据国务院《关于优化建设工程防雷许可的决定》(国发〔2016〕39号),将气象部门原来承担的房屋建筑工程和市政基础设施工程防雷装置设计审核、防雷装置竣工验收行政许可职责移交住建部门负责。同时,取消气象部门对防雷专业工程设计、施工单位资质许可。

2017 年

2月7日,自治区政府副主席王和山到宁夏气象局就近期气候情况、旱情及气象工作进行调研。

2月21日,自治区政府主席咸辉一行到宁夏气象局调研工作,并慰问气象局一线职工。自治区政府副主席许尔锋,政府秘书长,办公厅、住建厅、交通厅、应急办、宁夏电力公司等部门负责人员参加调研。

3月30日,宁夏气象局和住建厅联合召开房屋市政工程防雷工作交接联席会议。全区各地市建筑管理、城乡规划勘察设计、工程质量监督、市政工程施工图审查机构负责人以及各市气象局分管副局长、法规科负责人等参加会议。

4 月 12 日,宁夏气象局在银川宝塔宾馆召开 2017 年中国气象局旱区特色农业监测预警与风险管理重点实验室年会。

4 月 18 日,自治区政府副主席马顺清到宁夏气象局调研指导工作并召开座谈会。

6 月 1 日,2017 年西北区域气象中心工作会议在银川召开。中国气象局副局长沈晓农、自治区政府副主席王和山出席会议并向大会致辞。

6 月 2 日,中国气象局副局长沈晓农一行到宁夏气象局调研指导工作。

7 月 18 日,宁夏气象局联合自治区新闻办在自治区政府召开《宁夏回族自治区气候资源开发利用与保护办法》新闻发布会。

7 月 19 日,中国气象局党组印发《关于刘建军和杨涛同志任职的通知》(中气党发〔2017〕42 号),刘建军任宁夏气象局党组成员、副局长,杨涛任宁夏气象局副巡视员。

9 月 27 日,中国工程院许健民院士在宁夏气象局作报告,解读风云四号 A 星应用思路。

10 月 11 日,中国气象局副局长宇如聪一行到宁夏气象局调研指导工作。

10 月 12—13 日,2017 年第十四届全国气象台长会议在银川召开。中国气象局副局长宇如聪,自治区政府副主席王和山出席会议。

是年,《自治区气象灾害应急预案》修订实施,强化多灾种部门联动和综合减灾职责。

是年,宁夏枸杞气象服务中心获批成为全国第一批十大特色农业气象服务中心之一。

2018 年

2 月 7 日,中国气象局人事司司长黎健代表中国气象局党组在宁夏气象局干部大会上宣布:杨兴国任宁夏气象局党组副书记、副局长,主持工作。免去王鹏祥的宁夏气象局党组书记、局长职务,另有任用。(中气党发〔2018〕10 号)。

2 月 8 日,宁夏气象局举办"不忘初心奋进新时代 牢记使命开启新征程"迎新春气象文化展演活动。

3 月 5—6 日,宁夏气象局召开 2018 年全区气象局长会议和全区气象部门全面从严治党工作会议。宁夏气象局党组副书记、副局长(主持工作)杨兴国作题为《以习近平新时代中国特色社会主义思想为指导 奋力开启新时代宁夏特色气象现代化新征程》和《以习近平新时代中国特色社会主义思想为指导 坚定不移推动宁夏气象部门全面从严治党向纵深发展》报告。

4 月 10 日,宁夏气象局召开枸杞气象服务中心区域协调会。来自青海、甘肃、内蒙古、新疆分中心以及宁夏枸杞工程技术研究所的代表参加会议并进行交流。

4 月 26 日,宁夏气象局召开中国气象局旱区特色农业气象灾害监测预警与风险管理重点实验室学术委员会。

4 月 26 日,宁夏气象局召开气象助力精准扶贫工作座谈会。来自中国气象局法规司、中国气象局公共气象服务中心,河南省气象局、甘肃省气象局、贵州省气象局、云南省气象局、陕西省气象局以及自治区发改委、农牧厅、政研室、扶贫办有关专家领导参加座谈会。

5 月 3—4 日,宁夏气象局、宁夏气象学会举办宁夏气象科普讲解大赛。共有 21 名来自宁夏气象部门,民航西北空管局宁夏分局,空军某部气象台选手参加比赛。

5 月 10 日,西北区域气候中心业务技术交流会在宁夏森淼科技培训中心召开。会议邀请国家气候中心,内蒙古、新疆等地的气候中心专家,以及甘肃、陕西、青海、宁夏气候中心主任参加。

6 月 1 日,由自治区科技厅、自治区科协主办,宁夏高新技术创业服务中心、宁夏科技馆承办的 2018 年宁夏科普讲解大赛决赛在宁夏科技馆落下帷幕。宁夏气象局参赛选手柴媛、翟颖佳、陈佳迪分获一、二、三等奖。

6 月 25 日,防雷安全监管工作研讨会(北方片会)在银川召开,来自 17 个省(区、市)气象局近 40 名代表参加会议。中国气象局政策法规司司长胡鹏等领导出席研讨会。

7月10—12日,由宁夏气象局、自治区总工会联合举办的2018年全区气象行业技能竞赛在银川开赛。来自全区5个地市气象局和民航宁夏空管分局6支代表队参赛。

8月20日,宁夏气象局召开自治区60大庆气象保障服务工作动员电视电话会议,安排部署自治区60大庆气象保障服务工作。

8月27日,第五届区域气候变化检测与监测学术研讨会在银川召开。会议邀请中国科学院院士秦大河、陈发虎,中国工程院院士丁一汇等专家学者作大会特邀报告。共有来自科研院所、高校、气象科研领域190名代表参加会议。自治区政府副主席马顺清出席开幕式并致辞。

8月29日,宁夏气象局召开干部大会,宣布中国气象局党组任命决定:杨兴国任宁夏气象局党组书记、局长,冯建民任宁夏气象局巡视员,免去杨涛宁夏气象局副巡视员职务,另有任用。中国气象局副局长余勇出席会议。

9月3日,宁夏气象局召开综合气象观测智能分析判别系统建设项目推进会。中国气象局观测司相关人员及相关专家,湖南、江苏、安徽、宁夏四省(区)观测与网络处主要负责人、项目负责人及技术骨干参加会议。

11月3日,中国气象局局长刘雅鸣在《宁夏气象局关于上报宁夏回族自治区成立60周年庆祝活动气象保障服务工作总结的报告》(宁气发〔2018〕30号)上批示:祝贺圆满完成重大活动保障服务工作,要认真总结经验,不断提高水平。

11月5日,中国气象局旱区特色农业气象灾害监测预警与风险管理重点实验室2018年学术年会在银川召开。

12月21日,宁夏气象局与自治区生态环境厅签署《加强生态环境保护领域合作协议》并召开座谈会。

2019 年

1月24日,宁夏气象局召开2019年全区气象局长会议。局长杨兴国作题为《抢抓机遇实干创新推动宁夏气象事业高质量发展为决胜与全国同步全面建成小康社会提供高水平保障》工作报告。

3月14日,宁夏气象局与自治区科学技术协会签订合作协议。

3月29日,宁夏气象局举办2019年宁夏气象科普讲解大赛。来自宁夏气象部门和民航部门26位参赛选手围绕"科技强国 气象万千"主题进行讲解。

5月10日,宁东能源化工基地气象台正式挂牌成立。

5月13日,自治区政府副主席王和山一行到中国气象局协调省部合作相关事宜。中国气象局局长刘雅鸣在北京会见王和山一行。

5月23日,宁夏气象局制定印发《宁夏气象局气象观测质量管理体系建设方案》,首次将质量管理体系标准原理和方法引入到观测管理和业务运行当中。

6月4日,宁夏气象局召开干部大会,宣布中国气象局党组任命决定:尚永生任宁夏气象局副局长,免去其宁夏气象局党组纪检组组长职务;庞亚峰任宁夏气象局党组成员、纪检组组长;陈楠任宁夏气象局总工程师。免去王建林的宁夏气象局党组成员、副局长职务,另有任用。

7月3—4日,宁夏气象局联合自治区总工会举办2019年全区气象行业职业技能竞赛。

7月16—19日,中国气象局副局长于新文到宁夏气象局开展"不忘初心、牢记使命"主题教育专题调研。

7月25日,基层气象台站建设规划(2021—2025年)及政府会计制度执行研讨会在银川召开。海南、安徽、江苏、宁夏、内蒙古、河北、湖南、四川、浙江、陕西、河南、青岛等省(区、市)气象局计财处主要负责人参加会议。

8月7日,宁夏气象局与中国人民财产保险股份有限公司宁夏分公司签署合作协议,促进部门协同发展。

8月20日,宁夏气象局举办第二届气象服务业务竞赛决赛,来自全区气象部门的25项作品参加气象服务技术创新奖、气象服务应用创新奖两个类别奖项的竞赛。

8 月 24 日,宁夏气象局召开"不忘初心、牢记使命"主题教育专题民主生活会。

9 月 5—8 日,第四届中国—阿拉伯国家博览会在银川举办,风云气象卫星、气象探测装备、人工影响天气技术装备等气象科技成果首次亮相中阿博览会。

9 月 11 日,宁夏气象局召开全区气象部门第二批"不忘初心、牢记使命"主题教育部署会议。

10 月 15 日,中国气象局党组第三巡视组巡视宁夏气象局党组工作动员会召开。

10 月 18 日,中国气象局与自治区政府在银川签署新一轮合作协议。自治区政府主席咸辉,中国气象局局长刘雅鸣分别代表双方签署协议。

10 月 18—20 日,中国气象局局长刘雅鸣在宁夏气象部门调研工作,指导开展"不忘初心、牢记使命"主题教育,慰问艰苦台站干部职工。

10 月 29—30 日,中国气象局旱区特色农业气象灾害监测预警与风险管理重点实验室 2019 年学术年会在银川召开。来自中国科学院大气物理研究所、中国农业科学院、中国海洋大学、山东农业大学等高校和科研院所以及中国气象局公共气象服务中心、国家卫星气象中心、天津、海南、青海、新疆等气象部门 13 位特邀专家学者作学术报告。

11 月 18 日,固原新一代天气雷达大修升级改造完成。

是年,在 2019 年第十五届宁夏自然科学优秀学术论文评选活动中,气象信息中心杨有林撰写的《基于雷达回波强度面积谱识别降水云类型》、气象服务中心严晓瑜撰写的《银川地区大气颗粒物输送路径及潜在源区分析》获得二等奖,气象台陈豫英撰写的《贺兰山东麓罕见特大暴雨的预报偏差和可预报性分析》获得三等奖。

2020 年

1 月 14 日,宁夏气象局召开全区气象部门"不忘初心、牢记使命"主题教育总结会议。

1 月 19 日,2020 年全区气象局长会议在银川召开。局长杨兴国作题为《坚守初心使命实干笃定前行为建设美丽新宁夏提供高质量的气象服务》工作报告。

1 月 30 日,宁夏气象局下发《宁夏气象局关于印发"做好新型冠状病毒感染的肺炎疫情防控工作方案"的通知》(气发〔2020〕6 号),成立"宁夏气象局新型冠状病毒感染的肺炎疫情防控指挥部"和 5 个工作组,组织开展全区气象部门新型冠状病毒感染的肺炎疫情防控和气象业务服务保障工作。

3 月 27 日,宁夏气象局与自治区生态环境厅在宁夏气象局召开《加强生态环境保护领域合作协议》深度合作座谈会。

3 月 27 日,宁夏气象局召开全区地面气象观测自动化改革动员会,安排部署全区地面气象观测站自 4 月 1 日起正式实施观测自动化工作。

4 月 8 日,宁夏气象服务中心首次发布银川杨柳絮飞期预报。

4 月 16 日,宁夏气象局党组印发《中共宁夏气象局党组关于印发宁夏气象局业务技术体制重点改革试点方案的通知》,确定 6 项重点改革任务。

7 月 15—17 日,2020 年全区气象行业职业技能竞赛决赛在银川举行,来自民航宁夏空管分局气象台和各市气象局 6 支代表队、30 名选手参加比赛。

9 月 2 日下午,中国科学院院士秦大河一行赴闽宁镇调研贺兰山东麓酿酒葡萄种植气候条件及气象服务开展情况。

9 月 9—10 日,由中国气象学会、中国气象局人工影响天气中心、宁夏气象局共同举办的全国人工影响天气技术交流会在宁夏固原市召开。来自中国气象局、中国科学研究院大气物理所、中国气象科学研究院、国防科技大学、兰州大学等科研院所和高校及全国 19 个省(区、市)气象部门的近 50 名专家学者参加会议。

9 月 28—29 日,黄河流域生态保护和高质量发展气象保障高峰论坛在银川举办。中国科学院、中国气象科学研究院、生态环境部卫星环境应用中心、中国农业大学、南京信息工程大学以及沿黄 9 省（区）气象部门的 100 余名专家学者参加论坛。

11 月 19 日，宁夏气象局在银川举办"全区防雷减灾综合管理服务平台应用培训班"，全区 18 个市、县级气象主管机构和 31 个雷电防护装置检测机构共 97 人参加培训。

11 月 25 日，自治区人大十二届 23 次常委会议审议通过《关于修改〈宁夏回族自治区气象条例〉的决定》和《关于修改〈宁夏回族自治区气象灾害防御条例〉的决定》，对两部地方法规予以修改并公布实施。

12 月 21 日，"天镜·宁夏"气象综合业务实时监控系统正式投入业务运行。该系统集约整合观测、信息、预报、服务共 18 个信息系统统一监控功能，实现从数据产品加工、业务产品制作到服务产品发布的全业务、全流程监控；实现从观测设备状态、基础设施资源和场地动力环境的全方位、多维度监控，进一步提升业务监控的智能化、自动化水平。

附　　录

附录一　法规性文献

宁夏回族自治区气象条例

（宁夏回族自治区第八届人民代表大会常务委员会第二十次会议于 2001 年 7 月 20 日通过，自 2001 年 10 月 1 日起施行；于 2006 年、2016 年、2020 年进行了修订）

第一条　为了发展自治区气象事业，规范气象工作，准确、及时地制作发布气象预报，开展气候预测，防御和减轻气象灾害，合理开发利用和保护气候资源，根据《中华人民共和国气象法》和有关法律、行政法规，结合自治区实际，制定本条例。

第二条　在自治区行政区域内从事气象探测、预报、服务和气象灾害防御、气候资源开发利用、气象科学技术研究等活动，应当遵守本条例。

第三条　县级以上气象主管机构在上级气象主管机构和本级人民政府领导下，负责本行政区域内的气象工作，并对其他部门的气象工作实施行业管理。

第四条　县级以上人民政府应当加强对气象工作的领导和协调，加强气象基础设施的建设，将地方气象事业项目所需的固定资产投资、事业经费和专项经费等纳入国民经济和社会发展计划及财政预算，并逐步增加对地方气象事业的投资。

各级人民政府应当关心和支持少数民族聚居地区、边远贫困地区的气象台站的建设和运行。

第五条　对在气象工作中做出突出贡献的单位和个人，由县级以上人民政府或者气象主管机构予以表彰和奖励。

第六条　县级以上气象主管机构负责编制地方气象事业项目计划，报同级人民政府批准后组织实施。

非国家统一布局，专为当地经济建设和人民生活服务的地方气象事业项目主要包括：

（一）天气、气候监测预报系统（含中尺度灾害性天气监测预警系统）及其气候资料信息处理、分析服务系统，电视气象预报制作系统，气象防灾减灾服务体系和城乡气象科技服务网；

（二）为农业综合开发、生态环境保护、城市大气污染防治及气候资源和水资源合理开发利用等开展的气象科学研究和气象服务项目；

（三）人工影响天气作业和试验研究项目；

（四）气象卫星遥感技术在森林火险、生态环境、农作物长势监测及产量预报中的开发应用；

（五）根据当地经济建设需要而设置的气象台站；

（六）地方人民政府需要建设的其他气象事业项目。

第七条　气象台站的探测场地、仪器、设施、标志和气象通信线路受法律保护，任何组织或者个人不得侵占、损毁或者擅自移动。

第八条　气象探测环境应当符合下列要求：

（一）气象台站观测场围栏与四周孤立障碍物的边沿距离，国家基准气候站、国家基本气象站、一般气象站分别为该障碍物高度的十倍以上、八倍以上、三倍以上；

（二）国家基准气候站、基本气象站观测场围栏与四周为成排障碍物的距离，为该障碍物高度的十倍以上，一般气象站为该障碍物高度的八倍以上；

（三）观测场围栏与公路路基近边沿距离为三十米以上，观测场四周十米范围内，不得种植一米以上的高杆作物；

（四）高空观测场四周障碍物的仰角不得超过五度，半径二十米范围内应平坦，五十米范围内不得有架空电线、高大建筑物和树木等障碍物，附近不应有无线电台和其他影响探空讯号的干扰源；

（五）天气雷达探测方向的遮挡物，对雷达天线的挡角不大于零点五度，雷达站周围应当避免电磁等干扰源。

第九条　当地人民政府应当按照法定标准划定气象探测环境保护范围，并纳入土地利用总体规划、城市规划或者村庄和集镇规划。

禁止在气象探测环境保护范围内进行对气象探测不利的工程建设或者其他活动。因特殊情况需进行新建、扩建、改建建设工程的，建设单位应当事先征得自治区气象主管机构同意，并采取相应措施，方可建设。

第十条　气象台站的站址及其设施未经批准，任何组织和个人不得擅自迁移。因工程建设、城镇规划确需迁移一般气象台站或者其设施的，建设单位必须提前报自治区气象主管机构批准，待新站建成并经一年的对比观测后方可开工建设。确需迁移国家基准气候站、基本气象站的，建设单位必须提前两年报自治区气象主管机构审核同意后报国务院气象主管机构批准。迁移和重建气象台站及其设施所需的费用，由建设单位承担。

第十一条　公众气象预报、灾害性天气警报，由自治区气象主管机构管辖的各级气象台站按照责任区划分，负责制作和向社会公开发布。

农业气象预报、城市环境气象预报和火险气象等级预报等专业气象预报，由自治区气象主管机构管辖的各级气象台站根据需要发布。

其他组织和个人不得向社会公开发布公众气象预报和灾害性天气警报。

第十二条　广播、电视、报刊等新闻单位以及声讯服务系统、计算机网络、无线寻呼系统、电子屏幕等媒介，公开向社会播发、刊登和传播气象预报和灾害性天气警报，必须使用当地气象主管机构所属的气象台站直接提供的适时气象信息，并标明发布气象台站的名称和发布时间。通过传播气象信息获得的收益，应当提取一部分支持气象事业的发展。

第十三条　广播、电视播出机构应当保证气象预报节目的定时播出，具体播出时间、时限和次数，由其主管部门与同级气象主管机构商定。在特殊情况下，如需改变播出时间的，应当事先征得发布该气象预报的气象台站同意。对当地气象台站发布的具有重大影响的灾害性天气警报和补充、订正的气象预报，应当及时增播或者插播。

电视天气预报节目，由发布该预报的气象台站制作。

天气预报节目的制作，应当符合广播电视的播发要求，保证制作质量。

第十四条　各级人民政府指挥生产、组织防灾减灾和军事、国防科学试验及其他特殊任务所需常规的气象服务和通过广播、电视、报刊等方式向社会提供的公众天气预报等公益性气象服务，由气象主管机构无偿提供。

第十五条　信息产业部门应当与同级气象主管机构密切合作，确保气象通信畅通，及时、准确地传递各种气象情报、气象预报和灾害性天气警报。

气象无线电专用频道和信道受国家保护，任何组织和个人不得挤占和干扰。

第十六条　各级气象台站在确保公益性气象无偿服务的前提下，根据用户需要，可以依法开展以下气象科技有偿服务：

（一）专为用户需要加工制作的专业、专项气象预报、警报，气象情报；

（二）为诉讼、保险索赔以及为非气象机构气象探测数据提供气象鉴证；

（三）专为工程项目设计、建设提供气候论证和为大气环境影响评价提供的统计、加工、分析的气象资料；

（四）气象专用计量器具、设备的检定和维修；

（五）气象科技培训、咨询，气象科研成果转让。

第十七条 对升放无人驾驶自由气球或者系留气球的单位由设区的市的气象主管机构进行资质认定。

第十八条 气象台站对可能影响当地的干旱、大风、沙尘暴、寒潮、霜冻、冰雹、暴雨（雪）等灾害性天气，应当加强监测和预报，及时报告当地人民政府，并提出防灾减灾建议。

第十九条 各级人民政府和有关部门在接到可能发生气象灾害的预测信息时，应当提前采取防御措施，防止或减轻可能造成的损失。

气象灾害发生后，气象台站应当加强监测和预报，并将信息及时报告当地人民政府和有关部门。

第二十条 县级以上人民政府应当建立和完善防御、减轻气象灾害的工作体系和相应的管理制度，制定气象灾害防御方案，并组织实施。

第二十一条 自治区气象主管机构统一管理全区人工影响天气工作。负责人工增雨作业区域和防雹布点的审核、报批；组织购置和调配人工影响天气所需专用物资和装备；监督作业安全，提供技术指导，组织作业效果的分析、验证。

县级以上气象主管机构负责所辖区域人工影响天气工作的组织和管理。民航、通信、交通等部门应当为人工影响天气作业提供必要的条件和保障。

实施人工影响天气的组织，必须具备自治区气象主管机构规定的条件，使用国务院气象主管机构认定的作业设备，遵守作业规范。

第二十二条 县级以上人民政府应当加强对防雷安全工作的领导，督促各部门依法履行防雷安全监督管理职责，全面落实防雷安全责任。

各类建（构）筑物、场所和设施安装雷电防护装置应当符合国家有关防雷标准的规定。新建、改建、扩建建（构）筑物、场所和设施的雷电防护装置应当与主体工程同时设计、同时施工、同时投入使用。

第二十三条 从事雷电防护装置检测的单位应当取得国务院气象主管机构或者自治区气象主管机构颁发的资质证。

自治区气象主管机构负责本行政区域内雷电防护装置检测资质的管理和认定工作。

雷电防护装置应当每年检测一次，其中易燃、易爆场所的雷电防护装置，应当每半年检测一次。雷电防护装置所在单位应当主动申报检测。

第二十四条 县级以上人民政府应当对气象资源开发利用的方向和保护的重点作出规划。

自治区气象主管机构统一组织全区气候资源的调查、区划和保护工作。

第二十五条 具有大气环境影响评价资质的单位进行工程建设项目大气环境影响评价时，应当使用符合国家气象技术标准的气象资料。

第二十六条 违反本条例第七条、第九条第二款、第十条规定的，由县级以上气象主管机构按照权限责令停止违法行为，限期恢复原状或者采取其他补救措施，可以并处五万元以下罚款；造成损失的，依法承担赔偿责任；构成犯罪的，依法追究刑事责任。

第二十七条 违反本条例第十一条第二款、第十二条规定的，由县级以上气象主管机构按照权限责令改正，给予警告，可以并处五万元以下罚款。

第二十八条 违反本条例第二十一条第三款规定的，由县级以上气象主管机构按照权限责令改正，给予警告，可以并处十万元以下罚款；给他人造成损失的，依法承担赔偿责任；构成犯罪的，依法追究刑事责任。

第二十九条 违反本条例第二十二条、第二十三条规定，安装不符合使用要求的雷电灾害防护装置的，由县级以上气象主管机构按照权限责令改正，给予警告。使用不符合要求的雷电灾害防护装置给他人造成损失的，依法承担赔偿责任。

第三十条 违反本条例第二十五条规定，从事大气环境影响评价的单位进行工程项目大气环境评价时,使用的气象资料不符合国家气象技术标准的,由县级以上气象主管机构责令改正,给予警告,可以并处五万元以下罚款。

第三十一条　气象主管机构及其所属台站的工作人员玩忽职守,造成重大漏报、错报公众天气预报、灾害性天气警报,以及丢失或者损毁原始气象探测资料、伪造气象资料的,依法给予处分;给国家利益和人民生命财产造成重大损失,构成犯罪的,依法追究刑事责任。

第三十二条　本条例自 2001 年 10 月 1 日起施行。

宁夏回族自治区防雷减灾管理办法

(2006 年 12 月 22 日宁夏回族自治区人民政府第 86 次常务会议通过,自 2007 年 2 月 1 日起施行;2016 年进行了修订)

第一章 总 则

第一条 为了防御和减轻雷电灾害,保障公共安全和人民生命财产安全,根据《中华人民共和国气象法》和《宁夏回族自治区气象条例》等有关法律、法规的规定,结合本自治区实际,制定本办法。

第二条 在本自治区行政区域内从事防御和减轻雷电灾害(以下简称防雷减灾)活动的单位和个人,应当遵守本办法。

第三条 本办法所称防雷减灾,是指防御和减轻雷电灾害的活动,包括防御雷电灾害活动的研究、监测、预警;防雷装置检测、防雷工程专业设计、施工单位资质认定;防雷装置设计审核和竣工验收;防雷装置的检测与维护等。

本办法所称雷电灾害,是指因直击雷、雷电感应、雷电波侵入等造成的人员伤亡或者财产损失。

第四条 各级人民政府应当加强对防雷减灾工作的领导,按照预防为主、防治结合的原则。将防雷减灾工作纳入安全生产监督管理的工作范围。

第五条 自治区气象主管机构应当按照合理布局、信息共享、有效利用的原则,编制全区雷电灾害防御规划,组建全区雷电监测网,并组织开展防雷减灾技术以及雷电监测系统的研究、开发和应用。

各级气象主管机构所属气象台站应当开展雷电监测,有条件的地方应当开展雷电预报,并及时向社会发布。

第六条 县以上气象主管机构在上级气象主管机构和本级人民政府的领导下,负责本行政区域内的防雷减灾工作。

气象主管机构所属的防雷减灾机构具体负责本行政区域内防雷减灾的日常工作。

第七条 各级人民政府其他有关部门应当按照职责做好本部门和本单位的防雷减灾工作,并接受同级气象主管机构的监督管理。

第二章 防雷装置

第八条 新建、扩建、改建(构)筑物和其他设施安装的雷电灾害防护装置(以下简称防雷装置),应当符合国务院气象主管机构规定的使用要求,并由具有相应防雷工程专业设计或者施工资质的单位承担设计或者施工。

前款所称防雷装置,是指接闪器、引下线、接地装置、电涌保护器及其他连接导体的总称。

第九条 下列场所或者设施应当安装防雷装置:

(一)《建筑物防雷设计规范》规定的一、二、三类防雷建(构)筑物;

(二)石油、化工等易燃易爆物资的生产和贮存场所;

(三)电力、通信、交通运输、广播电视、医疗卫生、金融证券,教育、文物保护单位和体育、旅游、游乐、宾馆等人员聚集场所以及计算机信息系统等社会公共服务设施;

(四)法律、法规、规章和技术规范规定的其他场所和设施。

第十条 防雷工程专业设计或者施工单位资质认定,由自治区气象主管机构按照法律、法规和国务院气象主管机构颁布的《防雷工程专业资质管理办法》的规定执行。

第十一条 本自治区外具有防雷工程专业设计、施工资质的单位,在本自治区行政区域内从事防雷装置设计或施工的,应当接受当地气象主管机构的监督管理。

第十二条 新建、改建、扩建工程的防雷装置必须与主体工程同时设计、同时施工、同时投入使用。

第三章　防雷装置设计审核与竣工验收

第十三条　防雷装置实行设计审核和竣工验收制度。

县以上气象主管机构应当按照国务院气象主管机构颁布的《防雷装置设计审核和竣工验收规定》,负责本行政区域内的防雷装置的设计审核和竣工验收。

第十四条　防雷装置设计审核和竣工验收工作应当遵循公开、公平、公正、便民、高效和信赖保护的原则。

第十五条　县以上气象主管机构应当将防雷装置设计审核和竣工验收的依据、条件、程序以及需要提交的全部材料的目录和申请示范文书等依法予以公示。情况复杂的,应当印制申请说明,免费提供给申请人。

第十六条　县以上气象主管机构,不得要求申请人提交与其申请审核设计方案和竣工验收无关的技术资料和有关材料。申请材料存在错误可以当场更正的,应当允许申请人当场更正;申请材料不齐全或者不符合法定形式的,应当当场或者在 5 日内一次告知申请人需要补正的全部内容,并出具《防雷装置设计审核资料补正通知》或《防雷装置竣工验收资料补正通知》,逾期不告知的,自收到申请材料之日起即视为受理。

第十七条　县以上气象主管机构应当在收到全部申请材料之日起 5 个工作日内,按照《中华人民共和国行政许可法》第三十二条的规定,根据受理条件作出受理或者不予受理的书面决定,并对决定受理的申请出具《防雷装置设计审核受理回执》或《防雷装置竣工验收受理回执》。对不予受理的,应当书面说明理由,并告知申请人享有依法申请行政复议或者提起行政诉讼的权利。

第十八条　县以上气象主管机构应当在受理防雷装置设计申请之日起 20 个工作日内作出审核决定。经审核合格的,办结有关审核手续,颁发《防雷装置设计核准书》;经审核不合格的,出具《防雷装置设计修改意见书》。申请单位进行设计修改后,按照原程序报审。

第十九条　防雷装置施工单位应当按照经核准的设计图纸进行施工,并主动接受当地气象主管机构的监督管理。在施工中需要变更和修改防雷装置设计的,必须按照原程序报审。

防雷装置设计未经审核同意的,不得交付施工。

第二十条　县级以上气象主管机构在受理防雷装置竣工验收申请之日起 5 个工作日内,应当根据具有相应资质的防雷检测单位出具的检测报告进行核实。验收合格的,办结有关验收手续,颁发《防雷装置验收合格证》;验收不合格的,出具《防雷装置整改意见书》。整改完成后,按照原程序进行验收。

未取得合格证书的,防雷装置不得投入使用。

第二十一条　出具检测报告的防雷检测单位,应当对隐蔽工程进行逐项检测,并对检测结果负责。检测报告作为竣工验收的技术依据。

第二十二条　防雷装置建设或施工单位使用的防雷产品应当符合国家质量标准,具有产品合格证书和使用说明书,并接受自治区气象主管机构的监督检查。

第四章　防雷装置的检测

第二十三条　县以上气象主管机构应当会同安全生产监督管理部门对防雷装置检测工作实施监督管理,并组织对防雷装置检测情况进行抽查。

第二十四条　防雷装置实行定期检测制度。对防雷装置应当每年检测 1 次。其中易燃易爆场所的防雷装置每半年检测 1 次。

防雷装置的检测由依法设立的防雷装置检测单位承担。

自治区气象主管机构应当依法对防雷装置检测单位进行资质认定,并向社会公布。

第二十五条　防雷检测单位对防雷装置检测后,应当出具检测报告,并对检测结果负责。检测项目全部合格后,发给合格证,检测不合格的,提出整改意见,并进行复检。

第二十六条 防雷检测单位应当建立健全完善的检测制度,严格执行国家有关标准和规范,保证防雷检测报告的真实性、科学性、公正性。

第二十七条 拥有防雷装置所有权或使用权的单位应当做好防雷装置的日常维护工作,对发现的问题,应当及时进行维修或者报告防雷装置检测单位进行处理,并接受所在地气象主管机构和安全生产监督管理部门的监督检查。

第五章 雷电灾害调查、鉴定和评估

第二十八条 县以上气象主管机构负责组织雷电灾害的调查、鉴定和评估工作,有关部门和单位应当配合做好雷电灾害的调查、鉴定和评估工作。

第二十九条 遭受雷电灾害的单位和个人,应当及时向本级人民政府和所在地县以上气象主管机构报告灾情,并积极协助气象主管机构对雷电灾害进行调查与鉴定。

县以上气象主管机构应当自接到雷电灾情报告之日起 7 个工作日内作出雷电灾害鉴定报告。

第三十条 各级气象主管机构应当及时向上一级气象主管机构和当地人民政府报告本行政区域内的雷电灾情,并按自治区气象主管机构的要求上报年度雷电灾害情况。

第三十一条 各级气象主管机构应当组织对本行政区域内的大型工程、重点工程、爆炸危险环境等建设项目进行雷击风险评估,以确保公共安全。

第六章 罚 则

第三十二条 违反本办法,有下列行为之一的,由县以上气象主管机构责令限期改正,给予警告,逾期不改正的,处以 1000 元以上 30000 元以下的罚款:

(一)应当安装防雷装置而拒不安装的;

(二)不具备防雷装置检测、防雷工程专业设计和施工资质或超出相应资质范围从事防雷装置检测、防雷工程专业设计或者施工的;

(三)防雷装置设计未经审核或审核不合格,擅自施工的;

(四)变更防雷工程专业设计方案未按原审核程序报审的;

(五)防雷装置竣工后未经验收或者验收不合格,擅自投入使用的;

(六)使用不符合国家质量标准防雷产品的;

(七)已有防雷装置,拒绝进行检测或者经检测不合格又拒绝整改的;

(八)涂改、伪造、倒卖、出租、出借行政许可证件,或者以其他形式非法转让行政许可证件的;

(九)向负责监督检查的机构隐瞒有关情况、提供虚假材料或者拒绝提供反映其活动情况的真实材料的;

(十)对重大雷电灾害事故隐瞒不报的。

第三十三条 申请单位隐瞒有关情况、提供虚假材料申请资质认定、设计审核或者竣工验收许可的,负责许可的气象主管机构不予受理或者不予行政许可,并给予警告。申请单位在 1 年内不得再次申请资质认定。

第三十四条 被许可单位以欺骗、贿赂等不正当手段取得资质、通过设计审核或者竣工验收的,县以上气象主管机构给予警告,并可以处 1000 元以上 30000 元以下的罚款;已取得资质、通过设计审核或者竣工验收的,由原发证机构撤销其许可证书;被许可单位 3 年内不得再次申请资质认定;构成犯罪的,依法追究刑事责任。

第三十五条 违反本办法规定,导致雷击爆炸、人员伤亡和财产严重损失等雷电灾害事故,造成他人伤亡和财产损失的,依法承担赔偿责任;构成犯罪的,依法追究刑事责任。

第三十六条 当事人对县以上气象主管机构的行政处罚决定不服的,可以依法申请行政复议或提起行政诉讼;逾期既不申请行政复议也不提起行政诉讼,又不履行行政处罚决定的,由作出行政处罚决定的机构申请人民法院强制执行。

第三十七条　气象主管机构及所属防雷减灾机构的工作人员在防雷减灾工作中滥用职权、玩忽职守、徇私舞弊的,由其所在单位或者主管部门依法给予行政处分;构成犯罪的,依法追究刑事责任。

第七章　附　　则

第三十八条　本办法自 2007 年 2 月 1 日起施行。

宁夏回族自治区人工影响天气管理办法

（2007 年 11 月 30 日宁夏回族自治区人民政府第 103 次常务会议通过，自 2008 年 1 月 1 日起施行；于 2016 年、2017 年进行了修订）

第一章 总 则

第一条 为了加强对人工影响天气工作的管理，防御和减轻气象灾害，保障人民群众生命财产安全，根据《中华人民共和国气象法》、国务院《人工影响天气管理条例》和《宁夏回族自治区气象条例》等有关法律、法规的规定，结合本自治区实际，制定本办法。

第二条 在本自治区行政区域内从事和管理人工影响天气活动，应当遵守本办法。

第三条 本办法所称人工影响天气，是指为了避免或减轻气象灾害，在适当条件下通过科学技术等手段对局部大气的物理、化学等过程进行人工影响，实现增（消）雨雪、防雹、防霜、消雾、森林草原防（灭）火等目的的活动。

第四条 县级以上人民政府应当加强对人工影响天气工作的领导和协调，建立完善人工影响天气工作的指挥和协调机制，统一指挥人工影响天气活动。

第五条 县以上气象主管机构在本级人民政府的领导下，负责本行政区域内人工影响天气活动的指导管理和组织实施。

财政、公安、农业、林业、水利、安监、民航、电信等有关部门应当按照职责分工，配合气象主管机构做好人工影响天气的有关工作。

第六条 县级以上人民政府应当鼓励和支持人工影响天气科学技术研究，推广使用先进技术，提高人工影响天气的能力和效益。

第七条 县级以上人民政府应当组织专家对人工影响天气作业的效果进行评估，并根据评估结果，指导本地区的人工影响天气工作。

第八条 对在人工影响天气工作中做出突出贡献的单位和个人，县级以上人民政府应当给予表彰和奖励。

第二章 组织实施

第九条 县级以上人民政府应当将本级人民政府批准的公益性人工影响天气计划所需事业经费、基本建设经费和作业专项经费列入本级人民政府财政预算。

实施飞机人工影响天气作业所需经费以及宁南山区八县和红寺堡开发区发射的炮弹、火箭弹所需费用由自治区财政负担，其他市县和有关农场发射的炮弹、火箭弹所需费用由自治区和市县财政以及有关农场各负担一半。

市县和有关农场利用高射炮、火箭装置开展人工影响天气作业所需经费以及指挥和作业人员（以下统称作业人员）人身意外伤害保险费用，由本级人民政府财政和有关农场负担。

第十条 县以上气象主管机构应当根据上级气象主管机构的要求和当地防灾减灾、生态环境建设、气候资源开发利用的需要，商同级有关部门编制本行政区域内人工影响天气工作发展规划和计划，报同级人民政府批准后实施。

第十一条 人工影响天气作业点，由当地气象主管机构根据本地气候特点、地理条件、交通、通讯、人口密度等情况，依照《中华人民共和国民用航空法》、《中华人民共和国飞行基本规则》的有关规定提出布局规划，经本级人民政府同意后，报自治区气象主管机构会同飞行管制部门依法确定。

经确定的人工影响天气固定作业站（点）不得擅自变动，确需变动的，须按原程序重新确定。

第十二条 县级以上人民政府及有关部门和单位应当根据全区人工影响天气工作的需要，按照下列规定，设立人工影响天气作业组织（以下简称作业组织）：

（一）自治区设立飞机作业组织，负责实施全区飞机人工影响天气作业；

（二）市县人民政府负责设立所属乡（镇）固定作业站（点）的作业组织，组织实施固定作业站（点）的人工影响天气作业；

（三）市县气象主管机构负责设立流动作业点的作业组织，组织实施各流动作业点的人工影响天气作业；

（四）各有关农场负责设立本农场范围内固定作业站（点）的作业组织，组织实施固定作业站（点）的人工影响天气作业。

第十三条　作业组织应当具备以下条件：

（一）具有法人资格；

（二）人工影响天气作业人员经培训合格，并符合自治区气象主管机构规定的人数；

（三）有高射炮、火箭发射装置及炮弹库、火箭库等基础设施，并符合国家强制性标准和有关安全管理的规定；

（四）具有与人工影响天气作业指挥系统和飞行管制部门保持联系的通信工具；

（五）具有相关的安全管理制度及业务规范；

（六）符合自治区气象主管机构规定的其他条件。

第十四条　利用高射炮、火箭发射装置从事人工影响天气作业人员名单，由所在地的县气象主管机构抄送当地公安机关备案。

第十五条　作业组织实施人工影响天气作业时，应当同时具备下列条件，方可实施作业：

（一）有适当的天气条件和作业时机；

（二）得到有关飞行管制部门的批准；

（三）避开人口稠密区；

（四）指挥系统健全，通信系统畅通；

（五）作业人员均已到位；

（六）作业装置完好，符合国家强制性安全技术标准。

第十六条　作业组织利用高射炮、火箭发射装置实施作业时，应当按照自治区气象主管机构规定的程序，向有作业指挥权限的人工影响天气指挥中心提出空域和作业时限申请，由指挥中心向有关飞行管制部门申请空域和作业时限，指挥中心接到飞行管制部门的决定和通知后，方可指挥作业组织实施人工影响天气作业。

利用飞机实施人工影响天气作业，由宁夏人工影响天气指挥中心向有关飞行管制部门申请空域和作业时限。

第十七条　人工影响天气作业指挥中心的指挥权限按照下列规定划分：

（一）宁夏人工影响天气指挥中心负责全区飞机人工影响天气作业和本自治区境内 37°N 以北高射炮、火箭增雨、防雹等人工影响天气作业的指挥协调；

（二）固原人工影响天气指挥中心负责本自治区境内 37°N 以南高射炮、火箭增雨、防雹等人工影响天气作业的指挥协调。

第十八条　作业组织实施人工影响天气作业时，应当按照国务院气象主管机构规定的作业规范和操作规程，在飞行管制部门批准的作业空域和作业时限内进行，并接受县以上气象主管机构的监督管理，确保作业安全。作业组织在作业过程中，收到指挥中心发出的停止指令时，应当立即停止作业。作业结束后，作业组织应当及时向有关指挥中心报告，并做好空域申请记录以备核查。

第十九条　作业地气象台站应当及时无偿提供实施人工影响天气作业所需的气象探测资料、情报、预报。

农业、水利、林业等有关部门应当及时无偿提供实施人工影响天气所需的灾情、水文、火情等资料。

第二十条　作业组织在确保完成有关人民政府批准的公益性人工影响天气工作计划任务的前提下，可以根据用户要求，依法开展人工影响天气有偿专项服务，但用户须向所在地县气象主管机构提出申请，由所在地气象主管机构报自治区气象主管机构同意后方可进行。

第三章 安全管理

第二十一条 各级人民政府应当加强人工影响天气作业的安全工作,建立健全各项安全责任制度,实行行政领导负责制。各级公安、安全生产监督管理部门应当在各自的职责范围内配合做好人工影响天气工作的安全监管工作。

第二十二条 作业组织应当制定安全事故应急预案,并在作业前进行检查。在实施人工影响天气作业过程中应当按照作业规范和操作规程进行作业,确保作业安全。作业中发生事故的,应当立即组织救援并报告本级人民政府和气象主管机构。

作业组织应当为实施人工影响天气作业的人员办理人身意外伤害保险。

第二十三条 在实施人工影响天气作业过程中造成人员伤亡、财产损失或者引发有关权益纠纷的,由县级以上人民政府组织、协调有关部门或单位进行调查和鉴定,并按照国家和自治区的有关规定做好事故的善后处理工作。

第二十四条 人工影响天气作业和试验使用的专用设备,由自治区气象主管机构按照政府采购的有关规定统一组织采购。

禁止任何组织和个人擅自购买人工影响天气作业设备。

第二十五条 人工影响天气作业设备不得用于与人工影响天气无关的活动。禁止将人工影响天气作业设备转让给非人工影响天气作业组织或者个人。

第二十六条 实施人工影响天气作业使用的高射炮、火箭发射装置等专用设备,由自治区气象主管机构组织年检;年检不合格的,应当立即进行检修,经检修仍达不到规定的技术标准和要求的,予以报废。

禁止使用不合格、超过有效期或者报废的人工影响天气作业设备。

第二十七条 作业组织应当对人工影响天气作业的时段、方位、高度、工具、弹药种类及用量,作业空域的批复和执行情况如实记录,并与其他相关资料一并及时归档保存。

第二十八条 在人工影响天气作业环境规定范围内,任何组织和个人不得进行对人工影响天气作业有不利影响的活动,不得侵占作业场地,不得损毁、移动人工影响天气专用装备及相关设备。

第二十九条 人工影响天气专用设备的运输、存储、使用和维护,应当遵守国家有关武器装备、爆炸物品管理的法律、法规。

实施人工影响天气作业使用的炮弹、火箭弹,由当地人民武装部协助存储;需要调运时,由有关部门依照国家有关武器装备、爆炸物品管理法律、法规的规定办理相关手续。

实施人工影响天气作业现场的炮弹、火箭弹的安全管理由作业组织负责,防止丢失、被盗。

第四章 罚 则

第三十条 违反本办法规定,有下列行为之一的,由县以上气象主管机构按照管理权限责令改正,给予警告;造成损失的,依法承担赔偿责任;造成严重后果,构成犯罪的,依法追究刑事责任:

(一)违反人工影响天气作业规范或者操作规程的;

(二)未按照批准的空域和作业时限实施人工影响天气作业的;

(三)擅自购买人工影响天气作业设备或将人工影响天气作业设备转让给非人工影响天气作业组织或者个人的;

(四)将人工影响天气作业设备用于与人工影响天气无关活动的。

第三十一条 违反本办法规定,侵占人工影响天气作业场地或者损毁、擅自移动人工影响天气专用设备及相关设施的,由县以上气象主管机构责令改正,给予警告,并可处以 1000 元以上 10000 元以下罚款;造成损失的,依法承担赔偿责任;构成犯罪的,依法追究刑事责任。

第三十二条 违反本办法规定,作业组织使用未经培训合格的人工影响天气作业人员或者使用不合格、超过有效期或报废的人工影响天气作业设备从事人工影响天气作业的,由县以上气象主管机构按照管理权限责令改正,给予警告;造成损失的,依法承担赔偿责任;构成犯罪的,依法追究刑事责任。

第三十三条 当事人对行政处罚决定不服的,可以依法申请行政复议或提起行政诉讼;逾期既不申请行政复议也不提起行政诉讼,又不履行行政处罚决定的,由作出行政处罚决定的气象主管机构申请人民法院强制执行。

第三十四条 违反本办法规定,组织实施人工影响作业中造成安全事故或瞒报、谎报人工影响天气作业安全事故的,对有关主管机构的负责人、直接负责的主管人员和其他直接责任人员,依照国家和自治区安全事故责任追究的有关规定处理。

第五章　附　　则

第三十五条 本办法自2008年1月1日起施行。1990年11月27日宁夏回族自治区人民政府发布的《宁夏回族自治区人工影响天气工作管理暂行办法》(宁政发[1990]110号)同时废止。

宁夏回族自治区气象灾害防御条例

（宁夏回族自治区第十届人民代表大会常务委员会第十一次会议于 2009 年 7 月 31 日通过，自 2009 年 10 月 1 日起施行；2020 年进行了修订）

第一章 总 则

第一条 为了防御和减轻气象灾害，保障人民生命财产安全，促进经济社会发展，根据《中华人民共和国气象法》和有关法律、行政法规的规定，结合自治区实际，制定本条例。

第二条 在自治区行政区域内从事气象灾害防御活动的，应当遵守本条例。

第三条 本条例所称气象灾害，是指天气、气候灾害及其次生、衍生灾害。

天气、气候灾害，包括因干旱、暴雨（雪）、大风、沙尘暴、寒潮、冰雹、霜冻、低温冷害、冰冻灾害、连阴雨、雷电、高温热浪、干热风、大雾、龙卷风、霾等直接造成的灾害。

气象次生、衍生灾害，包括因气象因素引发的山体滑坡、泥石流、植物病虫害、森林草原火灾、有毒气体、环境污染等灾害。

气象灾害防御，是指气象灾害监测、预报、预警、预防、应急、救助和监督管理等活动。

第四条 气象灾害防御工作应当坚持以人为本、统筹规划、预防为主、防治结合、科学防御的原则。

第五条 县级以上人民政府应当加强对气象灾害防御工作的领导，建立健全气象灾害防御工作的协调机制，将气象灾害防御工作纳入本级国民经济和社会发展规划，所需经费列入本级财政预算，并根据经济社会发展和气象灾害防御工作的需要相应加大投入。

第六条 县以上气象主管机构负责本行政区域内气象灾害的监测、预报、预警工作，依法组织管理气候可行性论证、评估等工作；协助有关部门做好气象次生、衍生灾害的监测、预报、预警和减灾工作。

县级以上人民政府发展和改革、自然资源、公安、民政、水利、农业农村、林业和草原、住房和城乡建设、交通运输、教育等有关部门，应当按照职责分工，依法共同做好气象灾害防御工作。

气象灾害监测站点应当接受气象主管机构对其气象工作的指导、监督和行业管理。

第七条 县级以上人民政府应当支持和鼓励气象灾害防御的科学技术研究，宣传普及气象灾害防御知识，推广先进的气象灾害防御技术，并纳入本地区的科技发展规划。

第八条 公民、法人和其他组织应当参与气象灾害防御工作，增强防御气象灾害意识，提高避险、避灾减灾、自救互救等应救能力。

鼓励公民、法人和其他组织通过商业保险等多种形式防御气象灾害风险。

对在气象灾害防御工作中做出突出贡献的单位和个人，各级人民政府或者气象主管机构应当给予表彰和奖励。

第二章 防御规划与设施

第九条 县级以上人民政府应当组织气象主管机构和其他有关部门，根据灾害分布情况、易发区域、主要致灾因素和上一级气象灾害防御规划，编制本行政区域的气象灾害防御规划；定期开展气象灾害普查，制定和完善防灾减灾措施；做好防范气象灾害的应急基础工程建设规划。

县以上气象主管机构应当会同有关部门拟订气象灾害监测、预报、预警等设施建设方案，报本级人民政府批准后实施。

第十条 气象灾害防御规划应当包括下列内容：

（一）气象灾害防御的原则和目标任务；

（二）气象灾害现状、影响评估和发展趋势；

（三）气象灾害易发区域、易发时段和重点防御区域；

(四)气象灾害的分类防御要求;

(五)气象灾害防御工程设施的建设和管理;

(六)气象灾害防御非工程措施;

(七)应当纳入防御规划的其他内容。

第十一条　气象灾害防御规划应当作为城市总体规划、镇总体规划的强制性内容。

编制区域、流域建设开发利用规划,以及工业、农牧业、林业、水利、交通、航空、旅游、通信、能源、环境保护和自然资源开发利用等专项规划,应当符合气象灾害防御规划的相关要求。

第十二条　县级以上人民政府应当加强气象灾害综合监测、预报、预警和应急处置基础设施建设。

在气象灾害易发区、林区、矿区、旅游区等重点区域和电力、通信、交通、能源、水利等重要设施以及国家和自治区重点工程项目所在地,建立完善气象灾害监测站点和气象探测设施,并根据气象灾害防御工作需要,建设应急移动气象灾害监测设施。

在城镇、乡村的人员密集场所设置气象灾害预警信息接收、播发设施。

机场、车站、高速公路、旅游景点等场所应当具备气象灾害预警信息接收、播发条件。

第十三条　县级以上人民政府应当加强人工影响天气工作的领导和协调,建立健全人工影响天气应急作业机制,在大中型水库、城市供水和工农业用水紧缺地区的水源区域,森林火灾易发、频发区,干旱、冰雹灾害高发区域,建立人工影响天气作业点和配套基础设施。

第十四条　气象灾害防御设施受法律保护,任何组织和个人不得侵占、损毁或者擅自移动;未经依法批准,不得迁建气象台站和其他气象灾害防御设施。

气象灾害防御设施因不可抗力或者其他因素遭受破坏时,县级以上人民政府应当及时组织修复,确保气象灾害防御设施正常运行、使用。

第十五条　县级以上人民政府应当组织气象主管机构和其他有关部门,按照法定标准制定气象探测环境和设施保护专业规划,划定气象探测环境保护范围,并将专业规划纳入城市总体规划、镇总体规划。

禁止在气象探测环境保护范围内从事危害气象探测环境的活动。

第十六条　新建、扩建、改建工程项目涉及危害气象探测环境许可事项的,未经气象主管机构同意,发展和改革、住房和城乡建设、自然资源等行政主管部门不得审批或者核准。

第三章　预防与减灾措施

第十七条　与气候条件密切相关的大型工程建设项目、重大区域性经济开发项目、城市总体规划和大型太阳能、风能等气候资源开发利用建设项目,应当进行气候可行性论证。自治区气象主管机构负责组织管理气候可行性论证活动。进行气候可行性论证,应当委托国家气象主管机构确认的具备相应气候可行性论证能力的机构论证。

负责规划或者建设项目审批、核准的部门应当将气候可行性论证结果和专家评审通过的气候可行性论证报告纳入规划或者建设项目可行性研究的审查内容,统筹考虑气候可行性论证报告结论。对可行性研究报告或者申请报告中未包括气候可行性论证内容的建设项目,不得审批或者核准。

第十八条　各级人民政府及其有关部门应当根据干旱灾害发生情况,因地制宜修建中小型蓄水、引水、提水和雨水集蓄利用等抗旱工程,储备必要的抗旱物资,做好保障干旱期城乡居民生活供水的水源贮备工作。

第十九条　各级人民政府及其有关部门应当根据暴雨发生情况,加强河道、水库、堤防、闸坝、泵站等防洪设施建设。定期检查各种防洪设施的运行情况,及时疏通河道和排水管网,做好重要险段的巡查工作。

第二十条　各级人民政府及其有关部门应当根据暴雪冰冻、大风、沙尘暴发生情况,加强对水、电、气、暖、通信等线路的规划、设计、铺设和维护,保证安全畅通,提高防御暴雪冰冻、大风灾害的能力。

第二十一条　发现干旱、沙尘暴和暴雨雪等气候征兆的,气象主管机构所属气象台站应当加强气象灾害监测,对灾害可能发生的区域及强度等级及时做出预报。气象主管机构应当将气象灾害监测、预报结论和预防措施及时报告当地人民政府和有关部门。

气象主管机构和有关部门不得隐瞒、谎报或者授意他人隐瞒、谎报气象灾害信息和灾情。

第二十二条　县级以上人民政府应当将防雷减灾工作纳入公共安全监督管理的范围。县级以上气象主管机构应当加强对雷电灾害防御工作的组织管理,做好雷电监测、预报预警、雷电灾害调查鉴定和防雷科普宣传,提高雷电灾害监测预报水平。

建设工程项目属于国家《建筑物防雷设计规范》规定的一、二类防雷建筑(构筑物)的,建设单位应当进行雷击风险评估。

雷电安全防护装置应当与建设主体工程同时设计、同时施工,同时投入使用,住房和城乡建设行政主管部门应当将其纳入建设工程管理审批程序。

第四章　监测与预报

第二十三条　县级以上人民政府应当建立跨地区、跨部门的气象灾害联合监测网络和气象灾害监测信息共享平台,完善气象灾害监测信息共享机制。

有关部门和单位,应当及时、准确、无偿向气象灾害信息共享平台提供气象、水情、旱情、森林草原火险、地质险情、植物病虫害、环境污染等与气象灾害有关的监测信息,保障信息资源共享。

气象主管机构对气象灾害监测信息共享平台进行管理和协调。

第二十四条　气象主管机构所属气象台站,应当按照法定职责和公共服务需要,向社会统一发布公众气象预报、灾害性天气预报、警报、预警信号和天气、气候实况,并根据天气变化情况及时补充、订正。其他任何组织或者个人不得向社会发布天气预报、警报等气象信息。

气象次生、衍生灾害的预报、警报,由有关部门会同气象主管机构向社会联合发布。法律法规另有规定的,从其规定。

第二十五条　气象主管机构及其所属气象台站应当提高气象灾害预报、警报的准确性、时效性和有效性,做好灾害性、关键性、转折性天气预报、警报和灾害趋势气候预测,及时向本级人民政府报告,并通报相关防灾减灾机构和部门。

第二十六条　广播、电视、报纸、电信、信息网络等媒体单位,应当及时、准确、无偿向公众传播公共气象预报、灾害性天气预报、警报和预警信号,并及时增播、插播或者补充、订正;不得拒绝传播、延误传播或者更改、删减和传播虚假、过时的灾害性天气预报、警报和预警信号。

传播公共气象预报、灾害性天气预报、警报和预警信号,应当使用气象主管机构所属气象台站直接提供的实时公共气象预报、灾害性天气预报、警报和预警信号,并标明发布气象台站的名称和发布时间。

第二十七条　乡镇人民政府、街道办事处、居民(村民)委员会和机场、车站、高速公路、学校、医院等人员密集场所的管理单位应当建立气象灾害信息员制度,在收到气象主管机构所属气象台站发布的灾害性天气预报、警报和预警信号后,应当及时向本辖区和场所公众传播,并采取相应防御措施。

第五章　应急与监督

第二十八条　县级以上人民政府应当根据气象灾害防御规划,组织气象主管机构和其他有关部门制定重大气象灾害应急预案,并组织实施。

重大气象灾害应急预案应当包括下列内容:

(一)气象灾害的性质和等级;

(二)气象灾害应急组织指挥体系及有关部门职责;

(三)气象灾害预防与预警机制;

(四)气象灾害应急预案启动和响应程序;

(五)气象灾害应急处置和保障措施;

（六）灾后恢复、重建措施。

第二十九条　县级以上人民政府应当根据气象主管机构所属气象台站发布的灾害性天气预报、警报和预警信号的严重和紧急程度，决定启动相应级别的重大气象灾害应急预案。

县级以上人民政府启动和终止重大气象灾害应急预案，应当及时向社会公布，并报告上一级人民政府。

第三十条　县级以上人民政府可以根据气象灾害应急处置需要，组织有关部门采取下列处置措施：

（一）划定气象灾害危险区域，组织人员撤离危险区域；

（二）抢修损坏的道路、通信、供水、供电、供气等设施；

（三）实行交通管制；

（四）关闭或者限制使用易受气象灾害危害的场所，控制或者限制容易导致危害扩大的公共场所的活动；

（五）对基本生活必需品和药品的生产、供应采取特殊管理措施；

（六）组织实施人工影响天气作业；

（七）组织做好农业和受气象灾害影响的其他行业的应急和恢复工作；

（八）法律、法规规定的其他措施。

第三十一条　县级以上人民政府应当加强气象灾害应急救援队伍建设，开展应急救援培训和应急演练，并组织建立气象灾害信息员队伍。鼓励志愿者参与气象灾害应急救援，帮助群众做好防灾避灾工作。

各类学校应当把气象灾害应急知识教育纳入公共安全教育内容，组织开展必要的气象灾害防御应急演练。

第六章　法律责任

第三十二条　县级以上人民政府有关部门有下列行为之一的，对有关责任人依法给予处分；构成犯罪的，依法追究刑事责任：

（一）批准未经气候可行性论证的重大工程项目建设的；

（二）隐瞒、谎报或者授意他人隐瞒、谎报气象灾害情况的；

（三）未按规划编制气象灾害应急预案或者未按气象灾害应急预案的要求制定有关措施、履行职责的。

第三十三条　气象主管机构及其所属气象台站的工作人员由于玩忽职守，导致重大漏报、错报公众气象预报、灾害性天气警报，以及丢失或者毁坏原始气象探测资料、伪造气象资料等事故的，依法给予处分；构成犯罪的，依法追究刑事责任。

第三十四条　广播、电视、报纸、电信、信息网络等媒体单位，有下列行为之一的，由县以上气象主管机构按照权限责令改正，给予警告，并处以五千元以上五万元以下的罚款：

（一）拒绝传播、延误传播或者未依法及时增播、插播、补充、订正公众气象预报、灾害性天气预报、警报、预警信号的；

（二）更改、删减或者传播虚假、过时的公众气象预报、灾害性天气预报、警报、预警信号的；

（三）向社会公众传播气象信息，不使用气象主管机构所属气象台站直接提供的实时公众气象预报、灾害性天气预报、警报和预警信号的。

第三十五条　有下列行为之一的，由县以上气象主管机构按照权限责令改正，给予警告，可以处以三千元以上三万元以下的罚款；造成损失的，依法承担赔偿责任：

（一）不具备气候可行性论证能力的机构从事气候可行性论证活动的；

（二）使用的气象资料，不符合国家气象技术标准的；

（三）伪造气象资料或者其他原始资料的；

（四）出具虚假的气候可行性论证报告或者涂改、伪造气候可行性论证报告书面评审意见的；

（五）应当进行气候可行性论证的建设项目，未经气候可行性论证的；

（六）委托不具备气候可行性论证能力的机构进行气候可行性论证的。

第三十六条 当事人对行政处罚决定不服的,可以依法申请复议或者提起行政诉讼;逾期不申请复议,也不提起诉讼,又不履行处罚决定的,由作出行政处罚决定的机关申请人民法院强制执行。

第七章 附 则

第三十七条 本条例自 2009 年 10 月 1 日起施行。

宁夏回族自治区气象设施和气象探测环境保护办法

（2011 年 12 月 8 日宁夏回族自治区人民政府第 107 次常务会议通过,自 2012 年 2 月 1 日起施行;2016 年进行了修订）

第一章　总　　则

第一条　为了保护气象设施和气象探测环境,提高气象预测、预报水平,根据《中华人民共和国气象法》、《宁夏回族自治区气象条例》等有关法律、法规的规定,结合本自治区实际,制定本办法。

第二条　本办法适用于本自治区行政区域内气象设施和气象探测环境的保护。

法律、法规对气象设施和气象探测环境的保护另有规定的,从其规定。

第三条　本办法所称气象设施,是指气象探测设施、气象信息专用传输设施和大型气象专用技术装备等,包括有人值守的气象设施和无人值守的气象设施。

本办法所称气象探测环境,是指为避开各种干扰,保证气象探测设施准确获得气象探测信息所必需的最小距离构成的环境空间。

第四条　气象设施和气象探测环境保护实行统筹规划、预防为主、分类保护、分级管理的原则。

第五条　县级以上人民政府应当加强对气象设施和气象探测环境保护工作的领导,协调解决气象设施和气象探测环境保护中存在的问题。

第六条　县以上气象主管机构负责本行政区域内气象设施和气象探测环境的保护工作。

住房城乡建设、公安、环境保护、无线电管理等有关部门,应当按照职责分工,依法共同做好气象设施和气象探测环境保护的有关工作。

县级以上人民政府其他有关部门所属的气象台站应当做好本部门气象设施和气象探测环境的保护工作,并接受同级气象主管机构对其气象工作的指导、监督和行业管理。

第七条　县级以上人民政府和气象主管机构应当加强对气象设施和气象探测环境保护的宣传教育,增强社会公众保护气象设施和气象探测环境的意识。

第二章　保护措施

第八条　县以上气象主管机构应当会同发展改革、住房城乡建设、国土资源、环境保护等有关部门制定气象设施和气象探测环境保护专业规划,报本级人民政府批准后组织实施。

气象设施和气象探测环境保护专业规划应当纳入城市总体规划、镇总体规划。住房城乡建设等有关部门在组织制定城市、镇总体规划和控制性详细规划时,涉及气象设施和气象探测环境保护的,应当征求同级气象主管机构的意见。

第九条　县以上气象主管机构应当在气象设施和气象探测环境保护区的显著位置设立保护标志,标明保护范围和保护要求等。

任何单位和个人不得损毁或者擅自移动气象设施和气象探测环境保护标志。

第十条　禁止任何单位和个人实施下列危害气象设施的行为:

(一)侵占、损毁、擅自移动气象设施或者侵占气象设施用地;

(二)在气象设施周边进行危及气象设施安全的爆破、钻探、采石、挖沙、取土等活动;

(三)在气象设施上拴牲畜或者系留、安装、悬挂、捆绑与气象探测无关的物品;

(四)占用、干扰气象信息专用传输设施通信信道;

(五)设置影响大型气象专用技术装备使用功能的干扰源;

(六)国务院气象主管机构规定的其他危害气象设施的行为。

第十一条　禁止在气象探测环境保护范围内从事下列活动:

（一）设置障碍物、进行爆破和采石；

（二）设置影响气象探测设施工作效能的高频电磁辐射装置；

（三）从事其他影响气象探测的行为。

第十二条　气象设施和气象探测环境遭受破坏时，县以上气象主管机构应当及时向本级人民政府报告并提出治理方案，本级人民政府应当及时组织修复和治理。

第十三条　新建、扩建、改建建设工程，应当避免危害气象探测环境。确实无法避免的，建设单位应当向设区的市级气象主管机构提出申请，提交下列有关材料：

（一）工程总体规划图；

（二）涉及无线电系统的，应当提供无线电设备的有关技术参数；

（三）国务院气象主管机构和自治区气象主管机构规定应当提交的其他材料。

设区的市级气象主管机构应当自受理申请之日起二十日内形成初步审核意见，连同申请人的全部申请材料报送自治区气象主管机构审批。未经自治区气象主管机构批准的，建设单位不得建设。

第十四条　在气象探测环境保护范围内不得批准进行不符合气象探测环境保护标准的建设活动。确需进行此类活动的，县级以上人民政府住房城乡建设、无线电管理等有关部门在审批有关建设项目时，应当要求建设单位提供本办法第十三条规定的有关批准文件。

新建、扩建、改建工程项目涉及危害气象探测环境行政许可事项的，未经气象主管机构同意，发展改革、住房城乡建设、国土资源等主管部门不得审批或者核准。

第三章　台站迁建

第十五条　气象台站的站址及其设施的安置应当保持长期稳定。未经批准，任何单位或者个人不得迁移气象台站。

因实施城市规划或者国家重点工程建设，需要迁移气象台站的，应当具备下列条件：

（一）取得拟迁气象台站新址的建设用地；

（二）落实迁建气象台站所需费用；

（三）拟迁新址符合气象探测环境保护标准；

（四）国务院气象主管机构和自治区气象主管机构规定的其他条件。

符合前款规定条件的，由建设单位向自治区气象主管机构提出申请，提交有关材料。需要迁移国家基准气候站、国家基本气象站、国家一般气象站的，自治区气象主管机构应当自接到申请之日起二十日内将有关材料报送国务院气象主管机构审批；需要迁移其他气象台站的，自治区气象主管机构应当自受理申请之日起二十日内作出决定。自治区气象主管机构作出不予批准决定的，应当说明理由。

第十六条　经国务院气象主管机构或者自治区气象主管机构批准迁移的气象台站，应当按照国务院气象主管机构的规定，在新、旧站址之间进行一年的对比观测。

申请迁移国家基准气候站、国家基本气象站的，申请单位应当提前二年提出。

第四章　监督检查

第十七条　设区的市、县（市、区）气象主管机构应当将本行政区域内气象设施和气象探测环境的保护要求报告本级人民政府和上一级气象主管机构，并抄送同级发展改革、住房城乡建设、国土资源、无线电管理、环境保护等部门备案。

气象探测环境的保护范围、保护标准发生变化的，设区的市、县（市、区）气象主管机构应当及时抄告前款所列有关部门。

第十八条　在气象设施和气象探测环境保护的监督检查中，气象主管机构可以采取下列措施：

（一）要求被检查单位或者个人提供有关文件、证照、资料，并进行查阅、摘录或者复制；

（二）要求被检查单位和人员就有关问题作出解释和说明，制作询问笔录；

（三）进入现场调查、取证；

（四）责令被检查单位或者个人停止违法行为；

（五）依法可以采取的其他措施。

第十九条　县以上气象主管机构应当按照国家质量标准和技术规范配备气象设施，建立健全实时监测和报告备案等管理制度。

第二十条　县以上气象主管机构应当建立举报制度，公开举报电话号码、通信地址或者电子邮件信箱等联系方式。

气象主管机构收到举报后，应当依法及时处理，并将处理结果答复举报人。

第五章　罚　　则

第二十一条　违反本办法规定，损毁或者擅自移动气象设施和气象探测环境保护标志的，由县以上气象主管机构予以警告，并处一千元以下的罚款。

第二十二条　违反本办法规定，有下列行为之一的，由气象主管机构按照权限责令停止违法行为，限期恢复原状或者采取其他补救措施，可以并处五万元以下的罚款；造成损失的，依法承担赔偿责任；构成犯罪的，依法追究刑事责任：

（一）侵占、损毁或者未经批准擅自移动气象设施的；

（二）在气象探测环境保护范围内从事危害气象探测环境活动的。

第二十三条　违反本办法规定，县以上气象主管机构及其他有关部门工作人员滥用职权、玩忽职守、徇私舞弊，导致气象设施和气象探测环境受到严重损害的，依法给予处分；构成犯罪的，依法追究刑事责任。

第二十四条　在气象探测环境保护范围内非法占用土地进行建设或者未取得建设工程规划、施工许可证件违法建设的，依照有关规定处罚。

第六章　附　　则

第二十五条　县级以上人民政府其他有关部门所属气象台站的设施和探测环境的保护，参照本办法执行。

第二十六条　本办法自 2012 年 2 月 1 日起施行。

宁夏回族自治区气象灾害预警信号发布与传播办法

（2012 年 12 月 3 日宁夏回族自治区人民政府第 126 次常务会议通过，自 2013 年 2 月 1 日起施行）

第一章 总 则

第一条 为了规范气象灾害预警信号的发布与传播，防御和减轻气象灾害，保护国家和公民生命财产安全，根据《中华人民共和国气象法》和《宁夏回族自治区气象灾害防御条例》等有关法律、法规的规定，结合自治区实际，制定本办法。

第二条 本自治区行政区域内发布与传播气象灾害预警信号，应当遵守本办法。

第三条 本办法所称气象灾害预警信号，是指气象主管机构所属的气象台站为防御和减轻气象灾害向社会公众发布的预警信息。

第四条 气象灾害预警信号的发布与传播工作应当坚持及时、准确、无偿的原则。

第五条 县级以上人民政府应当加强对气象灾害预警信号发布与传播工作的领导和协调，将该项工作纳入本级国民经济和社会发展规划，所需经费纳入本级财政预算。

第六条 县级以上气象主管机构负责本行政区域内气象灾害预警信号发布、更新、传播、解除的管理工作，并对气象监测信息共享平台进行管理和协调。

第七条 广播电视、经济和信息化、通信管理、国土资源、住房城乡建设、交通运输、农牧、民政等有关部门和单位，应当与气象主管机构建立气象灾害预警信号发布与传播联动机制，依法共同做好气象灾害预警信号的发布与传播工作。

第八条 有关部门和单位应当及时、准确、无偿向气象灾害监测信息共享平台提供水情、旱情、森林草原火险、地质灾害信息、植物病虫害、环境污染等与气象灾害有关的监测信息，保障信息资源共享。

第九条 各级人民政府及其有关部门应当组织开展气象灾害预警信号的宣传教育、应急救援培训和应急演练，普及气象灾害防御知识，增强公众防灾减灾意识，提高自救互救能力。

各类学校应当把气象灾害预警信号知识教育纳入公共安全教育内容，并组织开展必要的气象灾害防御应急演练。

第二章 预警信号发布

第十条 气象灾害预警信号由各级气象台站依法向社会统一发布，其他任何组织或者个人不得向社会发布气象灾害预警信号。

气象次生、衍生灾害的预报、警报，由有关部门会同气象主管机构向社会联合发布。法律、法规另有规定的，从其规定。

第十一条 气象灾害预警信号一般由名称、图标、标准和防御指南组成。

本自治区气象灾害预警信号分为暴雨、暴雪、寒潮、大风、沙尘暴、高温、雷电、冰雹、霜冻、大雾、霾、道路结冰、干旱等。

第十二条 气象灾害预警信号的警戒级别依据气象灾害可能造成的危害程度、紧急程度和发展态势一般划分为四级：Ⅳ级（一般）、Ⅲ级（较重）、Ⅱ级（严重）、Ⅰ级（特别严重），依次用蓝色、黄色、橙色和红色表示，同时以中英文标识。

第十三条 气象台站发布气象灾害预警信号，应当标明气象台站的名称、发布时间以及预警信号的名称、图标，指明气象灾害的种类及其级别、出现时段、影响区域、天气实况、持续时间、发展趋势和防御指南等内容，并根据天气变化情况，及时更新或者解除气象灾害预警信号。

当同时出现或者预报可能出现多种气象灾害时，可以按照相对应的标准同时发布多种气象灾害预警信号。

第十四条　气象台站应当充分利用广播电视、互联网、通信、电子显示屏等手段向社会发布气象灾害预警信号。

气象台站应当及时将气象灾害预警信号报告本级人民政府和上级气象主管机构,并通报相关防灾减灾管理部门和当地驻军以及武警部队。

第三章　预警信号传播

第十五条　广播、电视、电信、网站等信息传播机构应当与气象台站建立气象灾害预警信号传播合作机制,畅通气象灾害预警信号的发布与传播渠道。

气象灾害预警信号的具体传播程序,由县级以上气象主管机构会同同级广播电视、通信管理等有关行政主管部门共同制定。

第十六条　广播、电视、电信、网站等信息传播机构接到气象台站提供的蓝色、黄色气象灾害预警信号后,应当在 30 分钟内开始向社会公众播发;接到橙色、红色气象灾害预警信号后,应当在 15 分钟内开始向社会公众播发,其中,接到暴雨、暴雪、大风、沙尘暴、雷电、冰雹红色气象灾害预警信号后,应当立即播发。

第十七条　广播、电视、电信、网站等信息传播机构应当使用气象台站直接提供的实时气象灾害预警信号,不得有下列行为:

(一)拒绝传播、延迟传播或者未按照要求传播气象灾害预警信号的;

(二)擅自更改、删减气象灾害预警信号内容的;

(三)传播非由气象台站直接提供的气象灾害预警信号的;

(四)传播虚假、过时的气象灾害预警信号的;

(五)转载其他媒体单位传播的气象灾害预警信号的。

第十八条　煤矿、非煤矿山、建筑施工、危险化学品、野外作业等高危行业应当建立气象灾害预警信号传播责任制度,畅通气象灾害预警信号传播渠道,做好气象灾害防御工作。

第十九条　各级人民政府及其有关部门和单位应当在充分利用现有设施的基础上,在学校、社区、机场、车站、高速公路、旅游景点等人员密集场所和公共场所以及气象灾害易发区,设置畅通有效的气象灾害预警信号接收与传播设施。

有关部门和单位应当将预警信号接收与传播的设施情况报同级气象主管机构备案。

第二十条　乡镇人民政府、街道办事处、居(村)民委员会和机场、车站、高速公路、学校、医院等人员密集场所的管理单位应当建立气象灾害信息员制度。

气象灾害信息员应当协助防灾减灾管理部门开展气象灾害预警信号知识宣传、应急联络、信息传播、灾害报告和灾情调查等工作。

第二十一条　任何组织或者个人不得侵占、损毁或者擅自移动气象灾害预警信号发布与传播设施,不得擅自占用气象灾害预警信号的无线电专用频道。

第四章　罚　　则

第二十二条　县级以上人民政府有关部门、气象主管机构及其所属气象台站的工作人员因玩忽职守导致气象灾害预警信号发布与传播工作出现重大失误的,依法给予处分;构成犯罪的,依法追究刑事责任。

第二十三条　违反本办法第十条规定,擅自向社会发布气象灾害预警信号的,由县级以上气象主管机构依据国务院《气象灾害防御条例》的有关规定处罚。

第二十四条　广播、电视、电信、网站等信息传播机构违反本办法第十七条规定的,由县级以上气象主管机构依据国务院《气象灾害防御条例》和《宁夏回族自治区气象灾害防御条例》的有关规定处罚。

第二十五条　违反本办法第十八条规定,高危行业未建立气象灾害预警信号接收责任制度的,由县级以上气象主管机构或者有关主管部门责令限期改正。

第二十六条　违反本办法第二十一条规定,侵占、毁损或者擅自移动气象灾害预警信号发布与传播设施的,由县级以上气象主管机构依据《中华人民共和国气象法》的有关规定处罚。

第二十七条 当事人对气象主管机构作出的具体行政行为不服的,可以依法申请行政复议或者提起行政诉讼。

第五章 附 则

第二十八条 本办法自 2013 年 2 月 1 日起施行。2005 年自治区人民政府公布的《宁夏回族自治区突发气象灾害预警信号发布规定》同时废止。

《宁夏回族自治区气象灾害预警信号及防御指南》与本办法同时实施。

宁夏回族自治区气候资源开发利用和保护办法

（2017 年 1 月 4 日宁夏回族自治区人民政府第 82 次常务会议通过，自 2017 年 3 月 1 日起施行）

第一章　总　　则

第一条　为了合理开发利用和保护气候资源，推进生态文明建设，根据《中华人民共和国气象法》、《宁夏回族自治区气象灾害防御条例》等法律、法规的规定，结合自治区实际，制定本办法。

第二条　本办法所称气候资源，是指能被人类生产和生活所利用的光照、热量、云水、风以及其他可以开发利用的大气成分等自然物质和能量。

第三条　在自治区行政区域内从事气候资源开发利用和保护等相关活动，应当遵守本办法。

第四条　气候资源开发利用和保护工作应当遵循统筹规划、合理开发、科学利用、有效保护的原则，防止和减轻人类活动对气候及自然生态的影响，积极应对气候变化。

第五条　县级以上人民政府应当组织和协调气候资源开发利用和保护工作，将气候资源开发利用和保护工作纳入本级生态文明建设规划，并将所需经费纳入本级财政预算。

第六条　气象主管机构负责本行政区域内气候资源开发利用和保护工作的服务、指导与监督。

发展改革、经济和信息化、环境保护、国土资源、农牧、林业、科技等主管部门按照各自职责，共同做好气候资源开发利用和保护相关工作。

第二章　气候资源探测、调查与规划

第七条　县级以上人民政府应当根据气候资源开发利用和保护的需要，加强气候资源探测基础设施和气候资源探测站（网）建设，为气候资源监测提供必要保障。

任何组织和个人不得破坏气候资源探测环境或者设施。

第八条　气象主管机构所属的气象台（站）按照职责承担气候资源探测任务；有关主管部门所属的气象台（站）在其职责范围内承担气候资源探测任务，并按照国家有关规定进行气候资源探测资料汇交。

其他组织或者个人开展气候资源探测的，所获得的资料应当按照国家有关规定向所在地设区的市以上气象主管机构汇交。

第九条　气候资源探测应当执行国务院气象主管机构规定的气候资源探测方法、标准和规范，使用合格的气象专用技术装备和气象计量器具。

气候资源探测资料的收集、审核、处理、存储、传输，应当遵守国家有关技术规范和保密规定。

第十条　自治区气象主管机构应当根据气候资源探测资料建立气候资源数据库，开展气候风险研究工作，为气候资源保护和开发利用提供科学依据，并按照国家规定向社会提供有关资料。

第十一条　自治区气象主管机构应当根据全区气候资源探测实况，定期发布气候状况公报。

其他任何组织和个人不得向社会发布气候状况公报。

第十二条　气象主管机构应当组织开展本行政区域内的气候资源调查，调查结果报本级人民政府和上级气象主管机构。

第十三条　自治区气象主管机构依据气候资源调查结果和气候风险研究成果，组织开展气候资源评估，编制气候资源区划，并报自治区人民政府。

第十四条　县级以上人民政府应当根据国家和自治区气候资源区划，组织编制并实施气候资源开发利用和保护规划。

编制气候资源开发利用和保护规划，应当征求社会有关方面意见，并组织专家论证。

第十五条　气候资源开发利用和保护规划应当包括下列内容：

（一）规划编制的依据、原则和目标；

（二）气候资源的现状、特点及分析评估；

（三）气候资源开发利用的方向和保护的重点；

（四）气候资源开发利用和保护的措施；

（五）其他应当列入规划的内容。

第三章　气候资源开发利用

第十六条　气象主管机构应当为气候资源开发利用项目的勘察选址、建设运行提供监测、评估和预报等服务。

县级以上人民政府有关主管部门应当为气候资源开发利用项目的立项、用地、基础设施建设方面提供支持。

第十七条　城市规划和建设应当利用大气风力的自净能力，合理设置、调整风通道，避免和减轻大气污染物的滞留。

第十八条　鼓励和支持风能资源丰富地区开发利用风能资源。

第十九条　鼓励安装使用太阳能热水、太阳能供热、采暖和制冷、太阳能光伏发电等太阳能利用系统。

民用建筑的建设单位和物业服务企业应当为太阳能利用提供必要条件。

第二十条　县级以上人民政府及有关主管部门，应当引导和扶持农业经营主体合理开发利用热量资源，对建设温室、大棚等农业设施的，给予财政扶持。

第二十一条　县级以上人民政府应当加强人工影响天气作业单位、作业站点设施和装备建设。

气象主管机构应当根据抗旱、储水、改善生态环境和空气质量、气象灾害防御等需要，适时组织开展增雨雪等人工影响天气作业，提高云水资源开发利用能力和综合效益。

水资源短缺地区和季节性干旱地区应当充分利用云水资源，配套建设雨雪水收集利用设施，拦蓄雨雪水。

第二十二条　科学技术行政主管部门应当加强对气候资源科研项目、科研成果推广应用的支持，促进气候资源开发利用和保护领域的自主创新与科技进步。

第四章　气候资源保护

第二十三条　县级以上人民政府应当采取节能、减排、固碳、造林绿化等措施，加强对森林、草场、湿地、湖泊等生态环境的保护与修复，优化气候资源环境。

第二十四条　县级以上人民政府应当组织气象主管机构及有关主管部门，对本区域未来一段时间内气候资源的拥有状况、分布和可利用程度、气候灾害的类型和出现机率等内容作出评估。气候资源影响评估的结论应当作为确定气候资源保护重点、制定保护措施的依据。

第二十五条　新建、改建、扩建建（构）筑物，应当根据国家应对气候变化的要求，结合气候可行性论证建议，采取保护措施，防止或者减轻对气候环境的破坏，避免或者减轻热岛效应、风害、光污染和气体污染。

第二十六条　气象主管机构应当对空间规划、生态建设等规划的编制，组织开展气候可行性论证。

气候可行性论证结论应当作为空间规划、生态建设等规划编制的重要参考。

第二十七条　实施与气候资源环境密切相关的重大区域性经济开发项目、重点建设工程项目、大型太阳能、风能等气候资源开发项目和能源化工等重污染项目，应当进行气候可行性论证。

自治区需要进行气候可行性论证的项目目录，由自治区气象主管机构会同自治区发展改革等主管部门编制。

第二十八条　列入气候可行性论证目录内的项目，项目建设单位在报送可行性研究报告时，应当附有气候可行性论证报告或者篇章，有关主管部门应当在项目审批或者核准时统筹考虑气候可行性论证结论。

气候可行性论证报告或者篇章应当由经国务院气象主管机构确认的具备相应论证能力的机构（以下简称论证机构）出具。

气候可行性论证报告或者篇章应当包括下列内容：

（一）规划或者建设项目概况；

（二）规划或者项目所在区域气候背景分析；

（三）规划或者建设项目遭受气象灾害的风险性；

（四）规划或者建设项目对局地气候可能产生的影响；

（五）预防或者减轻影响的对策和建议；

（六）其他有关内容。

论证机构进行气候可行性论证，应当使用气象主管机构直接提供的气象资料或者经自治区气象主管机构审查的气象资料。

第二十九条　已经实施的建设项目对气候资源造成重大不利影响的，县级以上人民政府应当责成有关主管部门和建设单位采取相应补救措施。

第五章　法律责任

第三十条　气象主管机构和有关主管部门及其工作人员在气候资源开发利用和保护工作中玩忽职守、滥用职权、徇私舞弊的，对直接负责的主管人员和其他直接责任人员依法给予处分。

第三十一条　违反本办法规定，有下列行为之一的，由县以上气象主管机构按照权限，责令改正，给予警告，可以处三千元以上三万元以下的罚款：

（一）应当进行气候可行性论证的项目，未经气候可行性论证的；

（二）项目建设单位委托不具备气候可行性论证能力的机构进行气候可行性论证的；

（三）论证机构使用的气象资料，不是气象主管机构直接提供或者未经自治区气象主管机构审查的。

第六章　附　　则

第三十二条　本办法自 2017 年 3 月 1 日起施行。

附录二　政策性文献

自治区人民政府关于进一步加强气象工作的通知

宁政发〔1992〕60 号

各行署,各市、县(区)人民政府,自治区政府各部门、各直属机构:

最近,国务院下发了《关于进一步加强气象工作的通知》(国发〔1992〕25 号,以下简称《通知》),这是贯彻党的十三届八中全会精神,进一步加强气象工作的一个重要文件。《通知》科学地总结了我国气象工作自一九八三年体制改革以来的成绩、经验和存在的问题,充分肯定了气象工作在经济建设和社会发展中的重要作用,明确提出了今后气象工作的根本任务。认真贯彻落实《通知》精神,对于进一步完善现行气象工作管理体制,促进我区地方气象事业和国家气象事业协调发展,使其更好地为我区经济、社会发展和保障人民生命财产安全服务,实现十年规划和"八五"计划的宏伟目标,都具有重要意义。

近十年来,我区气象部门实行了"气象部门和地方政府双重领导,以气象部门为主"的领导管理体制,有效地提高了气象工作的总体效益。气象部门的广大干部、职工认真贯彻执行党的路线、方针、政策,坚持改革开放,牢固树立为经济建设服务的意识,辛勤工作,勇于探索,使我区的气象事业获得了迅速发展。气象工作不仅在防汛抗旱、增雨防雹、森林防火等重要灾害性天气预报服务中效益显著,而且在生产决策服务、合理开发农业资源、预测农作物产量、依靠气象科技兴农、帮助山区脱贫致富和振兴地方经济中发挥了积极作用,受到了广大干部和人民群众的好评。各级人民政府在实践中越来越重视气象部门在经济建设中的作用,在财政困难的情况下,拿出了一定数量的资金支持地方气象事业的发展,陆续建成了一些为当地经济建设和人民生活服务的项目。今后,由于经济发展的需要,这类项目还将增加。但是,目前这类项目尚无正常的计划和财务体制,影响了国家气象事业和地方气象事业的协调发展。

为了进一步加强气象工作,逐步改进和完善气象工作的领导管理体制,促进我区气象事业持续、稳定、协调地发展,更好地为我区国民经济建设发展和保障人民生命财产安全服务,根据《通知》精神,特作如下通知:

一、各级政府要切实重视和加强对气象工作的领导,把《通知》精神落到实处。要充分认识气象工作在国民经济建设中的重要作用,增强气象意识,把为当地经济建设服务的地方气象事业,纳入国民经济发展规划,在物力、财力上给予积极支持,推进气象科学技术现代化,提高气象服务的社会、经济效益。各级政府及有关部门在发展地方经济建设中,要注意做好气象台站的环境保护工作,在建立农业社会化服务体系、农业集团承包和科技振兴地方经济的工作中,要把气象部门作为一个重要的组成部分,积极支持气象部门开办各种经营服务实体,并注意吸收气象部门参加相应的领导机构。气象部门参与地方经济建设,从事气象服务增加的开支,应纳入各地、各部门相应的专项经费。在地、市、县统一规划内涉及气象局、台、站职工的住房、饮水、供电、燃料、交通等生活设施的建设,由当地政府统筹安排。气象部门职工的医疗费、子女升学和就业等问题,应同当地其他部门职工一样对待,由当地政府和有关部门统一解决。

二、建立健全与气象部门现行领导管理体制相适应的双重气象计划、财务体制。气象部门要根据全国气象事业发展的统一计划和布局,安排好国家气象建设的基建投资和事业经费,保证基本业务的正常运转。各级政府对原有的主要为当地经济建设服务的气象业务项目及维持经费,要作为地方气象事业经费继续予以安排,纳入地方财政预算。尚未安排的业务维持经费要予以安排解决,并注意与其他部门一样同步增长。对新增为当地经济建设服务建立的气象业务项目,应由当地政府根据需要和气象部门的规划、建议,自行确定,其所需基建投资及有关事业经费,由当地计(经)委和财政部门分别纳入本地区国民经济发展计划和财政预算。

各级计划、财政部门对已列入计划,属于自己负担的气象基建投资和各项经费,要保证落实。对气象部门原下划的气象基建包干基数,由气象部门自主安排。如地方统筹投资增长,也可考虑对气象部门适当增加投资。对自治区出台的各项地方性补贴、津贴等,气象部门所需经费,按自治区有关规定统筹安排。

三、根据地方需要,由地方政府确定并解决所需基建投资和有关经费的地方气象事业项目主要是:

1. 不属全国统一布局,专为地方服务需要建立的区、地、县天气预报实时业务服务系统、气候监测站网、农业气象站网、天气雷达监测网、气象卫星信息接收处理设备及其气候资料信息加工处理、分析服务系统等所需的基建投资和业务经费及有关开支经费。

2. 不属全国气象骨干通信网,专为地方服务建立的自治区内气象通信网络,区、地、县辅助通信网,天气预警系统的基建投资和业务维持经费及有关开支经费。

3. 需要增加为当地农业综合开发、预测农作物产量、开发利用农业气候资源、气象科学研究和示范推广、气象科技扶贫、节水节能、保护生态环境,自治区大型项目的论证等开展气象服务所需的基建投资和业务经费、推广经费及有关开支经费。

4. 专为当地增强防灾抗灾气象服务能力的抗旱、防汛、森林防火、大气污染、灾情、雨情收集等农业气象监测预报服务系统建设等所需的基建投资和业务维持经费及有关开支经费。

5. 人工影响天气(含人工增雨、防雹、防霜等)试验作业和指挥系统建设费用及各项支出。

6. 根据当地需要建立的县以下(不含县)农村气象科技服务网的各项支出。

7. 为地方建设服务设置的机构及其人员经费和各项开支。

四、各级气象部门要认真贯彻落实《通知》精神,进一步深化改革,扩大开放,充分利用各种现代化设施,提高服务能力,积极主动为地方政府部署和指挥生产、防灾抗灾提供及时的决策服务,充分发挥决策的参谋、助手作用。要立足于区情,积极参加农业社会化服务体系,大力发展农村气象科技信息服务网。研究和推广农业气象适用技术,以现有的天气预报警报网、雨量网、高炮防雹网为基础,发展培养乡镇气象科技服务技术员,构成"三网一员"的气象科技服务体系,为农业提供产前、产中、产后全过程的综合系列化服务。要加快结构调整步伐,加强重大灾害性、关键性、转折性天气预报和现代化建设,发挥气象事业的总体效益,为建设具有中国特色的气象事业和振兴宁夏经济作出贡献。

五、各级政府、各级气象部门,在机构改革和结构调整中,要进一步理顺关系,完善气象部门的现行管理体制,保持气象部门机构、编制的相对稳定。

宁夏回族自治区人民政府

一九九二年六月二十日

自治区人民政府关于加快气象事业发展的意见

宁政发〔2006〕120 号

各市、县(区)人民政府,自治区政府各部门、直属机构:

为认真贯彻落实《国务院关于加快气象事业发展的若干意见》(国发〔2006〕3 号)精神,进一步推进气象事业加快发展,更好地为我区国民经济和社会发展服务,现提出如下意见。

一、充分认识加快气象事业发展的重要性和紧迫性

气象事业是科技型、基础性社会公益事业。改革开放以来,我区大力推进气象科技进步和现代化建设,不断提高气象监测、预报、预测和服务水平,气象事业取得了长足发展,在防灾减灾、经济建设、社会发展等方面发挥了重要作用。但受多方面因素的影响,我区气象事业发展中还存在一些困难和问题,主要是综合气象观测体系尚未形成,科技创新能力不强,预报预测水平亟待提高,气象资源共享不充分,气象灾害预警信息覆盖率不高,公共气象服务体系亟待完善等突出问题。

我区是全国受气象灾害影响最严重的省区之一,气象灾害种类多、危害大,干旱、暴雨、冰雹、霜冻、大风、沙尘暴、雷电等灾害及其次生、衍生灾害频繁发生,对经济社会发展和人民生命财产安全造成严重影响。据统计,1985—2005 年我区发生的各类自然灾害中,气象灾害占 80% 以上,造成的直接损失约占全区 GDP 的 1.9%～6.5%,由其引发的生态、资源、环境等方面的间接损失难以估量。同时,我区气候资源丰富多样,风能、太阳能、农业与生态气候资源、空中云水资源等具有巨大的开发潜力,将其转化为现实生产力有着巨大的经济、环保和生态价值。

加快发展气象事业,是应对突发灾害事件、保障人民生命财产安全的迫切需要,是应对全球气候变化、保障公共安全和社会稳定的迫切需要,是应对资源压力、保障可持续发展的迫切需要。各地、各有关部门要从全面落实科学发展观、促进经济社会可持续发展的战略高度,充分认识加快气象事业发展的重要性和紧迫性,进一步加强领导,完善措施,推进气象事业加快发展,增强公共气象服务能力。

二、加快气象事业发展的指导思想和奋斗目标

(一)指导思想。以邓小平理论和"三个代表"重要思想为指导,全面落实科学发展观,坚持公共气象的发展方向,树立"公共气象、安全气象、资源气象"的发展理念,按照一流装备、一流技术、一流人才、一流台站的要求,进一步强化观测基础,提高预报预测水平,加快科技创新,不断提升气象事业对我区防灾减灾、经济社会发展、人民生命财产安全和可持续发展的保障与支撑能力,为建设社会主义新农村、构建和谐宁夏和全面建设小康社会提供一流的气象服务。

(二)奋斗目标。到 2010 年,建立和发展天气、气候、气候变化、生态与农业气象、大气成分、人工影响天气、空间天气、雷电等业务,初步建成结构合理、布局适当、功能齐备的综合气象观测系统、气象预报预测系统、公共气象服务系统和科技支撑保障系统,灾害性天气预报准确率在现有基础上提高 3%～5%,气象服务覆盖率达 90%,气象整体实力达到或接近同期西北地区先进水平,部分领域居国内先进水平;到 2020 年,建成结构完善、功能先进、多轨道业务协调发展的气象现代化体系,灾害性天气预报准确率在现有基础上提高 6%～8%,气象服务覆盖率达 95%,气象整体实力达到国内中上等水平,某些领域居国内同期领先水平。

三、加强气象基础保障能力建设

(一)加快完善综合气象观测系统。综合气象观测系统是重要的公共基础设施,是气象和相关行业业务与科研的重要基础。大力加强农村、山洪与地质灾害多发区的气象观测站网建设,各乡镇至少建成 1 个自动气象站;建立枸杞、葡萄、硒砂瓜、草畜等农业优势特色产业带生态与农业气象监测网;加快城市、重要能源化工基地气象灾害和大气成分观测系统建设;完善新一代天气雷达监测网,建立干旱气象监测网和雷电监测网等。将综合气象观测系统建设,纳入自治区及各市县经济社会发展规划,保证其稳定可靠运行,不断提高综合气象观测能力和水平。各市、县(区)要重点加强乡镇自动气象站建设,提高农村灾害性天气的监测能力。

（二）推进气象信息共享平台建设。气象信息是公共基础信息的重要组成部分。加快建立气象观测信息汇交共享工作机制，完善区、市、县三级气象信息网络系统，加强全区气象信息的收集和处理；建立自然灾害信息共享机制，加快宁夏防灾减灾信息中心建设，加强海量存储和数据库系统建设，建成面向全社会的自然灾害信息共享平台，实现灾害信息的集中收集、快速处理和充分共享。各地、各有关部门要充分利用自然灾害信息共享平台，积极提供和共享各类自然灾害信息以及大气、水文、环境、生态等方面的数据信息，提高自然灾害信息管理与应用能力。

（三）完善气象预报预测系统。准确及时的气象预报预测是做好防灾减灾工作的重要前提。不断完善气象预报预测业务系统，努力提高预报预测水平。加快预报预测精细化进程，加强灾害性天气监测预警和短时临近预报系统建设，加强地质灾害等相关气象衍生灾害预警预报，做好灾害性、关键性、转折性重大天气预报警报和旱涝趋势气候预测。加强气象灾害发生机理、预测和防御技术等科学研究，为提高天气预报和气候预测能力提供科技支撑。

（四）建立气象灾害预警应急体系。气象预警和应急保障是突发公共事件总体应急体系的重要组成部分。高度重视气象灾害防御工作，坚持避害与趋利并举，组织制定气象灾害防御规划及实施方案，建立各级政府组织协调、各部门分工负责的气象灾害应急响应机制，构建气象灾害预警应急系统，加强重大气象灾害的监测、预警和影响评估，最大限度地减少重大气象灾害造成的损失。加快建设"移动气象台"，提高现场应急气象监测、预报和服务能力，重点增强对农林业病虫害、地质灾害、森林草原火灾、沙尘暴灾害等自然灾害和有毒有害气体扩散、区域环境污染、生态破坏等突发公共事件的气象预警和应急保障能力。

（五）健全公共气象服务体系。公共气象服务系统是各级政府公共服务体系建设的重要内容。加强气象基础设施建设，强化气象公共服务职能，不断丰富公共气象服务内容，加快现代化进程。加强气象卫星遥感技术的应用与开发，充分发挥遥感应用在作物长势与估产、土壤墒情、植被、土地利用现状等多种应用监测服务以及干旱、洪涝、凌汛、水情、资源、环境、生态、森林草原火情等防灾减灾中的动态监测、预警服务作用。完善城市气象灾害预警预报和城市空气污染、空气质量预报预测系统，建立气象对城市运行影响的预警预报和评估系统，为城市规划建设、交通、供电、供水、供暖等，提供全方位的气象保障服务。建立天气、气候和气象环境对人体健康影响的监测预报系统，加强健康气象预警、预报和影响评估服务。加强旅游气象服务，建设公路、铁路、航空、渡口和城市道路等交通气象监测网和交通气象预警预报系统，提高交通相关灾害性天气监测预警服务能力。加快建设雷电灾害防御技术服务和保障系统，提高雷电灾害的实时监测能力和预报预警水平，提高雷电灾害防御的技术服务水平，降低雷电灾害造成的人员伤亡和经济损失。加强公共气象信息发布系统建设，完善气象灾害预警信息发布系统，充分发挥手机短信在气象灾害预警信息发布中的作用。规范气象信息发布和传播，依法引导并鼓励各种媒体播发气象信息，充分利用公共显示屏、广告牌等公共设施发布气象信息。报刊要有刊登气象信息的专门版面，广播电视要增加天气预报播发频次和气象服务内容。充分利用有线电视数字平台和互联网平台，实现气象信息的全天候互动服务。电信、广播电视等部门要保障气象预警信息的及时发布，实现气象信息"进农村、进企业、进社区"，扩大气象服务覆盖面，提高公共气象服务能力。

四、充分发挥气象综合保障作用

（一）强化农业气象服务工作。服务"三农"是气象服务的重中之重。加强天气、气候和气候变化对粮食安全、农业生产的影响分析及应对工作，加强农作物生长和农事关键期气象预报服务，开展精细化农业气候区划，建设中部干旱带抗旱集雨、南部山区雨养农业和引黄灌区节水农业3个气象试验示范基地，大力开发、推广农业气象适用技术，为调整农业结构、发展优势特色农业、生态农业、避灾农业和林果业提供气象科技支撑。完善农业气象灾害监测预警系统，加强农作物和森林病虫鼠害、森林火灾的监测、预警和评估服务。完善粮食和林果品产量预报与服务系统，建立粮食安全气象预警保障系统，为农业可持续发展提供优质服务。加快建立农村气象信息网，设立乡村气象信息员，畅通农村气象信息传播渠道，提高农村气象防灾减灾能力。加强农村人居环境、基础设施和清洁能源建设的气象服务，为建设社会主义新农村提供气象保障。建立我区典型生态系统的气象监测预测和分析评估系统,开展重点生态敏感区、脆弱区和重大生态项目建设区的气象监测评估服务,为巩固生态建设成果提供科学依据和气象保障。

(二)加强人工影响天气工作。建立统一协调的宁夏人工影响天气指挥和作业体系,在中部干旱带和冰雹多发路径增加地面作业点,更新高炮作业设备,加强地面作业点基础设施建设,重点建设宁夏飞机人工增雨基地、银川和固原人工影响天气作业指挥中心,形成飞机、高炮、火箭等多种作业手段相结合的高效作业体系。按照"一年四季不放松,每次过程不放过"的要求,围绕增加水资源、人饮安全、保护生态和抗旱减灾等加大人工增雨作业力度,扩大防雹作业规模,逐步开展人工消雾和防霜等作业试验,提高人工影响天气作业的综合效益。建立应对森林火灾、突发空气污染和有毒、危险化学品泄漏等突发公共事件的人工影响天气应急作业机制。加强人工影响天气安全生产管理,健全作业安全责任制,完善作业规范和操作规程,确保作业安全。

(三)加强气候监测评估工作。气候资源合理开发利用是经济社会可持续发展的可靠保障。加快建立我区气候资源监测评估系统,建设气候资源开发利用试验示范基地,加强气候资源的高分辨率普查、评估和变化分析,开展精细气候资源区划,制订气候资源开发利用和保护规划,开展气候资源开发利用信息服务。建设风力强度、太阳辐射监测网,开展风能、太阳能资源的多层次普查和可利用资源的评估,为风能、太阳能资源开发利用规划提供科学依据。开展大型风电场和太阳能电站勘察、选址及资源精查和评价,为风电场、太阳能电站的建设、运行和调度提供适时的气象监测和预报服务。各级气象主管机构要加强气候可行性论证工作,依法组织对城市规划编制、重大基础设施建设、大型工程建设、重大区域性经济开发项目和重大生态项目进行气候可行性论证,避免和减少重要设施遭受气象灾害和气候变化的影响,或对城市气候资源造成破坏而导致局部地区气象环境恶化,确保项目建设与生态、环境保护相协调。加强气候监测,深入开展气候变化对农业、生态、环境、水资源和能源等敏感领域或行业的影响评估,提出适应气候变化的对策建议。

五、建立健全气象事业加快发展的保障机制

(一)加强气象法制建设。坚持依法发展气象事业,依法管理和规范气象灾害监测预警、人工影响天气、雷电灾害防御、气候资源开发利用、气象信息发布等活动,把气象法规建设列入自治区立法计划,尽快修订《宁夏回族自治区气象条例》,制定有关气象灾害防御、人工影响天气、雷电灾害防御和气候资源开发利用等方面的地方性法规,完善配套规章。坚持依法行政,加强气象执法队伍建设和执法监督检查,严肃查处违反气象法律法规的行为。正确处理经济发展、城乡建设与保护气象探测环境和设施的关系,依法保护气象探测环境和设施,坚决禁止非法从事气象探测活动。加强气象法律法规和科学知识的宣传教育,增强全社会依法发展气象事业的意识。

(二)加强对气象工作的领导。坚持和完善气象工作由气象部门和地方政府双重领导、以气象部门为主的管理体制,将气象事业纳入地方国民经济和社会发展规划,组织制定气象事业发展的规划和目标。各市、县(区)要将气象工作列入重要议事日程,坚持每年研究气象工作,明确年度气象工作计划,认真解决影响气象事业发展的突出问题。加快推进气象现代化建设,相关领域的工作组织机构,要吸收气象部门作为成员单位,充分发挥气象部门的作用。在重大经济开发项目和城市建设中,要同步规划建设气象监测和服务体系。加强气象宣传工作,加强政府各部门与气象部门的协调配合,为气象事业的发展营造良好的社会环境。

(三)加强气象行业管理和标准化建设。统一规划全区气象行业的发展,鼓励和支持各部门和社会力量依法开展气象工作。各有关部门的气象探测设施要纳入全区气象观测站网的总体布局,由气象主管机构统一监督、指导,避免重复建设。自治区境内新建气象探测设施必须经气象主管机构许可。要建立气象资料汇交审核制度,保证气象监测资料的合法性和可靠性,实现气象信息充分共享。成立自治区气象标准化委员会,统一推行国家气象标准,建立健全以综合监测、气象仪器设备和气象服务技术为重点的地方气象标准化体系。成立气象行业工作协调机构,完善协调工作机制,指导行业的发展和布局,加强全行业规范化岗位培训,推进气象业务工作的标准化、规范化管理。

（四）完善公共财政投入机制。各级政府要建立地方气象事业长期稳定增长的财政投入机制,将地方气象事业经费、人工影响天气经费、基础设施和现代化建设维持经费等纳入年度财政预算,实现各级财政对气象事业的投入与地方经济发展同步增长。要重点支持气象防灾减灾、监测站网和公共气象服务体系等项目建设,提高气象科技水平和服务能力。

（五）加快气象科技创新。把气象科技发展规划纳入地方科技发展规划,加强气象科研基础条件和科技创新能力建设。紧紧围绕我区经济社会可持续发展的需求,加大对气象科技开发的支持力度,重点加强短时定量化预报技术、灾害性天气预报预警技术、干旱短期气候预测技术、农业结构调整和特色农业气象服务技术、生态监测和评估技术、气象服务及其效益评估技术以及全球气候变化对我区的影响、人工影响天气技术、风能和太阳能资源开发利用技术、雷电防护技术等方面的研究,不断提高气象工作的科技内涵和业务服务能力。进一步深化科技体制改革,优化科技创新环境,积极推动多部门间的合作,坚持有所为、有所不为、突出重点、突出特色的方针,推进技术支撑和技术集成工作,加大宁夏气象防灾减灾重点实验室建设力度,争取进入国家级行列。

（六）加强气象人才队伍建设。坚持把人才培养作为气象事业发展的关键,将气象人才培养和引进纳入自治区人才工程和开发规划,加大对气象人才培养和引进的支持力度,加强区内外的交流与合作,支持智力引进工作。充分发挥宁夏大学、北方民族大学等高校、科研机构在气象人才培养方面的重要作用,加强气象人才教育培训体系建设,开展全方位、多层次的气象科技教育培训。

各地、各有关部门要高度重视气象工作,进一步细化加快气象事业发展的目标和要求,抓紧制定和落实各项具体措施,统筹安排,加强协作,促进气象事业全面、协调、可持续发展。

宁夏回族自治区人民政府
二〇〇六年九月二十六日

自治区人民政府关于加快推进气象现代化的意见

宁政发〔2014〕64 号

各市、县(区)人民政府,自治区政府各部门、直属机构:

气象现代化是我国社会主义现代化的重要组成部分。气象工作在保障和改善民生、防灾减灾、应对气候变化、改善生态环境、提升政府公共服务能力等方面具有不可替代的作用。为加快推进我区气象现代化,提出以下意见。

一、总体要求和主要目标

(一)总体要求。深入贯彻落实党的十八大、十八届三中全会和自治区党委十一届三次全体会议精神,坚持公共气象发展方向,坚持政府主导、部门联动、社会参与,加快推进我区气象现代化进程,加强气象基础设施建设、队伍建设和能力建设,全面提升气象保障我区全面建成小康社会的能力和水平,使气象预报预测、公共气象服务、防灾减灾、应对气候变化和开发利用气候资源能力达到西北领先、部分领域全国先进,基本实现气象现代化,为全面建设开放宁夏、富裕宁夏、和谐宁夏、美丽宁夏提供有力的气象保障。

(二)主要目标。到 2020 年,建成覆盖城乡的公共气象服务体系、功能先进的气象预报预测体系、布局科学的综合气象观测体系、规范高效的气象法制管理体系、可持续发展的气象事业支撑保障体系。全区气象观测自动化率达到 90% 以上,24 小时晴雨预报准确率达到 90% 以上,突发灾害性天气监测率达到 95% 以上,预警信息提前 30 分钟以上发出。空气污染气象条件、空气质量等专业预报覆盖面和针对性明显增强。气象信息公众覆盖率达 95%,气象服务公众满意度达 90%。应对气候变化和生态环境建设保障支撑能力显著提升。基本建成满足我区经济社会发展需求、与国家气象事业发展相适应的气象现代化体系。

二、加快推进气象综合观测体系现代化

(三)完善气象综合观测体系。科学调整气象观测系统,优化观测站点功能布局。在国家级气象台站建设双套地面气象要素自动观测系统,基本实现气象台站地面观测自动化。开展高空气象探测系统自动化建设。改造升级银川、固原新一代天气雷达、区域气象观测站和雷电观测站等,建设适应自动气象观测的业务平台。强化气象灾害监测网建设,完成吴忠新一代天气雷达建设工程,建设 2 部风廓线雷达,实现天气雷达监测预警的全覆盖。在山洪高发易发区、地质灾害多发区加密区域气象观测站,平均站距达到 3 千米。建设中南部地区干旱气象观测网。建设风能、太阳能等气候资源监测网。建设公路交通、农业、林业、旅游等专业气象服务观测网,站距达到 50 千米。建设覆盖 5 个地级市和 22 个县(市、区)的气溶胶、能见度、霾、辐射、温室气体等城市环境气象观测网。建立部门间气象观测站网规划建设协调机制,将各类专业气象探测设施纳入气象综合观测网总体布局,实现气象探测资源共享。

(四)加强气象信息网络建设。完善全区气象通信网络系统,建设高性能计算系统,提高信息的综合处理和应用能力。建设综合气象信息共享平台,实现大气、环境、水文等方面的数据信息实时交汇、存储、共享。国土资源、环境保护、交通运输、水利、农牧等有关部门要充分利用气象信息共享平台,积极提供和共享相关信息。建设气象应急通信系统,确保紧急情况下气象应急指挥畅通和重要气象业务系统的运行。

(五)加强气象装备保障能力建设。探索建立气象装备保障分类分级和社会化保障机制。建设区级气象装备保障与计量检定系统,建设覆盖全区国家级气象台站的全网监控、快速响应、技术支持、维修维护、仪器检定、物资供应等气象装备技术保障体系,提高气象装备技术保障的时效和质量。

(六)强化气象探测环境保护。依法加强气象探测环境保护工作,将气象探测环境保护纳入各级城乡规划,制定专项保护规划,保证气象探测资料的代表性、准确性、连续性。各级政府要将气象主管机构列为当地规划委员会成员单位。对影响或破坏气象探测环境的行为要限期整改,使全区气象探测环境得到

有效保护。

三、加快推进气象预报预测体系现代化

（七）建立现代气象预报业务流程。建立健全分工合理、运行流畅的集约化预报业务流程，完善无缝隙滚动预报业务体系，预报时效进一步延长。完善气象预报会商交流制度，建立自治区政府应急办、民政厅、国土资源厅、交通运输厅、水利厅、农牧厅、林业厅、气象局等部门间的会商制度。

（八）提高气象预测预报的准确率。大力加强现代天气预报技术支撑体系建设，提高对灾害性天气发生时间、强度、变化趋势以及影响区域的科学研判，不断提高预报预测的准确率。加强短期气候预测机理研究，开展重大气象灾害的气候预测技术和方法研究；开展延伸期天气预报方法研究；以数值预报和多种观测资料综合应用为基础，完善具有宁夏特色的中尺度数值预报模式、集合预报系统、数值预报解释应用系统；加快预测预报评估检验系统建设，提高气象要素预报、定量降水预报、灾害性天气落区及强度预报的准确率。

（九）提高气象预报预测精细化水平。加强分灾种气象灾害监测预报预警精细化技术研究，完善宁夏灾害性天气精细化预报指标体系。加强高分辨率的灾害性天气预报业务，研究开发精细化预报产品，不断提高干旱、暴雨、大风、雷电、冰雹、雾霾等灾害性天气预报预警的超前度和精准度。推进以沿黄城市带为中心的暴雨等灾害性天气的预警系统和精细化的城市、交通、旅游等专业气象预报预警系统建设。建立乡镇及重点区域的气象精细化预报业务，发布街道、乡镇、行政村精细化天气预报。

（十）提升重点领域专业气象预报预警业务能力。大力加强环境气象预报预警技术研究，开展空气污染气象条件、空气质量、雾和霾等预报业务。加快专业气象预报服务指标研究，建成涵盖环境、交通、水利、林业、旅游、电力、供暖、风能和太阳能开发等行业的专业气象预报服务系统。开展医疗气象和生活指数预报技术研究，建设医疗气象预报服务平台。构建城市气象服务联动体系，完善气象对城市运行影响的预警预报和评估服务系统。加强部门合作，建立地质灾害气象风险等级预报、城市内涝预报预警、山洪地质灾害防治气象风险预警系统，及时监测发布地质灾害、城市内涝、山洪、泥石流等预警信息。

四、加快推进公共气象服务体系现代化

（十一）建立健全气象灾害防御体系。完善"政府主导、部门联动、社会参与"的气象防灾减灾工作机制，建立完善区、市、县、乡、村气象灾害防御组织体系。建立宁东能源化工基地、银川滨河新区、吴忠市红寺堡区气象业务服务管理机构。推进区域气象安全评估论证工作。充分发挥乡镇（街道）气象协理员、村（社区）气象信息员的重要作用，开展针对性业务培训，为其配置必要的装备，安排必要的经费补助。建立健全各部门气象灾害防御和应急联动响应机制，完善各部门气象灾害防御应急预案。完成国家突发事件预警信息系统区、市两级发布平台建设并开展业务运行。出台《突发公共事件应急预警信息发布管理办法》、《农业农村气象防灾减灾工作管理办法》和《气象灾害预警信息社会传播管理办法》。

（十二）推进基本公共气象服务均等化。各级政府要将基本公共气象服务纳入公共服务体系，并列入当地政府公共服务发展规划。各部门及有关公共服务机构要按照各自职责推进公共气象服务体系建设，在学校、医院、机场、车站、旅游景点、建设工地等人员密集区和公共场所及农村，建设气象信息接收设施和气象信息发布系统。媒体、通信企业和社会单位要依法承担社会责任，加快建立健全气象预警信息传播"绿色通道"和重大气象灾害及防灾减灾信息手机短信全网发布机制，重点做好城市交通、供暖、供水、供电等生命线工程和农村尤其是偏僻山区的气象服务。要有效利用社会资源传播气象预警信息，扩大气象服务传播主体，创新气象信息发布渠道，不断提高气象信息传播的覆盖率和时效性。实现气象信息资源社会共享，使区域、城乡、群体之间享受基本公共气象服务的差异明显缩小，到2020年，全区气象信息公众覆盖率达95%。

（十三）加强气象为农服务。完善农业气象服务体系和农村气象灾害防御体系，将农业农村气象防灾减灾工作纳入对市、县（区）、乡（镇）政府的年度工作考核，并建立督查督办机制。加快实施宁夏农业气象服务和农村气象灾害防御体系建设工程。做好关键农时及重大农业气象灾害监测预警服务，确保粮食安全和草畜、瓜菜、葡萄三大产业稳定发展。完善永宁农业气象试验站的基础设施和宁夏特色农业气象试

验基地建设。建立完善枸杞、酿酒葡萄、硒砂瓜、马铃薯等特色农业、设施农业气象服务指标体系和特色
农业气象保障服务系统,开展面向农业合作社等新型农业经营主体的"直通式"气象服务和特色农产品气
候品质认证工作。开展生态修复飞播造林种草气象服务以及森林草原火险气象等级、农业病虫害发生气
象条件等专业气象服务工作。

(十四)加强城市气象服务。围绕加快内陆开放型经济试验区建设,推进沿黄经济区城市带气象保障
能力建设工程。建立街道、社区等基层城市气象防灾减灾和公共气象服务体系,提高城市气象灾害防御
和气象服务能力。深化政府部门、企业、社会组织与气象部门之间的联动,重点开展针对城市煤、电、油、
气、运、水等城市安全运行以及学校、医院、主要街区、商业区等人口密集区域的气象服务。加大城市生活
类、防灾类气象服务产品开发和供给力度,开展城市内涝、大气污染、雾、霾、道路结冰等城市高影响气象
灾害预警服务。建立精细化的旅游、交通气象预报预警服务系统,提高服务产品科技含量和服务针对性。

(十五)强化气象灾害风险管理。开展气象灾害风险评估、重大工程项目建设气候资源承载力评估和
城市气象灾害风险管理试点工作。开展气象灾害风险识别及综合评估,建立敏感行业致灾气象条件指标
体系。建立气象灾害风险管理系统,通过建设气象部门监测预报、多部门内部通报和面向社会发布预警
"三位一体"的气象灾害早期预警体系,提高气象灾害风险管理能力。完善各级政府组织协调和各部门分
工负责的气象灾害应急响应机制,重点开展气象灾害防御的灾前、灾中和灾后评估,有效减轻气象灾害给
国民经济和社会发展以及人民生命财产造成的损失。

(十六)加快推进人工影响天气作业体系建设。推进人工影响天气政府购买服务,稳定人工影响天气
作业队伍,理顺人工影响天气工作运行机制。加强云水资源潜力和人工影响天气实用技术的研究开
发,建成集监测、预报、指挥为一体的区、市、县三级人工影响天气指挥平台,切实提高人工影响天气作业
的科学性和效益。加快地面作业点基础设施标准化建设,确保火箭、高炮及弹药的存放场所、作业场地等
符合国家安全标准。面向全区粮食主产区和现代设施农业集中区,优化地面作业点布局,增加南部山区
防雹点和全区地面火箭增雨点,扩大防雹增雨作业覆盖面,满足开发利用空中云水资源和抗旱减灾的需
求。加快人影作业装备更新,提高地面火箭、高炮等作业装备的性能和自动化程度。丰富和完善飞机、火
箭、高炮、地面烟炉等多种作业手段,形成优势互补、高效联动的立体作业格局,进一步提高人工影响天气
作业能力。

五、加强科技创新和人才队伍体系建设

(十七)加强气象应用技术研究。以解决宁夏气象防灾减灾、生态环境建设及农业产业结构调整等重
大科技问题为重点,强化应用研究和技术开发。着力加强灾害性天气监测预报预警、极端天气气候事件
监测预测、气候变化影响评价与应对、气候资源开发利用、农业气象灾害防御、气象灾害风险评估、人工影
响天气、环境气象监测预报等技术研发,增强气象灾害防御和气象服务的科技支撑能力。

(十八)完善气象科技创新机制。各地要把气象科技纳入各级科技发展规划和重点科研项目,加大气
象科技研发支持力度,增强气象现代化建设的科技支撑能力。在基础条件建设、科研项目安排、人才培养
交流等方面加大支持力度,将宁夏气象防灾减灾重点实验室建成自治区和中国气象局共建共管的重点实
验室。充分利用高校、科研院所以及相关部门资源,建立合作机制,增强气象科技创新能力。

(十九)加强气象人才队伍建设。各地各部门要强化政策支持,统筹推进各级各类气象人才队伍建
设,创新人才发展体制机制。各级政府要在人员编制、政府购买服务等方面大力支持基层气象防灾减灾
人才队伍建设,将基层气象协理员、气象信息员、人工影响天气作业人员等纳入社会保障范围。各级气象
部门要加强与高校、科研院所及相关部门的合作,建立人才交流平台,用好各类人才资源。要强化气象人
才教育培训,完善以专业技术教育、继续教育、在职培训相结合的气象人才培训体系。造就一批气象领域
创新型、复合型的管理和专业技术人才,培养一批在国内部分领域有一定影响力的高层次领军人才,为全
面推进我区气象现代化建设提供坚实的人才保证和智力支撑。

六、完善气象科学管理体系

(二十)推进气象法制管理和标准化体系建设。推进气象社会管理工作的法制化和规范化进程,出台

气候资源开发利用、气象灾害风险管理、气象信息管理、雷电灾害防护、暴雨灾害防御管理等气象安全管理地方性气象法规、政府规章和规范性文件。加强自治区各行业气象探测、气象信息传播、气象服务的管理。建立完善雷电防护、专业气象服务、人工影响天气、气象评估论证、气象保障等领域的标准化体系,加快出台区域气象安全评估论证地方标准。围绕自治区打造"两优"投资环境,继续做好压减气象领域行政审批事项和减免各项收费工作。推进气象行政审批制度改革,深化气象行政执法体制改革,完善行政执法程序,进一步规范执法自由裁量权,加强对行政执法的监督,提高气象行政管理能力和水平。

七、提高气象现代化建设支持保障水平

(二十一)加强组织领导。各级政府要将气象现代化建设列入重要议事日程,建立协调联系制度,细化目标任务,强化工作措施,统筹组织、指导和推进全区气象现代化建设。各级发展改革、经济和信息化、国土资源、财政、交通运输、水利、农牧、林业、旅游等部门要加强协作配合,共同支持气象现代化建设。各级气象部门要充分发挥职能作用,主动做好组织实施工作,认真开展气象现代化进程的监测、评估工作,加强检查考核,确保气象现代化建设取得实效。

(二十二)加大建设和维持资金投入力度。各级政府要将气象事业发展规划纳入当地经济社会发展规划体系,对气象现代化建设的重点项目给予大力支持,为全面推进气象现代化建设提供有力保障,继续加大对人工影响天气作业工作的资金支持力度,逐步建立健全财政投入稳定增长机制。各级气象部门要充分发挥部门优势,积极争取中央资金,扎实推进气象现代化建设。

(二十三)推进气象文化建设。大力普及气象防灾减灾和应对气候变化知识。各级政府要把气象防灾减灾和应对气候变化科普工作纳入全民科学素质行动计划纲要,将气象科普基础设施建设列入当地科普基础设施发展总体规划。建立和完善政府推动、部门协作、社会参与的气象科普工作机制,充分利用科技、文化、教育等资源建设气象科普平台,实现科普资源的共建共享。充分发挥农村气象信息服务站和"大喇叭""电子显示屏"的科普宣传功能,进一步增强社会公众防御气象灾害和应对气候变化的意识和能力,提高全社会对风能、太阳能等清洁能源重要性的认识和开发利用的自觉性。大力弘扬"准确、及时、创新、奉献"的气象精神,建设具有宁夏地域特色的先进气象文化,增强气象文化的感召力,用先进气象文化凝聚气象队伍和广大人民群众,汇聚推进气象现代化建设的强大动力。

附件:宁夏回族自治区气象现代化指标体系

宁夏回族自治区人民政府

2014 年 7 月 22 日

附件

宁夏回族自治区气象现代化指标体系

一级指标	序号	二级指标	三级指标	考核内容	单位	目标值
气象防灾减灾	1	气象应急联动机制完善度	气象灾害应急预案完备率	已制定气象灾害应急预案的市、县（区）数占全区市、县（区）数的比率。	％	90
			气象应急联动部门衔接率	已制定应急联动工作机制的联动部门占区级应急预案中明确的联动部门数的比率。	％	80
			联动部门信息双向共享率	与气象部门实现信息双向共享联动部门数占区级应急预案中的联动部门数的比率。	％	70
	2	气象基层防灾组织健全度	基层气象防灾减灾工作机构健全率	已建立气象防灾减灾机构的县（市、区）、乡镇（街道）数占全区县（市、区）、乡镇（街道）数的比率。	％	95
			乡镇（街道）气象协理员配置到位率	已有气象协理员乡镇（街道）数占全区乡镇（街道）数的比率。	％	95
			村（社区）气象信息员配置到位率	已有气象信息员行政村（社区）数占全区行政村（社区）数的比率。	％	95
	3	气象灾害风险管理能力	气象灾害风险敏感区域确认度	对暴雨、冰雹、大风、沙尘暴、霜冻等气象灾害以及山洪、地质灾害等衍生灾害风险敏感区普查数占全区气象灾害和衍生灾害风险敏感区数的比率。	％	80
			气象灾害风险管理措施到位率	执行气象灾害风险管理措施的市、县（区）数占全区市、县（区）数的比率。	％	70
	4	人工影响天气作业能力	人工增雨雪效率	在现有年增加降水 12 亿吨的基础上，增加 0.5 亿吨～0.6 亿吨。	％	提高 4～5
			防雹保护面积	在现有防雹保护面积 1 万平方公里的基础上，增加高炮作业点，使防雹保护面积增加 0.1 万平方公里～0.15 万平方公里。	％	保护面积增加 10～15
	5	气象依法行政水平	气象法规健全和落实程度	1. 地方性条例和规章是否涵盖气象灾害防御、气象信息发布与传播、气象设施与探测环境保护、防雷减灾管理、气候资源承载力评估、人工影响天气等方面的管理职能； 2. 区、市、县是否制定气象灾害防御规划； 3. 区、市、县气象行政许可和相关服务是否按承诺时限办结。	％	90
			气象标准化体系成熟度	1. 根据气象及相关行业气象工作需要是否修订气象标准（包括国标、行标和地标）； 2. 气象及相关行业气象工作对气象标准及其他标准的使用是否到位。	％	75

续表

一级指标	序号	二级指标	三级指标	考核内容	单位	目标值
预报预警	6	气象预报准确率	24 小时晴雨预报准确率	24 小时城镇晴天、降水天气预报准确率。	%	90
			24 小时气温预报准确率	24 小时城镇最高气温、最低气温预报准确率。	%	75
			月降水预测准确率	城镇月降水趋势预测准确率。	%	65
			月气温预测准确率	城镇月气温趋势预测准确率。	%	85
	7	灾害天气预警能力	强对流天气预警提前量	暴雨、雷雨大风、冰雹和强雷电等强对流天气预警信号或临近天气预警信息发布时间提前量。	分钟	20
			灾害性天气预警准确率提升度	暴雨(雪)、寒潮、大风、沙尘暴、霜冻、霾等灾害性天气预报预警准确率。	%	65
			气象灾害风险预警准确率	暴雨诱发中小河流洪水和山洪地质灾害气象风险预警准确率。	%	80
	8	预报产品精细度	预报产品时间分辨率	0～2 小时预报间隔达到 10 分钟;2～12 小时预报间隔达到 1 小时;12～24 小时预报间隔达到 3 小时;24～72 小时预报间隔达到 6 小时;3～5 天预报间隔达到 12 小时;5～10 天预报间隔达到 24 小时;长期预报间隔达到 1 天。	%	90
			预报产品空间分辨率	0～2 小时预报精确到 1 km;2～72 小时预报精确到乡镇或 3 km;3～10 天预报精确到县或 25 km;10 天以上预报精确到地级市。	%	99
综合观测	9	综合气象观测能力	灾害性天气监测率	通过气象观测站、雷达、闪电定位、风廓线雷达等气象监测网的统筹建设和完善,实现对灾害性天气有效监测的比率。	%	95
			专业气象观测站网覆盖率	满足主要农作物种植区、现代农业示范区气象灾害监测和防灾减灾服务的需求;满足对影响交通主干线交通安全的气象灾害进行监测和防灾减灾服务需求;满足地级市城市雾、霾、大气成分观测和防灾减灾服务的需求。	%	85
	10	气象探测环境保护		1. 各级政府规划部门出台气象探测环境保护专项规划; 2. 对气象探测环境情况进行综合评分。	分	85
气象服务	11	气象信息覆盖面	气象预警信息社会单元覆盖率	已建设气象信息接收设施的街道(社区)、县乡(镇)数占所有街道(社区)、县乡(镇)的比率。	%	85
			气象预警信息广电媒体覆盖面	各级广电部门建立健全气象预警信息传播"绿色通道"的比率。	%	95
			气象预警信息社会机构覆盖面	拥有公共传播媒体的有关政府部门和企业建立气象预警信息传播制度的比率。	%	70
	12	专业气象服务能力		建立服务机制、服务指标、提供服务产品等的行业占气象敏感行业的比率。	%	90
	13	气象服务经济效益		气象灾害造成的直接经济损失占 GDP 的比率。	%	1 以下或原有基础下降 10

一级指标	序号	二级指标	三级指标	考核内容	单位	目标值
保障支撑	14	气象科技贡献率		科技成果业务应用数量增长比率（权重30％）、承担的科研项目及完成科研成果的增长比率（权重30％）、各级地方政府对气象科技投入的增长比率（权重30％）、参加科技研发的科技人员占在职在编人员的增长比率（权重10％）4项指标加权平均达到85％。	％	85
	15	人才资源保障度	人才总体素质程度	市、县气象部门本科以上学历及大气和相关专业人员所占比率。	％	52
			高层次人才队伍建设水平	市、县气象部门高级职称及硕士人员所占比率。	％	35
	16	基层气象机构基础设施完备度		按中国气象局《基层气象机构基础设施建设指导意见》，市、县（区）达标台站占总台站的比率（只有一个台站的要达标）。	％	90或提高20
社会评价	17	气象服务满意度		根据国家气象行业标准《气象服务公众满意度》规定的满意度等级划分标准，对城乡居民开展抽样调查，评估公众对气象服务的满意程度。	分	90或稳定在85以上
	18	气象知识普及率		就城乡居民对气象科普和气象防灾知识的了解程度以及民众参与气象防灾减灾工作的有效性进行综合评价。	％	80

附录三 《宁夏气象志(1991—2020年)》出版批复函

宁夏地方志编审委员会办公室

宁志委办函〔2021〕5号

关于批复出版
《宁夏气象志（1991-2020年）》的函

宁夏回族自治区气象局：

　　贵单位报送的《宁夏气象志（1991-2020年）》(送审稿)以马列主义、毛泽东思想、邓小平理论、"三个代表"重要思想、科学发展观、习近平新时代中国特色社会主义思想为指导，运用辩证唯物主义和历史唯物主义观点，按照地方志书体例要求，坚持"横分门类，纵述史实""直书其事、述而不论""详今略古"的编纂原则，全面记述了1991-2020年宁夏气象事业的发展历程。

　　该志稿经过自治区地方志编审委员会办公室组织专家审定，并提出了具体修改意见。经过修改的志稿政治观点正确，体例完备，资料翔实，文风端正，内容全面，地方特色突出，符合志书出版要求。经研究，同意正式出版。具体出版事宜请与出版社联系。

宁夏回族自治区地方志编审委员会办公室

2021 年 12 月 1 日

后　记

　　《宁夏气象志(1991—2020年)》由宁夏气象局组织编纂,编纂工作于2017年5月启动,历时5年,近百人参与资料收集、编写、审修,传承首轮《宁夏气象志》,记述了1991年至2020年期间,宁夏气候情况和宁夏气象事业改革、发展、奋进的历程和取得的成就。

　　2017年5月—2019年12月主要做前期准备工作,草拟编纂大纲。2020年1—4月编纂大纲经反复修改后最终确定,各内设机构、各直属单位、各市气象局以及县局站按照大纲要求开始搜集提供资料,编纂工作全面启动。在编纂过程中,编修人员查阅各类档案数百次,召开不同层级的修志工作专题会议或座谈会十余次,走访知情人员百余次,收集到资料近400万字、图片资料300余幅,通过选用各类可靠资料,四易其稿,于2020年11月完成初稿的编纂工作。2020年12月至2021年6月,两次将《宁夏气象志(1991—2020年)》初稿下发各级气象部门征求意见并进行修改完善。2021年7—8月完成总纂,并形成评审稿。2021年8月27日召开评审会议,来自自治区地方志办公室、社科院、财政厅、农业农村厅、市场监管厅和气象部门的10位专家贠有强、范宗兴、王晓华、张云凤、吴琪洪、薛塞光、张军、孙振夏、赵子尧、郑广芬对志稿进行了认真评议,一致同意通过评审,同时提出了修改意见。2021年9—10月经过修改完善,形成最终稿。期间多次征求部门内外专家的意见和建议,进行了资料的校正、删改、补充等工作。2021年11月18日,经宁夏气象局第13次局长办公会审议通过。2021年12月1日,自治区地方志编审委员会办公室批复同意出版。

　　本志书设前言、凡例、彩插、概述、正文、大事记、附录、后记,全书约60万字。官景得主要负责全书的审核把关及前言、彩插、图片等部分的撰写工作,陈学清主要负责凡例、概述、第二篇、第五篇、大事记、附录的撰写工作,柳荐秋主要负责第一篇、第三篇、第四篇、后记的撰写工作。同时,全区气象部门干部职工、有关专家和学者对撰写工作给予了大力支持和热心帮助,提供了大量的素材,在此一并表示感谢!

　　由于编者水平所限,难免有疏漏和错误之处,敬请广大读者批评指正。

《宁夏气象志(1991—2020年)》编纂委员会
2021年11月